物质点法数值仿真(软件)系统及应用

周旭 张雄 著

国防工业出版社

·北京·

内容简介

本书系统介绍了物质点法基础理论和关键技术，简要阐述了物质点法数值仿真软件系统（MaPoSS）的设计与实现方案，结合多方面的典型算例详细讲解了该软件系统的操作使用方法。对读者全面了解物质点法基本原理和关键算法、利用物质点法解决爆炸冲击与大变形等问题、开发相关大型软件系统等，具有参考价值。

本书可供计算力学、武器效应与毁伤评估、软件工程以及其他相关领域的科研人员和工程技术人员使用，也可作为相关专业研究生课程教材。

图书在版编目（CIP）数据

物质点法数值仿真（软件）系统及应用/周旭，张雄著．
—北京：国防工业出版社，2015．10
ISBN 978-7-118-10308-3

Ⅰ．①物…　Ⅱ．①周…　②张…　Ⅲ．①高速碰撞—软件仿真　Ⅳ．①O521-39

中国版本图书馆 CIP 数据核字（2015）第 234078 号

※

国防工业出版社出版发行
（北京市海淀区紫竹院南路 23 号　邮政编码 100048）
三河市腾飞印务有限公司印刷
新华书店经售

*

开本 787×1092　1/16　插页 4　**印张** 23¼　**字数** 538 千字
2015 年 10 月第 1 版第 1 次印刷　**印数** 1—2500 册　**定价** 96.00 元

国防书店：（010）88540777　发行邮购：（010）88540776
发行传真：（010）88540755　发行业务：（010）88540717

前　　言

随着计算机技术的高速发展，作为计算机辅助工程（CAE）的重要内容，数值计算与仿真在现代科学技术研究与工程建设中发挥了越来越重要的作用。同时，科学与工程中的诸多复杂物理过程给数值计算方法及软件系统提出了越来越严峻的挑战。

在数值计算方法方面，面对高速碰撞、强冲击、深侵彻等破碎和大变形问题，有限元法等拉格朗日方法由于网格严重畸变而导致数值求解困难，自适应网格技术无法从根本上解决问题，人为删除失效单元无法遵守质量守恒定律；有限差分法等欧拉方法虽然不存在网格畸变问题，但是不易跟踪材料界面，并且非线性对流项给数值求解带来了显著困难。因此，在处理诸多复杂问题时，传统数值方法面临着难以逾越的障碍。应运而生的是无网格数值计算方法。光滑粒子流体动力学法（SPH）作为最早发展的无网格方法之一，适合于求解大变形、复杂边界、以及物质交界面复杂的单相或多相流体动力学问题，但是也存在一些数值方面的困难，如拉伸不稳定性会引起数值断裂、形函数不一致性、引入本质边界条件存在困难、需要比较复杂的接触算法等。由质点网格法发展而来的物质点法（Material Point Method，MPM）采用拉格朗日质点和欧拉网格双重描述，将连续体离散成一组在空间网格中运动的质点，充分吸收了拉格朗日法和欧拉法的优点，既可以很方便地跟踪材料界面和引入与变形历史相关的材料模型，又避免了网格畸变问题，因此是求解破碎和大变形等问题的有效方法。

在软件系统方面，长期以来，国内数值计算与仿真工作者，大多采用国外进口商用软件，尤其在大规模工程应用中，国外商用软件占据了绝对主导地位。然而，国外商用软件之所以经典是因为经过了较长历史的发展，比较成熟、比较稳定、具有较好的通用性，但是新兴的先进算法和具有明确军事应用背景的核心模块受到了严密封锁，从而在很大程度上制约了我国数值计算与仿真的工程应用，尤其是武器毁伤效应模拟遇到了瓶颈。基于武器效应模拟和其他复杂问题的直接需要，作者带领的项目组历时二十余年，在取得多方面关键技术突破的基础上，开发了具有完全自主知识产权的物质点法数值仿真软件系统（Material Point Method Simulation System，简称 MaPoSS）。本系统以面向对象的思想，采用 C + +、CMake、VTK 等开发工具研发、设计而成，实现了工程化和多平台通用，实现了 USF、USL 和 MUSL 求解格式、GIMP 算法、接触算法、自适应算法（包括质点自适应和网格自适应）、杂交物质点有限元法、耦合物质点有限元法、自适应物质点有限元法和耦合物质点有限差分法，并包含了常用的材料模型、失效模型、以及状态方程。经过大量的理论和试验算例验证，本系统可以稳定有效地应用于动态断裂问题、碰撞问题、侵彻问题、爆炸问题、流固耦合问题、多尺度问题、生物力学问题、以及其他大变形和超大变形问题的工程实际。

本书共分 6 章，第 1 章对常用的数值计算方法及软件系统进行了概要性的介绍和分析，第 2 章系统地阐述了物质点法的理论基础和关键技术，可供读者全面掌握物质点法的理论基础和最新研究进展，第 3 章简要介绍了 MaPoSS 软件核心模块的构架设计和编程实现，供读者深入了解该软件系统编程结构，并为读者开发类似软件提供参考。第 4 章是 MaPoSS 操作使用指南，读者按照指南可以全面掌握该软件系统的操作使用方法。第 5 章从碰撞问题、侵彻贯穿问题、爆炸爆轰问题、流体问题、以及其他大变形问题等五个方面，利用十余个典型算例验证分析了 MaPoSS 的有效性和稳定性。第 6 章全面介绍了 MaPoss 核心算法模块 MPM3DPP 的功能及相应的关键字，包括系统运行方法、系统组成、材料模型、状态方程、失效模式、边界条件、载荷等。

参与本书编写、校对、制图、算例计算的有赵玉立、施鹏、崔潇晓、张光莹。相关研究工作和本书撰写获得了国防 973 项目的支持，得到了总装工程设计研究所和清华大学的帮助，得到了杨秀敏院士和崔俊芝院士的指导，在此一并表示感谢。

由于作者水平有限，疏漏、不妥、错误之处再所难免，敬请读者批评指正。

作 者

2015 年 5 月于北京

目　录

第1章　绪　　论

1.1　常用数值计算方法简介

随着计算机技术的高速发展，数值模拟技术也获得了快速发展，并已成为民用与国防研究与设计中不可缺少的重要工具与手段。尤其是在航空航天、国防以及其他大规模复杂系统的开发过程中，仿真技术在缩短开发周期、提高产品质量、节约经费等方面发挥了巨大的作用。

数值计算方法是数值模拟的核心，通常将实际具有无限自由度的介质近似为具有有限自由度的离散体（或者网格）的计算模型（有限离散模型）进行计算。从数学角度讲，也就是把连续的微分方程离散化，获得有限个离散方程（通常是代数方程组），然后用计算机求解。

现有的数值计算方法种类繁多，其基本思想和理论基础也千差万别。根据是否基于网格进行计算，最常用的数值方法主要有三大类：第一类是利用网格对微分方程进行时间域和空间域离散，然后进行近似求解，这类方法以有限差分法为代表。第二类是将研究对象在空间域分解成有限个单元，组成离散化模型，然后对离散化模型求近似的数值解，这类方法以有限元法、边界元法为代表。第三类是将研究对象在空间域分解成有限个粒子，组成离散化模型，然后对离散化模型求近似的数值解，这类方法以光滑质点动力学方法、物质点法为代表。第一类和第二类方法都属于有网格方法，第三类方法属于无网格方法。还有一种离散元法，介于网格法和无网格法之间。本节对几种主要的数值方法进行简单介绍。

1.1.1　有限差分法

有限差分法（Finite Difference Method，FDM）是一种直接将微分问题变为代数问题的近似数值解法，数学概念直观，表达简便，是发展较早且比较成熟的数值方法。

有限差分法的基本思想是用有限个离散节点构成的网格来代替连续的求解域，这些离散点称作网格的节点；用在网格上定义的离散变量函数来近似连续求解域上的连续变量的函数，在这些离散节点上建立代数方程；用差商近似原方程和定解条件中的微商，用积分和近似原方程和定解条件中的积分；差分方程的时间微商可以采用前差（显式差分）或后差（隐式差分）方式；微分方程组和定解条件经离散化得到一组代数方程组（差分方程组），代数方程组的求解方法有许多种，如高斯消去法、追赶法、迭代法、矢通量分裂法等，分别适用于不同的差分方程组，具体可参阅相关文献。

有限差分法求解偏微分方程的步骤如下：

（1）区域离散化，即把所给偏微分方程的求解区域细分成由有限个格点组成的网格。

(2) 近似替代,即采用有限差分公式替代每一个格点的导数。

(3) 逼近求解,即求解离散化得到的代数方程组。

目前主要采用的是泰勒级数展开方法来构造差分格式,有一阶向前差分、一阶向后差分、一阶中心差分和二阶中心差分等,其中前两种格式为一阶计算精度,后两种格式为二阶计算精度。

对于差分格式,为了保证计算过程的可行和计算结果的正确,还需从理论上分析差分方程组的性能,包括解的唯一性、存在性和差分格式的相容性、收敛性和稳定性。针对某个微分方程建立的各种差分格式,一个基本要求是它们能够任意逼近微分方程,这就是相容性要求。另外,一个差分格式是否能用,最终要看差分方程的精确解能否任意逼近微分方程的解,这就是收敛性的概念。此外,还有一个重要的概念必须考虑,即差分格式的稳定性。因为差分格式的计算过程是逐层推进的,在计算第 $n+1$ 层的近似值时要用到第 n 层的近似值,直到与初始值有关。前面各层若有舍入误差,必然影响到后面各层的值。如果误差的影响越来越大,以致于差分格式的精确解的面貌完全被掩盖,这种格式是不稳定的;相反,如果误差的传播是可以控制的,则认为格式是稳定的。只有在这种情形下,差分格式在实际计算中的近似解才可能任意逼近差分方程的精确解。

通常按照格式的精度、差分的空间形式、时间因子的影响对有限差分格式进行分类:

(1) 按照格式的精度来划分,有一阶精度格式、二阶精度格式和高阶精度格式。

(2) 按照差分的空间形式划分,有中心格式、迎风格式和逆风格式。

(3) 按照时间因子的影响划分,有显式格式、隐式格式、显隐交替格式等。

目前常用的差分格式,主要是上述几种形式的组合,不同的组合构成不同的差分格式。

有限差分法的特点是数学概念直观、表达方式简单、理论成熟、可以选择不同精度的格式。使用有限差分法的好处在于易于编程,易于并行。有限差分法主要以欧拉描述为主,即网格划分在固定的空间坐标系上,通过物理量在网格间的迁移来描述物质的运动和变形,虽然不存在网格畸变的问题。

有限差分法的缺点是在进行数值离散时,往往要求网格线正交。当处理规则边界问题时比较方便,但是当边界不规则时,常采用线性插值来满足边界条件,而且需要在求解区域外增加虚拟网格点,会影响结果精度和差分格式迭代的收敛性。因为传统的有限差分法采用直角坐标系下的等分网格,处理复杂的几何形状和边界比较困难。

1.1.2 有限元法

有限元法(Finite Element Method,FEM)是一种用较简单的问题代替复杂问题后再求解的近似数值解法,是一种广泛应用、行之有效的数值分析手段。

有限元的基本思想是将连续的求解区域分解成一组有限个、且按一定方式相互联结在一起的离散单元的组合体,有限元是指那些集合在一起能够表示实际连续域的离散单元。有限元法的实质是最小势能原理的应用,对每一有限元假定一个合适的、较简单的近似函数来分片地表示全求解域上待求的未知函数,单元内的近似函数通常由未知场函数或其导数在各个节点的数值及其插值函数来表达。如此一来,在一个问题的有限元分析中,未知场函数或其导数在各个节点上的数值就成为新的未知量(即自由度),从而使一个连续的无限自由度问题变成离散的有限自由度问题。一经求解出这些未知量，就可以通过插值函数计算出各个单元内场函数的近似解，从而得到整个求解域上的近似解，达到用较简单的问题代替复杂的实际问题的目的。

有限元方法的近似性仅限于相对小的子域中，因此在求解大多数难以得到准确解的实际问题时，具有较高的计算精度。而且，随着单元数目的增加，即单元尺度的缩小，或随单元自由度的增加及插值函数精度的提高，解的近似程度将不断改进。如果单元是满足收敛要求的，近似解将收敛于精确解。

对于不同物理性质和数学模型的问题，有限元法求解问题的基本步骤是相同的，只是具体公式推导和运算求解不同。有限元求解问题的基本步骤如下：

(1) 问题及求解域定义：根据实际问题近似确定求解域的几何区域和物理性质。

(2) 求解域单元剖分：根据求解区域的形状及实际问题的物理特点，将求解域剖分为具有不同有限大小和形状、彼此相连、不重叠的有限个单元组成的离散域。求解域单元剖分除了给计算单元和节点进行编号和确定相互之间的关系之外，还要表示节点的位置坐标，同时还需要列出自然边界和本质边界的节点序号和相应的边界值。显然单元越小(网络越细)则离散域的近似程度越好，计算结果也越精确，但计算量及误差都将增大。

(3) 积分方程建立：一个具体的物理问题通常可以用一组包含问题状态变量边界条件的微分方程式表示，为适合有限元求解，通常根据变分原理或方程余量与权函数正交化原理，建立与微分方程初边值问题等价的积分方程，也就是将微分方程化为等价的泛函形式。

(4) 确定单元基函数：根据单元中节点数目及对近似解精度的要求，选择满足一定插值条件的插值函数作为单元基函数，将各个单元中的求解函数用单元基函数的线性组合表达式进行逼近，再将近似的求解函数代入积分方程，并对单元区域进行积分，可获得含有待定系数(即单元中各节点的参数值)的代数方程组，称为单元有限元方程。因为有限元法中的基函数是在单元中选取的，单元形状应以规则为好，畸形时不仅精度低，而且有缺秩的危险，将导致无法求解。

(5) 建立总矩阵方程：在建立单元有限元方程之后，将单元的有限元方程总装形成离散域的总矩阵方程(即总体有限元方程组)，单元求解函数的连续性要满足一定的连续条件。总装是在相邻单元节点进行，在节点处建立状态变量及其导数连续性。

(6) 边界条件的处理：一般边界条件有3种形式，分为本质边界条件(狄里克雷边界条件)、自然边界条件(黎曼边界条件)、混合边界条件(柯西边界条件)。对于自然边界条件，一般在积分表达式中可自动得到满足。对于本质边界条件和混合边界条件，需按一定法则对总体有限元方程进行修正满足。

(7) 解有限元方程组：根据边界条件修正的总体有限元方程组，是含所有待定未知量的封闭方程组，采用适当的数值计算方法求解。求解的方法有直接法、迭代法和随机法等，求解结果是单元节点处状态变量的近似值。

(8) 计算结果：对于计算结果的质量，将通过与设计准则提供的允许值比较来评价并确定是否需要重复计算。

有限元法的特点是其将函数定义在简单几何形状的单元域上，单元能按不同的联结方式进行组合，并且单元本身又可以有不同形状，因此可以对计算区域作任意形状的划分，能处理复杂边界，能适应各种复杂形状，这是有限元法优于其他近似方法的原因之一，使之成为行之有效的工程分析手段。

有限元法的缺点是难以应用于具有极大单元变形的情况、求解大型问题时需要的内存和计算量比较其他数值算法要大得多、估计计算产生的误差比较困难。

1.1.3 边界元法

边界元法(Boundary Element Mehtod，BEM)是继有限差分法、有限元法之后发展起来的又一种重要的数值方法。边界元法数据准备和离散网格生成简单省力，在优化迭代过程中更新网格容易，计算时间少，是现代科学和工程数值分析的有效工具。

边界元法的基本思想是应用格林定理等，将问题的控制方程转换成边界上的积分方程，然后引入位于边界上的有限个单元将积分方程离散求解。借鉴有限元法划分单元的离散技术，通过对表面边界进行离散，得到边界单元，将边界积分方程离散为线性方程。经过离散后的方程组只含有边界上的节点未知量，因而降低了问题的维数，最后求解方程的阶数降低，数据准备方便，计算时间缩短。另外，边界元法通过引用问题的基本解而具有解析与离散相结合的特点，使得计算精度较高。由于积分方程可以用加权余量法得到，这就避免了寻找泛函的麻烦。

边界元法求解问题的基本步骤如下：

(1) 问题及求解域定义：根据实际问题近似确定求解域的物理性质和几何区域。

(2) 边界积分方程建立：选取适当的基本解，建立边界积分方程。根据建立边界积分方程时对基本解的利用方式不同，边界元法可分为直接法和间接法两种类型。直接法是用具有明确物理意义的变量来建立边界积分方程，从这个方程解出来的就是未知的边界值。间接法则是在无限大区域内沿着该问题的计算边界配置某种点源分布函数作为间接的待解变量，它对计算区域的影响是一系列点源影响函数(基本解)的叠加。间接法的待解点源分布虽然往往是虚构的，但其计算效果与直接法完全相同，且公式比较简单。

(3) 确定数值方案：在建立了边界积分方程后，边界元法的计算精度和计算效率取决于所采取的数值方案。其中，比较重要的问题有角点问题、各种奇异积分的处理、核函数与形函数乘积积分的精度控制、域内积分的处理和自适应边界元法误差估计等。

在角点处，几何边界不光滑，外法线和面力不连续，需要进行特殊处理。对于考虑体积力影响的问题，目前的处理方法主要有域内划分单元法、特解方法等。

对于非奇异积分，通常采用高斯积分公式，原则上没有什么困难。但是，当源点距离积分单元非常近时，单元被积函数将发生较大变化，而源点距离积分单元较远时，单元被积函数则变化平缓。因此，如果采用积分点固定的高斯积分来计算所有的积分项，那么，距离源点非常近的单元，其积分精度较低，而距离源点较远的单元，又不需要那么多的高斯积分点。因此，这种高斯点固定的积分方案既不能保证计算精度，又降低了计算效率。采用等精度高斯积分方案计算非奇异积分，既可以保证积分的计算精度，同时又提高了积分的计算效率，因而是非常有效的。奇异积分的处理始终是边界元数值方法研究中的主要任务之一。对于各种不同类型的奇异积分，研究者们提出了与之相应的数值处理方案，主要有弱奇异积分、利用简单特解的间接法、超奇异积分的数值积分法。

为进行误差估计,许多学者提出了各种自适应边界元法计算方案,主要有:①h 格式,在误差较大的区域,把单元网格进一步细分,以提高计算精度。②p 格式,在误差较大的区域,增加单元变量的插值阶次以提高计算精度。③r 格式,在误差较大的区域,改变单元节点位置,同时保持节点数和多项式的阶次不变,以提高计算精度。

(4) 对于由不同材料组成的物体,或者是几何形状非常不规则的物体,利用常规的边界元法求解是非常困难的。与有限元法划分子结构的求解思想类似,许多学者提出了边界元子域法的求解方案。利用边界元子域法建立方程,得到的系数矩阵具有一定的稀疏性。因此,边界元子域法不仅能够提高几何不规则物体的计算精度,还能够降低问题的求解规模。对于细长结构,划分链状子域,利用传递矩阵法求解,还可以极大地节省计算机内存。

边界元法的特点是能够将三维体问题转变为二维问题来进行分析求解,降维所带来的一个重要优点是特别便于模拟复杂的几何形状,这样就可以做到 CAD 几何模型与 CAE 分析模型的统一,做到资源信息的共享。因为边界元法具有降一维的特性,而且由于它利用微分算子的解析基本解作为边界积分方程的核函数而具有解析与数值相结合的特点,因此计算精度高、数据准备量小、节省机时等优点。

边界元法的主要缺点是它的应用范围以存在相应微分算子的基本解为前提,对于非均匀介质等问题难以应用,故其适用范围远不如有限元法广泛,而且通常由它建立的求解代数方程组的系数阵是非对称、稠密、甚至在某些情况下病态的特性。应用边界元法分析大规模问题,系统方程求解过程消耗大量计算资源和时间,对解题规模产生较大限制。对一般的非线性问题,由于在方程中会出现域内积分项,从而部分抵消了边界元法只要离散边界的优点。

1.1.4 离散元法

离散元法(Distinct Element Method,DEM)是为研究岩体等非连续介质的力学行为而发展起来的一种数值方法,比较适合于模拟节理系统或者离散颗粒组合体在准静态或动态下的变形过程。

离散元法的基本原理是牛顿第二定律,其基本思想是把求解域划分成各种离散单元,离散单元本身一般为刚体,单元间的相对位移等变形行为一般由联结于节点间的变形元件来实现。从几何形状上,离散元法的单元可分为块体元和颗粒元两大类。常用的块体元有任意多边形元(二维)、四面体元和六面体元(三维),颗粒元有圆盘形单元(二维)、球体元(三维)。每个离散单元只有一个基本节点(一般取质心点),离散单元本身一般为刚体,单元间的相对位移等变形行为由联结于节点间的变形元件来实现,变形元件主要有弹簧、阻尼、摩擦元件等,各种性质的基本元件的不同形式的组合更迎合了丰富多彩的本构关系。离散单元可以平移、转动或者变形。各个离散单元在外界的干扰下就会产生力和力矩的作用,由牛顿第二定律可以得到各个离散单元的加速度,然后对时间进行积分,就可以依次求出离散单元的速度、位移,最后得到离散单元的变形量。离散单元在位移向量的方向会发生调整,这样又会产生力和力矩的作用。如此循环直到所有刚性元素达到一种平衡状态或者处于某种运动状态之下,使各个离散单元满足运动方程,用时步迭代的方法求解各个离散单元的运动方程,继而求得不连续体的整体运动形态。

离散元法允许单元间的相对运动,不一定要满足位移连续和变形协调条件,计算速度快,所需存储空间小,尤其适合求解大位移和非线性的问题。

离散单元法的一般求解过程如下:

(1) 将求解域离散为离散单元的组合,并根据实际问题用合理的连接元件将相邻两单元连接起来。

(2) 单元间相对位移是基本变量,由力与相对位移的关系可得到两单元间法向和切向的作用力。

(3) 对单元在各个方向上与其他单元间的作用力,以及其他物理场对单元作用所引起的外力求合力和合力矩,根据牛顿运动第二定律可以求得单元的加速度。

(4) 对其进行时间积分,进而得到单元的速度和位移。

(5) 得到所有单元在任意时刻的加速度、速度、角速度、线位移和转角等物理量。

运动方程的求解有两种基本方法:动态松弛法和静态松弛法。动态松弛法是把非线性静力问题转化为动力学问题求解的一种数值方法,其实质就是对临界阻尼振动方程进行逐步积分,一般采用质量阻尼和刚度阻尼来吸收系统的动能。动态松弛法是一种显式解法,它不需要求解大型矩阵,计算简单,耗费时间也少,但需要设置阻尼和计算时步,这两个计算参数的确定是离散元法中的难题之一。静态松弛法采用隐式方法求解联立平衡方程组,进行迭代求解,直至完全消除块体的残余力和力矩,不需要设置阻尼和计算时步,但有时会遇到数值奇异或病态问题,计算时间比动态松弛法要长得多。

离散元法的特点是基本节点在单元的形心,只需要实行连接形式从连接型到接触型的转换,不需要改换单元就可以实现连续体到非连续体的模型转变,比起构造特殊单元或混合各种算法来实现连续体到非连续体的转换的方法要简单、有效。离散元法允许单元间的相对运动,不一定要满足位移连续和变形协调条件,计算速度快,所需存储空间小。在伴随着大变形、刚体运动、损伤和破坏的非线性力学问题的计算中,具有传统的基于连续型变形假设的数值方法无法比拟的独特优势。

离散元法自身带有理论严密性先天不足的缺点,运动、受力、变形这三大要素都有假设,在这些假设前提下,模拟的结果有可能偏离实际很大。因此,如何合理地确定离散单元中相关参数,如何尽可能地反应真实机理在岩体中的位置和作用,这些都需要理论上的完善。

1.1.5 光滑粒子流体动力学法

光滑粒子流体动力学法(Smoothed Particle Hydrodynamics,SPH)是一种为解决天体物理中涉及的流体质团在三维空间无边界情况下的任意流动问题的纯拉格朗日方法。后来发现解决如连续体结构的解体、碎裂、固体的层裂、脆性断裂等物理问题,以及产生大变形的流体动力学问题、考虑材料强度的固体动力学问题也非常有效。总之,SPH 法适合用来求解具有大变形、复杂边界和物质交界面等复杂的单相或多相流体动力学问题,是最早的无网格方法之一。

光滑粒子流体动力学法的理论基础是插值理论,通过一种称之为核函数的积分核进行插值近似,从而将流体力学方程转化为数值计算用的 SPH 方程组。光滑粒子流体动力学法的基本思想是用一系列的粒子来表示求解域,这些粒子具有流体的密度、速度、热能等物理量,粒子之间不需要任何连接,即具有无网格特性,粒子的密度、位移、速度、压力等物理量的更新只与时间有关;用积分近似和粒子近似离散流体动力学控制方程,产生带状或离散化的稀疏系数矩阵,某一粒子上场函数的值通过支持域内相邻粒子的叠加求和计算得到;由于所使用的用于求和的局部粒子为当前时间步的粒子,所以 SPH 法具有较强的自适应性;将粒子近似法应用于所有偏微分方程的场函数相关项中,可得到一系列只与时间相关的离散化形式的常微分方程,应用显式积分法来求解常微分方程以获得最快的时间积分,并可得到所有粒子的场变量随时间的变化值。

SPH 方法的求解问题的步骤如下:

(1) 初始化:根据求解域和具体问题要求,首先要选取适当的粒子初始间距、位置、核函数形式以及粒子的作用范围,进而算出粒子个数;然后确定粒子及边界的位置,并为每个粒子确定初始密度、压力、速度、粒子类型等,同时确定时间步长。

(2) 最邻近粒子搜索:粒子之间的相互关联是通过核函数建立的,核函数计算中最关键的变量就是粒子与粒子之间的距离,而粒子的相对位置又是不停变动的。因此,在每一个计算时间步长,都要找出每个粒子作用范围内的邻近粒子,并计算其距离,这一过程即称为最邻近粒子搜索,所有粒子都要参加粒子搜索。

(3) 粒子加速度计算:通过连续方程计算粒子密度的变化,然后通过状态方程计算粒子的压力和加速度,然后更新粒子的速度和位移。

(4) 计算结果输出:由于 SPH 方法的拉格朗日粒子属性,计算过程中,所有粒子在每个时间步的密度、位置、速度、压力都可以得到,根据研究的需求,可以选择性的输出粒子的密度、位置、速度、压力等数据。

(5) 后处理:计算结束后,对输出的数据进行分析和后处理,以曲线、图形、表格、动画等形式输出,对研究的问题进行更加直观的描述。

SPH 法相对于传统的基于网格的方法具有一些特别的优点:

(1) 物质点法的特点是采用拉格朗日质点(物质点)和欧拉网格(背景网格)双重描述。因此,一方面容易处理材料破碎问题,对一些涉及材料破碎的问题计算得到的物理图像更真实;另一方面使得采用物质点法求解材料和结构大变形问题时计算效率高。同时,因为物质点法在质点和背景网格之间采用了单值映射函数,标准物质点法中自然地包括了粘着接触条件,因此物质点界面不会穿透。对于一些不考虑物质界面滑移和摩擦的问题,如流固耦合问题和超高速撞击问题,可以不用专门施加接触算法就能求解。

(2) SPH 法的特点是具有自适应性、无网格性以及拉格朗日公式与粒子近似法的结合。一方面,由于 SPH 法的近似过程不受到网格的限制,因此能很自然地处理一些极大变形的问题,同时又可跟踪物质的运动时间历程;另一方面,由于每个粒子点代表着一种独立的物质,因此物质交界可以自然且直观地由粒子所代表的物质属性描述跟踪,能够方便地描述多物质流动问题。SPH 法还能自然桥接连续体和碎片之间的模拟。

由于 SPH 法的无网格粒子性质,常常不能将基于网格的拉格朗日法或欧拉法发展而来的技术直接应用在 SPH 法上。另外,SPH 法也存在一些数值方面的困难,如拉伸不稳定性会引起数值断裂、形函数不一致性、引入本质边界条件存在困难、需要比较复杂的接触算法等。

1.1.6 物质点法

物质点法(Material Point Method,MPM)是一种采用拉格朗日质点和欧拉网格双重描述的、非常适合于分析涉及大变形和接触的问题的数值计算方法。

物质点法的基本思想是将连续体离散成一组带有质量的质点并且在在物质运动区域建立背景网格,其中质点携带了所有物质信息,其运动代表了物质的变形,而背景网格不携带任何物质信息,可以固定或按照某种方式自由布置,用于空间导数的计算和动量方程的求解。在每一个计算时间步中,质点和背景网格完全固连,计算网格提供了对求解域的拉格朗日有限元离散,因此可以用标准的有限元法在计算网格上求解物体的运动方程。将质点所携带的物质信息映射到网格点处,建立动量方程,求得网格点的结果后再映射到物质点处,得到下一时刻物质点所携带的物质信息。这一步完全是拉格朗日求解,质点和网格点没有相对运动,避免了欧拉法因非线性对流项所产生的数值困难,并且极易跟踪物质界面。质点已经携带了连续体的所有物质信息,因此物质点法在每个时间步结束时抛弃变形后的背景网格,在新的时间步中仍可以采用未变形的背景网格,从而避免了拉格朗日法因网格畸变而产生的数值困难。物质点法发挥了拉格朗日法和欧拉法的各自优点,克服了各自的弱点,在冲击、接触等涉及大大变形和材料破坏的问题中具有明显的优势。

物质点法求解问题的基本步骤如下:

(1) 问题及求解域定义:根据实际问题近似确定求解域的物理性质和几何区域。

(2) 求解域离散:物质点法将连续体离散为一组带有质量的质点,质点携带了所有的物质信息,质点的运动代表了物体的运动和变形。另外,物质点法需要在物质运动区域建立背景网格,背景网格可以自由或者固定布置。

(3) 控制方程及定解条件建立:一个具体的物理问题通常可以用一组包含问题状态变量边界条件的微分方程式以及定解条件组成,根据连续介质力学,建立物体的变形和运动必须满足的控制方程(质量守恒、动量守恒、能量守恒),根据边界条件和初始条件,建立相应的定解条件。在物质点法中,采用了更新拉格朗日格式进行描述,这种格式更容易描述涉及材料大变形的动力学问题。

(4) 求解控制方程物质点法采用显示时间积分,在每一时间步中的求解步骤如下:

① 将质点质量和动量映射至背景网格结点,得到节点质量和节点动量。

② 对节点动量施加本质边界条件,对于固定边界,令边界处节点的动量为0。

③ 计算网格结点的内力和外力。

④ 在背景网格上积分动量方程。

⑤ 将背景网格节点速度变化量和位置变化量映射回相应质点,更新质点的位置和速度。

⑥ 更新节点速度:将更新后的质点动量再次映射到背景网格节点,并施加运动学边界条件以计算节点的速度。

⑦ 计算背景网格节点的速度,计算各质点的应变增量和旋量增量,然后对质点的应力和密度进行更新。

⑧ 丢弃变形的背景网格,在下一时间步中启用新的规则的背景网格。

(5) 计算结果:对于计算结果的质量,将通过与设计准则提供的允许值比较来评价并确定是否需要重复计算。

离散元法的特点是基本节点在单元的形心,只需要实行连接形式从连接型到接触型的转换,不需要改换单元就可以实现连续体到非连续体的模型转变。比起构造特殊单元或混合各种算法来实现连续体到非连续体的转换的方法要简单、有效。在伴随着大变形、刚体运动、损伤和破坏的非线性力学问题的计算中,具有传统的基于连续型变形假设的数值方法无法比拟的独特优势。

物质点法的特点是采用拉格朗日质点(物质点)和欧拉网格(背景网格)双重描述,因此,一方面容易处理材料破碎问题,对一些涉及材料破碎的问题计算得到的物理图像更真实;另一方面使得采用物质点法求解材料和结构大变形问题时计算效率高。同时,因为物质点法在质点和背景网格之间采用了单值映射函数,标准物质点法中自然地包括了粘着接触条件,因此物质点界面不会穿透。对于一些不考虑物质界面滑移和摩擦的问题,如流固耦合问题和超高速撞击问题,可以不用专门施加接触算法就能求解。

物质点法作为一种新的数值算法,目前还不是很成熟,也存在一些问题。例如,物质点穿过背景网格边界引入数值噪声的问题,在流体或爆炸计算中可能出现数值发散的问题等。

1.2 常用数值软件简介

随着数值模拟技术的应用日益广泛,多个数值软件被开发出来,并且广泛应用于民用与国防研究与设计的多个领域。本节简单介绍几种处理爆炸、冲击、流体、结构等方面的常用数值软件,包括 ANSYS、LS - DYNA、AUTODYN、DYTRAN、ABAQUS 等。

1.2.1 ANSYS

ANSYS 是大型 CAE 仿真分析软件,它是现代产品设计中的高级 CAD 工具之一,是应用特别广泛的少数软件之一。ANSYS 是一个通用性强的大型有限元分析软件,融结构、热、流体、电磁和声学于一体,广泛应用于土木工程、地质矿产、水利、铁道、汽车交通、国防工业、航天航空、船舶、机械制造、能源、核工业、石油化工等一般工业以及科学研究中,可以为工程节约成本、提高设计效率、缩短设计周期。它的前后处理功能、图形处理功能、人性化操作界面都近乎完美,使得 ANSYS 简单易学,可以比较容易地对各种问题进行分析计算。另外,良好的兼容性,使得 ANSYS 可以在大多数计算机和操作系统上运行,从 PC 机到工作站,再到巨型计算机,ANSYS 的文件系统及其所有的产品系列在工作平台上均兼容。

1.2.2 LS - DYNA

LS - DYNA 是世界上最著名的通用有限元分析程序。LS - DYNA 程序具有强大的数值模拟功能,因此受到美国能源部的大力资助。二十多年来一直是非线性动力分析的核心软件,在国防等领域有着广泛的应用。例如,它在国防领域的应用有战斗部结构的设计分析、侵彻过程与爆炸成坑模拟分析、终点弹道的爆炸驱动和破坏效应分析、内弹道发射对结构的动力响应分析、军用设备和结构设备受碰撞和爆炸冲击加载的结构动力分析、介质(包括空气、水和地质材料等)中爆炸及爆炸作用对目标作用的全过程模拟分析、超高速碰撞模拟分析、军用新材料(包括炸药、特种金属、复合材料等)的研制和动力特性分析等。

LS-DYNA 拥有功能齐全的几何非线性(大位移、大转动和大应变)、材料非线性(140 多种材料动态模型)和接触非线性(50 多种)程序。以拉格朗日算法为主,兼有任意欧拉—拉格朗日算法和欧拉算法;以显式求解为主,兼有隐式求解功能;以非线性动力分析为主,兼有静力分析功能,能够模拟各种复杂问题,特别适合求解各种二维、三维非线性结构的爆炸、高速碰撞、金属成型等非线性动力冲击问题;以结构分析为主,兼有流体——结构耦合、热分析功能,可以求解传热、流体及流固耦合问题,是显示有限元理论和程序的鼻祖,并且在当今最富有挑战性的工程应用领域,如汽车安全性设计、金属成形、跌落仿真、武器系统设计等领域被广泛认可为最佳的分析软件包。

LS-DYNA 具有丰富的单元库,具有二维、三维实体单元,薄、厚壳体单元,梁单元以及任意拉格朗日欧拉单元、欧拉单元、拉格朗日单元等,各类单元又有多种算法可供选择,具有大应变、大位移和大转动性能。为克服零能模式单元积分采用沙漏黏性阻尼,计算速度快,能够满足各种实体结构、薄壁结构和流固耦合问题的有限元网格剖分的需要。

LS-DYNA 目前拥有超过 150 余种的材料模型,涵盖了弹性、塑性、黏滞性、各向异性、多孔质、橡胶、玻璃、土壤与混凝土、复合材料、刚体、流体等多种材料模型,还包括多种气体状态方程。此外,还有材料的衰减、黏性、损坏、蠕变、温度及应变率响应等性质可供用户选择,还支持用户自定义材料功能。

LS-DYNA 的全自动接触分析功能易于使用,有 50 多种可供选择的接触分析方式,可以求解各种刚性体与刚性体、柔性体与柔性体、柔性体与刚性体之间的接触问题,并且可以分析接触表面的静动力摩擦、固连失效预计流体与固体的界面等。此外,LS-DYNA 程序采用材料失效和侵蚀接触算法,可以成功地分析高速弹丸对靶板的穿甲过程。

总之,LS-DYNA 功能特点包括分析能力强大、材料模型丰富、单元类型众多、接触分析功能易于使用等。

1.2.3 AUTODYN

AUTODYN-2D/3D 是一个显式有限元分析程序,用于处理气体、流体、固体及其相互作用的高度非线性瞬态动力分析问题。它的前后处理和主解算器集成于一体,采用交互式菜单操作。AUTODYN 有别于一般的显式有限元或者计算流体力学程序,从开始就致力于用集成的方式自然而有效地解决流体和结构的非线性问题。这种方法的核心在于把复杂的材料模型与流体结构程序进行无缝结合。

AUTODYN-2D/3D 软件具有欧拉、拉格朗日、任意拉格朗日欧拉、光滑流体动力、薄壳、梁处理方法及混合处理方法等。软件集成了有限元、计算流体动力学和流体编码等多种处理技术,可以模拟各类冲击响应、爆炸及其作用问题、高速/超高速碰撞、尤其在弹药工程领域应用广泛。例如,可对动能侵彻弹、聚能装药、破片杀爆弹的作用机理与终点效应模拟仿真,而且其独特的无网格 SPH 方法对超高速碰撞及脆性材料的破坏问题模拟无与伦比。

AUTODYN 具有如下重要特性：

(1) 流体、结构的耦合响应。

(2) 拥有有限元、流体、光滑流体动力学等多个求解器，并且有限元可以和其他的求解器耦合。

(3) 除了流体和气体，其他有强度的材料（如金属）都可以运用于所有的求解器

(4) 具备从有限元求解器到流体求解器的完全映射功能，反之亦然。

(5) 提供高度可视化的交互式界面。

(6) 可实现求解器与前、后处理器的无缝集成。

(7) 其完善的材料数据库，同时包含热力学和本构响应。

(8) 在共享内存和分布式内存系统上的并行串行运算方式。

(9) 直观的用户界面。

1.2.4 DYTRAN

DYTRAN 程序是另一个可以计算侵彻和爆炸的商业通用软件，该程序是在 LS - DYNA3D 的框架下，在程序中增加了 PICSES 的高级流体动力学和流体——结构相互作用功能，还基于 PICSES 的欧拉模式算法开发了物质流动算法和流固耦合算法。在同类软件中，其高度非线性、流—固耦合方面有独特之处。

DYTRAN 的算法基本上可以概括为，采用基于拉格朗日格式的有限单元方法模拟结构的变形和应力。用基于纯欧拉格式的有限体积方法描述材料（包括气体和液体）流动，对通过流体与固体界面传递相互作用的流体——结构耦合分析；采用基于混合的拉格朗日格式和纯欧拉格式的有限元与有限体积技术，完成完全耦合的流体——结构相互作用模拟。DYTRAN 还有效解决了大变形和极度大变形问题，如爆炸分析、高速侵彻、锻造、板金成型、拟撞击破裂、安全气囊充气并与乘客的碰撞、船体撞击毁损、飞机或叶片鸟击分析等。

DYTRAN 本身是一个混合体，在继承了 LS - DYNA3D 与 PICSES 优点的同时，也继承了其不足。一方面，材料模型不丰富，对于岩土类处理尤其差，虽然有用户材料模型接口，但是程序本身的缺陷使得难于将反映材料特性的模型加上去；另一方面，没有二维计算功能，轴对称问题也只能按三维问题处理，使计算量大幅度增加。

1.2.5 ABAQUS

ABAQUS 是一套先进的通用有限元系统，也是功能最强的有限元软件之一，可以分析复杂的固体力学和结构力学系统，特别是能够驾驭非常复杂庞大的问题和模拟高度非线性问题。ABAQUS 不但可以做单一零件的力学和多物理场的分析，而且可以做系统级的分析和研究。优秀的分析能力和模拟复杂系统的可靠性使得 ABAQUS 被各国的工业和研究机构广泛使用。

ABAQUS 拥有各种类型的材料模型库，可以模拟典型过程材料的性能，其中包括金属、橡胶、高分子材料、复合材料、钢筋混凝土、可压缩超弹性泡沫材料以及土壤和岩石等地质材料。ABAQUS 有两个主要分析模块：

(1) ABAQUS/Standard 提供了通用的分析能力，如质量传递、热交换、应力和变形等。

（2）ABAQUS/Explicit 利用对时间进行显示积分来求解动力学方程，为处理复杂接触问题提供了有力的工具。它适合于分析如碰撞、子弹穿甲、爆炸等短暂、瞬时的动态事件，对高度非线性问题也很有效。例如，模拟加工成型过程中接触条件改变的问题，但是对爆炸与冲击过程的模拟不如 LS－DYNA 和 DYTRAN。

参考文献

[1] 杨秀敏．爆炸冲击现象数值模拟[M]．合肥：中国科学技术大学出版社，2010.

[2] 宁建国，王成，马天宝．爆炸与冲击动力学[M]．北京：国防工业出版社，2010.

[3] 王勖成，邵敏．有限单元法基本原理与数值方法[M]．北京：清华大学出版社，1988.

[4] 王凤英，刘天生．毁伤理论与技术[M]．北京：北京理工大学出版社，2009.

[5] Ted Belytschko，Wing Kam Liu，Brian Moran. 连续体和结构的非线性有限元[M]．庄茁译．北京：清华大学出版社，2002.

[6] 恽寿榕，涂侯杰，梁德寿，等．爆炸力学计算方法[M]．北京：北京理工大学出版社，1995.

[7] 张德良．计算流体动力学教程[M]．北京：高等教育出版社，2010.

[8] 张文生．科学计算中的偏微分方程有限差分法[M]．北京：高等教育出版社，2006.

[9] G. R. Liu，Y. T. Gu. 无网格法理论及程序设计[M]．济南：山东大学出版社，2007.

[10] 张雄，刘岩．无网格法[M]．北京：清华大学出版社，2004.

[11] G. R. Liu，M. B. Liu. 光滑粒子流体动力学——一种无网格例子法[M]．韩旭，杨刚，强洪夫译．长沙：湖南大学出版社，2005.

[12] 王咏嘉，邢纪波．离散单元法及其在岩土力学中的应用[M]．沈阳：东北工学院出版社，1991.

[13] 廉艳平，张帆，刘岩，等．物质点法的理论和应用[J]．力学进展，2013，43(2)，237－264.

[14] 张志春，强洪夫，高巍然．一种新型 SPH－FEM 耦合算法及其在冲击动力学问题中的应用[J]．爆炸与冲击，2011，31(3)，243－249.

[15] 徐爽，朱浮生，张俊．离散元法及其耦合算法的研究综述[J]．力学与实践，2011，35(4)，8－14.

[16] 徐泳，孙其诚，张凌，等．颗粒离散元法研究进展[J]．力学进展，2003，33(2)，251－260.

[17] 徐泳，黄文彬．颗粒离散元法建模和仿真的若干进展[J]．过程工程学报，2002，第二卷(增刊)，530－536.

[18] 柯建仲，许世孟，陈昭旭，等．基于边界元法各向异性岩石的裂纹传播路径分析[J]．岩石力学与工程学报，2010，29(1)，34－42.

[19] 汤文辉，毛益明，岳宗五．光滑粒子流体动力学(SPH)方法[J]．高压物理学报，1999，13(增刊)，282－285.

[20] 吕召会．有限元法在工程设计中的应用[J]．电子机械工程，2005，21(4)，59－60.

[21] 尚晓江，苏建宇．ANSYS/LS－DYNA 动力分析方法与工程实例[M]．北京：中国水利水电出版社，2005.

[22] 李裕春，时党勇，赵远．ANSYS/LS－DYNA 基础理论与工程实践[M]．北京：中国水利水电出版社，2006.

[23] 庄茁，张帆，岑松，等．ABAQUS 非线性有限元分析与实例[M]．北京：科学出版社，2005.

[24] 丁沛然，钱纯．非线性瞬态动力学分析 MSC. Dytran 理论及应用[M]．北京：科学出版社，2006.

第 2 章　物质点法理论基础

本书中，小写下标（如 i、j 和 k）表示张量的分量，其取值范围为空间维数，且采用 Einstein 求和约定，即下标重复两次表示其在取值范围内求和。

2.1　物体运动描述

连续介质力学最基本的假定是把研究对象视为连续而均质的，这意味着该物体无间断地充满整个限定空间，而且其性质是各向相同的。在连续介质力学中，把所研究的物体看成由"质点"组成的连续体，质点之间没有空隙、没有间断。这些质点在微观上要足够地大，要包含足够多的微观粒子（分子、原子和离子等），以保证质点的各种物理量在任一时刻上都有一个宏观统计值；它们又要在宏观上足够小，以至于可以视为几何上的"点"。

考察图 2-1 所示物体的运动。物体在 $t=0$ 时刻所占据的空间区域称为初始构形，记为 Ω_0；物体在 t 时刻所占据的空间区域称为现时构形，记为 Ω。为了度量物体的运动，需要选取一个特定的构形作为基准，称为参考构形，可以选择初始构形或现时构形作为参考构形。

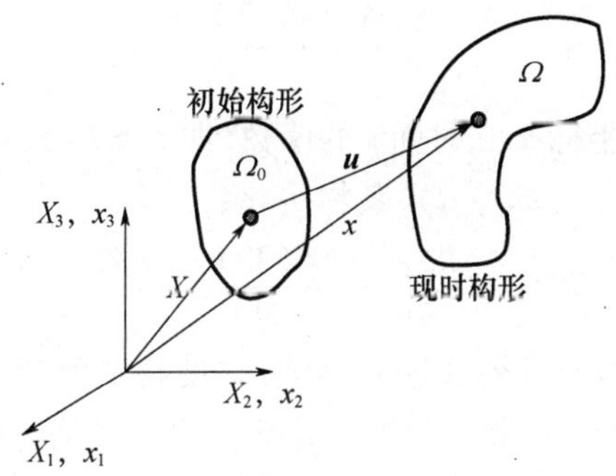

图 2-1　物体初始构形和现时构形

如图 2-1 所示，在参考构形中，物体质点的矢径 $\boldsymbol{X}$ 可以表示为

$$\boldsymbol{X}=X_i\boldsymbol{e}_i,\quad i=1,2,3 \tag{2-1}$$

式中：$\boldsymbol{e}_i$ 为直角坐标系的基向量；X_i 为参考构形中质点矢径 $\boldsymbol{X}$ 在 e_i 上的投影。质点在参考构形中的矢径 $\boldsymbol{X}$ 不随时间 t 变化，X_i 称为物质坐标或拉格朗日坐标，它可以作为该质点的标记。

如图 2-1 所示，在现时构形中物体质点 $\boldsymbol{X}$ 的矢径 $\boldsymbol{x}$ 可以表示为

$$\boldsymbol{x}=x_ie_i,\quad i=1,2,3 \tag{2-2}$$

式中：x_i 为矢径 $\boldsymbol{x}$ 在 e_i 上的投影；坐标 x_i 给出了质点 $\boldsymbol{X}$ 在空间中的位置，称为空间坐标或欧拉坐标。质点 $\boldsymbol{X}$ 的运动方程可以表示为

$$x_i = x_i(\boldsymbol{X},t) \tag{2-3}$$

如果物体内所有质点的运动都是已知的，我们就知道了整个物体的运动和变形。于是，物体运动和变形的过程也就成为构形随时间连续变化的过程。

描述物体运动和变形，通常有拉格朗日描述和欧拉描述两大类方法。第一类方法取物质坐标 X_i 和时间 t 作为独立变量，即借助运动着的质点来考察物体的运动和变形，称为物质描述或拉格朗日描述。第二类方法取空间坐标 x_i 和时间 t 作为独立变量，称为空间描述或欧拉描述。拉格朗日描述研究质点 $\boldsymbol{X}$ 的物理量随时间的变化规律，便于描述与变形历史相关的材料行为，常用于固体力学中；欧拉描述研究空间点 $\boldsymbol{x}$ 的物理量随时间的变化规律，常用于流体力学中。物质点法采用的是拉格朗日描述。

在拉格朗日描述中，质点 $\boldsymbol{X}$ 的位移为

$$u_i = x_i(\boldsymbol{X},t) - X_i \tag{2-4}$$

在欧拉描述中，质点 $\boldsymbol{X}$ 的位移为

$$u_i = x_i - X_i(\boldsymbol{x},t) \tag{2-5}$$

质点的速度等于其矢径 $\boldsymbol{x}$ 的变化率，即令 $\boldsymbol{X}$ 保持不变时矢径 $\boldsymbol{x}$ 对时间的偏导数。令 $\boldsymbol{X}$ 保持不变时物理量对时间的导数称为物质导数，也称为全导数或拉格朗日导数，它反映了质点在运动过程中其物理量随时间的变化率。由式(2-4)可以得到质点的速度为

$$v_i = \frac{\partial x_i(\boldsymbol{X},t)}{\partial t} = \frac{\partial u_i(\boldsymbol{X},t)}{\partial t} \equiv \dot{u}_i \tag{2-6}$$

质点的加速度为其速度的物质导数，即

$$a_i = \frac{\partial v_i(\boldsymbol{X},t)}{\partial t} = \frac{\partial^2 u_i(\boldsymbol{X},t)}{\partial t^2} \equiv \ddot{u}_i \tag{2-7}$$

如果物理量 F 是空间坐标 $\boldsymbol{x}$ 和时间 t 的函数，即 $F = F(\boldsymbol{x},t)$，可以先利用式(2-3)把它变换为复合函数 $F = F(\boldsymbol{x}(\boldsymbol{X},t),t)$，其物质导数为

$$\frac{\mathrm{d}F(\boldsymbol{x},t)}{\mathrm{d}t} = \frac{\partial F(\boldsymbol{x},t)}{\partial t} + \frac{\partial F(\boldsymbol{x},t)}{\partial x_i}\frac{\partial x_i(\boldsymbol{X},t)}{\partial t} = \frac{\partial F(\boldsymbol{x},t)}{\partial t} + \frac{\partial F(\boldsymbol{x},t)}{\partial x_i}v_i \tag{2-8}$$

上式右端的第二项为对流导数或迁移导数，它反映了物理量在空间的非均匀性，是质点运动到不同位置时所引起的物理量的变化率。$F(\boldsymbol{x},t)$ 描述的是时刻 t 空间点 $\boldsymbol{x}$ 处的物理量，因此 $\partial F(\boldsymbol{x},t)/\partial t$ 表示的是物理量在空间固定点 $\boldsymbol{x}$ 处的变化率，称为空间导数，也称为局部导数或欧拉导数，它反映了物理量的非定常性。式(2-8)建立了物体运动的物质描述和空间描述之间的关系。

根据所采用的运动描述方法不同，数值模拟方法可以划分为拉格朗日法、欧拉法和混合法三大类。拉格朗日法又可以分为两类：更新拉格朗日格式和完全拉格朗日格式。它们都使用拉格朗日描述，即取物质坐标 X_i 和时间 t 为独立变量。在更新拉格朗日格式中，取现时构形为参考构形，虚功方程的积分是在现时构形上进行的，物理量对空间坐标求导数；而在完全拉格朗日格式中，取初始构形为参考构形，虚功方程的积分是在初始构形上进行的，物理量对物质坐标求导数。冲击、爆炸问题经常使用更新拉格朗日格式，因此下面只介绍更新拉格朗日格式的控制方程。

2.2 更新拉格朗日格式

热力学系统必须满足质量守恒、动量守恒和能量守恒方程。

2.2.1 积分的物质导数

质点的现时坐标 x_i 相对于物质坐标 X_j 的偏导数 $F_{ij}=\partial x_i/\partial X_j$ 称为变形梯度，它是一个非对称的二阶张量。初始构形中由相邻质点 $\boldsymbol{X}$ 和 $\boldsymbol{X}+\mathrm{d}\boldsymbol{X}$ 构成的无限小线元 $\mathrm{d}\boldsymbol{X}$ 在现时构形中变为

$$\mathrm{d}x_i=x_i(\boldsymbol{X}+\mathrm{d}\boldsymbol{X},t)-x_i(\boldsymbol{X},t) \tag{2-9}$$

对 $x_i(\boldsymbol{X}+\mathrm{d}\boldsymbol{X},t)$ 在 $\boldsymbol{X}$ 处作泰勒展开，并略去高阶项，可得

$$\mathrm{d}x_i=\frac{\partial x_i}{\partial X_j}\mathrm{d}X_j \tag{2-10}$$

上式表明：变形梯度可以看作是一个线性变换，它把参考构形中质点 $\boldsymbol{X}$ 的邻域映射为现时构形中 $\boldsymbol{x}$ 的一个邻域，或者说把初始构形中的线元 $\mathrm{d}\boldsymbol{X}$ 变换为现时构形中的线元 $\mathrm{d}\boldsymbol{x}$。变形梯度 $\partial x_i/\partial X_j$ 刻画了物体的整个变形，既包括了线元的伸缩，也包括了线元的转动。变形梯度的行列式 J 称为雅可比行列式，有

$$J=\left|\frac{\partial x_i}{\partial X_j}\right|=\begin{vmatrix}\dfrac{\partial x_1}{\partial X_1} & \dfrac{\partial x_1}{\partial X_2} & \dfrac{\partial x_1}{\partial X_3}\\ \dfrac{\partial x_2}{\partial X_1} & \dfrac{\partial x_2}{\partial X_2} & \dfrac{\partial x_2}{\partial X_3}\\ \dfrac{\partial x_3}{\partial X_1} & \dfrac{\partial x_3}{\partial X_2} & \dfrac{\partial x_3}{\partial X_3}\end{vmatrix} \tag{2-11}$$

从数学观点来看，变形梯度是物体运动 $x_i=x_i(\boldsymbol{X},t)$ 的雅可比矩阵。从几何观点来看，式(2-3)表示了一个从物体的初始构形到现时构形的一一对应映射，即其雅可比行列式 J 不等于零。

变形梯度矩阵的行列式 J 可以用来表示变形过程中体元的体积变化，有

$$J=\frac{\mathrm{d}V}{\mathrm{d}V_0} \tag{2-12}$$

可见，J 表示变形前后体元体积之比。

一个定义在现时构形中的积分的物质导数为

$$\begin{aligned}\frac{\mathrm{d}}{\mathrm{d}t}\int_{\Omega}f(\boldsymbol{x},t)\mathrm{d}V &= \frac{\mathrm{d}}{\mathrm{d}t}\int_{\Omega_0}f(\boldsymbol{x},t)J\mathrm{d}V_0\\ &=\int_{\Omega_0}\left[\frac{\mathrm{d}f(\boldsymbol{x},t)}{\mathrm{d}t}J+f(\boldsymbol{x},t)\frac{\mathrm{d}J}{\mathrm{d}t}\right]\mathrm{d}V_0\end{aligned} \tag{2-13}$$

式中，$\mathrm{d}f(\boldsymbol{x},t)/\mathrm{d}t=\partial f(\boldsymbol{X},t)/\partial t$ 表示函数 $f(\boldsymbol{x},t)$ 的物质导数。

上式可以改写为

$$\frac{\mathrm{d}}{\mathrm{d}t}\int_{\Omega}f(\boldsymbol{x},t)\mathrm{d}V=\int_{\Omega}\left[\frac{\mathrm{d}f(\boldsymbol{x},t)}{\mathrm{d}t}+f(\boldsymbol{x},t)\frac{\partial v_k}{\partial x_k}\right]\mathrm{d}V \tag{2-14}$$

2.2.2 质量守恒

任意时刻物体的总质量为

$$m = \int_{\Omega} \rho(\boldsymbol{x},t)\,\mathrm{d}V \tag{2-15}$$

式中:$\rho(\boldsymbol{x},t)$为现时构形中物体的密度。质量守恒要求质量的物质导数为零,即

$$\frac{\mathrm{d}m}{\mathrm{d}t} = \frac{\mathrm{d}}{\mathrm{d}t}\int_{\Omega}\rho\,\mathrm{d}V = \int_{\Omega}\left(\frac{\mathrm{d}\rho(\boldsymbol{x},t)}{\mathrm{d}t} + \rho\frac{\partial v_k}{\partial x_k}\right)\mathrm{d}V = 0 \tag{2-16}$$

因此有

$$\frac{\mathrm{d}\rho}{\mathrm{d}t} + \rho\frac{\partial v_k}{\partial x_k} = 0 \tag{2-17}$$

上式称为连续性方程,它是以现时构形为参考构形的。取初始构形为参考构形,式(2-15)可以写为

$$\int_{\Omega}\rho\,\mathrm{d}V = \int_{\Omega_0}\rho_0\,\mathrm{d}V_0 \tag{2-18}$$

式中:ρ_0 为初始构形中物体的密度。利用式(2-12)把上式左端变换到初始构形中,可得

$$\int_{\Omega_0}(\rho J - \rho_0)\,\mathrm{d}V_0 = 0 \tag{2-19}$$

因此,得到拉格朗日描述中的质量守恒方程的另一种形式为

$$\rho(\boldsymbol{X},t)J(\boldsymbol{X},t) = \rho_0(\boldsymbol{X}) \tag{2-20}$$

2.2.3 动量方程

动量定理表明,物体动量的物质导数等于作用于系统上的外力之和。外力之和为

$$f_i(t) = \int_{\Omega}\rho b_i(\boldsymbol{x},t)\,\mathrm{d}V + \int_{\Gamma} t_i(\boldsymbol{x},t)\,\mathrm{d}A \tag{2-21}$$

式中:b_i 为作用于物体单位质量上的体力;$t_i = \boldsymbol{n}_j\sigma_{ji}$;$\boldsymbol{n}_j$ 为边界面的法向单位向量。在给定面力边界 $\boldsymbol{\Gamma}_t$ 处,t_i 为给定面力 $\bar{t}_i$;而在给定位移边界 $\boldsymbol{\Gamma}_u$ 处,t_i 为约束反力。物体的动量为

$$p_i(t) = \int_{\Omega}\rho v_i(\boldsymbol{x},t)\,\mathrm{d}V \tag{2-22}$$

由动量定理可得

$$\frac{\mathrm{d}}{\mathrm{d}t}\int_{\Omega}\rho v_i(\boldsymbol{x},t)\,\mathrm{d}V = \int_{\Omega}\rho b_i(\boldsymbol{x},t)\,\mathrm{d}V + \int_{\Gamma} t_i(\boldsymbol{x},t)\,\mathrm{d}A \tag{2-23}$$

利用式(2-14)可将上式左端改写为

$$\begin{aligned}\frac{\mathrm{d}}{\mathrm{d}t}\int_{\Omega}\rho v_i(\boldsymbol{x},t)\,\mathrm{d}V &= \int_{\Omega}\left[\frac{\mathrm{d}(\rho v_i)}{\mathrm{d}t} + \rho v_i\frac{\partial v_j}{\partial x_j}\right]\mathrm{d}V \\ &= \int_{\Omega}\left[\rho\frac{\mathrm{d}v_i}{\mathrm{d}t} + v_i\left(\frac{\mathrm{d}\rho}{\mathrm{d}t} + \rho\frac{\partial v_j}{\partial x_j}\right)\right]\mathrm{d}V\end{aligned} \tag{2-24}$$

将连续性方程式(2-17)代入上式,可得

$$\frac{\mathrm{d}}{\mathrm{d}t}\int_{\Omega}\rho v_i(\boldsymbol{x},t)\mathrm{d}V = \int_{\Omega}\rho\frac{\mathrm{d}v_i}{\mathrm{d}t}\mathrm{d}V \tag{2-25}$$

类似地，对任意函数 ϕ，均有

$$\frac{\mathrm{d}}{\mathrm{d}t}\int_{\Omega}\rho\phi\mathrm{d}V = \int_{\Omega}\rho\frac{\mathrm{d}\phi}{\mathrm{d}t}\mathrm{d}V \tag{2-26}$$

利用高斯定理，可将式(2-23)右端的第二项改写为

$$\int_{\Gamma}t_i(\boldsymbol{x},t)\mathrm{d}A = \int_{\Gamma}n_j\sigma_{ji}\mathrm{d}A = \int_{\Omega}\frac{\partial\sigma_{ji}}{\partial x_j}\mathrm{d}V \tag{2-27}$$

将式(2-25)和式(2-27)代入式(2-23)中，可得

$$\int_{\Omega}\left(\rho\frac{\mathrm{d}v_i}{\mathrm{d}t} - \rho b_i - \frac{\partial\sigma_{ji}}{\partial x_j}\right)\mathrm{d}V = 0 \tag{2-28}$$

因此，得到拉格朗日描述下物体的运动微分方程为

$$\rho\frac{\mathrm{d}v_i}{\mathrm{d}t} - \rho b_i - \frac{\partial\sigma_{ji}}{\partial x_j} = 0 \tag{2-29}$$

2.2.4 能量方程

不考虑热交换和热源，系统总能量的变化率等于外力(体积力和面力)对系统做功的功率，即

$$\frac{\mathrm{d}}{\mathrm{d}t}\int_{\Omega}\left(\rho e + \frac{1}{2}\rho v_i v_i\right)\mathrm{d}V = \int_{\Omega}v_i\rho b_i\mathrm{d}V + \int_{\Gamma}v_i t_i\mathrm{d}A \tag{2-30}$$

式中：e 为单位质量内能(比内能)。上式左端分别为内能和动能的变化率，右端分别为体力和面力的功率。利用式(2-26)，可将上式的左端改写为

$$\frac{\mathrm{d}}{\mathrm{d}t}\int_{\Omega}\left(\rho e + \frac{1}{2}\rho v_i v_i\right)\mathrm{d}V = \int_{\Omega}\left(\rho\frac{\mathrm{d}e}{\mathrm{d}t} + \rho v_i\frac{\mathrm{d}v_i}{\mathrm{d}t}\right)\mathrm{d}V \tag{2-31}$$

利用高斯定理，可将式(2-30)右端的第二项改写为

$$\begin{aligned}\int_{\Gamma}v_i t_i\mathrm{d}A &= \int_{\Gamma}v_i n_j\sigma_{ji}\mathrm{d}A = \int_{\Omega}\frac{\partial}{\partial x_j}(\sigma_{ji}v_i)\mathrm{d}V \\ &= \int_{\Omega}\left(\frac{\partial v_i}{\partial x_j}\sigma_{ji} + v_i\frac{\partial\sigma_{ji}}{\partial x_j}\right)\mathrm{d}V \\ &= \int_{\Omega}\left(D_{ji}\sigma_{ji} - \Omega_{ji}\sigma_{ji} + v_i\frac{\partial\sigma_{ji}}{\partial x_j}\right)\mathrm{d}V \\ &= \int_{\Omega}\left(D_{ji}\sigma_{ji} + v_i\frac{\partial\sigma_{ji}}{\partial x_j}\right)\mathrm{d}V\end{aligned} \tag{2-32}$$

$$\Omega_{ij} = \frac{1}{2}\left(\frac{\partial v_i}{\partial x_j} - \frac{\partial v_j}{\partial x_i}\right) \tag{2-33}$$

$$D_{ij} = \frac{1}{2}\left(\frac{\partial v_i}{\partial x_j} + \frac{\partial v_j}{\partial x_i}\right) \tag{2-34}$$

式中：Ω_{ji} 和 D_{ji} 分别为旋率张量和变形率张量，由于 Ω_{ji} 是反对称的，而 σ_{ji} 是对称的，因此有 $\Omega_{ji}\sigma_{ji}=0$。将式(2-31)和式(2-32)代入式(2-30)，并对式(2-30)右端第二项应用高斯定理，可得

$$\int_{\Omega}\left[\rho\frac{\mathrm{d}e}{\mathrm{d}t}-D_{ij}\sigma_{ij}+v_i\left(\rho\frac{\mathrm{d}v_i}{\mathrm{d}t}-\frac{\partial\sigma_{ji}}{\partial x_j}-\rho b_i\right)\right]\mathrm{d}V=0 \tag{2-35}$$

上式积分号中的最后一项恰好是动量方程式(2-29),并考虑到 $D_{ij}=\dot{\varepsilon}_{ij}$,因此可得

$$\rho\frac{\mathrm{d}e}{\mathrm{d}t}=D_{ij}\sigma_{ij}=\dot{\varepsilon}_{ij}\sigma_{ij} \tag{2-36}$$

上式为拉格朗日描述下的能量方程,它表明柯西应力张量和变形率张量在功率上是共轭的,或者说它们在能量上共轭。这一特性在建立动量方程的弱形式(即虚功原理或虚功率原理)时非常有用。

2.2.5 控制方程

综上所述,不考虑热量交换,更新拉格朗日格式的控制方程为

$$质量守恒:\frac{\mathrm{d}\rho}{\mathrm{d}t}+\rho\frac{\partial v_k}{\partial x_k}=0 \tag{2-37}$$

$$动量方程:\frac{\partial\sigma_{ij}}{\partial x_j}+\rho b_i=\rho\ddot{u}_i \tag{2-38}$$

$$能量方程:\rho\dot{e}=\dot{\varepsilon}_{ij}\sigma_{ij}=s_{ij}\dot{\varepsilon}_{ij}-p\dot{\varepsilon}_{kk} \tag{2-39}$$

$$本构关系:\sigma^{\nabla}=\sigma^{\nabla}(\dot{\varepsilon}_{ij},\sigma_{ij},\cdots) \tag{2-40}$$

$$几何方程:\dot{\varepsilon}_{ij}=\frac{1}{2}(v_{i,j}+v_{j,i}) \tag{2-41}$$

$$边界条件:\begin{cases}(n_j\sigma_{ij})|_{\Gamma_t}=\bar{t}_i\\ v_i|_{\Gamma_u}=\bar{v}_i\end{cases} \tag{2-42}$$

$$初始条件:v_i(\boldsymbol{X},0)=v_{0i}(\boldsymbol{X}),u_i(\boldsymbol{X},0)=u_{0i}(\boldsymbol{X}) \tag{2-43}$$

式中:Γ_t 和 Γ_u 分别为给定面力边界和给定位移边界;σ_{ij}为柯西应力;$s_{ij}=\sigma_{ij}+p\delta_{ij}$为偏应力张量;$p$ 为静水压力(受压为正);ρ 为当前密度;b_i 为作用于物体的单位质量上的体力;$\ddot{u}_i$ 为加速度;n_j 为边界的外法线单位向量。

每个质点携带的质量在运动过程中保持不变,因此,质量守恒自动满足。

2.3 冲击波

冲击波是一个强间断面,且没有明显的厚度;冲击波的振幅远高于材料的动态屈服强度,因此,剪切应力与静水压力相比可以忽略,可以将材料看成流体,其行为由状态方程描述。

参见图2-2,记波阵面前的压力为 p_0、密度为 ρ_0、温度为 T_0、单位质量的内能为 e_0;波阵面后的压力为 p、密度为 ρ、温度为 T、单位质量的内能为 e;波阵面的速度为 u_s,波阵面前的粒子速度为0,波阵面前的粒子是静止的;波阵面上和波阵面后的粒子速度为 u_p。

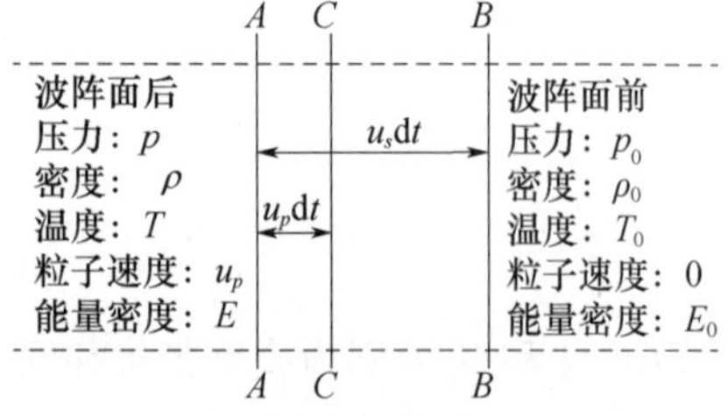

图2-2 冲击波波阵面示意图

2.3.1 雨贡纽(Hugoniot)方程

下面考虑垂直于波阵面传播方向的具有单位横截面积的一段材料的运动。如图2-2所示,将某时刻 t 的波阵面记为 AA,经过时间段 $\mathrm{d}t$ 后,波阵面移动到 BB 位置,同时原来在 AA 面上的物质运动到 CC 处。

在时刻 t,波阵面 AA 前的材料密度为 ρ_0,因此,区域 $AABB$ 内材料的质量为 $\rho_0 u_s \mathrm{d}t$,经过时间段 $\mathrm{d}t$ 后,这部分材料被压缩在区域 $CCBB$ 中,密度为 ρ,质量为 $\rho(u_s - u_p)\mathrm{d}t$。根据质量守恒定理,有

$$\rho_0 u_s = \rho(u_s - u_p) \tag{2-44}$$

在时间间隔 $\mathrm{d}t$ 内,区域 $AABB$ 内的材料由静止状态加速到速度为 u_p 的状态,其动量变化为 $\rho_0 u_s \mathrm{d}t u_p$,压力的总冲量为 $(p - p_0)\mathrm{d}t$。根据动量守恒定理,有

$$p - p_0 = \rho_0 u_s u_p \tag{2-45}$$

式中:$\rho_0 u_s$ 通常称为冲击阻抗。

在时间间隔 $\mathrm{d}t$ 内,区域 $AABB$ 内的材料动能增量为 $\rho_0 u_s \mathrm{d}t u_p^2/2$,内能增加量为 $\rho_0 u_s \mathrm{d}t (e - e_0)$,压力所做的功为 $p u_p \mathrm{d}t$。根据能量守恒定理,有

$$\frac{1}{2}\rho_0 u_s u_p^2 + \rho_0 u_s (e - e_0) = p u_p \tag{2-46}$$

上述式(2-44)、式(2-45)和式(2-46)是冲击波波阵面前后应该满足的控制方程。

从质量守恒方程和动量守恒方程中消去粒子的速度 u_p,可以得到冲击波速 u_s 与压力 p 及密度 ρ 的关系。由质量守恒方程式(2-44)可得

$$u_s = \frac{v_0}{v_0 - v} u_p \tag{2-47}$$

式中:$v = 1/\rho$ 和 $v_0 = 1/\rho_0$ 为比体积。

由动量守恒方程式(2-45)可得

$$u_p = \frac{p - p_0}{\rho_0 u_s} \tag{2-48}$$

将式(2-48)代入式(2-47),得到

$$u_s^2 = \frac{1}{\rho_0^2} \frac{p - p_0}{v_0 - v} \tag{2-49}$$

上式表明:在 $p - v$ 平面上,p 和 v 是线性关系,称为瑞利(Rayleigh)线,其斜率为 $-(\rho_0 u_s)^2$。

从动量守恒方程和能量守恒方程中消去 u_s 和 u_p,可得到能量守恒方程更常用的形式。将粒子速度式(2-48)和冲击波速式(2-49)代入能量守恒方程式(2-46)中,得到

$$e - e_0 = \frac{1}{2}(p + p_0)(v_0 - v) \tag{2-50}$$

式(2-50)称为冲击绝热方程或 Rankine-Hugoniot 方程,三个守恒方程中共有压力 p、粒子速度 u_p、冲击波速 u_s、比体积 v 或密度 ρ 和单位质量的能量 e 五个变量。

材料从初始状态经冲击加载可以实现的所有压力——密度状态的轨迹称为材料

的 Rankine – Hugoniot 曲线，或简称为 Hugoniot 曲线。Hugoniot 曲线也常常指压力、密度、内能、冲击波速和粒子速度这五个变量中的任何两个变量之间的关系曲线。实验表明，大多数金属材料在没有发生相变时冲击波速 u_s 和粒子速度 u_p 之间近似满足线性关系，即

$$u_s = c_0 + su_p \tag{2-51}$$

式中：c_0 为压力为零时材料中的声速；s 为经验参数。

联立方程式(2-47)和(2-51)，可以得到冲击波速 u_s 和粒子速度 u_p 与比体积 v 之间的关系：

$$u_p = \frac{c_0(v_0 - v)}{v_0 - s(v_0 - v)} \tag{2-52}$$

$$u_s = \frac{c_0 v_0}{v_0 - s(v_0 - v)} \tag{2-53}$$

将式(2-52)和式(2-53)代入式(2-45)中，可得压力和比体积之间的关系：

$$p = p_0 + \frac{c_0^2(v_0 - v)}{[v_0 - s(v_0 - v)]^2} \tag{2-54}$$

2.3.2 人工体积黏性

冲击波导致压力、密度、质点速度和能量等在波阵面前后发生突变（跳跃），给运动微分方程的求解带来了很大的困难。此时共有五个未知数：u_s、u_p、ρ、p 和 e，但方程数只有四个（三个守恒方程和一个材料状态方程），因此控制方程的解不唯一。此时不做特殊处理的有限差分法常常无法得到正确的解答。

Von Neumann 和 Richtmyer 于 1950 年提出用人工体积黏性的方法来克服该困难。在该方法中，通过在压力项中加上一项人工体积黏性力项 q，把应力波的强间断面模糊成在一个相当狭窄的过渡区域内急剧但连续变化的波阵面，如图 2-3 所示，Hugoniot 跳跃条件在这个狭窄的区域前后满足。人工体积黏性方法在处理冲击波问题时非常有效，几乎被所有求解波传播问题的程序所采用。

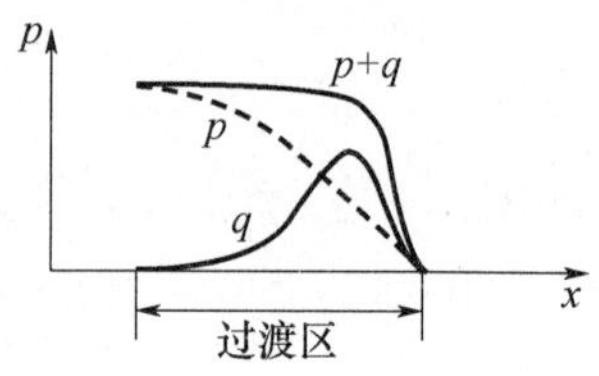

图 2-3 体积黏性力示意图

人工体积黏性项只起到使应力波间断面光滑化的作用，而基本上不影响过渡区外的计算结果。另外，应力波间断面的过渡区应限制在空间中较小的范围内，并且这个过渡区在计算过程中不应该逐步扩大。

常用的人工黏性项为

$$q = \begin{cases} c_0 \rho l^2 \dot{\varepsilon}_{kk}^2 - c_1 \rho l c \dot{\varepsilon}_{kk}, & \dot{\varepsilon}_{kk} < 0 \\ 0, & \dot{\varepsilon}_{kk} \geqslant 0 \end{cases} \tag{2-55}$$

式中：c_0 和 c_1 为无量纲常数；$l = \sqrt[3]{V}$ 为质点的特征长度，在物质点法中取为背景网格节点间距；ρ 为现时构形中的质量密度；$\dot{\varepsilon}_{kk} = \dot{\varepsilon}_{11} + \dot{\varepsilon}_{22} + \dot{\varepsilon}_{33}$ 为体积应变率；c 为声速。人工黏性项中的二次项将在波阵面后产生高频数值振荡，而线性项有效地抑制了这一数值振荡。

引入人工体积黏性项 q 后，应力的计算式变为

$$\sigma_{ij} = s_{ij} - (p + q)\delta_{ij} \tag{2-56}$$

式中：s_{ij}为偏应力张量；p 为压力（受压为正）。

$$p = -\frac{1}{3}\sigma_{kk} - q \tag{2-57}$$

能量方程式（2－39）可以进一步写成

$$\dot{E} = Js_{ij}\dot{\varepsilon}_{ij} - J(p + q)\dot{\varepsilon}_{kk} \tag{2-58}$$

式中：$\dot{E} = \rho\,\dot{e}$为系统单位初始体积的内能变化率。

2.4 爆轰波

爆轰波是沿爆炸物传播的强冲击波。爆炸物在爆轰波的强烈冲击下立即激起高速化学反应，将爆炸物转化成高温高压气体爆轰产物，并释放出大量的化学反应热能。化学反应所释放的热能又支持爆轰波对下一层爆炸物进行冲击压缩，因此爆轰波就能够不衰减地传播下去。由此可见，爆轰波是一种伴有高速化学反应的强冲击波。

2.4.1 CJ 模型

D. L. Chapman 和 E. Jouguet 在 19 世纪末、20 世纪初各自独立提出了关于爆轰波的平面一维流体动力学理论，称为爆轰波的 CJ 理论。将爆轰波中的化学反应区近似为一个强间断面，认为爆轰的化学反应在无限薄的波阵面上瞬间完成，且不考虑热传导、热辐射和耗散效应，从而把复杂的化学变化过程转化为流体力学问题，由此可以得到爆轰问题的解析解。爆轰波的化学反应区宽度为10^{-7}m 量级，和炸药装药尺寸相比是一个很小的数值；爆轰波通过化学反应区的时间为10^{-7}s 量级，和炸药装药爆轰完成的时间（一般为10^{-5}s 量级）相比也很小，因此将反应区近似为一个强间断面是合理的。

CJ 爆轰模型将爆轰波简化为带化学反应的强间断面。化学反应在爆轰波阵面上瞬间完成，波阵面后的爆轰产物处于热化学平衡状态，因此 CJ 模型的爆轰波结构可以用图 2－4 表示。CJ 模型将爆轰波简化为带化学反应的冲击波，因此波阵面上应满足质量、动量和能量守恒定律，守恒方程和前面 2.3 节中的冲击波结果类似，只要将冲击波速度 u_s 变为爆轰波速 D，并在能量方程中计入爆轰所释放的化学能即可（假设炸药的初始速度为 0），即

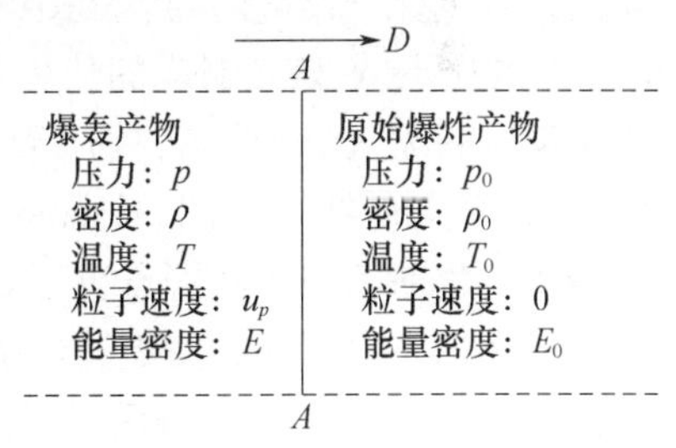

图 2－4　CJ 爆轰模型示意图

$$质量守恒：\rho_0 D = \rho(D - u_p) \tag{2-59}$$

$$动量守恒：p - p_0 = \rho_0 D u_p \tag{2-60}$$

$$能量守恒：e - e_0 = \frac{1}{2}(p + p_0)(v_0 - v) + Q_v \tag{2-61}$$

式中：Q_v 为爆轰所释放出来的单位质量化学能。

式（2－59）~式（2－61）是由三个守恒定律建立的爆轰波基本关系式，再加上爆轰产物的状态方程，共有四个方程。描述爆轰波状态的参数有 5 个：p、ρ、u、e 和 D，因此为了

确定爆轰参数，还需要补充一个方程。D. L. Chapman 和 E. Jouguet 通过研究爆轰波在炸药中的稳定传播的条件，建立了第五个方程，即爆轰波稳定传播的 CJ 条件式。

由式(2-49)可知，p 和 v 满足关系式

$$\frac{p-p_0}{v_0-v}=\rho_0^2D^2 \tag{2-62}$$

式(2-62)在 $p-v$ 平面上为从爆炸物的初始状态点 $O(p_0,v_0)$ 发出的一系列直线，称为爆轰波的波速线或瑞利(Rayleigh)线，其斜率为 $-\rho_0^2D^2$。不同斜率的 Rayleigh 线对应于不同的爆轰波速 D。

当比内能函数 $e(p,v)$ 为已知时，式(2-61)在 $p-v$ 平面上为一曲线。由于有爆轰反应热 Q_v 放出，该曲线不通过爆炸物的初始状态点 $O(p_0,v_0)$，而是位于原始爆炸物的冲击 Hugoniot 线的右上方，并被称为爆轰波的 Hugoniot 线，如图 2-5 所示。过初始状态点 O 作水平线 OB(爆速 $D=0$)和竖直线 OA(爆速 $D=\infty$)，可将爆轰产物的 Hugoniot 线分为三段：MA 段、AB 段和 BL 段。在 AB 段中，$p>p_0$，$v>v_0$，由式(2-62)可知此时爆速 D 为虚数，没有物理意义，因此 AB 段不是实际爆轰的状态，在图 2-5 中用虚线表示。在 B 点处，$v>v_0$，$p=p_0$，$D=0$，因此该点对应于定压燃烧状态。在 BL 段，爆速 D 为正实数，但由式(2-48)可知，爆轰波过后粒子速度 $u_p<0$，即波后粒子速度方向与波速方向相反，因此 BL 段对应于燃烧过程，称为爆燃分支。在 A 点处，$v=v_0$，$p>p_0$，$D=\infty$，对应于定容爆轰状态。在 AM 段，$v<v_0$，$p>p_0$，爆速 D 和粒子速度 u_p 均大于 0，波速和粒子速度方向相同，对应于爆轰状态，因此 AM 段称为爆轰分支。

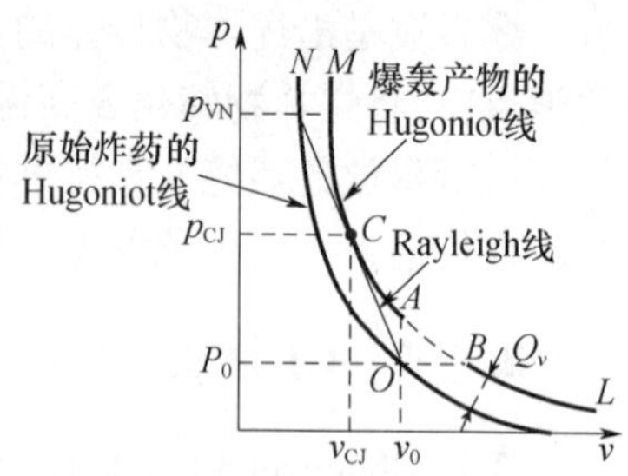

图 2-5　Hugoniot 曲线

由图 2-5 可以看出，以爆速 D 传播的爆轰波，波阵面前面的原始爆炸物在遭受冲击而尚未发生化学反应时，其状态由初始状态点 $O(p_0,v_0)$ 突跃到 Rayleigh 线与冲击 Hugoniot 线的交点 N，该点对应的压力即为 von Neumann 压力峰 p_{VN}。化学反应完成后，由于化学反应热 Q_v 已经放出，故爆轰波阵面传播过后刚刚形成的爆轰产物的状态必定在 Rayleigh 线与爆轰产物的 Hugoniot 线的相切点或相交点。爆速不同，爆轰波阵面传播过后爆轰产物所达到的状态点也不同。因此，爆轰波的 Hugoniot 线是初始状态为 (p_0,v_0) 的爆炸物经过不同爆速的爆轰波传播过后爆轰产物的所有可能最终状态点 (p,v) 的集合。但是，并非 Hugoniot 线上的所有点都与能够定常传播的爆轰过程相对应。D. L. Chapman 和 E. Jouguet 的理论研究指出，爆轰反应产物的状态必须位于 Rayleigh 线和 Hugoniot 线的切点(图 2-5 中的 C 点)，爆轰波才能定常传播。切点 C 称为 CJ 点，与该点对应的状态称为 CJ 状态，其物理量用下标 CJ 表示。爆轰产物的 Hugoniot 线的斜率为

$$\frac{\partial p}{\partial v}=-\rho^2\frac{\partial p}{\partial \rho}=-\rho^2c^2 \tag{2-63}$$

式中：$c=\sqrt{\partial p/\partial \rho}$ 为爆轰产物的当地声速。在 CJ 点处，Rayleigh 线与爆轰产物的 Hugoniot 线相切，即 Rayleigh 线的斜率 $-\rho^2D^2$ 与爆轰产物的 Hugoniot 线的斜率 $-\rho^2c^2$ 在 CJ 点处相等，因此 CJ 点所对应的爆速 D 正好等于爆轰产物的当地声速，即

$$D=u_{\mathrm{CJ}}+c_{\mathrm{CJ}} \tag{2-64}$$

式中：c_{CJ}为爆轰波阵面处爆轰产物的声速；u_{CJ}为爆轰波阵面处爆轰产物的粒子速度。式(2-64)称为CJ条件。满足该条件时，爆轰波阵面后的稀疏波就赶不上爆轰波，爆轰波反应区内所释放出的能量就不会发生损失，而全部用来支持爆轰波的定常传播。可以证明，CJ点处的熵最小，且爆轰波的Hugoniot线和过该点的等熵线在该点处相切。因此，在给定爆炸物初始状态的条件下，只有以与过CJ点的Rayleigh线相对应的爆轰波速度传播时，爆轰波的传播才是稳定的。

引入爆轰产物的状态方程后就可以确定爆轰参数。记

$$k = -\left(\frac{\partial \ln p}{\partial \ln v}\right)_s = -\frac{v}{p}\left(\frac{\partial p}{\partial v}\right)_s \tag{2-65}$$

可以证明，过C点的等熵线也与过C点的Rayleigh线相切，即有

$$\left(\frac{\partial p}{\partial v}\right)_s = \frac{p_{CJ} - p_0}{v_0 - v_{CJ}} \tag{2-66}$$

将式(2-66)代入式(2-65)，并忽略初始压力p_0，可得

$$\frac{v_0}{v_{CJ}} = \frac{k+1}{k}, \rho_{CJ} = \frac{k+1}{k}\rho_0 \tag{2-67}$$

式中：v_{CJ}和ρ_{CJ}分别为CJ状态(即切点C处)的比体积和密度。将式(2-67)代入式(2-62)和式(2-59)，可得CJ状态的压力和质点速度

$$p_{CJ} = \frac{1}{k+1}\rho_0 D^2 \tag{2-68}$$

$$u_{CJ} = \frac{1}{k+1}D \tag{2-69}$$

将式(2-69)代入CJ条件式(2-64)可以得到CJ点的声速

$$c_{CJ} = \frac{k}{k+1}D \tag{2-70}$$

如果已知炸药的ρ_0、D和爆轰产物的参数k，就可以求得爆轰波CJ点的状态参数。参数k和状态方程有关。对于多方过程

$$pv^{\gamma} = 常数 \tag{2-71}$$

式中：γ为多方指数。γ值不同代表不同的过程。$\gamma = 0$代表等压过程，$\gamma = 1$代表等温过程，$\gamma = \infty$代表等容过程，$\gamma = C_p/C_v$代表等熵过程，此时γ为绝热指数(也称等熵指数或比热容比)。炸药爆轰产物的膨胀过程是一种多方过程，在高压下，它的γ值近似等于3。随着膨胀的进行，γ值逐渐减小，膨胀到常压状态时，γ值近似等于1.4。

对式(2-71)两边取自然对数，有

$$\ln p + \ln v^{\gamma} = 常数 \tag{2-72}$$

将式(2-72)代入式(2-65)中，可得

$$k = -\frac{v}{p}\left(\frac{\partial p}{\partial v}\right)_s = \gamma \tag{2-73}$$

2.4.2 ZND模型

CJ模型与真实爆轰过程并不完全相符。爆轰波并不是一个严格的强间断面，它存在一个有一定厚度的化学反应区，在反应区内存在复杂的化学反应。20世纪40年代苏联

科学家 Zeldovich、美国科学家 von. Neumann 和德国科学家 Doring 在 CJ 模型的基础上，分别独立地提出了简单的爆轰波结构模型（Zeldovich – von Neumann – Doring，ZND），认为化学反应不是瞬时完成的，而是在具有一定厚度的区域内按一定的反应速率完成的。在先导冲击波阵面处，原始爆炸物受到强烈的冲击压缩，已具备了激发高速化学反应的压力和温度条件，但尚未发生化学反应。在反应区的末端面（CJ 面）处，化学反应完成并形成爆轰产物。这样，先导冲击波与紧随其后的高速化学反应区构成了一个完整的爆轰波阵面，它以同一速度 D 传播，并将原始爆炸物与爆轰产物隔开，如图 2 –6 所示。与 CJ 模型相比，ZND 模型更接近爆轰反应的真实情况。

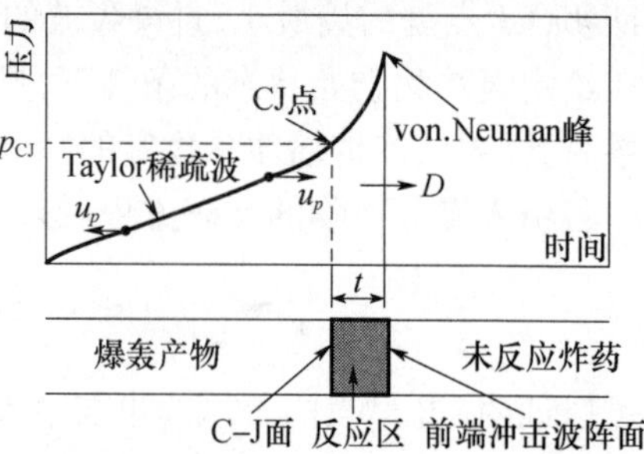

图 2 –6　爆轰波的结构及压力波形

在 ZND 模型中，未反应的炸药首先受先导冲击波的强烈冲击作用，由初始状态点 O 突跃到冲击波 Hugoniot 曲线上的 N 点（高温高压状态），如图 2 –5 所示，这个冲击过程不发生任何化学反应。随后高速化学反应被激发，并沿着 Rayleigh 线继续进行放热化学反应。随着反应的进行，代表反应进度的变量 λ 从 0 逐渐增大，所释放的化学反应热能 λQ_v 也逐渐增大，系统的状态由点 N 沿 Rayleigh 线逐渐连续向反应终了点（CJ 点，$\lambda = 1$）变化，反应区内流体质点处于局部热力学平衡状态。

先导冲击波后面的稀疏波（称为 Taylor 波）会很快沿着波的传播方向进入产物区。在 CJ 面上，气体产物的粒子速度方向与爆轰波传播方向相同；在 CJ 面以后，由于气体的膨胀，粒子速度将发生反向。在化学反应区前部有一个压力峰值，称为 von Neumann 峰，如图 2 –6 所示。由于化学反应区的厚度非常小，且在材料中 von Neumann 峰衰减很快，因此在实际计算时可以忽略 von Neumann 压力峰，而将 Taylor 波的最大压力 p_{CJ}（爆压）、质点速度 u_{CJ} 作为表征爆炸的特征参数。

考察反应区内任一截面，该处已有部分炸药发生了反应，反应分数为 λ。该截面两侧的参数同样满足三个守恒方程

$$\text{质量守恒}: \rho_0 D = \rho(D - u_p) \tag{2-74}$$

$$\text{动量守恒}: p - p_0 = \rho_0 D u_p \tag{2-75}$$

$$\text{能量守恒}: e - e_0 = \frac{1}{2}(p + p_0)(v_0 - v) + \lambda Q_v \tag{2-76}$$

比内能 e 是压力 p、比体积 v 和反应进度变量 λ 的函数，即

$$e = e(p, v, \lambda) \tag{2-77}$$

ZND 模型假设爆轰波反应区内所发生的反应类型是单一的，且从先导冲击波阵面后到 CJ 面间反应进度是连续增加的，反应进度由反应速率方程控制

$$\frac{\mathrm{d}\lambda}{\mathrm{d}t} = r(p, v, \lambda) \tag{2-78}$$

只要已知反应速率 λ，即可以求解以上 5 个方程，得到 p、u_p、ρ、e 和 λ。状态方程和反应速率方程的形式一般较为复杂，很难得到爆轰波反应区内流动的定常解的解析表达式，因此一般多采用数值求解。

2.5 物质点离散

前面2.2.5节给出的控制方程是一组偏微分方程，它描述了连续体的运动规律。对于复杂的实际工程问题，只能采用数值方法来求其近似解，此时必须对所求解的问题进行离散，将偏微分方程近似转化为有限个代数方程，以便于计算机求解。

求解偏微分方程的一类数值方法是首先建立和原微分方程及定解条件等价的弱形式，再在此基础上建立近似解法。物质点法的求解格式是基于弱形式建立的。

动量方程(2-38)要求在求解域Ω内处处满足，因此直接求解这组微分方程是非常困难的。数值方法一般是从微分方程的弱形式出发，它只要求动量方程在某种平均意义下满足。取虚位移$\delta u_j \in \Re_0$，$\Re_0 = \{\delta u_j | \delta u_j \in C^0, \delta u_j|_{\Gamma_u} = 0\}$，考虑到$\delta u_i|_{\Gamma_u} = 0$(在边界$\Gamma_u$处位移已知，故其变分为0)，并引入比应力$\sigma_{ij}^s = \sigma_{ij}/\rho$和比边界面力$\bar{t}_i^s = \bar{t}_i/\rho$，可得

$$\int_\Omega \rho \ddot{u}_i \delta u_i \mathrm{d}V + \int_\Omega \rho \sigma_{ij}^s \delta u_{i,j} \mathrm{d}V - \int_\Omega \rho b_i \delta u_i \mathrm{d}V - \int_{\Gamma_t} \rho \bar{t}_i^s \delta u_i \mathrm{d}A = 0 \tag{2-79}$$

式(2-79)即为动量方程(2-38)和给定面力边界条件的等效积分弱形式，也称为虚功方程，它所包含的位移函数u_i对坐标的导数最高阶次为1，比强形式(2-38)降低了一阶。因此，位移函数u_i只需要满足C_0阶连续性。

物质点法将连续体离散为一系列质点，如图2-7所示，质点的运动代表了物体的运动，质点携带了密度、速度、应力等各种物理量。

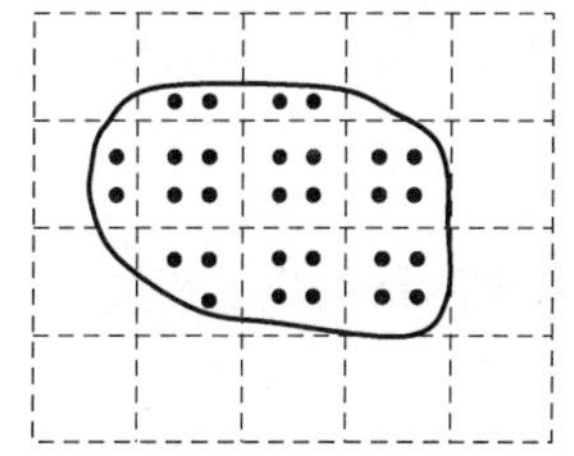

图2-7 物质点法离散示意图
实线——物体边界；圆点——质点；
虚线——背景网格。

连续体的密度可以近似为

$$\rho(x_i) = \sum_{p=1}^{n_p} m_p \delta(x_i - x_{ip}) \tag{2-80}$$

式中：n_p为质点总数；m_p为质点p的质量；δ为Dirac Delta函数；x_{ip}为质点p的坐标。将式(2-80)代入虚功方程式(2-79)中，可将虚功方程转化为求和形式

$$\sum_{p=1}^{n_p} m_p \ddot{u}_{ip} \delta u_{ip} + \sum_{p=1}^{n_p} m_p \sigma_{ijp}^s \delta u_{ip,j} - \sum_{p=1}^{n_p} m_p b_{ip} \delta u_{ip} - \sum_{p=1}^{n_p} m_p \bar{t}_{ip}^s h^{-1} \delta u_{ip} = 0 \tag{2-81}$$

式中：$u_{ip} = u_i(\boldsymbol{x}_p)$；$\delta u_{ip,j} = \delta u_{i,j}(\boldsymbol{x}_p)$；$\sigma_{ijp}^s = \sigma_{ij}^s(\boldsymbol{x}_p)$；$b_{ip} = b_i(\boldsymbol{x}_p)$；$\bar{t}_{ip}^s = \bar{t}_i^s(\boldsymbol{x}_p)$；$h$是为了将式(2-79)左端最后一项边界积分转化为体积分而引入的假想边界层厚度。由式(2-81)可见，物质点法将式(2-79)中的各项积分转化为被积函数在各质点处的值与该质点所代表的体积之积的和，即采用了质点积分。

在求解动量方程时，质点和背景网格完全固连，质点随着背景网格一起运动，因此可以通过建立在背景网格节点上的有限元形函数$N_I(x_i)$来实现质点和背景网格节点之间信息的映射。下面用带下标I的量来表示背景网格节点的变量，用带下标p的量来表示质点携带的变量，则质点p的坐标x_{ip}可以由背景网格节点坐标x_{iI}插值而得到，即

$$x_{ip} = N_{Ip} x_{iI} \tag{2-82}$$

式中：$N_{Ip} = N_I(x_p)$为节点I的形函数在质点p处的值；大写下标(如I、J)表示节点；大写下标重复两次表示在其取值范围内求和。当涉及背景网格的一个具体单元时，该下标的

取值范围为该单元的节点总数(对于八节点六面体单元,节点总数为8);当涉及整个背景网格时,该下标的取值范围为背景网格的节点总数 n_g。

如果背景网格采用八节点六面体单元,则节点 I 的形函数为

$$N_I = \frac{1}{8}(1+\xi\xi_I)(1+\eta\eta_I)(1+\zeta\zeta_I), \qquad I=1,2,\cdots,8 \tag{2-83}$$

式中:ξ_I,η_I,ζ_I 为节点 I 的自然坐标,其取值分别为±1。由于有限元形函数 N_I 具有紧支性,式(2-82)只需对质点 $\boldsymbol{x}_p$ 所在单元的顶点求和即可。

同理,质点 p 的位移 u_{ip} 及其导数 $u_{ip,j}$ 则可以由节点位移 u_{iI} 插值而得到,即

$$u_{ip} = N_{Ip}u_{iI} \tag{2-84}$$

$$u_{ip,j} = N_{Ip,j}u_{iI} \tag{2-85}$$

类似地,质点 p 的虚位移 δu_{ip} 也可以近似为

$$\delta u_{ip} = N_{Ip}\delta u_{iI} \tag{2-86}$$

将式(2-84)~式(2-86)代入动量方程弱形式(2-81),并考虑到节点虚位移 δu_{iI} 在本质边界 Γ_u 上为零,在其余所有节点处任意取值,可得背景网格节点的运动方程

$$\dot{p}_{iI} = f_{iI}^{\text{int}} + f_{iI}^{\text{ext}}, \qquad x_I \notin \Gamma_u \tag{2-87}$$

式中

$$p_{iI} = m_{IJ}\dot{u}_{iJ} \tag{2-88}$$

是第 I 个背景网格节点在 i 方向的动量;

$$m_{IJ} = \sum_{p=1}^{n_p} m_p N_{Ip} N_{Jp} \tag{2-89}$$

是背景网格的质量矩阵;

$$f_{iI}^{\text{int}} = -\sum_{p=1}^{n_p} N_{Ip,j}\sigma_{ijp}\frac{m_p}{\rho_p} \tag{2-90}$$

$$f_{iI}^{\text{ext}} = \sum_{p=1}^{n_p} m_p N_{Ip} b_{ip} + \sum_{p=1}^{n_p} N_{Ip}\bar{t}_{ip}h^{-1}\frac{m_p}{\rho_p} \tag{2-91}$$

分别是节点内力和外力;

$$\sigma_{ijp} = \sigma_{ij}(\boldsymbol{x}_p) \tag{2-92}$$

为质点 p 的应力。

如果采用集中质量阵

$$m_I = \sum_{J=1}^{n_g} m_{IJ} = \sum_{p=1}^{n_p} m_p N_{Ip} \tag{2-93}$$

则节点的运动方程式(2-87)可以进一步简化为

$$m_I\ddot{u}_{iI} = f_{iI}^{\text{int}} + f_{iI}^{\text{ext}}, \qquad x_I \notin \Gamma_u \tag{2-94}$$

注意,在式(2-94)中,下标 I 为自由下标,不求和。

由以上推导过程可以看出,物质点法和有限元法比较相似,它们的主要区别在于:

(1) 有限元法采用高斯积分,将积分转化为被积函数在各高斯点处的值与该高斯点所代表的体积之积的和。物质点法采用质点积分,将积分转化为被积函数在各质点处的值与该质点所代表的体积之积的和。

(2) 有限元法的计算网格始终与物体固连,而物质点法的背景网格只在每个时间步

内和物体固连，在每个时间步结束时，丢弃已经变形的背景网格。由于质点已经携带了物体的所有物质信息，在下一个时刻，可以通过将质点的信息映射到新背景网格上求得网格的信息，因此在物质点法中不需要记录各时刻背景网格节点的任何信息。

由此可见，物质点法可以看成是采用质点积分且在每个时间步中都进行网格重分的特殊的有限元法。高斯积分可以对多项式被积函数进行精确积分，而质点积分一般不能；因此对于小变形问题，物质点法的精度和效率均低于有限元法，其误差主要来源于质点积分的误差。但对于大变形问题，有限元法会由于网格畸变导致精度降低并产生数值求解困难，而且难于模拟空间碎片等材料破碎问题。

2.6 时间积分

物质点法利用显式时间积分对动量方程进行积分，得到更新后的节点速度，然后再通过形函数进行映射，得到更新后的质点变量。

2.6.1 显式时间积分

爆炸、冲击问题中的载荷作用时间短、变化快，系统响应的频率高，一般多采用显式积分求解。中心差分法是最常用的显式积分方法，其临界时间步长取决于单元的特征长度。在小变形问题中，单元的特征长度不变，因此在整个求解过程中可以采用相同的时间积分步长。但在爆炸、冲击等大变形问题中，单元的特征长度不断减小，因此中心差分法的临界时间步长也不断减小，需要采用变步长的中心差分法。

假定时刻 0、t^1、t^2、…、t^n 的位移、速度和加速度均为已知，现要求时刻 t^{n+1} 的解。$t^{n+1/2}$ 时刻的速度 $\dot{u}_{iI}^{n+1/2}$ 和 t^n 时刻的加速度 $\ddot{u}_{iI}^{n}$ 分别近似为

$$\dot{u}_{iI}^{n+1/2} = \frac{u_{iI}^{n+1} - u_{iI}^{n}}{t^{n+1} - t^{n}} = \frac{1}{\Delta t^{n+1/2}}\left(u_{iI}^{n+1} - u_{iI}^{n}\right) \tag{2-95}$$

$$\ddot{u}_{iI}^{n} = \frac{\dot{u}_{iI}^{n+1/2} - \dot{u}_{iI}^{n-1/2}}{t^{n+1/2} - t^{n-1/2}} = \frac{1}{\Delta t^{n}}\left(\dot{u}_{iI}^{n+1/2} - \dot{u}_{iI}^{n-1/2}\right) \tag{2-96}$$

其中，$\Delta t^{n+1/2} = t^{n+1} - t^{n}$，$\Delta t^{n} = t^{n+1/2} - t^{n-1/2} = (\Delta t^{n-1/2} + \Delta t^{n+1/2})/2$，如图 2-8 所示，$u_{iI}^{n+1}$ 和 u_{iI}^{n} 分别表示 t^{n+1} 和 t^n 时刻的位移，$\dot{u}_{iI}^{n-1/2}$ 表示 $t^{n-1/2}$ 时刻的速度。

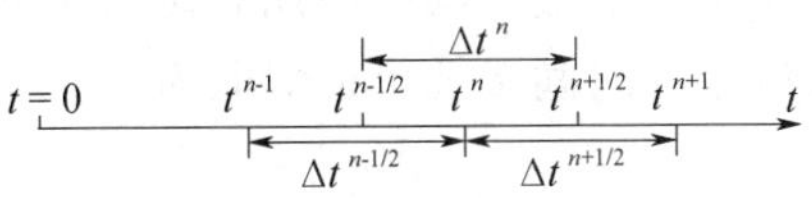

图 2-8 显式时间积分示意图

式(2-95)和式(2-96)是变步长的中心差分近似，可以写成积分的形式，即

$$u_{iI}^{n+1} = u_{iI}^{n} + \Delta t^{n+1/2}\dot{u}_{iI}^{n+1/2} \tag{2-97}$$

$$\dot{u}_{iI}^{n+1/2} = \dot{u}_{iI}^{n-1/2} + \Delta t^{n}\ddot{u}_{iI}^{n} \tag{2-98}$$

t^n 时刻的运动方程为

$$m_I\ddot{u}_{iI}^{n} = f_{iI}^{n} \tag{2-99}$$

由上式求得 t^n 时刻的加速度 $\ddot{u}_{iI}^{n}$ 后，代入式(2-98)可得

$$\dot{u}_{iI}^{n+1/2} = \dot{u}_{iI}^{n-1/2} + \Delta t^n f_{iI}^n / m_I \qquad (2-100)$$

上式右端都是已知量,由此可求得 $t^{n+1/2}$ 时刻的速度 $\dot{u}_{iI}^{n+1/2}$,然后由式(2-97)可得到时刻 t^{n+1} 的位移 u_{iI}^{n+1}。在此格式中,位移和速度是在时刻 t^{n+1} 和 $t^{n+1/2}$ 交错求解的,因此也称为蛙跳格式。

蛙跳格式只给出了 $t^{n+1/2}$ 时刻的速度 $\dot{u}_{iI}^{n+1/2}$,而没有给出 t^{n+1} 时刻的速度 $\dot{u}_{iI}^{n+1}$。由于中心差分法的时间步长一般很小,因此在计算 t^{n+1} 时刻系统的动能时可以近似采用时刻 $t^{n+1/2}$ 的速度 $\dot{u}_{iI}^{n+1/2}$。

中心差分法的算法流程为:

(1) 计算节点力 f_{iI}^n。

(2) 由 t^n 时刻的运动方程计算 t^n 时刻的加速度 $\ddot{u}_{iI}^n$

$$\ddot{u}_{iI}^n = f_{iI}^n / m_I \qquad (2-101)$$

(3) 施加运动学边界条件。

(4) 由式(2-98)计算 $t^{n+1/2}$ 时刻的速度 $\dot{u}_{iI}^{n+1/2}$。

(5) 由式(2-97)计算时刻 t^{n+1} 的位移 u_{iI}^{n+1}。

(6) 令 $t^{n+1} = t^n + \Delta t^{n+1/2}$,$n = n+1$。

(7) 根据需要输出当前时刻的计算结果。

在中心差分法中,如果采用集中质量阵,则在求各时刻的解时,不需要进行矩阵的求逆运算,效率比较高。

2.6.2 时间积分步长确定

显式积分方法是一种近似求解方法,每一步积分计算都会带来误差。如果无论 Δt 取多大,给定任意初始条件,积分结果都不会无界增大,则称此方法是无条件稳定的;反之,如果 Δt 必须小于某个临界值 Δt_{cr} 时,积分结果才不会无界增大,则称此方法是条件稳定的。

中心差分法是条件稳定算法。一般情况下,中心差分法的时间步长 Δt 必须小于临界步长 Δt_{cr},即取

$$\Delta t = \alpha \Delta t_{\text{cr}} \qquad (2-102)$$

式中:α 为一个常数,一般可取为 $0.8 \leqslant \alpha \leqslant 0.98$。

在有限元法中,已经证明系统的最小固有周期总是大于或等于网格中各单元的最小固有周期,因此中心差分法的临界时间步长可近似取为

$$\Delta t_{\text{cr}} = \min_e \frac{T_{\min}^e}{\pi} = \min_e \frac{l_e}{c} \qquad (2-103)$$

式中:$T_{\min}^e$ 为单元 e 的最小周期;l_e 为单元 e 的特征长度;

$$c = \left(\frac{4G}{3\rho} + \left. \frac{\partial p}{\partial \rho} \right|_S \right)^{\frac{1}{2}} \qquad (2-104)$$

为材料的绝热声速;其中下标"S"表示等熵。式(2-103)表明,为保证显式时间积分稳定,要求在一个时间步中任何信息传播的距离不能超过一个单元,这也称为 CFL(Courant Friedrichs Lewy)条件。

材料的压力 p 是密度 ρ 和初始单位体积内能 E 的函数,即 $p = p(\rho, E)$,因此有

$$\left.\frac{\partial p}{\partial \rho}\right|_S=\left.\frac{\partial p}{\partial \rho}\right|_E+\left.\frac{\partial p}{\partial E}\right|_\rho\left.\frac{\partial E}{\partial \rho}\right|_S \tag{2-105}$$

对于等熵过程有 $dE=-pdV$,有

$$\left.\frac{\partial E}{\partial V}\right|_S=-p \tag{2-106}$$

式中:V 为变形梯度张量的行列式,也即变形前后体元的体积比,称为相对体积。利用关系式 $\rho V=\rho_0$ 可得

$$\left.\frac{\partial E}{\partial \rho}\right|_S=\left.\frac{\partial E}{\partial V}\right|_S\frac{dV}{d\rho}=\frac{pV^2}{\rho_0} \tag{2-107}$$

材料的绝热声速 c 最终可以写成

$$c=\left(\frac{4G}{3\rho}+\left.\frac{\partial p}{\partial \rho}\right|_E+\frac{pV^2}{\rho_0}\left.\frac{\partial p}{\partial E}\right|_\rho\right)^{\frac{1}{2}} \tag{2-108}$$

对于线弹性材料,$p=-K\ln V$,因此

$$\left.\frac{\partial p}{\partial \rho}\right|_S=\left.\frac{\partial p}{\partial V}\right|_S\frac{dV}{d\rho}=\frac{K}{\rho} \tag{2-109}$$

式中:$K=E/3(1-2\nu)$ 为体积模量,将式(2-109)代入式(2-108),可以得到线弹性材料的声速为

$$c=\sqrt{\frac{E(1-\nu)}{(1+\nu)(1-2\nu)\rho}} \tag{2-110}$$

对于其他材料,需要根据压力和密度之间的关系由式(2-108)来计算其声速。

在物质点法中,时间积分是在空间固定的背景网格上完成的,在确定临界时间步长时,与采用拉格朗日网格的方法不同,除了考虑材料的声速外,还需要考虑质点速度。特别是对超高速撞击问题,质点速度和材料声速处于同一量级,质点速度的影响不可忽略。因此,在物质点法中,临界时间步长应取为

$$\Delta t_{\mathrm{cr}}=\min_e\frac{l_e}{c+|u|} \tag{2-111}$$

式中:l_e 在采用均匀背景网格时可以取为节点间距 d_c,即

$$\Delta t_{\mathrm{cr}}=\frac{d_c}{\max\limits_p(c_p+|u_p|)} \tag{2-112}$$

式中:c_p 和 u_p 分别为质点 p 的声速和质点速度。

2.7 求解格式

在有限元法中,计算程序存储了各时刻网格结点的质量和速度(动量);而在物质点法中,物体的所有物质信息均由质点携带,背景网格节点不记录任何物质信息。

为了在背景网格上求解 t^n 时刻的动量方程,需要将质点在 t^n 时刻的质量、动量、应力、体力和面力等信息映射到背景网格,以计算背景网格节点的质量、动量、内力和外力等。采用显式时间积分求解网格节点的动量方程后,将网格节点的速度变化量和位置变化量映射回质点,以更新质点的速度和位置。质点的应力可以通过应力更新计算,应力

更新首先要计算质点在当前时刻的应变增量,然后通过本构方程计算质点的应力增量。应变增量是应变率的函数,而应变率可以通过网格节点的速度计算。

应力更新可以在每个时间步开始时进行,也可以在时间步结束时进行。Bardenhagen 将在时间步开始时进行应力更新的格式称为 USF(Update Stress First),将在时间步结束时进行应力更新的格式称为 USL(Update Stress Last)。应力更新时,先要基于速度场计算应变率,实际上各种格式的主要差异在于采用不同的节点速度来计算应变率。在一个时间步中,不同的计算格式采用不同的节点速度计算应变增量:

(1) 在 USF 格式中,采用更新前的节点动量 $p_{iI}^{n-1/2}$ 来计算节点速度,即 $v_{iI}^{n-1/2} = p_{iI}^{n-1/2}/m_I^n = \sum_{p=1}^{n_p} m_p v_{ip}^{n-1/2} N_{ip}^n / m_I^n$。

(2) 在 USL 格式中,利用更新后的节点动量 $p_{iI}^{n+1/2}$ 来计算节点速度,即 $v_{iI}^{n+1/2} = p_{iI}^{n+1/2}/m_I^n$。

(3) 在 MUSL(Modified Update Stress Last)格式中,将更新后的质点动量 $p_{ip}^{n+1/2} = m_p v_{ip}^{n+1/2}$ 再次映射到背景网格后重新计算节点的速度,即 $v_{iI}^{n+1/2} = \sum_{p=1}^{n_p} m_p v_{ip}^{n+1/2} N_{ip}^n / m_I^n$。MUSL 格式是对 USL 格式的一种改进,它不直接利用更新的节点动量来计算节点速度,而是将更新的质点动量映射回背景网格后再计算节点速度。

MUSL 格式在每一步结束时将质点动量 $p_{iI}^{n+1/2}$ 映射到背景网格后计算节点速度,而 USF 格式相当于在下一步开始时将质点动量 $p_{iI}^{n+1/2}$ 映射到背景网格后计算节点速度,因此 MUSL 格式和 USF 格式基本相同。两者的本质区别在于映射时所采用的形函数不同:MUSL 格式使用 N_{ip}^n,而 USF 格式使用 N_{ip}^{n+1}。研究表明,USL 格式具有较强的数值耗散,而 USF 格式则具有较好的能量守恒特性。

物质点法三种求解格式示意图参见图 2-9,具体求解过程如下。

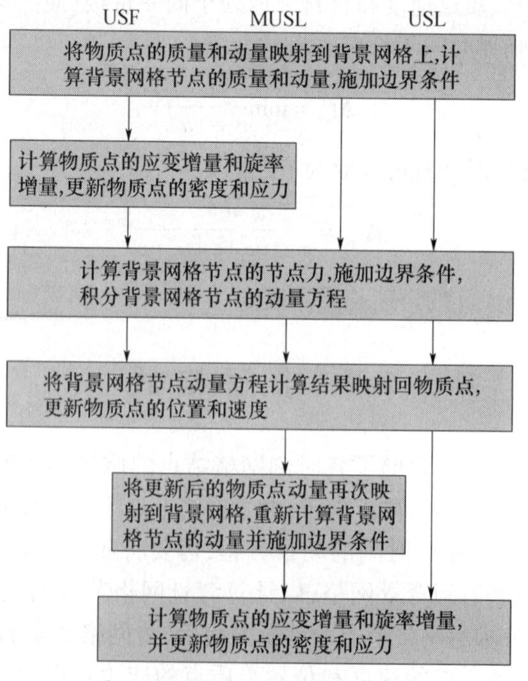

图 2-9 物质点法三种求解格式

(1) 将各质点的质量和动量映射到背景网格上，以计算背景网格节点的质量和动量

$$m_I^n = \sum_{p=1}^{n_p} m_p N_{Ip}^n \tag{2-113}$$

$$p_{iI}^{n-1/2} = \sum_{p=1}^{n_p} m_p v_{ip}^{n-1/2} N_{Ip}^n \tag{2-114}$$

(2) 对节点动量施加本质边界条件。对于固定边界，令 $p_{iI}^{n-1/2}=0$。

(3) 对于 USF 格式，由各背景网格节点的动量 $p_{iI}^{n-1/2}$ 计算其速度 $v_{iI}^{n-1/2}$，据此计算各质点的应变增量 $\Delta\varepsilon_{ijp}^{n-1/2}$ 和旋率增量 $\Delta\Omega_{ijp}^{n-1/2}$，并对各质点的密度和应力进行更新。

① 计算背景网格节点的速度 $v_{iI}^{n-1/2}$

$$v_{iI}^{n-1/2} = p_{iI}^{n-1/2}/m_I^n \tag{2-115}$$

② 计算各质点的应变增量 $\Delta\varepsilon_{ijp}^{n-1/2}$ 和旋率增量 $\Delta\Omega_{ijp}^{n-1/2}$

$$\Delta\varepsilon_{ijp}^{n-1/2} = \Delta t \sum_{I=1}^{8} \frac{1}{2}(N_{Ip,j}^n v_{iI}^{n-1/2} + N_{Ip,i}^n v_{jI}^{n-1/2}) \tag{2-116}$$

$$\Delta\Omega_{ijp}^{n-1/2} = \Delta t \sum_{I=1}^{8} \frac{1}{2}(N_{Ip,j}^n v_{iI}^{n-1/2} - N_{Ip,i}^n v_{jI}^{n-1/2}) \tag{2-117}$$

③ 更新质点密度

$$\rho_p^{n+1} = \rho_p^n/(1+\Delta\varepsilon_{iip}^{n-1/2}) \tag{2-118}$$

④ 利用 $\Delta\varepsilon_{ijp}^{n-1/2}$ 和 $\Delta\Omega_{ijp}^{n-1/2}$ 更新应力。

(4) 计算背景网格节点内力 $f_{iI}^{\text{int},n}$、节点外力 $f_{iI}^{\text{ext},n}$ 和总的节点力 f_{iI}^n

$$f_{iI}^{\text{int},n} = -\sum_{p=1}^{n_p} N_{Ip,j}^n \sigma_{ijp} \frac{m_p}{\rho_p} \tag{2-119}$$

$$f_{iI}^{\text{ext},n} = \sum_{p=1}^{n_p} m_p N_{Ip}^n b_{ip}^n + \sum_{p=1}^{n_p} N_{Ip}^n \bar{t}_{ip}^n h^{-1} \frac{m_p}{\rho_p} \tag{2-120}$$

$$f_{iI}^n = f_{iI}^{\text{int},n} + f_{iI}^{\text{ext},n} \tag{2-121}$$

如果采用 USF 格式，则 $\sigma_{ijp}=\sigma_{ijp}^{n+1}$，$\rho_p=\rho_p^{n+1}$；采用其他格式，则 $\sigma_{ijp}=\sigma_{ijp}^n$，$\rho_p=\rho_p^n$。如果节点 I 在 i 方向上固定，则令 $f_{iI}^n=0$。

(5) 在背景网格节点上积分动量方程

$$p_{iI}^{n+1/2} = p_{iI}^{n-1/2} + f_{iI}^n \Delta t^n \tag{2-122}$$

(6) 将背景网格节点的速度变化量和位置变化量映射回相应的质点，更新各质点的速度和位置

$$v_{ip}^{n+1/2} = v_{ip}^{n-1/2} + \Delta t^n \sum_{I=1}^{8} \frac{f_{iI}^n N_{Ip}^n}{m_I^n} \tag{2-123}$$

$$x_{ip}^{n+1} = x_{ip}^n + \Delta t^{n+1/2} \sum_{I=1}^{8} \frac{p_{iI}^{n+1/2} N_{Ip}^n}{m_I^n} \tag{2-124}$$

(7) 对于 MUSL 格式，将更新后的质点动量 $p_{iI}^{n+1/2}$ 再次映射到背景网格并施加运动学边界条件以计算节点的速度，即

$$p_{iI}^{n+1/2} = \sum_{p=1}^{n_p} m_p v_{ip}^{n+1/2} N_{Ip}^n \tag{2-125}$$

（8）对于 MUSL 和 USL 格式，计算背景网格节点的速度 $v_{iI}^{n+1/2}$，然后计算各质点的应变增量 $\Delta\varepsilon_{ijp}^{n+1/2}$ 和旋率增量 $\Delta\Omega_{ijp}^{n+1/2}$，并对应力和密度进行更新：

① 计算背景网格节点的速度 $v_{iI}^{n+1/2}$

$$v_{iI}^{n+1/2} = p_{iI}^{n+1/2} / m_I^n \tag{2-126}$$

② 计算各质点的应变增量 $\Delta\varepsilon_{ijp}^{n+1/2}$ 和旋率增量 $\Delta\Omega_{ijp}^{n+1/2}$

$$\Delta\varepsilon_{ijp}^{n+1/2} = \Delta t^{n+1/2} \sum_{I=1}^{8} \frac{1}{2}(N_{Ip,j}^n v_{iI}^{n+1/2} + N_{Ip,i}^n v_{jI}^{n+1/2}) \tag{2-127}$$

$$\Delta\Omega_{ijp}^{n+1/2} = \Delta t^{n+1/2} \sum_{I=1}^{8} \frac{1}{2}(N_{Ip,j}^n v_{iI}^{n+1/2} - N_{Ip,i}^n v_{jI}^{n+1/2}) \tag{2-128}$$

③ 更新质点密度

$$\rho_p^{n+1} = \rho_p^n / (1 + \Delta\varepsilon_{iip}^{n+1/2}) \tag{2-129}$$

④ 利用 $\Delta\varepsilon_{ijp}^{n+1/2}$ 和 $\Delta\Omega_{ijp}^{n+1/2}$ 更新应力。

（9）至此物体的所有质点信息均已经存储在质点上，可以丢弃已经变形了的网格，并在下一个时间步中采用新的规则网格。

由式（2-124）可知，质点是按照背景网格的速度场运动的，即在更新质点 p 的位置时，采用背景网格中和质点 p 相重合的点的速度 $\hat{v}_{ip}^{n+1/2} = \sum_{I=1}^{8} v_{iI}^{n+1/2} N_{Ip}^n$，而不是采用质点 p 的速度 $v_{ip}^{n+1/2}$。这一处理方法保证了质点在运动过程中不会相互穿透和重叠，即不同物体之间不会发生相互穿透，因此物质点法自动满足无滑移接触条件。

对于单个质点运动情况（$n_p = 1$），利用式（2-113）、式（2-114）和式（2-122）、式（2-123），可得

$$\hat{v}_{ip}^{n+1/2} = \sum_{I=1}^{8} \frac{p_{iI}^{n-1/2} + f_{iI}^n \Delta t^n}{m_I^n} N_{Ip}^n = v_{ip}^{n+1/2} \tag{2-130}$$

可见此时质点的运动不受背景网格的影响，即物质点法可以正确描述单个质点运动情况。

下面以一个特殊问题为例，比较三种格式。假设节点 I 只受质点 p 影响，则由式（2-113）和（2-121）可知节点 I 的质量和节点力分别为

$$m_I^n = \sum_{p=1}^{n_p} m_p N_{Ip}^n \tag{2-131}$$

$$f_{iI}^n = -N_{Ip,j}^n \sigma_{ijp} \frac{m_p}{\rho_p} + m_p N_{Ip}^n b_{ip}^n \tag{2-132}$$

将以上结果代入式（2-126）、式（2-125）和式（2-115）中，可以得到 USL、MUSL 和 USF 三种格式在应力更新时所采用的节点速度分别为

$$\text{USL:} \quad v_{iI}^{n+1/2} = v_{ip}^{n-1/2} + \Delta t^n \left(-\frac{N_{Ip,j}^n \sigma_{ijp}}{N_{Ip}^n \rho_p} + b_{ip}^n \right) \tag{2-133}$$

$$\text{MUSL:} \quad v_{iI}^{n+1/2} = v_{ip}^{n-1/2} + \Delta t^n \sum_{J=1}^{8} \frac{f_{iJ}^n N_{Jp}^n}{m_J^n} \tag{2-134}$$

$$\text{USF:} \quad v_{iI}^{n-1/2} = v_{ip}^{n-1/2} \tag{2-135}$$

当质点 p 趋近于和节点 I 相对的单元边界面时，$N_{Ip}^n \to 0$，但 $N_{Ip,j}^n \neq 0$，此时 USL 格式中

的式(2－133)右端第二项将趋于无穷大,导致数值不稳定。MUSL 格式中的式(2－134)右端第二项的 m_J^n 和 N_{Jp}^n 为同阶小量,因此该项不会导致数值不稳定。可见,当某节点只受一个质点影响时,USL 格式存在数值不稳定性,而 MUSL 格式和 USF 格式则有效地消除了这种数值不稳定性。

2.8 广义插值物质点法(GIMP)

物质点法将物体离散为一组质点,且采用具有线性形函数的背景网格。背景网格形函数的导数在网格之间不连续,因此当质点跨越背景网格时将会对系统产生扰动,导致精度降低,甚至使结果完全失真。广义插值物质点法(Generalized Interpolation Material Point Method,GIMP)将物体离散为具有一定大小的由特征函数表示的质点,有效地抑制了由于质点跨越背景网格而引起的数值噪声。

质点的特征函数 $\chi_p(\boldsymbol{x})$ 定义了质点所占据的空间区域,它是质点当前位置和变形状态的函数。质点的特征函数 χ_p 可以理解为质点在空间各点所占据的体积分数,因此在初始构形中应该满足单位分解条件

$$\sum_p \chi_p(\boldsymbol{x}) = 1 \tag{2-136}$$

质点的体积可以表示为

$$V_p = \int_{\Omega_p \cap \Omega} \chi_p(\boldsymbol{x}) \mathrm{d}V \tag{2-137}$$

式中:Ω 为物体现时构形所占据的区域;Ω_p 是质点 p 的特征函数在现时构形中的支撑域,它也可以看成是质点 p 在现时构形中所占据的区域。物理量 f 可以用其在质点处的值 f_p 近似为

$$f(\boldsymbol{x}) = \sum_p f_p \chi_p(\boldsymbol{x}) \tag{2-138}$$

可见,质点的特征函数将质点的物理量光滑到整个求解区域,它确定了物理量在空间变化的光滑程度。材料的密度 ρ、应力 σ_{ij} 和加速度 $\ddot{u}_i$ 都可以用质点的特征函数光滑成式(2－138)的形式。用特征函数表示虚功方程,得到

$$\begin{aligned}&\sum_p \int_{\Omega_p \cap \Omega} \frac{\dot{p}_{ip}}{V_p} \chi_p \delta u_i \mathrm{d}V + \sum_p \int_{\Omega_p \cap \Omega} \sigma_{ijp} \chi_p \delta u_{i,j} \mathrm{d}V \\ &- \sum_p \int_{\Omega_p \cap \Omega} \rho_p b_{ip} \chi_p \delta u_i \mathrm{d}V - \int_{\Gamma_t} \bar{t}_i \delta u_i \mathrm{d}A = 0\end{aligned} \tag{2-139}$$

广义插值物质点法选取质点的特征函数 $\chi_p(\boldsymbol{x})$ 作为试探函数,用它近似系统的物理量;取背景网格形函数 $N_I(\boldsymbol{x})$ 为测试函数,即利用背景网格将虚位移 δu_i 近似为

$$\delta u_i = \sum_I \delta u_{iI} N_I(\boldsymbol{x}) \tag{2-140}$$

式中:背景网格形函数 $N_I(\boldsymbol{x})$ 也满足单位分解条件,即

$$\sum_I N_I(\boldsymbol{x}) = 1 \tag{2-141}$$

将式(2－140)代入式(2－139)中,并考虑到 δu_{iI} 在本质边界 Γ_u 上为零,而在其余所有点处任意取值,可以得到

$$\dot{p}_{iI} = f_{iI}^{\text{int}} + f_{iI}^{\text{ext}}, \qquad x_I \notin \Gamma_u \tag{2-142}$$

式中

$$p_{iI} = \sum_p S_{Ip} p_{ip} \tag{2-143}$$

$$f_{iI}^{\text{int}} = -\sum_p \boldsymbol{\sigma}_{ijp} S_{Ip,j} V_p \tag{2-144}$$

$$f_{iI}^{ext} = \sum_p m_p S_{Ip} f_{ip} + \int_{\Gamma_t} N_I(\boldsymbol{x}) \bar{t}_i \mathrm{d}\Gamma \tag{2-145}$$

其中

$$S_{Ip} = \frac{1}{V_p} \int_{\Omega_p \cap \Omega} \chi_p(\boldsymbol{x}) N_I(\boldsymbol{x}) \mathrm{d}\Omega \tag{2-146}$$

$$S_{Ip,j} = \frac{1}{V_p} \int_{\Omega_p \cap \Omega} \chi_p(\boldsymbol{x}) N_{I,j}(\boldsymbol{x}) \mathrm{d}\Omega \tag{2-147}$$

利用式(2-141)和(2-137)可以证明,广义插值物质点法的形函数 S_{Ip} 也满足单位分解条件

$$\sum_I S_{Ip} = 1, \qquad \forall x_{iI}, x_{ip} \tag{2-148}$$

背景网格节点的质量 m_I 和动量 p_{iI} 为

$$m_I = \sum_p m_p S_{Ip} \tag{2-149}$$

$$p_{iI} = \sum_p p_{ip} S_{Ip} \tag{2-150}$$

广义插值物质点法仍然满足质量和动量守恒,即

$$\sum_I m_I = \sum_I \sum_p m_p S_{Ip} = \sum_p m_p \tag{2-151}$$

$$\sum_I p_{iI} = \sum_I \sum_p p_{ip} S_{Ip} = \sum_p p_{ip} \tag{2-152}$$

与形函数 N_I 相比,广义插值物质点法的形函数 S_{Ip} 更光滑,且具有更大的支撑域。当质点特征函数 $\chi_p(\boldsymbol{x})$ 取为

$$\chi_p(\boldsymbol{x}) = \delta(\boldsymbol{x} - \boldsymbol{x}_p) V_p \tag{2-153}$$

时,$S_{Ip} = N_I(\boldsymbol{x}_p)$,$S_{Ip,j} = N_{I,j}(\boldsymbol{x}_p)$,广义插值物质点法就退化为原始的物质点法。

选取不同的质点特征函数和背景网格形函数可以得到不同的权函数。背景网格形函数一般可取线性函数,对于一维问题,有

$$N_I(x) = \begin{cases} 0, & |x - x_I| \geqslant L \\ 1 + (x - x_I)/L, & -L < x - x_I \leqslant 0 \\ 1 - (x - x_I)/L, & 0 < x - x_I < L \end{cases} \tag{2-154}$$

式中:L 为单元长度。

最简单的质点特征函数为

$$\chi_p(x) = H(x - (x_p - l_p)) - H(x - (x_p + l_p)) \tag{2-155}$$

式中:l_p 为质点的长度的一半,它在质点的运动过程中不断变化。式(2-155)给出的质点特征函数相当于将物体离散为一组互不重叠且相互连接的质点,因此导出的方法称为cpGIMP(contiguous particle GIMP)法,其质点的初始尺寸等于背景网格单元长度 L 除以每

个单元中的质点数。上式也可以写成

$$\chi_p(x)=\begin{cases}1, & x\in\Omega_p\\ 0, & x\notin\Omega_p\end{cases} \tag{2-156}$$

此时可将式(2－146)和式(2－147)简化为

$$S_{Ip}=\frac{1}{2l_p}\int_{x_p-l_p}^{x_p+l_p}N_I(x)\,\mathrm{d}x \tag{2-157}$$

$$S_{Ip,j}=\frac{1}{2l_p}\int_{x_p-l_p}^{x_p+l_p}N_{I,j}(x)\,\mathrm{d}x \tag{2-158}$$

将式(2－154)代入上式,可得到具有 C^1 连续性的形函数

$$S_{Ip}=\begin{cases}0, & |x_p-x_I|\geqslant L+l_p\\ \dfrac{(L+l_p+(x_p-x_I))^2}{4Ll_p}, & -L-l_p<x_p-x_I\leqslant -L+l_p\\ 1+\dfrac{x_p-x_I}{L}, & -L+l_p<x_p-x_I\leqslant -l_p\\ 1-\dfrac{(x_p-x_I)^2+l_p^2}{2Ll_p}, & -l_p<x_p-x_I\leqslant l_p\\ 1-\dfrac{x_p-x_I}{L}, & l_p<x_p-x_I\leqslant L-l_p\\ \dfrac{(L+l_p-(x_p-x_I))^2}{4Ll_p}, & L-l_p<x_p-x_I\leqslant L+l_p\end{cases} \tag{2-159}$$

形函数 S_{Ip}的导数为

$$\nabla S_{Ip}=\begin{cases}0, & |x_p-x_I|\geqslant L+l_p\\ \dfrac{L+l_p+(x_p-x_I)}{2Ll_p}, & -L-l_p<x_p-x_I\leqslant -L+l_p\\ \dfrac{1}{L}, & -L+l_p<x_p-x_I\leqslant -l_p\\ -\dfrac{x_p-x_I}{Ll_p}, & -l_p<x_p-x_I\leqslant l_p\\ -\dfrac{1}{L}, & l_p<x_p-x_I\leqslant L-l_p\\ -\dfrac{L+l_p-(x_p-x_I)}{2Ll_p}, & L-l_p<x_p-x_I\leqslant L+l_p\end{cases} \tag{2-160}$$

在广义插值物质点法中,计算形函数 S_{Ip}时需要在质点 p 所占据的区域 Ω_p上积分,而该区域是不断变化的。对于一维问题,t^n 时刻质点 p 的尺寸 l_p^n 可以利用变形梯度直接求得,即

$$l_p^n=F_p^n l_p^0 \tag{2-161}$$

式中:F_p^n 为 t^n 时刻质点 p 的变形梯度;l_p^0 是质点 p 的初始长度。对于多维问题,质点 p 在各方向上的尺寸 l_{ip}^n可以近似为

$$l_{ip}^n=F_{iip}^n l_{ip}^0 \tag{2-162}$$

式中：F_{iip}^n为 t^n 时刻质点 p 的变形梯度张量 $\boldsymbol{F}$ 的第 i 个单元。这里相当于假设初始时刻质点所占据的区域为平行于背景网格的长方体，且在运动过程中仍然保持为平行于背景网格的长方体，即忽略了剪切变形和刚体转动。

如果初始时刻每个单元中有两个质点，且认为质点的大小在整个求解过程中保持不变，则有 $l_p = L/4$。设 $\xi = |(x_p - x_I)/L|$，有

$$S_{Ip}(\xi) = \begin{cases} \dfrac{7-16\xi^2}{8}, & \xi \leqslant 0.25 \\ 1-\xi, & 0.25 < \xi \leqslant 0.75 \\ \dfrac{(5-4\xi)^2}{16}, & 0.75 < \xi \leqslant 1.25 \\ 0, & \xi > 1.25 \end{cases} \tag{2-163}$$

由式(2-163)给出的广义插值物质点法的形函数如图2-10所示。对于三维问题，可取

$$S_{Ip}(\boldsymbol{x}) = S_{Ip}(\xi)S_{Ip}(\eta)S_{Ip}(\zeta) \tag{2-164}$$

式中：$\eta = |(y_p - y_I)/L|$，$\zeta = |(z_p - z_I)/L|$。这种方法称为uGIMP(uniform GIMP)，它仍假设初始时刻质点所占据的区域为平行于背景网格的长方体，且在运动过程中保持不变。

由式(2-163)给出的uGIMP形函数假设质点的尺寸 l_p 在整个求解过程在保持不变，在变形较大的情况下，质点特征函数的支撑域将相互重叠或相互间存在间隙，此时质点特征函数将不再满足单位分解条件，uGIMP不能完全消除质点跨越网格所产生的数值噪声。

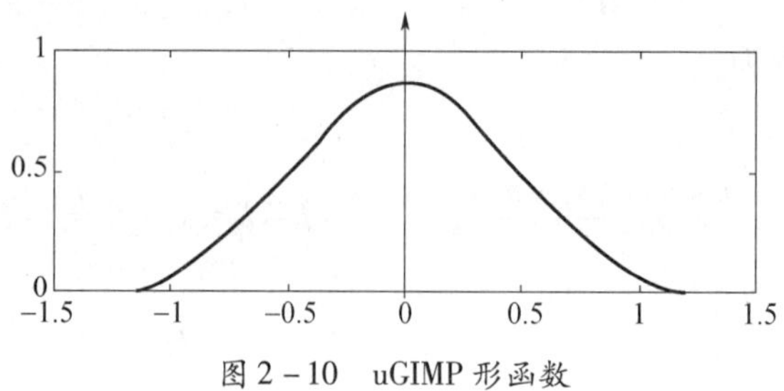

图2-10 uGIMP形函数

2.9 接触算法

在物质点法中，各物体的运动是通过定义在背景网格节点上的单值速度场 v_{iI} 确定的，因此物体在运动过程中不会相互穿透。由此可见，标准物质点法格式已经自动满足了物体之间的无滑动接触约束，无需额外运算即可以自动处理物体之间的无滑动接触。如果需要考虑物体之间的相对滑动和分离，则需要在物质点法中引入接触算法。

Bardenhagen 和 Brackbill 等人将接触算法引入到物质点法中，用于模拟颗粒材料的行为。为了允许物体之间的相对滑动和分离，Bardenhagen 等人在接触区域的背景网格节点上引入了多重速度场，不同物体 g 在同一个节点 I 处均具有不同的节点速度 v_{iI}^g。在每个时间步中，单独求解各物体的动量方程(不考虑其他物体的存在)，得到各物体的背景网格节点速度 v_{iI}^g。若不同物体均对背景网格节点 I 的速度有贡献，表明这些物体在节点

I处发生了接触。此时如果物体之间正在相互接近,则需要施加粘结或滑移条件,否则无需再做进一步处理。Bardenhagen 和 Guilkey 等人对原接触算法做了进一步改进,改用接触面处的法向面力来判断接触物体之间是否分离,并对速度修正量的大小进行了限制,以避免使背景网格变形过大导致数值不稳定。

对于大变形问题,Bardenhagen 等人提出的物质点接触算法不能保证接触界面法向量的共线条件,这将导致侵彻计算过程的动量不守恒和界面穿透。针对此问题,本节提出了一种接触界面法向量计算方法,保证了计算过程中的动量守恒,并且能处理破碎靶体的法向量计算问题。

2.9.1 接触界面条件

考虑两个物体 A 和 B 的接触问题,它们的现时构形分别记为 Ω^A和 Ω^B,边界面分别记为 Γ^A 和 Γ^B,接触面记为 $\Gamma^C(\Gamma^C=\Gamma^A\cap\Gamma^B)$,如图 2-11 所示。各物体的边界面由位移边界面、面力边界面和接触面组成,即 $\Gamma^A=\Gamma_t^A\cup\Gamma_u^A\cup\Gamma^C$,$\Gamma^B=\Gamma_t^B\cup\Gamma_u^B\cup\Gamma^C$,且 $\Gamma_t^A\cap\Gamma_u^A=0$,$\Gamma_t^A\cap\Gamma^C=0$,$\Gamma_u^A\cap\Gamma^C=0$,$\Gamma_t^B\cap\Gamma_u^B=0$,$\Gamma_t^B\cap\Gamma^C=0$,$\Gamma_u^B\cap\Gamma^C=0$。

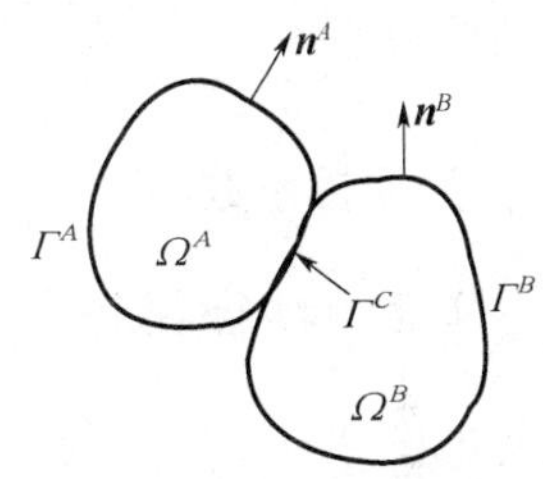

图 2-11 相互接触的两个物体

一般来说,在接触面局部坐标系中建立接触方程是比较方便的。取物体 A 作为主体,其可能接触的表面称为主表面,物体 B 作为从体,其可能接触的表面称为从表面。在表面上的各点建立局部坐标系,其基向量分别记为 $\boldsymbol{e}_1^A$、$\boldsymbol{e}_2^A$ 和 $\boldsymbol{n}^A$,其中 $\boldsymbol{e}_1^A$ 和 $\boldsymbol{e}_2^A$ 分别为切向基向量,$\boldsymbol{n}^A=\boldsymbol{e}_1^A\times\boldsymbol{e}_2^A$ 为法向单位向量。在接触点处物体 B 的法向单位向量 $\boldsymbol{n}^B$ 与物体 A 的法向单位向量 $\boldsymbol{n}^A$ 反向,即 $\boldsymbol{n}^B=-\boldsymbol{n}^A$。接触点的速度在局部坐标系中可以表示为

$$\boldsymbol{v}^A=v_N^A\boldsymbol{n}^A+v_\alpha^A\boldsymbol{e}_\alpha^A=v_N^A\boldsymbol{n}^A+\boldsymbol{v}_T^A \tag{2-165}$$

$$\boldsymbol{v}^B=v_N^B\boldsymbol{n}^A+v_\alpha^B\boldsymbol{e}_\alpha^A=-v_N^B\boldsymbol{n}^B+\boldsymbol{v}_T^B \tag{2-166}$$

式中重复下标 α 表示对其取值范围(三维问题为2,二维问题为1)求和,$v_N^A=\boldsymbol{v}^A\cdot\boldsymbol{n}^A$ 和 $v_N^B=\boldsymbol{v}^B\cdot\boldsymbol{n}^A$ 分别表示接触点处物体 A 和 B 的法向速度,$\boldsymbol{v}_T^A=v_\alpha^A\boldsymbol{e}_\alpha^A$ 和 $\boldsymbol{v}_T^B=v_\alpha^B\boldsymbol{e}_\alpha^A$ 分别表示它们的切向速度。

2.9.1.1 非嵌入条件

一对物体接触时的非嵌入条件可以表示为

$$\Omega^A\cap\Omega^B=0 \tag{2-167}$$

上式说明,物体 A 和物体 B 不能相互重叠。由于无法事先确定两个物体在哪一点接触,因此在大变形问题中,无法将非嵌入条件表示成位移的代数或微分方程。物体 A 和 B 已经相互接触的各点的非嵌入条件可以表示为速率的形式,即

$$\gamma_N=v_N^A-v_N^B=(\boldsymbol{v}^A-\boldsymbol{v}^B)\cdot\boldsymbol{n}^A=\boldsymbol{v}^A\cdot\boldsymbol{n}^A+\boldsymbol{v}^B\cdot\boldsymbol{n}^B\leqslant 0 \tag{2-168}$$

上式表明,已经相互接触的两个物体,在以后的运动中要么继续保持接触($\gamma_N=0$),要么相互分离($\gamma_N<0$)。施加非嵌入条件导致法向相对速度产生突变,使得离散方程的积分变得更为复杂。相对切向速度为

$$\gamma_T=\boldsymbol{v}_T^A-\boldsymbol{v}_T^B=v_\alpha^A\boldsymbol{e}_\alpha^A-v_\alpha^B\boldsymbol{e}_\alpha^A \tag{2-169}$$

2.9.1.2 接触面力条件

由牛顿第三定律可知,接触面力应满足条件

$$\boldsymbol{t}^A+\boldsymbol{t}^B=\boldsymbol{0} \tag{2-170}$$

即

$$t_N^A+t_N^B=0 \tag{2-171}$$

$$\boldsymbol{t}_T^A+\boldsymbol{t}_T^B=\boldsymbol{0} \tag{2-172}$$

式中:$t_N^A=\boldsymbol{t}^A\cdot\boldsymbol{n}^A$ 和 $t_N^B=\boldsymbol{t}^B\cdot\boldsymbol{n}^A$ 分别为物体 A 和 B 的法向接触面力;$\boldsymbol{t}_T^A=\boldsymbol{t}^A-t_N^A\boldsymbol{n}^A$ 和 $\boldsymbol{t}_T^B=\boldsymbol{t}^B-t_N^B\boldsymbol{n}^B$ 分别为切向接触面力。

如果两个接触点不是相互粘接的,则接触面之间不可能有拉应力,即

$$t_N=t_N^A=-t_N^B\leqslant 0 \tag{2-173}$$

切向接触力应小于等于最大静滑动摩擦力,即

$$\| t_T(x,t)\| \leqslant\mu|t_N(x,t)| \tag{2-174}$$

式中:μ 为摩擦系数。

2.9.2 接触判据

考虑图 2-12 所示的两个物体 r 和 s。当两个物体均对节点 I 的动量有贡献($p_{iI}^r\neq 0$,$p_{iI}^s\neq 0$)时,说明两个物体在节点 I 处发生了接触。当节点法向速度满足条件

$$(v_{iI}^r-v_{iI}^s)n_{iI}^r>0 \tag{2-175}$$

时,表明两个物体正在相互接近,将可能发生相互穿透。式中:n_{iI}^r为物体 r 的边界在节点 I 处的外法线单位向量,重复下标 i 在其取值范围内求和。

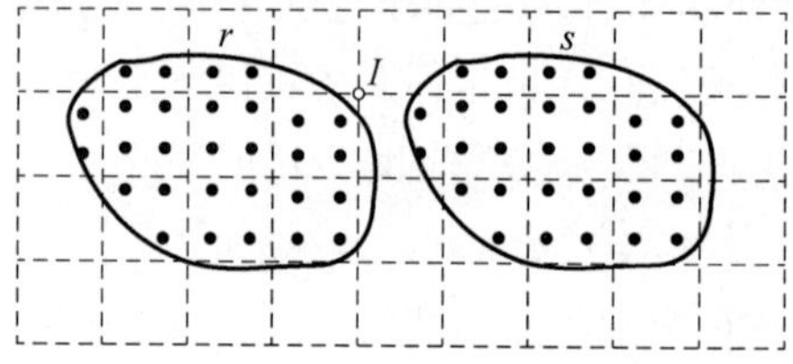

图 2-12 相互接触的两个物体

Bardenhagen 等人引入节点质心速度

$$v_{iI}^{\mathrm{cm}}=\frac{m_I^r v_{iI}^r+m_I^s v_{iI}^s}{m_I^r+m_I^s} \tag{2-176}$$

用于判断物体在背景网格节点 I 处的接触状态,式中

$$m_I^b=\sum_{p=1}^{n_p^b}m_pN_{Ip},\qquad b=r,s \tag{2-177}$$

为物体 b 的节点质量,n_p^b 为物体 b 的质点总数。

当两个物体未发生接触时,仅有一个物体对节点 I 的动量有贡献,因此节点 I 的质心速度仅取决于一个物体,此时有

$$(v_{iI}^b-v_{iI}^{\mathrm{cm}})n_{iI}^b=0,\qquad b=r,s \tag{2-178}$$

如果两个物体在节点 I 处已经接触并发生了相互穿透,则利用式(2-176)可将条件式(2-175)改写为

$$(v_{iI}^{b}-v_{iI}^{\mathrm{cm}})n_{iI}^{b}>0,\qquad b=r,s \tag{2-179}$$

如果在节点 I 处已经接触的两个物体相互分离，则有

$$(v_{iI}^{b}-v_{iI}^{\mathrm{cm}})n_{iI}^{b}<0,\qquad b=r,s \tag{2-180}$$

利用式(2－178)～式(2－180)可以判断出两个物体在节点 I 处的接触状态。如果两个物体在节点 I 处已经接触且相互穿透时，在该节点处需要施加接触力以消除穿透。

物体外表面在节点 I 处的法向单位向量 $\hat{n}_{iI}^{b}$ 可通过质量梯度计算，即

$$\hat{n}_{iI}^{b}=\frac{\sum_{p=1}^{n_p^b}m_pN_{Ip,i}}{\left|\sum_{p=1}^{n_p^b}m_pN_{Ip,i}\right|},\qquad b=r,s \tag{2-181}$$

上式给出的法向单位向量并不能完全满足共线条件（$\hat{n}_{iI}^{r}=-\hat{n}_{iI}^{s}$），将会导致动量不守恒和界面穿透。为保证法向单位向量满足共线条件，可将各物体的外法向单位向量取为由式(2－181)给出的法向单位向量的平均值，即

$$n_{iI}^{r}=-n_{iI}^{s}=\frac{\hat{n}_{iI}^{r}-\hat{n}_{iI}^{s}}{|\hat{n}_{iI}^{r}-\hat{n}_{iI}^{s}|} \tag{2-182}$$

如果物体 r 比物体 s 更硬，或者物体 r 的外表面是凸面或平面而物体 s 的外表面为凹面，则应该选取物体 r 来计算接触面的公法线方向，即取

$$n_{iI}^{r}=-n_{iI}^{s}=\hat{n}_{iI}^{r} \tag{2-183}$$

2.9.3 接触力

在处理物体间的接触问题时，可以先不考虑接触，独立积分所有物体的节点动量方程，得到各物体的节点试探动量

$$\bar{p}_{iI}^{b,k+1/2}=p_{iI}^{b,k-1/2}+\Delta t^{k}f_{iI}^{b,k},\qquad b=r,s \tag{2-184}$$

和节点试探速度

$$\bar{v}_{iI}^{b,k+1/2}=v_{iI}^{b,k-1/2}+\Delta t^{k}\frac{f_{iI}^{b,k}}{m_I^{b,k}},\qquad b=r,s \tag{2-185}$$

如果节点试探速度 $\bar{v}_{iI}^{b,k+1/2}(b=r,s)$ 不满足接触条件

$$(\bar{v}_{iI}^{r,k+1/2}-\bar{v}_{iI}^{s,k+1/2})n_{iI}^{r,k}>0 \tag{2-186}$$

或

$$(\bar{v}_{iI}^{b,k+1/2}-\bar{v}_{iI}^{\mathrm{cm},k+1/2})n_{iI}^{b,k}>0,\qquad b=r,s \tag{2-187}$$

则说明两物体正在分离，此时节点试探速度即为真实的节点速度，即取 $v_{iI}^{b,k+1/2}=\bar{v}_{iI}^{b,k+1/2}$ $(b=r,s)$。如果节点试探速度满足接触条件式(2－186)或式(2－187)，说明两个物体在接触面处发生了穿透，需要施加接触力以消除穿透。式(2－187)中

$$\bar{v}_{iI}^{\mathrm{cm},k+1/2}=\frac{\bar{p}_{iI}^{r,k+1/2}+\bar{p}_{iI}^{s,k+1/2}}{m_I^{r,k}+m_I^{s,k}} \tag{2-188}$$

为节点 I 的质心试探速度。

为了避免奇异性，物质点法中多采用动量形式。在式(2－186)两边同时乘以 $m_I^{r,k}m_I^{s,k}$，可将其改写为动量形式

$$(m_I^{s,k}\bar{p}_{iI}^{r,k+1/2}-m_I^{r,k}\bar{p}_{iI}^{s,k+1/2})n_{iI}^{r,k}>0 \tag{2-189}$$

式(2－187)的动量形式为

$$(\bar{p}_{iI}^{b,k+1/2}-m_I^{b,k}\bar{v}_{iI}^{\mathrm{cm},k+1/2})n_{iI}^{b,k}>0,\qquad b=r,s \tag{2-190}$$

物体之间发生接触穿透后，将在接触节点 I 处产生接触力 $f_{iI}^{b,c,k}(b=r,s)$，使得各物体的节点动量和节点速度修正为

$$p_{iI}^{b,k+1/2}=\bar{p}_{iI}^{b,k+1/2}+\Delta t^k f_{iI}^{b,c,k},\qquad b=r,s \tag{2-191}$$

$$v_{iI}^{b,k+1/2}=\bar{v}_{iI}^{b,k+1/2}+\Delta t^k\frac{f_{iI}^{b,c,k}}{m_I^{b,k}},\qquad b=r,s \tag{2-192}$$

对于粘着接触，节点的速度场 $v_{iI}^{b,k+1/2}(b=r,s)$ 应满足速度连续条件

$$v_{iI}^{r,k+1/2}-v_{iI}^{s,k+1/2}=0 \tag{2-193}$$

将式(2－192)代入式(2－193)，可求得粘着接触的接触力为

$$f_{iI}^{r,c,k}=-f_{iI}^{s,c,k}=\frac{m_I^{r,k}m_I^{s,k}}{(m_I^{r,k}+m_I^{s,k})\Delta t^k}(\bar{v}_{iI}^{s,k+1/2}-\bar{v}_{iI}^{r,k+1/2}) \tag{2-194}$$

式(2－194)也可以进一步写成动量的形式

$$f_{iI}^{r,c,k}=\frac{1}{(m_I^{r,k}+m_I^{s,k})\Delta t^k}(m_I^{r,k}\bar{p}_{iI}^{s,k+1/2}-m_I^{s,k}\bar{p}_{iI}^{r,k+1/2}) \tag{2-195}$$

利用式(2－188)，可将式(2－194)进一步简化为

$$f_{iI}^{b,c,k}=\frac{m_I^{b,k}}{\Delta t^k}(\bar{v}_{iI}^{\mathrm{cm},k+1/2}-\bar{v}_{iI}^{b,k+1/2}),\qquad b=r,s \tag{2-196}$$

相应地，粘着接触的法向接触力 $f_{iI}^{b,\mathrm{nor},k}(b=r,s)$ 和切向接触力 $f_{iI}^{b,\tan,k}(b=r,s)$ 分别为

$$f_{iI}^{b,\mathrm{nor},k}=f_{jI}^{b,c,k}n_{jI}^{b,k}n_{iI}^{b,k},\qquad b=r,s \tag{2-197}$$

$$f_{iI}^{b,\tan,k}=f_{iI}^{b,c,k}-f_{iI}^{b,\mathrm{nor},k},\qquad b=r,s \tag{2-198}$$

当切向接触力(摩擦力) $\|f_{iI}^{b,\tan,k}\|(b=r,s)$ 小于接触面的最大静摩擦力 $\mu\|f_{iI}^{b,\mathrm{nor},k}\|(b=r,s)$ 时，接触面处于粘着接触状态，否则为滑移接触，滑移接触的接触力为

$$f_{iI}^{b,c,k}=f_{iI}^{b,\mathrm{nor},k}+\mu\|f_{iI}^{b,\mathrm{nor},k}\|\frac{f_{iI}^{b,\tan,k}}{\|f_{iI}^{b,\tan,k}\|},\qquad b=r,s \tag{2-199}$$

式中：μ 为摩擦系数。

2.9.4 算法实现

考虑接触后，物质点法求解过程可改为如下：

(1) 丢弃上一步已经变形的背景网格，重新构造规则背景网格。将各物体的质点质量和动量分别映射到背景网格节点上，计算各物体的节点质量和节点动量。

$$m_I^{b,k}=\sum_{p=1}^{n_p^b}m_pN_{Ip}^k,\qquad b=r,s \tag{2-200}$$

$$p_{iI}^{b,k-1/2}=\sum_{p=1}^{n_p^b}m_pv_{ip}^{b,k-1/2}N_{Ip}^k,\qquad b=r,s \tag{2-201}$$

(2) 对各物体的节点动量 $p_{iI}^{b,k-1/2}(b=r,s)$ 施加本质边界条件。对于固定边界，令 $p_{iI}^{b,k-1/2}=0(b=r,s)$。

(3) 对于 USF 格式,计算各质点的应变增量 $\Delta\varepsilon_{ijp}^{b,k-1/2}(b=r,s)$ 和旋率增量 $\Delta\Omega_{ijp}^{b,k-1/2}(b=r,s)$,并更新各质点的密度 ρ_p^{k+1} 和应力 σ_{ijp}^{k+1}。

(4) 计算各物体的背景网格节点内力 $f_{iI}^{b,\text{int},k}(b=r,s)$、节点外力 $f_{iI}^{b,\text{ext},k}(b=r,s)$ 和总的节点力 $f_{iI}^{b,k}=f_{iI}^{b,\text{int},k}+f_{iI}^{b,\text{ext},k}(b=r,s)$。

(5) 不考虑接触,独立地对各物体的动量方程进行积分,即利用式(2-184)计算各节点的试探动量 $\bar{p}_{iI}^{b,k+1/2}(b=r,s)$。

(6) 接触探测及接触力计算。

① 在背景网格上利用式(2-181)、式(2-182)或式(2-183)计算各物体表面的法向单位向量 $\boldsymbol{n}_{iI}^{b,k}(b=r,s)$。如果关系式(2-189)或式(2-190)不成立,说明这两个物体在节点 I 处未发生穿透,试探解即为真实解,取 $p_{iI}^{b,k+1/2}=\bar{p}_{iI}^{b,k+1/2}$,$v_{iI}^{b,k+1/2}=\bar{v}_{iI}^{b,k+1/2}(b=r,s)$;如果关系式成立,说明两个物体在节点 I 处发生穿透。

② 对于已经发生穿透的接触节点,首先根据式(2-197)和式(2-198)计算法向接触力 $f_{iI}^{b,\text{nor},k}(b=r,s)$ 和切向接触力 $f_{iI}^{b,\tan,k}(b=r,s)$。当 $\|f_{iI}^{b,\tan,k}\|<\mu\|f_{iI}^{b,\text{nor},k}\|(b=r,s)$ 时为粘着接触,由式(2-196)计算接触力 $f_{iI}^{b,c,k}(b=r,s)$;否则为滑移接触,由式(2-199)计算接触力 $f_{iI}^{b,c,k}(b=r,s)$。

③ 利用式(2-191)对各物体的节点试探动量进行修正,得到满足接触条件的节点动量 $p_{iI}^{b,k+1/2}(b=r,s)$。

(7) 将背景网格节点速度变化量和位置变化量映射回质点,更新各质点的位置和速度

$$x_{ip}^{b,k+1}=x_{ip}^{b,k}+\Delta t^{k+1/2}\sum_{I=1}^{8}\frac{p_{iI}^{b,k+1/2}}{m_I^b}N_{Ip}^k,\qquad b=r,s \tag{2-202}$$

$$v_{ip}^{b,k+1/2}=v_{ip}^{b,k-1/2}+\Delta t^k\sum_{I=1}^{8}\frac{f_{iI}^{b,k}+f_{iI}^{b,c,k}}{m_I^b}N_{Ip}^k,\qquad b=r,s \tag{2-203}$$

(8) 对于 MUSL 格式,将更新后的质点动量再次映射到背景网格并施加运动学边界条件以计算节点的速度。

(9) 对于 MUSL 格式和 USL 格式,计算各质点的应变增量和旋率增量,并对应力和密度进行更新。

(10) 至此物体的所有物质信息均已经存储在质点上,因此可以丢弃已经变形了的背景网格,并在下一个时间步中采用新的规则背景网格。

与标准物质点法的计算流程相比,带接触算法的物质点法计算流程仅多了一步,即第(6)步,它基于试探解来计算接触力并调整接触节点动量。

分析以上流程可知,物质点算法的接触实现和有限元的接触实现过程是相同的。两种算法都是基于以下思想:首先假设物体不接触,对物体的节点单独进行时间积分得到节点试探速度(动量),根据试探速度(动量)判断物体处于接触或者分离状态,然后对物体施加接触力来消除界面穿透。

物质点接触算法要比有限元接触算法容易实现,因为物质点中的接触关系通过背景网格定义,物体间的接触力均可以施加到背景网格节点上,其接触为节点—节点的接触关系。在有限元接触算法中,物体的接触区域是不断变化的,在接触区域两个物体的节点位置一般不重合,需要采用点—面接触关系,这增加了算法的难度和计算成本。

2.10 自适应算法

2.10.1 质点自适应

材料的断裂和破坏是冲击、爆炸问题数值模拟中需要关心的一个重要问题。在数值模拟中出现的材料断裂,可能由两种原因造成。一种是材料达到其断裂强度,发生真实的物理破坏,这时需要在数值模拟的程序中对发生破坏的单元或质点进行相应处理来表达这种物理的破坏;另一种是由于数值方法的因素导致材料虚假的破坏,也可以被称为“数值断裂”。

在物质点法中,质点之间的相互作用借助于背景网格来实现。当两个质点被一个空网格分隔时,两个质点之间就没有相互作用,如图2-13所示。在超高速碰撞问题中,这个特点可以作为对材料破坏的粗略模拟。但是在某些问题中,这个特性会导致很大的误差。例如在爆炸问题中,爆轰产物剧烈膨胀,将导致大量的数值断裂;在聚能装药射流问题中,通常采用延性很好的铜来制作药型罩;在形成射流的过程中,铜材料会剧烈拉伸,应变甚至可以达到10。直接采用物质点法进行模拟,会造成数值断裂,在射流尚未形成时就发生断裂。本节介绍质点自适应分裂算法来解决这种问题。

质点在当前时间步 i 方向的累积应变为

$$\varepsilon_i = \sum_k \Delta\varepsilon_i^k = \sum_k \dot{\varepsilon}_{ii}^k \Delta t \tag{2-204}$$

式中:$\Delta\varepsilon_i^k$ 为 k 时间步的应变增量。质点在三个方向上的等效长度可以定义为

$$L_i = L_0(1+\varepsilon_i) \tag{2-205}$$

式中:$L_0 = \sqrt[3]{m_p/\rho_0}$ 为质点的初始长度。当三个坐标轴方向中的任何一个满足

$$L_i > \alpha d_c \tag{2-206}$$

时,将质点沿该方向一分为二。式中:d_c 为背景网格间距,α 为由用户指定的分裂因子,通常小于1,以保证每个网格中都可以有足够的质点。分裂后的质点间距设定为 $0.5\alpha d_c$,如图2-14所示。

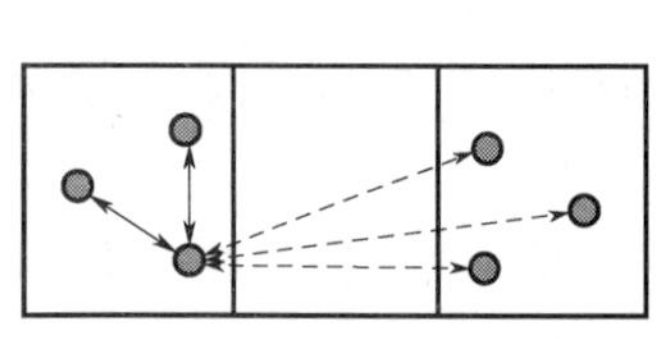

图2-13 数值断裂示意图

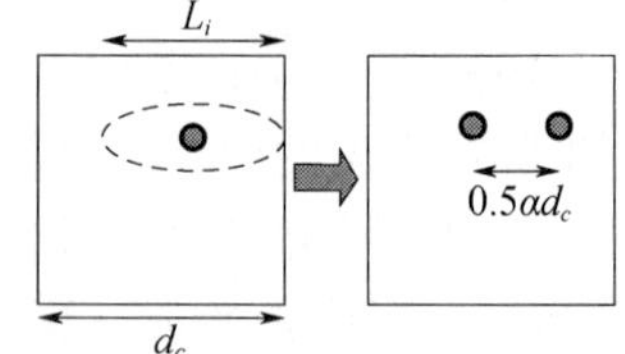

图2-14 自适应分裂质点示意图

质点分裂后,应力、应变和密度等强度量保持不变,质量、体积和内能一分为二。质点累积应变值按照下述要求进行调整。按照预期,质点等效长度应该在分裂方向减半,而在另外两个方向保持不变。注意在下一步计算时,分裂后质点的三个方向上的等效长度由于质量减半均发生变化。我们可以通过修正质点携带的累积应变 ε_i 来实现上述要求。根据 L_0 的定义,质点分裂后,$L'_0 = \sqrt[3]{0.5}L_0 \approx 0.7937L_0$。假定质点在1方向分裂,那么分裂后质点的等效长度应满足 $L'_1 = 0.5L_1$、$L'_2 = L_2$ 和 $L'_3 = L_3$,即

$$\begin{cases} 0.7937L_0(1+\varepsilon_1') = 0.5L_0(1+\varepsilon_1) \\ 0.7937L_0(1+\varepsilon_2') = L_0(1+\varepsilon_2) \\ 0.7937L_0(1+\varepsilon_3') = L_0(1+\varepsilon_3) \end{cases} \tag{2-207}$$

从而得到累积应变的修正公式

$$\begin{cases} \varepsilon_1' = 0.63\varepsilon_1 - 0.37 \\ \varepsilon_2' = 1.26\varepsilon_2 + 0.26 \\ \varepsilon_3' = 1.26\varepsilon_3 + 0.26 \end{cases} \tag{2-208}$$

2.10.2 网格自适应

物质点法在背景网格节点上积分动量方程,因此背景网格对求解精度和效率有着决定性影响。为了提高局部化问题的求解精度和效率,需要进一步对背景网格作特殊处理。

2.10.2.1 动态网格

物质点法一般采用静态背景网格,即背景网格在初始时刻创建后将在所有时间步中占据相同的计算机内存,且在每一个时间步中都需要对所有背景网格节点进行循环。然而,在大多数实际问题中,质点并没有充满整个背景网格,即存在大量的不包含质点的背景网格单元,因此静态背景网格将会浪费大量的计算机内存和计算时间。例如,某侵彻问题,各时间步大约只在13%的背景网格单元中存在质点,而在其余87%左右的背景网格单元中没有任何质点,浪费了大量的计算机内存和计算时间。

为了解决静态背景网格的这一缺陷,本节提出了动态背景网格技术。在初始时刻仅创建节点和背景网格单元的指针数组,而不对这些节点和单元类实例化,即不创建具体的节点和单元对象,因此不占内存。在每个时间步中,如果某单元中存在质点,则创建该单元及其相关节点的实例,且删除不存在质点的单元及其相关节点的实例。例如,在图2-15所示的问题中,静态背景网格将在整个计算过程中不变,而动态背景网格技术仅创建存在质点的背景网格单元,没有实例化的节点不参与计算,因此动态背景网格技术可以大幅度降低内存用量并提升计算效率。

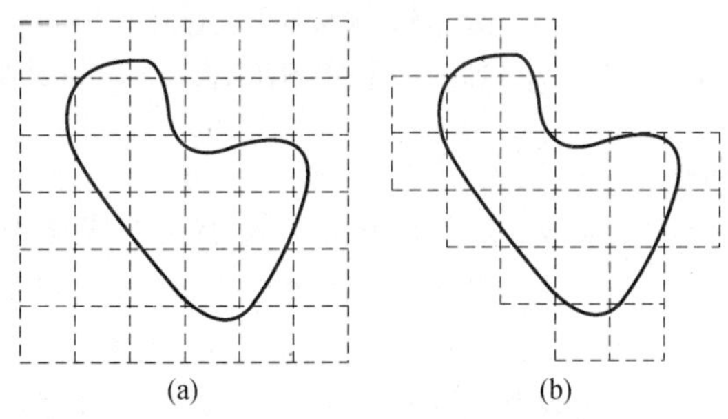

图2-15 动态背景网格技术
(a)静态网格;(b)动态网格。

2.10.2.2 移动网格

在计算过程中,初始背景网格可能无法覆盖当前的物质区域,导致某些质点飞出计算区域。为了解决这一问题,本节提出了移动网格技术,在计算过程中根据质点的当前位置自动调整背景网格，使背景网格能覆盖整个物质区域。具体步骤如下：

（1）计算当前物质区域，并将其边界扩大一个网格间距，判断其是否仍在背景网格内，若是则无需做进一步处理。

（2）记录网格需要变化的方向，如果背景网格存在边界条件，则该网格在其对称面法向方向不动。

（3）将网格在其变化方向上前后各延伸10%。

（4）根据调整后的网格大小，计算新的背景网格单元边长。

这种移动网格技术不仅可以减小计算量，而且可以在一定程度上防止数值断裂。当粒子间距变大时，当前的物质区域扩大，背景网格区域也相应扩大，从而使得质点的影响域也随之扩大，避免了数值断裂。

上述的移动网格技术不改变背景网格的拓扑结构，而是动态改变背景网格单元的尺寸，因此可能导致计算精度下降。本节提出一种改进的移动网格技术，改变网格的拓扑结构以保持网格单元的尺寸不变，同时删除没有包含质点的背景网格单元。例如，考虑一初始时刻为圆形的物体，如图2－16(a)所示。当物体变形为椭圆形时，原移动网格技术不改变背景网格的拓扑结构，使背景网格单元在椭圆长轴方向伸长以覆盖整个模型，在短轴方向上的尺寸保持不变，如图2－16(b)所示。而改进的移动网格技术保持背景网格单元的尺寸不变，在椭圆长轴方向增加单元，并在短轴方向删除不包含质点的单元，以在优化背景网格布置的基础上，保持求解精度与原始背景网格匹配，如图2－16(c)所示。

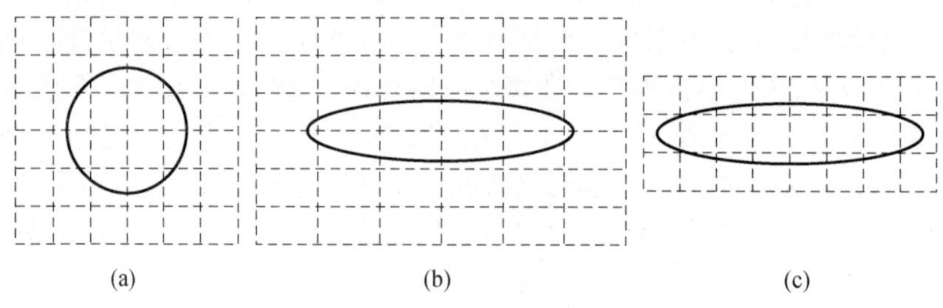

图2－16　移动网格技术示意图

(a)初始背景网络；(b)原移动网络技术；(c)改进移动网格技术。

2.10.2.3　多重网格

物质点法采用一套背景网格，背景网格需要覆盖求解区域中的所有物体，质点动量均映射到同一套背景网格。在某些问题中，单一的背景网格降低了问题的求解效率。例如，模拟多个物体运动中相互作用的问题，可能存在很多不含质点的空背景网格单元，伴随物体运动，这些空的背景网格单元可能在下一时刻被质点占据，同时也会产生一些新的空背景网格单元。另外，初始阶段相距较远的物体之间可能不存在相互作用，它们的信息一样需要映射到同一套背景网格节点上，直到它们相互接触后才通过局部背景网格实现相互作用。这些都在一定程度上造成了背景网格的浪费，降低了求解效率。

多重背景网格技术允许在同一个求解体系下存在多套背景网格，每个物体可以在各自独立的背景网格中进行计算。当不同网格中的物体发生相互作用时，再将质点信息映射到同一套背景网格下进行计算，从而增强了背景网格求解的灵活性。

如图 2－17 所示，以两个圆盘 A 和 B 相向运动直到分离的过程为例，说明多重网格技术的实现过程。具体如下：

（1）初始状态时，两个物体相隔一定距离并未相互作用，各自使用独立的网格进行计算。如图 2－17(a)所示，物体 A 对应蓝色计算网格，物体 B 对应红色计算网格。

（2）当两个物体发生接触时，使用同一套背景网格进行计算。对物体的接触探测需要确定一套主网格，这里设定主网格为物体 A 的计算网格。定义存在两个以上物体质点映射信息的网格节点为接触节点。当主网格中发现接触节点时，即触发计算网格转换条件。此时使用前面提出的移动网格技术创建新的背景网格，并覆盖发生接触物体的求解区域，如图 2－17(b)所示。

（3）当接触完成后两个物体相互分离时，各物体可以使用独立的网格计算。采用独立网格计算的基本条件是主网格中不再存在接触节点。在某些情况下，当前时刻主网格中接触节点消失，而下一时刻又可能出现接触节点。为防止由此导致的计算背景网格频繁创建切换，这里使用图 2－17(c)中所示的虚拟计算边界思想。即计算出某一物体的质点边界，如图 2－17(c)中所示物体 A 的边界 Γ_1，并向外扩展 2 个背景网格间距的空间，得到 Γ_2。当 Γ_2 中不存在物体 B 的质点时，分别创建物体 A 和 B 的背景网格，并独立计算。

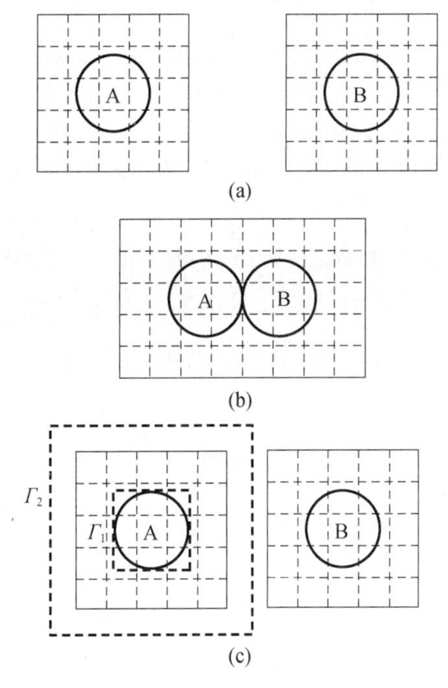

图 2－17　多重网格示意图

(a) A 和 B 相向运动；(b) A 和 B 接触时；(c) A 和 B 分离后。

2.10.2.4　多级网格

为了提高局部化问题的求解精度和效率，一般需要在局部大变形区域使用较密的质点和背景网格，而在其余区域采用较疏的质点和背景网格。本节提出多级网格技术，允许在同一套求解体系下存在不同级别(密度)的背景网格。每一级网格单元的边长为上一级网格单元边长的1/2,即第 n 级网格单元的边长 $h_n = h_0/2^n$,其中 h_0 为第 0 级网格(即最粗一级网格)单元的边长。图 2 - 18 所示为一个二维三级网格实例,可以看到在不同级别的背景网格界面处,粗网格单元会产生额外的网格节点,称为悬点(Hanging Node)。在二维情况下,粗网格中会存在 4 ~8 节点单元,而最细一级网格只存在4 节点单元。例如,图 2 - 18 中的第 0 级网格的单元1 有6 个节点,第1 级网格的单元3 有5 个节点,而第2 级网格的单元4 只有4 个节点。为了保证近似函数在单元间的协调性,需要对5 ~8 节点单元的节点形函数做特殊处理。对于单元1 而言,需使其近似函数在 abc 边上与单元2 的近似函数在 ab 边上以及单元3 的近似函数在 bc 边上协调,因此单元1 的近似函数在 abc 边上应为分段线性函数。

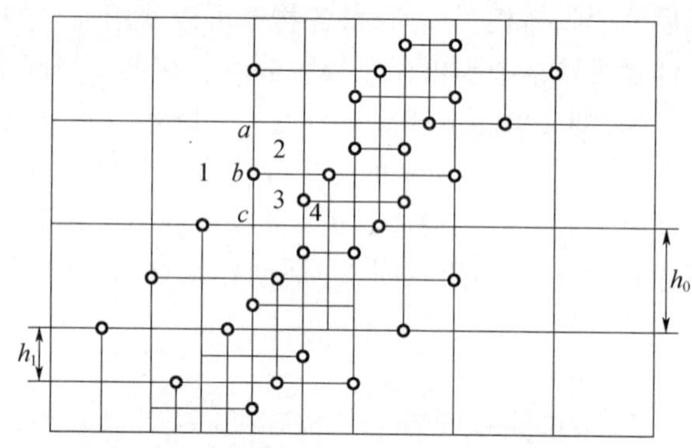

图 2 - 18　二维三级网格(空心圆为悬点)

下面以只含有悬点 b 的单元1 为例,如图 2 - 19(a)所示,节点 b 正好位于节点 a 和 c 连线的中点。节点 b 将单元分成了上下两个子区域(图中用虚线分开),在每个子区域形函数是线性的。由于悬点 b 的存在,所以节点 a 和 c 的形函数 N_a 和 N_c 在节点 b 处的值均为 0,悬点 b 的形函数 N_b 在节点 b 处的值为 1,在节点 a 和 c 处的值为 0。若不存在悬点 b,原始单元的节点 a 和 c 的形函数分别为 N_a^L 和 N_c^L,它们在节点 b 处的值为 1/2,则有

$$\begin{cases} N_a(\xi,\eta) = N_a^L(\xi,\eta) - \dfrac{1}{2}N_b(\xi,\eta) \\ N_c(\xi,\eta) = N_c^L(\xi,\eta) - \dfrac{1}{2}N_b(\xi,\eta) \\ N_b(\xi,\eta) = \dfrac{1}{2}(1+\xi)(1-|\eta|) \\ N_a^L(\xi,\eta) = \dfrac{1}{4}(1+\xi)(1+\eta) \\ N_c^L(\xi,\eta) = \dfrac{1}{4}(1+\xi)(1-\eta) \end{cases} \tag{2-209}$$

质点的大小应该和网格单元的大小协调,即在粗网格中使用较疏的质点离散,而在细网格中应该使用较密的质点离散。例如,在图 2 - 20 中,第0 级网格单元中的质点所代表的物质元的边长应该是第1 级网格单元中的质点所代表的物质元的边长的 2 倍。当

第 0 级网格中的质点运动到第 1 级网格中时,需将其分裂成 4 个质点。在三维情况下,1 个第 0 级网格质点将分裂成 8 个第 1 级网格质点。

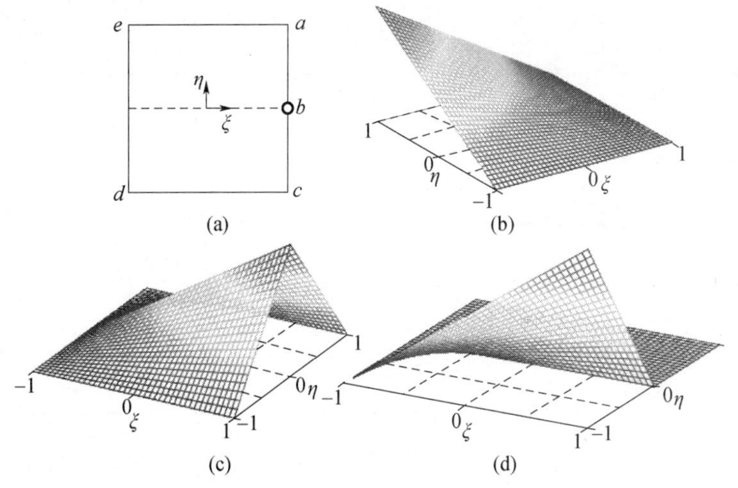

图 2-19　含有 1 个悬点的过渡单元

(a) b 节点将格子分成两个子区域;(b) e 节点形函数;(c) b 节点形函数;(d) c 节点形函数。

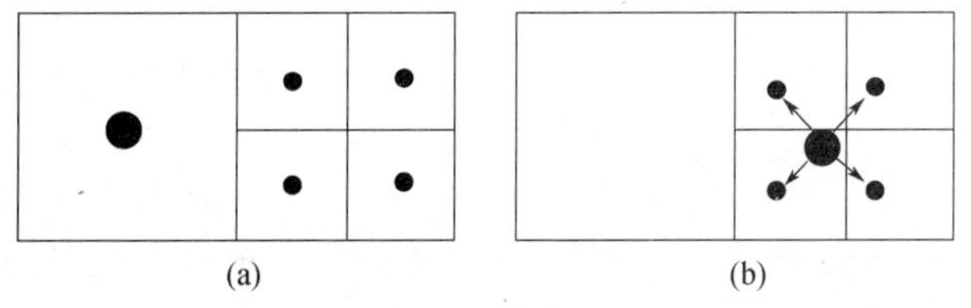

图 2-20　二维两级网格

(a)两级网格质点布置;(b)质点分裂。

在三维情况下,多级网格中可能存在 8~26 节点单元,如图 2-21 所示,其中 1~8 号节点是主节点,9~16 号节点是可选网格线中点节点,21~26 号节点是可选面中心节点。各节点的形函数列于表 2-1 中。

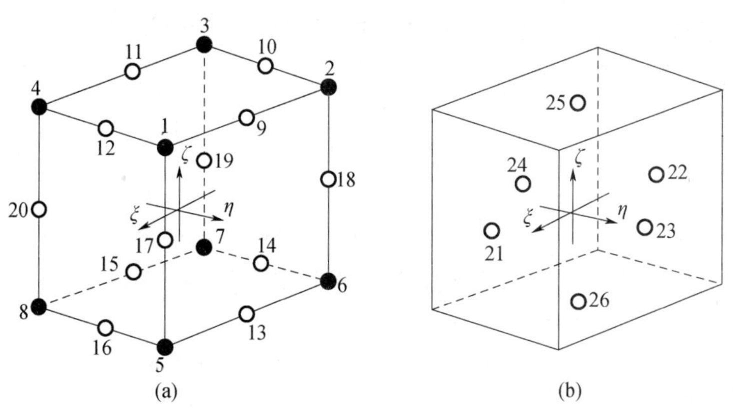

图 2-21　8~26 节点线性等参六面体单元

(a)格子线上的节点;(b)格子面中心的节点。

表 2-1　三维带悬点单元的节点形函数

节点	$N(\xi,\eta)$
26	$\frac{1}{2}(1-\lvert\xi\rvert)(1-\lvert\eta\rvert)(1-\zeta)$
25	$\frac{1}{2}(1-\lvert\xi\rvert)(1-\lvert\eta\rvert)(1+\zeta)$
24	$\frac{1}{2}(1-\lvert\xi\rvert)(1-\eta)(1-\lvert\zeta\rvert)$
23	$\frac{1}{2}(1-\lvert\xi\rvert)(1+\eta)(1-\lvert\zeta\rvert)$
22	$\frac{1}{2}(1-\xi)(1-\lvert\eta\rvert)(1-\lvert\zeta\rvert)$
21	$\frac{1}{2}(1+\xi)(1-\lvert\eta\rvert)(1-\lvert\zeta\rvert)$
20	$\frac{1}{4}(1+\xi)(1-\eta)(1-\lvert\zeta\rvert)-\frac{1}{2}(N_{21}+N_{24})$
19	$\frac{1}{4}(1-\xi)(1-\eta)(1-\lvert\zeta\rvert)-\frac{1}{2}(N_{22}+N_{24})$
18	$\frac{1}{4}(1-\xi)(1+\eta)(1-\lvert\zeta\rvert)-\frac{1}{2}(N_{22}+N_{23})$
17	$\frac{1}{4}(1+\xi)(1+\eta)(1-\lvert\zeta\rvert)-\frac{1}{2}(N_{21}+N_{23})$
16	$\frac{1}{4}(1+\xi)(1-\lvert\eta\rvert)(1-\zeta)-\frac{1}{2}(N_{21}+N_{26})$
15	$\frac{1}{4}(1-\lvert\xi\rvert)(1-\eta)(1-\zeta)-\frac{1}{2}(N_{24}+N_{26})$
14	$\frac{1}{4}(1-\xi)(1-\lvert\eta\rvert)(1-\zeta)-\frac{1}{2}(N_{22}+N_{26})$
13	$\frac{1}{4}(1-\lvert\xi\rvert)(1+\eta)(1-\zeta)-\frac{1}{2}(N_{23}+N_{26})$
12	$\frac{1}{4}(1+\xi)(1-\lvert\eta\rvert)(1+\zeta)-\frac{1}{2}(N_{21}+N_{25})$
11	$\frac{1}{4}(1-\lvert\xi\rvert)(1-\eta)(1+\zeta)-\frac{1}{2}(N_{24}+N_{25})$
10	$\frac{1}{4}(1-\xi)(1-\lvert\eta\rvert)(1+\zeta)-\frac{1}{2}(N_{22}+N_{25})$
9	$\frac{1}{4}(1-\lvert\xi\rvert)(1+\eta)(1+\zeta)-\frac{1}{2}(N_{23}+N_{25})$

(续)

节点	$N(\xi,\eta)$
8	$\frac{1}{8}(1+\xi)(1-\eta)(1-\zeta)-\frac{1}{2}(N_{15}+N_{16}+N_{20})-\frac{1}{4}(N_{21}+N_{24}+N_{26})$
7	$\frac{1}{8}(1-\xi)(1-\eta)(1-\zeta)-\frac{1}{2}(N_{14}+N_{15}+N_{19})-\frac{1}{4}(N_{22}+N_{24}+N_{26})$
6	$\frac{1}{8}(1-\xi)(1+\eta)(1-\zeta)-\frac{1}{2}(N_{13}+N_{14}+N_{18})-\frac{1}{4}(N_{22}+N_{23}+N_{26})$
5	$\frac{1}{8}(1+\xi)(1+\eta)(1-\zeta)-\frac{1}{2}(N_{13}+N_{16}+N_{17})-\frac{1}{4}(N_{21}+N_{23}+N_{26})$
4	$\frac{1}{8}(1+\xi)(1-\eta)(1+\zeta)-\frac{1}{2}(N_{11}+N_{12}+N_{20})-\frac{1}{4}(N_{21}+N_{24}+N_{25})$
3	$\frac{1}{8}(1-\xi)(1-\eta)(1+\zeta)-\frac{1}{2}(N_{10}+N_{11}+N_{19})-\frac{1}{4}(N_{22}+N_{24}+N_{25})$
2	$\frac{1}{8}(1-\xi)(1+\eta)(1+\zeta)-\frac{1}{2}(N_{9}+N_{10}+N_{18})-\frac{1}{4}(N_{22}+N_{23}+N_{25})$
1	$\frac{1}{8}(1+\xi)(1+\eta)(1+\zeta)-\frac{1}{2}(N_{9}+N_{12}+N_{17})-\frac{1}{4}(N_{21}+N_{23}+N_{25})$

2.10.2.5 自适应网格

多级背景网格需要用户根据所求解问题的特点,事先指定需要加密的区域和加密的级数,并生成相应的多级背景网格,在使用中不够灵活。自适应背景网格技术则根据各时间步的计算结果(如应变梯度或能量范数),在变形梯度大的区域自动加密背景网格并分裂质点,具有更好的灵活性、更高的精度和效率。例如,在图2-22中所示的第0级网格中的单元2满足自适应分裂条件时,自动将其分裂为4个单元。

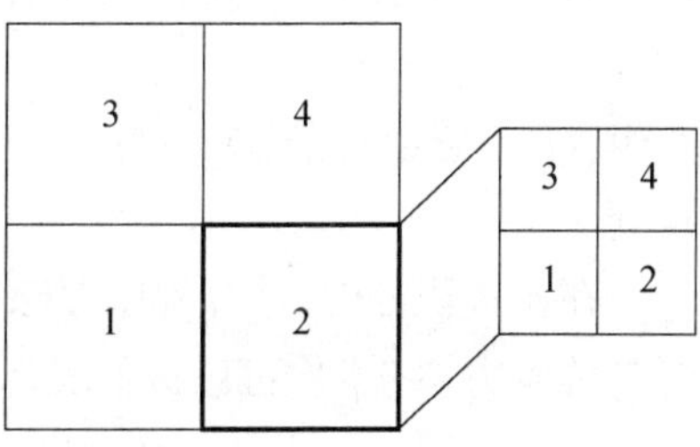

图2-22 二维自适应网格

自适应背景网格分裂可以基于应变梯度准则或能量范数准则。基于能量范数准则在各时间步中计算每个单元的应变能范数,当某单元的应变能范数与系统的整体应变能范数之比值达到给定的阈值时,即将该单元分裂。当前时间步系统的整体应变能范数为

$$\|U\| = \left(\frac{1}{2}\int_{\Omega}\sigma^{\mathrm{T}}\boldsymbol{D}^{-1}\sigma\mathrm{d}\Omega\right)^{1/2} \tag{2-210}$$

背景网格单元 i 的应变能范数为

$$\|E_i\| = \left(\frac{1}{2}\int_{\Omega_i}\sigma^{\mathrm{T}}\boldsymbol{D}^{-1}\sigma\mathrm{d}\Omega\right)^{1/2} \tag{2-211}$$

单元 i 的自适应分裂指标可以定义为

$$\eta_i = \frac{n\|E_i\|}{\|U\|} \tag{2-212}$$

其中 n 为当前求解域中第 0 级(最粗的级别)含有质点的背景网格单元个数。当 η_i 大于等于给定的容许分裂系数时,则分裂该背景网格单元,同时分裂其中的所有质点。

2.11 材料模型

材料模型描述了材料在外力作用下的响应。材料模型可以分为三部分:本构模型、状态方程和失效模型。其中,本构模型描述了材料的偏应力和偏应变之间的关系,状态方程描述了材料的压力、体积应变和内能之间的关系,而失效模型描述了材料因损伤累积而导致的对应力的承受能力的降低。

目前,物质点无网格仿真系统有弹性、弹塑性、Johnson - Cook 模型、HJC 混凝土模型、流体材料模型和高能炸药模型等材料模型,可以模拟金属材料、混凝土、水和空气等流体材料,基本满足了侵爆毁伤效应数值仿真的需求。

2.11.1 应力更新

积分率本构方程的数值算法称为本构积分算法或应力更新算法。$t+\mathrm{d}t$ 时刻的应力 $\sigma_{ij}(t+\mathrm{d}t)$ 可以通过对应力率 $\dot{\sigma}_{ij}$ 积分得到

$$\sigma_{ij}(t+\mathrm{d}t)=\sigma_{ij}(t)+\dot{\sigma}_{ij}\mathrm{d}t \tag{2-213}$$

由于 Cauchy 应力张量的物质导数 $\dot{\sigma}_{ij}$ 受到刚体转动的影响,不是客观张量,因此在本构关系中应该使用焦曼应力率 σ_{ij}^{∇}。Cauchy 应力率 $\dot{\sigma}_{ij}$ 和焦曼应力率 σ_{ij}^{∇} 之间的关系为

$$\dot{\sigma}_{ij}=\sigma_{ij}^{\nabla}+\sigma_{ik}\Omega_{jk}+\sigma_{jk}\Omega_{ik} \tag{2-214}$$

式中:Ω_{ij} 为旋率张量,$\Omega_{ij}=(v_{i,j}-v_{j,i})/2$,焦曼应力率 σ_{ij}^{∇} 可以根据本构关系由应变率张量得到。

在显式积分中,计算程序存储的是 t^n 时刻的应力 σ_{ij}^n 和 $t^{n+1/2}$ 的旋率张量 $\Omega_{ij}^{n+1/2}$,$t^{n+1/2}$ 时刻的应力率 $\dot{\sigma}_{ij}^{n+1/2}$ 可以近似表示为

$$\dot{\sigma}_{ij}^{n+1/2}=\sigma_{ij}^{\nabla n+1/2}+\sigma_{ik}^{n}\Omega_{jk}^{n+1/2}+\sigma_{jk}^{n}\Omega_{ik}^{n+1/2} \tag{2-215}$$

利用式(2 -213)和式(2 -215)可得 t^{n+1} 时刻的 Cauchy 应力张量

$$\sigma_{ij}^{n+1}=\sigma_{ij}^{R^n}+\sigma_{ij}^{\nabla n+1/2}\Delta t^{n+1/2} \tag{2-216}$$

其中

$$\sigma_{ij}^{R^n}=\sigma_{ij}^{n}+(\sigma_{ik}^{n}\Omega_{jk}^{n+1/2}+\sigma_{jk}^{n}\Omega_{ik}^{n+1/2})\Delta t^{n+1/2} \tag{2-217}$$

为了便于引入状态方程,Cauchy 应力张量分解为压力和偏应力张量,分别更新,即

$$\sigma_{ij}=s_{ij}-p\delta_{ij} \tag{2-218}$$

由式(2 -216)可以得到偏应力张量 s_{ij} 的更新格式为

$$s_{ij}^{n+1}=s_{ij}^{R^n}+s_{ij}^{\nabla n+1/2}\Delta t^{n+1/2} \tag{2-219}$$

其中

$$s_{ij}^{R^n}=s_{ij}^{n}+(s_{ik}^{n}\Omega_{jk}^{n+1/2}+s_{jk}^{n}\Omega_{ik}^{n+1/2})\Delta t^{n+1/2} \tag{2-220}$$

式(2 -219)中的第二项将由材料的本构关系确定。

对于爆炸和高速冲击问题,材料强度与所受压力相比可以忽略不计,材料处于流动状态,此时材料的压力 p 需要通过状态方程来更新。材料压力 p 一般是相对体积 V 和单

位初始体积的内能 E(或温度 T)的函数,即

$$p=p(V,E)=p(V,T) \tag{2-221}$$

式中:压力 p 以受压为正。在用状态方程计算 t^{n+1} 时刻的压力以前,需要对能量方程进行积分。t^{n+1} 时刻各质点的内能为

$$\begin{aligned} e^{n+1} &= e^n + V_0\dot{E}^{n+1/2}\Delta t^{n+1/2} \\ &= e^n + V^{n+1/2}s_{ij}^{n+1/2}\Delta\varepsilon_{ij}^{n+1/2} - V^{n+1/2}(p^{n+1/2}+q^{n+1/2})\Delta\varepsilon_{kk}^{n+1/2} \end{aligned} \tag{2-222}$$

式中:V_0 为质点的初始体积;V^n 为质点在 t^n 时刻的体积,

$$V^{n+1/2}=\frac{1}{2}(V^n+V^{n+1}) \tag{2-223}$$

$$s_{ij}^{n+1/2}=\frac{1}{2}(s_{ij}^n+s_{ij}^{n+1}) \tag{2-224}$$

$$\Delta\varepsilon_{ij}^{n+1/2}=\dot{\varepsilon}_{ij}^{n+1/2}\Delta t^{n+1/2} \tag{2-225}$$

考虑 $V^{n+1/2}\Delta\varepsilon_{kk}^{n+1/2}=V^{n+1}-V^n=\Delta V$,$p^{n+1/2}=(p^n+p^{n+1})/2$,式(2-222)可写成

$$e^{n+1}=e^{*n+1}-\frac{1}{2}\Delta Vp^{n+1} \tag{2-226}$$

式中:e^{*n+1} 为 t^{n+1} 时刻质点内能的估计值,表达式为

$$e^{*n+1}=e^n+V^{n+1/2}s_{ij}^{n+1/2}\Delta\varepsilon_{ij}^{n+1/2}-\frac{1}{2}\Delta Vp^n-\Delta Vq^{n+1/2} \tag{2-227}$$

如果状态方程是线性的,那么计算 t^{n+1} 时刻的状态方程为

$$p^{n+1}=A^{n+1}+B^{n+1}E^{n+1} \tag{2-228}$$

$$E^{n+1}=e^{n+1}/V_0 \tag{2-229}$$

式中:E^{n+1} 为质点单位初始体积的内能。

将式(2-229)和式(2-226)代入到式(2-228),得到压力的更新格式为

$$p^{n+1}=\frac{A^{n+1}+B^{n+1}E^{*n+1}}{1+\frac{1}{2}B^{n+1}\frac{\Delta V}{V_0}} \tag{2-230}$$

式中:$E^{*n+1}=e^{*n+1}/V_0$。由上式得到 t^{n+1} 时刻的压力值后,将其代入式(2-226)可以得到 t^{n+1} 时刻质点的内能值 e^{n+1}。在物质点法中,对各个质点的内能进行求和,便可以得到物体的总内能。

如果状态方程关于内能是非线性的,则需迭代求解。可以先由状态方程得到压力的近似值

$$p^{*n+1}=p(V^{n+1},E^{*n+1}) \tag{2-231}$$

然后将近似压力 p^{*n+1} 代入式(2-226),更新质点 t^{n+1} 时刻的能量 E^{n+1},再代回状态方程得到 t^{n+1} 时刻压力的修正值

$$p^{n+1}=p(V^{n+1},E^{n+1}) \tag{2-232}$$

在冲击、爆炸问题中,时间步长很小,因此一般只需进行一次迭代即可。

2.11.2 弹性模型

对于各向同性线弹性材料,焦曼应力率和变形率之间的关系为

$$\sigma_{ij}^{\nabla} = C_{ijkl}^{\sigma J} \dot{\varepsilon}_{kl} \tag{2-233}$$

式中

$$C_{ijkl}^{\sigma J} = 2G I_{ijkl}^{\text{dev}} + K\delta_{ij}\delta_{kl} \tag{2-234}$$

为四阶弹性张量；$G = E/2(1+\nu)$为剪切模量；$K = E/3(1-2\nu)$为体积模量；

$$I_{ijkl}^{\text{dev}} = \frac{1}{2}(\delta_{ik}\delta_{jl} + \delta_{il}\delta_{jk}) - \frac{1}{3}\delta_{ij}\delta_{kl} \tag{2-235}$$

为四阶对称偏张量。可以证明，对于任意对称偏张量 s_{ij}和对称张量 ε_{ij}，均有

$$C_{ijkl}^{\sigma J} s_{kl} = 2G s_{ij} \tag{2-236}$$

$$I_{ijkl}^{\text{dev}} \varepsilon_{kl} = \varepsilon_{ij}' \tag{2-237}$$

式中：ε_{ij}'为对称张量 ε_{ij}的偏张量。

式(2-232)可以进一步分解为

$$s_{ij}^{\nabla} = 2G\dot{\varepsilon}_{ij}' \tag{2-238}$$

$$\dot{\sigma}_m = K\dot{\varepsilon}_{kk} \tag{2-239}$$

式中：s_{ij}^{∇}为偏应力的焦曼率；$\dot{\sigma}_m$ 为球应力变化率；

$$\dot{\varepsilon}_{ij}' = \dot{\varepsilon}_{ij} - \frac{1}{3}\dot{\varepsilon}_{kk}\delta_{ij} \tag{2-240}$$

为偏应变率张量；$\dot{\varepsilon}_{kk} = \dot{V}/V$ 为体积应变率。

将式(2-238)和式(2-239)代入式(2-216)，可得弹性模型的应力更新格式为

$$s_{ij}^{n+1} = s_{ij}^{Rn} + 2G\dot{\varepsilon}'^{n+1/2}_{ij}\Delta t^{n+1/2} \tag{2-241}$$

$$\sigma_m^{n+1} = \sigma_m^n + K\dot{\varepsilon}_{kk}^{n+1/2}\Delta t^{n+1/2} \tag{2-242}$$

2.11.3 弹塑性模型

对于弹塑性材料，其单向拉伸试验曲线如图2-23所示。描述材料塑性行为的模型有多种，如常用于描述金属材料的Mises模型、常用于描述岩土材料的Mohr-Coulomb模型和Drucker-Prager模型等。

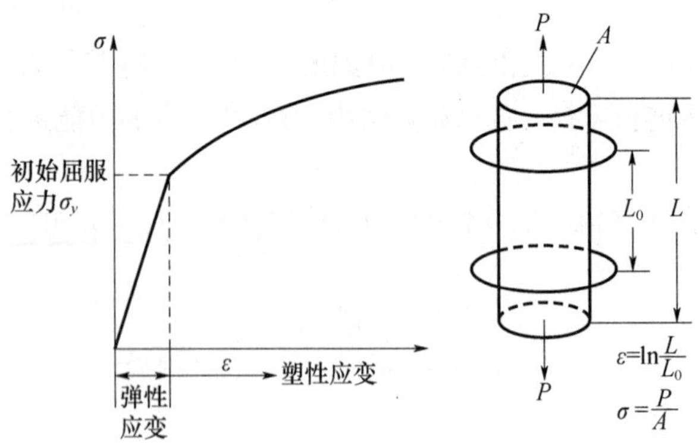

图2-23 塑性材料单向拉伸试验曲线

描述与压力无关的屈服条件可以写为

$$f(\sigma_{ij}, q_\alpha) = 0 \tag{2-243}$$

式中：q_α 为度量塑性变形的内变量，也称为硬化参量，它们与材料的当前状态有关，常

用的内变量有累积塑性应变、累积塑性功和孔洞体积分数等。内变量由演化方程确定，即

$$\dot{q}_{\alpha} = \dot{\lambda} h_{\alpha}(\sigma_{ij}, q_{\beta}) \tag{2-244}$$

式中：$\dot{\lambda} \geqslant 0$ 为塑性流动因子。

当塑性加载时，应力点必须保持在屈服面上，即要求

$$\dot{f} = \frac{\partial f}{\partial \sigma_{ij}} \dot{\sigma}_{ij} + \frac{\partial f}{\partial q_{\alpha}} \dot{q}_{\alpha} = 0 \tag{2-245}$$

上式称为一致性条件(consistency condition)，由此可确定塑性流动因子 $\dot{\lambda}$。

塑性应变率 $\dot{\varepsilon}_{ij}^{p}$ 由塑性流动法则(plastic flow law)确定，即

$$\dot{\varepsilon}_{ij}^{p} = \dot{\lambda} r_{ij} \tag{2-246}$$

式中

$$r_{ij} = \frac{\partial \psi}{\partial \sigma_{ij}} \tag{2-247}$$

为塑性流动方向张量；ψ 为塑性流动势(plastic flow potential)。塑性应变率 $\dot{\varepsilon}_{ij}^{p}$ 垂直于塑性势曲面，如图 2-24 所示，塑性流动法则也称为塑性正交法则。

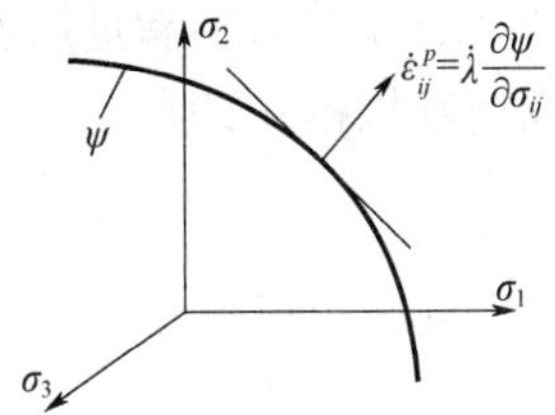

图 2-24　塑性应变率示意图

关联塑性流动法则将塑性势函数取为屈服函数，即 $\psi \equiv f$，因此塑性流动方向可以由屈服函数确定

$$r_{ij} = \frac{\partial f}{\partial \sigma_{ij}} \tag{2-248}$$

加载—卸载准则可以表示为

$$\dot{\lambda} \geqslant 0, f \leqslant 0, \dot{\lambda} f = 0 \tag{2-249}$$

上式表明，弹性加载或卸载时不产生塑性流动($\dot{\lambda} = 0$)，且应力点位于屈服面内，即 $f<0$；塑性加载($\dot{\lambda}>0$)时，应力点必须保持在屈服面上，即 $f=0$。

弹塑性理论将变形率张量分解为弹性部分和塑性部分

$$\dot{\varepsilon}_{ij} = \dot{\varepsilon}_{ij}^{e} + \dot{\varepsilon}_{ij}^{p} \tag{2-250}$$

并给定客观应力率张量(如焦曼应力率)和变形率张量的弹性部分之间的关系，即

$$\overset{\nabla}{\sigma}_{ij} = C_{ijkl}^{\sigma J}(\dot{\varepsilon}_{kl} - \dot{\varepsilon}_{kl}^{p}) \tag{2-251}$$

当屈服函数 $f(\sigma_{ij}, q_{\alpha})$ 是应力不变量的函数时，有

$$\frac{\partial f}{\partial \sigma_{ij}} \dot{\sigma}_{ij} = \frac{\partial f}{\partial \sigma_{ij}} \overset{\nabla}{\sigma}_{ij} \tag{2-252}$$

利用上式可将一致性条件式(2-245)改写为

$$\dot{f} = \frac{\partial f}{\partial \sigma_{ij}} \overset{\nabla}{\sigma}_{ij} + \frac{\partial f}{\partial q_{\alpha}} \dot{q}_{\alpha} = 0 \tag{2-253}$$

将式(2-244)、式(2-246)和式(2-251)代入一致性条件式(2-253)中，得到

$$\frac{\partial f}{\partial \sigma_{ij}} C_{ijkl}^{\sigma J}(\dot{\varepsilon}_{kl} - \dot{\lambda} r_{kl}) + \frac{\partial f}{\partial q_{\alpha}} \dot{\lambda} h_{\alpha} = 0 \tag{2-254}$$

由上式可解得

$$\dot{\lambda}=\frac{\partial f}{\partial \sigma_{ij}}C_{ijkl}^{\sigma J}\dot{\varepsilon}_{kl}\bigg/\left(\frac{\partial f}{\partial \sigma_{ij}}C_{ijkl}^{\sigma J}r_{kl}-\frac{\partial f}{\partial q_{\alpha}}h_{\alpha}\right) \tag{2-255}$$

将式(2－246)和式(2－255)代入式(2－251),可得

$$\sigma_{ij}^{\nabla}=C_{ijkl}^{\mathrm{ep}}\dot{\varepsilon}_{kl} \tag{2-256}$$

式中:四阶张量 C_{ijkl}^{ep} 为连续体弹塑性切向模量。

$$C_{ijkl}^{\mathrm{ep}}=\begin{cases}C_{ijkl}^{\sigma J}, & \dot{\lambda}=0\\ C_{ijkl}^{\sigma J}-\dfrac{C_{ijrs}^{\sigma J}r_{rs}C_{mnkl}^{\sigma J}\dfrac{\partial f}{\partial \sigma_{mn}}}{\dfrac{\partial f}{\partial \sigma_{mn}}C_{mnrs}^{\sigma J}r_{rs}-\dfrac{\partial f}{\partial q_{\alpha}}h_{\alpha}}, & \dot{\lambda}>0\end{cases} \tag{2-257}$$

2.11.4 返回映射法

本构积分算法的目的是给定 t^{n} 时刻的状态量 ε_{ij}^{n}、ε_{ij}^{pn}、q_{α}^{n} 和应变增量 $\Delta\varepsilon_{ij}^{n+1}=\dot{\varepsilon}_{ij}^{n+1/2}\Delta t^{n+1/2}$,求 t^{n+1}时刻满足加载—卸载条件的状态量 ε_{ij}^{n+1}、$\varepsilon_{ij}^{p(n+1)}$、$q_{\alpha}^{n+1}$。最简单的积分格式是向前欧拉格式,即

$$\begin{cases}\varepsilon_{ij}^{n+1}=\varepsilon_{ij}^{n}+\Delta\varepsilon_{ij}^{n+1}\\ \varepsilon_{ij}^{p(n+1)}=\varepsilon_{ij}^{pn}+\dot{\varepsilon}_{ij}^{pn}\Delta t=\varepsilon_{ij}^{pn}+\Delta\lambda^{n}r_{ij}^{n}\\ q_{\alpha}^{n+1}=q_{\alpha}^{n}+\dot{q}_{\alpha}^{n}\Delta t=q_{\alpha}^{n}+\Delta\lambda^{n}h_{\alpha}^{n}\\ \sigma_{ij}^{n+1}=\sigma_{ij}^{Rn}+C_{ijkl}^{\sigma J}(\Delta\varepsilon_{kl}^{n+1}-\Delta\varepsilon_{kl}^{p(n+1)})\end{cases} \tag{2-258}$$

式中:$\Delta\lambda^{n}=\Delta t^{n+1/2}\dot{\lambda}^{n}$。向前欧拉格式是显式积分格式,但其应力状态 σ_{ij}^{n+1}不能满足 t^{n+1}时刻的屈服条件,即 $f^{n+1}=f(\sigma_{ij}^{n+1},q_{\alpha}^{n+1})\neq 0$,因此由向前欧拉格式得到的应力状态逐渐偏离屈服面,产生较大的误差,目前已经很少使用。

返回映射(Return mapping)算法是常用的本构积分算法,包括两步,其中弹性预测步假设材料仍处于弹性状态,由应变增量 $\Delta\varepsilon^{n+1}$得到弹性试探应力 $\sigma_{ij}^{*(n+1)}$,此时应力状态一般会偏离 t^{n+1}时刻的屈服面;塑性修正步对应力状态进行修正,使其返回到 t^{n+1}时刻的屈服面上。J_2 流动理论的径向返回(Radial return)算法是返回映射法的一种特例。

2.11.4.1 全隐式后欧拉格式

在向前欧拉格式中,塑性应变率 $\dot{\varepsilon}_{ij}^{p}$和内变量变化率 $\dot{q}_{\alpha}^{n}$ 均取 t^{n} 时刻的值。在向后欧拉格式中,塑性应变率 $\dot{\varepsilon}_{ij}^{p}$和内变量变化率 $\dot{q}_{\alpha}^{n}$ 均取 t^{n+1}时刻的值,且要求更新后的应力状态 σ_{ij}^{n+1}满足 t^{n+1}时刻的屈服条件,即

$$\begin{cases}\varepsilon_{ij}^{n+1}=\varepsilon_{ij}^{n}+\Delta\varepsilon_{ij}^{n+1}\\ \varepsilon_{ij}^{p(n+1)}=\varepsilon_{ij}^{pn}+\dot{\varepsilon}_{ij}^{p(n+1)}\Delta t=\varepsilon_{ij}^{pn}+\Delta\lambda^{n+1}r_{ij}^{n+1}\\ q_{\alpha}^{n+1}=q_{\alpha}^{n}+\dot{q}_{\alpha}^{n+1}\Delta t=q_{\alpha}^{n}+\Delta\lambda^{n+1}h_{\alpha}^{n+1}\\ \sigma_{ij}^{n+1}=\sigma_{ij}^{Rn}+C_{ijkl}^{\sigma J}(\Delta\varepsilon_{kl}^{n+1}-\Delta\varepsilon_{kl}^{p(n+1)})\\ f^{n+1}=f(\sigma_{ij}^{n+1},q_{\alpha}^{n+1})=0\end{cases} \tag{2-259}$$

式中:$\Delta\lambda^{n+1}=\Delta t^{n+1/2}\dot{\lambda}^{n+1}$。式(2－259)是一组关于 σ_{ij}^{n+1}、$\varepsilon_{ij}^{p(n+1)}$、$q_{\alpha}^{n+1}$ 的非线性代数方程组。

利用式(2－259)的第四式，可将 t^{n+1} 时刻的应力写为

$$\sigma_{ij}^{n+1}=\sigma_{ij}^{*(n+1)}+\Delta\sigma_{ij}^{n+1} \tag{2-260}$$

式中

$$\sigma_{ij}^{*(n+1)}=\sigma_{ij}^{R^n}+C_{ijkl}^{\sigma J}\Delta\varepsilon_{kl}^{n+1} \tag{2-261}$$

为弹性试探应力；

$$\Delta\sigma_{ij}^{n+1}=-C_{ijkl}^{\sigma J}\Delta\varepsilon_{kl}^{p(n+1)} \tag{2-262}$$

为塑性修正应力，它将弹性试探应力沿着 t^{n+1} 时刻的塑性流动方向 r_{ij}^{n+1} 返回(投影)到更新后的屈服面 $f^{n+1}=0$ 上，如图2－25所示。塑性修正后的应力点 σ_{ij}^{n+1} 是 t^{n+1} 时刻的屈服面 $f^{n+1}=0$ 距弹性试探应力点 $\sigma_{ij}^{*(n+1)}$ 最近的点，因此本方法也称为最近点投影方法。弹性预测步由应变增量 $\Delta\varepsilon_{kl}^{n+1}$ 驱动，而塑性修正步则由塑性参数增量 $\Delta\lambda^{n+1}$ 驱动。

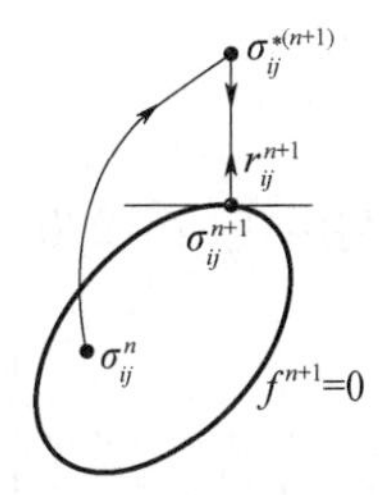

图2－25　映射返回算法(关联塑性流动)

对于各向同性本构张量 $C_{ijkl}^{\sigma J}$，应力更新式(2－260)可以进一步写成偏应力更新和球应力更新的形式

$$s_{ij}^{n+1}=s_{ij}^{*(n+1)}-2G\Delta\varepsilon_{ij}'^{p(n+1)} \tag{2-263}$$

$$\sigma_{m}^{n+1}=\sigma_{m}^{*(n+1)}-K\Delta\varepsilon_{kk}^{p(n+1)} \tag{2-264}$$

式中：$\Delta\varepsilon_{ij}'^{p(n+1)}$ 为塑性偏应变增量；$\sigma_m^{n+1}=\frac{1}{3}\sigma_{kk}^{n+1}$ 为球应力；$\Delta\varepsilon_{kk}^{p(n+1)}$ 为塑性体积应变增量；

$$s_{ij}^{*(n+1)}=s_{ij}^{R^n}+2G\Delta\varepsilon_{ij}'^{p(n+1)} \tag{2-265}$$

$$\sigma_{m}^{*(n+1)}=\sigma_{m}^{n}+K\Delta\varepsilon_{kk}^{n+1} \tag{2-266}$$

分别为弹性试探偏应力和弹性试探球应力；$\Delta\varepsilon_{ij}'^{p(n+1)}=\Delta\varepsilon_{ij}^{n+1}-\frac{1}{3}\varepsilon_{kk}^{n+1}\delta_{ij}$ 为偏应变张量。

利用式(2－263)可得 von Mises 等效应力的更新格式为

$$s^{n+1}=s^{*(n+1)}-3G\Delta\varepsilon^{p(n+1)} \tag{2-267}$$

式中

$$\Delta\varepsilon^{p}=\sqrt{\frac{2}{3}\Delta\varepsilon_{ij}^{p}\Delta\varepsilon_{ij}^{p}} \tag{2-268}$$

为 von Mises 等效塑性应变增量，它是 von Mises 等效应力 s 的功共轭量，即

$$s\Delta\varepsilon^{p}=\sigma_{ij}\Delta\varepsilon_{ij}^{p} \tag{2-269}$$

在弹性预测步，塑性应变和内变量固定不变，即不产生新的塑性变形。如果屈服函数为凸函数，塑性加载/卸载可由试探状态唯一确定。若 $f^{*(n+1)}<0$，表明试探状态仍然为弹性状态，此过程没有产生新的塑性变形(即 $\Delta\lambda^{n+1}=0$)，弹性试探解即为真实解。若 $f^{*(n+1)}>0$，表明产生了新的塑性应变(即 $\Delta\lambda^{n+1}>0$)，需要通过塑性修正步对弹性试探状态进行修正，使其满足屈服条件 $f(\sigma_{ij}^{n+1},q_{\alpha}^{n+1})=0$。

式(2－259)是一组非线性方程组，需要用迭代法求解。在塑性修正步中，总体应变 ε_{ij}^{n+1} 是常数，因此迭代是对于塑性参数增量 $\Delta\lambda$ 进行的。一般地，非线性方程 $g(\Delta\lambda)=0$ 的牛顿迭代法求解格式为

$$g^{(k)}+\left(\frac{\mathrm{d}g}{\mathrm{d}\Delta\lambda}\right)^{(k)}\delta\lambda^{(k)}=0,\quad \Delta\lambda^{(k+1)}=\Delta\lambda^{(k)}+\delta\lambda^{(k)} \tag{2-270}$$

式中：$\delta\lambda^{(k)}$为第 k 次迭代时 $\Delta\lambda^{(k)}$ 的增量；上标 (k) 表示相应物理量在 $\Delta\lambda^{(k)}$ 处的值。

为了表述清晰起见，在下面的讨论中略去上标 $n+1$，即除非特别说明，所有物理量均为 t^{n+1} 时刻的值。迭代的初始状态为弹性试探状态，即 $\Delta\lambda^{(0)}=0, q_\alpha^{(0)}=q_\alpha^n, \varepsilon_{ij}^{p(0)}=\varepsilon_{ij}^{pn}$，$\sigma_{ij}^{(0)}=\sigma_{ij}^*, f^{(0)}=f(\sigma_{ij}^*, q_\alpha^n)$。

为便于建立迭代求解格式，可将式(2－259)中的塑性更新和屈服条件改写为

$$\begin{cases} a_{ij}=-\varepsilon_{ij}^p+\varepsilon_{ij}^{pn}+\Delta\lambda r_{ij}=0 \\ b_\alpha=-q_\alpha+q_\alpha^n+\Delta\lambda h_\alpha=0 \\ f=f(\sigma_{kl}, q_\beta)=0 \end{cases} \tag{2-271}$$

利用式(2－270)并考虑到式(2－262)，可将式(2－271)线性化为

$$\begin{cases} a_{ij}^{(k)}+(C_{ijkl}^{\sigma J})^{-1}\Delta\sigma_{kl}^{(k)}+\Delta\lambda^{(k)}\Delta r_{ij}^{(k)}+\delta\lambda^{(k)}r_{ij}^{(k)}=0 \\ b_\alpha^{(k)}-\Delta q_\alpha^{(k)}+\Delta\lambda^{(k)}\Delta h_\alpha^{(k)}+\delta\lambda^{(k)}h_\alpha^{(k)}=0 \\ f^{(k)}+\left(\dfrac{\partial f}{\partial\sigma_{ij}}\right)^{(k)}\Delta\sigma_{ij}^{(k)}+\left(\dfrac{\partial f}{\partial q_a}\right)^{(k)}\Delta q_\alpha^{(k)}=0 \end{cases} \tag{2-272}$$

式中

$$\begin{cases} \Delta r_{ij}^{(k)}=\left(\dfrac{\partial r_{ij}}{\partial\sigma_{kl}}\right)^{(k)}\Delta\sigma_{kl}^{(k)}+\left(\dfrac{\partial r_{ij}}{\partial q_\beta}\right)^{(k)}\Delta q_\beta^{(k)} \\ \Delta h_\alpha^{(k)}=\left(\dfrac{\partial h_\alpha}{\partial\sigma_{ij}}\right)^{(k)}\Delta\sigma_{ij}^{(k)}+\left(\dfrac{\partial h_\alpha}{\partial q_\beta}\right)^{(k)}\Delta q_\beta^{(k)} \end{cases}$$

式(2－272)也可以写成张量的形式

$$\begin{cases} \boldsymbol{a}^{(k)}+\boldsymbol{C}^{-1}\Delta\boldsymbol{\sigma}^{(k)}+\Delta\lambda^{(k)}\Delta\boldsymbol{r}^{(k)}+\delta\lambda^{(k)}\boldsymbol{r}^{(k)}=0 \\ \boldsymbol{b}^{(k)}-\Delta\boldsymbol{q}^{(k)}+\Delta\lambda^{(k)}\Delta\boldsymbol{h}^{(k)}+\delta\lambda^{(k)}\boldsymbol{h}^{(k)}=0 \\ f^{(k)}+f_\sigma^{(k)}\Delta\boldsymbol{\sigma}^{(k)}+f_q^{(k)}\Delta\boldsymbol{q}^{(k)}=0 \end{cases} \tag{2-273}$$

式(2－273)是关于 $\Delta\boldsymbol{\sigma}^{(k)}$、$\Delta\boldsymbol{q}^{(k)}$ 和 $\delta\lambda^{(k)}$ 的线性方程组。由式(2－273)的第一式和第二式可以将 $\Delta\boldsymbol{\sigma}^{(k)}$ 和 $\Delta\boldsymbol{q}^{(k)}$ 用 $\delta\lambda^{(k)}$ 表示，即

$$\begin{Bmatrix} \Delta\boldsymbol{\sigma}^{(k)} \\ \Delta\boldsymbol{q}^{(k)} \end{Bmatrix}=-\boldsymbol{A}^{(k)}\tilde{\boldsymbol{a}}^{(k)}-\delta\lambda^{(k)}\boldsymbol{A}^{(k)}\tilde{\boldsymbol{r}}^{(k)} \tag{2-274}$$

式中

$$\boldsymbol{A}^{(k)}=\begin{bmatrix} \boldsymbol{C}^{-1}+\Delta\lambda^{(k)}\boldsymbol{r}_\sigma^{(k)} & \Delta\lambda^{(k)}\boldsymbol{r}_q^{(k)} \\ \Delta\lambda^{(k)}\boldsymbol{h}_\sigma^{(k)} & -\boldsymbol{I}+\Delta\lambda^{(k)}\boldsymbol{h}_q^{(k)} \end{bmatrix}^{-1}$$

$$\tilde{\boldsymbol{a}}^{(k)}=\begin{Bmatrix} \boldsymbol{a}^{(k)} \\ \boldsymbol{b}^{(k)} \end{Bmatrix}, \quad \tilde{\boldsymbol{r}}^{(k)}=\begin{Bmatrix} \boldsymbol{r}^{(k)} \\ \boldsymbol{h}^{(k)} \end{Bmatrix}$$

将式(2－274)代入式(2－273)的第三式，可解得

$$\delta\lambda^{(k)}=\frac{\boldsymbol{f}^{(k)}-\partial\boldsymbol{f}^{(k)}\boldsymbol{A}^{(k)}\tilde{\boldsymbol{a}}^{(k)}}{\partial\boldsymbol{f}^{(k)}\boldsymbol{A}^{(k)}\tilde{\boldsymbol{r}}^{(k)}} \tag{2-275}$$

式中

$$\partial\boldsymbol{f}^{(k)}=[f_\sigma^{(k)} \quad f_q^{(k)}]$$

由式(2－275)解出 $\delta\lambda^{(k)}$ 后，代入式(2－274)可解得 $\Delta\boldsymbol{\sigma}^{(k)}$ 和 $\Delta\boldsymbol{q}^{(k)}$。塑性应变、内变量、塑性参数和应力的更新格式为

$$
\begin{cases}
\varepsilon_{ij}^{p(k+1)} = \varepsilon_{ij}^{p(k)} + \Delta\varepsilon_{ij}^{p(k)} = \varepsilon_{ij}^{p(k)} - (C_{ijkl}^{\sigma J})^{-1}\Delta\sigma_{kl}^{(k)} \\
q_{\alpha}^{(k+1)} = q_{\alpha}^{(k)} + \Delta q_{\alpha}^{(k)} \\
\Delta\lambda^{(k+1)} = \Delta\lambda^{(k)} + \delta\lambda^{(k)} \\
\sigma_{ij}^{(k+1)} = \sigma_{ij}^{k} + \Delta\sigma_{ij}^{(k)}
\end{cases}
\tag{2-276}
$$

综上所述,如图 2-26 所示,返回映射算法的迭代过程如下:

(1) 初始化:$k=0,\varepsilon_{ij}^{p(0)}=\varepsilon_{ij}^{pn},q_{\alpha}^{(0)}=q_{\alpha}^{n},\Delta\lambda^{(0)}=0$,$\sigma_{ij}^{(0)}=\sigma_{ij}^{*}$。

(2) 计算 $f^{(k)}=f(\sigma_{ij}^{(k)},q_{\alpha}^{(k)})$ 和 $\tilde{\boldsymbol{a}}^{(k)}$,如果 $f^{(k)}$ 小于容差限 $<TOL_1$ 且 $\|\tilde{\boldsymbol{a}}^{(k)}\|$ 小于容差限 $<TOL_2$,则迭代已收敛,停止迭代。

(3) 根据式(2-275)计算塑性参数增量 $\delta\lambda^{(k)}$。

(4) 由式(2-274)计算应力增量 $\Delta\sigma_{ij}^{(k)}$ 和内变量增量 $\Delta q_{\alpha}^{(k)}$。

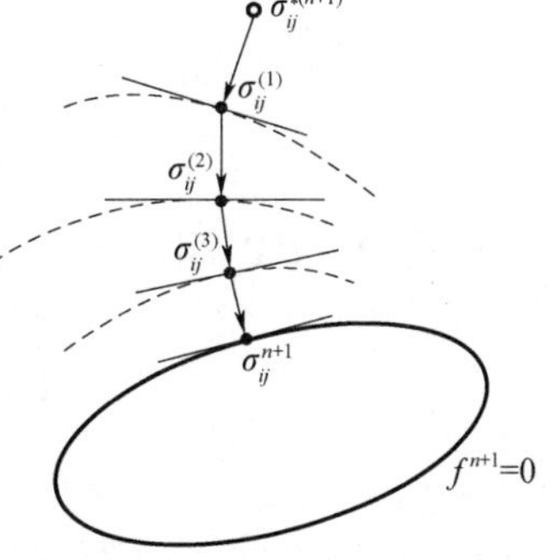

图 2-26 返回映射算法的迭代过程

(5) 根据式(2-276)更新 $\varepsilon_{ij}^{p(k+1)}$、$q_{\alpha}^{(k+1)}$、$\Delta\lambda^{(k+1)}$ 和 $\sigma_{ij}^{(k+1)}$,并令 $k=k+1$,转向第(2)步继续迭代。

后欧拉格式是一种隐式方法,本构积分时需要进行迭代,且需要计算 r_{ij} 和 h_{α} 的梯度 $\partial r_{ij}/\partial\sigma_{kl}$、$\partial r_{ij}/\partial q_{\beta}$ 及 $\partial h_{\alpha}/\partial\sigma_{ij}$、$\partial h_{\alpha}/\partial q_{\beta}$,涉及塑性势函数的二阶导数,格式较为复杂。在一些复杂的本构模型中,这些梯度的表达式甚至可能难以得到。对于线性强化的 J_2 流动理论,可以直接得到式(2-259)的解析解,避免了迭代求解。

2.11.4.2 半隐式后欧拉格式

为了避免计算 r_{ij} 和 h_{α} 的梯度,可以在每个时间步中令 r_{ij} 和 h_{α} 为常数,并取为 t^n 时刻的值,即

$$
\begin{cases}
\varepsilon_{ij}^{p(n+1)} = \varepsilon_{ij}^{pn} + \Delta\lambda^{n+1} r_{ij}^{n} \\
q_{\alpha}^{n+1} = q_{\alpha}^{n} + \Delta\lambda^{n+1} h_{\alpha}^{n} \\
f^{n+1} = f(\sigma_{ij}^{n+1}, q_{\alpha}^{n+1}) = 0
\end{cases}
\tag{2-277}
$$

可见,此方法是一种半隐式格式,它关于塑性参数 $\Delta\lambda$ 是隐式的,而关于 r_{ij} 和 h_{α} 是显式的。在迭代过程中,r_{ij} 和 h_{α} 保持不变(如图 2-27 所示),其梯度为零,从而大大简化了求解格式。

为便于建立迭代求解格式,在式(2-277)中略去上标 $n+1$,并将其改写为

$$
\begin{cases}
a_{ij} = -\varepsilon_{ij}^{p} + \varepsilon_{ij}^{pn} + \Delta\lambda r_{ij}^{n} = 0 \\
b_{\alpha} = -q_{\alpha} + q_{\alpha}^{n} + \Delta\lambda h_{\alpha}^{n} = 0 \\
f = f(\sigma_{kl}, q_{\beta}) = 0
\end{cases}
\tag{2-278}
$$

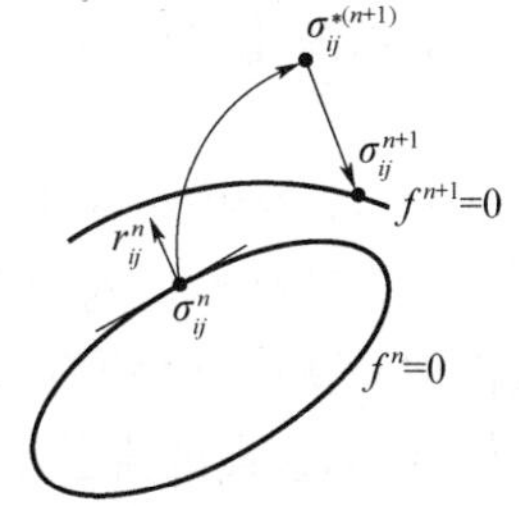

图 2-27 半隐式后欧拉格式迭代过程

式中:r_{ij}^{n} 和 h_{α}^{n} 在迭代过程中保持不变,因此式(2-278)可以线性化为

$$
\begin{cases}
a_{ij}^{(k)} + (C_{ijkl}^{\sigma J})^{-1}\Delta\sigma_{kl}^{(k)} + \delta\lambda^{(k)} r_{ij}^{n} = 0 \\
b_{\alpha}^{(k)} - \Delta q_{\alpha}^{(k)} + \delta\lambda^{(k)} h_{\alpha}^{n} = 0 \\
f^{(k)} + \left(\dfrac{\partial f_{\alpha}}{\partial \sigma_{ij}}\right)^{(k)} \Delta\sigma_{ij}^{(k)} + \left(\dfrac{\partial f}{\partial q_{a}}\right)^{(k)} \Delta q_{\alpha}^{(k)} = 0
\end{cases}
\tag{2-279}
$$

式(2－279)也可以写成张量的形式

$$
\begin{cases}
\boldsymbol{a}^{(k)} + \boldsymbol{C}^{-1}\Delta\boldsymbol{\sigma}^{(k)} + \delta\lambda^{(k)}\boldsymbol{r}^{n} = \boldsymbol{0} \\
\boldsymbol{b}^{(k)} - \Delta\boldsymbol{q}^{(k)} + \delta\lambda^{(k)}\boldsymbol{h}^{n} = \boldsymbol{0} \\
f^{(k)} + f_{\sigma}^{(k)}\Delta\boldsymbol{\sigma}^{(k)} + f_{q}^{(k)}\Delta\boldsymbol{q}^{(k)} = 0
\end{cases}
\tag{2-280}
$$

由式(2－280)可解得

$$
\begin{Bmatrix} \Delta\boldsymbol{\sigma}^{(k)} \\ \Delta\boldsymbol{q}^{(k)} \end{Bmatrix} = -\boldsymbol{A}^{(k)}\tilde{\boldsymbol{a}}^{(k)} - \delta\lambda^{(k)}\boldsymbol{A}^{(k)}\tilde{\boldsymbol{r}}^{n}
\tag{2-281}
$$

$$
\delta\lambda^{(k)} = \frac{f^{(k)} - \partial\boldsymbol{f}^{(k)}\boldsymbol{A}^{(k)}\tilde{\boldsymbol{a}}^{(k)}}{\partial\boldsymbol{f}^{(k)}\boldsymbol{A}^{(k)}\tilde{\boldsymbol{r}}^{n}}
\tag{2-282}
$$

式中

$$
\boldsymbol{A}^{(k)} = \begin{bmatrix} \boldsymbol{C} & 0 \\ 0 & -\boldsymbol{I} \end{bmatrix}^{(k)}, \quad \tilde{\boldsymbol{a}}^{(k)} = \begin{Bmatrix} \boldsymbol{a}^{(k)} \\ \boldsymbol{b}^{(k)} \end{Bmatrix}, \quad \tilde{\boldsymbol{r}}^{n} = \begin{Bmatrix} \boldsymbol{r}^{n} \\ \boldsymbol{h}^{n} \end{Bmatrix}
$$

2.11.5 J_2 流动理论

在 J_2 流动理论中,屈服条件为

$$
f(\sigma_{ij}, q_1) = \sqrt{3J_2} - \sigma_y(\varepsilon^p) = 0
\tag{2-283}
$$

式中:ε^p 为累积等效塑性应变;σ_y 为单向拉伸屈服应力;

$$
J_2 = \frac{1}{2}s_{ij}s_{ij}
\tag{2-284}
$$

为应力偏量 s_{ij}的第二不变量。由于

$$
\sqrt{3J_2} = \sqrt{\frac{3}{2}s_{ij}s_{ij}} = s
\tag{2-285}
$$

为 Mises 等效应力,因此 J_2 流动理论也称为 Mises 屈服模型。J_2 流动理论只有一个内变量,即

$$
q_1 = \varepsilon^p, \quad h_1 = 1
\tag{2-286}
$$

此时内变量演化方程为

$$
\dot{\varepsilon}^p = \dot{\lambda}
\tag{2-287}
$$

在 Mises 屈服模型中,塑性流动不受压力影响,屈服面在主应力空间中为圆柱面。对于等向强化模型,圆柱面随着塑性变形的增长而均匀膨胀,但始终与初始圆柱面保持几何相似。对于随动强化模型,圆柱面的直径不变,但在塑性变形方向做刚体移动。J_2 流动理论的屈服面在 π 平面内为一圆,其法向沿径向,且在整个塑性修正过程中保持不变,如图 2－28 所示,因此返回映射算法退化为径向返回法。

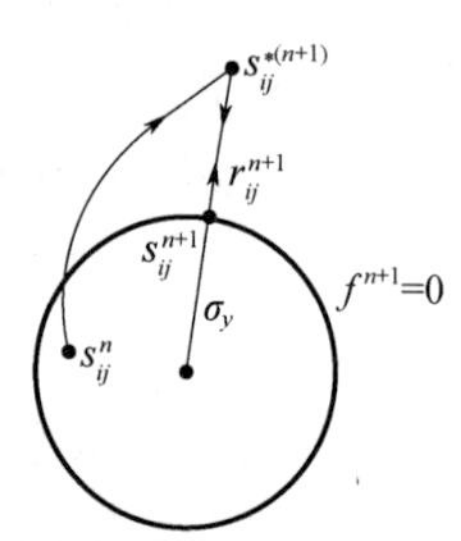

图 2－28　径向返回法（关联塑性流动）

根据 s_{ij}和 s 的定义,可知有

$$\frac{\partial s_{ij}}{\partial \sigma_{kl}} = I_{ijkl}^{\text{dev}}, \quad \frac{\partial s}{\partial \sigma_{kl}} = \frac{3}{2s} s_{kl} \tag{2-288}$$

对于关联塑性流动法则,塑性流动方向可以由式(2-283)求得,即

$$r_{ij} = \frac{\partial f}{\partial \sigma_{ij}} = \frac{3s_{ij}}{2s} = \sqrt{\frac{3}{2}} n_{ij} \tag{2-289}$$

式中

$$n_{ij} = \sqrt{\frac{3}{2}} \frac{s_{ij}}{s} \tag{2-290}$$

为屈服面法向的单位张量,它在整个塑性修正过程中保持不变,因此也可以由弹性试探应力求得,即

$$n_{ij} = \sqrt{\frac{3}{2}} \frac{s_{ij}^*}{s^*} \tag{2-291}$$

将式(2-289)代入到式(2-246)中,得到塑性应变增量

$$\Delta \varepsilon_{ij}^{p} = \sqrt{\frac{3}{2}} \Delta \lambda n_{ij} \tag{2-292}$$

由上式可知,J_2 流动理论的塑性应变是偏量,即体积塑性应变 $\varepsilon_{kk}^{p} = 0$。

对于 J_2 流动理论,r_{ij}和 h_α 在整个塑性更新过程中保持不变,由式(2-259)的第二式和第三式可知塑性应变和内变量(各向同性硬化)的更新均是 $\Delta\lambda$ 的线性函数,因此式(2-272)中的残量 $a_{ij}^{(k)} = 0, b_{\alpha}^{(k)} = 0$。利用式(2-289)和式(2-286),并考虑到关系式(2-288)和式(2-290),可求得 r_{ij}和 h_1 的梯度为

$$\frac{\partial r_{ij}}{\partial \sigma_{kl}} = \frac{3}{2s} \hat{I}_{ijkl}, \quad \frac{\partial r_{ij}}{\partial q_1} = 0, \quad \frac{\partial h_1}{\partial \sigma_{kl}} = 0, \quad \frac{\partial h_1}{\partial q_1} = 0 \tag{2-293}$$

式中

$$\hat{I}_{ijkl} = I_{ijkl}^{\text{dev}} - n_{ij} n_{kl} \tag{2-294}$$

屈服函数式(2-283)的梯度为

$$\frac{\partial f}{\partial \sigma_{ij}} = r_{ij}, \quad \frac{\partial f}{\partial q_1} = -\frac{\mathrm{d}\sigma_y}{\mathrm{d}\varepsilon^p} = -E^p(\varepsilon^p) \tag{2-295}$$

式中:$E^p(\varepsilon^p)$为塑性模量。

可以验证

$$I_{ijkl}^{\text{dev}} I_{klmn} = I_{ijmn}, \quad \delta_{ij} \hat{I}_{ijkl} = 0, \quad \hat{I}_{ijkl} n_{kl} = 0 \tag{2-296}$$

且对于各向同性本构张量有

$$\hat{I}_{ijkl} C_{klmn}^{\sigma J} n_{mn} = 0, \quad \hat{I}_{ijkl} \Delta \sigma_{kl}^{(k)} = 0 \tag{2-297}$$

将式(2-293)代入式(2-272)的第一式,并在方程两边同时乘以 $C_{mnij}^{\sigma J}$,再利用式(2-297)且考虑到关系式 $C_{mnij}^{\sigma J} r_{ij}^{(k)} = \sqrt{6} G n_{mn}^{(k)}$,可得

$$\Delta \sigma_{ij}^{(k)} = -\sqrt{6} G \delta \lambda^{(k)} n_{ij}^{(k)} \tag{2-298}$$

将式(2-298)代入式(2-262),并考虑到 J_2 流动理论的塑性应变为偏张量,可得

$$\Delta \varepsilon_{ij}^{p(k)} = -\frac{1}{2G} \Delta \sigma_{ij}^{(k)} = \sqrt{\frac{3}{2}} \delta \lambda^{(k)} n_{ij}^{(k)} \tag{2-299}$$

将式(2-293)、式(2-295)和式(2-298)代入式(2-272)的第二式和第三式中，可得

$$\Delta q_1^{(k)} = \Delta\varepsilon^{p(k)} = \delta\lambda^{(k)} \tag{2-300}$$

$$f^{(k)} - 3G\delta\lambda^{(k)} n_{ij}^{(k)} n_{ij}^{(k)} - E^p \delta\lambda^{(k)} = 0 \tag{2-301}$$

式中：$n_{ij}^{(k)}$ 为单位张量，即 $n_{ij}^{(k)} n_{ij}^{(k)} = 1$，因此由式(2-301)可以得到塑性参数增量

$$\delta\lambda^{(k)} = \frac{f^{(k)}}{3G + E^p} \tag{2-302}$$

利用式(2-267)和式(2-287)可将第 k 次迭代时的屈服函数写为

$$f^{(k)} = s^{(k)} - \sigma_y(\varepsilon^{p(k)}) = s^* - 3G\Delta\lambda^{(k)} - \sigma_y(\varepsilon^{p(k)}) \tag{2-303}$$

J_2 流动理论本构积分的迭代过程最终可以描述如下：

(1) 初始化：$k=0, \varepsilon_{ij}^{p(0)} = \varepsilon_{ij}^{pn}, \varepsilon^{p(0)} = \varepsilon^{pn}, \Delta\lambda^{(0)} = 0, \sigma_{ij}^{(0)} = \sigma_{ij}^*$。

(2) 由式(2-303)计算屈服函数 $f^{(k)}$，如果 $f^{(k)} < TOL$，则迭代已收敛，停止迭代。

(3) 根据式(2-302)计算塑性参数增量 $\delta\lambda^{(k)}$。

(4) 根据式(2-298)、式(2-299)和式(2-300)分别计算 $\Delta\sigma_{ij}^{(k)}$、$\Delta\varepsilon_{ij}^{p(k)}$ 和 $\Delta\varepsilon^{p(k)}$。

(5) 更新塑性应变和内变量

$$\begin{aligned}
\varepsilon_{ij}^{p(k+1)} &= \varepsilon_{ij}^{p(k)} + \Delta\varepsilon_{ij}^{p(k)} \\
\varepsilon^{p(k+1)} &= \varepsilon^{p(k)} + \Delta\varepsilon^{p(k)} \\
\Delta\lambda^{(k+1)} &= \Delta\lambda^{(k)} + \delta\lambda^{(k)} \\
\sigma_{ij}^{(k+1)} &= \sigma_{ij}^{(k)} + \Delta\sigma_{ij}^{(k)}
\end{aligned}$$

令 $k=k+1$，并转向第(2)步继续迭代。

对于线性强化问题，塑性模量 E^p 为常数。将线性强化式 $\sigma_y^{n+1} = \sigma_y^n + E^p\Delta\varepsilon^{p(n+1)}$ 和关系式 $\Delta\varepsilon^{p(n+1)} = \Delta\lambda^{n+1}$ 代入 t^{n+1} 时刻的屈服函数中，得

$$\begin{aligned}
f^{n+1} &= s^{*(n+1)} - 3G\Delta\lambda^{n+1} - \sigma_y^{n+1} \\
&= s^{*(n+1)} - \sigma_y^n - (3G + E^p)\Delta\lambda^{n+1}
\end{aligned} \tag{2-304}$$

此时 $f^{n+1}=0$ 是关于 $\Delta\lambda^{n+1}$ 的线性方程，不需要迭代即可直接由式(2-304)求得

$$\Delta\varepsilon^{p(n+1)} = \Delta\lambda^{n+1} = \frac{f^{*(n+1)}}{3G + E^p} \tag{2-305}$$

式中

$$f^{*(n+1)} = s^{*(n+1)} - \sigma_y^n \tag{2-306}$$

为弹性试探状态的屈服函数值。

在线性强化的 J_2 流动理论中，体积塑性应变为零，塑性应变增量 $\Delta\varepsilon_{ij}^{p(n+1/2)} = \sqrt{3/2}\,\Delta\lambda^{n+1} n_{ij}^{n+1}$ 为偏量，因此由式(2-263)和式(2-289)可以得到偏应力的更新格式为

$$s_{ij}^{n+1} = s_{ij}^{*(n+1)} - \sqrt{6}\,G\Delta\lambda^{n+1} n_{ij}^{n+1} \tag{2-307}$$

相应地，Von Mises 等效应力的更新格式为

$$s^{n+1} = s^{*(n+1)} - 3G\Delta\lambda^{n+1} \tag{2-308}$$

将式(2-291)代入式(2-307)，并利用式(2-308)以及关系式 $f^{n+1} = s^{n+1} - \sigma_y^{n+1} = 0$，得

$$\begin{aligned}
s_{ij}^{n+1} &= \frac{s_{ij}^{*(n+1)}}{s^{*(n+1)}}(s^{*(n+1)} - 3G\Delta\lambda^{n+1}) \\
&= \frac{\sigma_y^{n+1}}{s^{*(n+1)}} s_{ij}^{*(n+1)}
\end{aligned} \tag{2-309}$$

由此可见,径向返回法是将试探偏应力 $s_{ij}^{*(n+1)}$ 按比例缩小,使其返回到 t^{n+1} 时刻的屈服面 $f(\sigma_{ij}^{n+1}, q_\alpha^{n+1}) = 0$ 上。

综上所述,线性强化的 J_2 流动理论的算法可以描述如下:

(1) 利用式(2-261)和式(2-306)计算弹性试探应力 $\sigma_{ij}^{*(n+1)}$ 和屈服函数的弹性试探值 $f^{*(n+1)}$。如果 $f^{*(n+1)} \leqslant 0$,弹性试探状态即为真实状态,取 $\sigma_{ij}^{n+1} = \sigma_{ij}^{*(n+1)}$,否则进行下面的塑性修正。

(2) 利用式(2-305)计算等效塑性应变增量 $\Delta\varepsilon^{p(n+1)}$。

(3) 更新等效塑性应变

$$\varepsilon^{p(n+1)} = \varepsilon^{pn} + \Delta\varepsilon^{p(n+1)} \tag{2-310}$$

(4) 更新屈服应力

$$\sigma_y^{n+1} = \sigma_y^n + E^p \Delta\varepsilon^{p(n+1)} \tag{2-311}$$

(5) 利用 t^{n+1} 时刻的屈服强度计算比例系数

$$m = \frac{\sigma_y^{n+1}}{s^{*(n+1)}} \tag{2-312}$$

(6) 利用径向返回算法使应力点回到屈服面上

$$s_{ij}^{n+1} = m s_{ij}^{*(n+1)} \tag{2-313}$$

$$s^{n+1} = m s^{*(n+1)} \tag{2-314}$$

对于理想弹塑性材料($E^p = 0$),只需执行最后两步。

本节讨论的 J_2 模型是一个通用的本构模型,通过选取不同的屈服应力 σ_y,可以得到不同的材料模型。例如:

- 如果取 $\sigma_y = 0$,则忽略了材料的强度,将其处理为流体。
- 如果将 σ_y 取为非零正常数,则材料为理想弹塑性。
- 如果取 $\sigma_y = \infty$,则材料为弹性。
- 通过将屈服应力表示成 $\sigma_y = f(\varepsilon_p, \dot{\varepsilon}_p, T)$ 的一般形式,可以计入加工硬化、温度软化及应变率的影响,如 Johnson - Cook 塑性模型。

2.11.6 Johnson - Cook 模型

超高速碰撞和爆炸问题均涉及高应变率,材料的高应变率塑性模型可将屈服应力表示为

$$\sigma_y = f(\varepsilon^p, \dot{\varepsilon}^p, T) \tag{2-315}$$

式中:ε^p 为等效塑性应变;$\dot{\varepsilon}^p$ 为塑性应变率;T 为温度。

在低应变率下,金属的加工硬化遵循关系式

$$\sigma_y = \sigma_0 + k\varepsilon^{pn} \tag{2-316}$$

式中:σ_0 为初始屈服应力;n 为加工硬化指数;k 为系数。

温度对流动应力的影响可表示为

$$\sigma_y = \sigma_r(1 - T^{*m}) \tag{2-317}$$

式中:σ_r 为室温下的流动应力;$T^* = (T - T_r)/(T_m - T_r) \in [0,1]$ 是无量纲温度,T_r 和 T_m 分别为室温和材料的熔化温度,在初始化时,所有质点的温度都设为室温;m 为由试验测

定的拟合参数。

材料的应变率效应比较复杂,可简化为

$$\sigma_y \propto \ln\dot{\varepsilon}^p \tag{2-318}$$

Johnson - Cook 模型综合考虑了应力硬化、应变率的影响以及热效应,将屈服应力表示为

$$\sigma_y = (A + B\varepsilon^{pn})(1 + C\ln\dot{\varepsilon}^*)(1 - T^{*m}) \tag{2-319}$$

式中:$\dot{\varepsilon}^* = \dot{\varepsilon}^p/\dot{\varepsilon}_0$ 为无量纲等效塑性应变率($\dot{\varepsilon}_0 = 1\text{s}^{-1}$ 为参考应变率),塑性应变率 $\dot{\varepsilon}^p \approx \sqrt{\frac{2}{3}\dot{\varepsilon}'_{ij}\dot{\varepsilon}'_{ij}}$;$A$、$B$、$n$、$C$ 和 m 为材料常数。材料常数可以通过不同应变率下的扭转实验、不同温度下的 Hopkinson 杆实验,以及准静态拉伸实验得到,也可以由更简单经济的 Taylor 杆碰撞实验来测定。

屈服应力 σ_y 是等效塑性应变 ε^p 的非线性函数,因此准确计算 σ_y 需要对 ε^p 的增量进行迭代。为了避免迭代,可以对 σ_y 关于 ε^p 做线性 Taylor 展开,直接求解 σ_y。塑性模量为

$$E_p = \frac{\mathrm{d}\sigma_y}{\mathrm{d}\varepsilon^p} = nB(\varepsilon^p)^{n-1}(1 + C\ln\dot{\varepsilon}^*)(1 - T^{*m}) \tag{2-320}$$

考虑损伤的破坏应变为

$$\varepsilon_f^p = [D_1 + D_2 e^{D_3\sigma^*}][1 + D_4\ln\dot{\varepsilon}^*][1 + D_5 T^{*m}] \tag{2-321}$$

式中:$\sigma^* = \sigma_m/s$ 称为应力三轴度(Triaxiality);σ_m 为平均应力;s 为 Von Mises 等效应力。当损伤量 $D = \sum \Delta\varepsilon^p / \varepsilon_f^p$ 达到 1 时,材料发生破坏。材料破坏后,偏应力 s_{ij} 将被置为零,且材料不能受拉,即如果压力 p 小于零,则将其置为零。

Johnson - Cook 模型是一种非常成功的本构模型,其修正形式也可用于陶瓷材料。

2.11.7 Deshpande - Fleck 模型

在准静态或中低速压缩时,泡沫铝材料可以看作是均匀的实体材料。Deshpande - Fleck 本构模型可以很好地描述泡沫铝材料的力学行为,且形式简单,依赖试验给出的参数较少,得到了广泛的应用。

2.11.7.1 屈服条件

试验研究表明,泡沫铝在轴向载荷作用下,屈服面的形状基本不变,而在静水压力作用下,屈服面沿着压力轴扩展,即屈服面的形状由 Von Mises 等效应力 s 和球应力 σ_m 共同控制。Deshpande 和 Fleck 等人在 J_2 流动理论的基础上根据 Alporas 泡沫和 Duocel 泡沫压缩试验结果,建立了泡沫铝的屈服函数

$$f(\sigma_{ij}, \hat{\varepsilon}) = \hat{\sigma} - \sigma_y(\hat{\varepsilon}) \tag{2-322}$$

其中

$$\hat{\sigma}^2 = \frac{s^2 + (\alpha\sigma_m)^2}{1 + (\alpha/3)^2} \tag{2-323}$$

为等效应力;内变量 $\hat{\varepsilon}$ 为与等效应力 $\hat{\sigma}$ 功共轭(即 $\hat{\sigma}\hat{\varepsilon} = \sigma_{ij}\varepsilon_{ij}^p$)的等效塑性应变,它是唯一的内变量。单轴压缩下塑性泊松比 ν^p 与系数 α 之间的关系为

$$\nu^p = -\frac{\dot{\varepsilon}_{11}^p}{\dot{\varepsilon}_{33}^p} = \frac{(1/2) - (\alpha/3)^2}{1 + (\alpha/3)^2} \tag{2-324}$$

通过试验测量单轴压缩下的塑性泊松比 ν^p 后可求得 α 值,进而得到含有静水压力项的屈服面形状。当 $\alpha^2 = 4.5$ 时,$\nu^p = 0$,单轴压缩不会产生横向塑性变形,即工程应力与真实应力相同;当 $\alpha^2 = 0$ 时,屈服准则退化为 von Mises 屈服准则。

方程(2-322)描述的屈服面在(σ_m, s)应力空间中为一椭球面,单轴拉伸或压缩时的屈服强度为 σ_y,静水压力下的屈服强度为 $\sigma_y \sqrt{1 + (\alpha/3)^2}/\alpha$。由关联塑性流动法则可得塑性应变率为

$$\dot{\varepsilon}_{ij}^p = \dot{\lambda} \frac{\partial f}{\partial s}\frac{\partial s}{\partial \sigma_{ij}} + \dot{\lambda} \frac{\partial f}{\partial \sigma_m}\frac{\partial \sigma_m}{\partial \sigma_{ij}} \tag{2-325}$$

式中

$$\frac{\partial s}{\partial \sigma_{ij}} = \frac{3s_{ij}}{2s}, \quad \frac{\partial \sigma_m}{\partial \sigma_{ij}} = \frac{1}{3}\delta_{ij} \tag{2-326}$$

由屈服函数表达式(2-322)可知

$$\frac{\partial f}{\partial s} = \frac{1}{1 + (\alpha/3)^2} \frac{s}{\hat{\sigma}}, \quad \frac{\partial f}{\partial \sigma_m} = \frac{\alpha^2}{1 + (\alpha/3)^2} \frac{\sigma_m}{\hat{\sigma}} \tag{2-327}$$

将式(2-326)和式(2-327)代入式(2-325)中,可将塑性应变率改写为

$$\dot{\varepsilon}_{ij}^p = \frac{\dot{\lambda}}{[1 + (\alpha/3)^2]\hat{\sigma}}\left[\frac{3}{2}s_{ij} + \frac{1}{3}\alpha^2\sigma_m\delta_{ij}\right] \tag{2-328}$$

由此可得 von Mises 等效塑性应变率

$$\dot{\varepsilon}_e = \sqrt{\frac{2}{3}\dot{\varepsilon}'^p_{ij}\dot{\varepsilon}'^p_{ij}} = \frac{\dot{\lambda}}{1 + (\alpha/3)^2}\frac{s}{\hat{\sigma}} = \dot{\lambda}\frac{\partial f}{\partial s} \tag{2-329}$$

和体积塑性应变率

$$\dot{\varepsilon}_m = \dot{\varepsilon}_{kk}^p = \frac{\alpha^2\dot{\lambda}}{1 + (\alpha/3)^2}\frac{\sigma_m}{\hat{\sigma}} = \dot{\lambda}\frac{\partial f}{\partial \sigma_m} \tag{2-330}$$

利用式(2-329)和式(2-330)可分别将 von Mises 等效应力 s 和平均应力 σ_m 用 von Mises 等效塑性应变率 $\dot{\varepsilon}_e$ 和体积塑性应变率 $\dot{\varepsilon}_m$ 表示,然后代入式(2-323)中并化简得

$$\dot{\lambda}^2 = [1 + (\alpha/3)^2]\left(\dot{\varepsilon}_e^2 + \frac{1}{\alpha^2}\dot{\varepsilon}_m^2\right) \tag{2-331}$$

可以验证,与等效应力 $\hat{\sigma}$ 在功率上共轭的等效塑性应变率 $\dot{\hat{\varepsilon}}$(即 $\hat{\sigma}\dot{\hat{\varepsilon}} = \sigma_{ij}\dot{\varepsilon}_{ij}^p$)为

$$\dot{\hat{\varepsilon}} = \dot{\lambda} \tag{2-332}$$

Haanssen 等人在试验结果的基础上提出了一种泡沫铝的应变硬化模型

$$\sigma_y = \sigma_p + \gamma\frac{\hat{\varepsilon}}{\varepsilon_D} + \alpha_2 \ln\frac{1}{1 - (\hat{\varepsilon}/\varepsilon_D)^\beta} \tag{2-333}$$

式中:σ_p 为初始屈服应力;α_2、γ 和 β 为与密度相关的材料参数;

$$\varepsilon_D = -\frac{9 + \alpha^2}{3\alpha^2}\ln\left(\frac{\rho_f}{\rho_{f0}}\right) \tag{2-334}$$

为压实应变;ρ_f 为泡沫铝的密度;ρ_{f0} 为基体材料的密度。

2.11.7.2 塑性修正

根据返回映射算法，t^{n+1}时刻的等效应力试探值为

$$\hat{\sigma}^{*(n+1)}=\sqrt{\frac{(s^{*(n+1)})^2+\alpha^2(\sigma_m^{*(n+1)})^2}{1+(\alpha/3)^2}} \tag{2-335}$$

式中：von Mises 等效应力的试探值 $s^{*(n+1)}$ 和球应力的试探值 $\sigma_m^{*(n+1)}$ 可以分别由式(2－265)和式(2－266)求得。

根据式(2－329)和式(2－330)，体积塑性应变增量 $\Delta\varepsilon_m^{n+1}$ 和 von Mises 等效塑性应变增量 $\Delta\varepsilon_e^{n+1}$ 分别为

$$\Delta\varepsilon_e^{n+1}=\Delta\hat{\varepsilon}^{n+1}\frac{1}{1+(\alpha/3)^2}\frac{s^{n+1}}{\hat{\sigma}^{n+1}} \tag{2-336}$$

$$\Delta\varepsilon_m^{n+1}=\Delta\hat{\varepsilon}^{n+1}\frac{\alpha^2}{1+(\alpha/3)^2}\frac{\sigma_m^{n+1}}{\hat{\sigma}^{n+1}} \tag{2-337}$$

屈服条件的试探值为

$$f^{*(n+1)}=\hat{\sigma}^{*(n+1)}-\sigma_y(\hat{\varepsilon}^n) \tag{2-338}$$

若$f^{*(n+1)}<0$，表明试探状态仍然为弹性状态，此加载过程没有产生新的塑性变形，因此弹性试探解即为真实解。若$f^{*(n+1)}>0$，表明产生了新的塑性应变，需要通过塑性修正步对弹性试探状态进行修正，使弹性试探应力在 t^{n+1}时刻的塑性流动方向 r^{n+1}上的投影满足屈服条件$f(\sigma_{ij}^{n+1},q_\alpha^{n+1})=0$。

由式(2－267)和式(2－264)可得偏应力和球应力的修正格式为

$$s^{n+1}=s^{*(n+1)}-3G\Delta\varepsilon_e^{n+1}=\frac{s^{*(n+1)}}{1+\dfrac{3G\Delta\hat{\varepsilon}^{n+1}}{[1+(\alpha/3)^2]\hat{\sigma}^{n+1}}} \tag{2-339}$$

$$\sigma_m^{n+1}=\sigma_m^{*(n+1)}-K\Delta\varepsilon_m^{n+1}=\frac{\sigma_m^{*(n+1)}}{1+\dfrac{K\alpha^2\Delta\hat{\varepsilon}^{n+1}}{[1+(\alpha/3)^2]\hat{\sigma}^{n+1}}} \tag{2-340}$$

屈服条件

$$f^{n+1}=\hat{\sigma}^{n+1}-\sigma_y(\hat{\varepsilon}^{n+1})=0 \tag{2-341}$$

是关于 $\hat{\varepsilon}^{n+1}$的非线性方程，因此需要迭代求解泡沫铝的等效塑性应变增量 $\Delta\hat{\varepsilon}^{n+1}$。令 $\Delta\hat{\varepsilon}^{(k)}$表示 $\Delta\hat{\varepsilon}^{n+1}$的第 k 次迭代，$\hat{\varepsilon}^{(k)}$表示 $\hat{\varepsilon}^{n+1}$的第 k 次迭代。为了表述清晰起见，在下面的讨论中略去上标 $n+1$，除非特别说明，所有物理量均为 t^{n+1}时刻的值。式(2－341)可在 $\hat{\varepsilon}^{(k)}$处线性化为

$$f^{(k)}+\left(\frac{\mathrm{d}f}{\mathrm{d}\Delta\hat{\varepsilon}}\right)^{(k)}\delta\hat{\varepsilon}^{(k)}=0 \tag{2-342}$$

式中

$$\frac{\mathrm{d}f}{\mathrm{d}\Delta\hat{\varepsilon}}=\frac{\partial f}{\partial s}\frac{\partial s}{\partial\Delta\hat{\varepsilon}}+\frac{\partial f}{\partial\sigma_m}\frac{\partial\sigma_m}{\partial\Delta\hat{\varepsilon}}+\frac{\partial f}{\partial\sigma_y}\frac{\partial\sigma_y}{\partial\Delta\hat{\varepsilon}}$$

$$\frac{\partial\sigma_m}{\partial\Delta\hat{\varepsilon}}=-\frac{K\alpha^2\sigma_m^{*(n+1)}}{\eta\sigma_y\left(1+K\alpha^2\dfrac{\Delta\hat{\varepsilon}}{\eta\sigma_y}\right)^2}$$

$$\frac{\partial s}{\partial \Delta \hat{\varepsilon}} = -\frac{3Gs^{*(n+1)}}{\eta\sigma_y\left(1 + 3G\frac{\Delta\hat{\varepsilon}}{\eta\sigma_y}\right)^2}$$

$$\frac{\partial \sigma_y}{\partial \Delta \hat{\varepsilon}} = \frac{\gamma}{\varepsilon_D} + \frac{\alpha_2\beta\,(\hat{\varepsilon}/\varepsilon_D)^{\beta-1}}{\varepsilon_D[1-(\hat{\varepsilon}/\varepsilon_D)^{\beta}]}$$

$$\eta = 1 + \left(\frac{\alpha}{3}\right)^2$$

由式(2－342)可解得

$$\delta\hat{\varepsilon}^{(k)} = -\frac{f^{(k)}}{\left(\frac{\mathrm{d}f}{\mathrm{d}\Delta\hat{\varepsilon}}\right)^{(k)}}$$

从而可得到修正后的等效塑性应变增量

$$\Delta\hat{\varepsilon}^{(k+1)} = \Delta\hat{\varepsilon}^{(k)} + \delta\hat{\varepsilon}^{(k)} \tag{2-343}$$

和等效塑性应变

$$\hat{\varepsilon}^{(k+1)} = \hat{\varepsilon}^{n} + \Delta\hat{\varepsilon}^{(k+1)} \tag{2-344}$$

2.11.7.3 算法实现

综上所述，Deshpande－Fleck 模型算法的实现过程如下：

(1) 更新 t^{n+1}时刻的体积和密度。

(2) 由式(2－261)计算 t^{n+1}时刻的弹性试探应力张量 $\sigma_{ij}^{*(n+1)}$、由式(2－265)和式(2－266)计算 Mises 等效应力的弹性试探值 $s^{*(n+1)}$和等效应力的弹性试探值 $\hat{\sigma}^{*(n+1)}$。

(3) 计算屈服函数的弹性试探值 $f^{*(n+1)}$，如果 $f^{*(n+1)} \leqslant 0$，弹性试探状态即为真实状态，否则进行下面第(4)步塑性修正。

(4) 开始迭代求解。初始化：$k=0$，$\Delta\hat{\varepsilon}^{(0)}=0$，$\hat{\varepsilon}^{(0)}=\hat{\varepsilon}^{n}$，$f^{(0)}=\hat{\sigma}^{*(n+1)}-\sigma_y^n$。

(5) 由式(2－343)和式(2－344)更新等效塑性应变增量 $\Delta\hat{\varepsilon}^{(k+1)}$和等效塑性应变 $\hat{\varepsilon}^{(k+1)}$。

(6) 更新屈服应力

$$\sigma_y^{(k+1)} = \sigma_y^n + \frac{\partial\sigma_y}{\partial\hat{\varepsilon}}\Big|_{\hat{\sigma}=\hat{\sigma}(k+1)}\Delta\hat{\varepsilon}^{(k+1)} \tag{2-345}$$

(7) 根据式(2－340)和式(2－339)更新应力，并计算相应的 Mises 等效应力 $s^{(k+1)}$和等效应力 $\hat{\sigma}^{(k+1)}$。

(8) 计算屈服函数 $f^{(k+1)}=\hat{\sigma}^{(k+1)}-\sigma_y^{(k+1)}$，若大于给定的收敛容限值 TOL，则令 $k=k+1$，并转向第(5)步继续迭代，否则迭代结束，取 $s^{n+1}=s^{(k+1)}$，$\hat{\sigma}^{n+1}=\hat{\sigma}^{(k+1)}$，$\Delta\hat{\varepsilon}^{n+1}=\Delta\hat{\varepsilon}^{(k+1)}$，$\hat{\varepsilon}^{n+1}=\hat{\varepsilon}^{(k+1)}$，$\sigma_y^{n+1}=\sigma_y^{(k+1)}$。

(9) 根据式(2－337)和式(2－336)更新体积塑性应变 $\Delta\varepsilon_m^{n+1}$ 和 Mises 等效塑性应变 $\Delta\varepsilon_e^{n+1}$。

2.11.8 Gurson 模型

Gurson 模型描述了微孔洞对材料塑性变形的影响，其宏观屈服函数为

$$f = \left(\frac{s}{\sigma_y}\right)^2 + 2\Phi\cosh\left(\frac{3\sigma_m}{2\sigma_y}\right) - (1+\Phi^2) \tag{2-346}$$

式中：σ_y 为基体材料的屈服强度；Φ 为材料孔洞体积分数。Tvergaard 和 Needleman 对 Gurson 模型做了改进，引入函数 Q_1、Q_2 以考虑周期性排列的孔洞以及引入函数 Φ^* 考虑材料失效时孔洞的迅速合并，得到了所谓的 GTN 模型

$$f=\left(\frac{s}{\sigma_y}\right)^2+2Q_1\Phi^*\cosh\left(\frac{3Q_2\sigma_m}{2\sigma_y}\right)-(1+Q_1^2\Phi^{*2}) \tag{2-347}$$

Φ^* 可以表述为

$$\Phi^*=\begin{cases}\Phi, & \Phi\leqslant\Phi_c\\ \Phi_c+\dfrac{1/Q_1-\Phi_c}{\Phi_f-\Phi_c}(\Phi-\Phi_c), & \Phi_c<\Phi\leqslant\Phi_f\\ 1/Q_1, & \Phi>\Phi_f\end{cases} \tag{2-348}$$

式中：Φ_c 为孔洞合并开始时的体积分数；Φ_f 为材料失去承载能力时的孔洞体积分数。σ_y 与微观功等效塑性应变$\bar{\varepsilon}^p$ 的关系可以由宏观应力塑性功与塑性变形中微观尺度消耗的能量相等来表征，即

$$\sigma_y=\frac{\sigma_{ij}\dot{\varepsilon}_{ij}^p}{(1-\Phi)\dot{\bar{\varepsilon}}^p} \tag{2-349}$$

式中：$\dot{\varepsilon}_{ij}^p$为塑性应变率。孔洞体积分数的增加包括现有孔洞的膨胀和新孔洞成核两部分，其变化率为

$$\dot{\Phi}=\dot{\Phi}_{\text{growth}}+\dot{\Phi}_{\text{nucleation}} \tag{2-350}$$

其中

$$\dot{\Phi}_{\text{growth}}=(1-\Phi)\dot{\varepsilon}_{ij}^p\delta_{ij} \tag{2-351}$$

是现有孔洞体积分数的变化率，它是塑性体积变化的函数。

孔洞成核可以由 Chu 和 Needleman 提出的应变控制式求得

$$\dot{\Phi}_{\text{nucleation}}=A_N(\bar{\varepsilon}^p)\dot{\bar{\varepsilon}}^p \tag{2-352}$$

式中

$$A_N(\bar{\varepsilon}^p)=\frac{\Phi_N}{s_N\sqrt{2\pi}}\exp\left[-\frac{1}{2}\left(\frac{\bar{\varepsilon}^p-\varepsilon_N}{s_N}\right)^2\right] \tag{2-353}$$

式中，s_N 和 ε_N 分别为成核应变分布的标准差和均值；Φ_N 为可成核孔洞总体积分数。

$\dot{\varepsilon}_{ij}^p$可由关联塑性流动法则求得

$$\dot{\varepsilon}_{ij}^p=\dot{\lambda}\frac{\partial f}{\partial\sigma_{ij}}=\frac{1}{3}D_m^p\delta_{ij}+\sqrt{\frac{3}{2}}D_{eq}^pn_{ij} \tag{2-354}$$

其中

$$D_m^p=\dot{\lambda}\frac{\partial f}{\partial\sigma_m},\quad D_{eq}^p=\dot{\lambda}\frac{\partial f}{\partial s},\quad n_{ij}=\sqrt{\frac{3}{2}}\frac{s_{ij}}{s}$$

由式（2－260）可得

$$\sigma_{ij}^{n+1}=\sigma_{ij}^{*(n+1)}-KD_m^p\delta_{ij}\Delta t-\sqrt{6}GD_{eq}^pn_{ij}\Delta t \tag{2-355}$$

求得 D_m^p 和 D_{eq}^p，便可由式（2－355）更新应力状态。

D_m^p、D_{eq}^p应满足屈服函数条件

$$f_1(D_m^p, D_{eq}^p) = f(D_m^p, D_{eq}^p) = 0 \tag{2-356}$$

为迭代求解方程(2-356),补充关于 D_m^p、D_{eq}^p 的恒等式方程

$$f_2(D_m^p, D_{eq}^p) = D_m^p \frac{\partial f}{\partial s} - D_{eq}^p \frac{\partial f}{\partial \sigma_m} = 0 \tag{2-357}$$

对式(2-356)和式(2-357)关于 ΔD_m^p、ΔD_{eq}^p 进行线性化,可解得

$$\begin{bmatrix} \Delta D_m^p \\ \Delta D_{eq}^p \end{bmatrix} = \begin{bmatrix} \dfrac{\partial f_1}{\partial D_m^p} & \dfrac{\partial f_1}{\partial D_{eq}^p} \\ \dfrac{\partial f_2}{\partial D_m^p} & \dfrac{\partial f_2}{\partial D_{eq}^p} \end{bmatrix}^{-1} \begin{bmatrix} -f_1 \\ -f_2 \end{bmatrix} \tag{2-358}$$

令 $q_1 = \overline{\varepsilon}^p$, $q_2 = \Phi$,有

$$\frac{\partial f_1}{\partial D_m^p} = \frac{\partial f}{\partial \sigma_m}\frac{\partial \sigma_m}{\partial D_m^p} + \frac{\partial f}{\partial s}\frac{\partial s}{\partial D_m^p} + \sum_{i=1}^{2}\frac{\partial f}{\partial q_i}\frac{\partial q_i}{\partial D_m^p} \tag{2-359}$$

$$\frac{\partial f_1}{\partial D_{eq}^p} = \frac{\partial f}{\partial \sigma_m}\frac{\partial \sigma_m}{\partial D_{eq}^p} + \frac{\partial f}{\partial s}\frac{\partial s}{\partial D_{eq}^p} + \sum_{i=1}^{2}\frac{\partial f}{\partial q_i}\frac{\partial q_i}{\partial D_{eq}^p} \tag{2-360}$$

$$\begin{aligned} \frac{\partial f_2}{\partial D_m^p} = {} & \frac{\partial f}{\partial s} + D_m^p\left[\frac{\partial^2 f}{\partial s \partial \sigma_m}\frac{\partial \sigma_m}{\partial D_m^p} + \sum_{i=1}^{2}\frac{\partial^2 f}{\partial s \partial q_i}\frac{\partial q_i}{\partial D_m^p}\right] \\ & - D_{eq}^p\left[\frac{\partial^2 f}{\partial \sigma_m^2}\frac{\partial \sigma_m}{\partial D_m^p} + \sum_{i=1}^{2}\frac{\partial^2 f}{\partial \sigma_m \partial q_i}\frac{\partial q_i}{\partial D_m^p}\right] \end{aligned} \tag{2-361}$$

$$\begin{aligned} \frac{\partial f_2}{\partial D_{eq}^p} = {} & D_m^p\left[\frac{\partial^2 f}{\partial s^2}\frac{\partial s}{\partial D_{eq}^p} + \sum_{i=1}^{2}\frac{\partial^2 f}{\partial s \partial q_i}\frac{\partial q_i}{\partial D_{eq}^p}\right] - \frac{\partial f}{\partial \sigma_m} \\ & - D_{eq}^p\left[\frac{\partial^2 f}{\partial \sigma_m \partial s}\frac{\partial s}{\partial D_{eq}^p} + \sum_{i=1}^{2}\frac{\partial^2 f}{\partial \sigma_m \partial q_i}\frac{\partial q_i}{\partial D_{eq}^p}\right] \end{aligned} \tag{2-362}$$

综上所述,Gurson 模型的算法实现过程如下:

(1) 计算 t^{n+1} 时刻的弹性试探应力张量 $\sigma_{ij}^{*(n+1)}$、Mises 等效应力的弹性试探值 $s^{*(n+1)}$ 和球应力的弹性试探值 $\sigma_m^{*(n+1)}$。

(2) 计算屈服函数的弹性试探值 $f^{*(n+1)}$,如果 $f^{*(n+1)} \leqslant 0$,弹性试探状态即为真实状态,否则进行下面第(3)步塑性修正。

(3) 初始化:$k=0$, $D_{m(0)}^p = 0$, $D_{eq(0)}^p = 0$, $q_{1(0)}^{n+1} = \overline{\varepsilon}^{p,n}$, $q_{2(0)}^{n+1} = \Phi^n$, $\dot{q}_{1(0)}^{n+1} = 0$, $\dot{q}_{2(0)}^{n+1} = 0$。

(4) 计算 $\partial f_1/\partial D_m^p$、$\partial f_1/\partial D_{eq}^p$、$\partial f_2/\partial D_m^p$ 和 $\partial f_2/\partial D_{eq}^p$。

(5) 由式(2-358)计算 ΔD_m^p 和 ΔD_{eq}^p 和,并更新 D_m^p 和 D_{eq}^p:

$$D_{m(k+1)}^p = D_{m(k)}^p + \Delta D_{m(k)}^p \tag{2-363}$$

$$D_{eq(k+1)}^p = D_{eq(k)}^p + \Delta D_{eq(k)}^p \tag{2-364}$$

(6) 由式(2-355)更新 σ_{ij},则 σ_m 和 s 可分别表示为

$$\sigma_{m(k+1)} = \sigma_m^* - K\Delta t D_{m(k+1)}^p \tag{2-365}$$

$$s_{(k+1)} = s^* - 3G\Delta t D_{eq(k+1)}^p \tag{2-366}$$

(7) 由式(2-349)和式(2-350)计算 $\dot{q}_1$ 和 $\dot{q}_2$,即

$$\dot{q}_{1(k+1)} = \frac{\sigma_{m(k+1)} D_{m(k+1)}^p + s_{(k+1)} D_{eq(k+1)}^p}{(1-\Phi)\sigma_y} \tag{2-367}$$

$$\dot{q}_{2(k+1)} = (1-\Phi)D^{p}_{m(k+1)} + A_N\dot{q}_{1(k+1)} \tag{2-368}$$

（8）更新 q_1 和 q_2：

$$q_{1(k+1)} = q_1^n + \Delta t\dot{q}_{1(k+1)} \tag{2-369}$$

$$q_{2(k+1)} = q_2^n + \Delta t\dot{q}_{2(k+1)} \tag{2-370}$$

（9）计算 $|f_1|$、$|f_2|$，若任意一个大于收敛容限值 TOL，则令 $k=k+1$，并转向第(4)步继续迭代，否则迭代结束。

2.11.9 Drucker－Prager 模型

岩土、混凝土等材料是颗粒体堆积或胶结而成的多相体，可以看成是由多相体组成的摩擦型材料。实验表明，这类材料的屈服应力会随着压力的增加而增长，而金属材料的 Tresca 和 Mises 屈服条件都与静水压力无关，因此不适用于这些材料。

2.11.9.1 Mohr－Coulomb 屈服准则

Mohr－Coulomb 屈服准则可以看成是 Coulomb 摩擦定律在连续体和多轴应力应变状态中的扩展，广泛应用于模拟颗粒类材料。Mohr－Coulomb 模型认为，当任意斜截面上的剪应力 τ_n 和正应力 σ_n 满足条件

$$\tau_n = c - \sigma_n\tan\phi \tag{2-371}$$

时，材料发生屈服，式中：c 为黏聚力，ϕ 为内摩擦角，可以通过试验确定。在 $\tau_n-\sigma_n$ 平面上，式(2－371)所代表的直线是莫尔圆(Mohr circle)的包络线(称为莫尔包络线或失效包络线)，如图2－29所示。

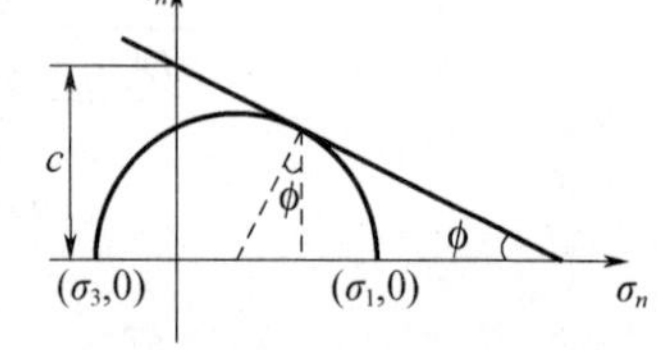

图2－29 Mohr－Coulomb 屈服面

由莫尔圆可知

$$\tau_n = \frac{1}{2}(\sigma_1-\sigma_3)\cos\phi,\quad \sigma_n = \frac{1}{2}(\sigma_1+\sigma_3)+\frac{1}{2}(\sigma_1-\sigma_3)\sin\phi \tag{2-372}$$

式中 $\sigma_1 \geqslant \sigma_2 \geqslant \sigma_3$ 为主应力。将式(2－372)代入式(2－371)，将 Mohr－Coulomb 模型的屈服准则写成

$$f(\sigma_{ij}) = \sigma_1 - \sigma_3 + (\sigma_1+\sigma_3)\sin\phi - 2c\cos\phi = 0 \tag{2-373}$$

式(2－373)在主应力空间中为由六个平面围成的锥形表面，在 π 平面上为非规则的六边形，如图2－30所示。当 $\phi=0^\circ$ 时，Mohr－Coulomb 准则退化为 Tresca 准则；当 $\phi=90^\circ$ 时，Mohr－Coulomb 准则退化为 Rankine 准则。

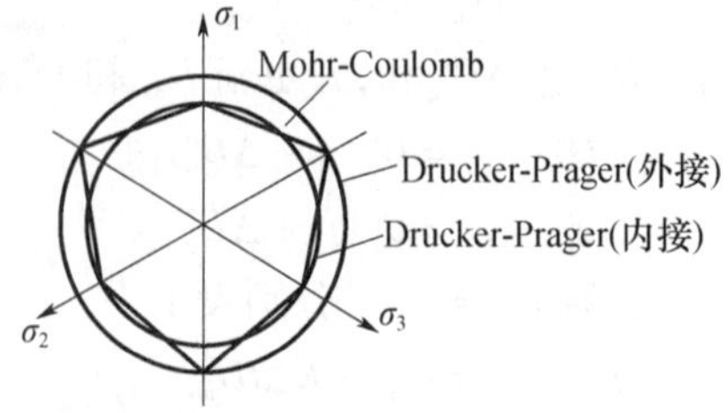

图2－30 π 平面上的 Mohr－Coulomb 屈服面和 Drucker－Prager 屈服面

2.11.9.2 Drucker－Prager 屈服准则

Mohr－Coulomb 屈服面是由六个平面围成的，便于解析求解，但是由于屈服面不光

滑，其法线存在突变，导致数值求解困难。类比 Tresca 与 Mises 屈服条件，Drucker－Prager 模型给出了一种即光滑又考虑了静水压力影响的屈服函数

$$f^{s}=\tau+q_{\phi}\sigma_{m}-k_{\phi} \tag{2-374}$$

式中：$\tau=\sqrt{J_2}$为等效剪应力，$J_2=s_{ij}s_{ij}/2$ 为偏应力张量的第二不变量；$\sigma_m=I_1/3$ 为球应力，$I_1=\sigma_{kk}$为应力张量的第一不变量；k_ϕ 为纯剪切状态时的屈服应力；q_ϕ 为摩擦系数，它控制了压力对屈服极限的影响程度。式(2－374)在主应力空间中为一光滑圆锥面，在 π 平面上为圆形，如图 2－30 所示。

材料参数 k_ϕ 和 q_ϕ 可由材料的内聚力 c 以及摩擦角 ϕ 确定。通过选取参数

$$q_{\phi}=\frac{6\sin\phi}{\sqrt{3}(3\mp\sin\phi)},\quad k_{\phi}=\frac{6c\cos\phi}{\sqrt{3}(3\mp\sin\phi)} \tag{2-375}$$

Drucker－Prager 屈服面可在 π 平面上外接/内接 Mohr－Coulomb 屈服面，如图 2－30 所示，其中分母中的减号对应于外接，加号对应于内接。如取

$$q_{\phi}=\frac{3\tan\phi}{\sqrt{9+12\tan^{2}\phi}},\quad k_{\phi}=\frac{3c}{\sqrt{9+12\tan^{2}\phi}} \tag{2-376}$$

则 Drucker－Prager 屈服面可在 π 平面上内切 Mohr－Coulomb 屈服面。

在 Drucker－Prager 模型中，剪切势函数 ψ^s 采用非关联塑性流动法则，即

$$\psi^{s}=\tau+q_{\psi}\sigma_{m} \tag{2-377}$$

式中：材料参数 q_ψ 由剪胀角 ψ 确定。q_ψ 与 ψ 之间的关系和 q_ϕ 与 ϕ 之间的关系相同，见式(2－375)和式(2－376)。如果 $q_\psi=q_\phi$，则为关联塑性流动。如果 $q_\phi=0$，Drucker－Prager 屈服面退化为 Mises 屈服面，材料的屈服与压力无关；如果 $q_\psi=0$(剪胀角为零)，材料满足塑性不可压缩条件。

如果考虑拉伸屈服，主应力空间的 Drucker－Prager 屈服面为截锥面，如图 2－31(a)所示。σ_m 和 τ 平面上的 Drucker－Prager 屈服面包络线如图 2－31(b)所示。

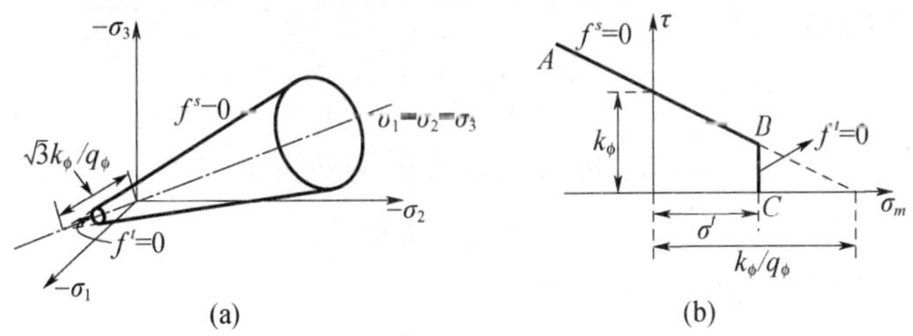

图 2－31　Drucker－Prager 屈服面

(a)主应力空间；(b)$\sigma_m-\tau$ 平面。

在图 2－31(b)中，从点 A 到点 B 的包络线反映了材料的剪切屈服，其屈服函数由式(2－374)给出；从点 B 到点 C 的包络线反映了材料的拉伸屈服，其屈服函数为

$$f^{t}=\sigma_{m}-\sigma^{t} \tag{2-378}$$

式中：σ^t 为材料的抗拉强度。

如果材料参数 q_ϕ 不为零，即材料的摩擦角不为零，则材料的抗拉强度不能超过 $\sigma^t_{\max}$，由图 2－31(b)可知

$$\sigma_{\max}^{t}=\frac{k_{\phi}}{q_{\phi}} \tag{2-379}$$

拉伸屈服采用关联流动法则,其势函数 ψ^{t} 为

$$\psi^{t}=\sigma_{m} \tag{2-380}$$

在图 2-31(b)所示的 σ_m 和 τ 平面内,屈服面的法线在 B 点处存在突变,在由直线 BD(BC 的法线)和 BE(AB 的法线)围成的阴影区域中屈服面的法线没有定义,既可以采用拉伸屈服描述,也可以采用剪切屈服描述。为了唯一确定拉伸屈服区域和剪切屈服区域,做直线 BD 和 BE 的角平分线 BF,将失效区域分为区域 1 和区域 2,如图 2-32 所示。如果应力点位于区域 1,表明是剪切破坏,应该由剪切势函数 ψ^{s} 确定流动法则,应力点应该返回到直线 $f^{s}=0$ 上。如果应力点位于区域 2,表明是拉伸破坏,应该由势函数 ψ^{t} 确定流动法则,应力点应该返回到直线 $f^{t}=0$ 上。

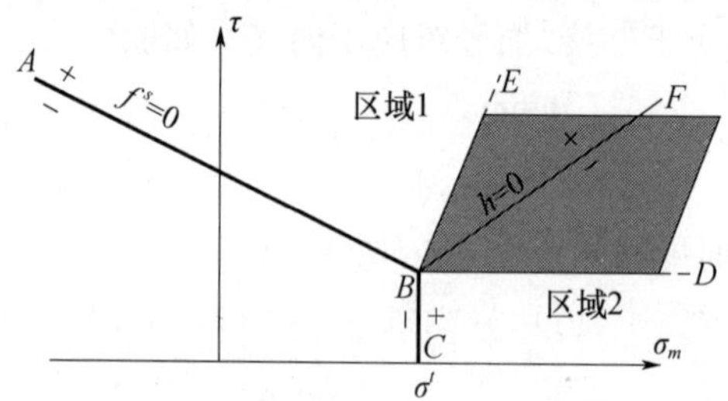

图 2-32 Drucker-Prager 模型塑性流动区域划分

直线 BD 的斜率为 0,直线 BE 的斜率为 $1/q_{\phi}$,根据三角函数万能公式

$$\tan\theta=\frac{2\tan\dfrac{\theta}{2}}{1-\tan^{2}\dfrac{\theta}{2}}$$

可以求出直线 BF 的斜率为

$$\alpha^{B}=\sqrt{1+q_{\phi}^{2}}-q_{\phi} \tag{2-381}$$

将 $\sigma_m=\sigma^{t}$ 代入方程 $f^{s}=0$ 中,可得到 B 点的等效剪应力为

$$\tau^{B}=k_{\phi}-q_{\phi}\sigma^{t} \tag{2-382}$$

最终将直线 BF 的方程写为

$$h(\sigma_m,\tau)=\tau-\tau^{B}-\alpha^{B}(\sigma_m-\sigma^{t})=0 \tag{2-383}$$

根据式(2-382),当材料的拉伸强度为 $\sigma^{t}=k_{\phi}/q_{\phi}$ 时,$\tau^{B}=0$,此时函数则变为

$$h=\tau-\alpha^{B}(\sigma_m-k_{\phi}/q_{\phi}) \tag{2-384}$$

2.11.9.3 塑性修正条件

首先假设材料仍处于弹性阶段,由式(2-265)和式(2-266)可得 t^{n+1}时刻弹性试探状态的偏应力 $s_{ij}^{*(n+1)}$ 和球应力 $\sigma_m^{*(n+1)}$。等效剪应力的弹性试探值为

$$\tau^{*(n+1)}=\sqrt{\frac{1}{2}s_{ij}^{*(n+1)}s_{ij}^{*(n+1)}} \tag{2-385}$$

根据图 2-32,试探应力值可能存在以下四种情况:

(1) 当 $\sigma_m^{*(n+1)} < \sigma^t$ 并且 $f^s(\tau^{*(n+1)}, \sigma_m^{*(n+1)}) > 0$ 时,应力点超出屈服面,表现为剪切失效,需要进行塑性修正,由剪切势函数 ψ^s 确定流动法则。

(2) 当 $\sigma_m^{*(n+1)} < \sigma^t$ 并且 $f^s(\tau^{*(n+1)}, \sigma_m^{*(n+1)}) \leqslant 0$ 时,应力点在屈服面之内,不需要进行塑性修正。

(3) 当 $\sigma_m^{*(n+1)} \geqslant \sigma^t$ 并且 $h(\tau^{*(n+1)}, \sigma_m^{*(n+1)}) > 0$ 时,应力点超出屈服面,表现为剪切失效,需要进行塑性修正,由剪切势函数 ψ^s 确定流动法则。

(4) 当 $\sigma_m^{*(n+1)} \geqslant \sigma^t$ 并且 $h(\tau^{*(n+1)}, \sigma_m^{*(n+1)}) \leqslant 0$ 时,应力点超出屈服面,表现为拉伸失效,需要进行塑性修正,由拉伸势函数 ψ^t 确定流动法则。

根据以上四个条件,可以判断是否需要对应力试探解进行塑性修正,以及确定所用的塑性势函数。

2.11.9.4 塑性修正过程

1) 剪切失效修正

如果应力点超出屈服面并且为剪切失效,那么应当进行塑性修正,由剪切势函数 ψ^s 确定流动法则,并且修正后的应力应该返回到 $f^s=0$ 上。

修正后的应力 σ_{ij}^{n+1} 应满足 t^{n+1} 时刻的屈服条件

$$f^s(\sigma_{ij}^{n+1}) = f^s(\sigma_{ij}^{*(n+1)} - C_{ijkl}^{\sigma J}\Delta\varepsilon_{kl}^p) = 0 \tag{2-386}$$

对式(2-386)在弹性试探应力点 $\sigma_{ij}^{*(n+1)}$ 处做一阶泰勒展开,得

$$f^s(\sigma_{ij}^{*(n+1)}) - \frac{\partial f^s}{\partial \sigma_{ij}} C_{ijkl}^{\sigma J}\Delta\varepsilon_{kl}^p = 0 \tag{2-387}$$

式中,$\partial f^s/\partial\sigma_{ij}$ 在弹性试探应力 $\sigma_{ij}^{*(n+1)}$ 处取值。塑性应变增量 $\Delta\varepsilon_{kl}^p$ 由剪切势函数 ψ^s 确定,即

$$\Delta\varepsilon_{ij}^p = \Delta\lambda^s \frac{\partial \psi^s}{\partial \sigma_{ij}} \tag{2-388}$$

式中,$\Delta\lambda^s$ 为比例因子。

将式(2-388)代入式(2-387)得

$$\Delta\lambda^s = \frac{f^s(\sigma_{ij}^{*(n+1)})}{\dfrac{\partial f^s}{\partial \sigma_{ij}} C_{ijkl}^{\sigma J} \dfrac{\partial \psi^s}{\partial \sigma_{kl}}} \tag{2-389}$$

对于各向同性弹性张量,有

$$C_{ijkl}^{\sigma J}\frac{\partial \psi^s}{\partial \sigma_{kl}} = 2G\left(\frac{\partial \psi^s}{\partial \sigma_{ij}} - \frac{1}{3}\frac{\partial \psi^s}{\partial \sigma_{kl}}\delta_{kl}\delta_{ij}\right) + K\frac{\partial \psi^s}{\partial \sigma_{kl}}\delta_{kl}\delta_{ij} \tag{2-390}$$

将式(2-390)代入式(2-389),可将 $\Delta\lambda^s$ 进一步改写为

$$\Delta\lambda^s = \frac{f^s(\sigma_{ij}^{*(n+1)})}{2G\dfrac{\partial f^s}{\partial \sigma_{ij}}\left(\dfrac{\partial \psi^s}{\partial \sigma_{ij}} - \dfrac{1}{3}\dfrac{\partial \psi^s}{\partial \sigma_{kl}}\delta_{kl}\delta_{ij}\right) + K\dfrac{\partial f^s}{\partial \sigma_{ij}}\dfrac{\partial \psi^s}{\partial \sigma_{kl}}\delta_{kl}\delta_{ij}} \tag{2-391}$$

由式(2-374)、式(2-377)及关系式

$$\frac{\partial \tau}{\partial \sigma_{ij}} = \frac{s_{ij}}{2\tau},\quad \frac{\partial \sigma_m}{\partial \sigma_{ij}} = \frac{1}{3}\delta_{ij} \tag{2-392}$$

可得

$$\frac{\partial f^s}{\partial \sigma_{ij}}=\frac{\partial f^s}{\partial \tau}\frac{\partial \tau}{\partial \sigma_{ij}}+\frac{\partial f^s}{\partial \sigma_m}\frac{\partial \sigma_m}{\partial \sigma_{ij}}=\frac{s_{ij}}{2\tau}+\frac{q_\phi}{3}\delta_{ij} \tag{2-393}$$

$$\frac{\partial \psi^s}{\partial \sigma_{ij}}=\frac{\partial \psi^s}{\partial \tau}\frac{\partial \tau}{\partial \sigma_{ij}}+\frac{\partial \psi^s}{\partial \sigma_m}\frac{\partial \sigma_m}{\partial \sigma_{ij}}=\frac{s_{ij}}{2\tau}+\frac{q_\psi}{3}\delta_{ij} \tag{2-394}$$

将式(2－393)和式(2－394)代入式(2－391),并考虑到关系式 $s_{ij}\delta_{ij}=0$ 和 $\delta_{ij}\delta_{ij}=3$,最终可得 Drucker－Prager 模型的比例因子 $\Delta\lambda^s$ 为

$$\Delta\lambda^s=\frac{f^s(\sigma_{ij}^{*(n+1)})}{G+Kq_\phi q_\psi} \tag{2-395}$$

利用式(2－388)和式(2－394),可得塑性偏应变增量 $\Delta\varepsilon_{ij}'^p$、塑性体积应变增量 $\Delta\varepsilon_{kk}^p$ 和等效塑性应变增量 $\Delta\varepsilon^p$ 分别为

$$\Delta\varepsilon_{ij}'^p=\Delta\lambda^s\frac{s_{ij}}{2\tau} \tag{2-396}$$

$$\Delta\varepsilon_{kk}^p=\Delta\lambda^s q_\psi \tag{2-397}$$

$$\Delta\varepsilon^p=\Delta\lambda^s\sqrt{\frac{1}{3}+\frac{2}{9}q_\psi^2} \tag{2-398}$$

将式(2－396)和式(2－397)代入到式(2－263)和式(2－264)中,可得 t^{n+1} 时刻修正后的应力偏量和球量分别为

$$s_{ij}^{n+1}=s_{ij}^{*(n+1)}-G\Delta\lambda^s\frac{s_{ij}^{n+1}}{\tau^{n+1}} \tag{2-399}$$

$$\sigma_m^{n+1}=\sigma_m^{*(n+1)}-Kq_\psi\Delta\lambda^s \tag{2-400}$$

考虑到式(2－290)、式(2－291)和关系式 $s=\sqrt{3}\tau$,可由式(2－399)得

$$\sqrt{2}\tau^{n+1}n_{ij}^{n+1}=\sqrt{2}\tau^{*(n+1)}n_{ij}^{n+1}-\sqrt{2}G\Delta\lambda^s n_{ij}^{n+1} \tag{2-401}$$

由此可得关系式

$$\tau^{n+1}=\tau^{*(n+1)}-G\Delta\lambda^s \tag{2-402}$$

利用式(2－399)和式(2－402)可将偏应力更新式改写为

$$s_{ij}^{n+1}=\frac{\tau^{n+1}}{\tau^{n+1}+G\Delta\lambda^s}s_{ij}^{*(n+1)}=\frac{\tau^{n+1}}{\tau^{*(n+1)}}s_{ij}^{*(n+1)} \tag{2-403}$$

式中:τ^{n+1}可由 t^{n+1}时刻的屈服条件 $f^{s(n+1)}=0$ 求得,即

$$\tau^{n+1}=k_\phi-q_\phi\sigma_m^{n+1} \tag{2-404}$$

可见,偏应力更新时,也是将弹性试探偏应力按比例缩小,即沿径向返回到屈服面上。

2) 拉伸失效修正

由拉伸失效的屈服函数式(2－378)和流动势函数式(2－380)可得

$$\frac{\partial f^t}{\partial \sigma_{ij}}=\frac{\partial f^t}{\partial \tau}\frac{\partial \tau}{\partial \sigma_{ij}}+\frac{\partial f^t}{\partial \sigma_m}\frac{\partial \sigma_m}{\partial \sigma_{ij}}=\frac{1}{3}\delta_{ij} \tag{2-405}$$

$$\frac{\partial \psi^t}{\partial \sigma_{ij}}=\frac{\partial \psi^t}{\partial \tau}\frac{\partial \tau}{\partial \sigma_{ij}}+\frac{\partial \psi^t}{\partial \sigma_m}\frac{\partial \sigma_m}{\partial \sigma_{ij}}=\frac{1}{3}\delta_{ij} \tag{2-406}$$

将式(2－405)和式(2－406)代入(2－391),并将式中的上标 s 全部替换为 t,解得塑性流动参数增量为

$$\Delta\lambda^t = \frac{f^t(\sigma_{ij}^{*(n+1)})}{K} = \frac{\sigma_m^{*(n+1)} - \sigma^t}{K} \tag{2-407}$$

塑性应变增量由流动法则给出，即

$$\Delta\varepsilon_{ij}^p = \Delta\lambda^t \frac{\partial\psi^t}{\partial\sigma_{ij}} = \frac{1}{3}\Delta\lambda^t\delta_{ij} \tag{2-408}$$

由式(2-408)可知，塑性体积应变增量和等效塑性应变分别为

$$\Delta\varepsilon_{kk}^p = \Delta\lambda^t \tag{2-409}$$

$$\Delta\varepsilon^p = \frac{\sqrt{2}}{3}\Delta\lambda^t \tag{2-410}$$

将式(2-409)代入式(2-264)中，并考虑到式(2-407)，可得 t^{n+1}时刻修正后的应力球量为

$$\sigma_m^{n+1} = \sigma_m^{*(n+1)} - K\Delta\lambda^t = \sigma^t \tag{2-411}$$

对于拉伸失效，仅需要对应力球量进行修正，而偏应力不需要做修正（$s_{ij}^{n+1} = s_{ij}^{*(n+1)}$），因此 t^{n+1}时刻的应力张量为

$$\sigma_{ij}^{n+1} = s_{ij}^{*(n+1)} + \sigma^t\delta_{ij} = \sigma_{ij}^{*(n+1)} + (\sigma^t - \sigma_m^{*(n+1)})\delta_{ij} \tag{2-412}$$

2.11.9.5 算法实现

综上所述，Drucker - Prager 模型的算法实现过程如下：

(1) 首先根据式(2-217)计算旋转后的应力张量 $\sigma_{ij}^{R^n}$，并根据式(2-265)和式(2-266)计算 t^{n+1}时刻的偏应力试探值 $s_{ij}^{*(n+1)}$ 和球应力试探值 $\sigma_m^{*(n+1)}$，并进一步计算剪应力试探值 $\tau^{*(n+1)}$。

(2) 当 $\sigma_m^{*(n+1)} < \sigma^t$ 并且 $f^s(\tau^{*(n+1)}, \sigma_m^{*(n+1)}) > 0$ 时，根据式(2-395)和式(2-404)计算比例因子 $\Delta\lambda^s$ 和剪应力 τ^{n+1}，然后由式(2-403)和式(2-400)更新偏应力 s_{ij}^{n+1}和球应力 σ_m^{n+1}。

(3) 当 $\sigma_m^{*(n+1)} \geqslant \sigma^t$ 并且 $h(\tau^{*(n+1)}, \sigma_m^{*(n+1)}) > 0$ 时，根据式(2-395)和式(2-404)计算比例因子 $\Delta\lambda^s$ 和剪应力 τ^{n+1}，然后由式(2-403)和式(2-400)更新偏应力 s_{ij}^{n+1}和球应力 σ_m^{n+1}。

(4) 当 $\sigma_m^{*(n+1)} \geqslant \sigma^t$ 并且 $h(\tau^{*(n+1)}, \sigma_m^{*(n+1)}) \leqslant 0$ 时，根据式(2-412)更新 t^{n+1}时刻的应力张量 σ_{ij}^{n+1}。

2.11.10 HJC 混凝土模型

HJC 混凝土模型可用来模拟混凝土在大应变、高应变率和高压下的行为，并考虑了混凝土内的孔洞坍塌影响。

如图 2-33(a)所示，HJC 混凝土模型的屈服应力为

$$\sigma_y^* = [A(1-D) + Bp^{*n}](1 + C\ln\dot{\varepsilon}^*) \tag{2-413}$$

式中

$$\sigma_y^* = \frac{\sigma_y}{f_c'} \tag{2-414}$$

为归一化的屈服应力，σ_y 为屈服应力，f_c'为无侧限抗压强度；D 为损伤因子($0 \leqslant D \leqslant 1$)，$p^* = p/f_c'$为归一化压力($p$ 为真实压力)；$\dot{\varepsilon}^* = \dot{\varepsilon}/\dot{\varepsilon}_0$ 为无量纲等效应变率($\dot{\varepsilon}_0 = 1s^{-1}$为参考应变率)；$A$ 为材料归一化的内聚强度；B 为归一化的压力硬化系数；n 为压力硬化指

数;C 为应变率系数。式(2-413)中的 σ_y^* 随着 p^* 的增大而无限增大,但实际上 σ_y^* 存在一个极限值,因此引入归一化最大强度 $S_{\max}$。

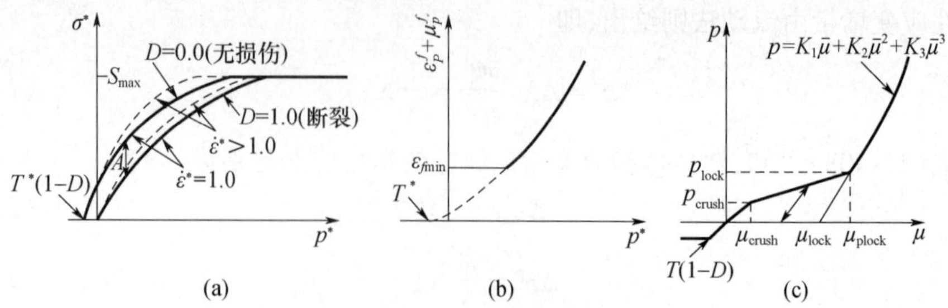

图 2-33 HJC 混凝土模型

(a)强度模型;(b)损伤模型;(c)状态方程。

HJC 混凝土模型的损伤模型与 Johnson-Cook 模型使用的损伤模型相似,但 Johnson-Cook模型的损伤仅由等效塑性应变产生,而 HJC 混凝土模型还考虑了由于孔洞而产生的塑性体积应变的影响,即

$$D = \sum \frac{\Delta\varepsilon^p + \Delta\mu^p}{\varepsilon_f^p + \mu_f^p} \tag{2-415}$$

式中:$\Delta\varepsilon^p$ 和 $\Delta\mu^p$ 分别是当前时间步的等效塑性应变增量和塑性体积应变增量;

$$\varepsilon_f^p + \mu_f^p = D_1 \left(p^* + T^*\right)^{D_2} \tag{2-416}$$

是材料在常压 p 作用下的破碎塑性应变,D_1 和 D_2 为材料常数,$T^* = T/f_c'$为归一化的最大静水拉应力(T 为材料能够承受的最大静水拉应力)。由式(2-416)可知,当 $p^* = -T^*$ 时,混凝土材料不能承受任何塑性应变;当 $p^* > -T^*$ 时,破碎塑性应变随着的增大而增大。为了避免混凝土在小幅拉伸波作用下断裂,引入了最小破碎塑性应变 $\varepsilon_{f\min}$,如图 2-33(b)所示。混凝土内孔洞坍塌将产生塑性体积应变,材料的内聚强度将随着孔洞坍塌而降低,因此,式(2-415)和式(2-416)中包括了由塑性体积应变产生的损伤。在大部分情况下,损伤主要由等效塑性应变引起的。

如图 2-33(c)所示,HJC 混凝土模型的状态方程分为三段:线弹性阶段、过渡阶段和压实阶段。

1)线弹性阶段

当压力 p 低于孔洞坍塌压力 p_{crush}时,材料处于弹性阶段,即

$$p = K_{\text{elastic}}\mu,\ K_{\text{elastic}} = \frac{p_{\text{crush}}}{\mu_{\text{crush}}} \tag{2-417}$$

式中:K_{elastic}为弹性体积模量,μ_{crush}为弹性极限体积应变。

2)过渡阶段

当 $p_{\text{crush}} \leqslant p \leqslant p_{\text{lock}}$ 时,材料处于过渡段,孔洞逐步坍塌,最终压缩至完全压实状态。静水压力—体积关系为

$$p = \begin{cases} p_{\text{crush}} + K_{\text{tran}}(\mu - \mu_{\text{crush}}), & \text{加载时} \\ p_{\max} + [(1-F)K_{\text{elastic}} + FK_{\text{tran}}](\mu - \mu_{\max}), & \text{卸载时} \end{cases} \tag{2-418}$$

$$K_{\text{tran}} = \frac{p_{\text{lock}} - p_{\text{crush}}}{\mu_{\text{lock}} - \mu_{\text{crush}}} \tag{2-419}$$

$$F = \frac{\mu_{\max} - \mu_{\text{crush}}}{\mu_{\text{lock}} - \mu_{\text{crush}}} \tag{2-420}$$

式中：K_{tran}为过渡段的体积模量；p_{lock}和μ_{lock}分别为所有孔洞全部坍塌（即压实）时的压力和对应的体积应变；$p_{\max} = p_{\text{crush}} + K_{\text{tran}}(\mu_{\max} - \mu_{\text{crush}})$为卸载前所达到的最大压力；$\mu_{\max}$为卸载前所达到的最大体积应变；$F$为压缩系数。

3）压实阶段

当$p \geqslant p_{\text{lock}}$时，材料处于完全压实状态，其静水压力—体积关系取为三次多项式。混凝土压缩时的静水压力—体积关系可以表示为

$$p = \begin{cases} K_1 \bar{\mu} + K_2 \bar{\mu}^2 + K_3 \bar{\mu}^3, & \text{加载时} \\ K_1 \bar{\mu}, & \text{卸载时} \end{cases} \tag{2-421}$$

$$\bar{\mu} = \frac{\mu - \mu_{\text{lock}}}{1 + \mu_{\text{lock}}} \tag{2-422}$$

$$\mu_{\text{lock}} = \frac{\rho_{\text{grain}}}{\rho_0} - 1 \tag{2-423}$$

式中：K_1、K_1和K_1为材料常数；ρ_{grain}为无孔洞混凝土的密度。为了使材料参数K_1、K_1和K_1与无孔洞材料的相关参数等效，式（2-421）采用了修正后的体积应变$\bar{\mu}$。

混凝土在各阶段受拉时服从的规律和该阶段的卸载规律类似，但必须满足$p \leqslant p_{max} = -T(1-D)$。

HJC 混凝土模型的算法实现过程如下：

（1）计算t^{n+1}时刻的弹性试探偏应力张量$s_{ij}^{*(n+1)}$和 von Mises 等效应力的弹性试探值$s^{*(n+1)}$。

（2）根据新的体积应变$\mu^{n+1} = \rho^{n+1}/\rho^0 - 1$更新历史变量$\mu_{\max}$，处在加载的情况下，如果：

① $\mu_{\max} \leqslant \mu_{\text{crush}}$，材料处于弹性阶段，$\Delta\mu_p^{n+1} = 0$。

② $\mu_{\text{crush}} < \mu_{\max} \leqslant \mu_{\text{lock}}$，材料处于过渡段，$\Delta\mu_p^{n+1} = \mu_p^{n+1} - \mu_p^n$。

③ $\mu_{\max} > \mu_{\text{lock}}$，材料进入压实段，$\Delta\mu_p^{n+1} = \mu_{\text{lock}} - \mu_p^n$。

（3）根据式（2-420）计算压实系数F。

（4）根据所处的阶段采用相应的公式计算现时压力p^{n+1}，若$p^{n+1} \leqslant -T(1-D)$，则令$p^{n+1} = -T(1-D)$。

（5）由式（2-413）计算屈服应力σ_y^{n+1}，若$s^{*(n+1)} \leqslant \sigma_y^{n+1}$，弹性试探状态即为真实状态，否则继续进行下面的塑性修正。

（6）利用式（2-305）计算等效塑性应变增量$\Delta\varepsilon_p^{n+1}$。

（7）把t^{n+1}时刻的$\Delta\mu_p^{n+1}$和$\Delta\varepsilon_p^{n+1}$代入式（2-415），求得损伤因子增量$\Delta D^{n+1}$。

（8）计算t^{n+1}时刻的屈服强度计算比例系数$m = \sigma_y^{n+1}/s^{*(n+1)}$。

（9）利用径向返回法使应力点回到屈服面上，即令$s_{ij}^{n+1} = m s_{ij}^{*(n+1)}$。

2.11.11 RHT 混凝土模型

RHT 混凝土模型是由 Riedel、Hiermaier 和 Thoma 提出的混凝土模型，包括强度模型和损伤模型，一般与 P-α 状态方程一起使用。

RHT 的强度模型分为三个阶段，即弹性阶段（等效应力$\bar{\sigma} \leqslant \sigma_{\text{elastic}}$）、线性强化阶段

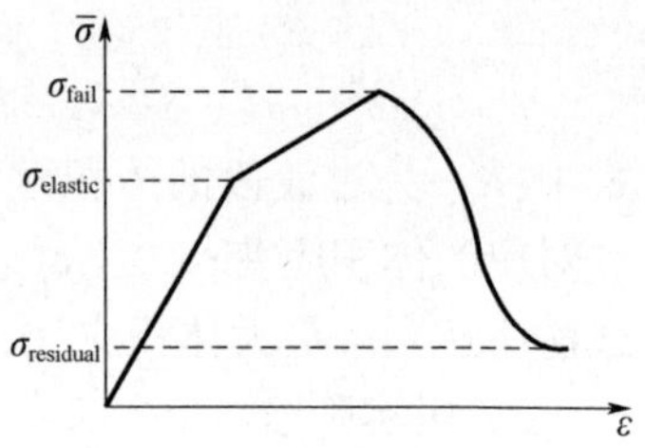

图 2-34 RHT 模型强度模型

($\sigma_{\text{elastic}} < \bar{\sigma} \leqslant \sigma_{\text{fail}}$)和损伤软化阶段,如图 2-34 所示。在损伤软化阶段,损伤量累积并导致材料软化,屈服应力随损伤量增加而降低,最终降至残余应力 σ_{residual}。失效应力 σ_{fail}、弹性极限应力 σ_{elastic} 和残余应力 σ_{residual} 由当前的压力、偏应力和应变率确定。与 HJC 模型不同的是,RHT 模型的屈服应力引入了罗德角(Lode angle)θ。

失效应力为

$$\sigma_{\text{fail}}(p,\theta,\dot{\varepsilon}) = f_c \cdot \sigma^*_{\text{TXC}}(p_s) \cdot R_3(\theta) \cdot F_{\text{rate}}(\dot{\varepsilon}) \tag{2-424}$$

$$p_s = \frac{p}{F_{\text{rate}}(\dot{\varepsilon})} \tag{2-425}$$

其中 f_c 为单轴抗压强度,应变率因子

$$F_{\text{rate}}(\dot{\varepsilon}) = \begin{cases} \left(\dfrac{\dot{\varepsilon}}{\dot{\varepsilon}_0^c}\right)^\alpha, & p \geqslant f_c/3 \\ \dfrac{p+f_t/3}{f_c/3+f_t/3}\left(\dfrac{\dot{\varepsilon}}{\dot{\varepsilon}_0^c}\right)^\alpha + \dfrac{p-f_c/3}{-f_t/3-f_c/3}\left(\dfrac{\dot{\varepsilon}}{\dot{\varepsilon}_0^t}\right)^\delta, & -f_t/3 < p < f_c/3 \\ \left(\dfrac{\dot{\varepsilon}}{\dot{\varepsilon}_0^t}\right)^\delta, & p \leqslant -f_t/3 \end{cases} \tag{2-426}$$

且 $F_{\text{rate}}(\dot{\varepsilon}) \geqslant 1$,式中:$f_t$ 为单轴抗拉强度;$\dot{\varepsilon}_0^c = 30 \times 10^{-6}\dot{\varepsilon}_0$;$\dot{\varepsilon}_0^t = 3 \times 10^{-6}\dot{\varepsilon}_0$;$\dot{\varepsilon}_0 = 1.0s^{-1}$;$\alpha$ 和 δ 为材料参数。罗德角因子,如图 2-35 所示

$$R_3(\theta,Q_2) = \frac{2(1-Q_2^2)\cos\theta + (2Q_2-1)\sqrt{4(1-Q_2^2)\cos^2\theta + 5Q_2^2 - 4Q_2}}{4(1-Q_2^2)\cos^2\theta + (2Q_2-1)^2} \tag{2-427}$$

式中:$\theta \in [0,\pi/3]$ 为罗德角

$$0.5 \leqslant Q_2 = Q_{20} + B \cdot p^* \leqslant 1 \tag{2-428}$$

$$p^* = \frac{p}{f_c} \tag{2-429}$$

$$\cos 3\theta = \frac{3\sqrt{3}J_3}{2J_2^{3/2}} = \frac{27J_3}{2\bar{\sigma}^3} \tag{2-430}$$

式中:J_2、J_3 为偏应力张量的第二、三不变量;$\bar{\sigma} = \sqrt{3J_2}$ 为等效应力。若 $Q_2 \equiv 1$,$R_3 = 1$;若 $Q_2 \equiv 0.5$,$R_3 = 1/(2\cos\theta)$。若应力状态为单向受压,则 $\theta = \pi/3$,$R_3^c = 1$;若为单向受拉,则 $\theta = 0$,$R_3^t = Q_2$;若为纯剪切,则 $\theta = \pi/6$,$R_3^s = R_3(\pi/6, Q_2)$。

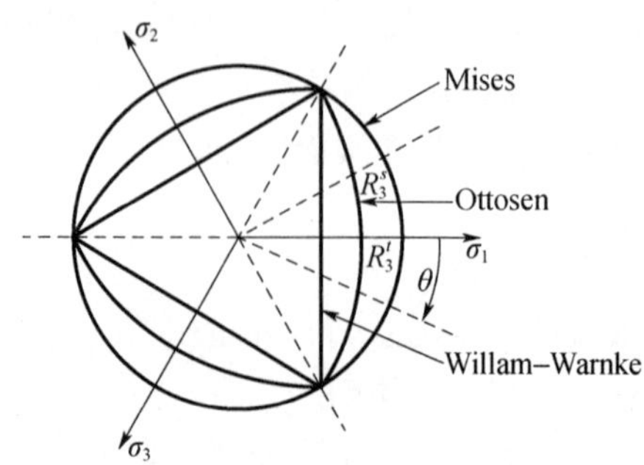

图 2-35 罗德角因子

在准静态加载条件下，单轴抗拉极限、纯剪切抗剪极限和单轴抗压极限应力状态均处于临界失效状态，即满足式(2-424)，

$$f_t = f_c\sigma^*_{\mathrm{TXC}}\left(-\frac{f_t}{3}\right)R_3^t \tag{2-431}$$

$$f_s = f_c\sigma^*_{\mathrm{TXC}}(0)R_3^s \tag{2-432}$$

$$f_c = f_c\sigma^*_{\mathrm{TXC}}\left(\frac{f_c}{3}\right)R_3^c \tag{2-433}$$

亦$(-f_t/3, f_t/(f_cQ_2))$、$(0, f_s/(f_cR_3^s))$和$(f_c/3, 1)$在曲线$\sigma^*_{\mathrm{TXC}} = \sigma^*_{\mathrm{TXC}}(p_s)$上，其中$f_s$为纯剪切抗剪强度。如图2-36所示，由此假设

$$\sigma^*_{\mathrm{TXC}}(p_s) = \begin{cases} \dfrac{p_s}{-f_t/3}\dfrac{f_t}{f_cQ_2} + \dfrac{p_s + f_t/3}{f_t/3}\dfrac{f_s}{f_cR_3^s}, & -T_s \leqslant p_s \leqslant 0 \\ \dfrac{p_s - f_c/3}{-f_c/3}\dfrac{f_s}{f_cR_3^s} + \dfrac{p_s}{f_c/3}, & 0 < p_s \leqslant f_c/3 \\ A(p_s^* - p^*_{\mathrm{HTL}})^N, & p_s > f_c/3 \end{cases} \tag{2-434}$$

$$p_s^* = \frac{p_s}{f_c} \tag{2-435}$$

式中：A和N为材料参数。

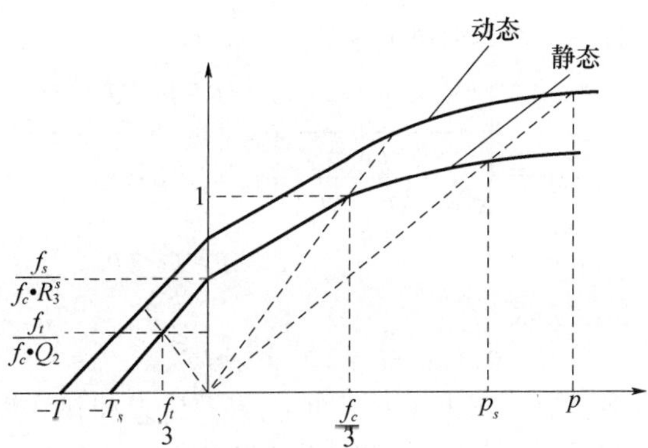

图2-36 失效面的子午线

由$\sigma^*_{\mathrm{TXC}}(p_s) = 0$，得

$$T_s = \frac{f_t}{3}\frac{f_s/(f_cR_3^s)}{f_s/(f_cR_3^s) - f_t/(f_cQ_2)} \tag{2-436}$$

在受拉时需满足

$$p \geqslant -(1-D)T_sF_{\mathrm{rate}}(\dot{\varepsilon}) = -(1-D)T = -(1-D)T^*f_c \tag{2-437}$$

$$T^* = \frac{T}{f_c} \tag{2-438}$$

由$\sigma^*_{\mathrm{TXC}}(p_s)$在$p_s = f_c/3$处满足连续性得

$$p^*_{\mathrm{HTL}} = 1/3 - (1/A)^{1/N} \tag{2-439}$$

如图2-37所示，弹性极限应力

$$\sigma_{\text{elastic}}=f_c\cdot\sigma^*_{\text{TXC}}(p_{s,el})\cdot R_3(\theta)\cdot F_{\text{rate}}(\dot{\varepsilon})\cdot F_{\text{elastic}}\cdot F_{\text{cap}} \tag{2-440}$$

$$F_{\text{elastic}}=\begin{cases}R_c, & p\geqslant f_{c,el}/3\\ \dfrac{p+f_{t,el}/3}{f_{c,el}/3+f_{t,el}/3}R_c+\dfrac{p-f_{c,el}/3}{-f_{t,el}/3-f_{c,el}/3}R_t, & -f_{t,el}/3<p\leqslant f_{c,el}/3\\ R_t, & p\leqslant -f_{t,el}/3\end{cases} \tag{2-441}$$

$$p_{s,el}=\frac{p_s}{F_{\text{elastic}}} \tag{2-442}$$

式中:$f_{c,el}=f_cR_c$;$f_{t,el}=f_tR_t$;R_c 和 R_t 为材料参数。

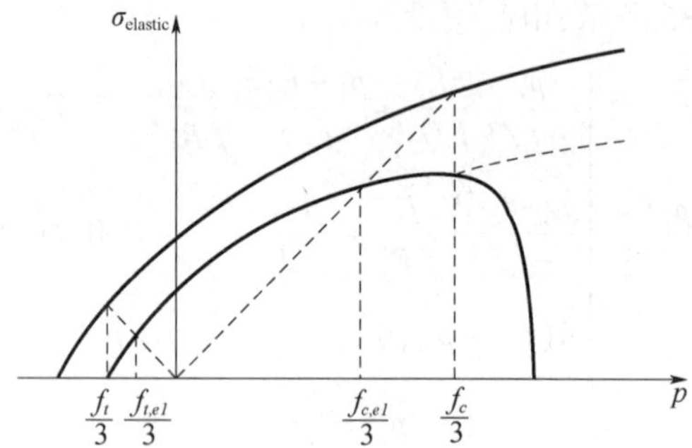

图 2-37 弹性极限面的子午线

为限制在高压力时的弹性极限应力,引入

$$F_{\text{cap}}=\begin{cases}1, & p\leqslant p_u=f_c/3\\ \sqrt{1-\left(\dfrac{p-p_u}{p_0-p_u}\right)^2}, & p_u<p<p_0\\ 0, & p\geqslant p_0=p_{\text{crush}}\end{cases} \tag{2-443}$$

残余应力

$$\sigma_{\text{residual}}=f_cB(p^*)^M\leqslant f_cS^f_{\max} \tag{2-444}$$

式中:B、M 和 $S^f_{\max}$ 为材料参数。在主应力空间中,失效应力和弹性极限应力、失效应力和残余应力表示的屈服面分别如图 2-38 和图 2-39 所示。

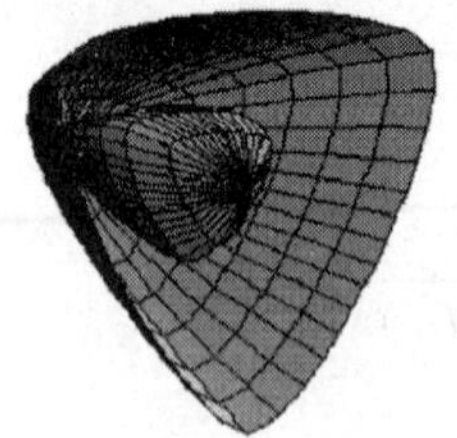

图 2-38 失效应力和弹性极限应力的屈服面

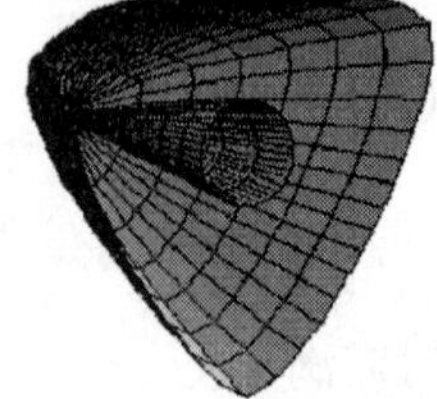

图 2-39 失效应力和残余应力的屈服面

RHT 模型中材料的行为分为三个阶段:弹性阶段、线性强化阶段和损伤软化阶段。在等效应力未超出弹性极限应力时,材料的变形为弹性变形,之后会产生塑性应变,屈服应力服从线性强化模型

$$\sigma_{\text{Yhard}}=\sigma_{\text{elastic}}+\frac{3G}{R_G}\varepsilon_p \tag{2-445}$$

式中:G 为材料初始剪切模量;R_G 为材料参数,在其他 RHT 模型的参考文献中经常用 *PREFACT* 表示。若 $R_G=0$,表示在等效应力未超出失效应力时都为弹性阶段。等效应力超出失效应力后,开始累积损伤量,屈服应力

$$\sigma_{\text{Yfrac}}=(1-D)\sigma_{\text{fail}}+D\sigma_{\text{residual}} \tag{2-446}$$

$$0\leqslant D=\sum\frac{\Delta\varepsilon_p}{\varepsilon_p^f}\leqslant 1 \tag{2-447}$$

$$\varepsilon_p^f=D_1\left(p^*+(1-D)T^*\right)^{D_2}\geqslant\varepsilon_{\min}^f \tag{2-448}$$

式中:D_1、D_2 和 $\varepsilon^f_{\min}$ 为材料参数。此外,RHT 模型还考虑了材料损伤对剪切模量的影响,当前剪切模量

$$G_D=(1-D)G_0+DG_1 \tag{2-449}$$

$$G_0=G \tag{2-450}$$

$$G_1=F_G\cdot G_0 \tag{2-451}$$

式中:F_G 为材料参数,在其他 RHT 模型的参考文献中经常用 SHRATD 表示。

RHT 混凝土模型的算法实现过程如下:

(1) 计算 t^{n+1}时刻的弹性试探偏应力张量 $s_{ij}^{*(n+1)}$,并计算 Von Mises 等效应力的弹性试探值 $s^{*(n+1)}$。

(2) 利用相应的状态方程计算变量 α 的当前值。

(3) 采用相应的状态方程计算 t^{n+1}时刻的压力 p^{n+1},并根据式(2-428)计算 Q_2。

(4) 基于式(2-430)计算罗德角 θ,并由式(2-427)计算罗德角因子值 $R(\theta,Q_2)$。

(5) 对压力 p^{n+1}进行修正,若 $p^{n+1}\leqslant-(1-D)T^*f_c$,$p^{n+1}=-(1-D)T^*f_c$。

(6) 由式(2-434)计算 t^{n+1}时刻的压力子午线值 $\sigma_{\text{TXC}}(p_s)$,再由式(2-424)得到下一时刻的失效面应力 $\sigma_{\text{fail}}^{n+1}$。

(7) 若损伤值 $D^n\leqslant 0$,材料未产生历史损伤,利用 $\sigma_{\text{fail}}^{n+1}$ 由式(2-440)计算弹性失效面 $\sigma_{\text{elastic}}^{n+1}$,并由式(2-445)得到线性强化段的屈服应力 $\sigma_{\text{Yhard}}^{n+1}$。

① 等效应力的试探值 $s^{*(n+1)}\leqslant\sigma_{\text{Yhard}}^{n+1}$,表明材料处于弹性阶段。

② 等效应力的试探值 $s^{*(n+1)}>\sigma_{\text{Yhard}}^{n+1}$,表明材料处于线性强化阶段,得到线性强化段的塑性应变增量 $\Delta\varepsilon_p^h$,并利用径向返回法使应力点回到屈服面上。

③ 等效应力的试探值 $s^{*(n+1)}>\sigma_{\text{fail}}^{n+1}$,表明材料进入损伤阶段,转入第(9)步的塑性修正。

(8) 若损伤值 $D^n>0$,表明材料已经产生了历史损伤,由式(2-444)计算残余应力 $\sigma_{\text{residual}}^{n+1}$,并由式(2-446)得到损伤阶段的屈服应力 $\sigma_{\text{Yfrac}}^{n+1}$。若

① 等效应力的试探值 $s^{*(n+1)}\leqslant\sigma_{\text{Yfrac}}^{n+1}$,表明材料处于弹性阶段。

② 等效应力的试探值 $s^{*(n+1)}>\sigma_{\text{Yfrac}}^{n+1}$,表明材料处于损伤累积阶段。

(9) 对于处于损伤阶段的材料,得到损伤段的塑性应变增量 $\Delta\varepsilon_p^f$,并由式(2-448)计算塑性应变 ε_p^f。

(10) 把 $\Delta\varepsilon_p^f$代入式(2-447),求得损伤因子增量 ΔD^{n+1}。

(11) 计算 t^{n+1}时刻的屈服强度比例系数,利用径向返回算法使应力点回到屈服面上。

(12) 根据式(2-449)计算新的剪切模量值。

2.11.12 JH－2 陶瓷模型

陶瓷属于脆性材料，其力学行为较为复杂，JH－2 模型较为广泛地应用于陶瓷材料，已被商业软件 LS－DYNA 和 AUTODYN 采用。

JH－2 陶瓷模型是由 Johnson 和 Holmquist 在 HJC 混凝土模型的基础上提出的，它由状态方程、强度模型和损伤模型三部分构成。如图 2－40 所示，状态方程由体积变化确定当前的压力，即

$$p=\begin{cases}K_1\mu+K_2\mu^2+K_3\mu^3+\Delta p, & \mu\geqslant 0\\ K_1\mu, & \mu<0\end{cases} \tag{2-452}$$

式中：压力增量 Δp 见式(2－464)，

$$\mu=\frac{\rho}{\rho_0}-1 \tag{2-453}$$

如图 2－41 所示，强度模型给出了当前状态下的屈服应力，材料完好时的屈服应力为

$$\sigma_i=\sigma_{\mathrm{HEL}}A\,(p^*+T^*)^N(1+C\ln\dot{\varepsilon}^*) \tag{2-454}$$

式中：σ_{HEL}为 Hugoniot 弹性极限时的等效应力；A、N、C 为材料参数；

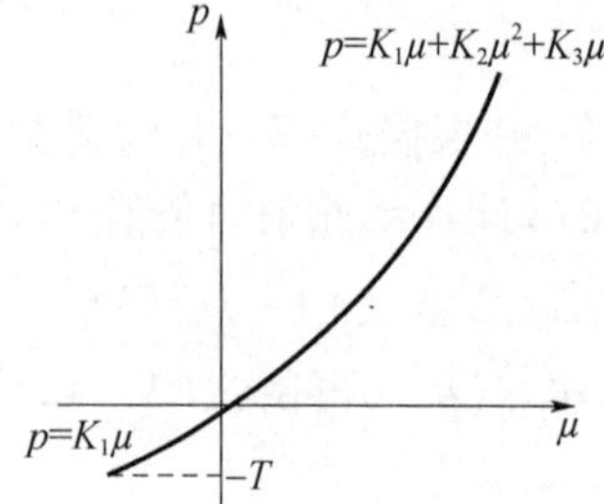

图 2－40 JH－2 模型状态方程

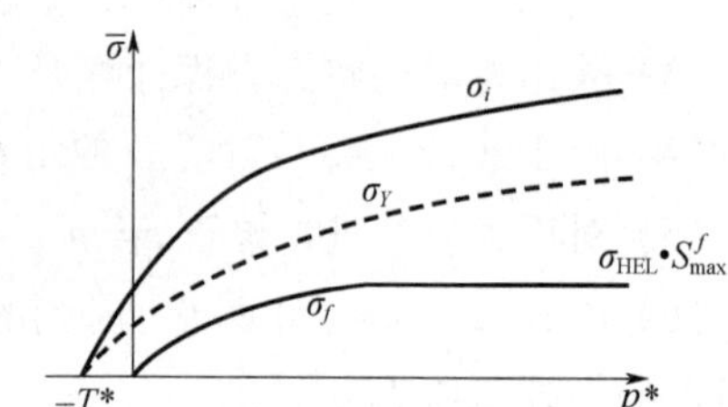

图 2－41 JH－2 模型的强度模型

$$p^*=\frac{p}{p_{\mathrm{HEL}}},\quad T^*=\frac{T}{p_{\mathrm{HEL}}} \tag{2-455}$$

式中，p 为当前的静水压应力；T 为材料能承受的最大静水拉应力；p_{HEL}为 Hugoniot 弹性极限时的静水压应力；

$$\dot{\varepsilon}^*=\frac{\dot{\varepsilon}}{\dot{\varepsilon}_0} \tag{2-456}$$

为无量纲等效塑性应变率；

$$\dot{\varepsilon}=\sqrt{\frac{2}{3}\dot{\varepsilon}'_{ij}\dot{\varepsilon}'_{ij}} \tag{2-457}$$

为等效应变率；$\dot{\varepsilon}_0=1.0\mathrm{s}^{-1}$为参考应变率。材料完全损伤时的屈服应力为

$$\sigma_f=\sigma_{\mathrm{HEL}}B\,(p^*)^M(1+C\ln\dot{\varepsilon}^*)\leqslant\sigma_{\mathrm{HEL}}S^f_{\max} \tag{2-458}$$

式中：B、M 和 $S^f_{\max}$为材料参数，此时材料不能承受拉应力。当材料介于完好和完全损伤状态之间时，屈服应力为式(2－454)和式(2－458)的线性插值

$$\sigma_Y=(1-D)\sigma_i+D\sigma_f \tag{2-459}$$

式中：D 为损伤量。

如图 2 -42 所示,损伤模型描述了材料的破坏程度,用损伤量 D 描述

$$0 \leqslant D = \sum \frac{\Delta \varepsilon_p}{\varepsilon_p^f} = \leqslant 1 \tag{2-460}$$

式中

$$\varepsilon_p^f = D_1 (p^* + T^*)^{D_2} \tag{2-461}$$

为材料破坏的塑性应变,$\Delta \varepsilon_p$ 为当前时间步的等效塑性应变增量。

Johnson 和 Holmquist 认为随着损伤量的增加,材料会发生膨胀,从而引起压力的增加。从能量的角度看,这是由于材料损伤程度增加导致屈服应力降低,进而偏应力降低。而单位体积内能的弹性部分又可以分为两部分:一部分是由压力引起的体积改变应变能,另一部分是偏应力引起的形状改变应变能

$$U = \frac{\overline{\sigma}^2}{6G} \tag{2-462}$$

式中:$\overline{\sigma}$ 为等效应力。由损伤量增加引起的形状改变应变能减少

$$\Delta U = U_t - U_{t+\Delta t} \tag{2-463}$$

从而压力增量(如图 2 -43 所示)

$$\Delta p_{t+\Delta t} = -K_1 \mu_{t+\Delta t} + \sqrt{(K_1 \mu_{t+\Delta t} + \Delta p_t)^2 + 2\beta K_1 \Delta U} \tag{2-464}$$

式中:$0 \leqslant \beta \leqslant 1$ 为能量转化系数。

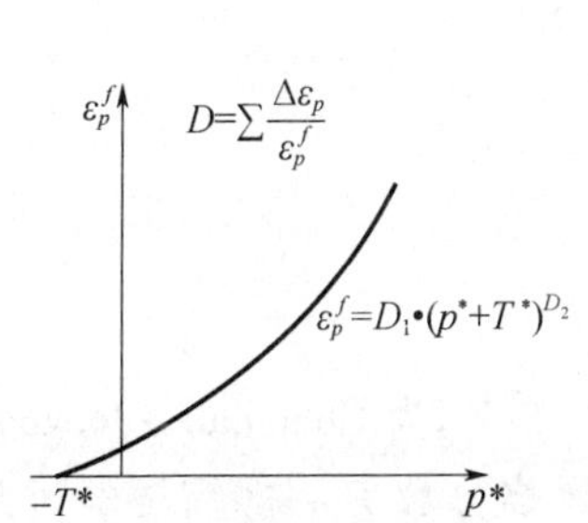

图 2 -42　JH -2 模型的损伤模型

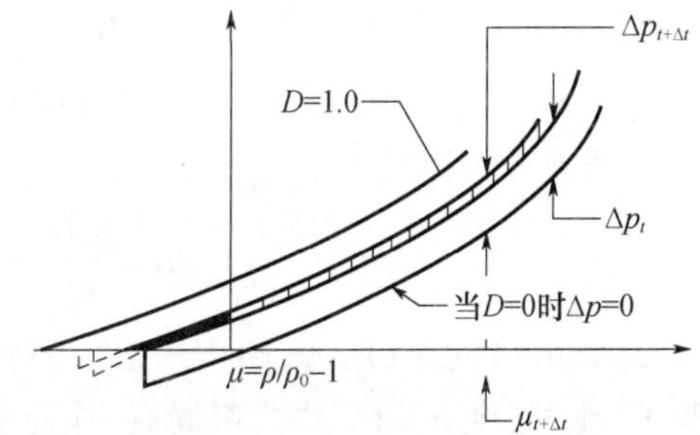

图 2 -43　JH -2 模型压力增量

综上所述,JH -2 模型的算法实现过程如下:

(1) 计算 t^{n+1}时刻的弹性试探偏应力张量 $s_{ij}^{*(n+1)}$,并计算 Mises 等效应力的试探值 $s^{*(n+1)}$。

(2) 根据新的体积应变 $\mu^{n+1} = \rho^{n+1}/\rho^0 - 1$ 和时刻 t^n 的 Δp^n,由式(2 -452)计算当前的压力 p^{n+1},若 $p^{n+1} \leqslant -T$,令 $p^{n+1} = 0$。

(3) 利用式(2 -454)和式(2 -458)分别计算屈服应力 σ_i^{n+1} 和 σ_f^{n+1},并根据式(2 -459)计算当前的屈服应力 σ_Y^{n+1}。

(4) 若 $s^{*(n+1)} \leqslant \sigma_Y^{n+1}$,弹性试探状态即为真实状态。否则,需对其进行塑性修正,计算当前的等效塑性应变增量 $\Delta \varepsilon_p^{n+1}$。

(5) 若 $\mu^{n+1} \geqslant 0$,根据式(2 -460)计算损伤因子增量 ΔD^{n+1},否则令 $\Delta D^{n+1} = 0$。

(6) 计算 t^{n+1}时刻的屈服强度比例系数,利用径向返回法使应力点回到屈服面上。

(7) 计算形状改变应变能的负增量 $\Delta U = U^n - U^{n+1}$,代入式(2 -464)得到当前的 Δp^{n+1}。

2.11.13 高能炸药材料模型

本模型用于模拟高能炸药的爆炸过程。高能炸药起爆后将在爆炸物内形成以该爆炸物所特有的爆速稳定传播的爆轰波,它是后面带有一个高速化学反应区的强冲击波,如图 2-44 所示。对于军用高锰炸药,爆速通常在 6500~9500m/s,波阵面穿过后产物的压力高达数十个 GPa,温度高达 3000~5000K,密度增大 1/3。

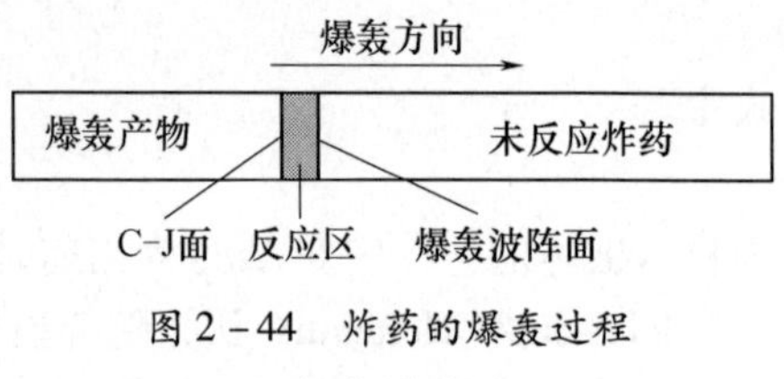

图 2-44 炸药的爆轰过程

在程序的初始化阶段,计算每个炸药质点的起爆时间 t_L(等于该质点距引爆点的距离除以爆速 D)。如果定义了多个引爆点,则质点的起爆时间 t_L 由其与最近起爆点间的距离确定。

炸药起爆后,爆炸产物的压力 p 由状态方程给出的压力 p_{EOS} 和燃烧分数 F 的乘积确定,即

$$p = Fp_{\mathrm{EOS}} \tag{2-465}$$

式中:燃烧分数 $F=\max(F_1, F_2)$ 控制了炸药的化学能的释放

$$F_1 = \begin{cases} \dfrac{(t-t_L)D}{1.5h} & t > t_L \\ 0 & t \leqslant t_L \end{cases} \tag{2-466}$$

$$F_2 = \beta(1-V) \tag{2-467}$$

式中:h 为质点的特征尺寸;

$$\beta = \frac{\rho_0 D^2}{p_{\mathrm{CJ}}} = \frac{1}{1-V_{\mathrm{CJ}}} \tag{2-468}$$

p_{CJ} 为 Chapman-Jouguet 压力(由用户输入的材料参数);V_{CJ} 为 Chapman-Jouguet 相对体积。当 $F>1$ 时,令 $F=1$。炸药起爆后,炸药质点的燃烧分数 F 一般需要经过几个时间步后才能达到 1,因此这种处理方法将不连续的爆轰波阵面扩展到一个狭窄的区域中,光滑成一个快速变化但连续的波阵面,有效地避免了不连续性所引入的数值振荡。

这里的 F 也被称为反应率函数,有时用 λ 表示。上述两种分别为 Wilkins 函数和 CJ 比体积燃烧函数,还有其他类型的反应率函数,可根据需要添加。

炸药起爆前可以认为是理想弹塑性材料,起爆后变为流体,偏应力 $s_{ij}=0$。

2.11.14 流体材料模型

流体材料不具有抗剪切能力,其偏应力 $s_{ij}=0$,压力由状态方程确定。与最大拉力失效模型联合使用可以近似模拟空泡(Cavitation)现象。

本材料模型中也可以考虑流体的黏性,此时偏应力由下式确定

$$s_{ij} = 2\mu\dot{\varepsilon}'_{ij} \tag{2-469}$$

式中:$\dot{\varepsilon}'_{ij}$ 为偏应变率;μ 为动力黏性系数或剪切黏性系数。当 $\mu=0$ 时,材料完全不具有抗剪切能力,在很小剪切载荷作用下都会产生极大的剪切变形,因此应尽避免取 $\mu=0$。

2.12 状态方程

超高速碰撞中的材料行为及其复杂,涉及高温高压,相对低速下的材料响应而言,热力学效应更加明显。因此需要使用状态方程来描述压强、密度和内能之间的关系,考虑物质的压缩效应和非可逆的热力学过程。

状态方程给出了压力(p)、单位初始体积的内能(E)和相对体积 V 之间的关系。定义材料的压缩系数 μ 为

$$\mu = \frac{v_0}{v} - 1 = \frac{\rho}{\rho_0} - 1 = \frac{1}{V} - 1 \tag{2-470}$$

式中:$v = 1/\rho$ 为比体积;$v_0 = 1/\rho_0$ 为初始比体积。由上式可得

$$\frac{d\mu}{d\rho} = \frac{1}{\rho_0} \tag{2-471}$$

2.12.1 多方过程

多方过程满足条件

$$pV^n = C \tag{2-472}$$

式中:n 为多方气体指数;C 为常数。若 $n=0$,则 $p=$ 常数,表示等压过程;若 $n=1$,则 $pV=NkT=$ 常数,表示等温过程;若 $n=\gamma=c_p/c_V$,表示绝热过程;若 $n=\infty$,则 $V=1$,表示等容过程。

对于等熵过程,热力学第一定律可写为

$$de = -p dv \tag{2-473}$$

对上式积分,并忽略 v_0 点的压力,得

$$\begin{aligned} e &= -\int_{v_0}^{v} p dv = -Cm^{-n}\int_{v_0}^{v} v^{-n} dv \\ &= \frac{pv}{n-1} = \frac{p}{\rho(n-1)} \end{aligned} \tag{2-474}$$

式中:m 为质量。上式可改写为

$$p = (n-1)\rho e = (n-1)\frac{\rho}{\rho_0}E \tag{2-475}$$

炸药爆轰产物的膨胀过程是一个多方过程。在高压下,它的 n 值近似等于 3;随着产物的膨胀,n 逐渐减小;膨胀到常压状态时,n 近似等于 1.4。

2.12.2 线性多项式

线性多项式(Linear Polynomial)状态方程为

$$p = c_0 + c_1\mu + c_2\mu^2 + c_3\mu^3 + (c_4 + c_5\mu + c_6\mu^2)E \tag{2-476}$$

式中:$c_0 \sim c_6$ 为用户定义的材料常数。

材料的绝热声速为

$$c = \left\{\frac{4G}{3\rho} + \frac{1}{\rho_0}[c_1 + 2c_2\mu + 3c_3\mu^2 + (c_5 + 2c_6\mu^2)E] + \frac{pV^2}{\rho_0}(c_4 + c_5\mu + c_6\mu^2)\right\}^{\frac{1}{2}} \tag{2-477}$$

当材料受拉时(即$\mu<0$),令μ^2前的系数为零,即取$c_2=c_6=0$。

当取$c_0=c_1=c_2=c_3=c_6=0$且$c_4=c_5=\gamma-1$时,多项式状态方程退化为理想气体的Gamma律状态方程

$$p=(\gamma-1)e \tag{2-478}$$

式中:$\gamma=c_p/c_v$为绝热指数,也称为等熵指数或比热容比;c_p为定压比热容;c_v为定容比热容。

2.12.3 JWL状态方程

JWL(Jones - Wilkins - Lee)状态方程用于描述爆炸产物压力、内能和相对体积之间的关系

$$p=A\left(1-\frac{\omega}{R_1V}\right)e^{-R_1V}+B\left(1-\frac{\omega}{R_2V}\right)e^{-R_2V}+\frac{\omega E}{V} \tag{2-479}$$

式中:$E=\rho_0e$为单位初始体积的内能;ω、A、B、R_1和R_2为用户定义的材料参数。绝热声速为

$$c=\left\{\frac{V^2}{\rho_0}\left\{\left[AR_1\left(1-\frac{\omega}{R_1V}\right)-A\frac{\omega}{R_1V^2}\right]e^{-R_1V}+\left[BR_2\left(1-\frac{\omega}{R_2V}\right)-B\frac{\omega}{R_2V^2}\right]e^{-R_2V}+\frac{\omega E}{V^2}\right\}+\frac{p\omega}{\rho}\right\}^{\frac{1}{2}} \tag{2-480}$$

2.12.4 Mie - Grüneisen状态方程

Mie - Grüneisen状态方程是由热力学与统计力学方法得到的,可以很好地描述绝大多数金属固体在冲击载荷作用下的热力学行为。Mie - Grüneisen状态方程具有如下形式

$$p=p_H+\frac{\gamma}{v}(e-e_H) \tag{2-481}$$

式中:p_H和e_H为Hugoniot曲线上的点的压力和单位质量内能;γ为Grüneisen常数

$$\gamma=v\left(\frac{\partial p}{\partial e}\right)_v=\frac{3\alpha v}{c_vK} \tag{2-482}$$

式中:$3\alpha=(1/v)(\partial v/\partial T)_p$是体积热膨胀系数;$K=-(1/v)(\partial v/\partial p)_T$是等温压缩系数;$C_v=(\partial e/\partial T)_v$是等容比热容。Grüneisen常数$\gamma$满足关系式

$$\frac{\gamma}{v}=\frac{\gamma_0}{v_0}=\text{常数} \tag{2-483}$$

式中:γ_0和v_0分别为压力为零时的Grüneisen常数和比容。Grüneisen常数γ_0和冲击波速—粒子速度关系式($u_s=c_0+su_p$)中的系数s近似满足关系式

$$\gamma_0\approx 2s-1 \tag{2-484}$$

通常p_H远大于p_0,可以忽略p_0,可得

$$p_H=\frac{c_0^2(v_0-v)}{[v_0-s(v_0-v)]^2}=\frac{\rho_0c_0^2\mu(1+\mu)}{[1-(s-1)\mu]^2} \tag{2-485}$$

式中:$\mu=\rho/\rho_0-1=v_0/v-1$为材料的压缩系数,反映了材料的压缩程度。将上式在$\mu=0$处做Taylor展开,并保留到三次项,得到

$$p_H \approx p_H\big|_{\mu=0} + \frac{\mathrm{d}p_H}{\mathrm{d}\mu}\bigg|_{\mu=0}\mu + \frac{1}{2}\frac{\mathrm{d}^2 p_H}{\mathrm{d}\mu^2}\bigg|_{\mu=0}\mu^2 + \frac{1}{6}\frac{\mathrm{d}^3 p_H}{\mathrm{d}\mu^3}\bigg|_{\mu=0}\mu^3 \quad (2-486)$$

$$= \rho_0 c_0^2[\mu + (2s-1)\mu^2 + (s-1)(3s-1)\mu^3]$$

若材料受拉，即 $\mu < 0$，则取

$$p = \rho_0 c_0^2 \mu + \gamma_0 E \quad (2-487)$$

式中：$E = \rho_0 e$。

将 Hugoniot 曲线上的点的内能代入式(2－481)，并取 $p_0 = 0, e_0 = 0$，得到

$$p = p_H\left(1 - \frac{\gamma\mu}{2}\right) + \gamma_0 E \quad (2-488)$$

由上式可得

$$\frac{\partial p}{\partial \rho}\bigg|_E = \frac{\partial p}{\partial \mu}\bigg|_E \frac{\mathrm{d}\mu}{\mathrm{d}\rho} = \begin{cases} \left[\frac{\mathrm{d}p_H}{\mathrm{d}\mu}\left(1 - \frac{\gamma\mu}{2}\right) - p_H \frac{\gamma}{2}\right]\frac{1}{\rho_0}, & \mu \geqslant 0 \\ c_0^2, & \mu < 0 \end{cases} \quad (2-489)$$

$$\frac{\partial p}{\partial E}\bigg|_\rho = \gamma_0 \quad (2-490)$$

材料的绝热声速为

$$c = \begin{cases} \left\{\frac{4G}{3\rho} + \frac{1}{\rho_0}\left[\frac{\mathrm{d}p_H}{\mathrm{d}\mu}\left(1 - \frac{\gamma\mu}{2}\right) - p_H \frac{\gamma}{2}\right] + \frac{pV^2}{\rho_0}\gamma_0\right\}^{\frac{1}{2}}, & \mu \geqslant 0 \\ \left\{\frac{4G}{3\rho} + c_0^2 + \frac{pV^2}{\rho_0}\gamma_0\right\}^{\frac{1}{2}}, & \mu < 0 \end{cases} \quad (2-491)$$

式中

$$\frac{\mathrm{d}p_H}{\mathrm{d}\mu} = \rho_0 c_0^2 \frac{1 + (s+1)\mu}{[1 - (s-1)\mu]^3} \quad (2-492)$$

$$\approx \rho_0 c_0^2[1 + 2(2s-1)\mu + 3(s-1)(3s-1)\mu^2]$$

在式(2－485)中，当 $\mu = 1/(s-1)$ 时，有 $p_H = \infty$，即材料的最大压缩系数为 $\mu_{\max} = 1/(s-1)$。

2.12.5 P－α 状态方程

P－α 状态方程主要用于多孔及疏松介质，其基本假设是认为在相同的压力和温度条件下，多孔材料的比内能和多孔材料在密实状态下的比内能相等。材料的孔隙率 α 为

$$\alpha = \frac{v}{v_s} \quad (2-493)$$

式中：v 为多孔材料的比体积；v_s 为在相同的压力和温度条件下多孔材料在密实状态下的比体积。当压力为零时，$v_s = 1/\rho_{\text{ref}}$。多孔材料在完全压实状态下，$\alpha = 1$。孔隙率 α 是材料热力学状态(p, e)的函数。在大多数的多孔材料冲击压缩问题中，压力 p 和内能 e 由 Rankine－Hugoniot 条件相关联，此时孔隙率 α 可以写成压力 p 的函数。

图 2－45 给出了脆性多孔材料压缩过程中压力 p 和孔隙率 α 的变化曲线。材料从初始状态（孔隙率为 α_0）压缩到孔隙率为 α_p 的过程是弹性的，此后直至压缩到完全密实状态（孔隙率为 1）的过程是塑性的。卸载过程以及重新加载至屈服面的过程均是弹性的。

研究发现,对于多孔铁,孔隙率 α 可以近似表示为二次函数:

$$\alpha = 1 + (\alpha_p - 1)\left[\frac{p_s - p}{p_s - p_e}\right]^2 \tag{2-494}$$

式中:α_p、p_s、p_e 等参见图 2-45 所示。α_p 可以表示为

$$\alpha_p = \frac{\rho_s}{(p_e/K + 1)\rho_0} \tag{2-495}$$

式中:ρ_0 为多孔材料的初始密度;ρ_s 为多孔材料压缩至密实状态时的密度;K 为多孔材料的体积压缩模量。

一般情况下,孔隙率 α 可以取为

$$\alpha = 1 + (\alpha_p - 1)\left[\frac{p_s - p}{p_s - p_e}\right]^n \tag{2-496}$$

如果多孔材料在密实状态时的状态方程为 $p = f(v, e)$,则多孔材料的状态方程为

$$p = \frac{1}{\alpha} f\left(\frac{v}{\alpha}, e\right) \tag{2-497}$$

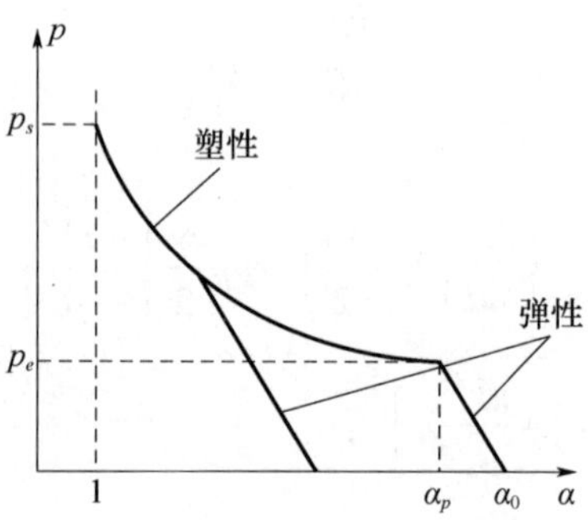

图 2-45 脆性多孔材料的压缩过程

2.13 失效模型

冲击动力学问题涉及材料和结构的冲击破坏,材料的动态损伤与破坏是个非常复杂的问题,根据不同的载荷作用方式和材料性质,材料发生断裂破坏的模式也不相同,因此需要采用不同的材料损伤失效模型。当材料发生损伤失效以后,材料的承载能力下降。在物质点法中,材料的力学参量由质点记录,材料的失效表现为质点失效。

材料只能承受有限的偏应力,当偏应力增大时,材料将产生塑性屈服,材料对偏应力的承受能力由本构模型描述。类似地,材料也不能承受超过其局部拉伸强度的拉应力。失效模型定义了材料承受拉应力的能力,大致可以分为三类。

(1) 整体(各项同性)失效模型以各项同性的方式模拟材料的失效行为。当某些变量(如最大主应力、体积应变、最大主应变、等效应变)达到给定临界值时,材料即失效。

(2) 与方向有关的失效模型用于描述材料与方向相关的失效行为,如剥落、冲塞、层离、花瓣形失效、圆盘形失效等。

(3) 累积损伤模型用于描述混凝土和陶瓷等材料因压碎而导致强度大幅度减弱的宏观非弹性行为,也可以用于描述金属因长时间承受低于抗拉强度的拉应力而导致的剥

落行为。

质点失效后,可以用如下方式处理:

(1) 质点只能承受压应力,不能承受偏应力和拉应力。若失效质点的压力小于0,则将该质点的压力和人工黏性力 q 均置为0(此时该质点的总应力为0),并重新计算内能。

(2) 质点侵蚀,即将失效质点删除。

最常用的失效模型有以下几种:

① 等效塑性应变失效模型。当质点的等效塑性应变大于用户给定的极限值 $\varepsilon^p > \varepsilon^p_{\max}$时,质点失效。该模型常用于模拟延性材料。

② 最大拉应力失效模型。当质点处于受拉状态,且压力 p 小于用户给定的最大拉应力(压缩为正,因此小于0)时,质点失效。该模型可以用来模拟冲击问题中的剥落现象。

③ 联合失效模型。如果质点的状态满足等效塑性应变失效模型或者最大拉应力失效模型之一,质点失效。

④ 最大主应力/剪应力失效模型。当质点的最大主应力 σ_1 大于用户给定的拉伸失效应力(大于0),或者最大剪应力 $\tau_{\max}$大于用户给定的剪切失效应力(大于0)时,质点即失效。

主应力可以通过求解特征方程

$$\lambda^3 - I_1\lambda^2 - I_2\lambda - I_3 = 0 \tag{2-498}$$

得到,其中

$$I_1 = \sigma_{kk} \tag{2-499}$$

$$I_2 = -\frac{1}{2}(\sigma_{ii}\sigma_{kk} - \sigma_{ik}\sigma_{ik}) \tag{2-500}$$

$$I_3 = \det(\sigma_{ij}) \tag{2-501}$$

为应力张量的三个不变量。可证明式(2-498)必有三个实根 σ_1、σ_2、σ_3,且规定总有 $\sigma_1 \geqslant \sigma_2 \geqslant \sigma_3$,那么最大剪应力为

$$\tau_{\max} = \frac{\sigma_1 - \sigma_3}{2} \tag{2-502}$$

⑤ 最大主应变/剪应变失效模型。当质点的最大主应变大于用户给定的拉伸失效应变(大于0),或者最大剪应变大于用户给定的剪切失效应变(大于0)时,质点即失效。

⑥ 瞬时等效应变失效模型。若质点的瞬时等效应变 ε_{eff}大于给定值,则该质点失效。瞬时等效应变 ε_{eff}的定义为

$$\begin{aligned}\varepsilon_{\text{eff}} &= \left(\frac{2}{3}\varepsilon_{ij}\varepsilon_{ij}\right)^{1/2} \\ &= \frac{2}{3}[\varepsilon_1^2 + \varepsilon_2^2 + \varepsilon_3^2 + 5(\varepsilon_1\varepsilon_2 + \varepsilon_2\varepsilon_3 + \varepsilon_3\varepsilon_1) - 3(\varepsilon_{12}^2 + \varepsilon_{23}^2 + \varepsilon_{31}^2)]^{1/2}\end{aligned} \tag{2-503}$$

2.14 耦合物质点有限元法

当背景网格的节点间距和单元尺寸一致时,物质点法和有限元法在精度上的差异取决于积分方案和处理大变形的方式。MPM 和 FEM 均采用多项式近似函数,FEM 采用的高斯积分可以精确积分多项式函数,而 MPM 采用的是质点积分。因此,MPM 的积分方案

精度不如 FEM,且存在质点跨越网格噪声。因此,对于小变形问题,MPM 的计算精度不如 FEM。在处理材料大变形时,FEM 存在单元畸变问题,一旦发生网格畸变,单元的雅可比矩阵行列式将趋近于零甚至为负,导致 FEM 计算精度急剧下降甚至程序异常终止。为了解决单元畸变问题,可以采用单元侵蚀(erosion)算法,将已畸变或者破坏的单元删除,但是删除单元将导致系统的质量不守恒,同时也对压力计算带来扰动,且无法描述材料破碎的物理现象。解决单元畸变的另一种方法是网格重划分技术,但是网格重划分需要对历史变量重分配,导致历史信息的丢失,同时对复杂三维问题的网格重分也比较困难。因此,对于材料大变形问题,MPM 的计算精度高于 FEM。

针对中低速冲击侵彻和流固耦合类问题,弹体和固体往往变形较小,而靶体和流体却产生大变形,笔者建立了基于接触算法的耦合物质点有限元法(Coupled Finite Element Material Point Method,CFEMP),采用物质点法离散大变形物体,用有限元法离散小变形物体,并通过基于背景网格的接触算法实现两者的耦合。

考察两个物体 r 和 s 的接触问题,如图 2-46 所示。分别以 Ω_r 和 Ω_s 表示物体 r 和 s 所占据的区域,Γ_r 和 Γ_s 表示物体 r 和 s 的边界,$\Gamma_c=\Gamma_r\cap\Gamma_s$ 表示接触边界,接触界面条件为非嵌透条件和接触面力条件。

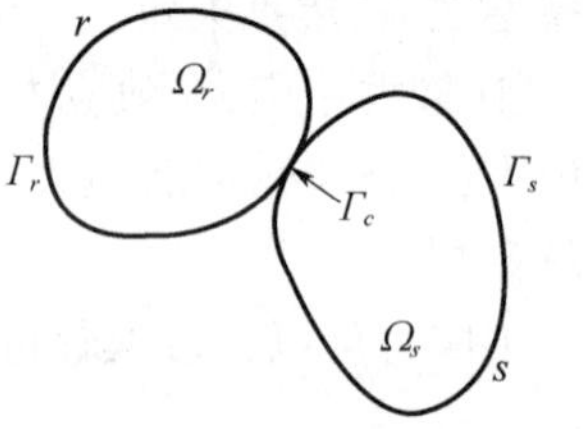

图 2-46 相互接触的两个物体

如图 2-47 所示,假设物体 r 采用质点离散,物体 s 用有限元离散,二者通过接触算法耦合。在每个时间步中,首先假设接触没有发生,求得两个物体动量方程的试探解;然后通过背景网格进行接触探测,若两个物体发生接触则计算接触力并修正试探解以消除嵌透,若未发生接触则试探解即为真实解。

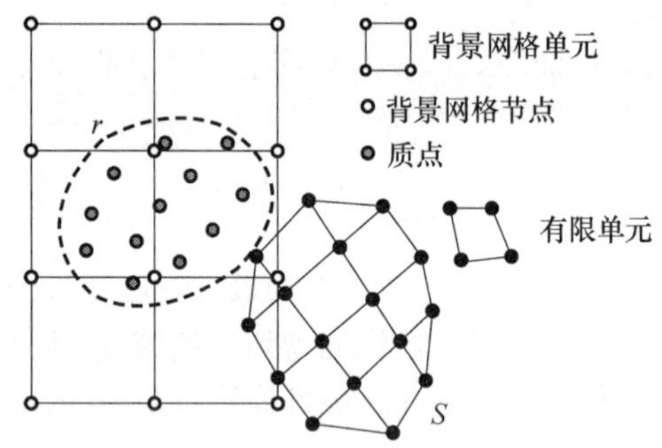

图 2-47 物体 r 和 s 的离散示意图

2.14.1 接触探测

为了通过背景网格进行接触探测,将有限元离散体外表面的节点视作仅携带质量、动量和节点力的质点。假设物体 r 用质点离散,所占区域用 Ω_M 表示;物体 s 用有限元离散,所占区域用 Ω_F 表示,如图 2-48 所示。在背景网格上建立离散体 r 的动量方程,求得其背景网格节点的试探解 $\bar{p}_{iI}^{r,k+1/2}$;在有限元节点上建立离散体 s 的动量方程,求得有限元节点的动量试探解,并将位于离散体外表面的节点的质量和试探动量映射到背景网格上,得到背景网格节点质量 $m_I^{s,k}$ 和试探动量 $\bar{p}_{iI}^{s,k+1/2}$。

当两个物体同时对背景网格节点 I 的动量有贡献且试探解满足条件

$$(m_I^{s,k}\overline{p}_{iI}^{r,k+1/2} - m_I^{r,k}\overline{p}_{iI}^{s,k+1/2})n_{iI}^{r,k} > 0 \tag{2-504}$$

时，两物体将在背景网格节点 I 处发生嵌透，需要施加无嵌入条件，否则试探解即为真实解。将发生接触的背景网格节点 I 称为背景网格接触节点，将既位于有限元离散体外表面，又对背景网格接触节点有影响的有限元节点称为有限元接触节点（见图 2-48）。

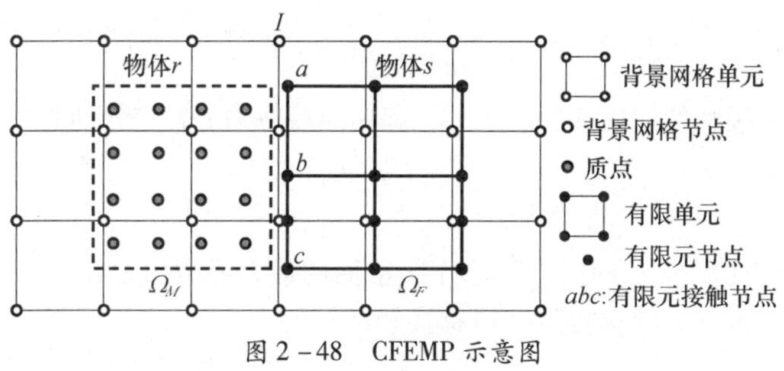

图 2-48　CFEMP 示意图

2.14.2　接触法线计算

采用式（2-504）判断接触时，需要计算物体表面的外法线向量，质点离散区域和有限元离散区域的外法线计算方式是不同的。

在质点离散区域，通过计算物体 r 在背景网格节点 I 处的质量梯度来计算物体表面在结点 I 处的法向量 $n_{iI}^{r,k}$，即

$$n_{iI}^{r,k} = \frac{1}{\left\| \sum_{p=1}^{n_p} N_{Ip,i}^n m_p \right\|} \sum_{p=1}^{n_p} N_{Ip,i}^n m_p \tag{2-505}$$

在有限元离散区域，物体 s 表面在背景网格节点 I 处的法向量计算包括两步，首先计算与有限元接触节点 t 相连接的所有单元表面法向量之和，即

$$n_{it}^{s,k} = \sum_{e=1}^{e_n} n_{ie} \tag{2-506}$$

然后，将各有限元接触节点的法向量赋给其所在背景网格单元的各节点并进行归一化，得到物体 s 表面在背景网格节点 I 处的法向量 $n_{iI}^{s,k}$，即

$$n_{iI}^{s,k} = \frac{1}{\left\| \sum_{t=1}^{n_t} n_{it}^{s,k} \right\|} \sum_{t=1}^{n_t} n_{it}^{s,k} \tag{2-507}$$

式（2-505）和式（2-507）为物体表面外法线的近似计算方法，不能严格满足接触问题中表面法向量的共线条件，将导致动量不守恒和界面穿透。因此，需对式（2-505）和式（2-507）进行修正，令其满足接触面上法向量的共线条件。可采用如下方法进行修正：

（1）考虑到有限元离散体变形较小且刚度大于质点离散体，采用有限元离散体来计算接触界面法向量，即令 $n_{iI}^{r,k} = -n_{iI}^{s,k}$。

（2）如果有限元离散体的外表面是凹面，而物质点离散体外表面是凸面或者平面，

则采用质点离散体计算接触界面法向量,即令 $n_{iI}^{s,k}=-n_{iI}^{r,k}$。

2.14.3 接触力

物体间发生接触穿透后,计算接触节点 I 处的接触力 $f_{iI}^{b,c,k}$。

对于粘着接触,接触力为

$$f_{iI}^{r,c,k}=-f_{iI}^{s,c,k}=\frac{1}{(m_I^{r,k}+m_I^{s,k})\Delta t^k}(m_I^{r,k}\overline{p}_{iI}^{s,k+1/2}-m_I^{s,k}\overline{p}_{iI}^{r,k+1/2}) \tag{2-508}$$

相应地,粘着接触的法向接触力 $f_{iI}^{b,\mathrm{nor},k}$ 和切向接触力 $f_{iI}^{b,\tan,k}$ 分别为

$$f_{iI}^{b,\mathrm{nor},k}=f_{jI}^{b,c,k}n_{jI}^{b,k}n_{iI}^{b,k} \tag{2-509}$$

$$f_{iI}^{b,\tan,k}=f_{iI}^{b,c,k}-f_{iI}^{b,\mathrm{nor},k} \tag{2-510}$$

当切向接触力(摩擦力) $\|f_{iI}^{b,\tan,k}\|$ 小于接触面的最大静摩擦力 $\mu\|f_{iI}^{b,\mathrm{nor},k}\|$ 时,接触面处于粘着接触状态,否则为滑移接触。滑移接触的接触力为

$$f_{iI}^{b,c,k}=f_{iI}^{b,\mathrm{nor},k}+\mu\|f_{iI}^{b,\mathrm{nor},k}\|\frac{f_{iI}^{b,\tan,k}}{\|f_{iI}^{b,\tan,k}\|} \tag{2-511}$$

式中:μ 为摩擦系数。

2.14.4 时间积分

质点离散区域和有限元离散区域的时间积分同步进行,即取 MPM 和 FEM 的最小临界时间步长作为系统的临界时间步长。

在 Ω_M 区域,$t^{k+1/2}$ 时刻背景网格节点 I 的动量为

$$p_{iI}^{b,k+1/2}=\begin{cases}\overline{p}_{iI}^{b,k+1/2}, & \text{未发生接触}\\ \overline{p}_{iI}^{b,k+1/2}+\Delta t^k f_{iI}^{b,c,k}, & \text{发生接触}\end{cases} \tag{2-512}$$

质点在 t^{k+1} 时刻的位置和 $t^{k+1/2}$ 时刻的速度更新为

$$x_{ip}^{r,k+1}=x_{ip}^{r,k}+\Delta t^{k+1/2}\sum_{I=1}^{n_g}p_{iI}^{r,k+1/2}N_{Ip}^k/m_I^{r,k} \tag{2-513}$$

$$v_{ip}^{r,k+1/2}=v_{ip}^{r,k-1/2}+\Delta t^k\sum_{I=1}^{n_g}(f_{iI}^{r,k}+f_{iI}^{r,c,k})N_{Ip}^k/m_I^{r,k} \tag{2-514}$$

在 Ω_F 区域,依据背景网格节点处的接触力修正有限元接触节点 t 的速度,因此对于有限元接触节点的速度和位置更新为

$$v_{it}^{s,k+1/2}=f_{it}^{s,k}\Delta t^k/m_t+\Delta t^k\sum_{I=1}^{n_g}f_{iI}^{s,c,k}N_{It}^k/m_I^{s,k} \tag{2-515}$$

$$x_{it}^{s,k+1}=x_{it}^{s,k}+\Delta t^{k+1/2}v_{it}^{s,k+1/2} \tag{2-516}$$

对于其他有限元节点 I,$t^{k+1/2}$ 时刻的速度为

$$v_{iI}^{s,k+1/2}=v_{iI}^{s,k-1/2}+f_{iI}^{s,k}\Delta t^k/m_I \tag{2-517}$$

t^{k+1} 时刻位置更新为

$$x_{iI}^{s,k+1}=x_{iI}^{s,k}+v_{iI}^{s,k+1/2}\Delta t^{k+1/2} \tag{2-518}$$

2.14.5 算法实现

下面给出耦合物质点有限元法单步内的计算流程。

(1) 对质点离散体 r 内的质点遍历循环,计算背景网格上的节点质量 $m_I^{r,k}$ 和动量 $p_{iI}^{r,k-1/2}$

$$m_I^{r,k} = \sum_{p=1}^{n_p} m_p^r N_{Ip}^k \tag{2-519}$$

$$p_{iI}^{r,k-1/2} = \sum_{p=1}^{n_p} m_p^r v_{ip}^{r,k-1/2} N_{Ip}^k \tag{2-520}$$

(2) 在背景网格上施加边界条件。

(3) 更新质点和单元高斯点的应力和密度。

(4) 计算背景网格节点力和有限单元节点力。

① 在 Ω_M 区域,背景网格的节点内力 $f_{iI}^{r,\text{int},k}$ 和节点外力 $f_{iI}^{r,\text{ext},k}$ 分别为

$$f_{iI}^{r,\text{int},k} = -\sum_{p=1}^{n_p} N_{Ip,j}^k \sigma_{ijp}^{k+1} \frac{m_p}{\rho_p^{k+1}} \tag{2-521}$$

$$f_{iI}^{r,\text{ext},k} = \sum_{p=1}^{n_p} N_{Ip}^k \bar{t}_{ip} h^{-1} \frac{m_p}{\rho_p^k} + \sum_{p=1}^{n_p} m_p N_{Ip}^k f_{ip}^k \tag{2-522}$$

② 在 Ω_F 区域,有限元节点的节点力为

$$f_{iI}^k = f_{iI}^{\text{int},k} + f_{iI}^{\text{ext},k} + f_{iI}^{\Gamma,k} \tag{2-523}$$

式中:$f_{iI}^{\text{int},k}$、$f_{iI}^{\text{ext},k}$、$f_{iI}^{\Gamma,k}$ 分别为节点内力、节点外力和沙漏黏性阻尼力。

(5) 不考虑接触,独立地对各物体的动量方程进行积分,并施加边界条件。

(6) 接触探测及接触力计算

利用式(2-519)和式(2-520)将有限元离散体外表面的节点质量 $m_I^{s,k}$ 和动量试探解 $\bar{p}_{iI}^{s,k+1/2}$ 映射到背景网格。依据前面内容计算表面法向量,采用式(2-504)进行接触判断。如果发生接触,则将该背景网格节点标记为背景网格接触节点,将对背景网格接触节点有影响的有限元离散体外表面单元节点标记为有限元接触节点,同时计算接触力并修正试探动量;如果未发生接触,则不做任何特殊处理。

(7) 更新质点和有限元节点的位置和速度。

① 利用式(2-513)和式(2-514)更新质点的位置和速度。

② 利用式(2-515)和式(2-516)更新有限元接触节点的速度和位置,利用式(2-517)和式(2-518)更新有限元非接触节点的速度和位置。

(8) 丢弃已经变形的背景网格,在下一时间步中采用新的规则背景网格,并重新确定有限元接触节点。

在本算法中,质点离散体与有限元离散体的接触关系在背景网格上确定,并在相应的背景网格节点上计算接触力。

2.15 自适应物质点有限元法

上一节介绍的耦合物质点有限元法比较适合于一个物体的所有区域均发生大变形而另一个物体的所有区域均处于小变形状态的问题,如流固耦合问题。在超高速碰撞和侵彻问题中,材料大变形和破碎现象仅仅发生在局部区域内,而远离载荷作用点的材料区域并没有发生大变形;另外,初始时刻全部材料均为小变形状态,而在加载过程中某些

局部区域逐渐发生大变形直至破碎。此时很难明确区分大变形和小变形区域，不好适用耦合物质点有限元法，笔者建立了自适应物质点有限元法(Adaptive Finite Element Material Point Method, AFEMP)，初始时刻所有物体均用有限元离散，在计算过程中自动将已破坏或畸变的单元转化为质点。(如图2-49)

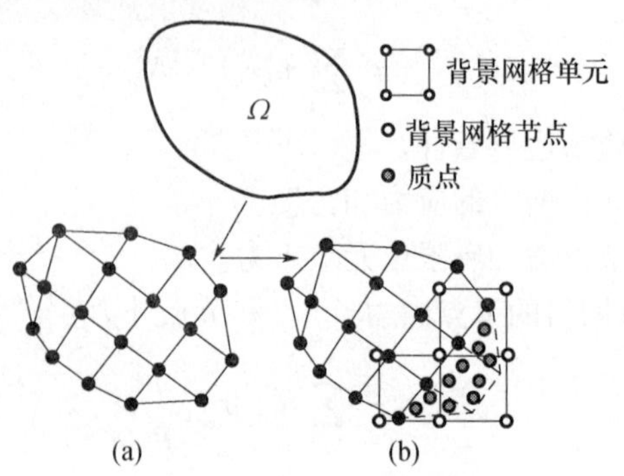

图2-49 AFEMP示意图

(a)有限元离散；(b)时刻 t，部分单元转化为质点。

2.15.1 转化算法

从单元到质点的转化算法是自适应物质点有限元法的重要组成部分，包括转化判据和转化方案两部分。

单元的畸变程度可以根据等效塑性应变和单元特征长度比值来衡量。

2.15.1.1 等效塑性应变判据

塑性应变为永久性应变，对于许多金属材料在静水压力不大的情况下，塑性应变表征了材料的畸变程度。因此，如果材料为弹塑性材料，则可用等效塑性应变作为判据，即当单元的等效塑性应变值达到用户设定的阈值时，将单元转化为质点。

2.15.1.2 单元特征长度比值判据

单元的特征长度在一定程度上表征了单元的畸变程度，因此也可采用单元特征长度现时值与初始值的比值作为判据，当该比值低于用户预定的阈值时，将该单元转化为质点。

从单元到质点的转化实质上是从一种离散格式到另外一种离散格式的转化，在转化过程中需保证系统的质量、动量和能量守恒。以二维问题为例进行说明。其中，物体区域采用四边形单元离散，边界以有限元节点 $a,b,\cdots,n$ 描述，并假设单元A和B是满足转化判据的待转化单元(图2-50)。

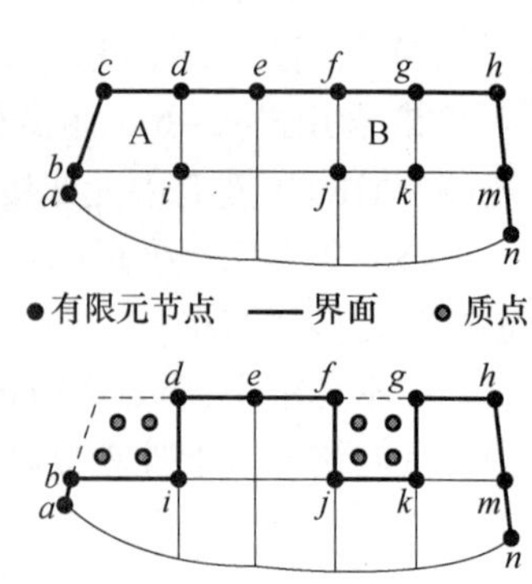

图2-50 从单元到质点的转化

(1) 对于二维问题，将四边形单元A均匀转化为4个质点，每个质点携带原单元质量、体积和内能的四分之一。这4个质点在原单元内的自然坐标分别为(-0.5, -0.5)、(+0.5, -0.5)、(+0.5, +0.5)和(-0.5, +0.5)，如图2-51所示，因此它们在全局坐标系中的坐标分别为

$$x_{ip} = \sum_{I=1}^{4} N_I(\pm 0.5, \pm 0.5)x_{iI}, \qquad p = 1,2,3,4 \tag{2-524}$$

式中：x_{iI}表示有限元节点 I 在全局坐标系中的位置。

(2) 确定转化质点的速度。有限元法通过节点的速度表征材料的速度场，因此可将各转化质点的速度取为其邻近的有限元节点速度值。这种方法不能严格替代有限元节点表征的速度梯度场，但简单高效，适合显式积分算法。

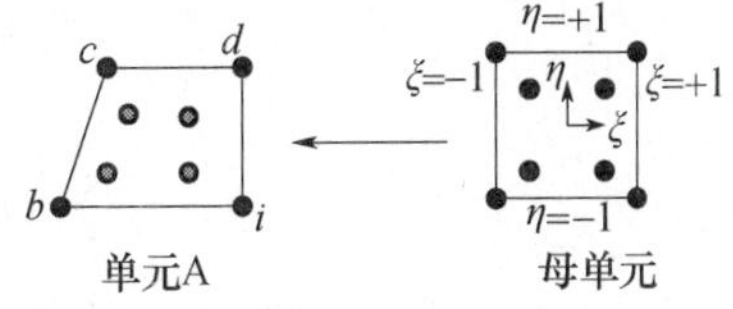

图 2-51　转化质点的位置计算

(3) 确定质点的材料历史量。由于有限元法采用单点高斯积分，因此可将 4 个质点的应力、应变以及其他的材料历史变量均取为单元 A 高斯点的相应物理量值。

(4) 删除被转化的单元，如单元 A。

(5) 处理界面上的单元节点。对于与所删除单元相连的有限元节点，其质量应减去该单元代表的离散区域质量的贡献部分。将不与任何单元相连的有限元节点删除，如有限元节点 c，同时将位于有限元单元与质点区域界面上的有限元节点标记为有限元过渡节点，便于识别两种离散区域的界面，如节点 b、i、d、f、j、k 和 g。

上述将畸变的有限元单元转化为质点，实质上是将高斯点积分转化为质点积分，将有限元网格转化为在每个时间步开始时均重划分的背景网格。对于三维问题，一个八节点六面体单元转化成 8 个质点，各个质点的变量值采用相同的方式确定。

2.15.2　耦合算法

以二维问题为例，如图 2-52 所示。物体 r 左半部采用有限元离散，其他部分用质点离散。位于两种离散区域界面上的有限元节点分别为 a、b 和 c，依据定义，它们是有限元过渡节点。为了实现有限元区域与质点区域的相互影响和联系，将有限元过渡节点看成是一类特殊的质点，其动量方程与其他质点一样在背景网格上求解，其位置和速度通过背景网格节点的速度场和加速度场更新，从而保证了过渡区界面上位移和速度场的连续性。

在每一个时间步中，将有限元过渡节点和质点的质量、动量同时映射到背景网格上，并将有限元过渡节点的节点力映射并累加到通过质点计算的背景网格节点力上。如图 2-53 所示，背景网格节点 I 的质量计算公式为

$$m_I = \sum_{p=1}^{n_p} N_{Ip} m_p + \sum_{t=1}^{n_t} N_{It} m_t \tag{2-525}$$

式中：下标 t 表示过渡节点；n_t 表示总的过渡节点数。

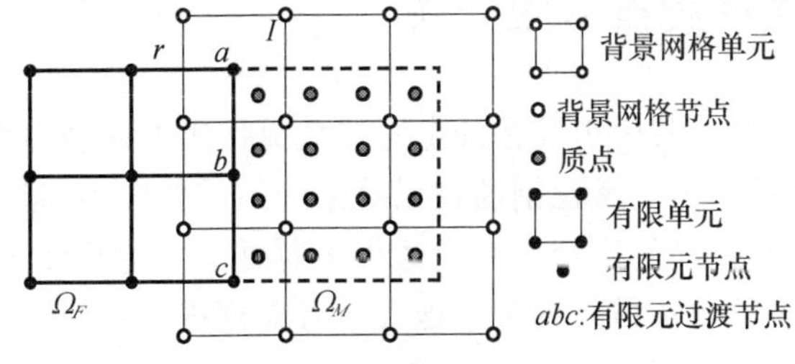

图 2-52　有限元法与物质点法的耦合

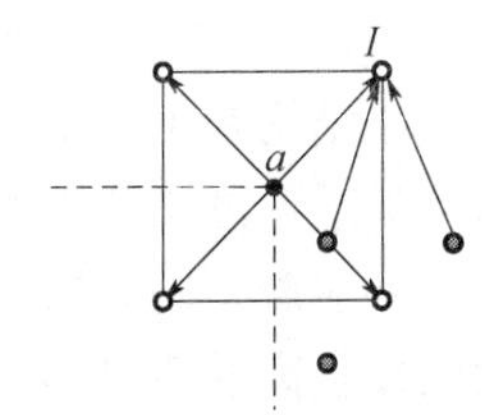

图 2-53　过渡区背景网格节点物理量的计算

背景网格节点 I 的动量 p_{iI} 和节点力 f_{iI} 分别为

$$p_{iI} = \sum_{p=1}^{n_p} N_{Ip} p_{ip} + \sum_{t=1}^{n_t} N_{It} p_{it} \tag{2-526}$$

$$f_{iI} = \sum_{p=1}^{n_p} m_p N_{Ip} f_{ip} - \sum_{p=1}^{n_p} N_{Ip,j} \sigma_{ijp} \frac{m_p}{\rho_p} + \sum_{t=1}^{n_t} N_{It} f_t \tag{2-527}$$

式中:f_t 为有限元过渡节点的节点力但不包括沙漏黏性阻尼力。

在背景网格的动量方程积分后,有限元过渡节点的位置和速度更新为

$$x_{it}^{k+1} = x_{it}^{k} + \Delta t^{k+1/2} \left(\sum_{I=1}^{n_g} p_{iI}^{k+1/2} N_{tI}^{k+1/2} / m_I^{k+1/2} + \Delta t^k f_{it}^{\Gamma,k} / m_t \right) \tag{2-528}$$

$$v_{it}^{k+1/2} = v_{it}^{k-1/2} + \Delta t^k \sum_{I=1}^{n_g} f_{iI}^{k+1/2} N_{tI}^{k+1/2} / m_I^{k+1/2} + \Delta t^k f_{it}^{\Gamma,k} / m_t \tag{2-529}$$

式中:$f_{it}^{\Gamma,k}$ 为有限元过渡节点的沙漏黏性阻尼力。

综上所述,通过调整有限元过渡节点动量方程的计算方式,实现了有限元离散区域和质点离散区域的耦合。背景网格场量映射的单值性保证了两种区域过渡界面上位移场和速度场的连续性。

2.15.3 算法实现

下面给出单个时间步内不包括接触部分的计算流程。

(1) 利用式(2-525)和式(2-526)将质点和有限元过渡节点的质量和动量映射到背景网格上,计算背景网格的节点质量和节点动量。

(2) 在背景网格上施加边界条件。

(3) 对质点和有限元单元进行应力和密度更新。

(4) 计算有限元节点的节点力,采用式(2-527)计算背景网格节点力。

(5) 在背景网格上求解有限元过渡节点和质点的动量方程,其他的有限元节点动量方程在节点上求解,并施加边界条件。

(6) 分别更新有限元节点和质点的位置和速度,其中采用式(2-528)和式(2-529)更新有限元过渡节点位置和速度。

(7) 对位于有限元离散区域边界上的单元进行遍历循环,依据前面的方法将畸变单元转化为质点,同时标记新的有限元过渡节点。

(8) 丢弃已经发生变形的背景网格,并在下一个时间步中采用新的背景网格。

2.16 杂交物质点有限元法

钢筋混凝土结构在工程中有着广泛的应用,模拟其在冲击爆炸载荷作用下的动力学行为具有重要的理论意义和工程应用背景。为了考虑钢筋在混凝土中的承载作用,需要分别建立钢筋和混凝土的离散模型。但是钢筋的直径尺寸远远小于混凝土结构的尺寸,采用等间距的质点离散钢筋和混凝土,将导致离散规模过于庞大。考虑到钢筋在混凝土中以承受拉伸载荷为主,将有限元法中的杆单元引入到物质点法中,构造一种用于离散钢筋的杆单元,提出了杂交物质点有限元法。

如图 2－54 所示，杂交物质点有限元法采用杆单元离散钢筋，采用物质点离散混凝土。杆单元和质点在同一背景网格中运动，保证了杆单元和质点位移场和速度场的一致性，体现了两者的相互作用。因此，在每一个时间步开始时，将杆单元节点及质点的质量和动量映射到同一背景网格上，采用中心差分法在背景网格上求解杆单元节点和质点的混合动量方程，求解动量方程之后，再将结果从背景网格映射回物质点和钢筋节点，并更新其位置和速度。

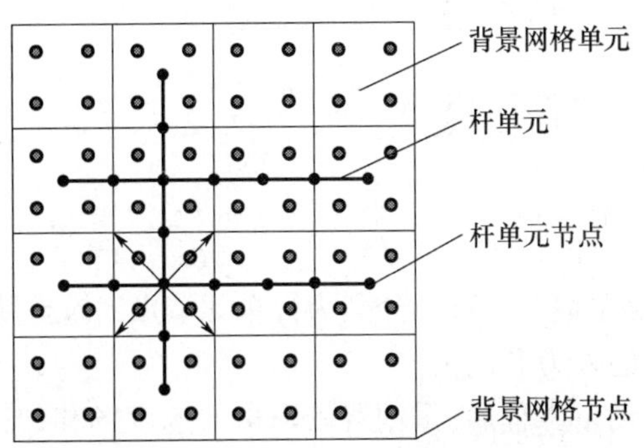

图 2－54　钢筋混凝土离散示意图

为了简明起见，以一根钢筋为例进行说明。设钢筋长为 L，横截面积为 A，采用 4 个杆单元离散，如图 2－55 所示。

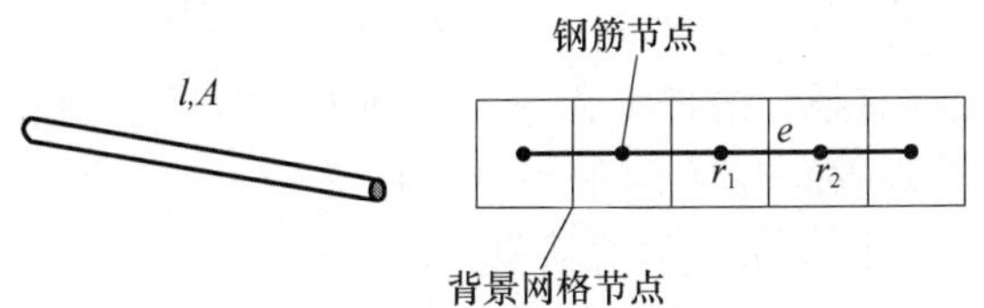

图 2－55　钢筋物理模型和离散模型

t^k 时刻杆单元 e 的应变增量为

$$\Delta\varepsilon_e^k = (l_e^k - l_e^{k-1})/l_e^{k-1} \tag{2-530}$$

式中：l_e^k 为杆单元 e 在 t^k 时刻的长度；t^{k+1} 其时刻该单元的应力 σ_e^{k+1} 为

$$\sigma_e^{k+1} = \sigma_e^k + \dot{\sigma}_e^k \Delta t \tag{2-531}$$

式中：$\dot{\sigma}_e^k$ 为杆单元的客观应力率，可通过相应的材料模型由单元的应变增量 $\Delta\varepsilon_e^k$ 计算得到。由应力 σ_e^{k+1} 可得单元的轴力为

$$F_e^{k+1} = A\sigma_e^{k+1} \tag{2-532}$$

注意此时的应变增量、应力和轴力均是在杆长方向上计算的。该方向在全局坐标系下的方向余弦为 $\cos\theta_{ie}$，有

$$\cos\theta_{ie} = (x_{i1}^k - x_{i2}^k)/l_e^k \tag{2-533}$$

由轴力和方向余弦可得杆单元节点 r 的内力在全局坐标系下的表达式，有

$$f_{ir}^{\text{int}} = \sum_{e=1}^{n_e} \Lambda_{re} F_e \cos\theta_{ie} \tag{2-534}$$

式中：$\Lambda_{re} = \pm 1$；当节点位于相应单元的起始端时取 1，否则取 －1。

为实现杆单元节点的动量方程同质点一起在背景网格上求解，将杆单元节点的质量、动量和节点力通过背景网格单元形函数映射到背景网格上。因此，背景网格节点 I 的各物理量(包括节点质量 m_I、节点动量 p_{iI}、节点内力 f_{iI}^{int} 和节点外力 f_{iI}^{ext})的公式改写为

$$m_I = \sum_{p=1}^{n_p} m_p N_{Ip} + \sum_{r=1}^{n_r} m_r N_{Ir} \tag{2-535}$$

$$p_{iI} = \sum_{p=1}^{n_p} m_p v_{ip} N_{Ip} + \sum_{r=1}^{n_r} m_r v_{ir} N_{Ir} \tag{2-536}$$

$$f_{iI}^{\text{int}} = -\sum_{p=1}^{n_p} N_{Ip,j} \sigma_{ijp} \frac{m_p}{\rho_p} + \sum_{r=1}^{n_r} N_{Ir} f_{ir}^{\text{int}} \tag{2-537}$$

$$f_{iI}^{\text{ext}} = \sum_{p=1}^{n_p} m_p N_{Ip} f_{ip} + \sum_{p=1}^{n_p} N_{Ip} \bar{t}_{ip} h^{-1} \frac{m_p}{\rho_p} + \sum_{r=1}^{n_r} m_r N_{Ir} f_{ir}^{\text{ext}} \tag{2-538}$$

式中：n_r 为杆单元的节点总数；m_r 和 v_{ir} 分别为杆单元节点 r 的质量和速度；f_{ir}^{ext} 和 f_{ir}^{int} 分别为施加在杆单元节点上的外力和内力。

在背景网格上积分动量方程后，采用背景网格的速度场和加速度场更新杆单元节点 r 的位置和速度，有

$$v_{ir}^{k+1/2} = v_{ir}^{k-1/2} + \Delta t^k \sum_{I=1}^{n_g} f_{iI}^k N_{Ir}^k / m_I^k \tag{2-539}$$

$$x_{ir}^{k+1} = x_{ir}^k + \Delta t^{k+1/2} \sum_{I=1}^{n_g} p_{iI}^{k+1/2} N_{Ir}^k / m_I^k \tag{2-540}$$

综上所述，通过引入有限元的杆单元应力更新方式考虑了钢筋的拉伸过程，通过背景网格实现了钢筋与其周围的混凝土的相互作用，在式(2-535)~式(2-538)中右端最后一项均是杆单元对背景网格节点的贡献项。

通过引入失效模型，可模拟钢筋的断裂过程，即将满足失效准则的杆单元删除并保留相应的杆单元节点。对于不与任何单元相连的杆单元节点(此时可视为仅携带质量、速度的质点)，通过背景网格的速度场更新其位置、加速度场，以考虑其惯性效应。

下面给出杂交物质点有限元法单步内的计算流程。

(1) 利用式(2-535)和式(2-536)将各质点和杆单元节点的质量和动量映射到背景网格上，计算背景网格节点 I 的质量 m_I^k 和动量 $p_{iI}^{k-1/2}$。

(2) 在背景网格上施加边界条件。

(3) 应力和密度更新。

① 对所有的质点进行遍历循环，计算其应变率和旋率张量，更新其应力和密度。

② 对所有的杆单元进行遍历循环，由式(2-530)计算应变增量 $\Delta\varepsilon_e^k$，由下式

$$\rho_e^{k+1} = \rho_e^k / (1 + \Delta\varepsilon_e^k) \tag{2-541}$$

更新密度，并通式(2-531)时更新杆单元的轴向应力 σ_e^{k+1}。

(4) 利用式(2-537)和式(2-538)计算背景网格的节点内力和节点外力。

(5) 在背景网格节点上积分动量方程，并施加边界条件。

(6) 通过背景网格的速度场和加速度场更新各质点和杆单元的位置和速度。

(7) 丢弃已经变形的背景网格，并在下一时间步中采用新的规则背景网格。

该算法将有限元法的杆单元引入物质点法中，构造了用于离散钢筋的杂交杆单元，

解决了采用纯物质点法求解钢筋混凝土计算规模庞大的问题，适合于求解钢筋混凝土结构在冲击爆炸等载荷下的动力学响应问题。

2.17 耦合物质点有限差分法

2.17.1 交替物质点有限差分法

图2-56为一个典型的空中爆炸问题示意图：TNT炸药起爆后生成的爆轰产物驱动周围的空气运动，并最终与附近的结构发生相互作用。整个问题的求解区域可以由图中的虚线分为流体区和流固耦合区两个区域，两个区域内包含的物理过程和材料特性均存在较大差异，故需要结合不同数值方法的优势来对该类问题进行数值模拟。

本节利用物质点法(MPM)和有限差分法(FDM)的各自优势，在时间上将两种方法相结合，提出交替物质点有限差分方法(Alternating Finite Difference Material Point, AFDMP)，将空中爆炸问题的数值仿真全过程分为三个阶段来处理(如图2-57所示)：

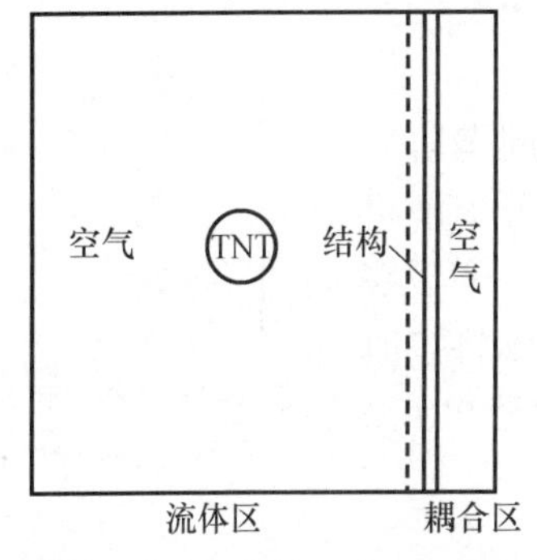

图2-56 空中爆炸问题示意图

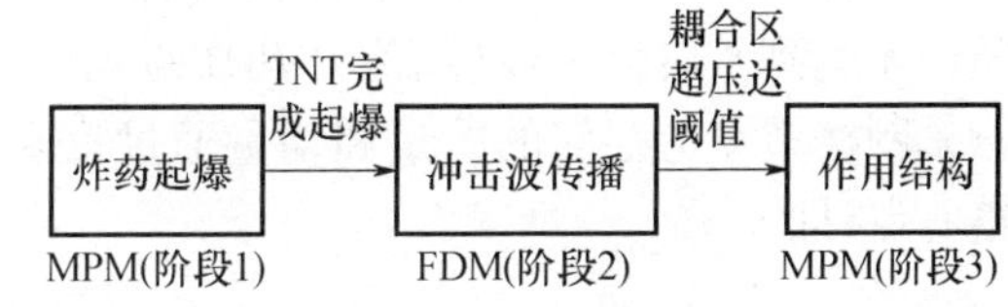

图2-57 交替物质点有限差分法示意图

(1) 在数值仿真的开始阶段，为了节省内存并减少计算量，令流体区域处于激活状态而流固耦合区处于静默状态，采用物质点来离散流体区的炸药和空气以便将"真实起爆模型"应用于高能炸药质点并跟踪其历史变量的变化。

(2) 起爆过程结束后，将质点上的物理量映射到背景网格的格心点上并采用FDM来模拟冲击波在空气中传播的过程，此时，流体域中的MPM质点退化成无质量的示踪点以跟踪物质界面的运动情况。

(3) 当流体区与流固耦合区的交界面(如图2-56中的虚线)附近的格心点的压力达到某一阈值时，则认为冲击波已经到达并激活流固耦合区域。为了模拟强流固耦合过程并记录结构中的历史变量和损伤情况，流固耦合过程由MPM来模拟。

在MPM和FDM各自求解过程中，分别通过物质点和由物质点退化而成的无质量示踪点来追踪物质界面的运动情况，并根据体积分数对有限差分的混合网格单元内的物理量进行分配。MPM和FDM之间的相互转化是通过背景网格的形函数进行的，这一过程保证了质量、动量和能量的守恒，并且同时进行了物质点和无质量示踪点之间的转化。通过MPM和FDM的交替运用和相互转化，在空中爆炸问题的不同阶段发挥了各自优势，从而取得了较好的仿真效果。

2.17.1.1 阶段1:起爆阶段

在起爆过程中,爆轰波以极高的速度在高能炸药中传播,反应过程通常在几微秒之内将高能炸药转化为爆轰产物。这里采用MPM来求解炸药的起爆过程。在对炸药质点的处理上,很多研究采用"人工起爆模型"来进行模拟,即高能炸药瞬间转化为与初始装药体积和能量相同的一团爆轰产物。本书采用了"真实起爆模型",即根据爆轰波的传播速度来依次点燃相应质点:在初始化的过程中,通过距爆心距离除以爆轰波速度得到每一个炸药质点的起爆时间 t_L,在达到起爆时间后,炸药质点的真实压力 p 由 p_E(由JWL状态方程得到的压力)乘以反应分数 F 得到

$$p = F \cdot p_E \tag{2-542}$$

$$F = \begin{cases} \dfrac{(t-t_L)D}{1.5h}, & t \geqslant t_L \\ 0, & t < t_L \end{cases} \tag{2-543}$$

式中:h 为质点的特征长度;t 为当前时间。反应分数 F 通常在几个时间步之后超过1,之后即一直保持为1。采用这种"真实起爆模型",可以有效模拟炸药起爆过程并将爆轰波的强间断光滑为一个既连续又快速变化的波阵面,其仿真结果较"人工起爆模型"更为接近实际物理过程。

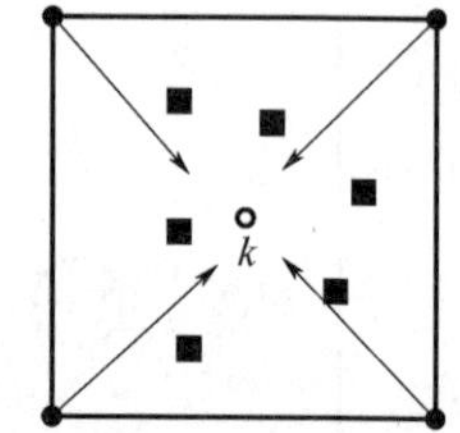

图2-58 单元内物理量转化示意图

当炸药完全起爆后,也即所有炸药质点 $F \geqslant 1$ 时,起爆阶段完成并触发MPM向FDM的转化,为阶段2的有限差分求解提供初始条件。如图2-58所示,以背景网格单元 k 为例。假设在时间步 n 达到了转化条件(所有炸药质点均已起爆),则将该时刻背景网格节点上存储的质量和动量通过形函数映射给单元 k 的格心点,即

$$m_c^n = \sum_{I=1}^{8} m_I^n N_{Ic}^n \tag{2-544}$$

$$p_{ic}^n = \sum_{I=1}^{8} p_{iI}^n N_{Ic}^n \qquad i = 1,2,3 \tag{2-545}$$

式中:m_c^n 和 p_{ic}^n 为单元 k 的格心点在时间步 n 时的质量和动量;带下标 c 的为格心点的物理量;带下标 I 的为背景网格节点的物理量。

将单元内的质点内能相加得到格心点的内能

$$e_c^{\text{int},n} = \sum_{p=1}^{n_p} e_p^{\text{int},n} \tag{2-546}$$

式中:n_p 为单元 k 内的质点数。进而求得单元 k 内用于有限差分计算的守恒变量

$$\rho_c^n = \frac{m_c^n}{V_c^n} \tag{2-547}$$

$$(\rho v)_{ic}^n = \rho_c^n \frac{p_{ic}^n}{m_c^n} \qquad i = 1,2,3 \tag{2-548}$$

$$E_c^n = \frac{e_c^{\text{int},n} + \dfrac{1}{2} m_c^n \left[\left(\dfrac{p_{1c}^n}{m_c^n} \right)^2 + \left(\dfrac{p_{2c}^n}{m_c^n} \right)^2 + \left(\dfrac{p_{3c}^n}{m_c^n} \right)^2 \right]}{V_c^n} \tag{2-549}$$

式中：V_c^n 为单元 k 的体积。

图 2－57 中，实心正方形为 MPM 质点，实心圆为背景网格质点，空心圆为 FDM 单元的格心点。

至此，AFDMP 的第一阶段结束，FDM 计算中所需的单元格心的守恒变量均已通过守恒映射获得，原有的 MPM 质点退化为只含有位置信息和材料编号的无质量示踪点，在接下来的多物质有限差分计算中用来追踪物质界面和计算混合网格内各物质的体积分数。

2.17.1.2 阶段 2：波传播阶段

在阶段 1 中完成了由 MPM 向 FDM 的物理量转化，如图 2－59 所示，流体区域的所有变量均由格心点携带，而由 MPM 质点退化而来的无质量示踪点则用来追踪物质界面。

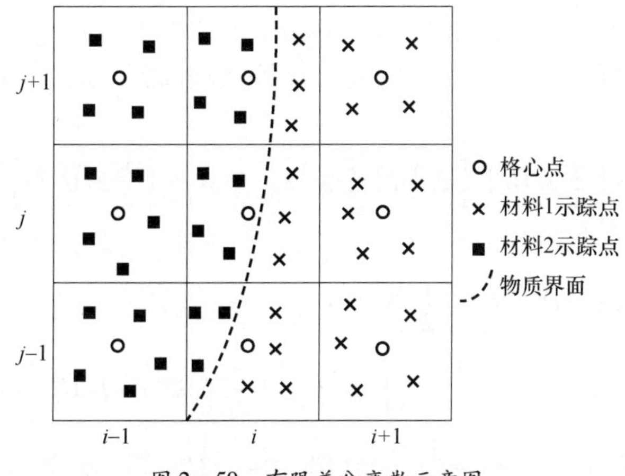

图 2－59　有限差分离散示意图

接下来的波传播过程中，将爆轰产物和周围空气看做无黏的可压缩气体，因而可采用三维可压缩欧拉方程(2－550)来描述。

$$\frac{\partial \boldsymbol{U}}{\partial t}+\frac{\partial \boldsymbol{f}}{\partial x}+\frac{\partial \boldsymbol{g}}{\partial y}+\frac{\partial \boldsymbol{h}}{\partial z}=0 \qquad t\geqslant 0,(x,y,z)\in R^3 \tag{2-550}$$

$$\begin{cases}\boldsymbol{U}=[\rho,\rho\dot{u}_1,\rho\dot{u}_2,\rho\dot{u}_3,E]^{\mathrm{T}}\\ \boldsymbol{f}(\boldsymbol{U})=[\rho\dot{u}_1,\rho\dot{u}_1^2+p,\rho\dot{u}_1\dot{u}_2,\rho\dot{u}_1\dot{u}_3,(E+p)\dot{u}_1]^{\mathrm{T}}\\ \boldsymbol{g}(\boldsymbol{U})=[\rho\dot{u}_2,\rho\dot{u}_1\dot{u}_2,\rho\dot{u}_2^2+p,\rho\dot{u}_2\dot{u}_3,(E+p)\dot{u}_2]^{\mathrm{T}}\\ \boldsymbol{h}(\boldsymbol{U})=[\rho\dot{u}_3,\rho\dot{u}_1\dot{u}_3,\rho\dot{u}_2\dot{u}_3,\rho\dot{u}_3^2+p,(E+p)\dot{u}_3]^{\mathrm{T}}\end{cases} \tag{2-551}$$

式中：$\dot{u}_1$、$\dot{u}_2$ 和 $\dot{u}_3$ 分别为 x、y 和 z 方向的速度分量；$E=\frac{1}{2}\rho(\dot{u}_1^2+\dot{u}_2^2+\dot{u}_3^2)+\rho e$ 为单位体积总能量；e 为比内能；压力 p 由状态方程求得。

在 AFDMP 中采用三维显式 FDM 求解以上守恒方程，下面以一个时间步 n 为例说明 AFDMP 中该阶段的实现步骤。

(1) 由于流体区域包含空气和爆轰产物，本节采用多物质有限差分法计算并且利用无质量示踪点来标记 FDM 中单元的材料属性。将同时含有空气或爆轰产物示踪点的单元标记为混合单元，其余单元为单物质单元。

(2) 对于单物质单元，爆轰产物和空气的压力由各自的状态方程计算得到；而对于混合单元，将通过求解封闭方程组获得平衡压力，具体步骤在后面给出。

（3）为了抑制激波附近的非物理震荡，在式（2－550）的守恒变量中加入自适应人工黏性。例如，在 x 方向

$$\overline{\boldsymbol{U}}_i^n = \boldsymbol{U}_i^n + \frac{1}{2}\eta\theta_i^n(\boldsymbol{U}_{i+1}^n - 2\boldsymbol{U}_i^n + \boldsymbol{U}_{i-1}^n) \tag{2-552}$$

$$\theta_i^n = \left\| \frac{\|\boldsymbol{\rho}_{i+1}^n - \boldsymbol{\rho}_i^n\| - \|\boldsymbol{\rho}_i^n - \boldsymbol{\rho}_{i-1}^n\|}{\|\boldsymbol{\rho}_{i+1}^n - \boldsymbol{\rho}_i^n\| + \|\boldsymbol{\rho}_i^n - \boldsymbol{\rho}_{i-1}^n\|} \right\| \tag{2-553}$$

式中：η 由时间步长 Δt、单元尺寸 Δx 和声速 c 决定

$$\eta = \frac{c\Delta t}{\Delta x}\left(1 - \frac{c\Delta t}{\Delta x}\right) \tag{2-544}$$

（4）采用分裂步法将三维问题分裂为 x、y 和 z 三个方向上的一维无黏流动问题，对每个方向上的一维欧拉方程采用 Lax－Wendroff 差分格式推进，差分格式截断误差为 $O(\Delta t^2, \Delta x^2)$，在时间和空间上均为二阶精度，计算精度较高。为了减小差分顺序的影响，采用如下差分格式

$$\boldsymbol{U}^{n+1} = L_z\left(\frac{1}{2}\Delta t\right)L_y\left(\frac{1}{2}\Delta t\right)L_x\left(\frac{1}{2}\Delta t\right)L_x\left(\frac{1}{2}\Delta t\right)L_y\left(\frac{1}{2}\Delta t\right)L_z\left(\frac{1}{2}\Delta t\right)\boldsymbol{U}^n \tag{2-555}$$

式中：$L_x(\Delta t)$、$L_y(\Delta t)$ 和 $L_z(\Delta t)$ 分别为 x、y 和 z 三个方向上的差分算子

$$\begin{aligned} L_x(\Delta t)\boldsymbol{U}_i^n = \boldsymbol{U}_i^n &- \frac{1}{2}\frac{\Delta t}{\Delta x}[\boldsymbol{f}(\boldsymbol{U}_{i+1}^n) - \boldsymbol{f}(\boldsymbol{U}_{i-1}^n)] \\ &+ \frac{1}{2}\left(\frac{\Delta t}{\Delta x}\right)^2[\boldsymbol{f}(\boldsymbol{U}_{i+1}^n) - 2\boldsymbol{f}(\boldsymbol{U}_i^n) + \boldsymbol{f}(\boldsymbol{U}_{i-1}^n)] \end{aligned} \tag{2-556}$$

$$\begin{aligned} L_y(\Delta t)\boldsymbol{U}_j^n = \boldsymbol{U}_j^n &- \frac{1}{2}\frac{\Delta t}{\Delta y}[\boldsymbol{g}(\boldsymbol{U}_{j+1}^n) - g(\boldsymbol{U}_{j-1}^n)] \\ &+ \frac{1}{2}\left(\frac{\Delta t}{\Delta y}\right)^2[\boldsymbol{g}(\boldsymbol{U}_{j+1}^n) - 2\boldsymbol{g}(\boldsymbol{U}_j^n) + \boldsymbol{g}(\boldsymbol{U}_{j-1}^n)] \end{aligned} \tag{2-557}$$

$$\begin{aligned} L_z(\Delta t)\boldsymbol{U}_k^n = \boldsymbol{U}_k^n &- \frac{1}{2}\frac{\Delta t}{\Delta z}[\boldsymbol{h}(\boldsymbol{U}_{k+1}^n) - \boldsymbol{h}(\boldsymbol{U}_{k-1}^n)] \\ &+ \frac{1}{2}\left(\frac{\Delta t}{\Delta z}\right)^2[\boldsymbol{h}(\boldsymbol{U}_{k+1}^n) - 2\boldsymbol{h}(\boldsymbol{U}_k^n) + \boldsymbol{h}(\boldsymbol{U}_{k-1}^n)] \end{aligned} \tag{2-558}$$

（5）为了追踪流体的物质界面并计算混合单元中的体积分数，通过格心点速度场来更新示踪点的位置。以图 2－60 所示的二维问题为例，区域内 9 个单元的格心点以空心圆“○”标示，考虑图中处于单元 (i,j) 内的一个示踪点 $m(x,y)$，定义如下的坐标

$$\xi_x = \frac{x - x_{i,c}}{\Delta x}, \quad \xi_y = \frac{y - y_{j,c}}{\Delta y} \tag{2-559}$$

示踪点 $m(x,y)$ 的速度 $\boldsymbol{v}_m^n(x,y)$ 可以通过相邻的 9 个单元（三维情况下是 27 个单元）的格心点量插值得到

$$\boldsymbol{v}_m^n(x,y) = f(\boldsymbol{v}_m^n(x_{i-1,c},y), \boldsymbol{v}_m^n(x_{i,c},y), \boldsymbol{v}_m^n(x_{i+1,c},y), \xi_x) \tag{2-560}$$

式中

$$f(v_1, v_2, v_3, \xi) = \frac{v_1 - 2v_2 + v_3}{2}\xi^2 + \frac{v_3 - v_2}{2}\xi + v_2 \tag{2-561}$$

是在各个方向上采用 2 次多项式插值得到的表达式。x 坐标等于格心点 (r,j) 的 x 坐标、y 坐标等于示踪点 $m(x,y)$ 的 y 坐标的空间点的速度为

$$v_m^n(x_{r,c},y)=f(v_m^n(x_{r,c},y_{j-1,c}),v_m^n(x_{r,c},y_{j,c}),v_m^n(x_{r,c},y_{j+1,c}),\xi_y),r=i-1,i,i+1 \quad (2-562)$$

式中：v_m^n 为格心点(r,j)的速度。示踪点 $m(x,y)$ 的位置更新为

$$\boldsymbol{X}_m^{n+1}=\boldsymbol{X}_m^n+\boldsymbol{v}_m^n(x,y)\Delta t^n \quad (2-563)$$

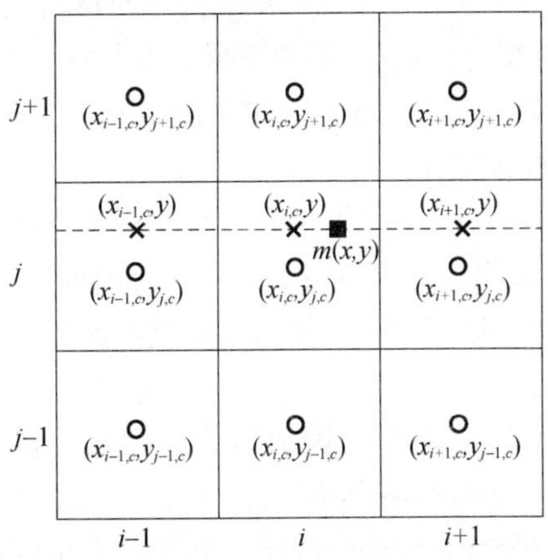

图 2－60　示踪点位置更新

在采用无质量示踪点追踪物质界面的过程中，会出现同一网格单元内包含多种材料的示踪点的情况，此时就不能采用某一种材料的状态方程来更新格心点的压力，而是需要对混合网格单元内各材料组分的物理量进行求解，详细过程将在后面介绍。

2.17.1.3　阶段 3：流固耦合阶段

当流体区与流固耦合区交界面（如图 2－56 中虚线处）附近的格心点压力达到某一阈值时，由 FDM 向 MPM 转化，通过守恒映射将物理量赋予物质点并进入第 3 阶段的 MPM 求解。转化过程分两种情况：

（1）对于只含有一种材料示踪点的单物质单元，直接丢弃示踪点并像 MPM 的初始化过程一样重新布置 8 个规则分布的 MPM 质点，质点携带的变量由第 2 阶段 FDM 求解结束时的格心点量得到

$$m_p^n=\frac{1}{8}\rho_c^n V_c^n \quad (2-564)$$

$$v_{ip}^n=\frac{(\rho v)_{ic}^n}{\rho_c^n},\quad i=1,2,3 \quad (2-565)$$

$$e_p^{\mathrm{int},n}=\frac{1}{8}e_c^{\mathrm{int},n} \quad (2-566)$$

$$\sigma_p^n=-p_c^n \quad (2-567)$$

式中：p_c^n 为格心点的压力值，并且

$$x_{ip}^n=x_{ic}\pm 0.25\Delta x_i,\qquad i=1,2,3 \quad (2-568)$$

（2）对于混合单元，单元内的无质量示踪点转化为 MPM 质点，而格心点的守恒变量则根据体积分数分配给两种材料的质点

$$m_{rp}^n=\frac{\rho_{rc}^n\theta_r V_c^n}{n_{br}},\quad r=1,2 \quad (2-569)$$

$$e_{rp}^{\text{int},n}=\frac{e_{rc}^{\text{int},n}}{n_{br}},\quad r=1,2 \tag{2-570}$$

式中:材料编号 r 为空气或爆轰产物;n_{br} 为混合单元 c 内包含的材料 r 的示踪点数量;θ_r 是材料 r 在单元 c 内的体积分数。对于混合单元的不同材料,质点的其他变量相同。

转化完成后,激活流固耦合区域(在前两阶段未参与计算)并创建其中的空气和结构质点,采用 MPM 求解流固耦合过程,得到最终的结构毁伤情况。

2.17.1.4 物质界面处理方法

移动物质界面的处理是采用 AFDMP 方法研究空中爆炸问题的一个关键点。由于在起爆阶段和流固耦合阶段采用了更新拉格朗日框架,界面可以由 MPM 质点准确描述。在波传播阶段,采用欧拉描述时,第 1 阶段的 MPM 质点退化为无质量示踪点以追踪物质界面的运动。

在前面提到,对于混合单元,通过求解封闭方程组来得到平衡压力以及各物质在混合单元内的组分。以图 2-59 中的混合单元(i,j)为例,为了计算材料在单元(i,j)内的体积分数,对上一时间步内的所有单元进行遍历。如果一个单物质单元与另一种材料的单物质单元或混合单元相邻,则认为其处于物质界面处,其体积被平均分配给所包含的无质量示踪点

$$V_m^{n-1}=\frac{V_c^{n-1}}{n_b^{n-1}} \tag{2-571}$$

式中:V_m^{n-1} 为单物质单元中的示踪点 m 所携带的体积;n_b^{n-1} 是该单物质单元内所包含的示踪点数量。对于混合单元,则认为该单元处于物质界面处,其体积根据上一时间步的体积分数 θ_r^{n-1} 分配给相应的示踪点

$$V_{r,m}^{n-1}=\frac{\theta_r^{n-1}V_c^{n-1}}{n_{br}^{n-1}},\quad r=1,2 \tag{2-572}$$

式中:$V_{r,m}^{n-1}$ 为混合单元中的示踪点 m 所携带的体积;n_{br}^{n-1} 为该混合单元内所包含的材料 r 的示踪点数量。

在当前时间步 n,混合单元(i,j) 内的材料 r 所占体积分数 θ_r^n 可以通过当前时间步的示踪点携带体积求得

$$\theta_r^n=\frac{\sum_{m=1}^{n_{br}^n}V_m^{n-1}}{\sum_{m=1}^{n_{b1}^n}V_m^{n-1}+\sum_{m=1}^{n_{b2}^n}V_m^{n-1}},\quad r=1,2 \tag{2-573}$$

式中:n_{b1}^n 和 n_{b2}^n 分别为该混合单元内所包含的不同材料的示踪点数量。在得到混合单元内各材料的体积分数后,可以根据两个假设来计算单元内两种材料的变量分配:

(1) 单元内的两种材料的压力保持平衡。

(2) 单元比内能的增量根据体积分数分配给两种材料:$e_r^{\text{int},n}=e_r^{\text{int},n-1}+\theta_r\Delta e_c^{\text{int}}$,$r=1$,2,式中 Δe_c^{int} 是混合单元的比内能增量。

由以上假设,可以得到密度 ρ_r、比内能 $e_r^{\text{int},n}$ 和体积分数 $\theta_r(r=1,2)$ 与平衡压力 p_e 之间的关系式

$$p_e = f_1(\rho_1, e_1^{\text{int}}) = f_2(\rho_2, e_2^{\text{int}}) \tag{2-574}$$

$$e_1^{\text{int}} = g_1(\rho_1, \theta_1) \tag{2-575}$$

$$e_2^{\text{int}} = g_2(\rho_2, \theta_2) \tag{2-576}$$

$$\theta_1 + \theta_2 = 1 \tag{2-577}$$

$$\rho_1\theta_1 + \rho_2\theta_2 = \rho_c \tag{2-578}$$

式中:f_1 和 f_2 分别为两种材料的状态方程;ρ_c 为混合单元的密度。联立上述 5 式和式(2-573),即可以求得混合单元(i,j)内的 6 个变量:ρ_1 和 ρ_2,e_1^{int} 和 e_2^{int},θ_1 和 θ_2,于是单元平衡压力 p_e 可以根据式(2-574)获得。

可以看出,AFDMP 方法在不同的阶段分别采用 MPM 质点和无质量示踪点来追踪运动的物质界面。在起爆阶段,炸药和空气均采用质点离散,两种材料在界面处的相互作用通过不同材料质点在同一背景网格节点处的映射来体现。在波传播阶段,爆轰产物和空气由 FDM 网格离散,物理量均储存在单元格心点处,MPM 质点退化为无质量的示踪点,通过更新示踪点的位置信息来追踪物质界面的运动情况。当示踪点处于界面处的单元内时,通过携带体积信息来计算混合单元内不同材料间的体积比。在流固耦合阶段,丢弃单物质单元内的示踪点并根据格心点处的物理量重新布置均匀的质点,而混合单元内的示踪点则再次转化为质点,并分配单元内的守恒变量,在此阶段,采用拉格朗日描述的 MPM 质点可以很好地对爆轰产物、空气和结构间的物质界面进行追踪。

2.17.2 基于"握手区"的耦合物质点有限差分法

以图 2-61 所示问题为例,本节提出基于"握手区"的耦合物质点有限差分法(Coupled Finite Difference Material Point,CFDMP),在空间上将求解域由图中的虚线划分为流体区和流固耦合区两个部分。采用 FDM 模拟爆轰波传播的流体区,采用 MPM 模拟流体与固体发生相互作用的耦合区域;两个区域的重叠部分即为"握手区",当两个区域交界面(图中虚线)处的格心点压力达到预设的阈值时,则认为冲击波波阵面传播至流固耦合区,并将该区域激活(该区域初始处于静默状态以节省计算量)。MPM 将背景网格节点的物理量映射至 FDM 的虚拟格心点作为 FDM 的边界条件,而 FDM 将格心点量映射至 MPM 处于界面的背景网格节点为 MPM 提供边界条件;两个区域通过质点在"握手区"中的运动来实现相互的输运过程。该方法在同一求解框架下模拟流固耦合过程,有效减小了物质界面处出现的数值振荡,同时拉格朗日类质点可以更好的处理结构大变形问题并记录固体材料中历史变量的变化情况。

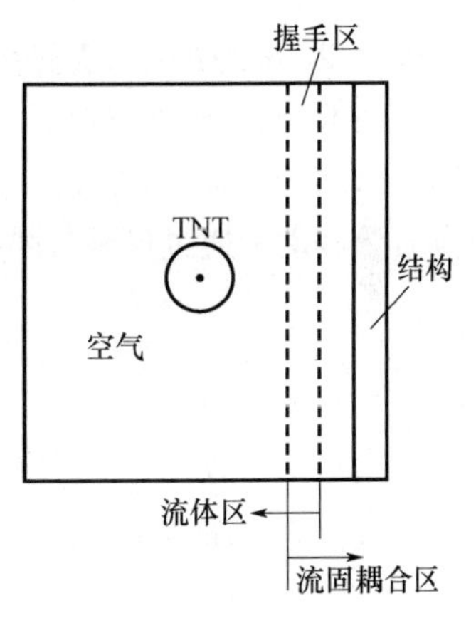

图 2-61 基于"握手区"的耦合物质点有限差分法求解空中爆炸问题示意图

2.17.2.1 "握手区"

如图 2-62 所示,求解域在 x 方向(同样适用于 y、z 方向)被离散为 $m+1$ 个规则单元,FDM 区域的单元尺寸与 MPM 区域的背景网格尺寸相同。编号 0 到 k 的单元为

FDM 区而 $k-w+1$ 到 m 的单元为 MPM 区，其中 w 表示"握手区"在 x 方向所占的单元数量。$k-w+1$ 到 k 的单元为握手区，即 FDM 单元与 MPM 背景网格单元相互重叠的区域。如图 2-62 所示，在 MPM 区中，两种不同材料的质点分别用圆形和三角形来标示，而 FDM 区中的材料与 MPM 区中的流体材料相同，这里即为空气；对炸药的处理采用"人工起爆模型"来进行模拟，即高能炸药瞬间转化为与初始装药体积和能量相同的一团爆轰产物。由于采用 MPM 质点来离散结构，因而可以处理具有较复杂几何形状的问题。FDM 区边界外侧的虚拟格心点（用空心方块标示）处的物理量由 MPM 区的背景网格映射得到，而 MPM 区的交界面节点（用空心圆标示）处的物理量则在初始化之后通过单元 $k-w$ 处的格心量来修正，并且通过质点跨越单元 $k-w$ 和 $k-w+1$ 之间的界面来完成两个计算区域间的输运过程。具体的实现方法将在接下来的几个小节中详细阐述。

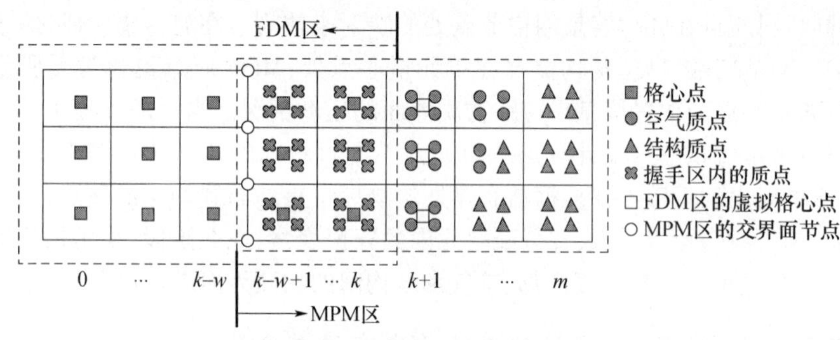

图 2-62　求解区域离散示意图

2.17.2.2　FDM 区的交界面条件

为了在 FDM 区域求解控制方程，需要给出 FDM 边界外侧虚拟格心点（$k+1$）的物理量。第 n 时间步中，FDM 的虚拟格心点处的质量 m_c^n 和动量 p_{ic}^n 可以由 MPM 背景网格上的节点质量和动量通过形函数映射得到：

$$m_c^n = \sum_{I=1}^{8} m_I^n N_{Ic}^n \tag{2-579}$$

$$p_{ic}^n = \sum_{I=1}^{8} p_{iI}^n N_{Ic}^n \quad i = 1,2,3 \tag{2-580}$$

将虚拟格心点所在单元内所有质点的内能相加即为格心点处的内能 $e_c^{\mathrm{int},n}$

$$e_c^{\mathrm{int},n} = \sum_{p=1}^{n_p} e_p^{\mathrm{int},n} \tag{2-581}$$

至此，可以得到用于 FDM 计算的 $k+1$ 单元格心点处的守恒变量

$$\rho_c^n = \frac{m_c^n}{V_c^n} \tag{2-582}$$

$$(\rho v)_{ic}^n = \rho_c^n \frac{p_{ic}^n}{m_c^n} \quad i=1,2,3 \tag{2-583}$$

$$E_c^n = \frac{e_c^{\mathrm{int},n} + \dfrac{1}{2} m_c^n \left[\left(\dfrac{p_{1c}^n}{m_c^n}\right)^2 + \left(\dfrac{p_{2c}^n}{m_c^n}\right)^2 + \left(\dfrac{p_{3c}^n}{m_c^n}\right)^2 \right]}{V_c^n} \tag{2-584}$$

2.17.2.3 MPM 区的交界面条件

在求解 MPM 区的控制方程时,单元 $k-w$ 和 $k-w+1$ 之间交界面处的网格节点变量需要考虑 FDM 区的影响并进行相应修正,将 FDM 在单元 $k-w$ 处的格心点当做 MPM 中的质点,并参与 MPM 求解过程中质点变量向背景网格节点的映射。这样,交界面处背景网格节点的质量、动量以及内力可以按照下式进行调整

$$m_I^n = \sum_{p=1}^{n_p} N_{Ip}^n m_p + \sum_{c=1}^{n_c} \rho_c^n N_{Ic}^n V_c^n \tag{2-585}$$

$$p_{iI}^n = \sum_{p=1}^{n_p} m_p N_{Ip}^n v_{ip}^n + \sum_{c=1}^{n_c} \rho_c^n N_{Ic}^n v_{ic}^n V_c^n \quad i = 1,2,3 \tag{2-586}$$

$$f_{iI}^{\text{int},n} = -\sum_{p=1}^{n_p} N_{Ip,j}^n \sigma_{ijp} \frac{m_p}{\rho_p} + \sum_{c=1}^{n_c} N_{Ic,i}^n p_c^n V_c^n \quad i = 1,2,3 \tag{2-587}$$

上述式子中右侧第一项与物质点的相同,第二项代表了 FDM 区对 MPM 交界面的贡献。下标"c"表示 FDM 区中与待调整的 MPM 交界面网格节点相邻的单元,其数量为 n_c,而 p_c^n 为单元压力。

2.17.2.4 FDM 区和 MPM 区之间的输运

耦合物质点有限差分法本质上是将整个区域分为基于欧拉描述的有限差分求解域和基于拉格朗日描述的物质点求解域,物质在两个求解域的交界面处是可以自由运动的。由于欧拉描述的网格保持静止,而物质是在网格间运动的。为了反映这个过程中质量、动量和能量的转移情况,每一步的显式计算中都应包含网格间的输运过程,这个输运过程在欧拉网格之间是通过求解控制方程来实现的。由于 MPM 求解域中的背景网格并不储存材料的物理量,其所有物质信息都由物质点来携带,因而在 FDM 求解域和 MPM 求解域的交界面处,需要通过 MPM 区域边界处的质点运动来完成两个区域间的输运过程,确保从欧拉网格流出的守恒变量完全进入物质点区域,或者物质点离开 MPM 区域进入欧拉网格后将守恒变量带入 FDM 求解域的相应网格内。

假设第 n 时间步 FDM 区和 MPM 区的控制方程积分都已完成,此时需要进行两个区域间的输运,根据输运的方向不同分为两种情况。若交界面处的速度方向由 FDM 区指向 MPM 区,则输运方向为 FDM 区向 MPM 区输运;若交界面处的速度方向由 MPM 区指向 FDM 区,则反之。

对于由 FDM 向 MPM 方向的输运,首先计算 FDM 区在本时间步内通过交界面流入 MPM 区的质量流量和动量流量,并且在 MPM 区以新生成质点的形式将输运量带入 MPM 区;而对于由 MPM 向 FDM 方向的输运,则首先标记出由 MPM 区通过交界面进入 FDM 区的质点,将这些质点在 MPM 的计算中删除并将其携带的守恒变量累加至进入的 FDM 网格。

这里以图 2-63 所示的交界面处的一对单元为例,两个单元均处于 FDM 区内,其中右侧的单元同时还处于 MPM 区内,也就是处于"握手区"内。两个单元的界面刚好位于 MPM 区的边界面上。

对于由 FDM 向 MPM 的输运,首先通过两个单元的格心点量插值得到交界面处的密度、速度和压力

$$\rho_f^n = \frac{1}{2}(\rho_{k-w}^n + \rho_{k-w+1}^n) \tag{2-588}$$

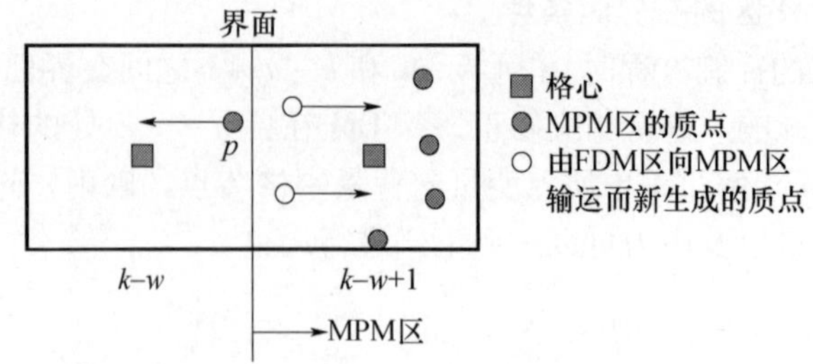

图 2－63　FDM 区与 MPM 区之间的输运

$$v_{if}^{n}=\frac{1}{2}(v_{k-w}^{n}+v_{k-w+1}^{n}),\quad i=1,2,3 \tag{2-589}$$

$$p_{f}^{n}=\frac{1}{2}(p_{k-w}^{n}+p_{k-w+1}^{n}) \tag{2-590}$$

进而可以求出该时间步内通过界面的质量流量和动量流量:

$$f_{m}^{n}=\rho_{f}^{n}v_{1f}^{n}\Delta y\Delta z\Delta t^{n} \tag{2-591}$$

$$f_{ip}^{n}=\rho_{f}^{n}v_{if}^{n}v_{1f}^{n}\Delta y\Delta z\Delta t^{n},\quad i=1,2,3 \tag{2-592}$$

式中:v_{1f}^{n}为式(2－589)所定义的界面速度的法向量。

求得本时间步的输运量后,在单元 $k-w+1$ 中生成新的质点来保证质量守恒和动量守恒。新生成的质点与单元 $k-w$ 具有相同的密度、速度和压力,为了保证新生成的质点与原有的质点之间不会有过大的质量差从而导致计算不稳定,这里采用如下的方式计算生成的质点数和质点质量

$$s=\mathrm{INT}\left(\frac{f_{m}^{n}}{m_{e}^{n}}\right) \tag{2-593}$$

$$m_{p}=\frac{f_{m}^{n}}{s} \tag{2-594}$$

式中:m_{e}^{n} 为原有质点的质量;函数“INT”表示:在计算出新生成质点数量 s 后,进行微小调整并使其为 4 的整数倍以便在单元中均匀布置新生成的质点。生成的最远的质点到交界面的距离由其运动速度计算得出

$$d_{i}=v_{if}^{n}\Delta t^{n},\quad i=1,2,3 \tag{2-595}$$

另外,新生成质点的内能则由其状态方程给出。由于每个网格内新生成的质点具有相同的速度,并且前面的步骤中已经保证了质量守恒,故动能守恒自动满足,也即保证了总能量的守恒。

如果单元 $k-w+1$ 内的质点在本时间步内穿越了 MPM 的边界面并进入单元 $k-w$,则输运方向为 MPM 至 FDM,穿越了 MPM 边界面的质点从下一时间步开始将不再参与 MPM 的计算,它们的守恒变量将会累加到其运动到的 FDM 单元中。该过程同样在整个求解域保证了质量、动量和能量的守恒。如图 2－63 所示,质点 p 由单元 $k-w+1$ 进入单元 $k-w$,则单元 $k-w$ 的格心点量应进行如下调整

$$\rho_{c}^{n\prime}=\frac{\rho_{c}^{n}\Delta x\Delta y\Delta z+m_{p}^{n}}{\Delta x\Delta y\Delta z} \tag{2-596}$$

$$\rho u_{ic}^{n}{}' = \frac{\rho_c^n u_{ic}^n \Delta x \Delta y \Delta z + m_p^n u_{ip}^n}{\Delta x \Delta y \Delta z}, \quad i = 1,2,3 \tag{2-597}$$

$$E_c^{n}{}' = \frac{E_c^n \Delta x \Delta y \Delta z + e_p^n}{\Delta x \Delta y \Delta z} \tag{2-598}$$

下面给出 CFDMP 在一个时间步(从 n 到 $n+1$)内的显式求解过程:

(1) 通过 CFL 条件分别计算 MPM 和 FDM 的时间步长,并且取二者中最小值作为 CFDMP 的时间步长。

(2) 利用 MPM 方法,将 MPM 区中质点的质量 m 和动量 p 映射到背景网格节点。(交界面处的节点除外)

(3) 利用式(2-585)和式(2-586),将 MPM 中质点的质量 m 和动量 p 映射到交界面处的背景网格节点。

(4) 利用 MPM 方法,计算 MPM 区的背景网格节点的内力和外力。(交界面处的节点除外)

(5) 利用式(2-587)计算交界面处的背景网格节点的内力。

(6) 利用 MPM 方法,积分动量方程。

(7) 利用式(2-582)、(2-583)和(2-584)分别更新 FDM 的虚拟格心量。

(8) 利用式(2-555)求解 FDM 区的控制方程。

(9) 利用 MPM 方法,将背景网格变量的增量映射回质点以更新质点的速度和位置。

(10) 利用 MPM 方法,将质点速度映射回背景网格节点。

(11) 利用 MPM 方法,计算应变增量和旋率增量。

(12) 利用 MPM 方法更新质点的密度。

(13) 利用 MPM 方法,更新质点的应力 σ_{ijp}^{n+1}。

(14) 通过前面介绍的步骤完成 FDM 区和 MPM 区之间的输运过程。

至此,本时间步结束。

参考文献

[1] 杜珣. 连续介质力学引论[M]. 北京:清华大学出版社,1985.

[2] 杨秀敏. 爆炸冲击现象数值模拟[M]. 合肥:中国科学技术大学出版社,2010.

[3] 张雄,廉艳平,刘岩,等. 物质点法[M]. 北京:清华大学出版社,2013.

[4] 张雄,王天舒. 计算动力学[M]. 北京:清华大学出版社,2007.

[5] Von Neumann J, Richtmyer R D. A method for the numerical calculation of hydro-dynamical shocks[J]. Journal of Applied Physics, 21:232, 1950.

[6] Landshoff R. A numerical method for treating fluid flow in the presence of shocks[R]. Technical Report Rept. LA-1930, Los Alamos Scientific Laboratory, 1955.

[7] 张国伟. 爆炸作用原理[M]. 北京:国防工业出版社,2006.

[8] 恽寿榕,赵衡阳. 爆炸力学[M]. 北京:国防工业出版社,2005.

[9] 陈朗,龙新平,冯长根,等. 含铝炸药爆轰[M]. 北京:国防工业出版社,2004.

[10] Anderson C E. An overview of the theory of hydrocodes[J]. International Journal of Impact Engineering, 5:33-59, 1987.

[11] Bardenhagen S G. Energy conservation error in the material point method for solid mechanics[J]. Journal of Computational Physics, 180:383-403, 2002.

[12] Nairn J A. Material point method calculations with explicit cracks[J]. CMES – Computer Modeling in Engineering & Sciences,4:649 – 663,2003.

[13] Sulsky D,Chen Z,Schreyer H L. A particle method for history – dependent materials[J]. Computer Methods in Applied Mechanics and Engineering,118(1 – 2):179 – 196,1994.

[14] Sulsky D,Zhou S J,Schreyer H L. Application of a particle – in – cell method to solid mechanics[J]. Computer Physics Communications,87(1 – 2):236 – 252,1995.

[15] Bardenhagen S G,Kober E M. The generalized interpolation material point method[J]. CMES – Computer Modeling in Engineering & Sciences,5(6):477 – 495,2004.

[16] Wallstedt P C,Guilkey J E. An evaluation of explicit time integration schemes for use with the generalized interpolation material point method[J]. Journal of Computational Physics,227:9628 – 9642,2008.

[17] York II A R,Sulsky D,Schreyer H L. The material point method for simulation of thin membranes[J]. International Journal for Numerical Methods in Engineering,44:1429 – 1456,1999.

[18] Bardenhagen S G,Brackbill J U,Sulsky D. The material – point method for granular materials[J]. Computer Methods in Applied Mechanics and Engineering,187(3 – 4):529 – 541,2000.

[19] Bardenhagen S G,Guilkey J E,Roessig K M,et al. An improved contact algorithm for the material point method and application to stress propagation in granular material[J]. CMES – Computer Modeling in Engineering & Sciences,2(4):509 – 522,2001.

[20] Huang P,Zhang X,Ma S,et al. Contact algorithms for the material point method in impact and penetration simulation [J]. International Journal for Numerical Methods in Engineering,85(4):498 – 517,2011.

[21] Ma S,Zhang X,Lian Y P,et al. Simulation of high explosive explosion using adaptive material point method[J]. CMES – Computer Modeling in Engineering & Sciences,39(2):101 – 123,2009.

[22] Ma Z T,Zhang X,Huang P. An object – oriented MPM framework for simulation of large deformation and contact of numerous grains[J]. CMES – Computer Modeling in Engineering & Sciences,55(1):61 – 87,2010.

[23] 杨鹏飞. 局部化破坏问题的物质点法研究[D]. 北京:清华大学,2014.

[24] 杨鹏飞,刘岩,张雄. 多重移动背景网格物质点法及其在冲击爆炸问题中的应用[C]. 第五届全国计算爆炸力学大会,2012.

[25] Zienkiewicz O C,Valliappan S,King I P. Elasto – plastic solutions of engineering problems' initial stress',finite element approach[J]. International Journal for Numerical Methods in Engineering,1(1):75 – 100,1969.

[26] Nayak G C,Zienkiewicz O C. Elasto – plastic stress analysis. A generalization for various contitutive relations including strain softening[J]. International Journal for Numerical Methods in Engineering,5(1):113 – 135,1972.

[27] Owen D J R,Hinton E F. Finite element in plasticity: Theory and practice[M]. Swansea: Pineridge Press, 1980.

[28] Wilkins M L. Calculations of elastic plastic flow[J]. Methods in Computational Physics,3:211 – 263,1964.

[29] Krieg R D,Krieg D B. Accuracies of numerical solution methods for the elastic – perfectly plastic model[J]. Journal of Pressure Vessel Technology,99(4):510 – 515,1977.

[30] Simo J C,Taylor R L. Consistent tangent operators for rate – independent elasto – plasticity[J]. Computer Methods in Applied Mechanics and Engineering,48(1):101 – 118,1985.

[31] Simo J C,Hughes T J R. Computational Inelasticity[M]. New York: Spinger,1998.

[32] Johnson G R,Cook W H. A constitutive model and data for metals subjected to large strains,high strain rates,and high temperatures[C]. Proc. of the 7th Intern. Symp. on Ballistics,541 – 547,1983.

[33] Johnson G R and Holmquist T J. Evaluation of cylinder – impact test data for constitutive model constants[J]. Journal of Applied Physics,64(8):3901 – 3910,1988.

[34] Johnson G R,Cook W H. Fracture characteristics of three metals subjected to various strains,strain rates,temperatures and pressures[J]. Engineering fracture mechanics,21(1):31 – 48,1985.

[35] Deshpande V S,Fleck N A. Isotropic constitutive models for metallic foams[J]. Journal of the Mechanics and Physics of Solids,48(6 – 7):1253 – 1283,2000.

[36] Reyes A,Hopperstad O S,Berstad T,et al. Implementation of a constitutive model for aluminum foam including fracture and statistical variation of density[C]. 8th International LS – DYNA Users Conference,2004.

[37] Haanssen A G, Hopperstad O S, Langseth M. Validation of constitutive models applicable to aluminium foams[J]. International Journal of Mechanical Sciences, 44:359 - 406, 2002.

[38] Gurson A L. Continuum theory of ductile rupture by void nucleation and growth: Part 1. Yield criteria and flow rules for porous ductile media[J]. Journal of Engineering Materials and Technology, 99:2 - 15, 1977.

[39] Tvergaard V. Influence of voids on shear band instabilities under plane strain conditions[J]. International Journal of Fracture, 17:389 - 407, 1981.

[40] Tvergaard V, Needleman A. Analysis of the cup - cone fracture in a round tensile bar[J]. Acta Metallurgica, 32(1):157 - 169, 1984.

[41] Chu C C, Needleman A. Void nucleation effects in biaxially stretched sheets[J]. Journal of Engineering Materials and Technology, 102:249 - 256, 1980.

[42] Simonsen B C, Li S F. Mesh - free simulation of ductile fracutre[J]. International Journal for Numerical Methods in Engineering, 60:1425 - 1450, 2004.

[43] 余同希. 塑性力学[M]. 北京: 高等教育出版社, 1989.

[44] Holmquist T J, Johnson G R, Cook W H. A computational constitutive model for concrete subjected to large strains, high strain rates, and high pressures[C]. 14th International Symposium on Ballistics, Quebec, Candan, 26 - 29 September, 1993.

[45] Riedel W, Thoma K, Hiermaier S. Penetration of reinforced concrete by BETA - B - 500 numerical analysis using a new macroscopic concrete model for hydrocodes[C]. 9th International Symposium Interaction of the Effects of Munitions with Structures, 1999.

[46] Riedel W, Kawai N, Kondo K. Numerical assessment for impact strength measurements in concrete materials[J]. International Journal of Impact Engineering, 36:283 - 293, 2009.

[47] Hansson H, Skoglund P. Simulation of concrete penetration in 2D and 3D with the RHT material model[R]. Swedish Defence Research Agency, Tumba, Sweden, 2002.

[48] Johnson G R, Holmquist T J. An improved computational constitutive model for brittle materials[C]. AIP Conference Proceedings, Colorado Springs, Colorado, USA, 1993.

[49] Holmquist T J, Templeton D W, Bishnoi K D. Constitutive modeling of aluminum nitride for large strain, high - strain rate, and high - pressure applications[J]. International Journal of Impact Engineering, 25:211 - 231, 2001.

[50] Giroux E D. HEMP user's manual[R]. University of California, Lawrence Livermore National Laboratory, Rept. UCRL - 51079, 1973.

[51] 孙锦山, 朱建士. 理论爆轰物理[M]. 北京: 国防工业出版社, 1995.

[52] Meyers M A. Dynamic Behavior of Materials[M]. New York: John Wiley & Sons, 1994.

[53] Herrmann W. Constitutive equation for the dynamics compaction of ductile porous materials[J]. Journal of Applied Physics, 40(6):2490 - 2499, 1969.

[54] Carroll M M, Holt A C. Static and dynamic pore collapse relations for ductile porous material[J]. Journal of Applied Physics, 43(4):1626, 1972.

[55] 廉艳平. 自适应物质点有限元法及其在冲击侵彻问题中的应用[D]. 北京:清华大学, 2012.

[56] Lian Y P, Zhang X, Liu Y. Coupling of finite element method with material point method by local multi - mesh contact method[J]. Computer Methods in Applied Mechanics and Engineering, 200:3482 - 3494, 2011.

[57] Lian Y P, Zhang X, Liu Y. Coupling between finite element and material point method for problems with extreme deformation[J]. Theoretical & Applied Mechanics Letters, 2:021003, 2012.

[58] Lian Y P, Zhang X, Liu Y. An adaptive finite element material point method and its application in extreme deformation problems[J]. Computer Methods in Applied Mechanics and Engineering, 241 - 244(1):275 - 285, 2012.

[59] Lian Y P, Zhang X, Zhou X, et al. A FEMP method and its application in modeling dynamic response of reinforced concrete subjected to impact loading[J]. Computer Methods in Applied Mechanics and Engineering, 200(17 - 20):1659 - 1670, 2011.

[60] 崔潇骁. 空中爆炸与靶标相互作用的物质点有限差分法研究[D]. 北京:清华大学, 2014.

[61] 张文生. 科学计算中的偏微分方程有限差分法[M]. 北京:高等教育出版社, 2006.

[62] 恽寿榕, 涂侯杰, 梁德寿, 等. 爆炸力学计算方法[M]. 北京:北京理工大学出版社, 1995.

第3章　核心模块设计与实现

物质点法数值仿真系统中的核心求解模块(MPM3DPP)以面向对象的思想,采用C++、CMake、VTK等开发工具研发、设计而成,目前实现了USF、USL和MUSL求解格式、GIMP算法、接触算法、自适应算法(包括质点自适应和网格自适应)、有限元法、杂交物质点有限元法、耦合物质点有限元法、自适应物质点有限元法和耦合物质点有限差分法;包含了线弹性、理想线弹性、各向同性线性强化弹塑性、Johnson - Cook塑性、高能炸药、孔材料、HJC混凝土、RHT混凝土、TCK混凝土、Holmquist - Johnson陶瓷、DP岩土、Deshpande - Fleck金属泡沫、Mooney - Rivlin超弹性等材料模型和多项式、JWL、Mie - Gruneisen、P - α等状态方程;具有最大等效塑性应变失效、最大静水拉力失效、最大主应力/剪应力失效、最大主应变/剪切应变失效和瞬时几何应变失效等失效模型。本章从程序的总体设计思想及工具、MPM3DPP的求解流程、类结构以及主要功能类等几个方面详细阐述MPM3DPP的设计与实现方法。

3.1　程序设计思想及工具

在数值求解冲击、爆炸等冲击动力学问题的过程中,为了适应各种各样的工程条件及复杂的物理过程,越来越多的本构模型、状态方程和失效模型被集成到数值模拟软件中。这导致了计算过程中许多材料的状态量需要存储下来,材料之间的关系也变得更加复杂,而不同的算法和材料模型又需要被集成到同一个程序中。随着物质点法程序复杂度的增加,其灵活性、可扩展性、可维护性、重用性等变得愈加重要。面向过程开发的代码包含了很多复杂的数据结构,它们在整个程序中都可以访问,但这种全局访问降低了系统的灵活性,使得难以修改和扩展已有的代码来适应新的需求。这种不灵活性主要表现在几个方面:

(1) 即使是修改程序中的一小部分模块或内容,也需要了解整个程序。

(2) 代码重用很困难。

(3) 在数据结构上的很小的修改也可能会引起整个系统的调整。

(4) 组件间众多的相互依赖关系被隐藏而难以确定。

(5) 数据结构的完整性难以保证。

基于这些原因,单一使用传统程序设计方法已经难以满足物质点无网格法的计算环境需求。而面向对象程序(OOP)技术已被证明能够显著提升软件的可扩展性和重用性,其框架可以明显降低程序在维护和扩展方面的难度,因而本系统采用C++作为面向对象语言进行架构设计,其运行效率高于基于虚拟机或通用语言运行时的语言(例如:Java和C#)与传统语言(例如:FORTRAN和C)。图3 - 1即为采用C++编制而成的MPM3DPP的各主要模块之间的依赖关系,其中“src”为该程序的命名空间,“mpm”为主程序模块、

“grid”为背景网格模块、“domain”为求解域模块、“contact”为接触算法模块、“material”为材料模型模块、“solver”为求解器模块、“eos”为状态方程模块、“failure”为失效模型模块、“utility”为输入输出模块，而 MPM3DPP 程序正是将这些功能模块封装成各个类，并赋予其属性和函数来实现相应的功能。可以看出，采用面向对象的思想设计的程序可以很好的处理组件间众多的依赖关系，在后面的小节中将具体介绍 MPM3DPP 中的类结构以及主要类的功能和相互依赖关系。

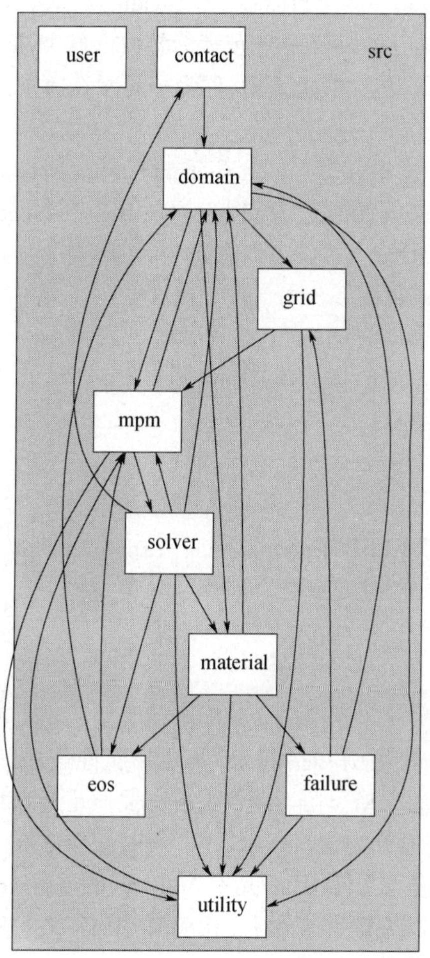

图 3-1 MPM3DPP 主要程序模块的依赖关系

MPM3DPP 采用宏语言设计方法，它提供了一批宏命令，用户可以在输入数据文件中使用宏命令来控制程序的运行，MPM3DPP 的输入文件格式为标准的 XML 数据格式，具有良好的可拓展性。XML 是 eXtensible Markup Language 的简写，意为可拓展的标记语言，其存储机制为树形结构，适合表示复杂的数据结构。XML 文档有着严格的书写规范，较详细的规范可参见有关资料和手册，这里简要介绍该数据格式书写的方式以及在本系统中的应用。

每个 XML 文件都由 XML 序言开始，用来声明版本号和字符集，如：

<? xmlversion = "1.0" encoding = "gb2312"? >

如果不声明字符集,则可能会出现乱码。

XML 数据格式通常是由一个根元素(root element)和多个一级元素(element)组合而成。元素由起始标签(start - tag,如 < Heading >)开始,由结束标签(end - tag,如 </Heading >)结束,它们之间的部分为元素的内容(content),例如:

<Heading>Taylor bar impact </Heading>

就是一个元素,其中<Heading>是起始标签,</Heading>是结束标签,"Taylor bar impact"是该元素的内容。一个元素也可以仅由空元素标签(empty - element tag)组成,如<line - break/>。元素的内容也可以包含其他元素,称为子元素。通常,一个元素的内容由元素的属性及其属性值和子元素构成。

一个 XML 文件只有一个根元素(Root Element),其他所有元素可作为根元素的子元素。如果需要多个一级的并排的元素,可以通过<RootElement>… </RootElement>把这些元素包含起来。MPM3DPP 中的 XML 输入文件即为下述形式:

```
<MPM3DPP version = "1.0" >
<Header>
…
<Material name = "Fe" >
…
</Material>
<Solution algorithm = "MUSL" Integration = "expl" >
…
</Solution>
</MPM3DPP>
```

其中 MPM3DPP 为根元素。元素 Material 具有属性 name,其值为"Fe"。属性(attributes)的值(数值或字符串)要用引号括起来,属性和属性值之间用等号" = "连接。同一元素下的属性与属性之间用空格分隔,排序不分先后。元素 Solution 具有两个属性:algorithm 和 Integration,它们的值分为为"MUSL"和"expl"。

在 MPM3DPP 程序的输入文件中,根元素 MaPoSS 的属性 version 值表示程序版本号,根元素的各级子元素分别以关键字来命名,MPM3DPP 程序的输入文件由以下 11 个一级元素组成:

(1) <Header>… </Header>定义待求解问题的标题。

(2) <Material>… </Material>定义材料信息,包括参考密度、强度模型、状态方程和失效模型。该元素可并行出现,以定义多个材料模型。

(3) <Friction>… </Friction>定义材料间的摩擦系数。

(4) <WorkPlane>… </WorkPlane>定义工作平面,可以并行出现。

(5) <Component>… </Component>以组件的形式定义物体信息,该元素可并行出现,以定义多个组件。

(6) <Detonation>… </Detonation>定义高能炸药材料的起爆点或者起爆面及其点火时间。

(7) <Grid>… </Grid>定义背景网格类型及其区域和边界条件。

(8) <Contact>… </Contact>定义有关接触的一些设置。

(9) <Solution>… </Solution>定义求解时间及求解模式等求解控制信息。

(10) <Output>… </Output>定义结果输出内容及方式。

(11) <DomainDecomposition>… </DomainDecomposition>定义采用 MPI 并行计算的分区方式。

其中标签 Material、WorkPlane、Component 可并行出现，Material 和 Component 元素下可具有子元素；标签 Friction、WorkPlane、Detonation、Contact、DomainDecomposition 为可选一级元素。

为了提高程序的可扩展性，MPM3DPP 采用了跨平台开源自动化构建系统 CMake（cross platform make），可以用简单的语句来描述所有平台的安装（编译过程）。该软件可以输出各类的 makefile 或者 project 文件，能测试编译器所支持的 C++ 特性，类似 UNIX 下的 automake。Cmake 并不直接建构出最终的 MPM3DPP 程序，而是产生标准的建构档（如 Unix 的 Makefile 或 Windows Visual C++ 的 projects/workspaces），然后再依一般的建构方式使用。这使得开发者可以用标准的方式建构 MPM3DPP 并且在不同的操作系统下进行编译，大大提高了 MPM3DPP 的开发效率和程序的可扩展性。CMake 可以编译源代码、制作程式库、产生适配器（wrapper）、还可以用任意的顺序建构执行档。CMake 支持 in-place建构（二进档和源代码在同一个目录树中）和 out-of-place 建构（二进档在别的目录里），因此可以很容易从同一个源代码目录树中建构出多个二进档。CMake 也支持静态与动态程式库的建构。通过 CMake 的应用，使得 MPM3DPP 程序具有优良的跨平台特性，可运行于 Windows、Linux 和 Mac OS 等操作系统。

3.2 MPM3DPP 求解流程

如图 3-2 所示，MPM3DPP 程序通过读入并解析 XML 文件，获取模型信息并完成网格、质点、材料模型等前处理工作。通过预处理模块计算总动能、总内能、质点总数等总体信息并确定时间步长和求解格式后，调用求解器模块进行时间积分求解。在时间步循环的过程中，根据质点应力更新的时间不同，分为 USF、USL 和 MUSL 三种求解格式；在时间积分结束后，调用输出模块输出后处理文件及计算信息文件并结束程序。

在有限元法中，程序存储了各时刻网格节点的质量和速度（动量）。而在物质点法中，物体的所有物质信息均由质点携带，在背景网格节点上不记录任何物质信息。为了在背景网格上求解 t^k 时刻的动量方程，需要将质点在 t^k 时刻的质量、动量、应力、体力和面力等信息映射到背景网格，以计算背景网格节点的质量、动量、内力和外力等。采用显式时间积分求解网格节点的动量方程后，将网格节点的速度变化量和位置变化量映射回质点，以更新质点的速度和位置。质点的应力可以通过应力更新来计算。应力更新首先要计算质点在当前时刻的应变增量，然后通过本构方程计算质点的应力增量。应变增量是应变的函数，而应变率可以通过网格节点的速度计算。

应力更新可以在每个时间步开始时进行,也可以在时间步结束时进行。Bardenhagen将在时间步开始时进行应力更新的格式称为USF(Update Stress First),将在时间步结束时进行应力更新的格式称为USL(Update Stress Last)。应力更新时先要给予速度计算应变率,因此各种格式的主要差异在于采用不同的节点速度来计算应变率。在一个时间步中,采用不同的节点速度计算应变增量便会得到不同的计算格式。MUSL格式是对USL格式的一种改进,它不直接利用更新的节点动量来计算节点速度,而是将更新的质点动量映射回背景网格后再计算节点速度。MUSL在每步结束时将质点动量映射到背景网格后计算节点速度,而USF相当于在下一步开始时将质点动量映射到背景网格后计算节点速度,因此MUSL格式和USF基本相同。两者本质区别在于映射时所采用的形函数不同。

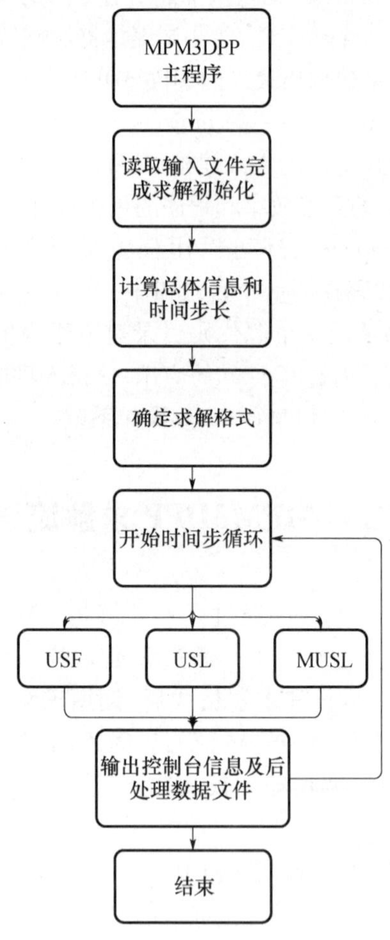

图3-2　MPM3DPP程序流程图

MPM3DPP的求解流程图如图3-3所示,包含了接触算法和USF、MUSL两种不同的粒子应力应变更新方式。其中,每一计算步骤所涉及的类和函数,将在后面进行更为详细的介绍。

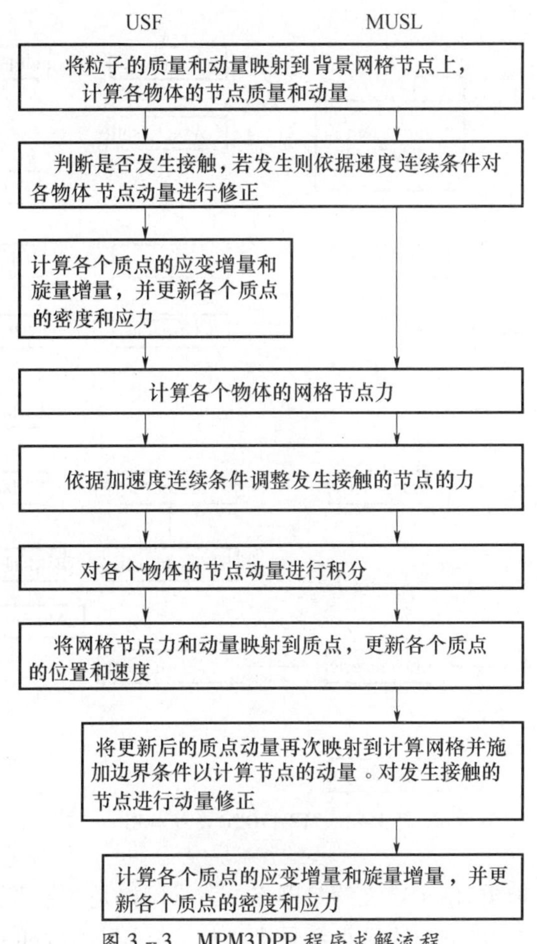

图 3－3　MPM3DPP 程序求解流程

3.3　MPM3DPP 类结构

MPM3DPP 采用面向对象的程序设计技术，共设计了 28 个主要类。图 3－4 给出了这些类之间的关系图。其中，虚线表示依赖关系，例如，CBody 类依赖于 CParticle 类，即 CBody 类具有 CParticle 类的成员变量；实线表示继承关系，例如，CBrickLinear 类继承于 CBrickCell 类。

纵观 MPM3DPP 类结构图，CMPM3DPP 类（图 3－4 中 MPM3DPP）为整个程序的顶层类，通过其在程序中创建了其他一级功能类并且控制着运算的进程。而其他类之间通过继承与依赖关系相互传递数据、调用函数、开辟计算和存储空间，并最终协同完成数值计算任务。下面给出 MPM3DPP 中所包含的 28 个类的主要功能描述，其中主要的功能类及其派生继承关系详见第 3.4 小节。

· CParticle：质点类，用于定义质点。质点具有坐标、速度、力、体积、屈服应力、应力、等效应力、等效塑性应变、温度、失效状态、损伤量、点火时间、内能、质量、声速等物质信息。

· CBody：物体类，用于定义物体。物体由一组具有相同材料属性的质点组成，它具有材料属性、质点总数、质点列表、内能、动能等信息。

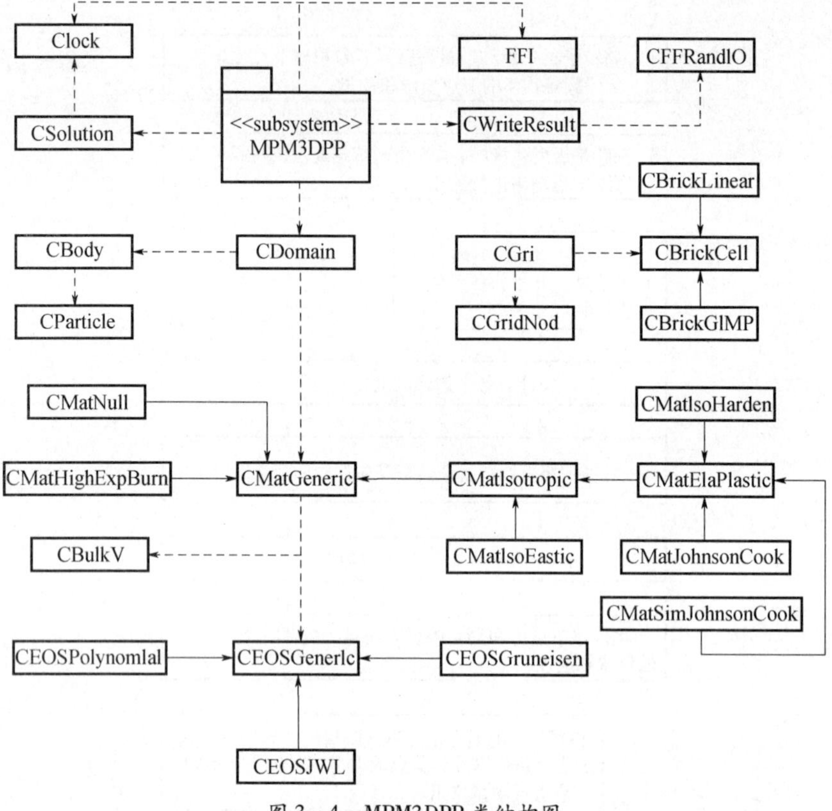

图 3-4　MPM3DPP 类结构图

· CGrid:背景网格类,用于定义背景网格。背景网格是在长方体区域中定义的一组网格,它由该区域在三个方向上的最小和最大坐标、格子尺寸(cell)、网格节点列表和格子列表等定义。

· CGridNode:背景网格节点类,定义背景网格节点的信息,包括节点坐标、质量、动量、力和边界条件的信息。

· CDomain:求解域类,用于定义求解区域。求解区域由多个物体组成,具有标题(描述待求解问题)、动能、内能、物体总数、物体列表、质点总数(所有物体的质点总数之和)、材料组数、材料属性列表、背景网格等信息。

· CBrickCell:三维背景网格类,用于定义 8 节点块体背景网格,具有块体顶点列表、第一个顶点的坐标等信息。

— CBrickLinear:由 CBrickCell 类导出的采用 8 节点块体单元形函数(线性)的三维背景网格类。

— CBrickGIMP:由 CBrickCell 类导出的广义插值物质点(GIMP)法形函数的三维背景网格类。

· CMatGeneric:通用材料类,由它可以导出各种具体的材料类。它包含密度、状态方程、内能、质点体积、体积应变增量、体积黏性等信息。

— CMatIsotropic:由 CMatGeneric 导出的各向同性材料类,由它可以导出各向同性弹性和塑性材料类。它包含弹性模量、泊松比等信息。

* CMatIsoElastic:由 CMatIsotropic 类导出的各向同性弹性材料类,它采用各向同性弹性本构模型更新应力。

* CMatElaPlastic:由 CMatIsotropic 类导出的各向同性塑性材料类,由它可导出各种各向同性塑性材料类,如强化塑性材料、JohnsonCook 材料等。

· CMatIsoHarden:由 CMatElaPlastic 导出的各向同性强化弹塑性材料类。

· CMatJohnsonCook:由 CMatElaPlastic 导出的 Johnson – Cook 材料(LS – DYNA 15 号材料模型)类。

· CMatSimJohnsonCook:由 CMatElaPlastic 导出的简化 Johnson – Cook 材料(LS – DYNA 98 号材料模型)类。

— CMatNull:由 CMatGeneric 导出的空材料(LS – DYNA 9 号材料模型)类,将它与状态方程联用,可以模拟流体等材料的行为,其压力由状态方程确定,偏应力忽略不计。

— CMatHighExpBurn:由 CMatGeneric 导出的高能炸药材料类,用于模拟炸药爆炸问题。它定义了爆速及点火方式。

· CBulkV:体积黏性类,用于定义材料的体积黏性。

· CEOSGeneric:通用状态方程类,由它可以导出各种具体的状态方程,如 JWL、Gruneisen 和多项式状态方程。它定义了材料的初始声速和单位体积的初始内能。

— CEOSGruneisen:由 CEOSGeneric 导出的 Gruneisen 状态方程类,用于更新超高速碰撞时固体材料的压力。

— CEOSJWL:由 CEOSGeneric 导出的 JWL 状态方程类,用于更新高能炸药产物的压力。

— CEOSPolynomial:由 CEOSGeneric 导出的多项式状态方程类,用于更新流体材料的压力。

· CSolver:求解类,用于定义问题的求解信息,包括求解终了时间,计算状态报告时间间隔、结果输出间隔、时间步长、时间积分方法、计时器等信息。

· CWriteResult:结果输出类,以 TecPlot 格式将 Mises 应力、质点速度、等效塑性应变、压力、密度、屈服应力、应力三轴度、损伤度、Kelvin 温度、失效状态、变形能、材料号、动能和体编号等信息输出到文件中,供 TecPlot 绘制曲线和动画。

· CArray <T,N>:数组模板类,定义了一个任意类型的固定大小数组,其使用方法与 C++ 的标准数组类似,但提供了数组整体操作的能力,如赋值、加减乘除、点积等(与 FORTRAN 90 中的数组类似)。

· Clock:计时器类,提供计时功能。

· CFFRandIO:簇文件随机存取类。侵彻爆炸数值仿真的结果数据量很大,如果把这些数据保存在一个文件中,该文件的大小将可能超过操作系统所允许的范围。另外,太大的文件也不便于管理。CFFRandIO 类将数据保存在一簇大小相等的随机存取文件中。

· FFI:自由格式数据读入类。FFI 类提供了自由格式数据读入功能,它要求数据文件的每行最多只能有 256 个字符,数据项之间用“,”或空格分隔,符号“%”和“#”后面的所有内容均为注释,不影响程序的运行。它可以读取关键字、字符串、整数、实数等。

3.4 MPM3DPP 主要类介绍

图 3 – 5 为描述 MPM3DPP 程序中类的静态结构的 UML 静态模型图。图中的菱形箭

头代表“聚集”关系，是一种用来描述整体与部分的组合关系，即箭头指向的类是由箭头发出的类所聚集而成的。连线两端的数字表明这一端的类可以有几个实例，“＊”代表可以有无数个实例，“0”则表示可以没有实例。MPM3DPP 程序中的顶层类为 CMPM3DPP，用于控制整体计算过程，它创建 CSolution 类（求解类）、CWriteResult 类（结果输出类）和 CDomain 类（求解域类）来完成整个任务。CMPM3DPP 类在计算开始前解析输入文件，完成后即开始求解。CSolution 类专门负责整个的求解过程。它获得 CDomain 类对象的属性并进行求解，再通过 CWriteResult 对象输出计算结果。计算时间通过 Clock 类来进行记录。CDomain 类负责创建和初始化背景网格（CGrid 类）、材料（CMatGeneric 类）和物体（CBody 类）。下面对程序中的主要类的结构和属性进行介绍。

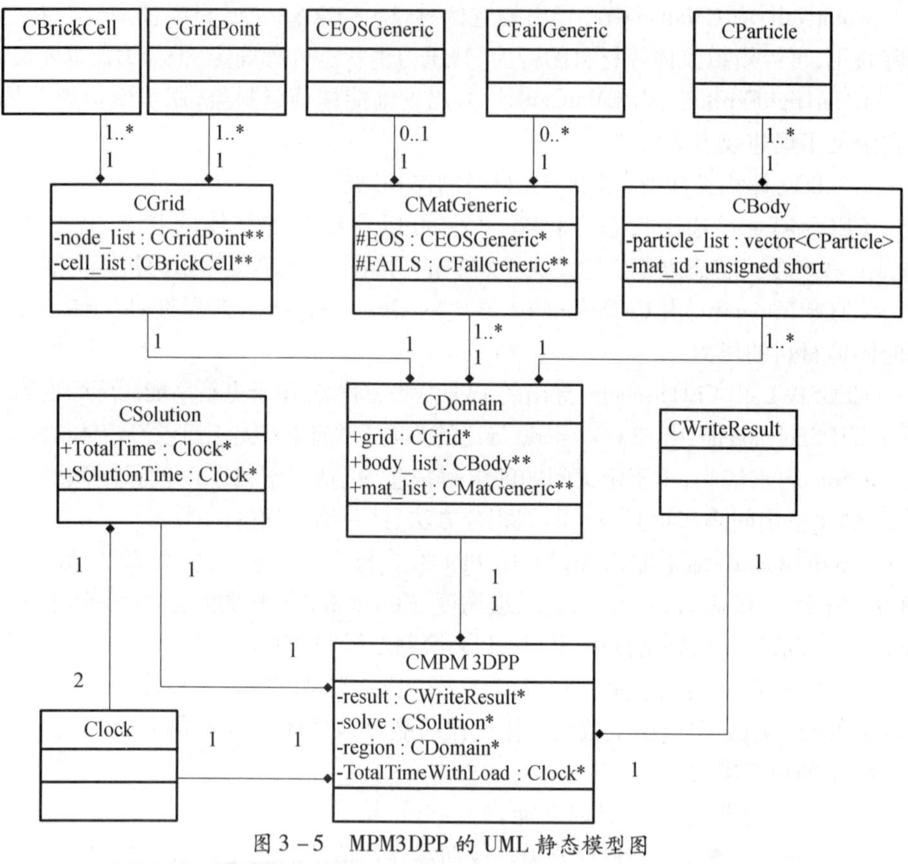

图 3－5 MPM3DPP 的 UML 静态模型图

3.4.1 求解域类（CDomain）

MPM3DPP 采用面向对象的设计思想，因而创建一个求解域类用于定义求解区域及其包含的所有对象信息。求解区域可以由多个物体组成，具有标题（描述待求解问题）、物体总数、物体列表、质点总数（所有物体的质点总数之和）、材料组数、材料属性列表、背景网格、动能、内能等信息。从图 3－6 的 CDomain 类协作图中可以看出，求解域内创建了用于描述物体性质的 CBody 类、用于描述背景网格的 CGrid 类和用于描述材料模型的 CMatGeneric 类，而这三个类又分别创建与各自相关的下一级类以实现其具体功能和细分属性。

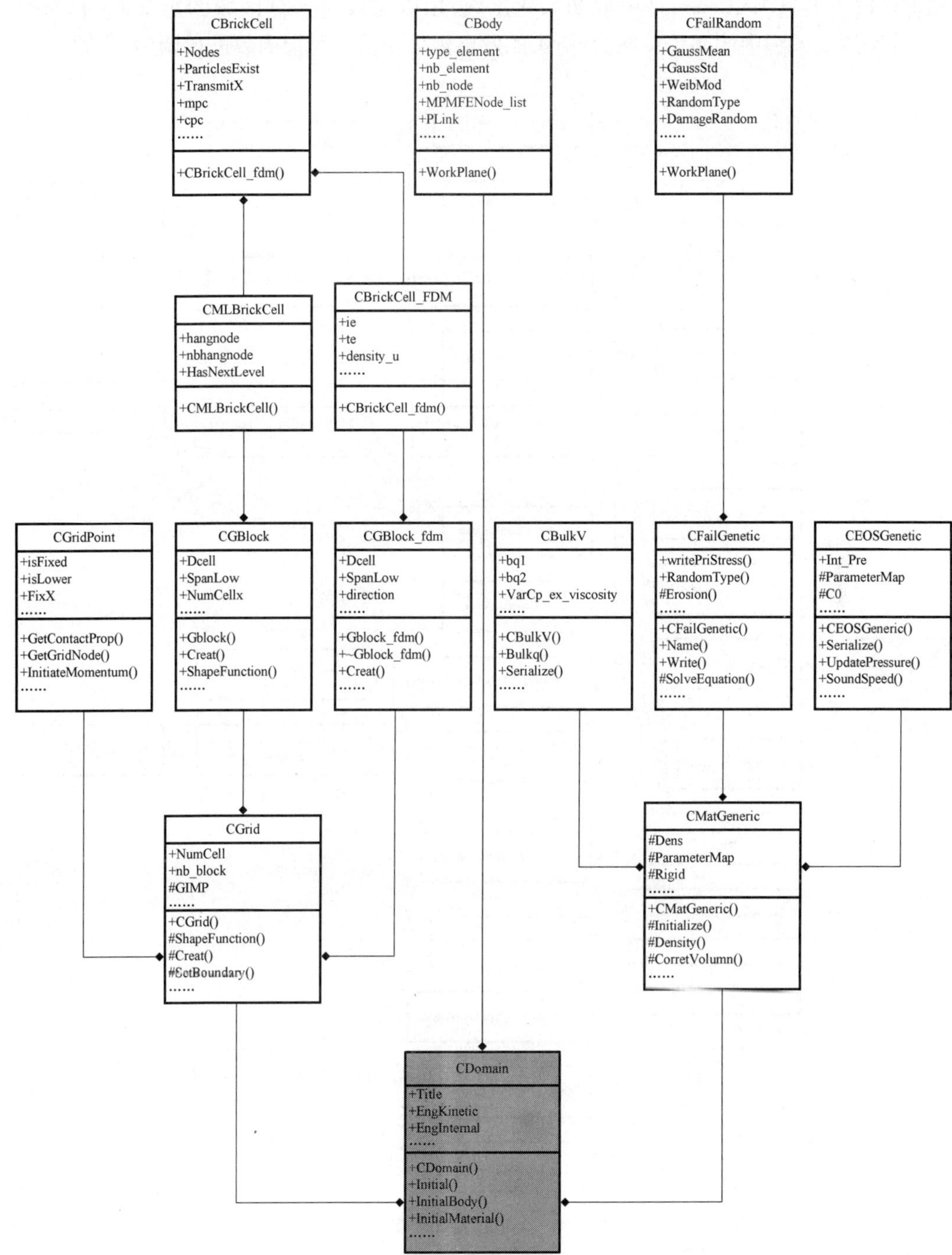

图 3-6 CDomain 类协作图

CDomain 类主要成员函数调用关系：

(1) bool CDomain::Initial(CParseXMP * xmp,ofstream & Outs,bool restart = false)

Initial 函数为 CDomain 中最基本的初始化函数，由图 3-7 的函数调用关系可以看出，Initial 函数直接或间接调用了求解域类(CDomain)、网格类(CGrid)、物体类(CBody)

和材料模型类(CMatGeneric)中的初始化函数,用以完成对计算区域的定义和初始化。(函数调用关系图中的调用关系为:箭头的发出函数对箭头所指函数进行调用,下同)

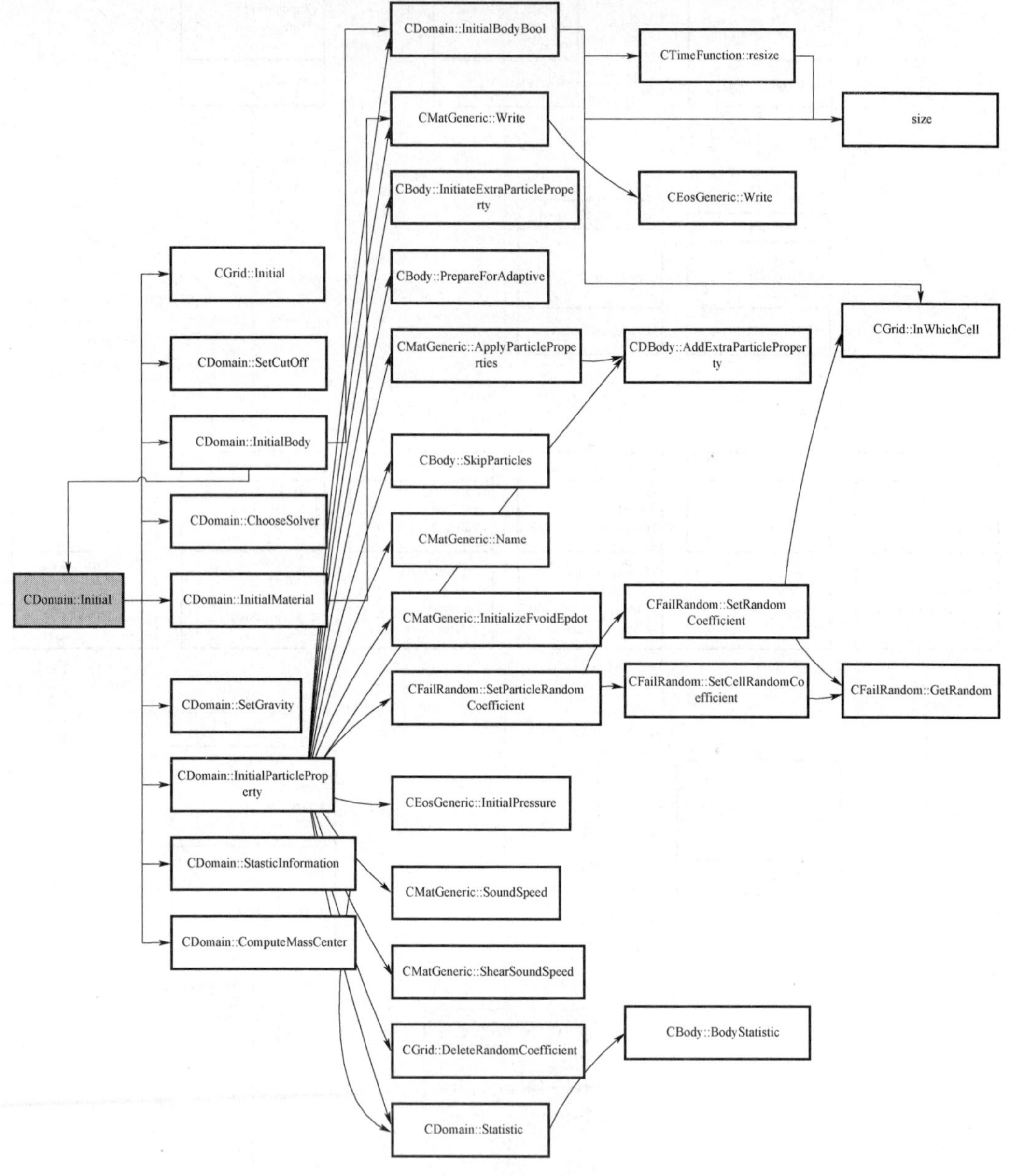

图 3-7　Initial 函数调用关系

(2) bool CDomain::InitialBody(CParseXMP * xmp, ofstream & Outs, bool restart = false)

InitialBody 函数主要在求解域中对 body 相关的基础信息进行定义和初始化,如图 3-8 所示,InitialBody 函数调用后面即将介绍的 CBody 类中的对应函数对 body 的具体几何、位置等信息进行实体化创建。

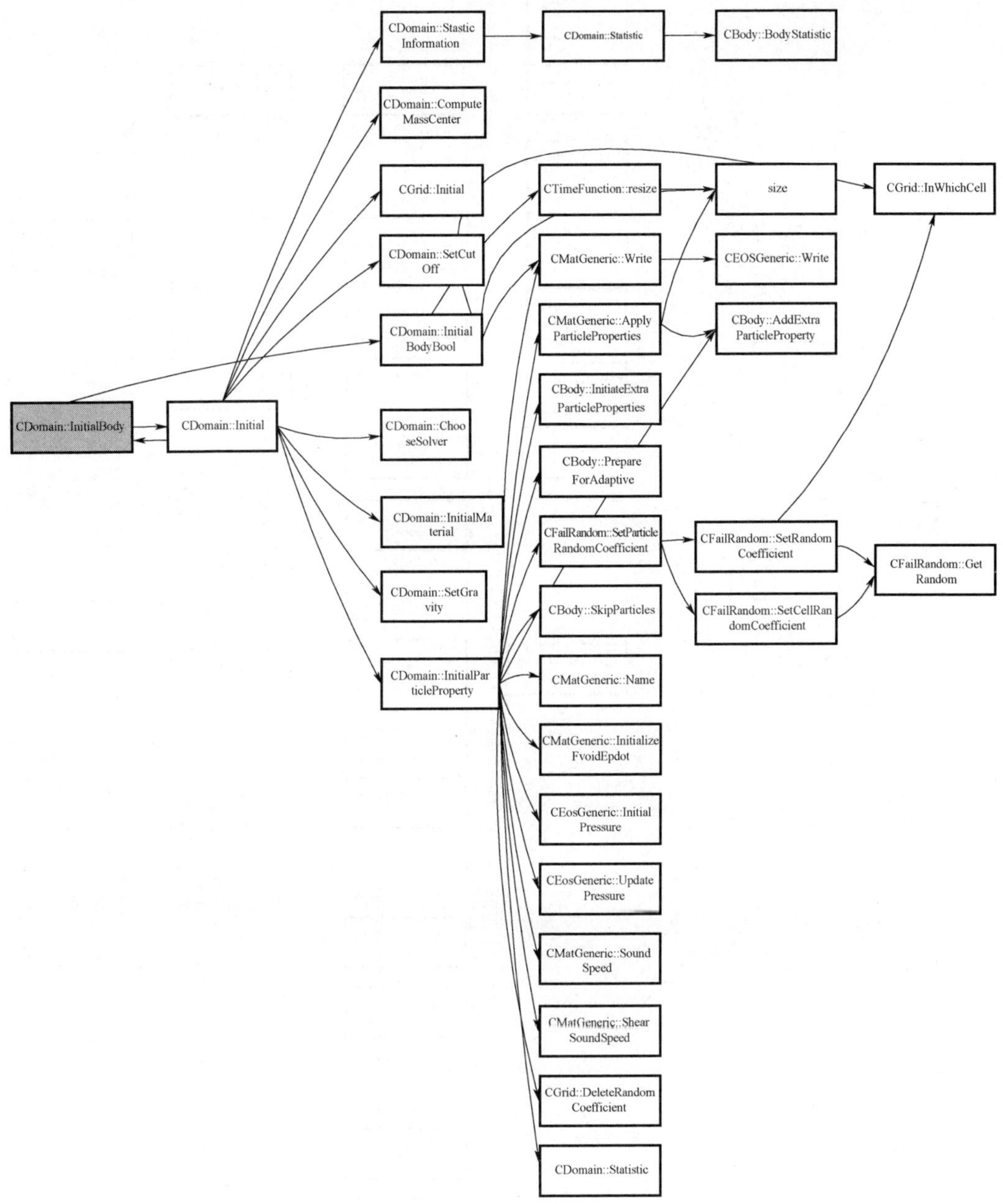

图 3-8　InitialBody 函数调用关系

（3）bool CDomain::Initial_multigrid（CParseXMP *　xmp, ofstream & Outs, bool restart = false）

在求解域的初始化过程中，除了在 Initial 函数中调用 CGrid 类中的函数创建背景网格外，还需要通过一些特定的函数对特殊的网格设置进行定义，如图 3-9 所示的 Initial_multigrid 函数和后面即将介绍的 Initial_FDM 函数。Initial_multigrid 函数的主要功能为对多重网格进行初始化定义。

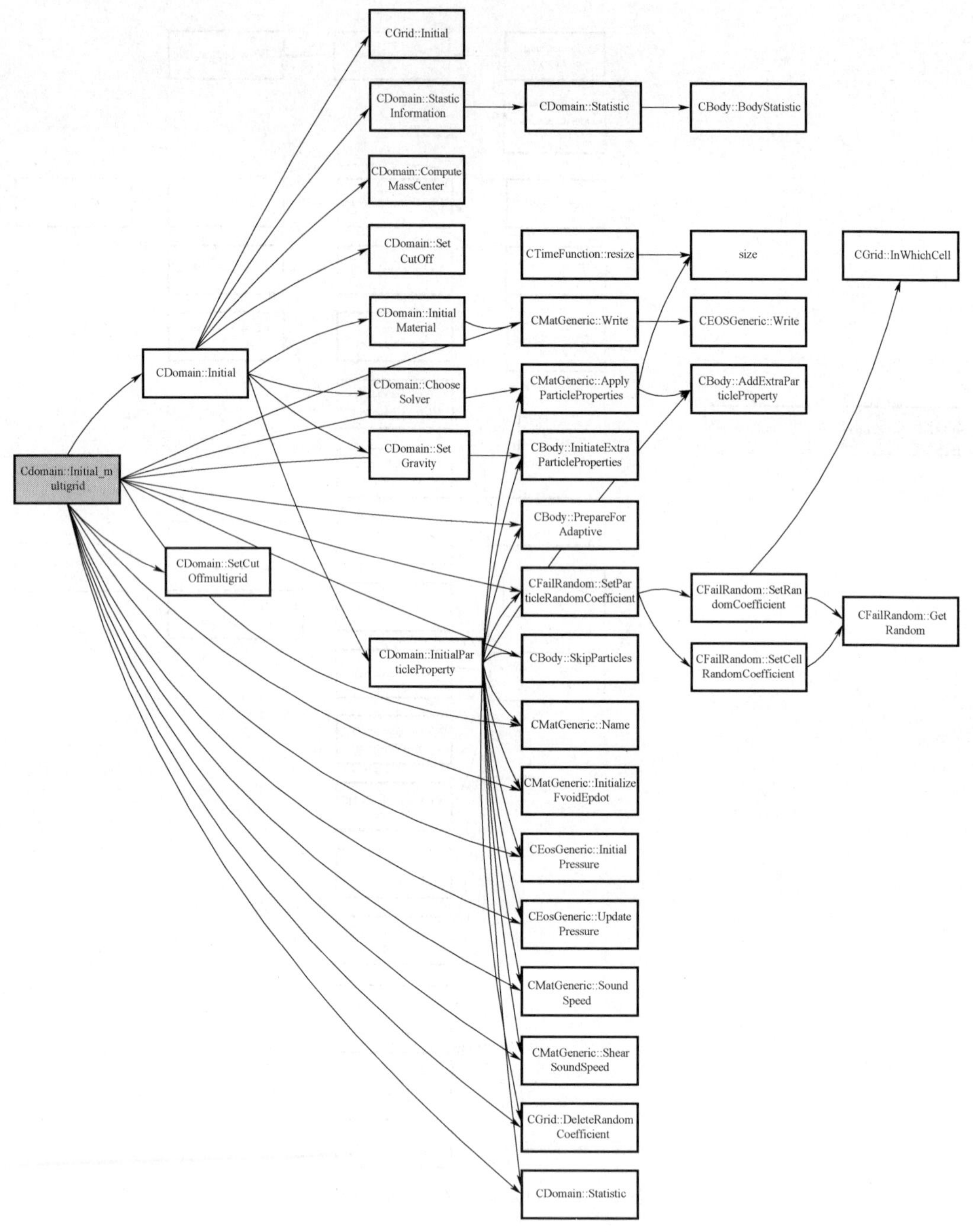

图 3-9 Initial_multigrid 函数调用关系

(4) bool CDomain::Initial_FDM(CParseXMP * xmp, ofstream & Outs, bool restart = false)

在采用耦合物质点有限差分进行计算的过程中，除了物质点计算所需的背景网格外，还需要在有限差分的求解域建立一套差分计算网格，因而这里通过 Initial_FDM 函数来对这套有限差分网格进行创建和初始化，并给出其与物质点求解区域的背景网格间的接口关系以满足后面的耦合计算需求(图 3-10)。

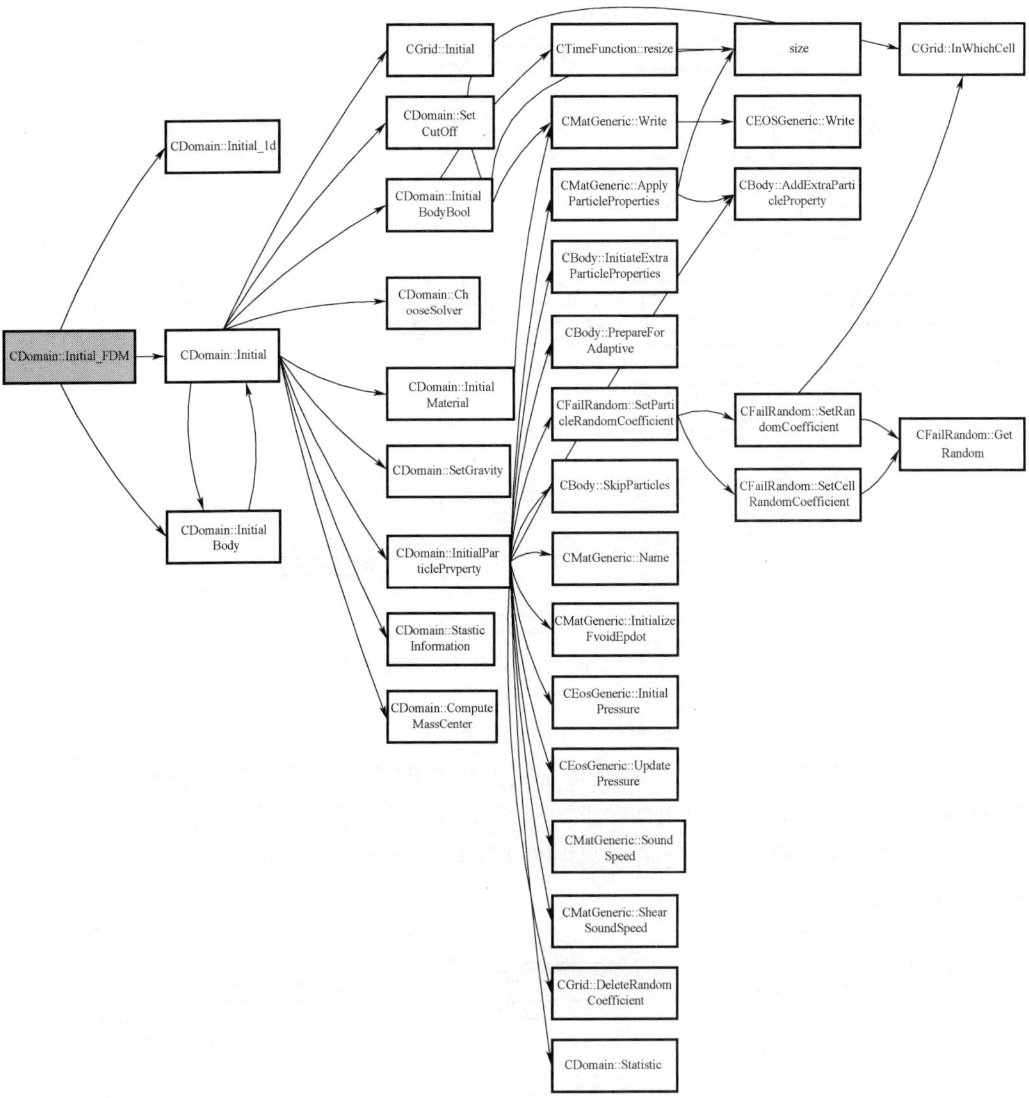

图 3-10 Initial_FDM 函数调用关系

(5) bool CDomain::InitialMaterial(CParseXMP * xmp,ofstream & Outs)

InitialMaterial 函数主要用来对求解域中涉及的材料模型进行初始化,为后面物质点的初始化过程进行准备,其调用关系如图 3-11 所示。

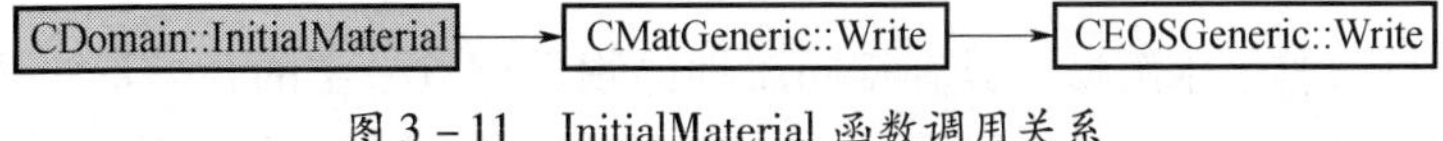

图 3-11 InitialMaterial 函数调用关系

(6) void CDomain::InitialParticleProperty(CParseXMP * xmp,ofstream & Outs)

InitialParticleProperty 函数的主要功能是定义物质点中所携带的额外变量,如图 3-12 所示的函数调用关系,InitialParticleProperty 函数定义了物质点除基本材料信息外的材料名称(Name)、初始孔洞体积分数(InitializeFvoilEpdot)、压力(InitialPressure、UpdatePressure)、声速(SoundSpeed)、剪切声速(ShearSoundSpeed)等参数。

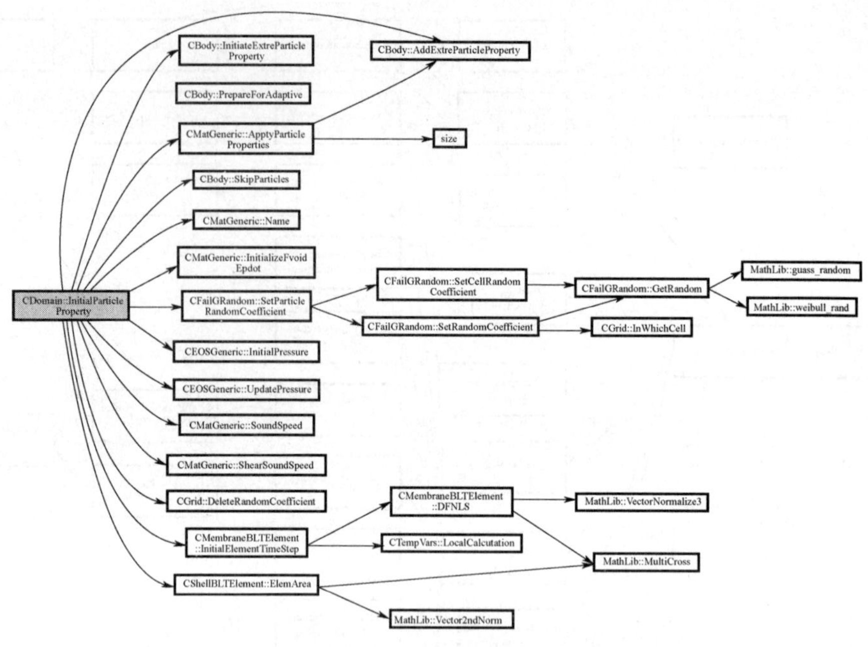

图 3 - 12　InitialParticleProperty 函数调用关系

（7）void CDomain::ComputeMassCenter(CParseXMP *　xmp)

针对侵彻、碰撞等问题中对于所建立数值模型的重心的精确要求，程序中设计了 ComputeMassCenter 函数，专门用来在求解区域初始化的过程中对各组件（Component）的重心进行计算，通过图 3 - 13 的函数调用关系可以了解 MPM3DPP 是如何通过初始化函数对其进行调用的。

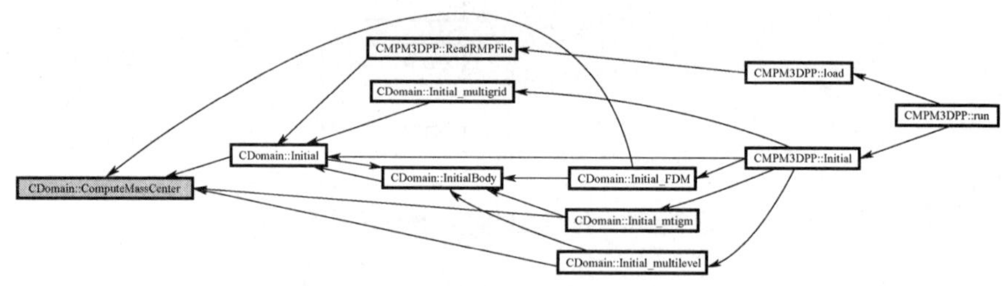

图 3 - 13　ComputeMassCenter 函数调用关系

3.4.2　物体类（CBody）

MPM3DPP 中，整个求解域中具有相同属性的物质点以一定的几何形状聚集在一起形成了不同的物体并且发生相互作用，物体的材料属性、质点总数、质点列表、内能、动能等信息定义了其所包含的物质点（Particle）的基本属性，因而在 MPM3DPP 程序中，CBody 类是连接求解域类（CDomain）和物质点类（CParticle）的桥梁，并且是初始化建模的重要一环。该类中不但包含了基本的功能函数，其派生类还涵盖了所有几何模型的创建（如图 3 - 14 的 CBody 类继承关系图所示，包含长方体类、圆柱体类、球体类、卵形体类、三角体类、蜂窝夹芯板类等）。本小节对于 Cbody 类的基本函数调用关系和派生类功能进行重点介绍。

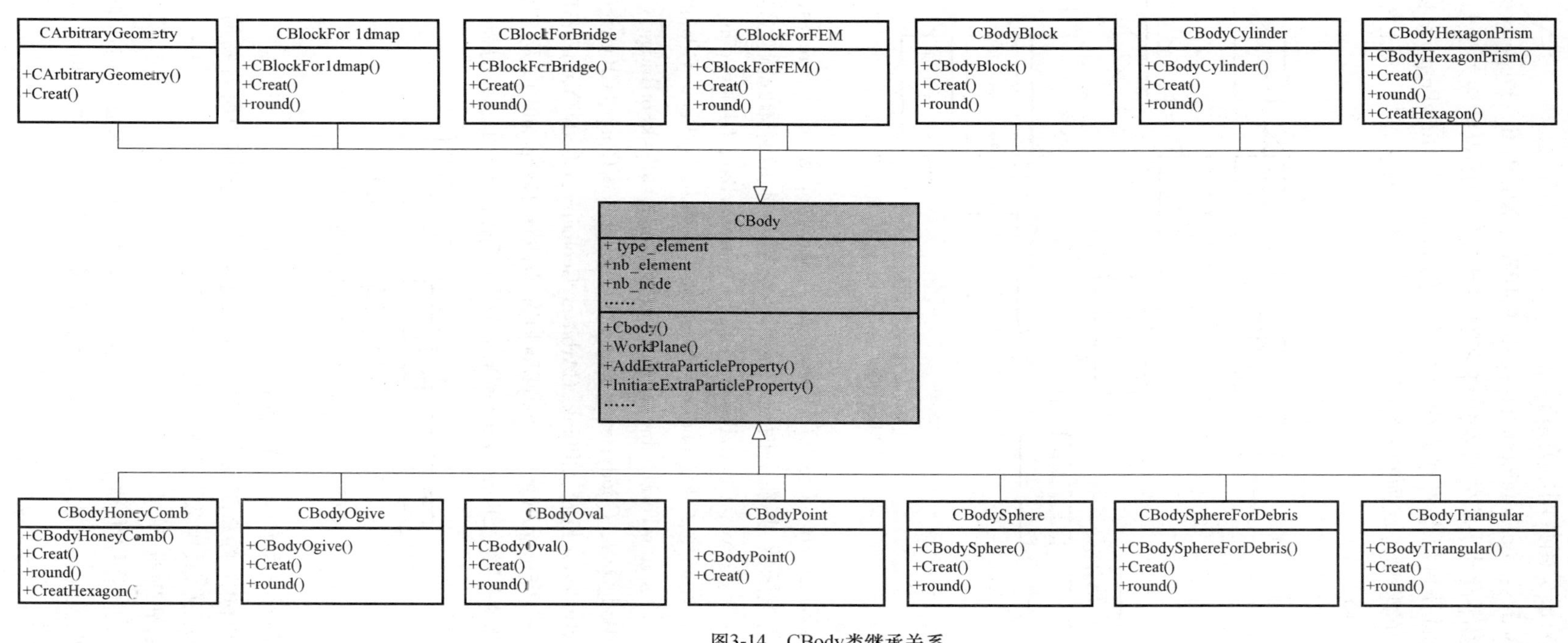

图3-14　CBody类继承关系

CBody 类主要成员函数调用关系：

(1) void CBody::AddExtraParticleProperty(MPM::ExtraParticleProperty xpp)

MPM3DPP 程序设计中将物质点的许多物理参数作为质点的额外变量来存储，这样在建立质点类的时候可以节省很多内存开销，而 AddExtraParticleProperty 函数的主要功能就是对 body 中的物质点添加额外变量，如质量、体积、速度、温度、人工体积黏性等，其调用关系见图 3-15。

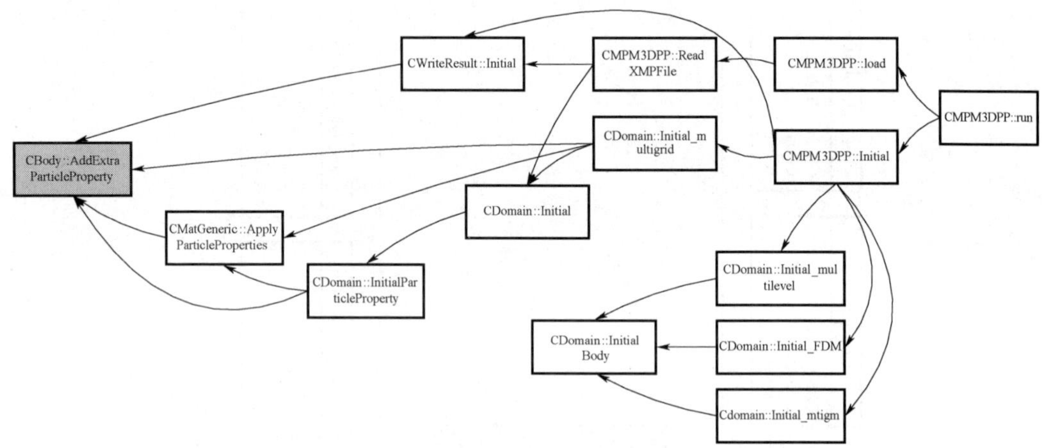

图 3-15　AddExtraParticleProperty 函数调用关系

(2) virtual bool CBody::Create(CParseXMP::BodyProp & bp) [pure virtual]

Create 函数为虚函数，其在下面列举的用于建立具体几何体的派生类中被实例化：CBodyCylinder, CBodyOgive, CBodyBlock, CBt, CNettyForBar, CBodyPoint, CBodySphere, CTrapezoid, CBodyTriangle, CCylinderForMembrane, CLineForBar, CPointForMembrane, CPointForShell, CRectangluarForMembrane, CBlockFor1dmap, CBlockForBridge, CBlockForFEM, CPointForFEM, CBodyOval, CBodyHexagonPrism, CBodyHoneyComb, CBodySphereForDebris, CPointForBar, CCylinderForFEM, CPLink, CArbitraryGeometry, CBodyZYarnFor3DWovenFabric, CBodyWarpYarnFor3DWovenFabric, CBodyBlockFor3DWovenComposite 以及 CBodyTriangular。图 3-16 为蜂窝板夹层类(CBodyHexagonPrism)中实例化的 Creat 函数的调用关系。

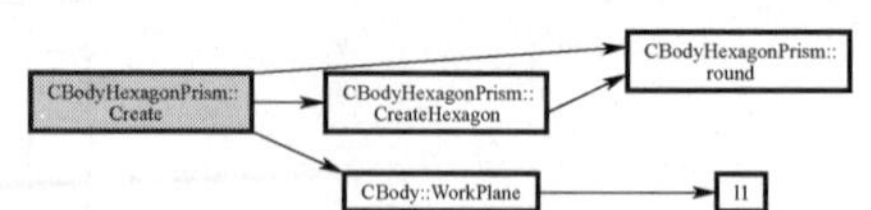

图 3-16　Creat 函数实例化调用关系

(3) void CBody::PrepareForAdaptive()

PrepareForAdaptive 函数主要用来在初始化过程中对物体中所含物质点的自适应属性进行初始化和定义，其函数调用关系见图 3-17。

前面介绍到，MPM3DPP 程序中的各类几何模型主要通过由 CBody 类派生出的各个二级类来进行定义。在派生类中，除了保留 CBody 类中的基本属性和功能外，还通过各自的 Creat 函数以及几何建模函数完成几何体的建立及物质点的生成，下面介绍几类常用的几何体派生类。

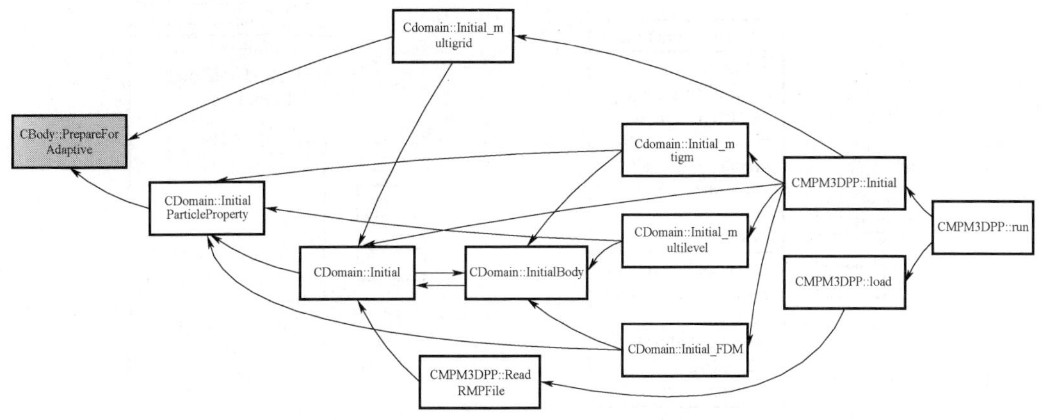

图 3-17　PrepareForAdaptive 函数调用关系

（1）长方体类（CBodyBlock）。

功能描述：

创建长方体，指定初始参考点坐标（x0、y0、z0）及长宽高（lx、ly、lz），并给定粒子间距 dp 即可。CBodyBlock 类定义物质点中的位置、速度、载荷、离散方式等。其继承关系见图 3-18。

Public 成员函数：

CBodyBlock()：构造函数。

bool Create(CParseXMP::BodyProp &bp)：创建长方体。

long double round(double a, double b)：布置物质点。

（2）圆柱体类（CBodyCylinder）。

功能描述：

CBodyCylinder 类创建广义圆柱体（实心/空心、圆锥、圆台），指定初始参考点（圆心）坐标（x0、y0、z0），底端内径 r0、外径 R0，顶端内径 r1、外径 R1，并给定柱体高度 height，底端粒子间距 dp0，顶端粒子间距 dp1 即可。CBodyCylinder 类定义物质点中的位置、速度、载荷、离散方式等。其继承关系见图 3-19。

Public 成员函数：

CBodyCylinder()：构造函数。

bool Create(CParseXMP::BodyProp &bp)：创建广义圆柱体。

long double round(double a, double b)：布置物质点。

（3）蜂窝板夹层类（CBodyHexagonPrism）。

功能描述：

CBodyHexagonPrism 类创建蜂窝板夹层，指定初始截面、蜂窝板厚度、蜂窝板内切圆直径、CBodyHexagonPrism 类定义物质点中的位置、速度、载荷、离散方式等。其继承关系见图 3-20。

Public 成员函数：

CBodyHexagonPrism()：构造函数。

bool Create(CParseXMP::BodyProp &bp)：创建蜂窝板夹层。

long double round(double a, double b)：布置物质点。

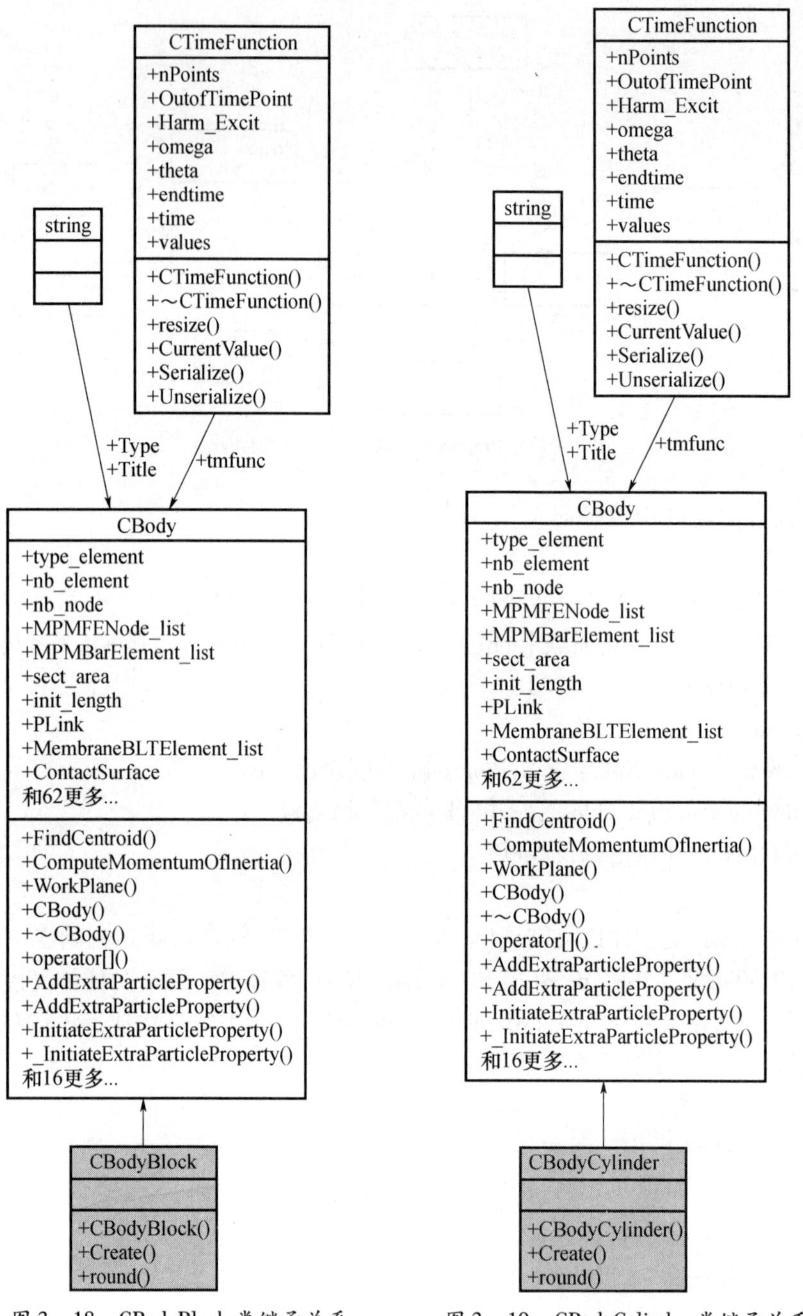

图 3－18　CBodyBlock 类继承关系　　　图 3－19　CBodyCylinder 类继承关系

int CreateHexagon(MPM_FLOAT x_hex, MPM_FLOAT y_hex, MPM_FLOAT z_hex, MPM_FLOAT Dhc, MPM_FLOAT Thc, MPM_FLOAT dp, MPM_FLOAT dpt, MPM_FLOAT dpz, int numthick):布置蜂窝板夹层质点。

(4) 卵形体类(CBodyOgive)。

功能描述:

CBodyOgive 类创建卵形体(实心/空心)指定初始参考点(圆心)坐标(x0、y0、z0)圆弧半径 r_og、端部半径 r_end，底端粒子间距 dp0、顶端粒子间距 dp1 即可。CBodyOgive 类定义物质点中的位置、速度、载荷、离散方式等。其继承关系见图 3－21。

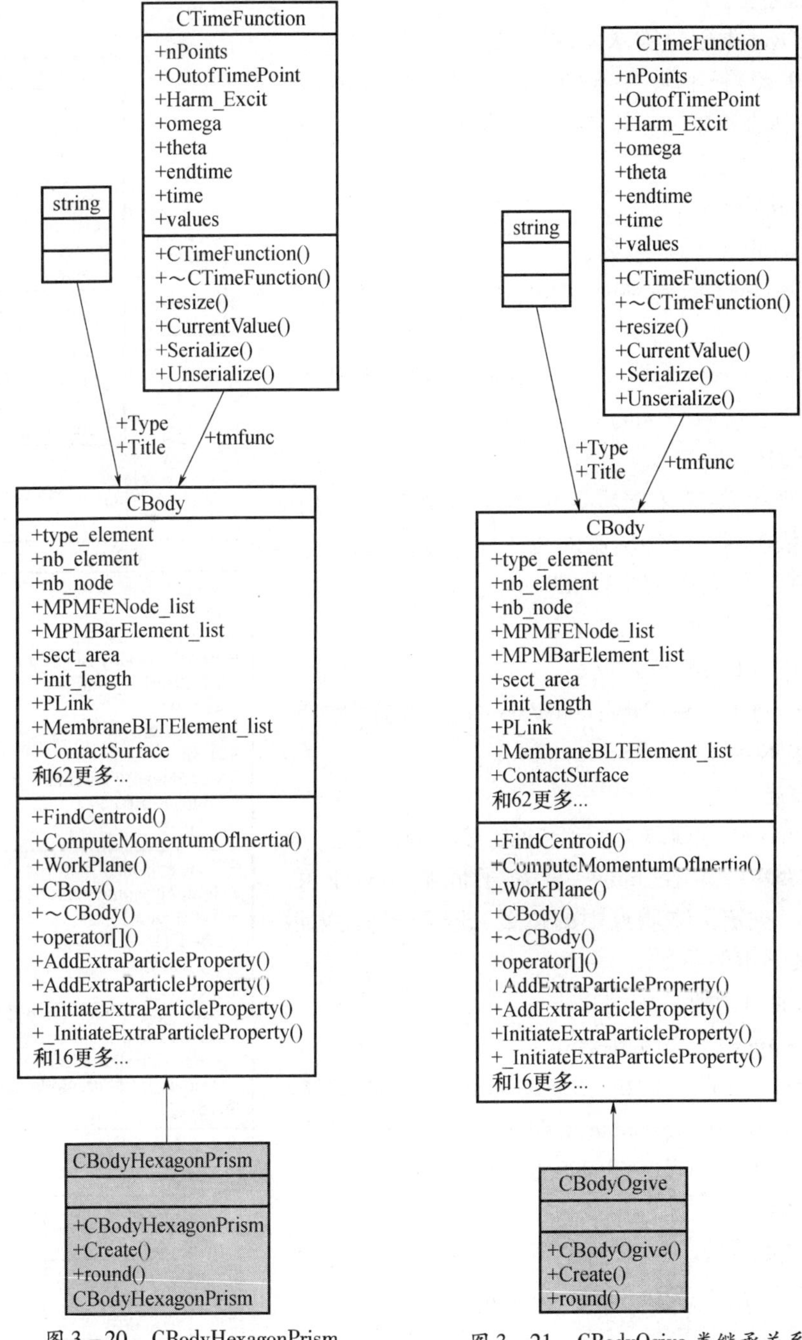

图 3－20 CBodyHexagonPrism 类继承关系

图 3－21 CBodyOgive 类继承关系

Public 成员函数：

CBodyOgive()：构造函数。

bool Create(CParseXMP::BodyProp &bp)：创建卵形体。

long double round(double a,double b):布置物质点。

(5) 椭球体类(CBodyOval)。

功能描述:

CBodyOval 类创建椭球体,指定初始参考点(圆心)坐标(x0、y0、z0)长半轴、中半轴、短半轴及粒子间距 dp。默认长轴、中轴和短轴在坐标轴上,不区分大小。其继承关系见图 3-22。

Public 成员函数:

CBodyOval():构造函数。

bool Create(CParseXMP::BodyProp &bp):创建椭球体。

long double round(double a,double b):布置物质点。

(6) 点类(CBodyPoint)。

功能描述:

CBodyPoint 类定义物质点中的质点质量、质点位置,可通过依次列写或者从输入文件读取数据的方式建立 body。其继承关系见图 3-23。

Public 成员函数:

CBodyPoint():构造函数。

bool Create(CParseXMP::BodyProp &bp):布置物质点。

(7) 球体类(CBodySphere)。

功能描述:

CBodySphere 创建球体,指定初始参考点(圆心)坐标(x0、y0、z0)、半径 radius 及粒子间距 dp 即可。CBodySphere 类定义物质点中的位置、速度、载荷、离散方式等。其继承关系见图 3-24。

Public 成员函数:

CBodySphere():构造函数。

bool Create(CParseXMP::BodyProp &bp):创建球体。

long double round(double a,double b):布置物质点。

(8) 颗粒碎片云类(CBodySphereForDebris)。

功能描述:

CBodySphereForDebris 创建颗粒碎片云,指定初始截面、碎片云密度、CBodySphereForDebris 类定义物质点中的位置、速度、载荷、离散方式等。其继承关系见图 3-25。

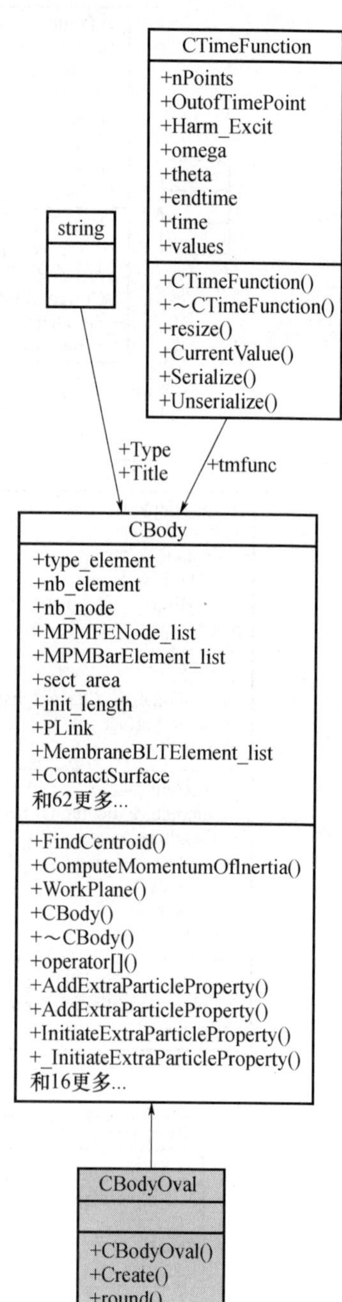

图 3-22 CBodyOval 类继承关系

Public 成员函数:

CBodySphereForDebris():构造函数。

bool Create(CParseXMP::BodyProp &bp):创建颗粒碎片云。

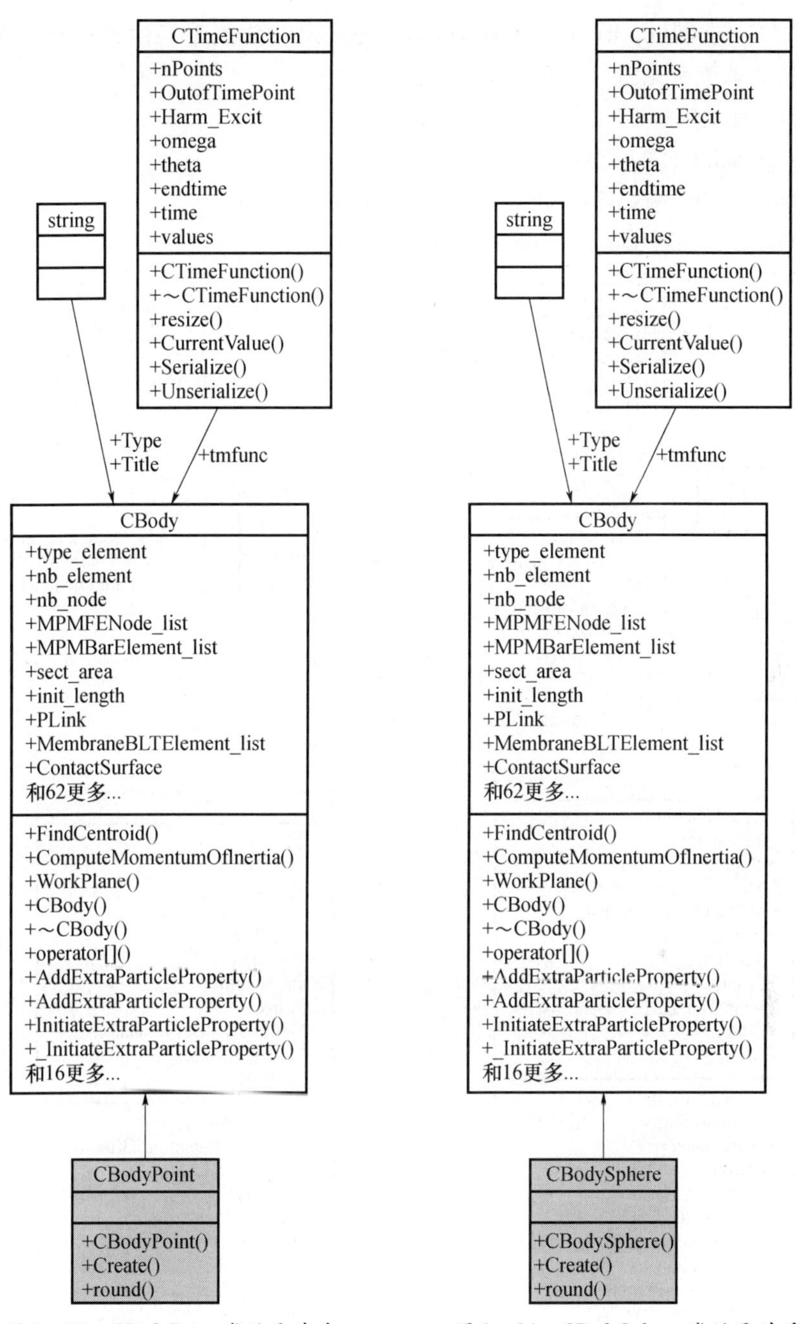

图 3－23　CBodyPoint 类继承关系　　　图 3－24　CBodySphere 类继承关系

int CreateSphere(MPM_FLOAT dp, MPM_FLOAT x0, MPM_FLOAT y0, MPM_FLOAT z0, MPM_FLOAT radius, int discretization):根据碎片云参数创建碎片云。

long double round(double a, double b):布置物质点。

(9) 三角体类(CBodyTriangle)。

功能描述:

CBodyTriangle 创建三角形体,指定初始参考点坐标(x0、y0、z0)及长宽(lx,ly)角度

alph,并给定粒子间距 dp 即可。CBodyTriangle 类定义物质点中的位置、速度、载荷、离散方式等。其继承关系见图 3－26。

Public 成员函数:

CBodyTriangle( ):构造函数。

bool Create(CParseXMP::BodyProp &bp):创建三角形体。

long double round(double a,double b):布置物质点。

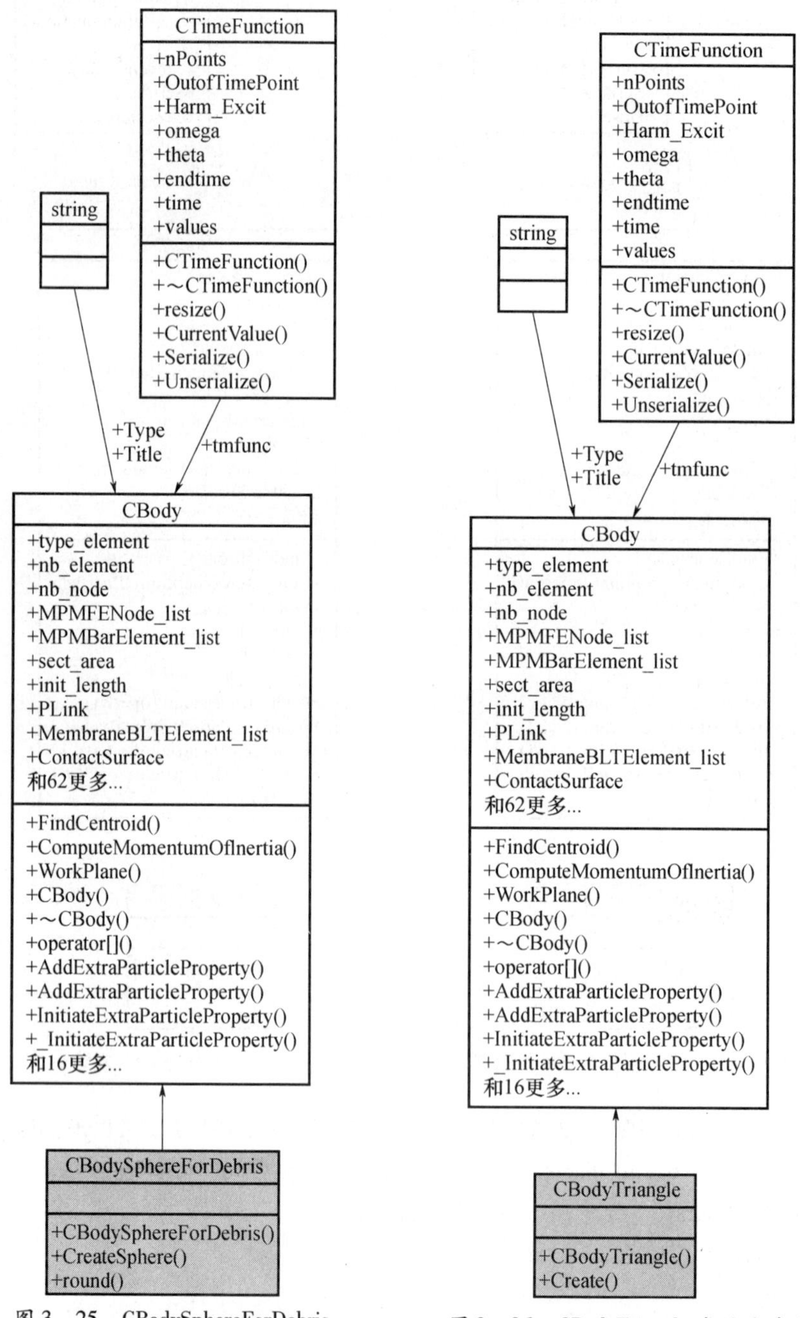

图 3－25　CBodySphereForDebris 类继承关系

图 3－26　CBodyTriangle 类继承关系

3.4.3 物质点类(CParticle)

MPM3DPP 中的物质区域通过粒子进行离散,而在程序中,粒子通过类 CParticle(由类 CBody 来创建)来描述,该类包含了坐标、速度、体积、人工体积黏性、平均应力、失效、内能、质量、声速和其他的属性。为了尽可能的节省内存,将材料和算法中需要的状态量保存在一个名为 ExtraProp 的动态分配的额外变量数组中。额外变量可由 CBody、CDomain 和所有的材料类添加。

使用名为 MPM 的命名空间定义程序版本、算法类型、粒子属性、全局设置等。在 MPM 命名空间中,可选的额外粒子属性 ExtraParticleProperty 的类型定义为 ENUM 数据类型。为了便于快速存取 ExtraProp 额外变量,对下标运算符进行了重载,即:

```
inline double & operator[ ](MPM::ExtraParticleProperty seq)
{
    return ExtraProp[ExtraParticlePropPos[seq]
}
```

这里,ExtraParticlePropPos 是一个定义在类 CBody 中指向存储额外变量位置的指针,seq 是某种额外属性的类型。

CParticle 类中的公有成员函数:

- CParticle ():构造函数,对质点进行初始化。

CParticle 类的私有属性:

- double XX [3]:质点在 t + Δt 时刻的坐标。
- double Xp [3]:质点在 t 时刻的坐标。
- double VXp [3]:质点的速度。
- double FXp [3]:作用在质点上的力。
- double VOL:质点在现时构型中的体积。
- double sig_y:质点初始屈服应力。
- double SM:质点的平均应力(压力的负值)。
- double Seqv:质点的等效应力(Mises 应力)。
- double SDxx:质点的偏应力 S_{xx}。
- double SDyy:质点的偏应力 S_{yy}。
- double SDzz:质点的偏应力 S_{zz}。
- double SDxy:质点的偏应力 S_{xy}。
- double SDyz:质点的偏应力 S_{yz}。
- double SDxz:质点的偏应力 S_{xz}。
- double Exx:质点的累积正应变 ε_{xx},用于自适应物质点法。
- double Eyy:质点的累积正应变 ε_{yy}。
- double Ezz:质点的累积正应变 ε_{zz}。
- double epeff:质点的有效塑性应变 ε^p。
- double kelvin:质点的绝对温度。
- bool SkipThis:标识在后处理中是否绘制本质点。

· bool failure:标识质点是否已经失效。

· int icell:质点当前所在的背景网格号码。

· double DMG:质点的损伤量。

· double LT:质点的点火时间。

· double ie:质点的内能。

· double mass:质点的质量。

· double cp:质点的声速。

CParticle 类即物质点实际上包含了两类信息:高斯点信息和节点信息。为了在逻辑上更好的区分这两类信息,定义了两个类 CGaussPoint 和 CPoint 分别对应于高斯点信息和节点信息。CParticle 类继承关系如图 3-27 所示,CParticle 类通过继承 CGaussPoint 类和 CPoint 类而形成。

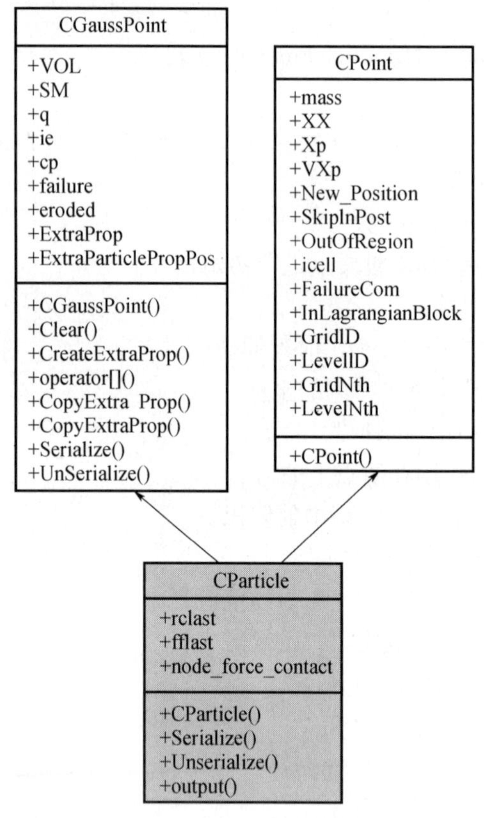

图 3-27 CParticle 类继承关系

(1) CPoint 类(节点信息类)。

功能描述:

CPoint 类定义了物质点中可归为节点信息的部分,如位置、速度、载荷等。其继承关系见图 3-28。

Public 属性:

MPM_FLOAT mass:物质点质量。

MPM_FLOAT XX [3]:物质点在单元内的自然坐标。

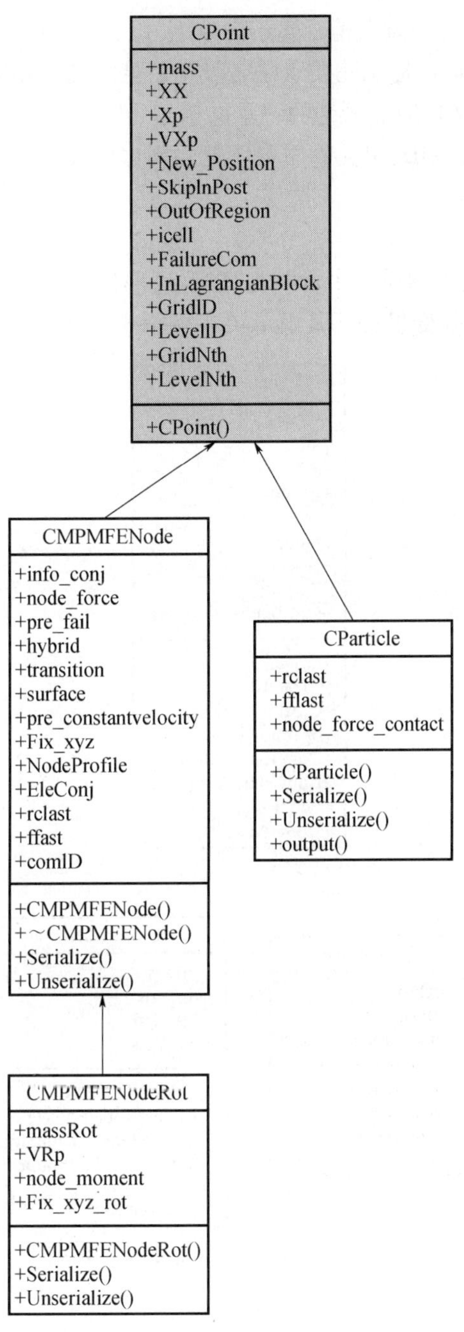

图 3-28 CPoint 类继承关系

MPM_FLOAT Xp [3]:物质点在 t 时间步的空间坐标。

MPM_FLOAT VXp [3]:物质点速度。

MPM_FLOAT New_Position [3]:物质点在 $t+1$ 时间步的空间坐标。

bool OutOfRegion:标示物质点是否运动到背景网格之外。

unsigned int icell:物质点所在的背景网格单元编号(小于0 时代表物质点运动超出了背景网格范围)。

bool FailureCom:定义物质点是否属于失效组件。

bool InLagrangianBlock:标示物质点是否处于后处理的拉格朗日 Block 内。

char * GridID:定义物质点所处的背景网格编号。

unsigned char * LevelID:定义物质点所处的网格层级。

(2) CGaussPoint 类。

功能描述:

CGaussPoint 类定义了物质点中可归为高斯点信息的部分,如体积、内能、声速以及其他定义在物质点上的额外变量等。其继承关系见图 3-29。

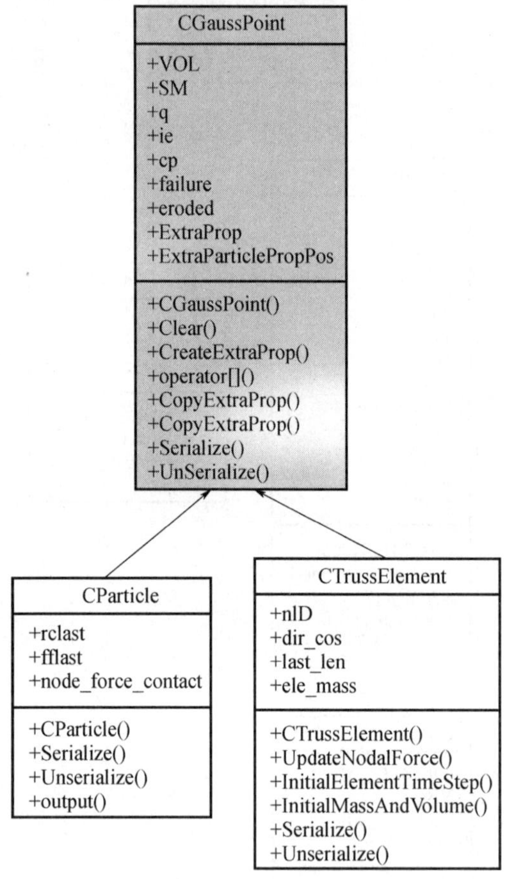

图 3-29 CGaussPoint 类继承关系

Public 属性:

MPM_FLOAT VOL:物质点当前时间步的体积。

MPM_FLOAT SM:物质点等效应力。

MPM_FLOAT q:物质点上添加的人工体积黏性。

MPM_FLOAT ie:物质点携带的内能。

MPM_FLOAT cp:物质点的声速。

bool failure:标示物质点是否为失效质点。

bool eroded:标示物质点是否已被侵蚀。

MPM_FLOAT * ExtraProp:物质点的额外变量属性。

Public 成员函数:

void CGaussPoint::CreatExtraProp (unsigned char n,MPM_FLOAT * val)

用来创建高斯点中的额外变量,其函数调用关系如图 3-30 所示,MPM3DPP 在 body 初始化的过程中创建额外变量来定义物质点的额外属性。

void CGaussPoint::CopyExtraProp (unsigned char n,MPM_FLOAT * val)

用来复制高斯点中储存的额外变量,其函数调用关系如图 3-31 所示,可以看出在 MPM3DPP 的初始化、求解及结果输出等过程中均调用此函数来复制质点的属性。

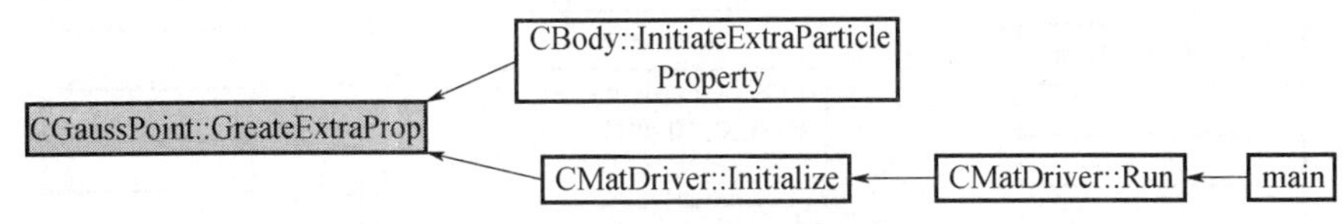

图 3-30 CreatExtraProp 函数调用关系

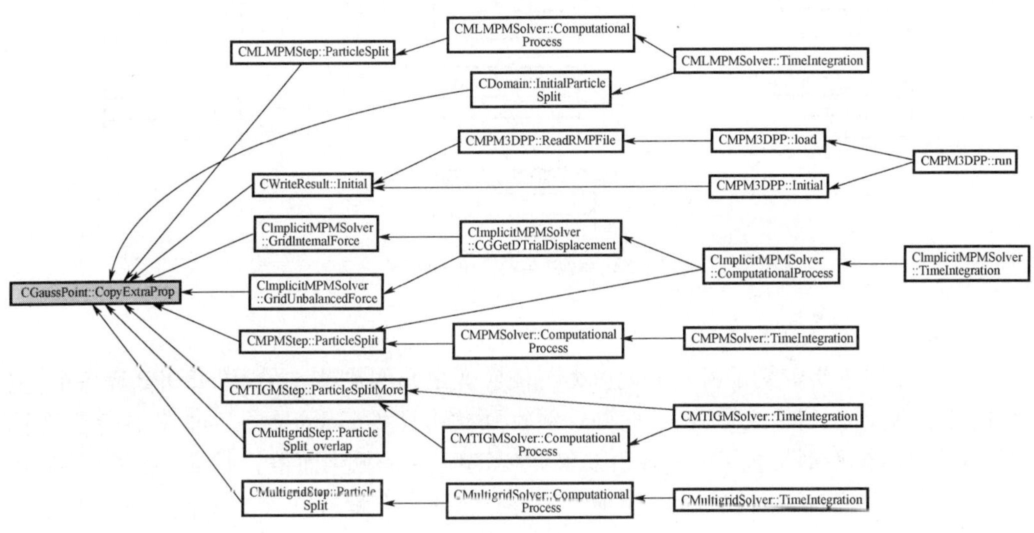

图 3-31 CopyExtraProp 函数调用关系

3.4.4 材料类(CMatGeneric、CEOSGeneric、CFailGeneric)

MPM3DPP 程序中,通过构建材料类来为物质点赋予强度模型、状态方程和失效模式等材料属性。材料类之间的引用和继承关系显示在下图 3-32 中。类 CMatGeneric(强度模型)、CEOSGeneric(状态方程)和 CFailGeneric(失效模型)都是抽象类,它们需要派生类的实现来完成材料的定义,如强度模型的派生类 CMatIsotropic 类、状态方程派生类 CEOS-Gruneisen 类、失效模型派生类 CFailPlaStrain 类。派生类允许重载基类来反映特殊的需求。一个材料可以最多有一个状态方程和多个失效模型。变量 material_id 用来指定每个 CBody 对象中的材料编号。接下来,将分别对强度模型、状态方程和失效模型的基类及其典型的派生类进行介绍。

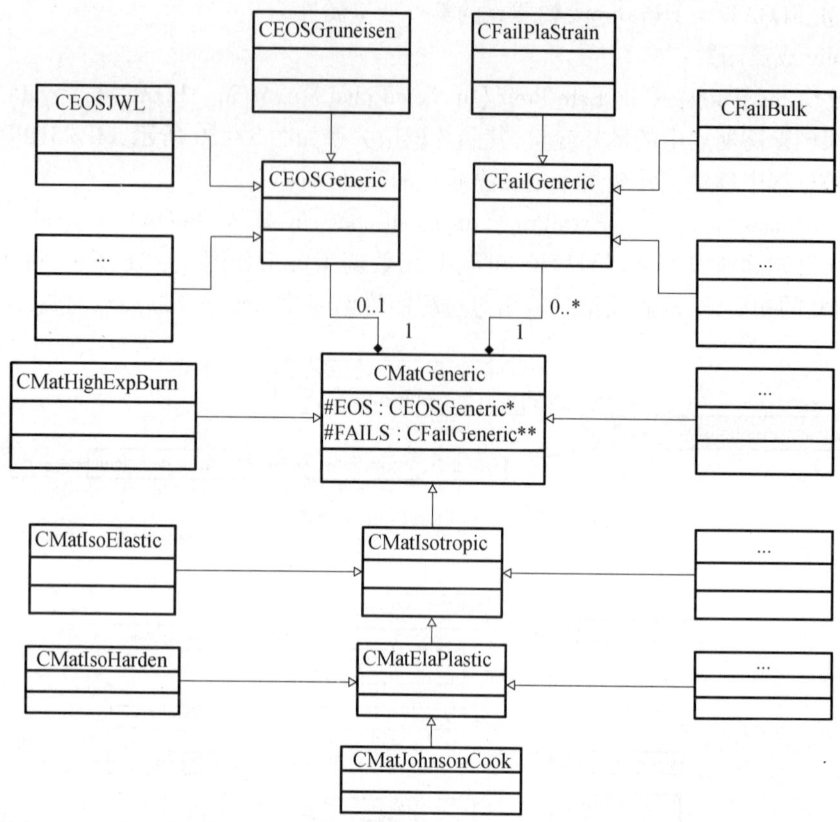

图 3－32　材料类的引用和继承关系

3.4.4.1　强度模型类

强度模型主要定义了材料的偏应力与偏应变之间的关系。在 MPM3DPP 程序中，主要包含了线弹性、理想线弹性、各向同性线性强化弹塑性、Johnson－Cook 塑性等强度模型，这些材料模型都是直接或间接由抽象类 CMatGeneric 派生而得。下面给出了 CMatGeneric 类的部分变量和函数的定义声明。一些材料的状态量可以通过 ApplyParticleProperties 函数添加到额外变量中。

(1) virtual void CMatGeneric::UpdateStress(MPM_FLOAT(&) de[6],MPM_FLOAT(&) vort[6],CGaussPoint * p,MPM_FLOAT vold,MPM_FLOAT dt,MPM_FLOAT Cur_Den,MPM_FLOAT mass,MPM_FLOAT clength)

UpdateStress 函数是 CMatGeneric 类中的虚函数，在 CMatNull、CMatHJC2012、CMatJohnsonCook 等具体的强度模型类中会被重载，其主要功能是在计算过程中对物质点进行应力更新。其函数调用关系见图 3－33。

(2) virtual MPM_FLOAT CMatGeneric::SoundSpeed (MPM_FLOAT Cur_Den,CGaussPoint * p)

与 UpdateStress 函数类似，SoundSpeed 也是虚函数，在其他具体的强度模型中进行重载，以定义不同材料模型中计算声速的具体方式。其函数调用关系见图 3－34。

(3) void CMatGeneric::ApplyParticleProperties (CBody * b)

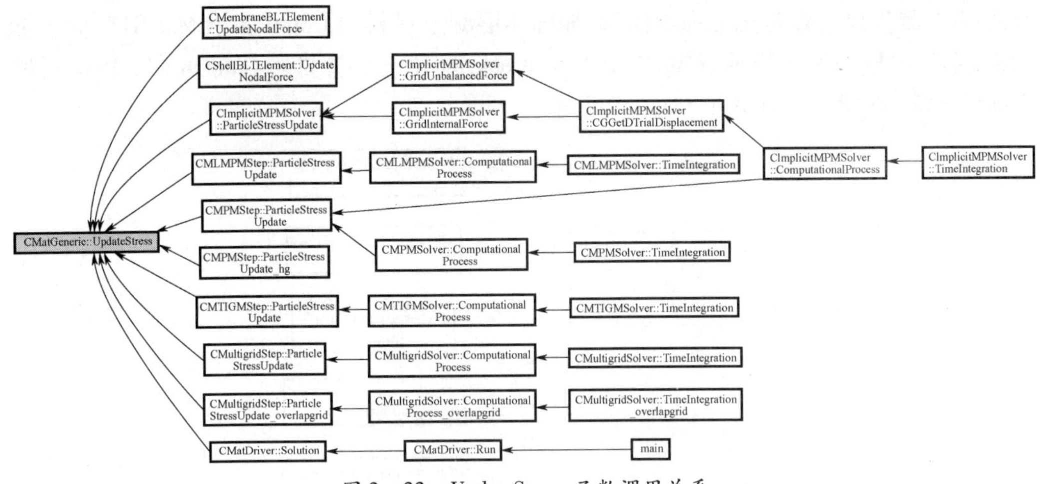

图 3－33　UpdateStress 函数调用关系

前面已经提到，ApplyParticleProperties 函数是用来将一些描述材料特性的物理量添加到物质点的额外变量中，以节省物质点所占用的内存空间。其函数调用关系见图 3－34。

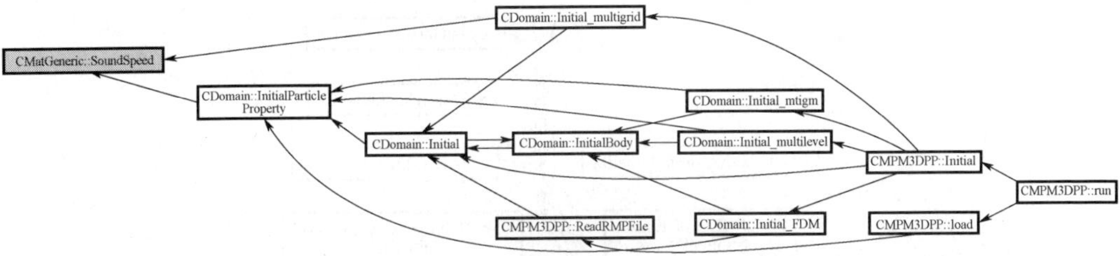

图 3－34　SoundSpeed 函数调用关系

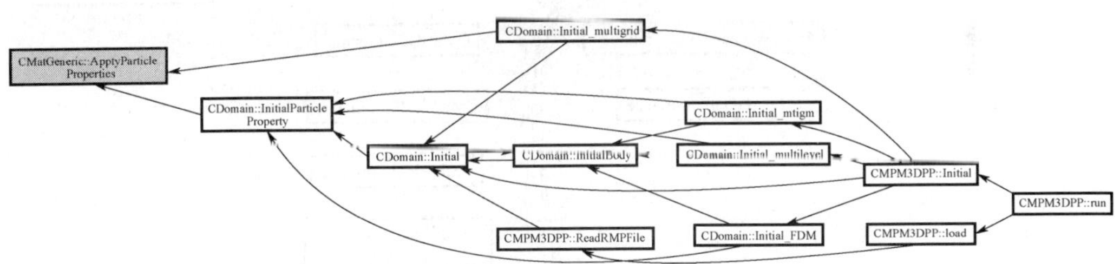

图 3－35　ApplyParticleProperties 函数调用关系

（4）bool CMatGeneric::Initialize（CParseXMP::MaterialProp &　mp）

与 UpdateStress 函数类似，Initialize 函数是 CMatGeneric 类中用于进行材料强度模型初始化的函数，除了一些通用材料信息如名称、密度等信息的初始化外，更主要的是用于具体材料在重载后定义各自类型的强度模型（图 3－36）。

图 3－37 给出了 MPM3DPP 程序中各强度模型类的派生关系，可以看到由基础抽象类 CMatGeneric 派生出用于描述各向同性的 CMatIsotropic 类、用于描述高能炸药的 CMatHighExpBurn 类、用于描述不可压橡胶材料的 CMatMooneyRivilin 类、用于描述空材料的 CMatNull 类、用于描述刚体材料的 CMatRigid 类和用于描述一维弹性体的 CMatElastic_1D 类。而其中的 CMatIsotropic 类又向下派生出理想弹塑性模型 CMatElaPlastic 类，该类

继续向下派生出许多常用的强度模型,如描述混凝土材料的 CMatHJC、CMatRHT,描述金属材料的 CMatJohnsonCook、CMatSimJohnsonCook,描述土壤材料的 CMatDruckerPrager,描述陶瓷材料的 CMatTaylorChenKuszmaul 等。

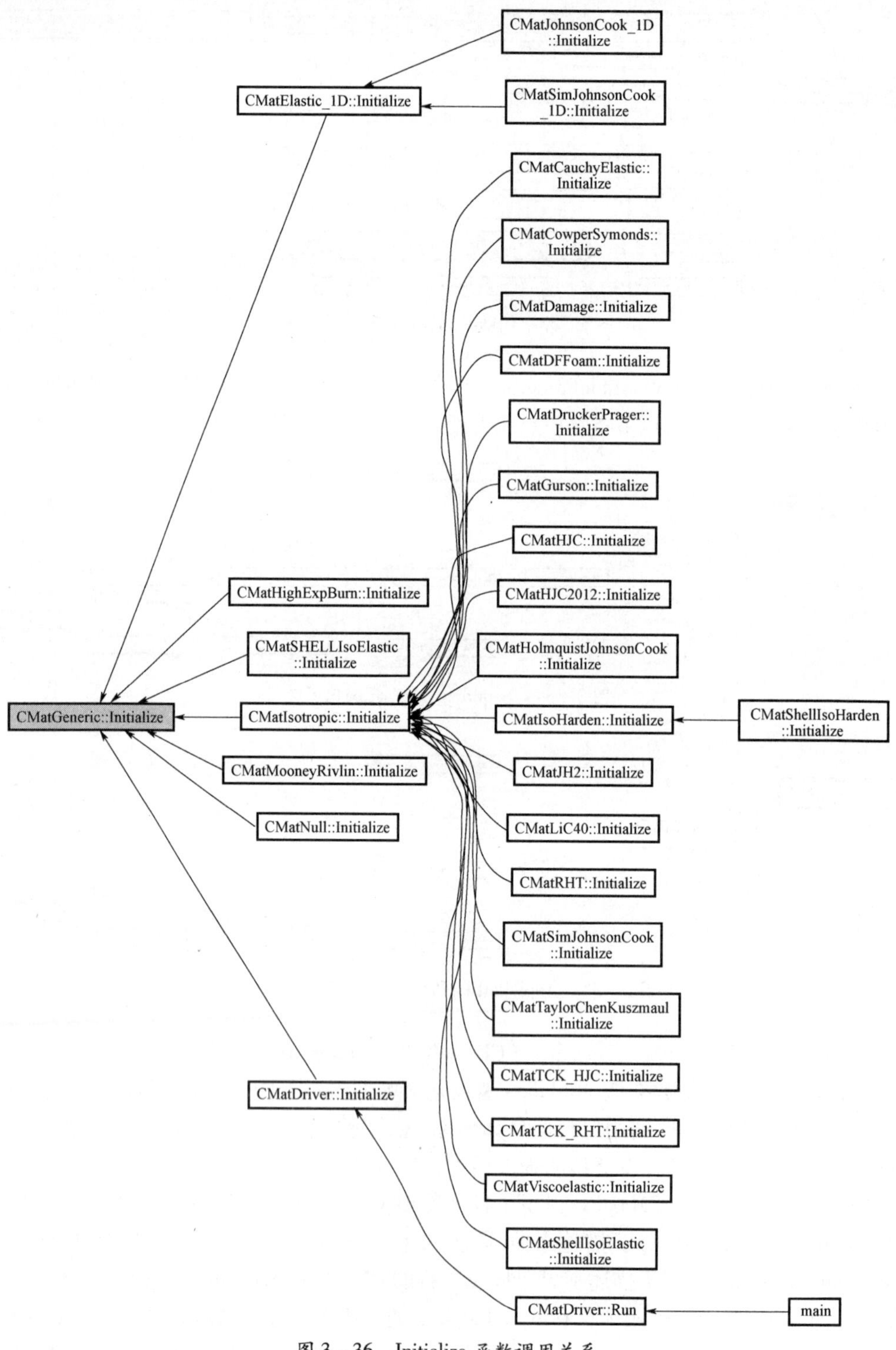

图 3-36 Initialize 函数调用关系

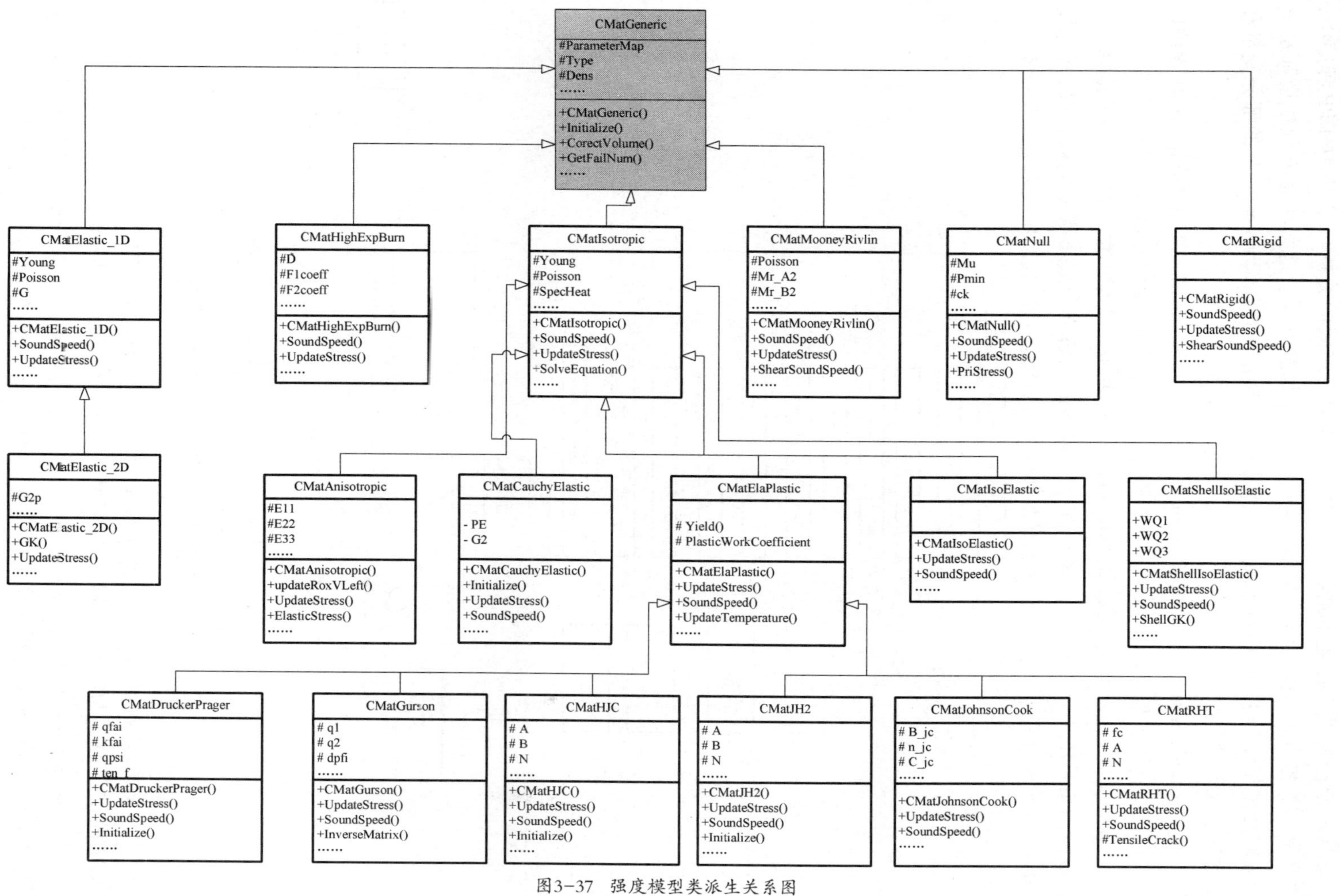

图3-37　强度模型类派生关系图

3.4.4.2 状态方程类

状态方程类主要描述了材料的压力与体积应变之间的关系。在 MPM3DPP 程序中，主要包含了多项式、JWL、Mie - Gruneisen、P - α 等状态方程。这些状态方程模型都是直接或间接由抽象类 CEOSGeneric 派生而得到。下面给出了 CEOSGeneric 类的部分变量和函数的定义声明。

(1) virtual MPM_FLOAT CEOSGeneric::UpdatePressure(MPM_FLOAT rho0,MPM_FLOAT Cur_Den,CGaussPoint * p,MPM_FLOAT dvol,MPM_FLOAT ie)

UpdatePressure 函数是 CEOSGeneric 类中的虚函数，在 CEOSGruneisen、CEOSHolmquistJohnsonCook、CEOSIdealGas 等具体的状态方程模型类中会被重载，其主要功能是在计算过程中体积应变对物质点进行压力更新。其函数调用关系见图 3 - 38。

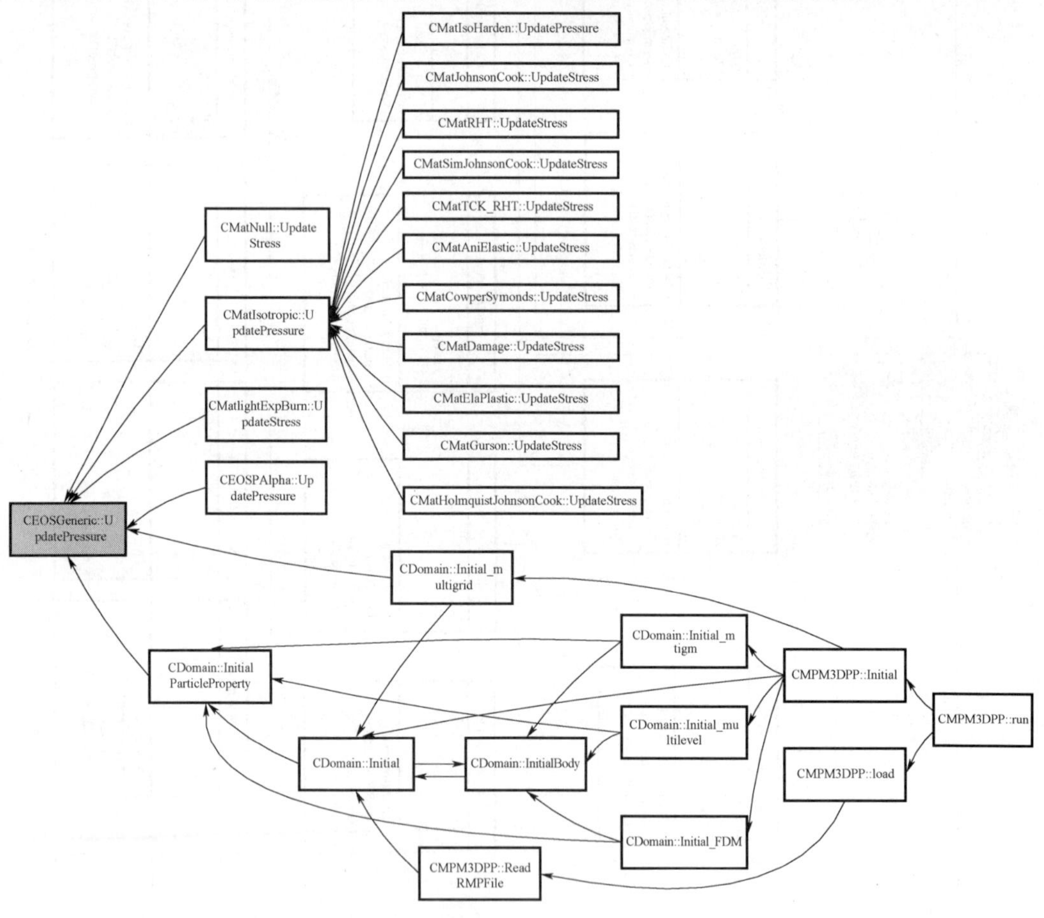

图 3 - 38 UpdatePressure 函数调用关系

(2) virtual MPM_FLOAT CEOSGeneric::SoundSpeed(MPM_FLOAT rho0,MPM_FLOAT Cur_Den,MPM_FLOAT G,MPM_FLOAT E,CGaussPoint * p)

与 UpdateStress 函数类似，SoundSpeed 也是虚函数，在其他具体的强度模型中进行重载，以定义不同状态方程模型中计算声速的具体方式。其函数调用关系见图 3 - 39。

(3) virtual void CEOSGeneric::InitialPressure(CGaussPoint * p,MPM_FLOAT Mat_Den,MPM_FLOAT Gravity[3],MPM_FLOAT Xp[3])

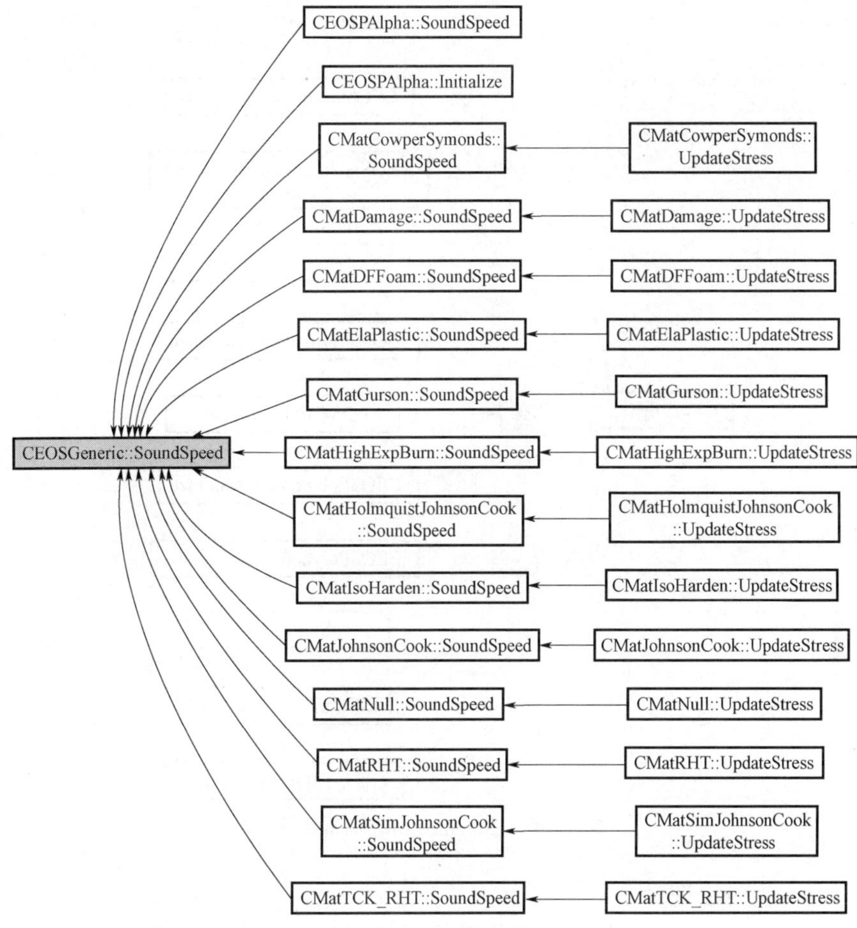

图 3-39　SoundSpeed 函数调用关系

InitialPressure 函数为初始化压力的虚函数，在状态方程类 CEOSTable、CEOSGruneisen 和 CEOSPolynomial 中被重载。其函数调用关系见图 3-40。

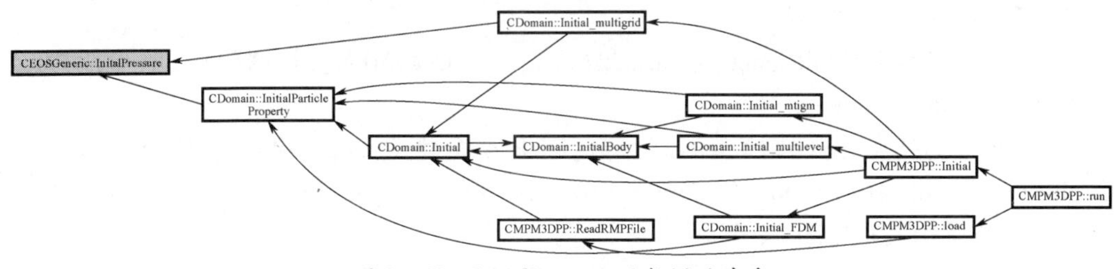

图 3-40　InitialPressure 函数调用关系

(4) bool CEOSGeneric::Initialize(map < string, MPM_FLOAT > & sp, MPM_FLOAT den0)

与 UpdatePressure 函数类似，Initialize 函数是 CEosGeneric 类中用于进行材料状态方程模型初始化的函数。其函数调用关系见图 3-41。

图 3-42 给出了 MPM3DPP 程序中各状态方程类的派生关系，可以看到由基础抽象类 CEosGeneric 派生出多项式、JWL、Mie-Gruneisen、P-α 等状态方程类。

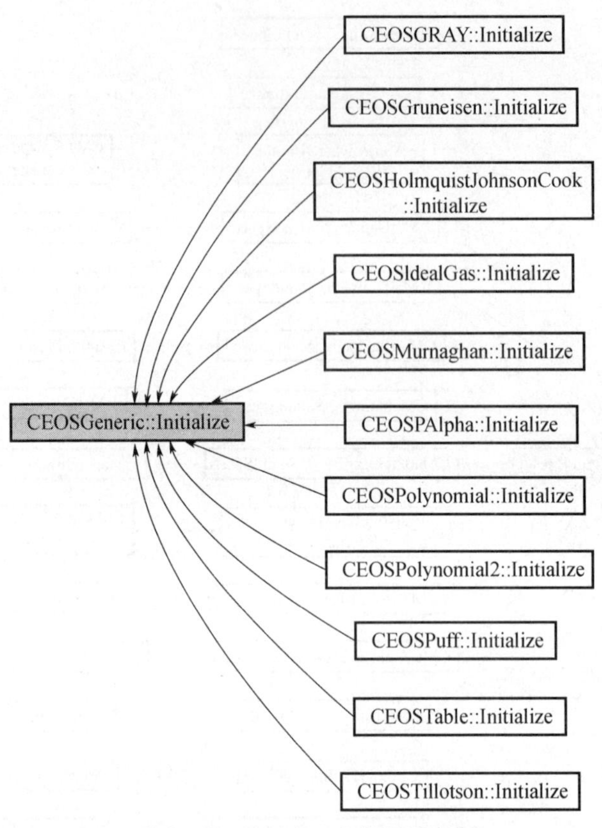

图 3-41 Initialize 函数调用关系

3.4.4.3 失效模型类

失效模型类主要描述了材料因损伤累积而导致的应力承受能力的降低。在 MPM3DPP 程序中，主要包含了最大等效塑性应变失效、最大静水拉力失效、最大主应力/剪应力失效、最大主应变/剪切应变失效和瞬时几何应变失效等失效模型。这些失效模型都是直接或间接由抽象类 CFailGeneric 派生而得到。下面给出了 CFailGeneric 类的部分变量和函数的定义声明。

(1) virtual bool CFailGeneric::Initialize(map < string,MPM_FLOAT > & fp,MPM_FLOAT RandomEnable)

Initialize 为初始化失效模型的虚函数，在失效模型类 CFailPriStrain，CFailPriStress、CFailBulk、CFailInstGeoStrain、CFailPlaStrain、CFailVolumStrain，以及 CFailPmin 中被重载。其函数调用关系见图 3-43。

(2) virtual bool CFailGeneric::CheckFailure(CGaussPoint * p,MPM_FLOAT RandomEnable)

CheckFailure 为失效模型中的虚函数，在失效模型类 CFailPriStrain、CFailPriStress、CFailBulk、CFailInstGeoStrain、CFailPlaStrain、CFailVolumStrain，以及 CFailPmin 中被重载，并用来判断物质点是否进入失效状态。其函数调用关系见图 3-44。

图 3-45 给出了 MPM3DPP 程序中各失效模型类的派生关系，可以看到由基础抽象类 CFailGeneric 派生出 CFailBulk、CFailPlaStrain、CFailPmin、CFailPriStrain 和 CFailPriStress 等失效模型。

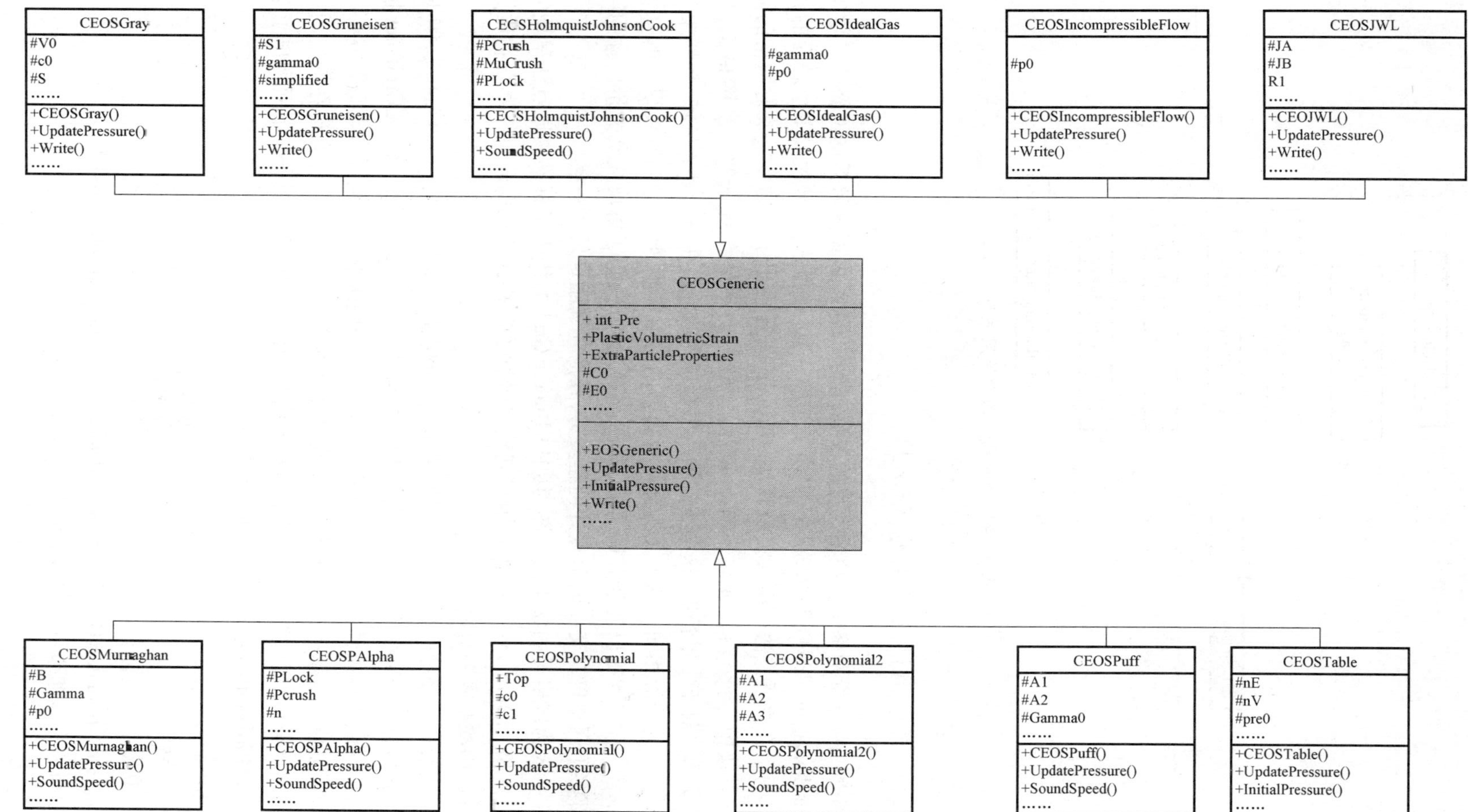

图3-42　状态方程类派生关系图

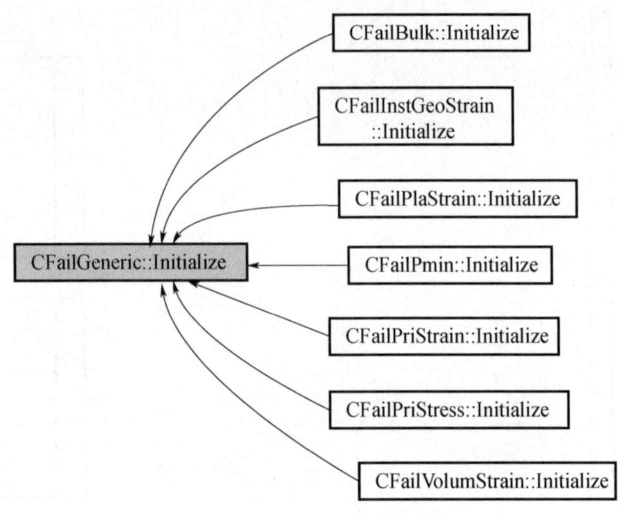

图 3-43　Initialize 函数调用关系

3.4.5　背景网格及节点类(CGrid)

在 MPM 中,背景网格负责动量方程的求解,粒子的状态根据求解后的网格节点值来更新。Bardenhagen、Brackbill 和 Sulsky 提出了 MPM 的接触算法,用来模拟多个颗粒的相互作用。为了在物质点法中引入接触算法,Hu and Chen 提出了全局多重映射网格的方法。在该方法中,每个颗粒独立占有一套背景网格,而不是在统一的一个网格中,如图 3-46所示。对于二维情况,这些独立的网格都规则的分布在整个计算区域,与使用一套背景网格时的情形相同。这种方法会耗费很多的内存资源,特别是当颗粒很多的时候会更加显著。故在此提出局部多重网格(图 3-47)的方法,用于解决耗费大量内存的问题。局部多重网格仅在交叠的节点处创建多重,其他区域还是只有一重。

图 3-48 为网格类的派生关系图,其中 CUniformGrid 类代表了标准物质点法采用的规则背景网格,CMultiLevelGrid 类是用来创建多级背景网格,CFDMGrid 是在耦合物质点有限差分法中的有限差分网格。

对于接触和非接触两种情况,背景网格节点间的连接关系定义在 CBrickCell 类中(见图中 cell_list);CGridNodeForContact 类和 CGridNodeForNoContact 类继承于 CGridPoint 抽象类(包含坐标、边界条件,以及用于被继承类调用的一些函数),根据该节点是否发生接触分别进行创建。继承类允许重载基类的函数来实现其特殊的需要,并允许在抽象的层面上使用继承类,隐藏特殊的实现细节,仅使用基类中声明的接口服务。下面列出了节点基础类 CGridPoint 的部分定义和函数调用关系。

protected:

double Xg [3];

网格节点空间坐标;

void _ApplyBoundaryConditions (CGridNode *gd,unsigned char fixed);

对网格节点施加边界条件;函数调用关系见图 3-49。

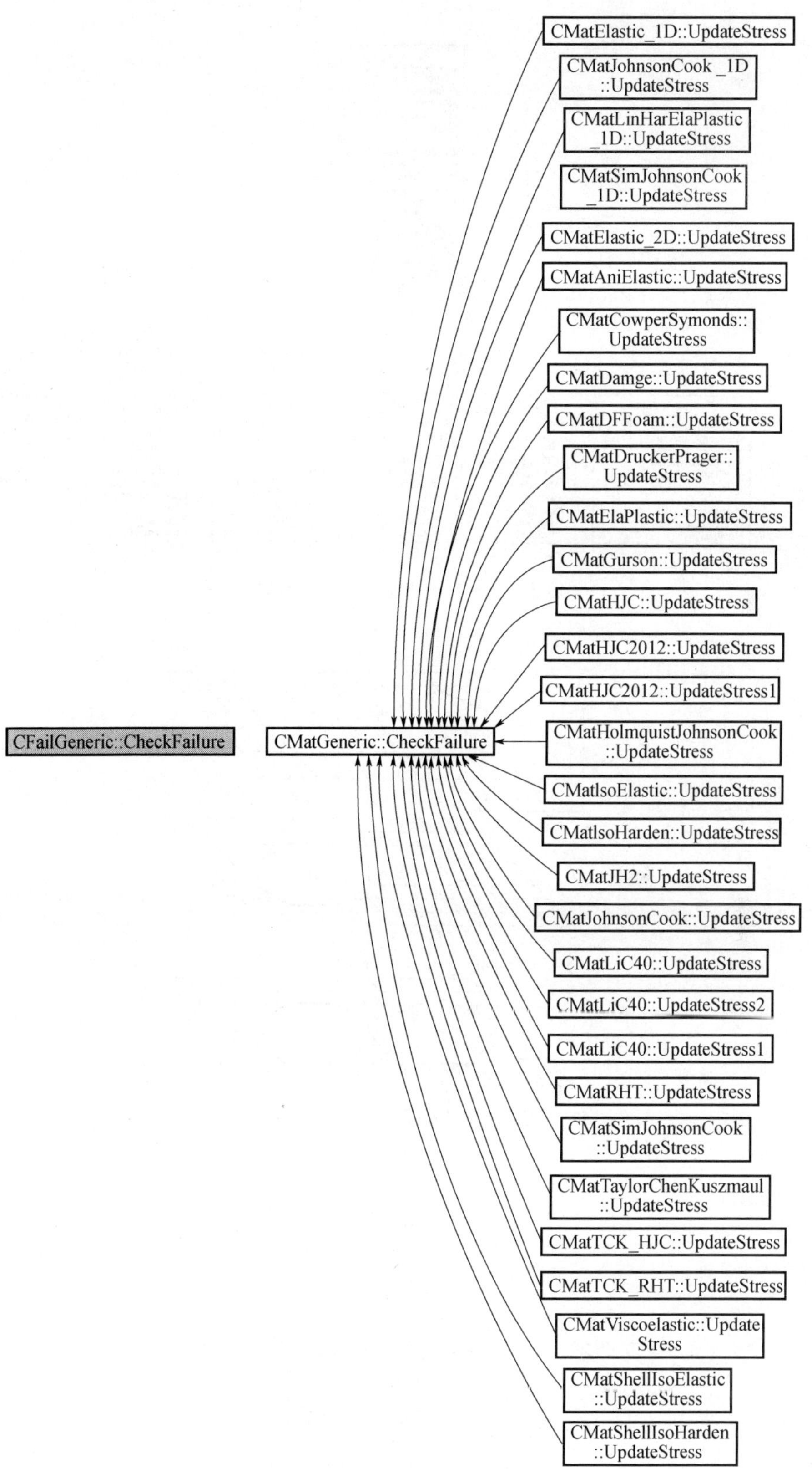

图 3－44　CheckFailure 函数调用关系

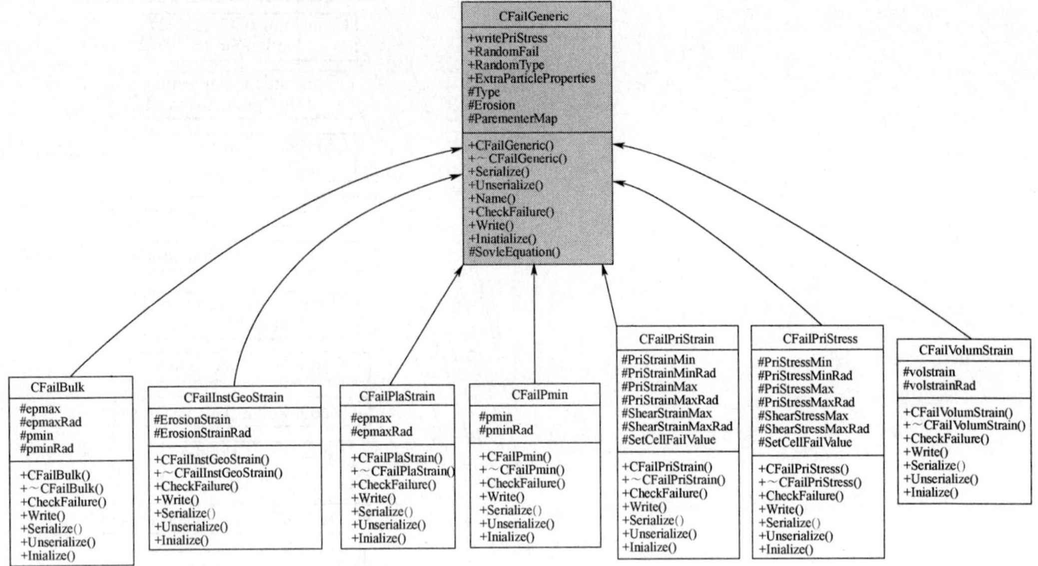

图 3-45 失效模型类派生关系图

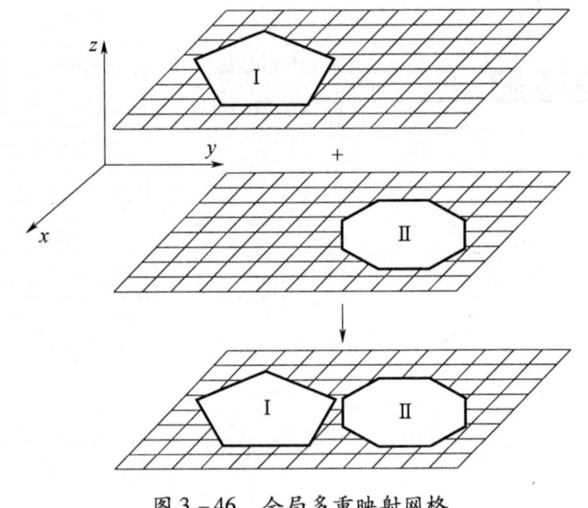

图 3-46 全局多重映射网格

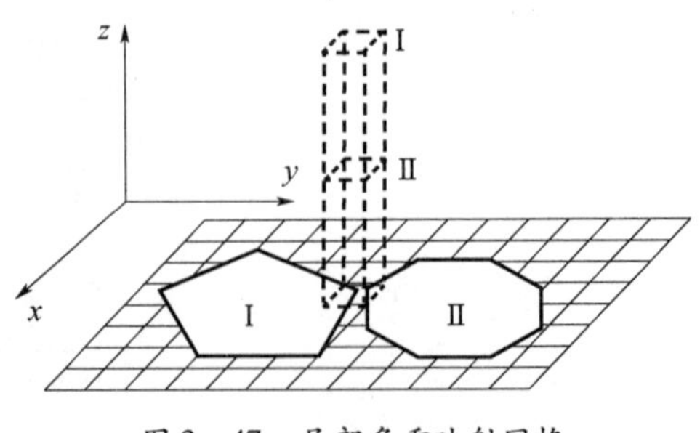

图 3-47 局部多重映射网格

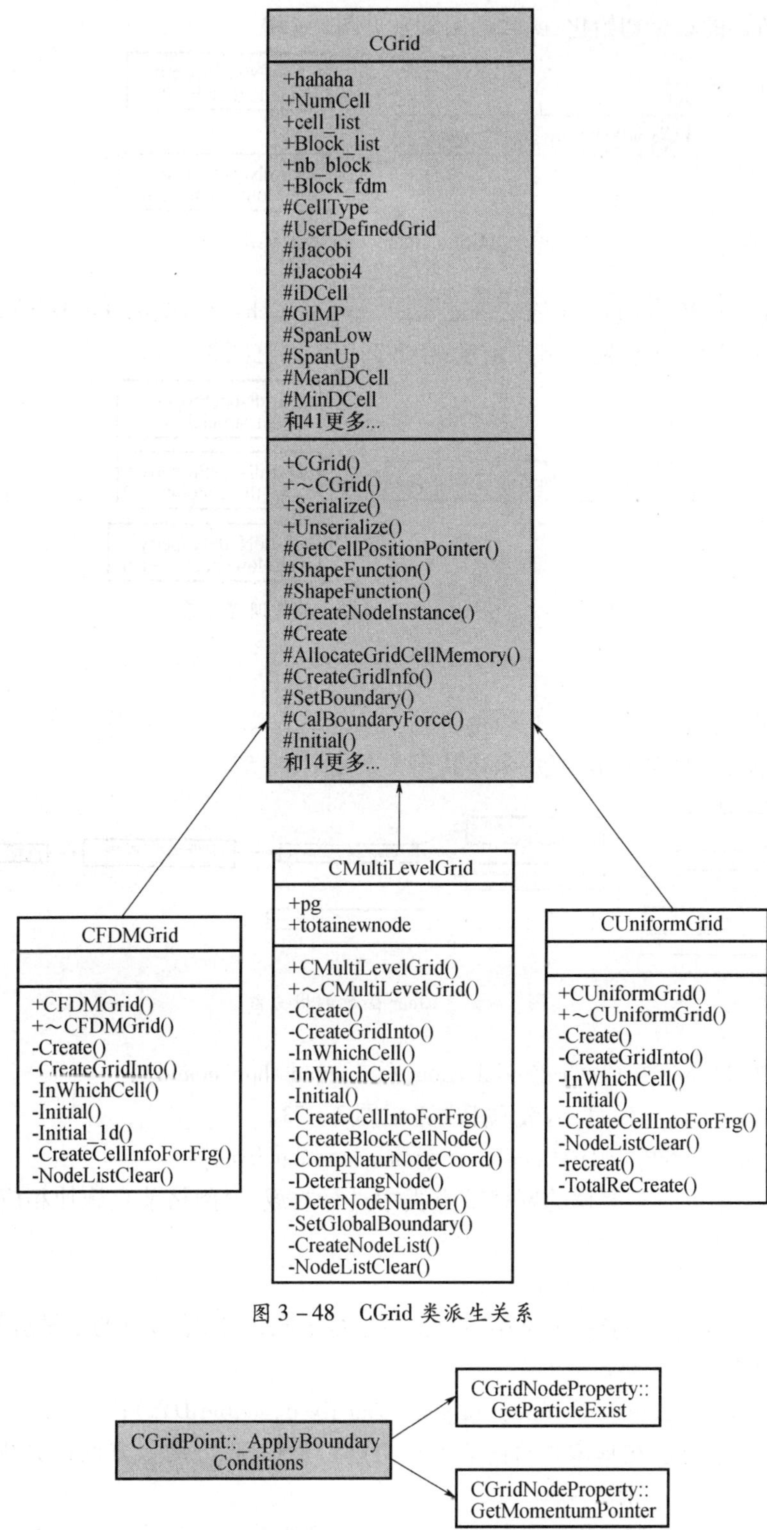

图 3－48　CGrid 类派生关系

图 3－49　_ApplyBoundaryConditions 函数调用关系

void _InitiateMomentum（CGridNode ＊gd）；

对网格节点的动量初始化;函数调用关系见图 3－50。

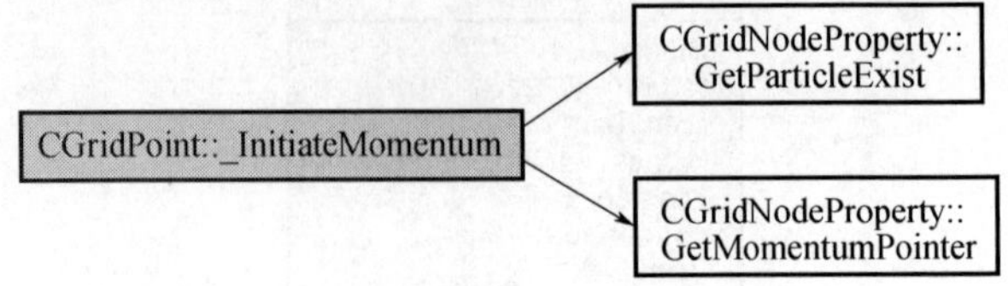

图 3－50　_InitiateMomentum 函数调用关系

void _IntegrateMomentum(CGridNode ＊gd, unsigned char fixed, double DTx) ;

积分动量方程并更新网格节点动量;函数调用关系见图 3－51。

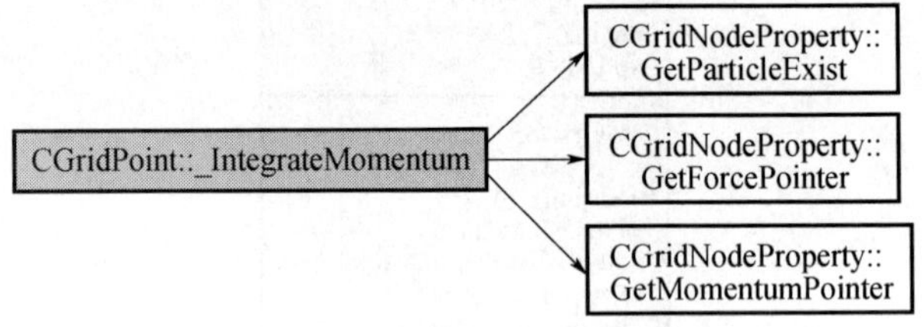

图 3－51　_IntegrateMomentum 函数调用关系

public:

virtual bool Clear (bool check = false) ;

清除网格节点携带的物理量;函数调用关系见图 3－52。

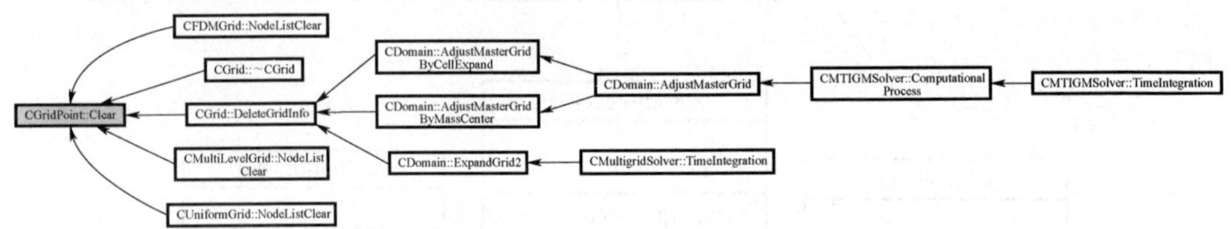

图 3－52　Clear 函数调用关系

virtual CGridNode ＊GetGridNodeByCom (unsigned short comid) ;

获取网格节点编号信息;函数调用关系见图 3－53。

virtual void ApplyBoundaryConditions (unsigned char fixed) ;

该函数为虚函数,在具体的网格节点类中进行重载,对网格节点施加相应的边界条件;函数调用关系见图 3－54。

virtual void InitiateMomentum ( ) ;

该函数为虚函数,在具体的网格节点类中进行重载,对网格节点的动量进行初始化;函数调用关系见图 3－55。

virtual void IntegrateMomentum(unsigned char fixed, double DTx) ;

该函数为虚函数,在具体的网格节点类中进行重载,积分动量方程并更新网格节点动量。函数调用关系见图 3－56。

网格类之间的引用和继承关系分别使用带有实心菱形的实线和带有空心箭头的实线连接,如图 3－57 所示。对于非接触情况,CGridNodeForNoContact 类继承于 CGridPoint 和 CNoContactProperty(包含质量、动量、力等)两个类。

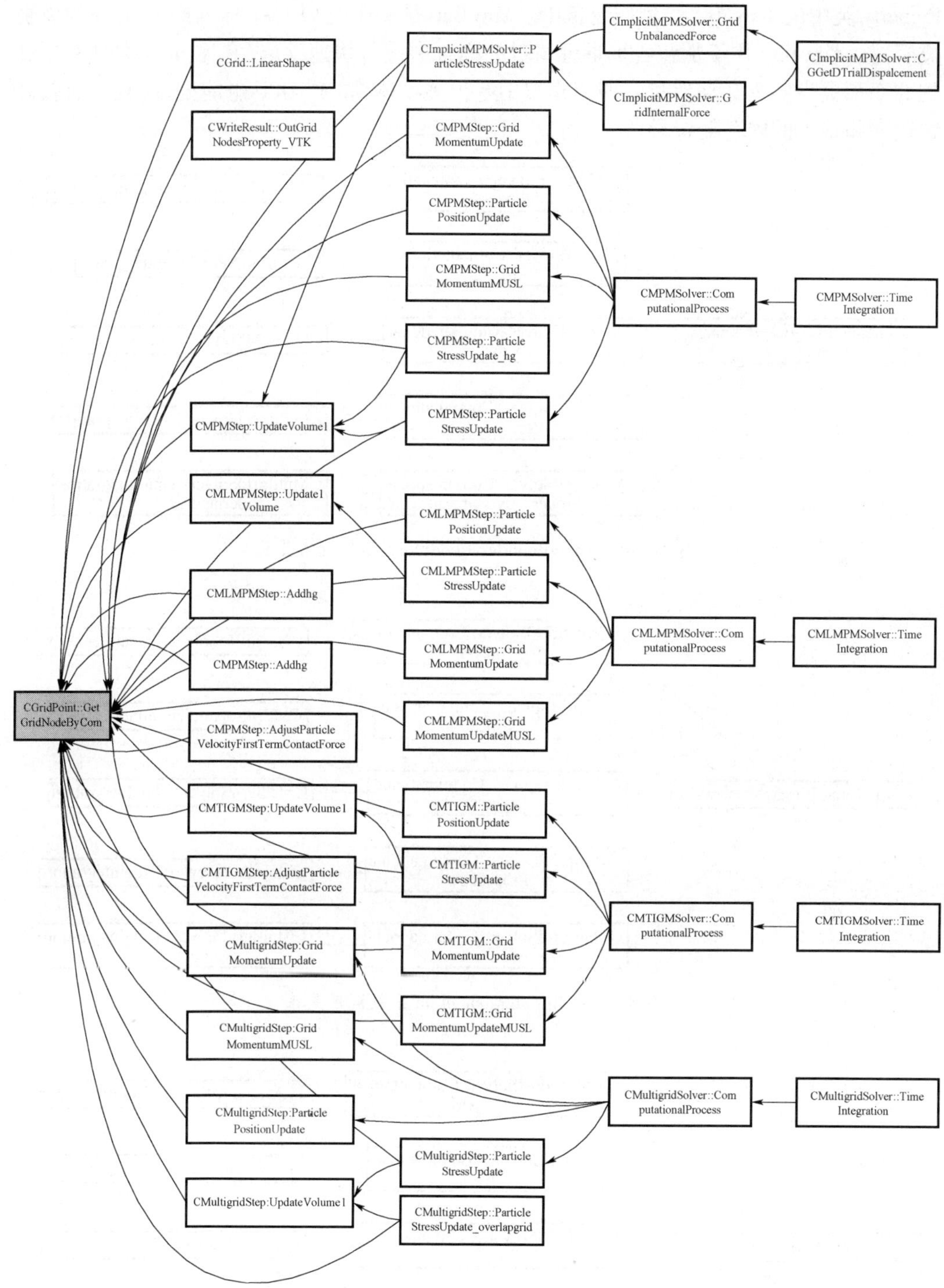

图 3-53 GetGridNodeByCom 函数调用关系

对于接触情况，CGridNodeForContact 类继承于 CGridPoint 类，包含 CNoContactProperty 和 CContactProperty（包含法向量、是否接触、物体数量、每个物体的属性等）两个类中的一个实例。一个节点的接触和非接触状态可根据其物体的数量来进行转换。如果节点处仅有一个物体，那么它会保存在 CNoContactProperty 类的实例中，否则会保存在 CContact-

Property 类中的 TinyMap 类型的变量中。TinyMap 是一个类似 C++ 标准库中 map 的模板类容器。TinyMap 用于从包含少量键值对的集合中进行快速存取,它比 map 类具有更高的效率和更少的内存耗费量。即使模拟中有很多物体,MPM3DPP 也能处理,且具有较高的效率和很少的内存耗费量。

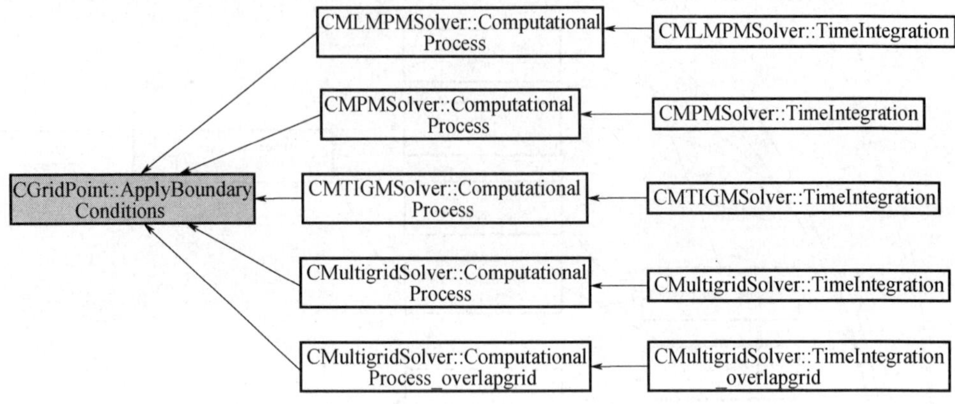

图 3-54 ApplyBoundaryConditions 函数调用关系

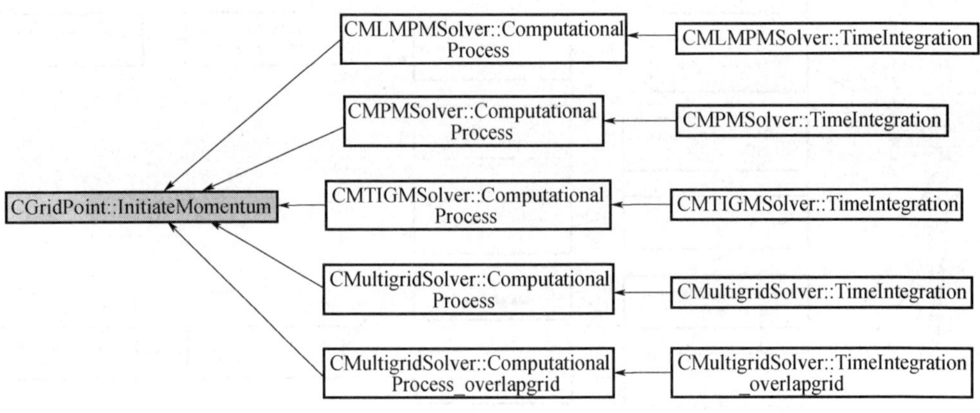

图 3-55 InitiateMomentum 函数调用关系

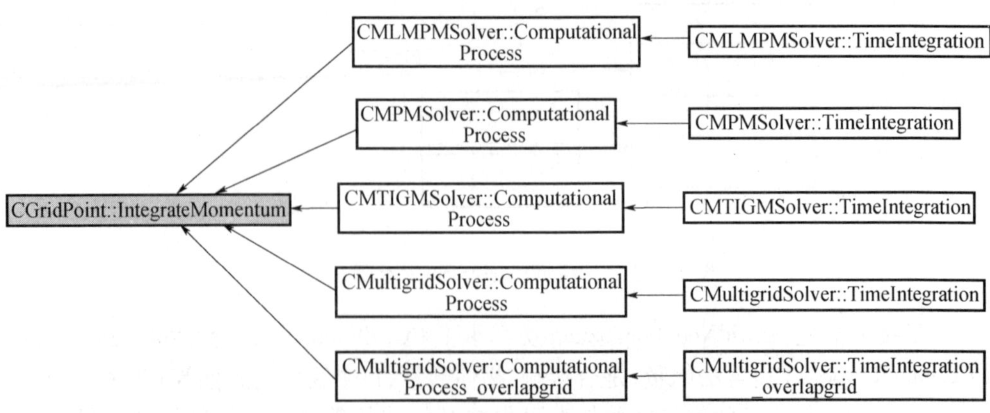

图 3-56 IntegrateMomentum 函数调用关系

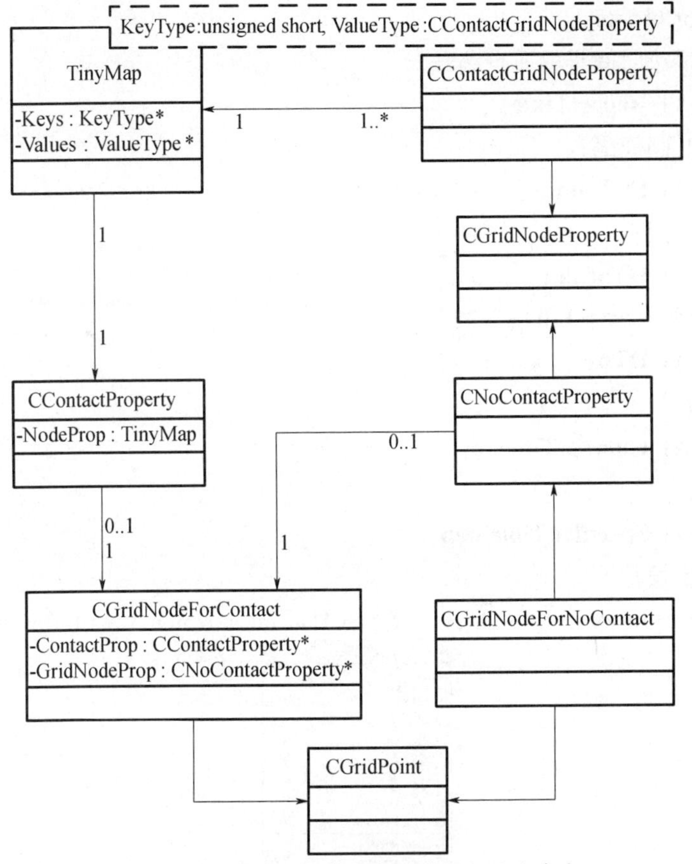

图 3-57　背景网格节点类的引用和继承关系

3.4.6　求解类(CSolver)

MPM3DPP 程序中的核心算法,即时间步显式积分部分的功能,是通过 CSolver 类及其派生出的各个算法的求解器类来实现的。如图 3-58 所示为求解器类派生关系,CSolver 类为抽象类,通过派生得到实现显式 MPM 求解的 CMPMSolver 类,得到用于隐式 MPM 求解的 CImplicitMPMSolver 类,得到用于构造多级网格的 MPM 求解器 CMLMPMSolver 类,得到用于多层背景网格求解的 CMultigridSolver 类等。下面重点介绍 CSolver 类及其派生类中最为常用的显式 MPM 求解类 CMPMSolver。

3.4.6.1　CSolver 类

CSolver 类作为定义求解器的一级类,包含求解过程中的基本参数设置,其成员函数对求解过程进行初始化,一些构成求解基本流程的虚函数将在其派生类中得以重载,以实现各自不同的功能。下面列出了 CSolver 类的部分参数定义和函数调用关系。

Public:

unsigned int **istep**;

当前时间步;

unsigned short **bid_ts**;

控制当前最小时间步的物体编号;

unsigned int **pid_ts**;

控制当前最小时间步的质点编号;

MPM_FLOAT **ReportTime**;

结果输出时间间隔;

MPM_FLOAT **EndTime**;

求解结束时间;

MPM_FLOAT **DTScale**;

时间步长因子(< =1.0);

MPM_FLOAT **DTn**;

时间步长 $t^{(n-1/2)} = t^n - t^{(n-1)}$;

MPM_FLOAT **CurrentTime**;

当前时间;

MPM_FLOAT **SpecifiedTimeStep**;

固定时间步长;

virtual void **SolutionInitial**(ofstream &os, CDomain *region, CWriteResult *result)。

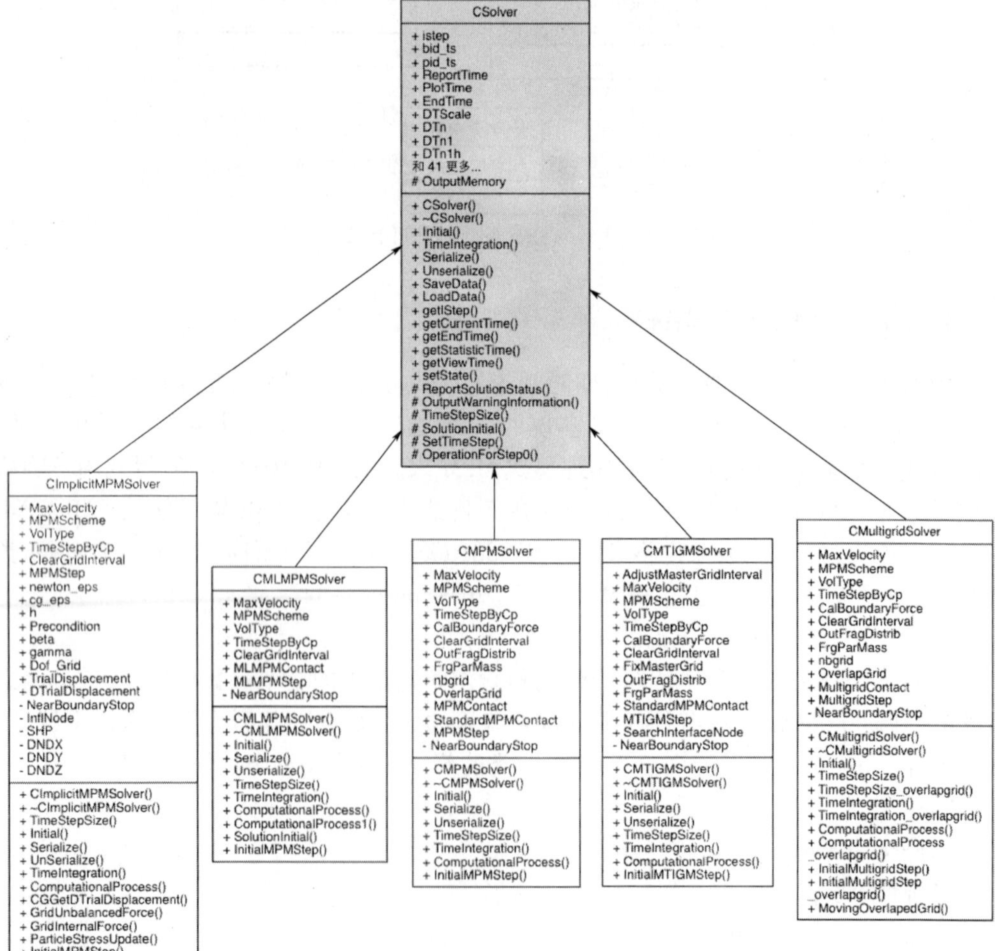

图 3-58　CSolver 类派生关系图

对求解流程进行初始化设置的虚函数,如图 3－59 所示,在 CMPMSolver 等派生类中被重载以实现具体功能。

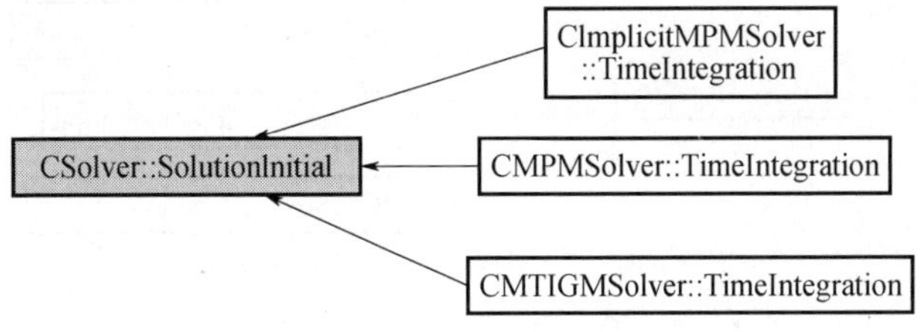

图 3－59　SolutionInitial 函数调用关系

virtual void OperationForStep0 (ofstream &os, ofstream &staf, CDomain ＊region, CWriteResult ＊result)。

对于求解的第 0 时间步的状态进行定义的虚函数,如图 3－60 所示,在 CMPMSolver 等派生类中被重载以实现具体功能。

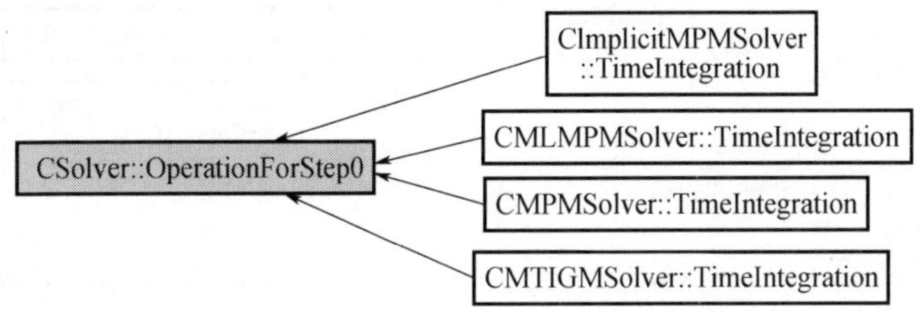

图 3－60　OperationForStep0 函数调用关系

virtual MPM_FLOAT TimeStepSize (CDomain ＊region) =0。

获取时间步长因子的函数,如图 3－61 所示,CSolver 类中的 SolutionInitial 函数和 SetTimeStep 函数在计算时间步长时调用该函数。

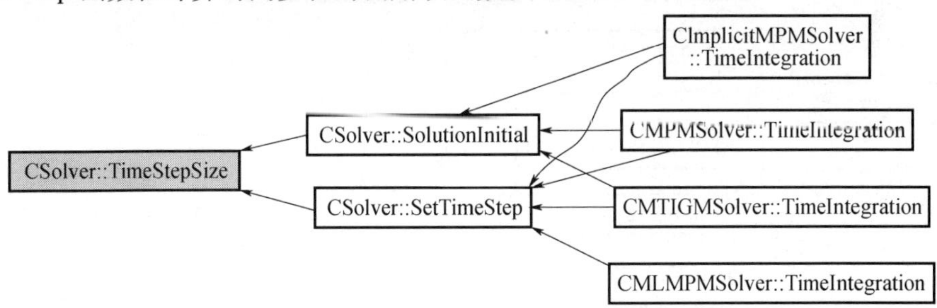

图 3－61　SolutionInitial 函数调用关系

virtual void SetTimeStep (ofstream &os, CDomain ＊region)。

通过时间步长因子及声速、质点速度等信息,计算当前步的时间步长,如图 3－62 所示,在 CMPMSolver 等派生类中被重载以根据不同求解类型计算相应的时间步长。

virtual void ReportSolutionStatus (CDomain ＊region, CWriteResult ＊result, ofstream &os, ofstream &staf, MPM_FLOAT cp)。

用来输出求解状态信息,如时间步长、当前最大声速、总能量等,如图 3－63 所示,在 CMPMSolver 等派生类中被重载以实现具体功能。

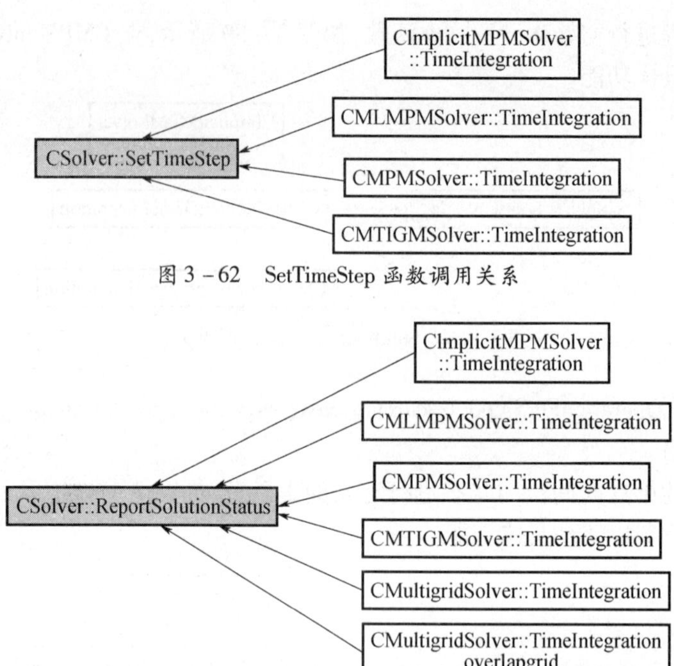

图 3－62 SetTimeStep 函数调用关系

图 3－63 ReportSolutionStatus 函数调用关系

virtual void Initial（CParseXMP ＊xmp，ofstream &Outs，int NTSteps，CDomain ＊region）。

用来进行求解器初始化的虚函数，如图 3－64 所示，在 CMPMSolver 等求解类中进行重载后对各自求解器进行设置。

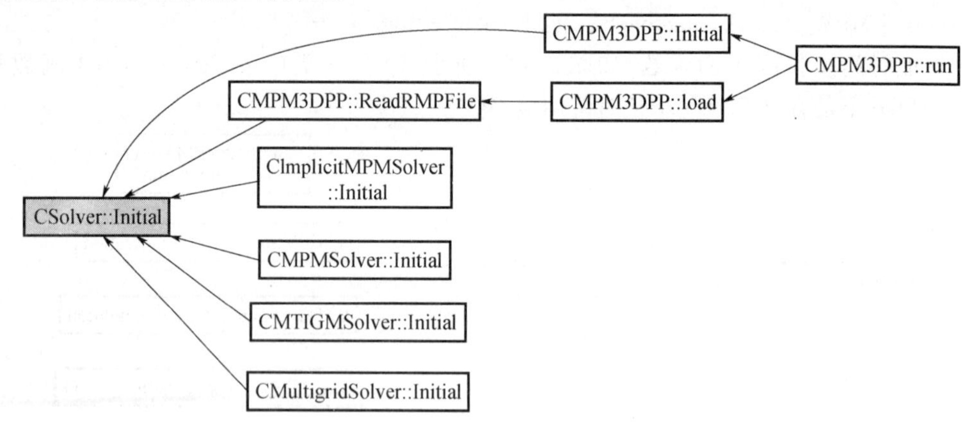

图 3－64 Initial 函数调用关系

3.4.6.2 CMPMSolver 类

CMPMSolver 是 MPM3DPP 程序中用于进行显示积分求解的求解器类，其中所定义的属性及函数构成了物质点法的主要求解步骤。同时，MPM3DPP 程序中还另外创建了 CMPMStep 类，主要用于将具体求解步骤予以实现，其中的函数供 CMPMSolver 中的函数进行调用。图 3－65 所示为 CMPMSolver 类的依赖关系图，可以看出在求解过程中，CMPMSolver 类调用了 CSolver 类中的变量和函数进行求解的基本设置，调用了 CMPMStep 类中的函数进行显示时间积分求解，调用了 CMPMContact 类和相关网格类中的函数进行接触计算。

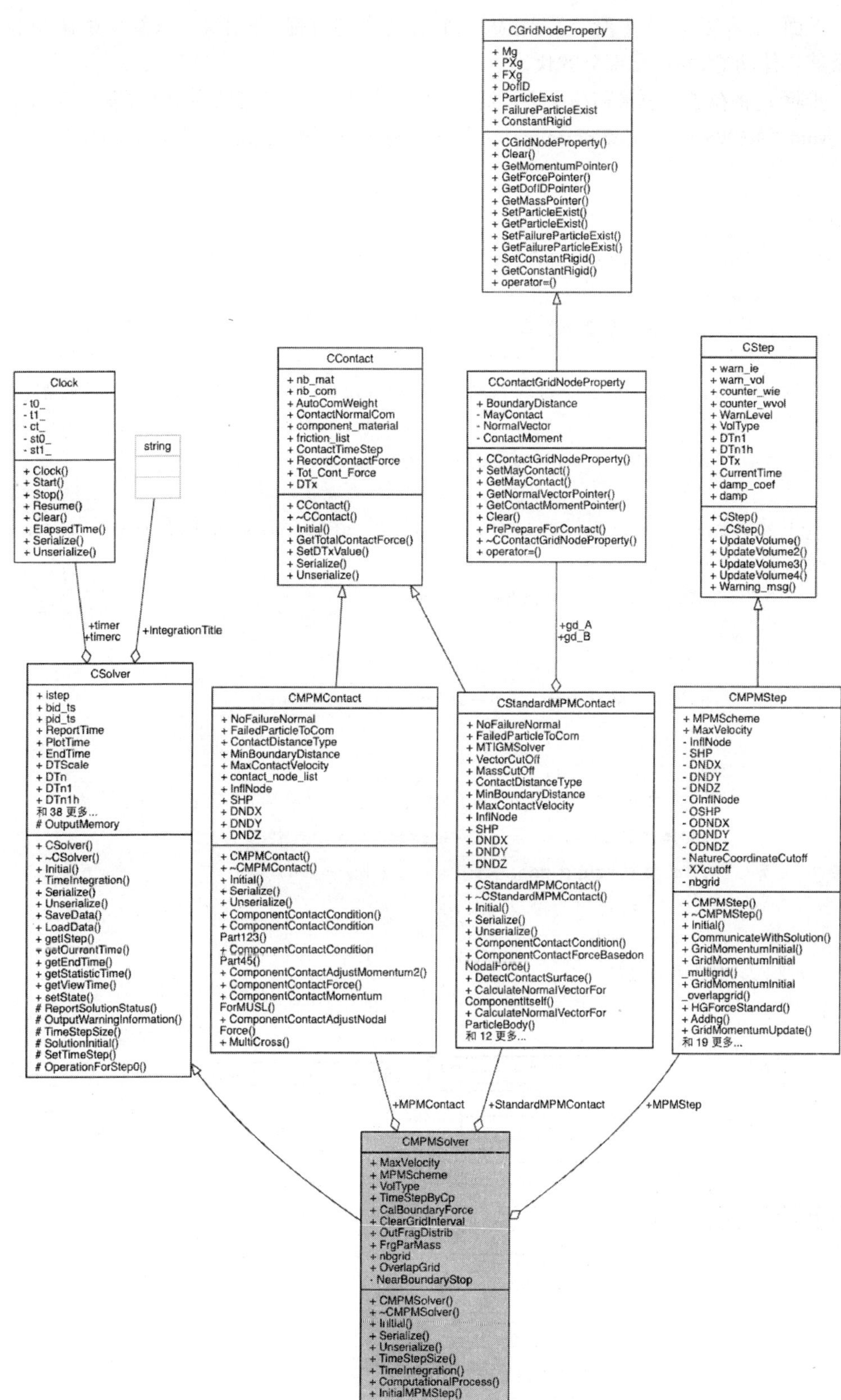

图 3-65 CMPMSolver 类依赖关系图

下面，结合图3-3中所示的MPM3DPP核心求解流程，介绍每一求解步中调用的函数及其具体功能，并给出部分源代码。

步骤1：将粒子的质量和动量映射到背景网格节点上。（其函数调用关系见图3-66）

void CMPMStep::GridMomentumInitial(CDomain * region, unsigned int bodyID)

```
{
……
for (unsigned int i =0; i <body→nb_particle; i + +)    //对物体循环
    {
        CParticle* p = &body→particle_list[i];
        ……
    for (unsigned char n =0; n <nb_InflNode; n + +) //对物体内包含的质点循环
        {
          if(InflNode[n] > grid→nb_gridnode) continue;

   gd = grid→node_list[InflNode[n]]→FirstGetGridNodeByCom(cid,p→ fail-
ure,constantRigid);
            MPM_FLOAT shm = SHP[n]* mp_;

            //网格节点质量初始化
            MPM_FLOAT * mg = gd→GetMassPointer();
            (* mg) + = shm;

            //网格节点动量初始化: gd→PXg = gd→PXg + p→VXp* shm;
            MPM_FLOAT * pxg = gd→GetMomentumPointer();
            for (unsigned char k =0; k <3; k + +)
                pxg[k] + = p→VXp[k]* shm;
        } //结束质点循环
    } //  结束物体循环
}
```

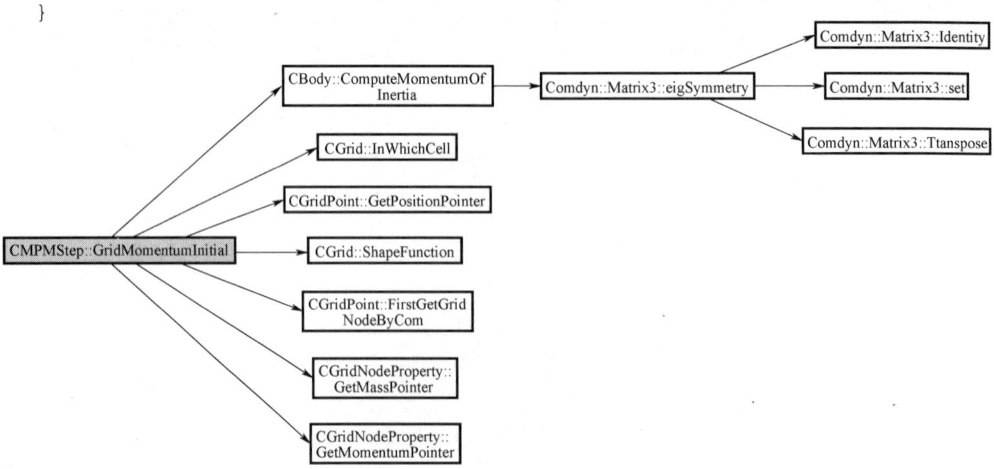

图3-66 GridMomentumInitial 函数调用关系

步骤2:计算各质点的应变增量和旋率增量,并更新各个质点的密度和应力(USF格式)。(其函数调用关系见图3-67)

void CMPMStep::ParticleStressUpdate(CDomain * region,unsigned int bodyID)

```
{
for (int i=0; i<body→nb_particle; i++)          //对物体内包含的质点循环
    {
        CParticle* p = &body→particle_list[i];
       //对质点p所在的背景网格单元的所有网格节点进行循环
        for (unsigned char n=0; n<nb_InflNode; n++)
        {
          //(a):计算网格节点速度
           MPM_FLOAT vgx[3];
           for (unsigned char j=0; j<3; j++)
               vgx[j] = pxg[j] / (* mg);// Grid nodal velocity

           // (b):计算应变张量和旋率张量的增量

           MPM_FLOAT DNDXn = DNDX[n];
           MPM_FLOAT DNDYn = DNDY[n];
           MPM_FLOAT DNDZn = DNDZ[n];

           //应变增量: D_{ij}^{n+1/2} \Delta t^{n+1/2}

de[0] += DNDXn* vgx[0];                         // D11 * DTn1
de[1] += DNDYn* vgx[1];                         // D22 * DTn1
de[2] += DNDZn* vgx[2];                         // D33 * DTn1
de[3] += (DNDYn* vgx[2] + DNDZn* vgx[1]);//2* D23* DTn1
de[4] += (DNDZn* vgx[0] + DNDXn* vgx[2]);//2* D13* DTn1
de[5] += (DNDXn* vgx[1] + DNDYn* vgx[0]);//2* D12* DTn1

           //旋率增量: \Omega_{ij}^{n+1/2} \Delta^{n+1/2}
vort[0] += (DNDYn* vgx[2] - DNDZn* vgx[1]); // W32 * DTn1
vort[1] += (DNDZn* vgx[0] - DNDXn* vgx[2]); // W13 * DTn1
vort[2] += (DNDXn* vgx[1] - DNDYn* vgx[0]); // W21 * DTn1

           if(computeCDEF){
               for(unsigned char k=0; k<3; k++){
                   cdef[k][0] += DNDXn* vgx[k];
                   cdef[k][1] += DNDYn* vgx[k];
                   cdef[k][2] += DNDZn* vgx[k];
                                                  }
                               }
```

```
      } //结束对质点 p 所在的背景网格单元的所有网格节点的循环
    // (c): 更新质点密度
          p→VOL = UpdateVolume(vold,de);

    // (d): 根据本构关系更新质点应力
  mat→UpdateStress(de,vort,p,vold,DTn1,p→mass / p→VOL,p→mass,grid→MeanD-
Cell);
  //对于 USL 和 MUSL 格式,更新质点坐标 Xp、Yp 和 Zp
        if (MPM::USF ! = MPMScheme) {
          for(unsigned char j =0; j <3; j + +)
        p→Xp[j] = p→New_Position[j]; }
  }  //结束对物体内包含的质点循环
  }
```

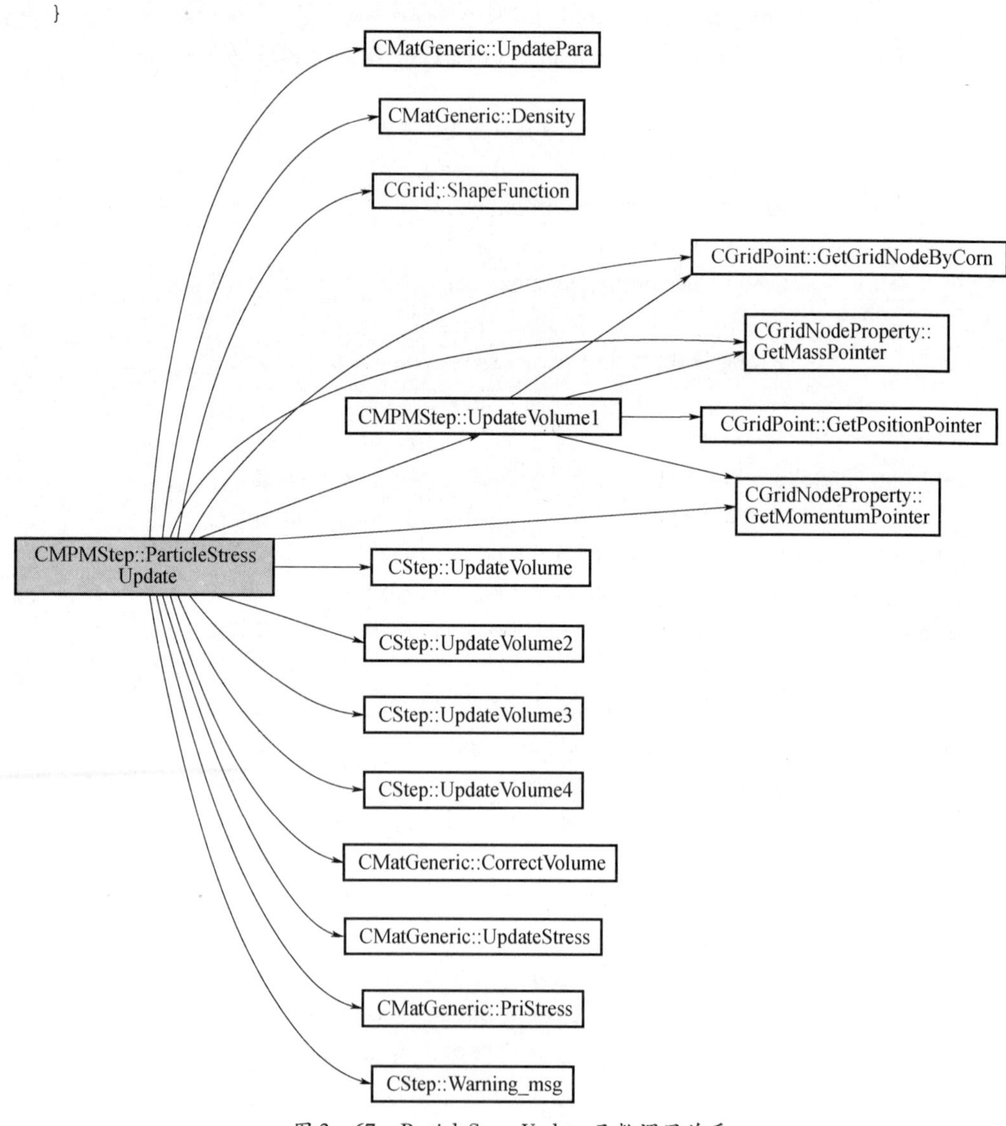

图 3-67　ParticleStressUpdate 函数调用关系

步骤3:计算各个物体的网格节点力。(其函数调用关系见图3-68)

void CMPMStep::GridMomentumUpdate(CDomain * region,unsigned int bodyID)

```
{
for (unsigned int i =0; i <body→nb_particle; i + +)   //对物体内包含的质点循环
        {
            CParticle* p = &body→particle_list[i];
……
//对质点p所在的背景网格单元的所有网格节点进行循环
            for (unsigned char n =0; n <nb_InflNode; n + +)
            {
             ……
                //网格节点力: F^n: gd→FXg = gd→FXg + f_int + f_ext;
                //   f_ext = mass* f_ext* SHPn;
                MPM_FLOAT * fxg = gd→GetForcePointer();
                if(load)
                {
                    MPM_FLOAT _massSHPn = p→mass * SHP[n];
                    for (unsigned char k =0; k <3; k + +)
                        fxg[k] + = f_int[k] + _massSHPn* f_ext[k];
                }
                else {
                    for (unsigned char k =0; k <3; k + +)
                        fxg[k] + = f_int[k];
                    }
              }//结束对质点p所在的背景网格单元的所有网格节点的循环
        } //结束对物体内包含的质点循环
}
```

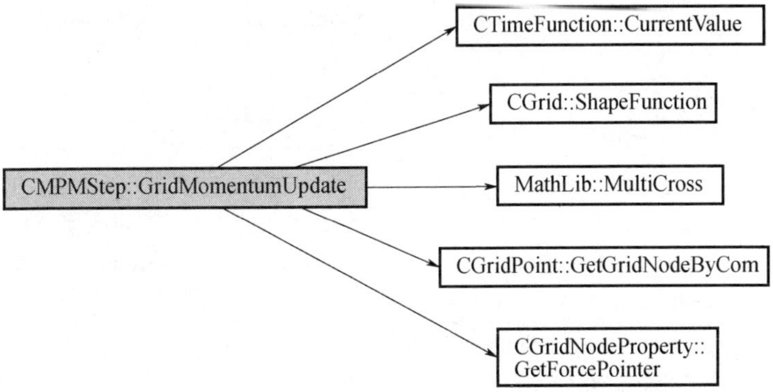

CMPMStep::GridMomentumUpdate → CTimeFunction::CurrentValue
CMPMStep::GridMomentumUpdate → CGrid::ShapeFunction
CMPMStep::GridMomentumUpdate → MathLib::MultiCross
CMPMStep::GridMomentumUpdate → CGridPoint::GetGridNodeByCom
CMPMStep::GridMomentumUpdate → CGridNodeProperty::GetForcePointer

图3-68 GridMomentumUpdate 函数调用关系

步骤4:依据加速度条件调整发生接触的节点力。(其函数调用关系见图3-69)

Void CMPMContact::ComponentContactForce(CDomain * region,MPM_FLOAT DTx)

```
{
    CGrid* grid = region→grid;
    unsigned int size = contact_node_list.size();
    for(unsigned int n = 0; n < size; n ++) {
        // update nodal force
        unsigned int nodeID = contact_node_list[n];
        CGridPoint * cgd = grid→node_list[nodeID];
        CContactProperty * conprop = cgd→GetContactProp();
        if(! conprop→contact)
            continue;
       ......
            MPM_FLOAT * nv = gd_A→GetNormalVectorPointer();
            MPM_FLOAT * gdA_pxg = gd_A→GetMomentumPointer();
            MPM_FLOAT * gdB_pxg = gd_B→GetMomentumPointer();
            MPM_FLOAT * gdA_mg = gd_A→GetMassPointer();
            MPM_FLOAT * gdB_mg = gd_B→GetMassPointer();
            MPM_FLOAT * gdA_fxg = gd_A→GetForcePointer();
            MPM_FLOAT * gdB_fxg = gd_B→GetForcePointer();
            //法向力
            MPM_FLOAT detnormalforce_r = 0.0;
            if(gd_A→ConstantRigid) {
                for(unsigned char i = 0; i < 3; i ++)
                    detnormalforce_r += (gdA_fxg[i] / (* gdA_mg) -
                      gdB_fxg[i] / (* gdB_mg)) * (* gdB_mg) * nv[i];
                                        }
            else if(gd_B→ConstantRigid) {
                for(unsigned char i = 0; i < 3; i ++)
                    detnormalforce_r -= (gdA_fxg[i] / (* gdA_mg) -
                        gdB_fxg[i] / (* gdB_mg)) * (* gdA_mg) * nv[i];
                                              }
            else {
                for(unsigned char i = 0; i < 3; i ++)
                    detnormalforce_r += (gdA_fxg[i] * (* gdB_mg) -
                                 gdB_fxg[i] * (* gdA_mg)) * nv[i];
                detnormalforce_r /= (* gdB_mg) + (* gdA_mg);
                }
            if(detnormalforce_r > 0.0) {
                //切向力
MPM_FLOAT fric = friction_list[component_material[comID_A]]
                        [component_material[comID_B]];
                if(fric > 0.0) {
                    MPM_FLOAT normalvd = 0.0;
                    for(unsigned char i = 0; i < 3; i ++)
```

```
            normalvd + = (gdA_pxg[i] / (* gdA_mg) -
                    gdB_pxg[i] / (* gdB_mg)) * nv[i];
        MPM_FLOAT deltangforce_r = 0.0;
        MPM_FLOAT tang[3];
        for(unsigned char i = 0; i < 3; i + +)
    tang[i] = gdA_pxg[i] / (* gdA_mg) - gdB_pxg[i] / (* gdB_mg) -
                        normalvd * nv[i];
  MPM_FLOAT tang_r = sqrt(tang[0] * tang[0] + tang[1] * tang[1] +
                            tang[2] * tang[2]);
        if(tang_r > M_EPSILON) {
            for(unsigned char i = 0; i < 3; i + +)
                tang[i] / = tang_r;
            MPM_FLOAT tangforce = 0.0;
            for(unsigned char i = 0; i < 3; i + +)
    tangforce + = ((gdA_pxg[i]* (* gdB_mg) - gdB_pxg[i] * (* gdA_mg)) +
(gdA_fxg[i] * (* gdB_mg) - gdB_fxg[i] * (* gdA_mg)) * DTx) * tang[i];

            tangforce / = ((* gdA_mg) + (* gdB_mg)) * DTx;
          MPM_FLOAT maxfricforce = fric * detnormalforce_r;

            if(tangforce < maxfricforce) {
                deltangforce_r = tangforce;
                                    }
            else
                deltangforce_r = maxfricforce;
        }
        if (! cgd→FixX) {
MPM_FLOAT detforce = detnormalforce_r * nv[0] +deltangforce_r * tang[0];
            if(! gd_A→ConstantRigid)
                gdA_fxg[0] - = detforce;
            if(! gd_B→ConstantRigid)
                gdB_fxg[0] + = detforce;
        // 记录接触力
        if(record)
            Tot_Cont_Force[0] + = detforce;
        }
        if (! cgd→FixY) {
MPM_FLOAT detforce = detnormalforce_r * nv[1] +deltangforce_r * tang[1];
            if(! gd_A→ConstantRigid)
                gdA_fxg[1] - = detforce;
            if(! gd_B→ConstantRigid)
                gdB_fxg[1] + = detforce;
        // 记录接触力
```

```
                    if(record)
                        Tot_Cont_Force[1] += detforce;
                    }
                    if (! cgd→FixZ) {
MPM_FLOAT detforce = detnormalforce_r * nv[2] + deltangforce_r * tang[2];
                        if(! gd_A→ConstantRigid)
                            gdA_fxg[2] -= detforce;
                        if(! gd_B→ConstantRigid)
                            gdB_fxg[2] += detforce;
                    // 记录接触力
                    if(record)
                        Tot_Cont_Force[2] += detforce;
                    }
                }
                else {
                    if (! cgd→FixX) {
                    MPM_FLOAT detforce = detnormalforce_r * nv[0];
                        if(! gd_A→ConstantRigid)
                            gdA_fxg[0] -= detforce;
                        if(! gd_B→ConstantRigid)
                            gdB_fxg[0] += detforce;
                    // 记录接触力
                    if(record)
                        Tot_Cont_Force[0] += detforce;
                    }

                    if (! cgd→FixY) {
                    MPM_FLOAT detforce = detnormalforce_r * nv[1];
                        if(! gd_A→ConstantRigid)
                            gdA_fxg[1] -= detforce;
                        if(! gd_B→ConstantRigid)
                            gdB_fxg[1] += detforce;
                    // 记录接触力
                    if(record)
                        Tot_Cont_Force[1] += detforce;
                    }
                    if (! cgd→FixZ) {
                MPM_FLOAT detforce = detnormalforce_r * nv[2];
                        if(! gd_A→ConstantRigid)
                            gdA_fxg[2] -= detforce;
                        if(! gd_B→ConstantRigid)
                            gdB_fxg[2] += detforce;
                    // 记录接触力
```

```
                if(record)
                    Tot_Cont_Force[2] + = detforce;
                }
            }
        }
    }
}
```

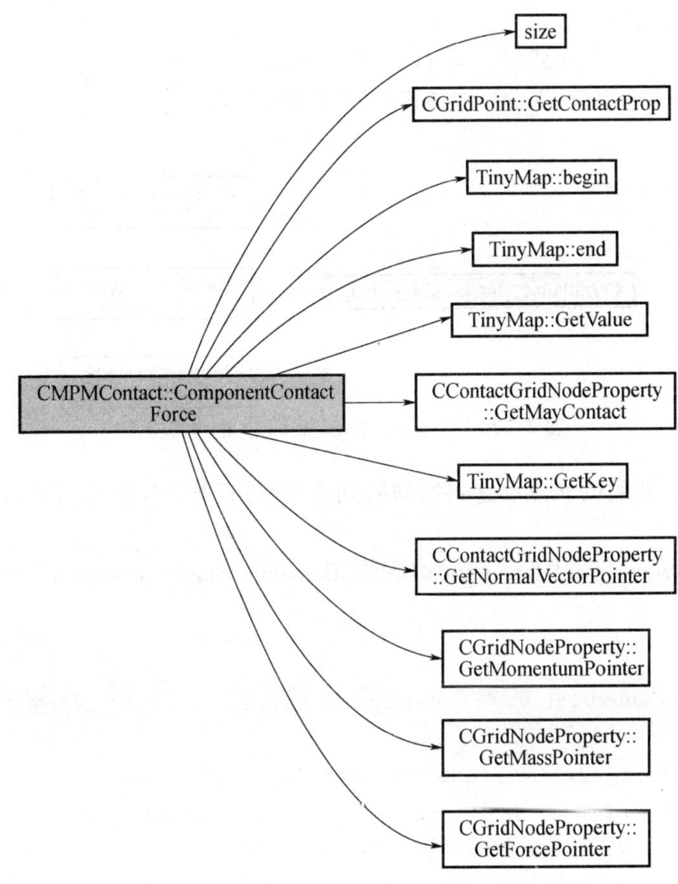

图 3-69 ComponentContactForce 函数调用关系

步骤5:对各个物体的节点动量进行积分。(其函数调用关系见图3-70)

inline void _IntegrateMomentum(CGridNodeProperty * gd,MPM_FLOAT DTx)

```
{
……
        if (FixX) {      // 背景网格节点 n 在 x 方向被固定
            if(IsLower) {
                if(fxg[0] < 0.0)
                    fxg[0] = 0.0;
                else
                    pxg[0] + = fxg[0] * DTx;
```

```
            }
            else {
        if(fxg[0] > 0.0)
                fxg[0] = 0.0;
        else
                pxg[0] += fxg[0] * DTx;
            }
    }
    else
            pxg[0] += fxg[0] * DTx;
……  //背景网格节点 n 在 y、z 方向被固定的情况依此类推
}
```

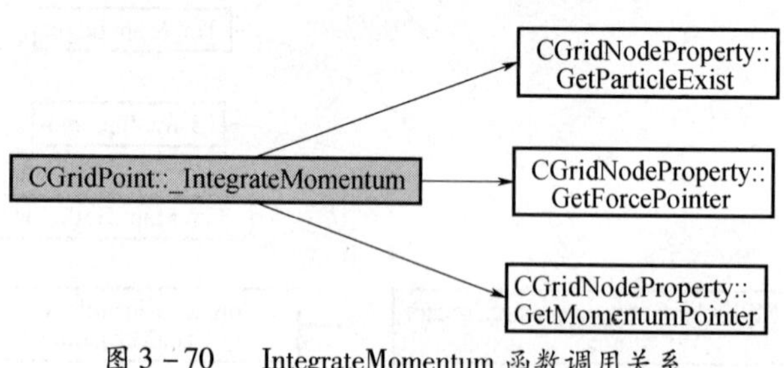

图 3－70 _IntegrateMomentum 函数调用关系

步骤 6:将更新后的质点动量再次映射到背景网格(MUSL 格式),其函数调用关系见图 3－71

void CMPMStep::GridMomentumMUSL(CDomain * region,unsigned int bodyID)

```
{
……
    for (unsigned int i=0; i<body→nb_particle; i++) //对物体内的质点循环
    {
        CParticle* p = &body→particle_list[i];
        if(InflNode[n] > grid→nb_gridnode) continue;
//对质点 p 所在的背景网格单元的所有网格节点进行循环
      for (unsigned char n=0; n<nb_InflNode; n++)
      {
          gd = grid→node_list[InflNode[n]]→GetGridNodeByCom(cid);

          MPM_FLOAT shm = SHP[n]* mp_;

          //gd→PXg = gd→PXg + p→VXp* shm;
          MPM_FLOAT * pxg = gd→GetMomentumPointer();
          for (unsigned char j=0; j<3; j++)
             pxg[j] += p→VXp[j]* shm;
      }  //结束对质点 p 所在的背景网格单元的所有网格节点的循环
    }  //结束对物体内的质点循环
}
```

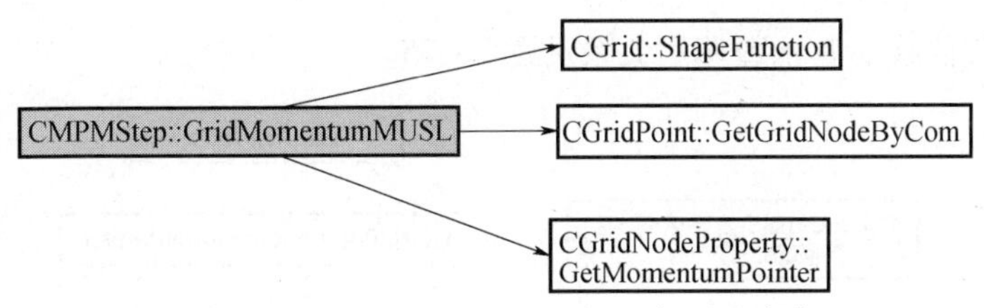

图 3 - 71 GridMomentumMUSL 函数调用关系

步骤 7:对于 MUSL 和 USL 格式,调用与步骤 2 相同的函数,将网格节点力和动量映射到质点,更新质点位置和速度:

void CMPMStep::ParticleStressUpdate(CDomain * region,unsigned int bodyID)

3.4.7 结果输出类(CWriteResult)

MPM3DPP 程序中构建了专门进行结果输出的 CWriteResult 类,在进行时间步循环的过程中,每隔给定的时间调用其函数输出用于进行云图和动画分析的 vtu 文件。另外,也可根据用户的需要,将某一跟踪点(particle)或者空间点(point)上某些指定变量(如应力、应变、内能、动能、速度等物理量)的时程曲线输出至 curv 文件。

Public 成员函数:

(1) void CWriteResult::Initial (CParseXMP * xmp,CDomain * region,ofstream &os, bool restart = false):用于对所要输出的信息进行初始化,其函数调用关系见图 3 - 72。

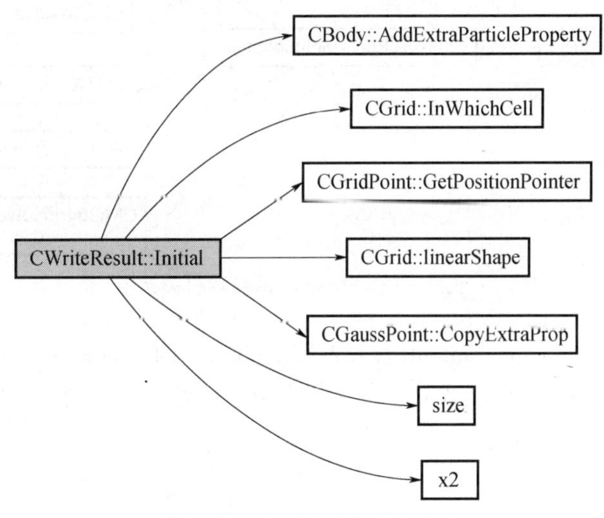

图 3 - 72 Initial 函数调用关系

(2) void CWriteResult::OutSpecificVariable_Point (CDomain * region):用于输出固定空间点的变量随时间的变化情况。其函数调用关系见图 3 - 73。

(3) void CWriteResult::OutProfile(CDomain * region,MPM_FLOAT ct):依据输出设置选项,在各输出时间步对某一条网格线上的某指定物理量进行输出。其函数调用关系见图 3 - 74。

(4) void CWriteResult::OutCurv (CDomain * region,MPM_FLOAT ct,unsigned iStep):在 JobName_curv. dat 文件中输出某些指定变量(如应力、应变、内能、动能、速度等

物理量)的时程曲线。其函数调用关系见图 3-75。

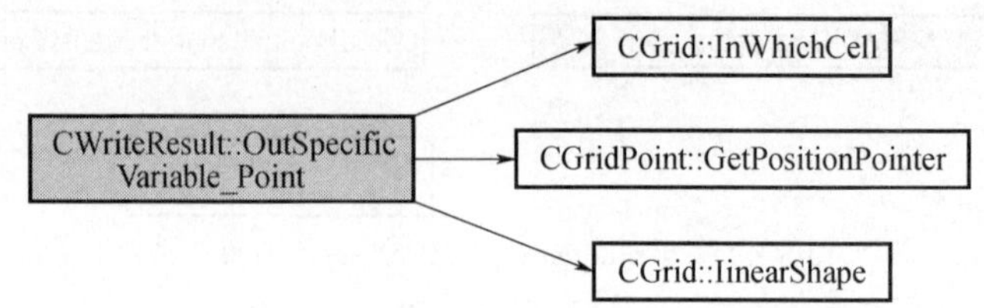

图 3-73　OutSpecificVariable_Point 函数调用关系

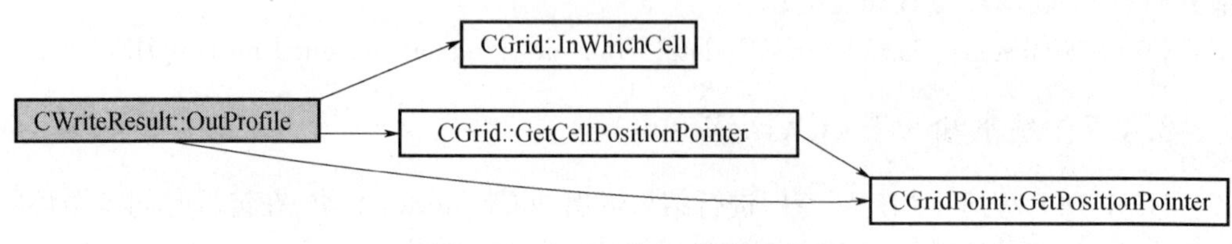

图 3-74　OutProfile 函数调用关系

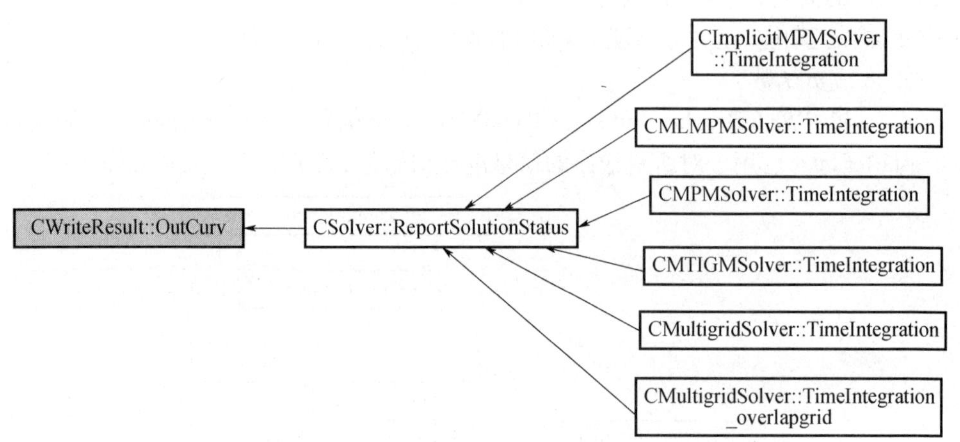

图 3-75　OutCurv 函数调用关系

(5) void CWriteResult::OutputResultAndDatabase (CDomain * region, ofstream & os, CSolver * solution):输出结果并将其写入用于后处理分析的文件中。其函数调用关系见图 3-76。

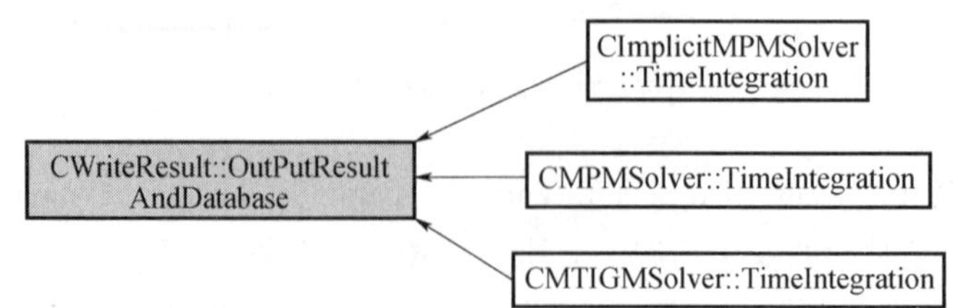

图 3-76　OutputResultAndDatabase 函数调用关系

(6) void CWriteResult::WriteResultOfLastStep (CDomain * region, ofstream & os, ofstream & staf, CSolver * solution):在时间循环结束后对最终的计算结果进行输出。其函数调用关系见图 3-77。

（7）void CWriteResult::PrepareForPointCur（CDomain * region）：为 OutSpecificVariable_Point 函数中指定的空间点的跟踪变量开辟空间并存储信息。其函数调用关系见图 3－78。

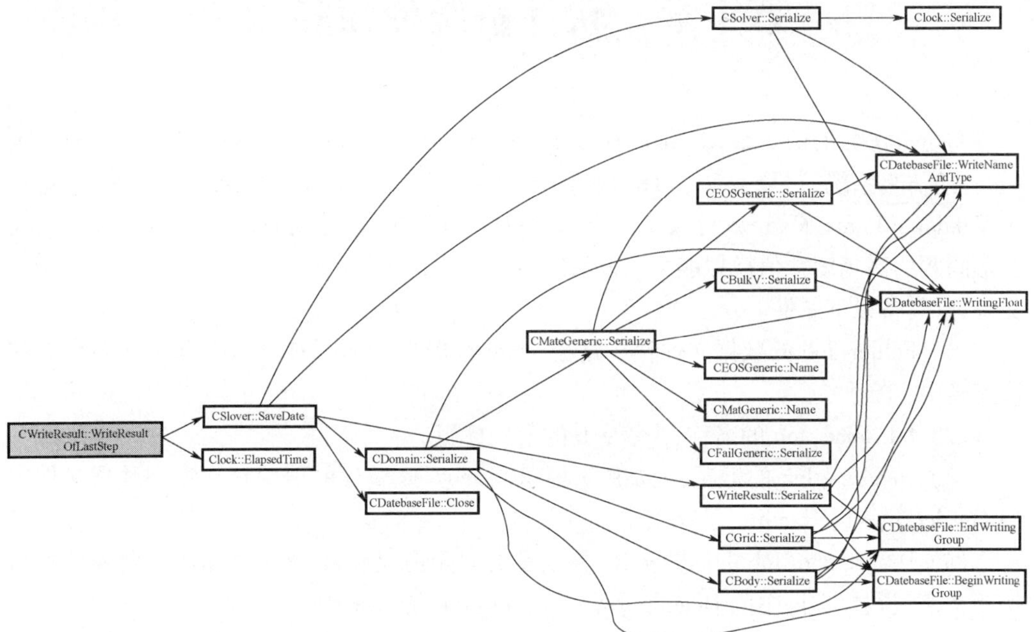

图 3－77　WriteResultOfLastStep 函数调用关系

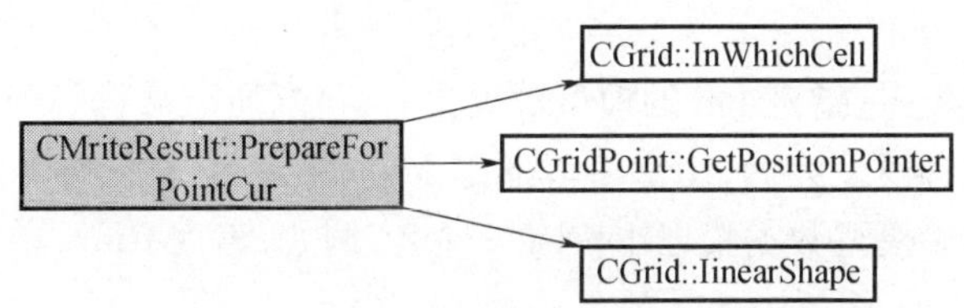

图 3－78　PrepareForPointCur 函数调用关系

（8）void CWriteResult::OutVTKData（CDomain * region，MPM_FLOAT CT，unsigned int iStep）：在指定时间间隔将结果文件以 VTK 格式要求写入 *.vtu 的后处理文件中。其函数调用关系见图 3－79。

图 3－79　OutVTKData 函数调用关系

参考文献

[1] 马志涛. 物质点法几个相关问题的研究[D]. 北京：清华大学，2010.

[2] 张雄，刘岩. 无网格法[M]. 北京：清华大学出版社，2004.

[3] 张雄，廉艳平，刘岩，等. 物质点法[M]. 北京：清华大学出版社，2013.

第4章　软件系统使用指南

物质点法数值仿真系统(Material Point Simulation System,简称 MaPoSS)是面向任务(Job)的仿真系统,它基于 Qt、VTK、CMake 和 C++ 开发,具有优良的跨平台特性,可运行于 Windows、Linux、Mac OS 等操作系统,具备对侵彻效应、爆炸效应、冲击效应以及其他大变形问题的高精度数值模拟能力。该系统将每个 Job 作为一个计算任务,对应一个输入文件,且具备以下属性。

(1) Folder:Job 的数据文件存放路径,模型数据文件和所有输出数据文件均存放在该路径中。

(2) JobName:Job 的名称,为该 Job 的唯一标识。

(3) Heading:Job 的标题,主要用于标识该 Job。此属性的值保存在模型数据文件中的 Header 元素的 Heading 子元素中。

(4) Description:Job 的简要描述,如问题的主要物理现象、参考文献等。此属性的值保存在模型数据文件中的 Header 元素的 Description 子元素中。

(5) Units:Job 采用的单位制。它具有三个分量,分别定义该 Job 所采用的时间单位、长度单位和质量单位,对应存放在模型数据文件的 Unit 子元素的 time、length 和 mass 属性中。

(6) 模型数据集:是指该 Job 的模型数据集合,包括质点数据、背景网格数据、求解及结果输出设置等所有模型数据,用户可以通过 MaPoSS 系统的图形界面对模型数据集的所有数据进行编辑。模型数据集以 JobName 命名,例如,名为 Rings 的 Job,其模型数据集的名称(在 Job Browser 面板中显示的名称)也为 Rings。

(7) 模型数据文件:是指存放 Job 所有属性的磁盘文件,用户可以通过 MaPoSS 系统的图形界面将 Job 的属性保存到模型数据文件中,也可以将 Job 的属性从模型数据文件中读入到 MaPoSS 系统中。因此,模型数据文件实际上是与 Job 对应的磁盘文件,并以 JobName 命名。例如,名为 Rings 的 Job,其模型数据文件为 Rings. xmp,存放在由属性 Folder 指定的目录中。

模型数据文件采用标准的 XML 格式,可以使用任何 XML 编辑器或文本编辑器进行编辑。MaPoSS 系统内置了 QXMLEdit,并对该编辑器进行了修改扩充,使其可以载入仿真系统的材料库,并可调用仿真系统对当前编辑的数据文件进行计算仿真。

MaPoSS 系统允许创建或者载入多个 Job,这些 Job 列在任务列表(Job Browser)面板中。用户通过鼠标或者键盘可以在该面板中选定某个 Job,编辑此 Job 的所有属性并保存(保存到文件/Folder/JobName. xmp 中),也可以直接编辑此 Job 的模型数据文件(/Folder/JobName. xmp)、调用核心算法模块对此 Job 进行仿真计算。

MaPoSS 系统具有前处理、仿真计算与监控等功能,后处理采用开源软件 ParaView。下面对系统的使用方法进行详细论述。

4.1 前处理系统

MaPoSS 系统的前处理功能主要通过菜单栏、任务列表区和数据集属性区完成。用户可以交互式地编辑 Job 的属性和模型数据集，如建立几何实体、设置背景网格和各类求解参数，并将 Job 的属性和模型数据集输出到模型数据文件（扩展名为 xmp）中，供核心算法模块读取并进行求解。

如图 4－1 所示，前处理系统界面共包含五大部分，分别为菜单栏、任务列表区（Job Browser）、数据集属性区（PreDataSet Properties）、GUI 实时显示区和计算实时监测区。

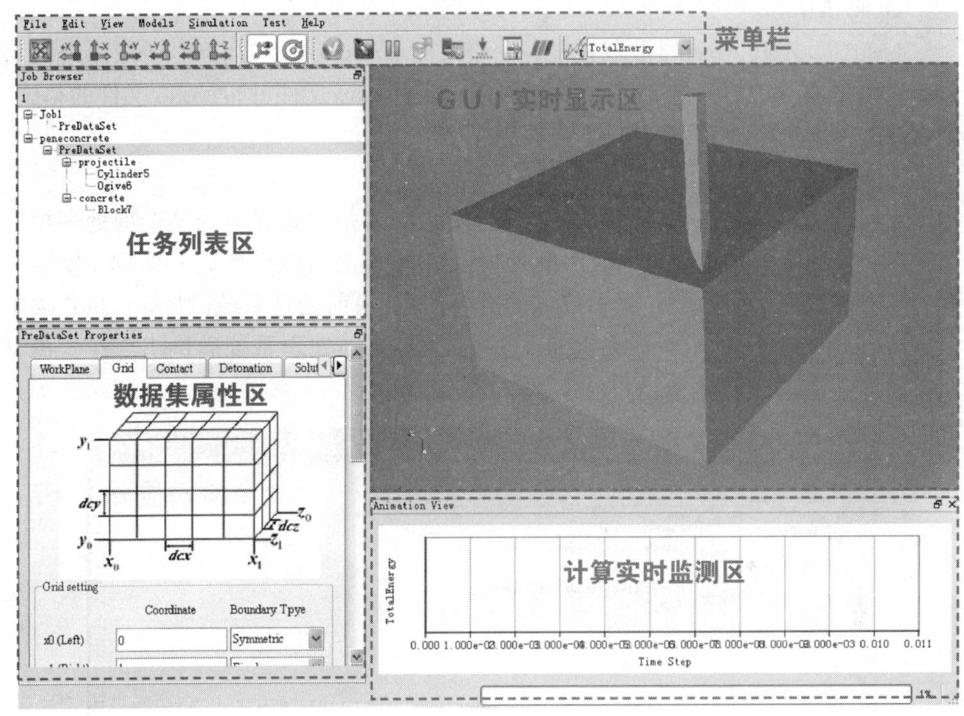

图 4－1　前处理系统界面

4.1.1　菜单栏

File　Edit　View　Models　Simulation　Test　Help

菜单栏中共有七个菜单选项，这些选项包含了所有前处理操作按钮，用户可以通过菜单交互式地编辑 Job 的属性和模型数据集，完成前处理的各项设置及操作。

4.1.1.1　File 菜单

File 菜单（图 4－2）主要指导用户完成文件、任务相关的操作。

· New Job

新建一个求解任务，任务列表区中将同时对新建任务自动编号，用户可通过点击 Job Properties 中的 Job Name 编辑框改变名称。

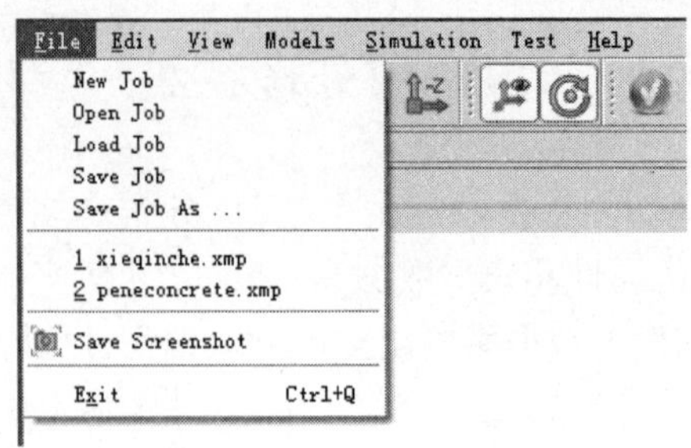

图 4-2　File 菜单

· Open Job

与 Load Job 不同，Open Job 仅在任务列表中（Job Browser）增加指定 Job，系统并不读入 xmp 文件的实际内容。选定该 Job 后，可以编辑其 xmp 文件、检查 xmp 文件的格式、调用核心算法模块进行计算、查看日志文件等。

· Load Job

导入任务，根据弹出的文件对话框（图 4-3），导入指定路径下的某个前处理模型数据文件（*.xmp 文件），前处理系统将载入相应参数，同时将该模型显示在 GUI 实时显示区中。该文件保存了前处理界面中输入的所有信息，由前处理系统的“Save Job”菜单生成，也可以由用户自己利用文本编辑器手工生成，导入前处理系统后供用户检查模型和重新设置。

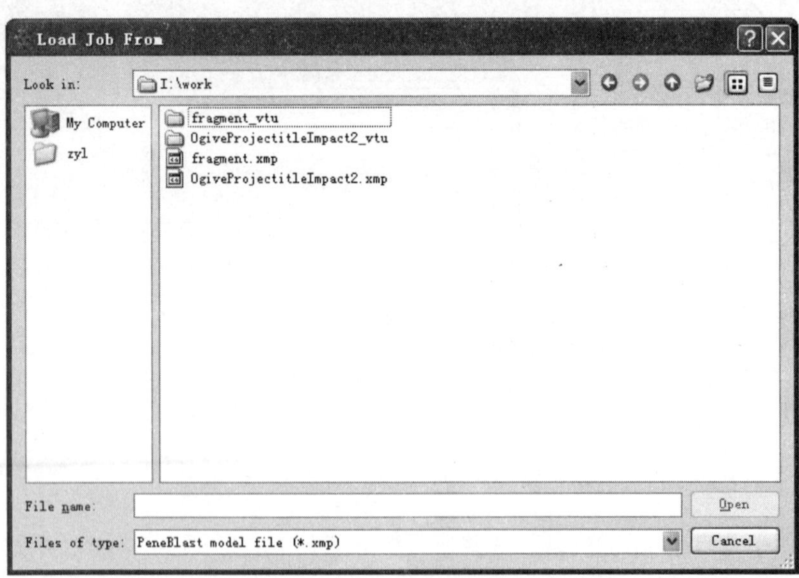

图 4-3　Load Job 对话框

· Save Job

保存任务，把当前模型的状态保存到当前路径（Job properties 设置面板中 Folder 框中显示的路径）、指定名称（Job properties 设置面板中 JobName 框中显示的名称）的 xmp 格式的文件中。

· Save Job As

另存任务，根据弹出的对话框（图 4－4）将当前任务以指定名称（ *. xmp）保存到指定路径中。

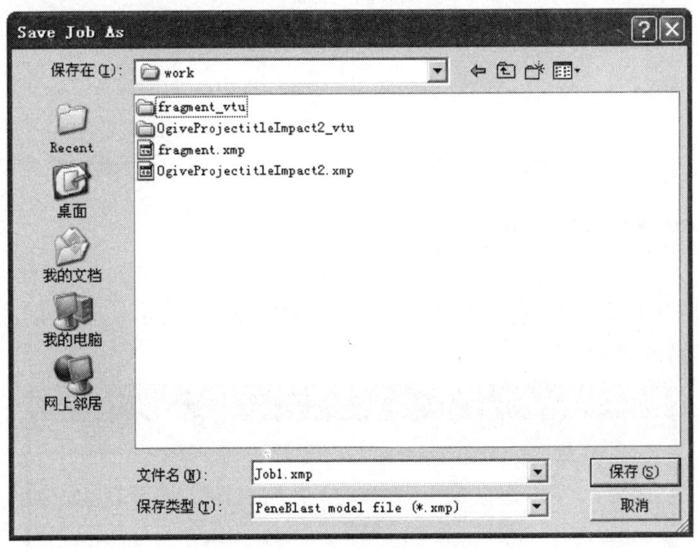

图 4－4　Save Job As 对话框

· Save Screenshot

截图功能，根据弹出的对话框（图 4－5），将 GUI 实时显示区的图像保存到指定路径中。

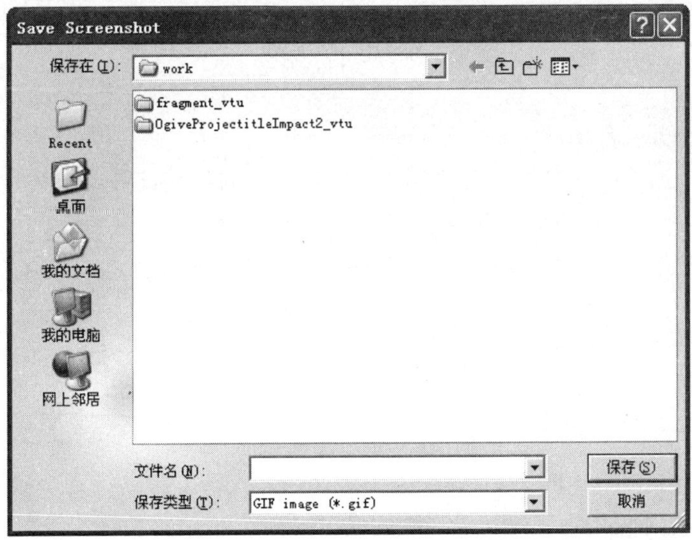

图 4－5　Save Screenshot 对话框

· Exit

退出 MaPoSS 系统。

4.1.1.2　Edit 菜单

Edit 菜单（图 4－6）主要实现删除 Job 功能，并可进行相关设置。

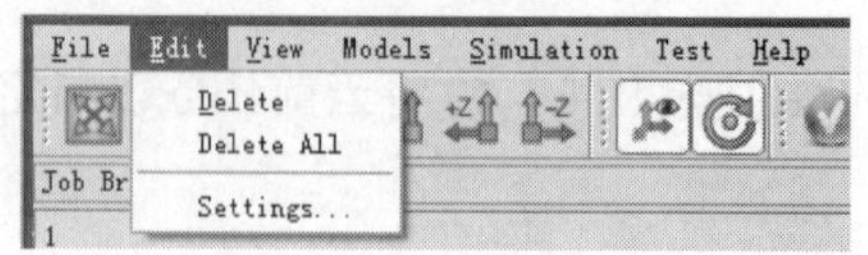

图 4－6 Edit 菜单

· Delete

删除当前选定的 Job。

· Delete All

删除任务列表区的所有 Job。

· Setting…

设置工作路径以及文本编辑器、ParaView 可执行文件、文本比较器的路径，点击“Apply”按钮完成设置（图 4－7）。

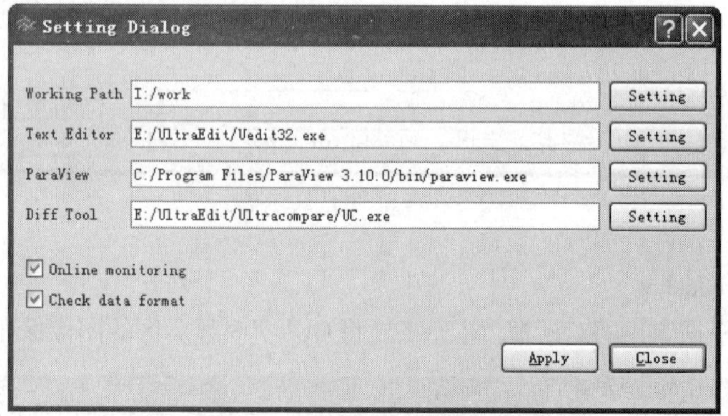

图 4－7 Setting 对话框

4.1.1.3 View 菜单

View 菜单（图 4－8）主要完成对 GUI 实时显示区的各类查看操作。

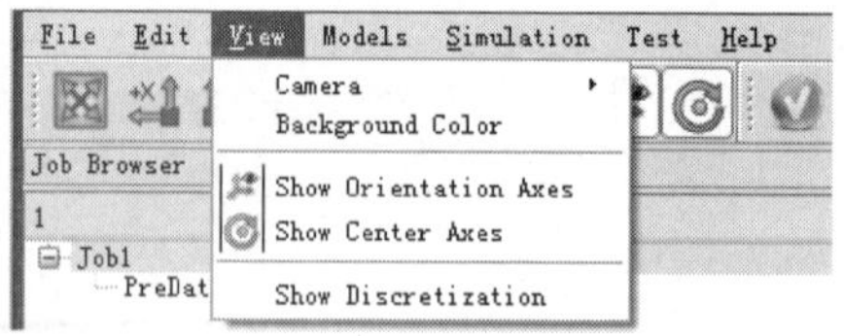

图 4－8 View 菜单

· Camera

根据坐标轴调整 GUI 实时显示区中的模型视角。

· Background Color

设置 GUI 实时显示区的背景颜色。

· Show Orientation Axes

显示或不显示 GUI 实时显示区的方位坐标系。

· Show Center Axes

显示或不显示 GUI 实时显示区的中心坐标系。

· Show Discretization

以离散方式显示 GUI 实时显示区中的模型。

4.1.1.4 Models 菜单

Models 菜单(图 4-9)主要用于完成材料定义、新建组件、新建具有规则形状的几何实体(Block、Cylinder、Ogive、Sphere)以及用户自定义几何实体(User-Defined)等功能。

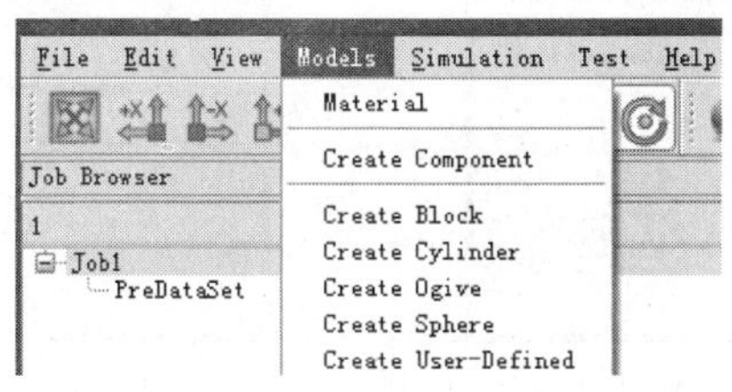

图 4-9 Models 菜单

· Material

为当前任务定义材料,具体操作参见第 4.1.2.3 节。

· Create Component

新建组件,当前任务的新建组件会自动编号,用户可通过双击任务列表区上的组件名修改其名称。

· Create Block

新建长方体 Block,具体操作参见第 4.1.2.5 节。

· Create Cylinder

新建广义圆柱体(规则旋转体),具体操作参见第 4.1.2.5 节。

· Create Ogive

新建卵形体,具体操作参见第 4.1.2.5 节。

· Create Sphere

新建球体,具体操作参见第 4.1.2.5 节。

· Create User-Defined

导入三维实体模型(stl 格式),具体操作参见第 4.1.2.5 节。

4.1.1.5 Simulation 菜单

Simulation 菜单(图 4-10)可以完成对当前 xmp 文件的格式检查、编辑及开始计算等功能。

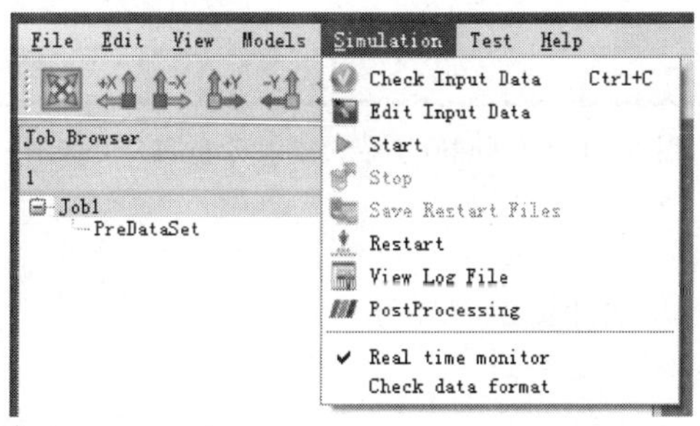

图 4-10 Simulation 菜单

· Check Input Data

对当前任务生成的 xmp 文件进行格式检查,并给出检查结果。格式有误则弹出如图 4－11所示对话框,给出具体的错误提示信息;格式无误则弹出如图 4－12 所示的对话框,提示格式检查通过。

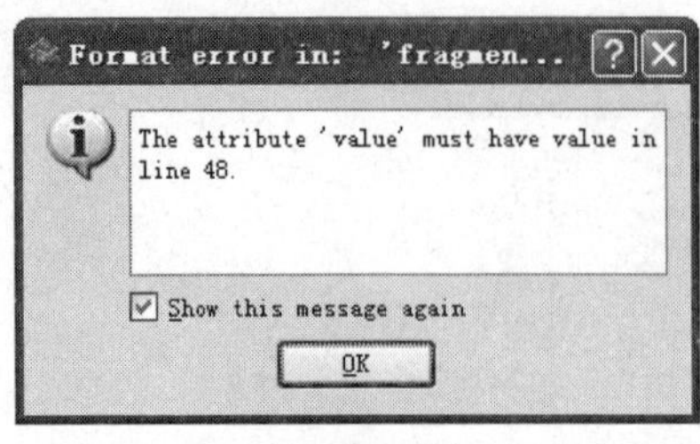

图 4－11　错误提示信息对话框

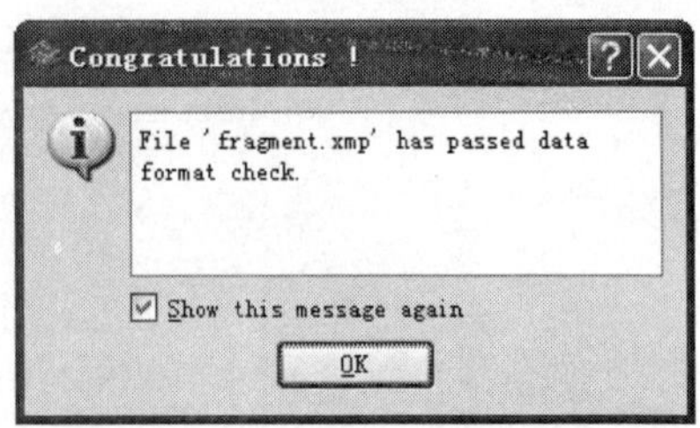

图 4－12　格式无误对话框

· Edit Input Data

调用 MaPoSS 系统自带的文本编辑器 QXmlEdit,对当前任务生成的 xmp 文件进行编辑、修改等操作,见图 4－13。

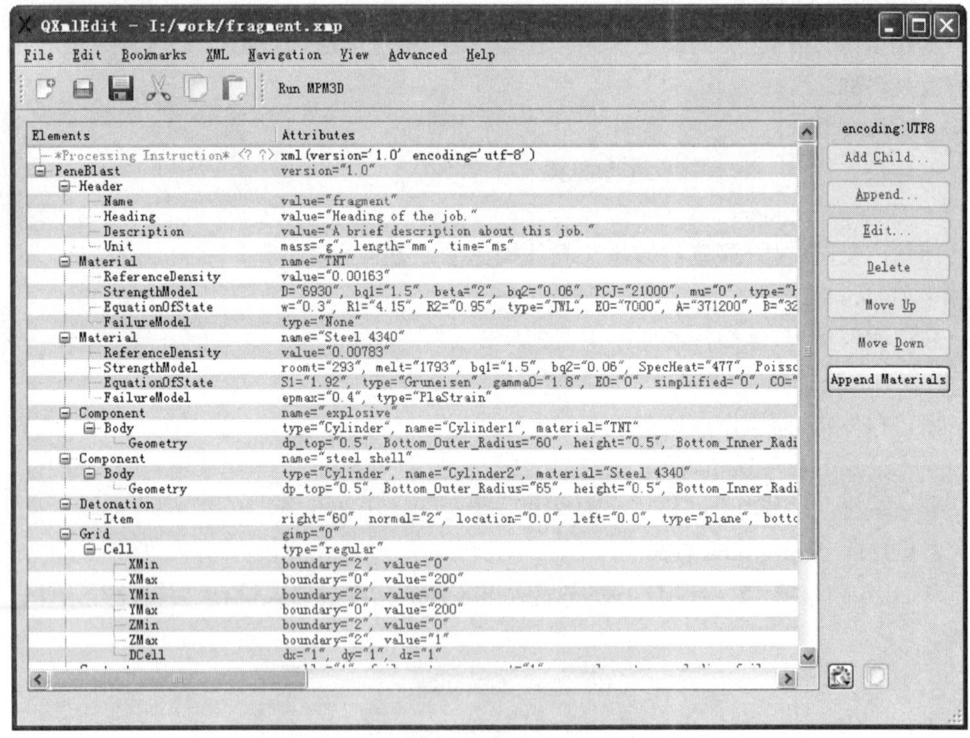

图 4－13　QXmlEdit 界面中打开当前任务文件

· Start

调用核心算法程序,开始计算当前任务。

· Real time monitor

是否在 GUI 实时显示区实时显示计算过程中某些量的动态变化。

4.1.1.6 Test 菜单

Test 菜单(图4－14)用于完成对标准算例数据库 TestDatabase 中的算例文件(xmp 格式)的计算测试功能。用户点击 Test 按钮即弹出 MPMTest 对话框(图 4－15),用户可根据需要检测指定路径下的全部或部分 xmp 文件,以观察最新的核心算法程序计算结果与标准算例数据库 TestDatabase 中的结果是否一致。

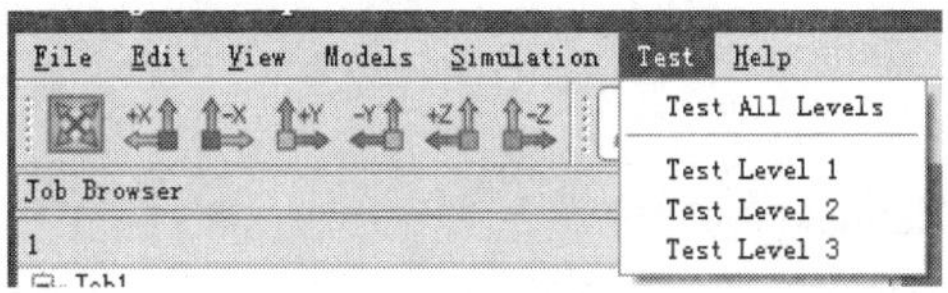

图4－14 Test 菜单

图4－15 中,Test directory 指定需要检测的 xmp 文件所在位置(路径);Output directory 指定计算测试结果的输出路径;“Search”按钮用于搜索 Test directory 下所有的 xmp 文件,并将他们列表显示出来;“Select”按钮用于全部选择或全部不选列表框内的 xmp 文件;点击“Test”按钮开始对选定的 xmp 文件进行计算测试;点击“Stop”按钮停止计算测试;点击“Close”按钮退出计算测试并关闭 MPMTest 界面对话框。

其中,列表框中“Status”给出了每个算例计算测试后的结果与标准算例数据库 Test－Database 中的结果文件的比较结果,如果二者结果一致,则显示✓,否则显示⊗。

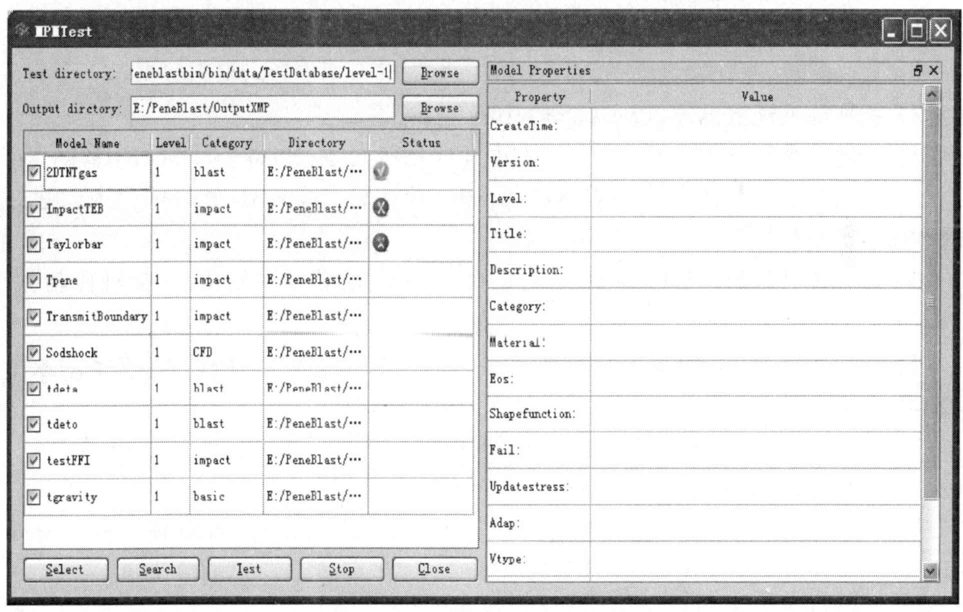

图4－15 MPMTest 界面对话框

4.1.1.7 Help 菜单

通过 Help 菜单(图4－16),读者可查看 MaPoSS 系统的相关信息,以及调阅用户手册、理论手册、算例手册等相关电子文档。

· About

给出 MaPoSS 系统简介、研发团队、发行日志等信息。

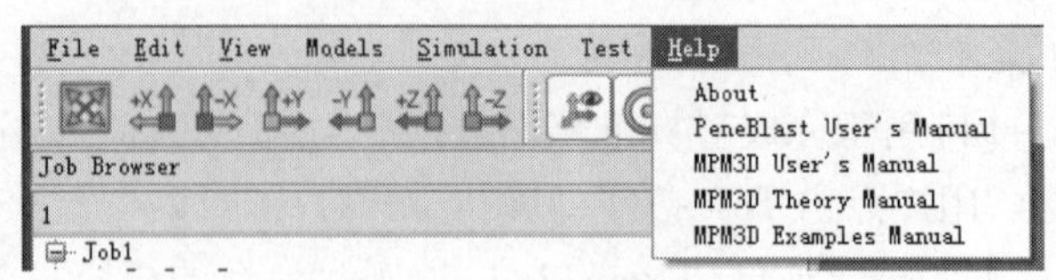

图 4-16　Help 菜单

· PeneBlast User's Manual

查看系统用户手册。

· MPM3D User's Manual

查看核心算法用户手册。

· MPM3D Theory Manual

查看理论手册。

· MPM3D Example Manual

查看算例手册。

4.1.2　基本操作流程

4.1.2.1　前处理流程概述

一个典型前处理流程的最终目的是生成可供物质点核心算法程序读入、求解的数据文件(扩展名为 xmp),主要包含以下几个步骤。

(1) 新建求解任务。

(2) 定义材料:新建材料模型,或直接从已有的材料库中导入材料数据。

(3) 新建前处理数据集(PreDataSet)中的各个组件。

(4) 新建各个组件中的几何实体:新建常规几何实体(Block、Sphere、Cylinder、Ogive 等),并将其按指定方式离散成物质点形式;或直接从第三方 CAE 软件中导入已建好的几何体离散点信息。

(5) 设置前处理数据集的各项属性:定义工作平面、背景网格信息、接触控制、定义起爆点(面)、求解选项、输出设置等。

(6) 保存指定 Job,输出前处理任务文件,生成供核心算法程序读入、求解的数据文件(扩展名为 xmp)。

(7) 计算运行,调用核心算法程序,开始计算新建任务(文件扩展名为 xmp)。

4.1.2.2　新建求解任务

功能:新建求解任务,指定任务文件(*.xmp)的输出路径、求解任务的名称 JobName,对任务进行简要描述,设置三个基本量纲(质量、长度、时间)的单位制。

新建求解任务流程如下:

(1) 点击 File 菜单上的"New Job",在任务列表区(Job Browser)即会自动创建一个 Job 及其对应的 PreDataSet。

(2) 点击激活任务列表区的当前任务,在下方的 Job Properties 栏即会弹出该任务的设置面板(图 4-17)。

(3) 选择新建任务的存储路径"Folder",此栏为必填项,默认存放文件夹为"安装路径/data/work",该路径可以通过点击"Browser"按钮更改。

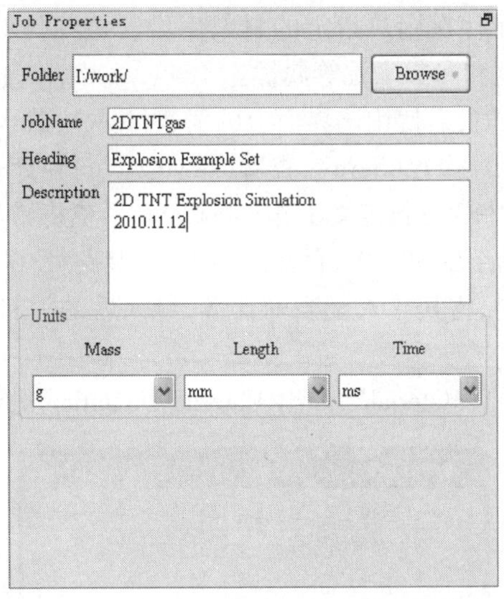

图 4－17　Job properties 设置面板

(4) 指定任务名称“JobName”,用户对任务默认名称的修改会在任务列表区同步显示出来。此栏为必填项,输出的 xmp 文件的文件名为“JobName. xmp”。

(5) 添加任务标题“Heading”(可列出问题的分类等属性)和任务描述“Description”(对问题进行简要描述,内容将写入到 xmp 文件的注释中)。“Heading”和“Description”为选填项。

(6) 选择本任务中所用的单位制:通过选定“Mass”“Length”“Time”三个复选框下的单位,指定所使用的单位制。其中,质量 Mass 量纲的可选单位为 mg、g、kg,长度 Length 量纲的可选单位为 mm、cm、m,时间 Time 量纲的可选单位为 μs、ms、s;默认单位制为 mg－mm－ms。

Job Browser 面板中显示了该 Job 唯一对应的数据集及该数据集下包含的组件和几何模型。对于每一个 Job,对其名称、选用的单位制、xmp 文件名和存储路径等进行修改时,可先用鼠标选中需要修改的任务列表区上的 Job,通过修改下方 Job Properties 栏的设置面板对应选项,即可完成相应编辑框内参数的修改和更新。

同时,点击该 Job 对应的数据集(PreDataSet),即可在下方的前处理数据集属性区(Job Properties)中看到,每个 PreDataSet 包含了 WorkPlane、Grid、Contact、Detonation、Solution 和 Output 六个属性选项卡(图 4－18),激活这些选项卡可分别完成工作平面定义、背景网格设置、接触控制、定义起爆点(面)、求解设置、输出选项等操作。

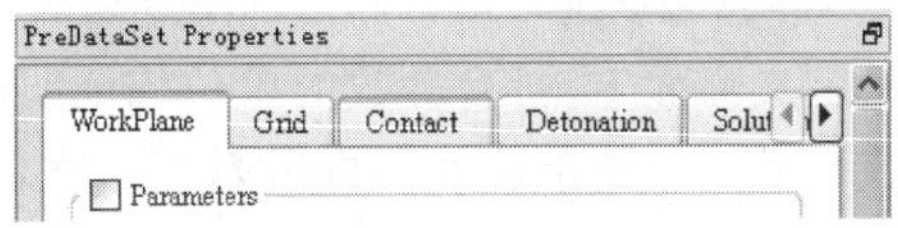

图 4－18　数据集属性选项卡

4.1.2.3　材料定义

MaPoSS 系统中共有两种方式给当前任务提供材料数据:新建材料和载入已有材料。同时,用户可以拷贝或修改材料库中的各种材料(模型和参数值都可以修改),并将修改结果作为新的材料数据保存在用户指定的材料库中。每种材料均具有名称、密度、EOS类型、强度模型、失效模型和参数来源等属性。

给当前任务定义材料时,需使用该界面上的新建(New)、载入(Load)、修改(Modify)、复制(Copy)、删除(Delete)、保存(Save)、查看(Review)、材料库选择(Library)等按钮,执行相应的操作,完成任务中的材料定义工作。MaPoSS 系统将常用材料数据录入、存放在一个已有的材料库(扩展名为 mlb)中,存储路径为"安装路径/bin";用户可以直接从该材料库中选择使用某种材料,将其导入至当前任务,导入后的材料名称也会同步显示在材料列表中。

点击 Models 菜单上的"Material",弹出 Material Definition 对话框,如图 4-19 所示。

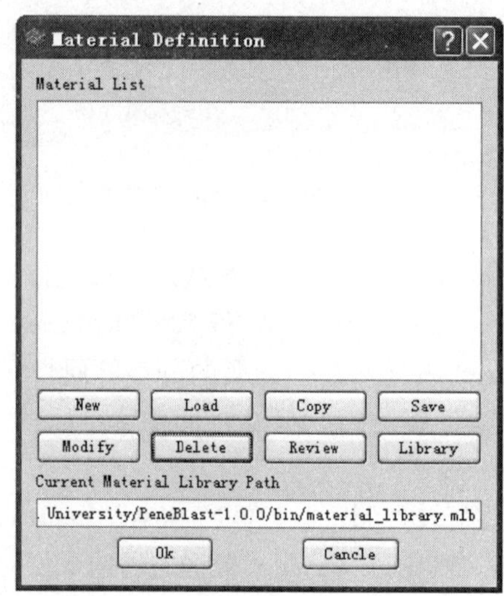

图 4-19 Material Definition 操作界面

1) New

功能:新建材料并设置材料参数。

操作流程:点击材料定义界面上的 New,弹出"Material Data Input"对话框(图 4-20),定义材料的名称、密度、强度模型、状态方程、失效模型和参数来源。不同强度模型、状态方程、失效模型有不同的参数,程序将根据所选用的模型展开不同的参数定义框。各种模型所使用的参数可参见第 6 章关键字手册。

点击 Apply 时,系统会自动检查所有的必填选项是否均已填写。如果 Material Data Input 界面的必填参数没有填写,点击 Apply 时会弹出错误提示框。在必填选项未填写之前,在其前面显示"!",等待用户填写;必填选项填好后按回车键确认,此时"!"变成"✓"。

需要注意的是,在材料定义界面上,所有参数的单位均已明确给定,用户录入相应变量数值时,必须精确转化成与界面上的单位相匹配的数值。在仿真计算时,MaPoSS 系统自动将这些数值转换成与用户选定的单位制相匹配的变量值进行计算。

2) Load

功能:直接从默认(指定)的材料库导入已有材料模型及相应参数。

操作流程:点击材料定义界面上的 Load 按钮,弹出"Load Material Model"对话框(图 4-21),其中列出了系统自带的材料库中的各种材料强度模型、状态方程、失效模型,该材料库文件的默认路径为"X:安装文件夹/ MaPoSS /bin"。通过鼠标点击选定某种材料(同时高亮显示该材料),点击 Load 按钮,即可将选定的材料列入材料列表(Material List)中;可同时点击多个材料,点击"Load"按钮一次性载入选定材料,并点击 Ok 按钮确认。

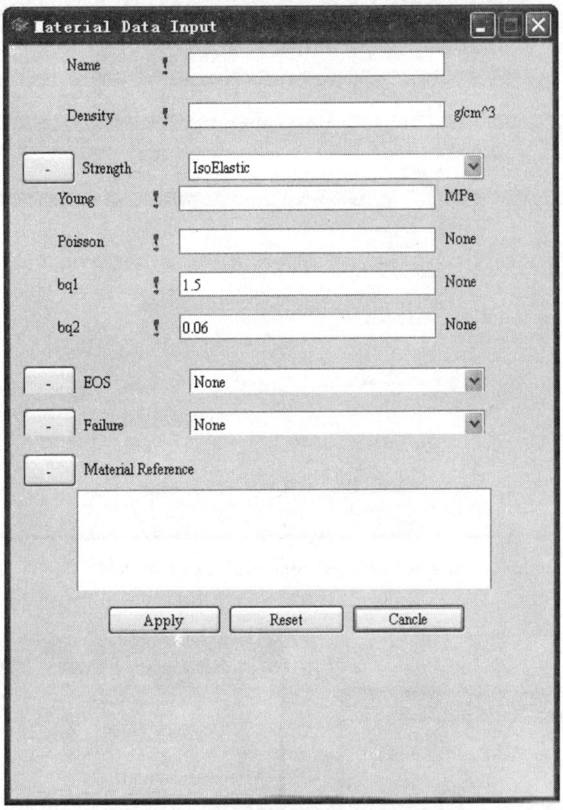

图 4-20　Material Data Input 对话框

当需要从其他材料库文件中导入材料时,需要配合 Library 按钮方可完成,即先点击 Library,在弹出的对话框中指定材料库数据文件的路径后,就可以从该库文件中导入材料。

3）Copy

功能:将材料列表中选定的材料复制成一种新材料,新材料名为"原材料名 - new"。

流程:点击 Copy 按钮,在材料列表框中新建了一种材料,新材料复制了原材料的所有变量及参数值,名称为"原材料名 - new",如图 4-22 所示。

4）Save

功能:将材料列表中选定的材料保存到指定材料库中。

流程:点击 Save 按钮,弹出 Save Materials 对话框,如图 4-23 所示;选定(可多选)材料列表框中的某一材料,再指定材料存入的材料库(当前数据库、已存在的其他数据库或新建数据库)中,点击 Apply 完成后续操作后,点击 Finished 退出。

默认选择将该材料信息保存到当前材料库 Current library 中(图 4-23 中显示了当前材料库的路径 Current Material Library Path);若选择存入已有材料库 Existing library 中,则弹出文件对话框(图 4-24),选择指定路径下的材料库文件,点击"打开"按钮即可将材料存入到指定材料库文件;若选择存入新的材料库 New library 中,则弹出文件对话框,指定路径,命名新材料库名称(程序自动加入文件扩展名“mlb”),操作界面如图 4 - 25 所示,操作成功后弹出提示框提示材料存入成功。

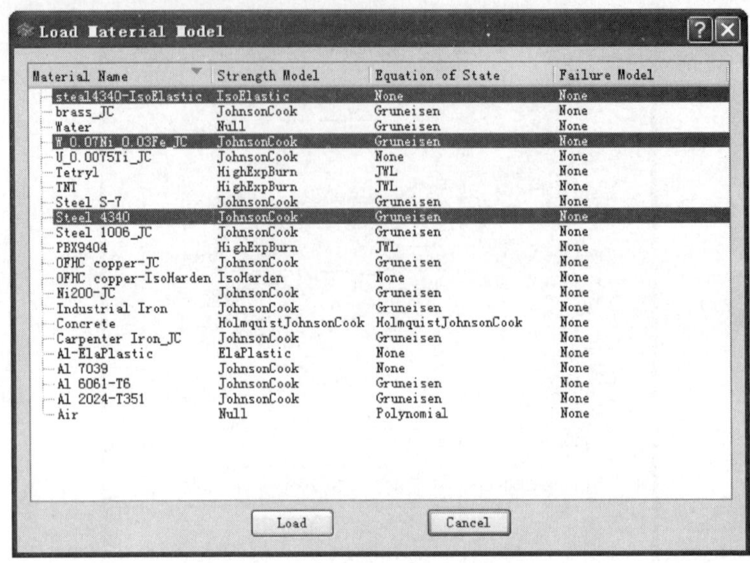

图 4 - 21　Load Material Model 对话框

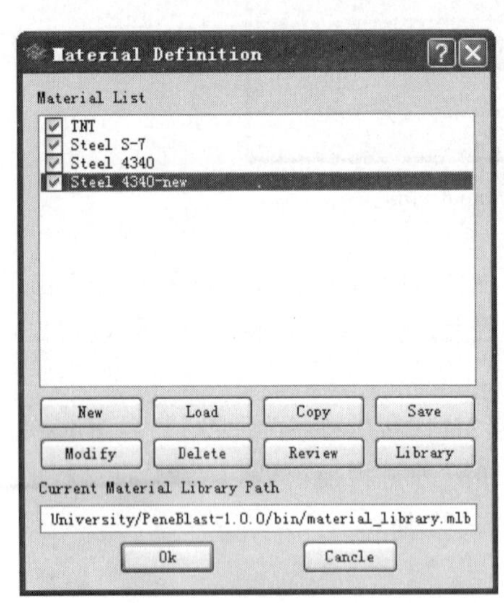

图 4 - 22　复制生成新材料

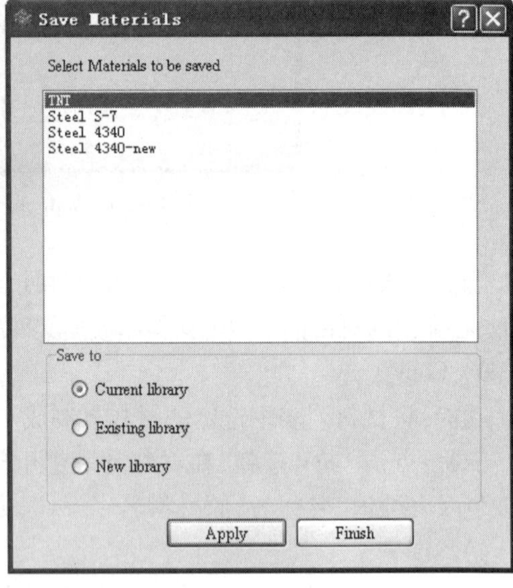

图 4 - 23　Save Materials 对话框

5) Modify

功能:修改材料列表中选定的材料参数。

操作流程:先选定材料列表框中的某一材料(高亮显示,图 4 - 26),再点击 Modify 弹出材料参数对话框(图 4 - 27),修改变量参数值,或更改材料强度模型、状态方程、失效模型的类型,输入新的变量数值,操作完成后点击 Apply 保存修改,关闭对话框。

图 4-24　Select Material Library File 对话框

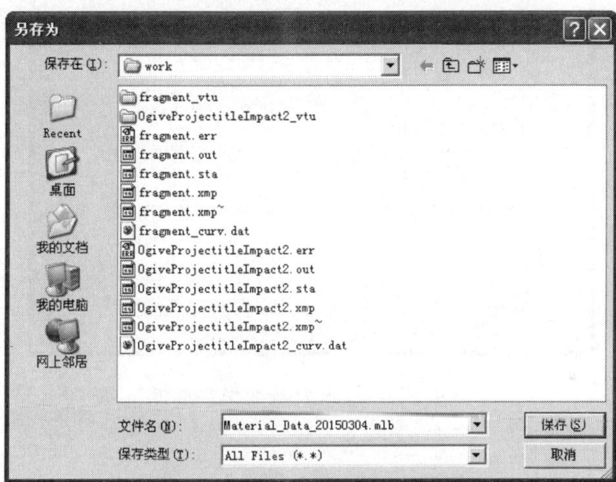

图 4-25　材料数据存入新的数据库中

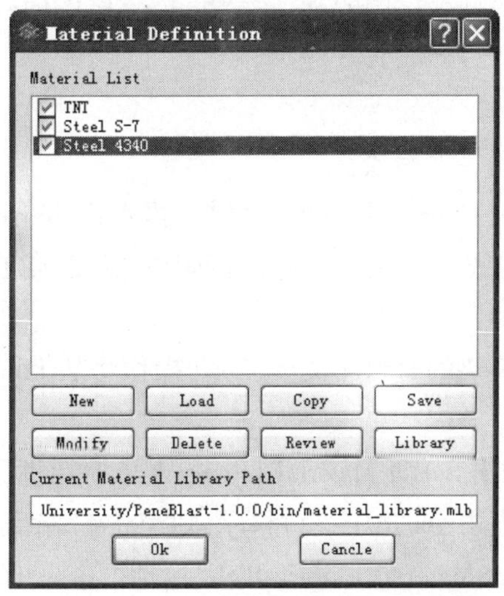

图 4-26　选定材料列表框中某一材料

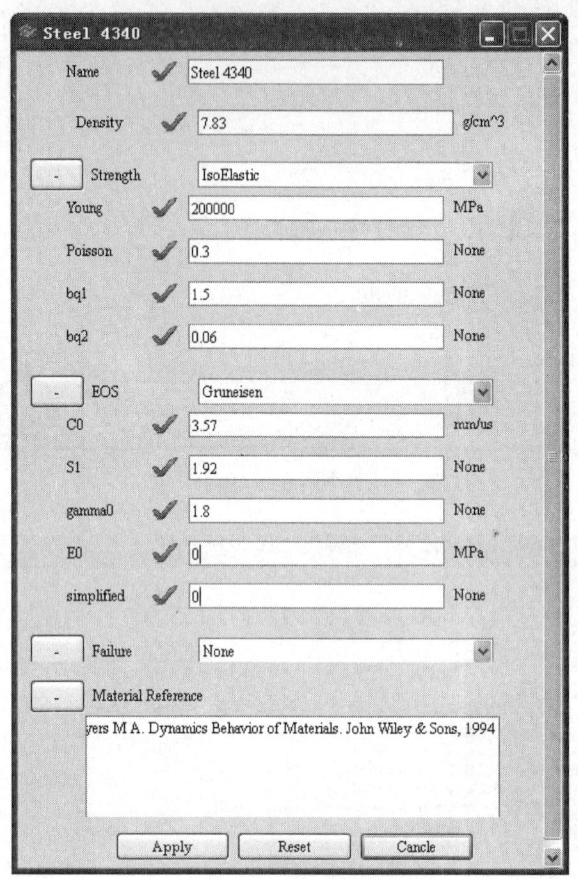

图 4-27　修改材料数据对话框

6）Delete

功能:从材料列表框中删除选定的材料。

操作流程:先选定材料列表框中的某一材料,再点击 Delete 按钮,即可从材料列表中删除该材料。

7）Review

功能:查看选定材料的各项参数。

操作流程:先选定材料列表框中的某一材料,再点击 Review,弹出材料参数对话框(图 4-28),此时所有材料参数均显示灰色,用户不能修改,点击 Cancel 关闭对话框。

8）Library

功能:选择当前任务需要的材料库文件,Load 操作将从 Library 指定的材料库文件中载入材料。

流程:点击 Library,弹出 Select Material Library File 对话框,通过指定路径,选择当前任务需要的材料库文件,点击 Ok 选定该材料库,则 MaPoSS 系统将其设定为当前材料库,并将其路径显示在"Current Material Library Path"属性框中(如图 4-29 所示)。

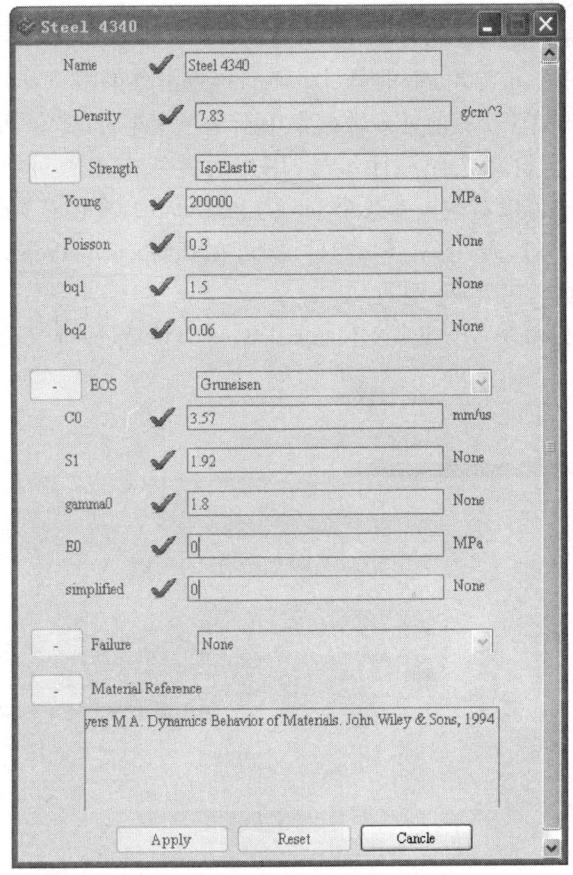

图 4－28　查看材料数据对话框

图 4－29　通过选择路径打开指定材料库数据文件

4.1.2.4 新建组件

功能:在当前数据集下新建组件。

流程:点击激活任务列表区 Job 的 PreDataSet,再点击菜单栏 Models 选项中的"Create Component",即可在当前 Job 的前处理数据集中新建一个组件(默认名称 component1,如新建多个组件,系统会自动按照顺序编号,用户通过双击该条目即可修改名称),如图 4-30所示。用户也可以右键点击某个 Job 的 PreDataSet,根据右键弹出菜单即可创建一个新的组件(图 4-31)。点击激活该组件,即可在 Component Properties 区域中修改该 Component 各个属性页。

前处理数据集可以包含一个或多个 Component,每个 Component 又可以包含多个 Body。

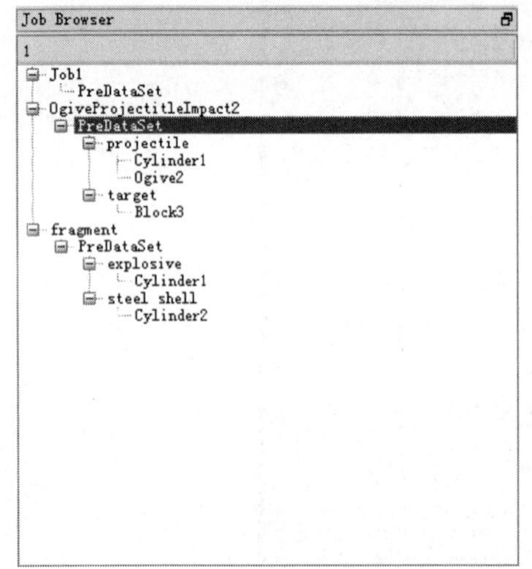

图 4-30 Job Browser—新建 Component

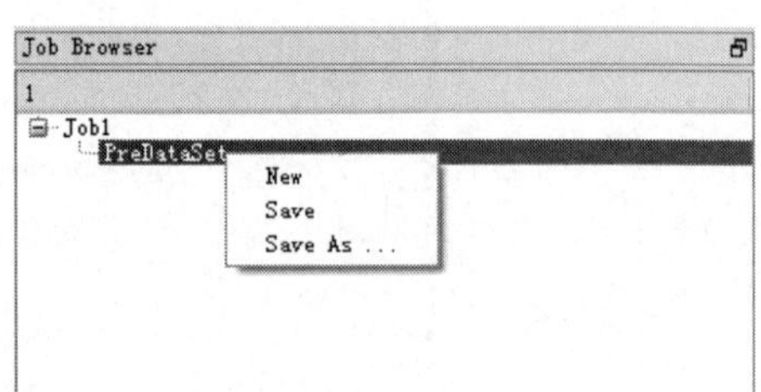

图 4-31 Job Browser—右键新建 Component

Component 在 Job Properties 区域具有三个属性页(图 4-32):Properties、Display 和 Fill,分别用于显示 Component 的属性(Body 列表)、显示方式、填充材料以及载入初始条件。

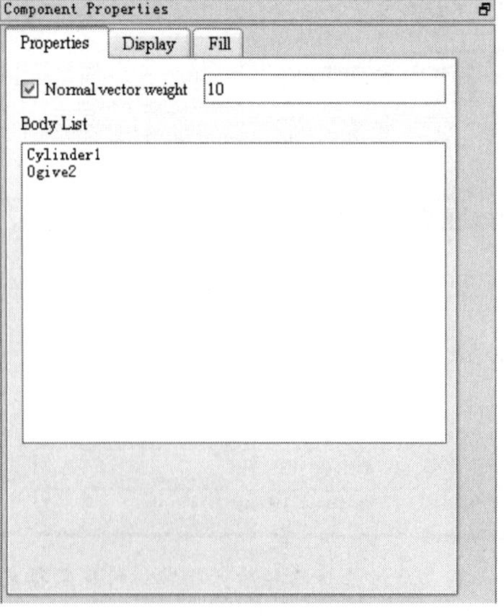

图 4-32 Component Properties 属性页

属性页 Properties 列表显示该 Component 中所包含的所有 Body。

属性页 Display 与 Body 的 Display 属性页大致相同,但此时可以通过“Bg Color”修改 GUI 实时显示区的背景颜色(图 4-33)。

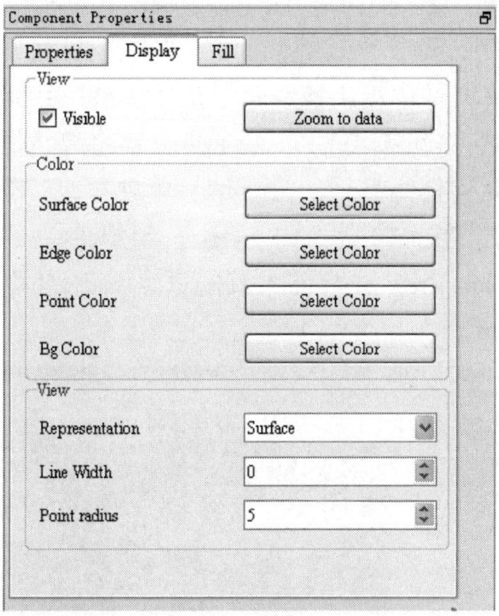

图 4-33 Component Display 页

属性页 Fill(图 4-34)用于对该 Component 的材料进行整体填充,即将该 Component 的所有 Body 都填充某种材料,载入某种初始速度。选择 Material、Velocity 或 Adaptive split 后,可以修改组件内所有 Body 相应的属性,最后点击 Apply,则选定的属性将应用于该 Component 中的所有 Body 上。

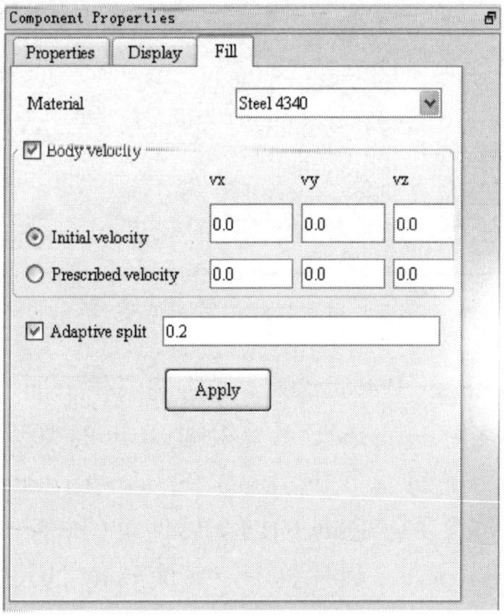

图 4-34 Component Fill 页

注意:MaPoSS 系统的接触算法处理的是组件间的接触,而不是物体间的接触。组件名称指定了本物体属于哪个组件,一个组件由多个 body 组成,xmp 文件中采用组件号(从

1 开始)定义组件,输出 xmp 文件时,MaPoSS 系统自动将组件名按顺序转换为组件号。

4.1.2.5 创建几何实体

在当前组件中新建几何实体(Block、Cylinder、Ogive、Sphere、Polyhedron、User - Defined),并设定其属性(空间位置、几何尺寸、工作平面、填充材料、物体密度、初始速度、载荷设置、显示格式、质点间距、离散方式等)。对于程序中已有的 body 类型(Block、Cylinder、Ogive、Sphere),在 xmp 文件中输出该 body 的空间位置、几何尺寸及粒子间距等;对于 User - Defined 类型,MaPoSS 系统按照输入文件的内容将导入的 body 离散成物质点,再按物质点的 Point 格式将几何体离散后的粒子信息单独写成一个文件输出。

新建的所有物体均属于当前数据集中的某个选定组件,按创建顺序列在该组件的下面。body 创建后,可以在 Job Browser 界面中双击更改 body 名称、右键删除该 body。创建物体的界面如图 4 - 35 所示。

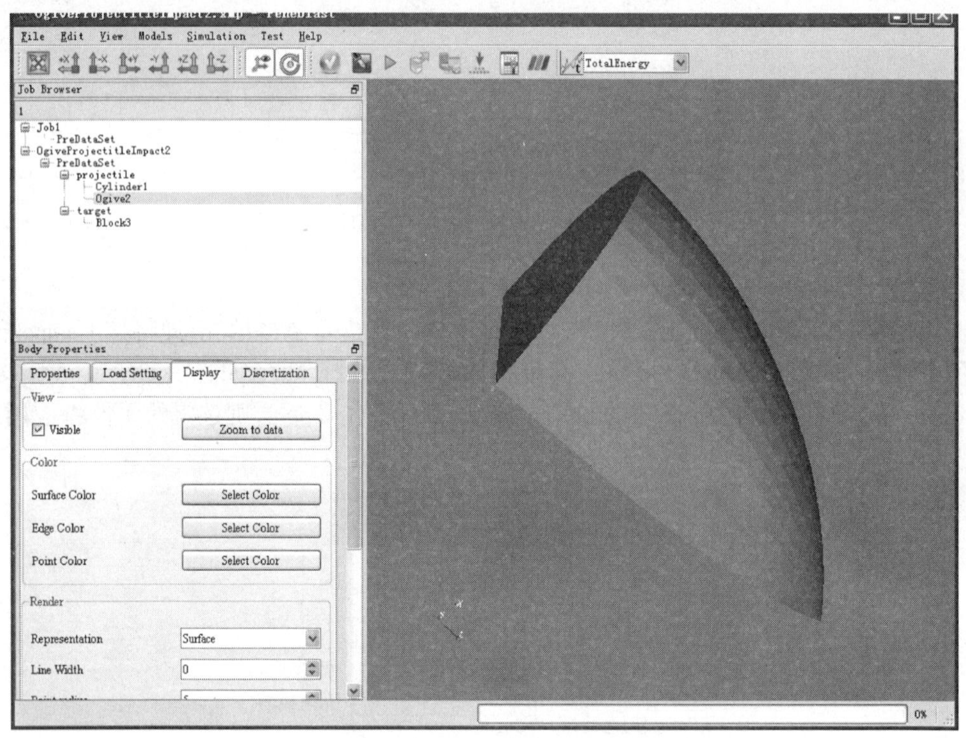

图 4 - 35 新建几何实体界面

操作流程:在 Job Browser 的 PreDataSet 中选定的组件下面加入当前 Body 的名称(用户可通过双击该条目修改名称),MaPoSS 系统根据 Body 的类型显示该 Body 的预览图和定义方式。对 Component 下的每一 Body(Block、Sphere、Cylinder、Ogive 等),Job Browser 下面的 Body Properties 栏包含了该 body 的四个属性页(Properties、Load Setting、Display、Discretization)。用户可在 Properties 属性页中定义该 Body 的尺寸及其他相关属性,直至完成该几何体的各项定义操作。

1) Block

功能:新建长方体。

(1) Properties 页。如图 4 - 36 所示。

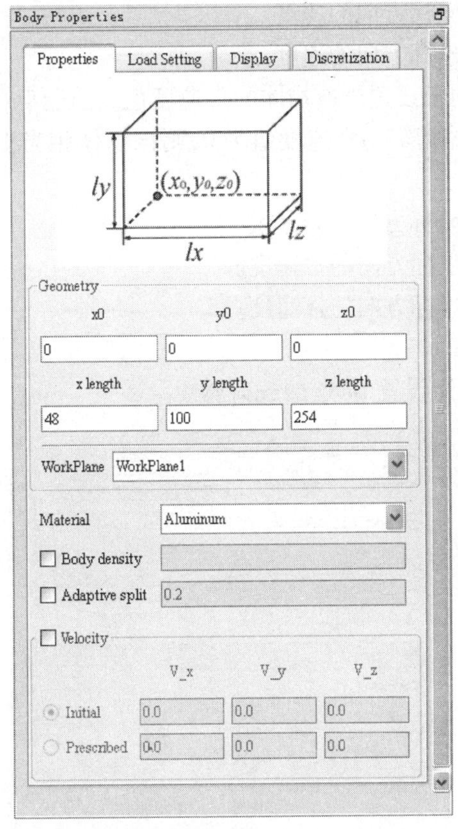

图 4－36　Block 的 Properties 页

· x_0，y_0，z_0

定义 Block 的空间位置。该空间坐标值相对于所载入的工作平面(WorkPlane)，如果 Block 未载入任何 WorkPlane，这组空间坐标值即定义了 Block 在全局坐标系中的位置。

· x length，y length，z length

定义 Block 的几何尺寸。

· WorkPlane

定义 Body 需要载入的 WorkPlane。WorkPlane 的定义参见第 4.1.3.1 节。

· Material

定义 Body 填充的材料。

· Body density

定义 Body 的当前密度，此密度值若与所采用材料的密度值不一致则说明 Body 初始处于受压或者膨胀状态。

· Adaptive Split

设置自适应分裂因子。

· Velocity

定义 Body 的初始速度，由 Initial velocity 和 Prescribed velocity 单选框中的数值填入。

Initial velocity 用于设置当前物体的初始速度。

V_x：设置物体在 X 坐标方向的速度。

V_y:设置物体在 Y 坐标方向的速度。

V_z:设置物体在 Z 坐标方向的速度。

Prescribed velocity 用于设置当前物体的常速度值,在任何时刻该物体均以指定的常速度运动。如果对该物体指定的常速度值为 0,则该物体相当于固定的刚体。该元素具有如下属性:

V_x:设定物体在 X 坐标方向的常速度。

V_y:设定物体在 Y 坐标方向的常速度。

V_z:设定物体在 Z 坐标方向的常速度。

(2) Load Setting 页。

如图 4-37 所示,用于设置 Body 的载荷属性。

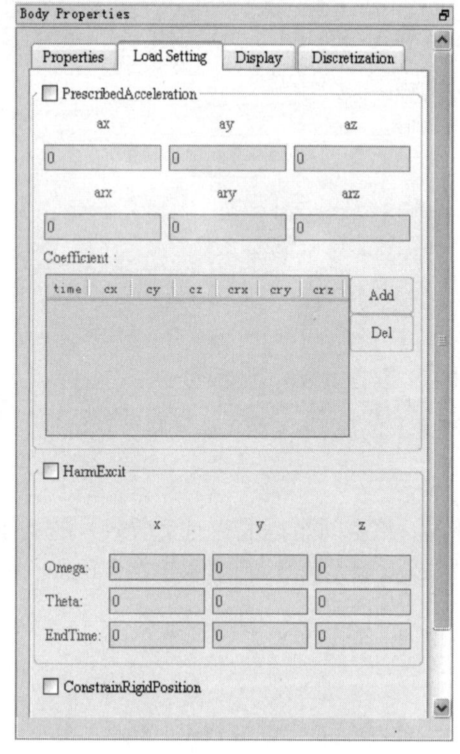

图 4-37 Block 的 Load Setting 页

· PrescribedAcceleration

设置时间历程载荷,对当前 body 施加随时间变化的载荷 $f_i = A_i \times a_i$。关于时间历程载荷的进一步说明请参见用户手册。

ax:设置物体在 X 坐标方向的加速度值。

ay:设置物体在 Y 坐标方向的加速度值。

az:设置物体在 Z 坐标方向的加速度值。

arx:设置物体在 X 坐标方向的角加速度值。

ary:设置物体在 Y 坐标方向的角加速度值。

arz:设置物体在 Z 坐标方向的角加速度值。

Coefficient:用于定义某时刻各个加速度乘以的系数,该元素具有以下 7 个属性:

time:设置时间。

cx:设置 ax 的系数。

cy:设置 ay 的系数。

cz:设置 az 的系数。

crx:设置 arx 的系数。

cry:设置 ary 的系数。

crz:设置 arz 的系数。

· HarmExcit

设置谐激励载荷,载荷函数形式如下:

$$f = A\sin(\omega t + \theta)$$

可分别控制各个方向施加载荷的频率、相位角和作用时间。该元素具有 3 个子元素,每个子元素均具有 X、Y、Z 三个属性。

Omega:设置施加于 X、Y、Z 三个方向上的谐激励的 ω 值。

Theta:设置施加于 X、Y、Z 三个方向上的谐激励的 θ 值。

EndTime:设置施加于 X、Y、Z 三个方向上的谐激励停止作用时间。

· ConstrainRigidPosition

设置刚体是否按照指定的速度和载荷运动。当刚体按照指定的运动规律运动时,若与其他物体碰撞,则刚体的运动状态不受影响。

(3) Display 页。

用于设置 Block 的显示属性(图 4-38)。

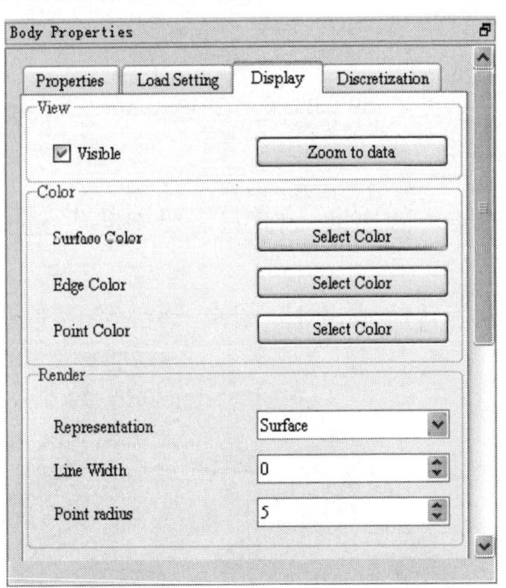

图 4-38 Block 的 Display 页

· Visible

是否显示该 body。

· Zoom to data

将该 body 以最佳尺寸缩放至 GUI 实时显示区并居中显示。

· Surface color

定义 body 表面的显示颜色。

· Edge color

定义 body 棱边的显示颜色。

· Point color

定义 body 角点的显示颜色。

· Representation

定义 body 的渲染方式(Surface,Wireframe,Surface with edge,Points)。

· Line width

定义 Wireframe 和 Surface with edge 中线条的宽度。

· Point radius

定义角点的显示半径。

(4) Discretization 页。定义 Block 的质点离散方式(图 4-39)。

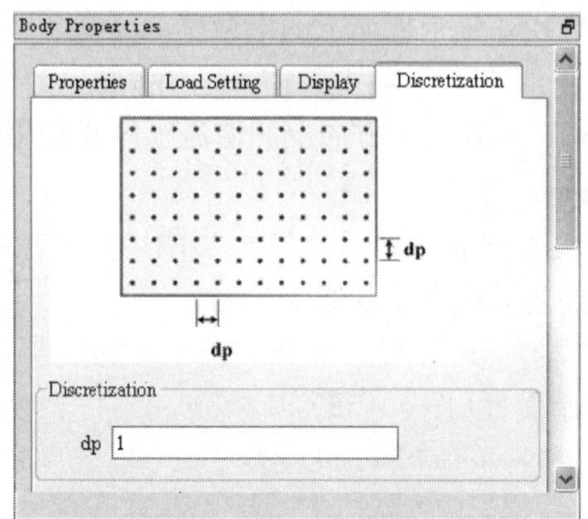

图 4-39 Block 的 Discretization 页

· dp

Block 采用正交等距布点方式离散,因此只需要指定某方向的粒子间距 dp 即可。

2) Cylinder

功能:新建常用的规则旋转体,如圆柱、圆锥、圆台等,参数示意见图 4-40。

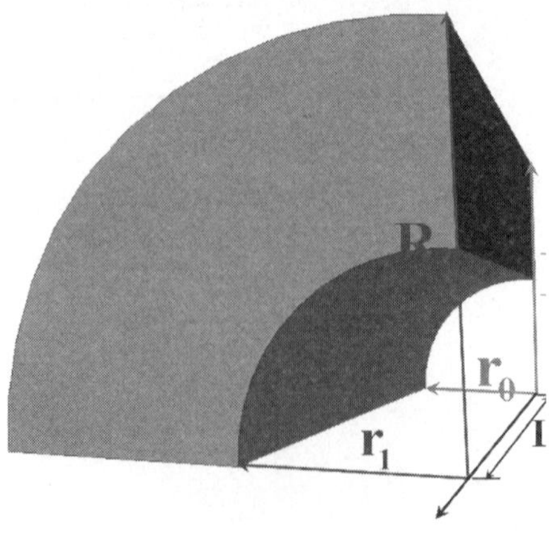

图 4-40 Cylinder 模型参数示意图

(1) Properties 页。如图 4－41 所示。

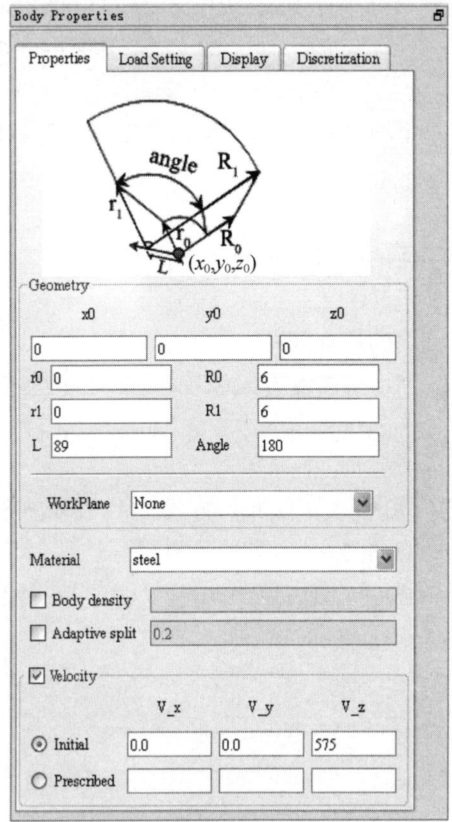

图 4－41　Cylinder 的 Properties 页

- x_0，y_0，z_0

设置 Cylinder 起始点的空间位置。该空间坐标值相对于所载入的 WorkPlane，如果 Cylinder 未载入任何 WorkPlane，这组空间坐标值即定义了 Cylinder 在全局坐标系中的位置。

- r0

设置 Cylinder 起始端面的内径。

- R0

设置 Cylinder 起始端面的外径。

- r1

设置 Cylinder 终了端面的内径。

- R1

设置 Cylinder 终了端面的外径。

- L

设置 Cylinder 的轴向长度。

- Angle

设置旋转体的张角。

· Workplane、Material、Body density、Adaptive split、Velocity

以上各编辑框参数的含义与前面 Block 中所介绍的相同,此处不再赘述。

(2) Load Setting 页。Cylinder 的 Load Setting 选项卡内各编辑框参数的意义同前所述。

(3) Display 页。Cylinder 的 Display 选项卡内各编辑框参数的意义同前所述。

(4) Discretizaion 页。Discretizaion 页(图 4-42)定义该 Cylinder 的质点离散方式。

· dp bottom

指定 Cylinder 的起始端面的质点间距。

· dp top

指定 Cylinder 的终了端面的质点间距。

dp bottom、dp top 确定之后,沿高度方向(Z 轴正方向)的各层粒子的间距按等比关系逐层变化。

· dp Discretizaion

离散方式,取值为 0 或 1,0 代表正交布点方式,1 代表环向布点方式。由于旋转体自身的几何特征,采用环向布点(图 4-43)方式可以更好地保持旋转体的几何形状。如果 Properties 页面上 Cylinder 的 Angle 属性值不是 90、180、270、360 时,MaPoSS 系统只支持环向布点。

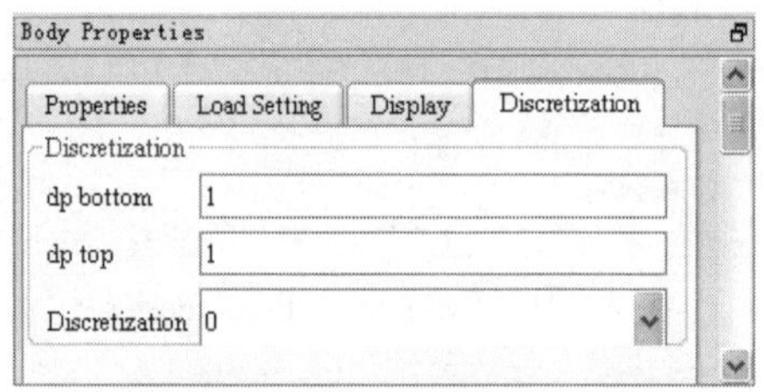

图 4-42　Cylinder 的 Discretization 页

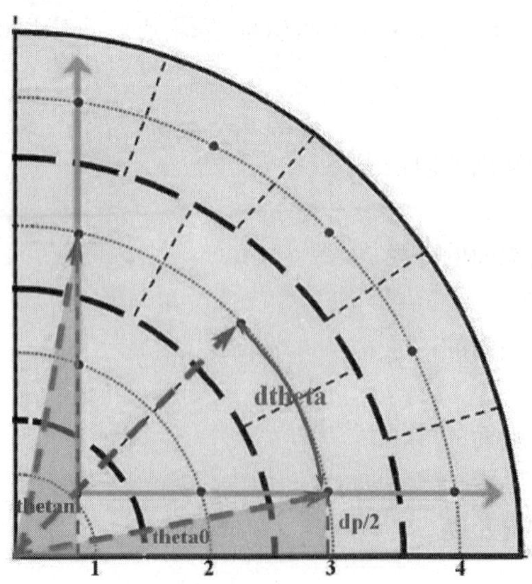

图 4-43　Cylinder 环向布点示意图

3）Ogive

功能:新建卵形体,默认卵形体头部方向为 Z 轴正方向。

Properties 页。如图 4 - 44 所示。

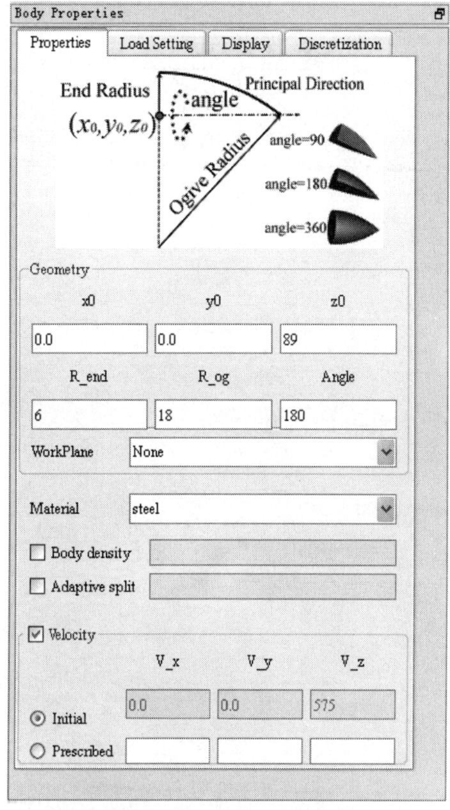

图 4 - 44　Ogive 的 Properties 页

· x_0, y_0, z_0

定义 Ogive 起始点的空间位置。该空间坐标值相对于所载入的 WorkPlane,如果 Cylinder 未载入任何 WorkPlane,这组空间坐标值即定义了 Cylinder 在全局坐标系中的位置。

· R_end

定义卵形体的端部半径(End Radius)。

· R_og

定义卵形体的开口半径(Ogive Radius)。

· Angle

定义新建卵形体的张角。

· Workplane、Material、Body density、Adaptive split、Velocity

以上各编辑框参数的意义同前所述。

Ogive 的 Load Setting、Display 和 Discretization 选项卡内的各编辑框参数意义同前所述。

4）Sphere

功能:新建球体。

（1）Properties 页。如图 4－45 所示。

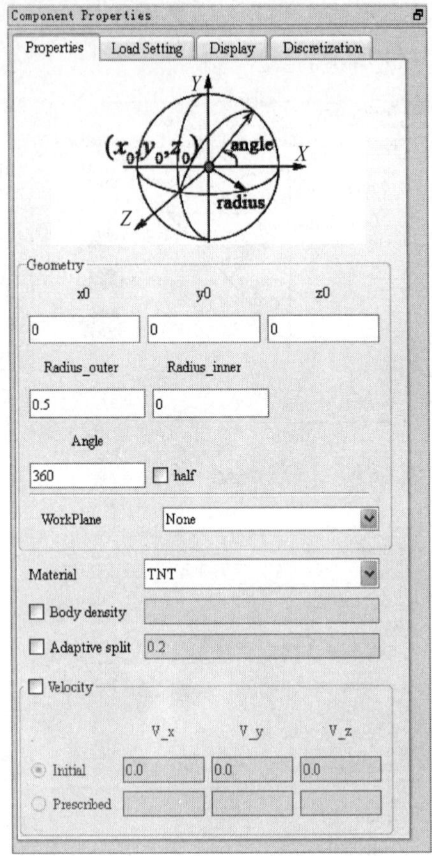

图 4－45　Sphere 的 Properties 页

· x_0,y_0,z_0

定义 Sphere 球心的空间位置。该空间坐标值相对于所载入的 WorkPlane，如果 Sphere 未载入任何 WorkPlane，这组空间坐标值即定义了 Sphere 在全局坐标系中的位置。

· Radius outer

定义圆球外径。

· Radius inner

定义圆球内径。

· Angle

定义球型旋转体两个半圆面的张角。

· half

只有当 Angle＝90 时，该属性才会显示可用。当 Angle＝90 时，勾选该属性表示是否取该 1/4 球的上部分：即 half＝0 时，生成一个 1/4 球；当 half＝1 时，取该 1/4 球的上半部分，即生成第一卦限内的 1/8 球。

· Workplane、Material、Body density、Adaptive split、Velocity

以上各编辑框参数的意义同前所述。

Sphere 的 Load Setting 和 Display 选项卡内的各编辑框参数的意义同前所述。

(2) Discretization 页。

Discretization 页(图 4-46)定义球体的质点离散方式。根据球体自身的几何特性,可以采用不同方式对球体进行离散,如正交布点方式(Discretization = 0)和环向布点方式(Discretization = 1)。正交布点方式在三个相互垂直的方向上(即沿着 Z、Y 和 Z 轴方向)对球体进行正交离散,而环向布点方式则沿球坐标系的三个坐标轴方向对球体进行环向等距离散,这种方式可以较好地保持球形表面。

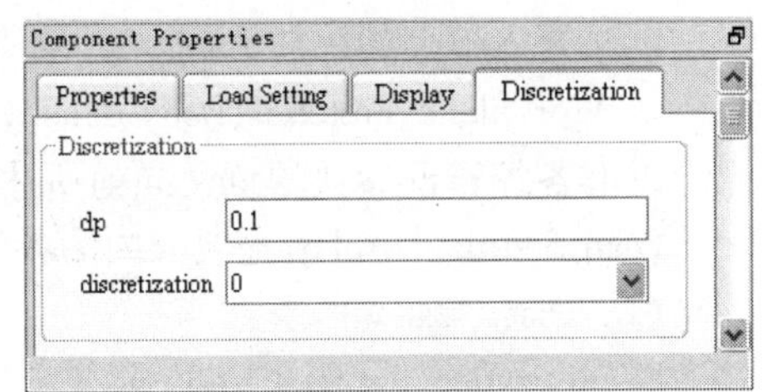

图 4-46 Sphere 的 Discretization 页

· dp

Sphere 无论采用何种布点方式,都只需指定一个参考的粒子间距 dp 即可。

5) Polyhedron

功能:导入后缀名为 . stl 的三维几何实体模型。

(1) Properties 页。如图 4-47 所示。

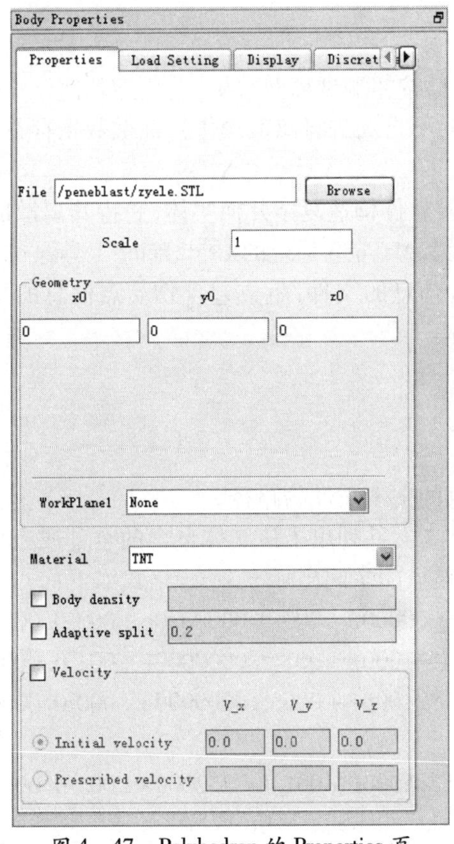

图 4-47 Polyhedron 的 Properties 页

· x0, y0, z0

定义三维实体模型的空间位置。该空间坐标值相对于所载入的 WorkPlane,如果未载入任何 WorkPlane,这组空间坐标值即定义了实体模型在全局坐标系中的位置。

· Scale

定义导入模型的缩放比例。

· Workplane、Material、Body density、Adaptive split、Velocity

以上各编辑框参数的意义同前所述。

Load Setting、Display 选项卡内的各编辑框参数的意义同前所述。

(2) Discretization 页。

Discretization 页(图 4-48)定义实体模型的质点离散方式。由于导入的三维几何实体往往较为复杂,无法用统一的公式进行离散点坐标计算,故这里采用几何体内部均匀布点,外部采用基于球填充算法的布点方案。这种方式既可以保证实体内部离散的均匀,又可以较好地保持多面体表面。

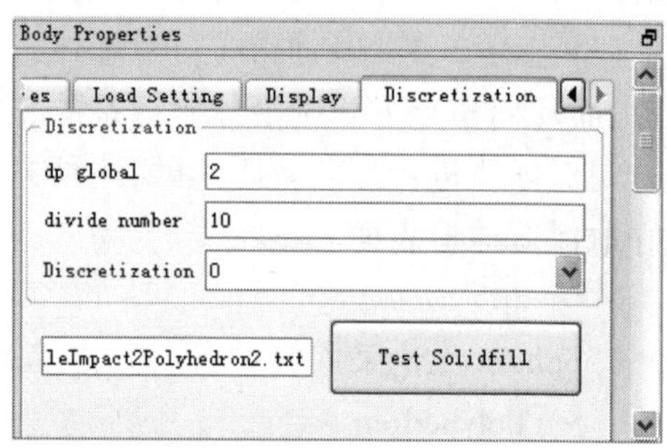

图 4-48 Polyhedron 的 Discretization 页

· dp global

定义全局离散点间距的参考值,实际间距可能在此距离上下浮动。

· Test Solidfill

在保存 Job 之前点击此按钮测试离散效果(若模型几何尺寸被改变,需要重新点击此按钮进行离散,保存 Job 时不自动进行离散操作),离散数据存在按钮左方的编辑框中。

6) User-Defined

通过第三方 CAE 建模软件构造复杂几何实体,并将其离散成有限元网格形式(目前只支持八节点六面体单元),MaPoSS 系统的 Grid2Point 工具通过导入由 CAE 建模软件生成的包含实体节点和单元信息的文件,生成包含物质点信息的文本文件,并通过该文件实现新建复杂形状几何体。

(1) Properties 页。

如图 4-49 所示。

· File

指定包含物质点信息的文本文件的路径。

包含物质点信息的文本文件列出了该实体包含的全部质点信息。第一列:物质点质量;第二至四列分别为物质点的空间坐标 x,y,z。格式如下:

1.0079665e+000 0.0000000e+000 0.0000000e+000 0.0000000e+000

9.3025750e-001 3.4641000e+001 2.0000000e+001 0.0000000e+000

1.8897898e+000 1.7321000e+000 1.0000000e+000 0.0000000e+000

……

5.2774400e+000 1.5385000e+001 1.7252000e+001 0.0000000e+000

· Material、Body density、Adaptive split、Velocity

以上各编辑框参数的意义同前所述。

Load Setting 选项卡内的各编辑框参数的意义同前所述。

(2) Display 页。

User-Defined 的 Display 选项卡内的各编辑框参数的同前所述。参数填写完毕后,点击 Apply,GUI 实时显示区会显示出该导入实体,如图 4－50 所示。同时,系统在该任务的 Job 存放路径下创建一个包含该离散体全部物质点几何信息的文件。

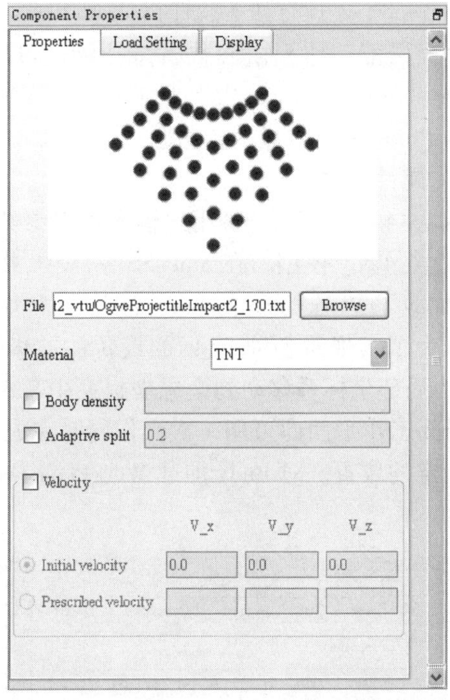

图 4－49　User Defined Entity 的 Properties 页

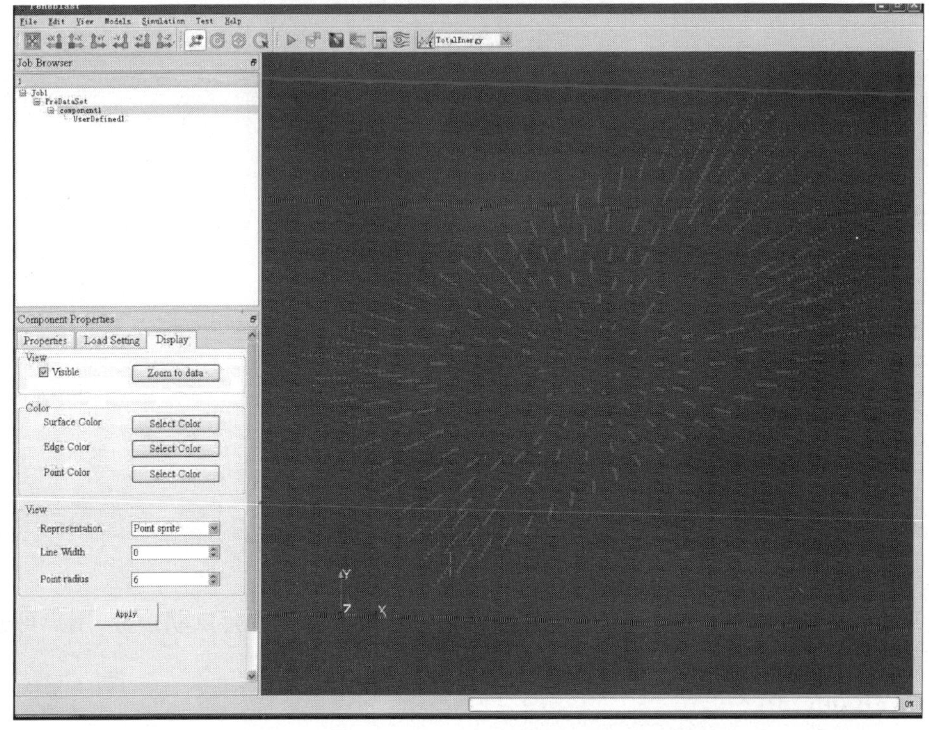

图 4－50　GUI 图形区实时显示用户自定义几何实体

4.1.3 属性页设置

前处理数据集的 Job Properties 具有如下属性页：WorkPlane、Grid、Contact、Detonation、Solution 和 Output，用于设置局部工作平面参数、背景网格信息、接触控制、定义起爆点(面)、输出选项、求解设置。在 Job Browser 中点击列表中的某个前处理数据集，在前处理数据集属性区(PreDataSet Properties)将显示各属性页。

4.1.3.1 WorkPlane 属性页

WorkPlane 属性页(如图 4-51 所示)供用户输入指定参数用于定义一组局部坐标系，以便在局部坐标系中建立 Body 模型。在 MaPoSS 系统中，物质点的坐标都是在全局坐标系下定义的，而对于加载了 WorkPlane 的 body 而言，其初始位置参数(x0, y0, z0)的参考系是局部工作平面。为了实现对各种 Body 的旋转和平移操作，需要引入工作平面将 body 的各离散物质点由局部坐标系移动到全局坐标系中。在对局部坐标系中建立的 Body 进行离散时，利用局部工作平面即可用一次操作同时完成对各种 Body 的旋转和平移，将 Body 移动到空间指定的位置。对 Body 加载 WorkPlane，即可得到其物质点在全局坐标系中的位置。

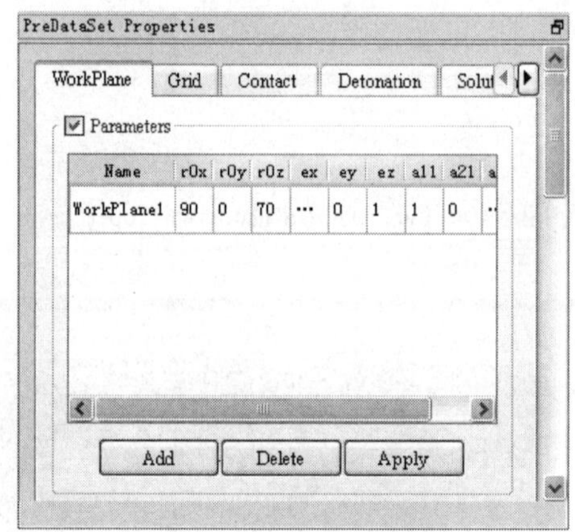

图 4-51 WorkPlane 属性页

· Add 按钮

新建一组工作平面。

· Delete 按钮

删除当前激活的一组工作平面。

· Apply 按钮

保存当前 WorkPlane 列表中的所有参数。

每个工作平面包含如下四组信息：

· Name

WorkPlane 的名称，每新建一个新的工作平面，缺省名称将会自动编号，用户可通过双击缺省名称的编辑框，将之修改成新的名称。

· r0x, r0y, r0z

局部坐标系(WorkPlane)原点相对于全局坐标系原点的偏移量。

· ex,ey,ez

局部坐标系(WorkPlane)的 Z 轴向量在全局系的方向向量。

· a11,a21,a31

局部坐标系(WorkPlane)的 X 轴向量在全局系的方向向量。

需要注意的是:

(1) 向量($\boldsymbol{e}_x,\boldsymbol{e}_y,\boldsymbol{e}_z$)和($\boldsymbol{a}_{11},\boldsymbol{a}_{21},\boldsymbol{a}_{31}$)分别用来指定局部坐标系的 Z 轴(主方向)和 X 轴在全局坐标系下的方向向量,不要求一定为单位向量(即不要求 $\sqrt{\boldsymbol{e}_x^2+\boldsymbol{e}_y^2+\boldsymbol{e}_z^2}=\mathbf{1}$ 和 $\sqrt{\boldsymbol{a}_{11}^2+\boldsymbol{a}_{21}^2+\boldsymbol{a}_{31}^2}=\mathbf{1}$),但必须保证这两个方向向量正交,即 $\boldsymbol{e}_x\boldsymbol{a}_{11}+\boldsymbol{e}_y\boldsymbol{a}_{21}+\boldsymbol{e}_z\boldsymbol{a}_{31}=\mathbf{0}$。如果 body 加载了非法工作平面,将会弹出错误提示框(图 4-52)。

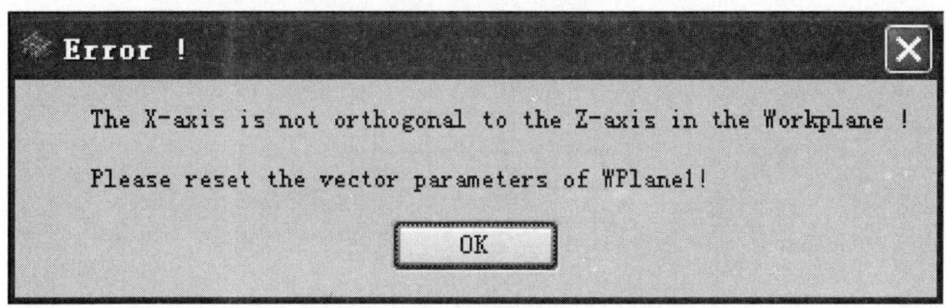

图 4-52　WorkPlane 错误提示框

(2) 局部坐标系的 Y 轴方向是通过向量($\boldsymbol{e}_x,\boldsymbol{e}_y,\boldsymbol{e}_z$)叉乘向量($\boldsymbol{a}_{11},\boldsymbol{a}_{21},\boldsymbol{a}_{31}$)自动得到的,故 WorkPlane 的坐标架仍然保持为右手系。

4.1.3.2　Grid 属性页

Grid 属性页(图 4-53)用于设置背景网格参数,主要包含网格基本参数、移动网格和动态网格的设置等。

· $x0,x1,y0,y1,z0,z1$

定义求解问题的背景网格区域范围。

· Boundary Type

设置该边界面的边界条件,可设为(Free/Fixed/Symmetric/Transmit/Rigid Plane),分别对应(0/1/2/3/4)。

boundary =“0”:自由边界面。

boundary =“1”:固定边界面,约束边界节点的所有自由度。

boundary =“2”:对称边界面,约束边界节点的法向运动,另外两个方向自由。

boundary =“3”:透射边界面,即采用无反射边界条件。

boundary =“4”:刚性面,边界节点在法向上不能穿透边界,其余方向自由。

· dcx,dcy,dcz

x、y、z 三个方向上的初始网格间距。

· Mass cutoff

设置最小节点质量截断系数 c,缺省值为系统所能表示的最小误差 DBL_EPSILON 或 FLT_EPSILON。

· GIMP

是否采用 GIMP 算法(广义插值物质点法)。

· Consider Failure Particle

设置在统计质点所处区域时是否计入失效粒子。若勾选则表示计入失效粒子,不勾选表示不计入失效粒子。缺省为不计入失效粒子。

· Time step factor

设置移动网格间隔步数因子 factor。考虑到每步都判断是否移动网格要耗费较多时间,所以通过计算预测在多少步之后再移动网格。程序将计算出的间隔步数乘以 factor × dtscale 所得值作为程序中真正使用的间隔步数。factor 缺省值为 0.8。

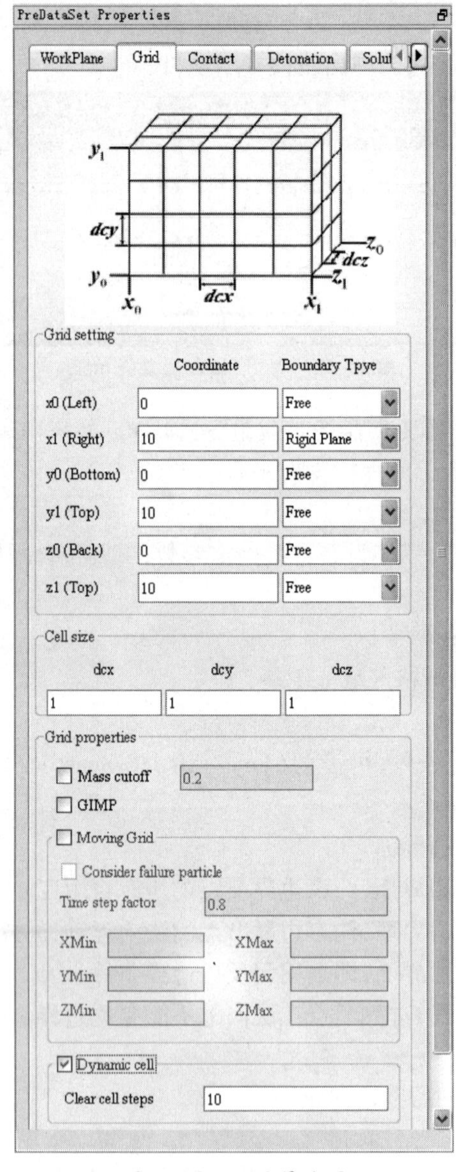

图 4-53 Grid 属性页

· XMin

设置移动网格的 x 向最小移动边界。

· XMax

设置移动网格的 x 向最大移动边界。

· YMin

设置移动网格的 y 向最小移动边界。

· YMax

设置移动网格的 y 向最大移动边界。

· ZMin

设置移动网格的 z 向最小移动边界。

· ZMax

设置移动网格的 z 向最大移动边界。

· Clear cell step

设置清除原有网格和节点的时间步数。每间隔一定的时间步就清除原有的网格和节点,使用时再重新生成,以便节省内存。默认的时间步间隔为 10,若该值设为小于等于 0,则表示永不清除。仅当已勾选 Dynamic cell 时才能生效。

4.1.3.3 Contact 属性页

如图 4-54 所示。

· Contact on

是否启用接触,只有勾选 Contact on 时下面的选项才可用。若组件数为 1,则不启用接触算法。

· Failure to component

是否启用粒子失效后作为独立组件的功能,默认为不启用。在启用后,失效粒子作为单独组件和其他组件的关系用接触算法计算。

· Exclude components

设置在计算接触面法向时是否排除存在失效质点的组件。勾选表示在计算接触法向时不考虑存在失效质点组件,除非相接触的两个组件都有失效粒子。默认为关闭此功能。

· AutoComputc component weight

是否自动计算各组件接触面法向计算权值。勾选时表示自动设置各个组件接触面法向方向的权值,不勾选表示不自动设置,默认为不勾选。该方法根据弹性模量来确定权值。对于 Mooney Rivlin 材料,权值为最大;对于其他没有弹性模量的材料则设置为 -32767;对于失效组件(0 号组件)会自动设置为 -32768。

· Distance type

设置计算最小接触间距系数的方法。distance type = "0"表示不计算,distance type = "1"表示计算两物体最近的质点间距,distance type = "2"表示计算两物体表面的间距。distance type = "2"由于考虑到了质点的体积,所以比 distance type = "1"的计算量略大。

· Min distance

设置最小接触间距系数 dist。在物质点法中的标准接触算法中,当两个物体对同一个背景网格节点的质量和动量都有贡献时,即认为两个物体发生了接触,但此时两物体间的距离并不为零,而是小于网格单元尺寸的 2 倍。为了克服这一缺陷,可通过设置最小接触间距系数 dist 来判断是否发生接触。当两个物体对同一个背景网格节点的质量和动量都有贡献,且它们之间的距离小于 dist 乘以网格单元尺寸时,才认为两物体发生了接触,否则没有接触。min distance 的默认值为 0.0,不进行接触间距判断。

· Contact time step

是否根据接触算法修正显式积分的时间步长。勾选表示根据接触算法对显式积分时间步长进行修正,默认值为不修正。接触算法将较显著地影响显式积分的临界时间步长,建议启用此选项。

· Friction coefficients

定义材料间的摩擦系数。

"New"按钮:定义一组两种材料之间的摩擦系数。两个"Material"框下分别选定两种材料,"Coefficient"输入这两种材料之间的摩擦系数。

"Delete"按钮:删除当前激活的一组摩擦系数。

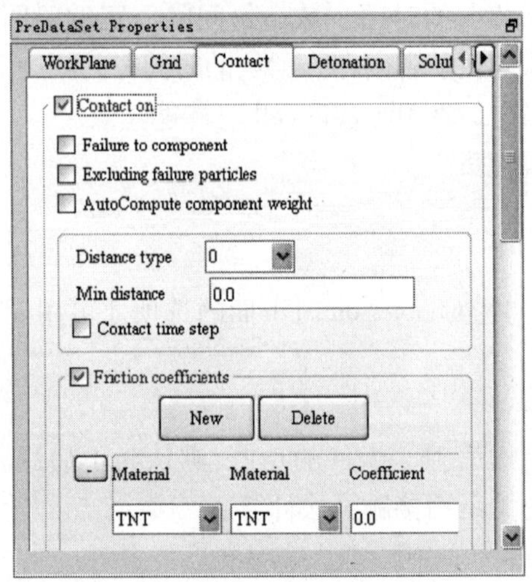

图 4-54 Contact 属性页

4.1.3.4 Detonation 属性页

定义炸药的起爆点/面,并设定其点火时间(图 4-55)。点击"+"和"-"可以展开和收缩起爆点/面数据,同时将该条目高亮显示。

· "New"按钮

新建一个起爆点/面。

· "Delete"按钮

删除当前激活的一个起爆点/面。

· "Apply"按钮

保存当前 Detonation Points/Plans 列表中的所有参数。

· Type

设置起爆点/面的类型。type = "point"表示定义起爆点,type = "plane"表示定义起爆面。

· Detonation Time

定义起爆点/面的点火时间。

· Detonation point

若 type = "point"，则需要设置以下属性：

x,y,z：设置起爆点在全局坐标系中的位置。

· Detonation plane

若 type = "plane"，则需要设置如下属性：

Direction：设置起爆面的法线，取值为 0、1、2，分别对应于 x、y 和 z 轴。

Location：设置起爆面在与其法线平行的坐标轴上的位置。

Left：设置起爆面左侧坐标值。

Right：设置起爆面右侧坐标值。

Bottom：设置起爆面底部坐标值。

Top：设置起爆面上部坐标值。

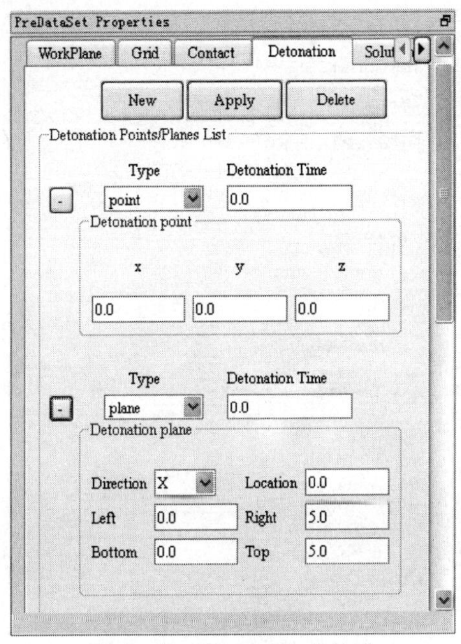

图 4-55　Detonation 属性页

4.1.3.5　Solution 属性页

Solution 属性页（图 4-56）主要进行与求解相关的设置，如物理模拟时间、时间步长因子、体积更新方式等。

· EndTime

设置物理模拟时间。

· Time step factor

设置时间步长因子，默认值取为 0.9。

· Specified

指定具体的时间步长并以此作为程序计算时的固定时间步长，便于程序测试比较时使用，默认为不使用。

· Constant time step

是否采用固定的时间步长。

· MPM algorithm

该复选框用于设置计算过程中所用求解格式的相关选项。

MUSL、USF、USL:这三个单选框用于选择算法格式,默认为使用"MUSL"格式。

Near Boundary Stop:设置当粒子接近边界时是否保存重启动文件并退出,默认为禁用此功能。主要在需要使用状态文件进行重启动计算情况下考虑使用。

Time Integration:指定程序采用的积分方案。选择"Explicit"表示采用显式积分,选择"Implicit"表示采用隐式积分。默认为采用显式积分。目前隐式积分求解器未开发完成,暂不可使用。

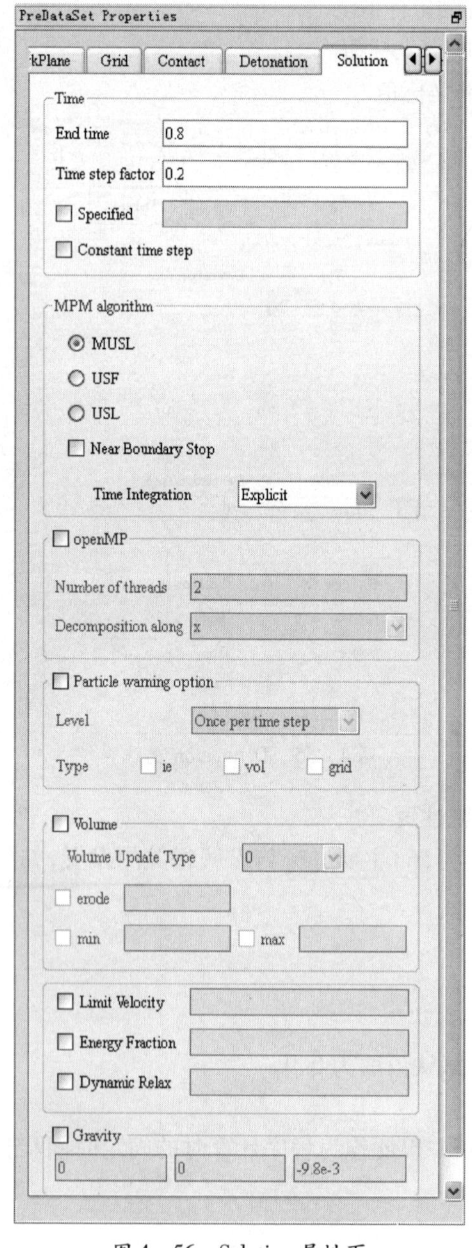

图 4-56　Solution 属性页

· Paticle warning option

在程序计算过程中,由于个别质点出现非物理现象如负内能、负体积等,程序应该终止计算。但是,个别质点的非物理现象并不会影响整体的计算精度,因此对这类计算现象采用先输出警告信息,并根据具体情况采取相应的措施。

Level:设置警告等级,可供选择的选项有:"Once per time step""All warning messages""Stop when warning",分别对应的取值范围为0、1、2,默认值为0。

Once per time step(level ="0"):每个时间步输出一次警告信息。

All warning messeages(level ="1"):质点变量一旦满足警告阈值,则发出警告。

Stop when warning(level ="2"):质点变量一旦满足警告阈值,则报错并终止程序运行。

Type:设置监控的物理量,type 可以为"ie""vol"或"grid",分别控制输出负内能警告信息、负体积警告信息和质点飞出网格区域警告信息。

· Volume

Volume Update Type:设置更新质点体积的方式。可取0~4,默认值为"0"。

erode:设置侵蚀体积判据。如果粒子体积小于 erode 时将其侵蚀(即删除)。

min:设置质点最小体积修正因子。修正方式为将质点体积限制在一定范围内,默认为不修正。

max:设置质点最大体积修正因子。修正方式为将质点体积限制在一定范围内,默认为不修正。

· Limit Velocity

设置质点最大速度限制值。在计算过程中,个别质点可能会出现异常,其速度过大,进而大大降低时间步长,此时可以勾选此选项限制质点的最大速度。

· Energy Fraction

设置能量分数。当总能量的误差超过这一分数时,程序将报错并终止计算。缺省为不启动这一控制选项。

在程序计算过程中,如果没有质点飞出网格的情况时,总能量应该保持不变即守恒。但在计算过程中,由于数值耗散或者计算误差,总能量会产生变化。若由于计算错误,当总能量的变化量与总能量之比超过一定分数后,程序计算结果不可信,此时可终止计算。

· Dynamic Relax

设置黏性阻尼系数。该阻尼是通过计算节点外力时引入与各物质点速度大小成正比方向相反的项来实现,也可以直接利用节点的速度来引入。目前该项设置是在所有 body 上统一施加。

· Gravity

设定重力加速度在三个方向上的分量。默认为不打开。重力加速度的单位取决于当前任务所选的单位制,因此实际数值需要用户手工转换。

4.1.3.6 Output 属性页

Output 属性页(图4-57)用于设置与结果输出有关的选项,如控制台监测输出时间间隔、后处理文件类型、后处理观察的物理量等。

· Console output

设置控制台的相关选项。

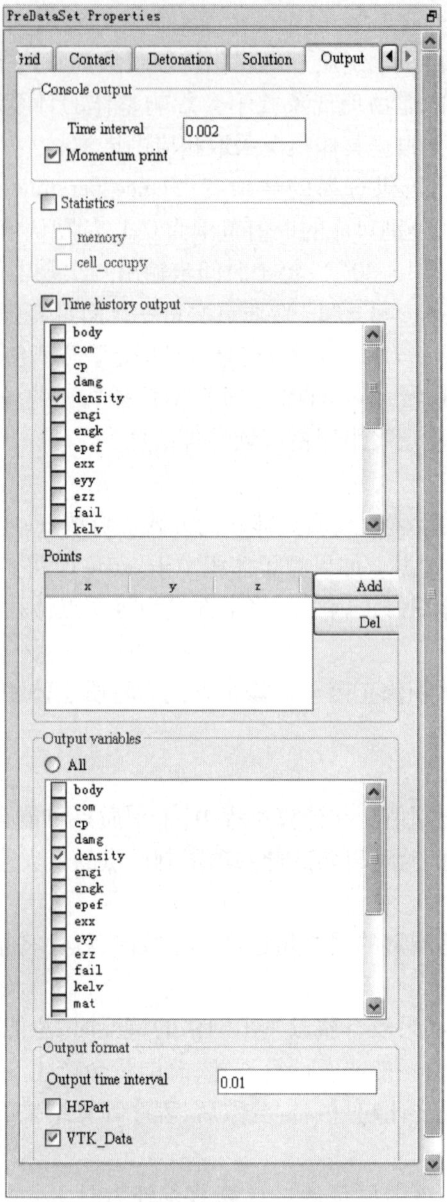

图 4-57　Output 属性页

Time interval：设置控制台报告计算状态时间间隔。控制台监测内容默认有当前时间、当前时间步数、时间步长、总动能和总内能。

Momentum print：设置在控制台是否报告动量状态。

· Statistics

统计内存和实际网格使用量。

memory：是否在指定时间间隔输出内存耗费量到 . sta 文件，该功能目前仅在 windows 下有效。勾选为输出，不勾选为不输出，缺省为不输出。

cell - occupy：是否在指定时间间隔输出有质点的网格的比例到 . sta 文件。勾选该选项为输出，不勾选为不输出，缺省为不输出。

· Time history output

记录观测点的变量时程曲线，可供选择输出的变量见表 4 – 1。

“Add”按钮：增加一个观察点，其 X、Y、Z 表示观察点在全局坐标系三个方向上的坐标。

“Del”按钮：删除当前激活的观察点。

· Output variables

设置在后处理文件中要观察的物理量，可供选择输出的变量见表 4 – 1。

· Output format

Output time interval：定义输出后处理文件的时间间隔。

H5Part：是否输出 H5part 格式的后处理数据文件。

VTK – Data：是否输出 VTK 格式的后处理数据文件。

表 4 – 1　各输出变量对应的物理意义

变量	物理意义	变量	物理意义	变量	物理意义
seqv	Mises 应力	Velocity_0	X 方向速度	exx	X 方向累计应变
epef	等效塑性应变	Velocity_1	Y 方向速度	eyy	Y 方向累计应变
pres	压力	Velocity_2	Z 方向速度	ezz	Z 方向累计应变
density	密度	sigy	屈服应力	posx	X 方向位移
tria	应力三轴度 σ^*	damg	损伤度	posy	Y 方向位移
fail	失效	engi	变形能	posz	Z 方向位移
engk	动能	body	体编号	com	组件号
cp	声速	kelv	Kelvin 温度	mat	材料组

4.2 分析计算

4.2.1 建立算例文件

在 MaPoSS 系统中，通过以下两种途径生成可直接进行计算的算例文件。

(1) 通过前处理系统中的各项操作，设置相应参数生成。

依照功能说明，在 MaPoSS 系统的前处理系统中新定义任务，新建材料及几何模型，设定各求解参数后，点击菜单栏 File→Save Job，即可在当前工作路径下生成 xmp 文件。用户也可右击 Job Browser 中的指定任务，点击“Save”完成此操作。

各项操作的具体步骤可参见 4.1.1.1 节。

(2) 直接导入已有的 xmp 文件。

点击菜单栏 File→Load Job，用户可根据弹出的文件对话框（图 4 – 58），将指定路径下的某个 xmp 数据文件导入进来，MaPoSS 系统将载入其中的相应参数，同时将该实体模型显示在 GUI 实时显示区中。xmp 文件保存了在前处理系统中输入的所有信息，可由前处理系统生成，也可以由用户直接在文本编辑器中手工输入生成。用户导入 xmp 数据文件后，可在前处理界面中进行模型检查，或重新设置参数。

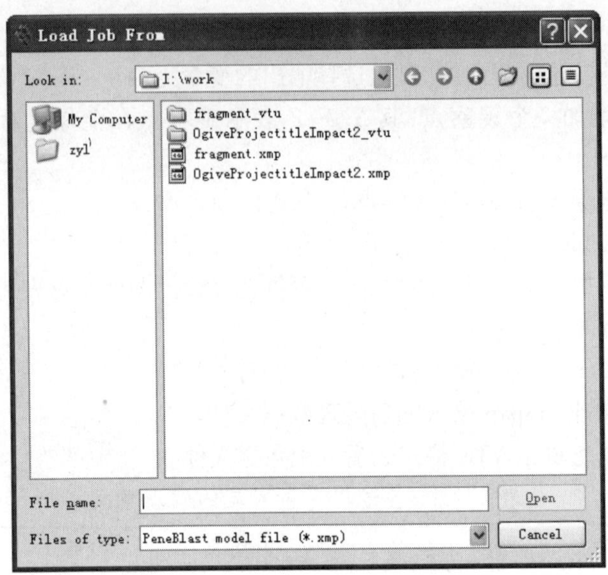

图 4-58 Load Job 对话框

4.2.2 执行计算

（1）在正式开始计算前，点击菜单栏 Simulation→Check Input Data，也可先点击工具栏上的按钮，检查当前保存的 xmp 文件是否符合格式要求，并给出检查结果。格式有误则弹出如图 4-59 所示对话框，给出具体的错误提示信息；格式无误则弹出如图 4-60 所示对话框，提示格式检查通过。

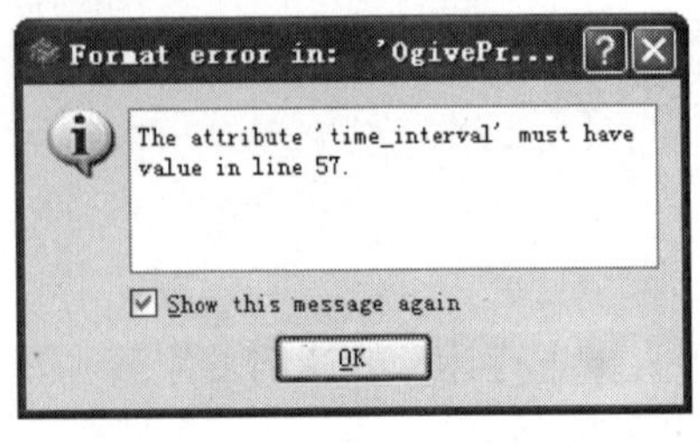

图 4-59 错误提示信息对话框

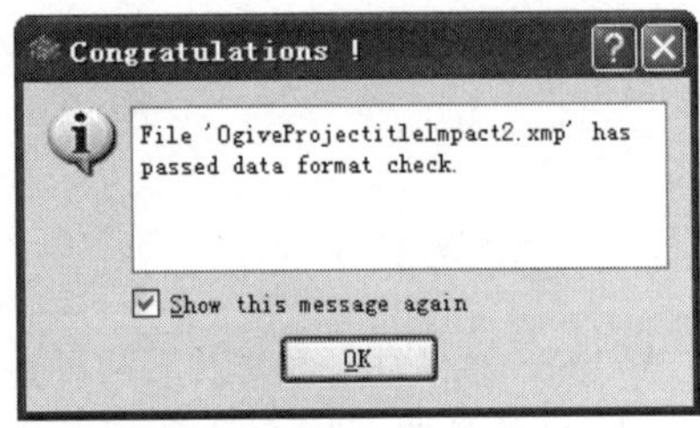

图 4-60 格式无误提示框

（2）点击菜单栏 Simulation→Start，也可以点击工具栏上的按钮，MaPoSS 系统即开始进行当前任务的计算（图 4-61）。

（3）计算过程中，用户可根据需要随时暂停（Simulation→Pause，或点击工具栏上的按钮）和终止计算进程（Simulation→Stop，或点击工具栏上的按钮），改变计算实时监测区的显示变量。

（4）计算进程暂停后，用户可点击菜单栏 Simulation→Save RestartFile（或点击工具栏上的按钮），保存重启动状态文件，则程序弹出如图 4-62 所示对话框，提示重启动文件保存成功。

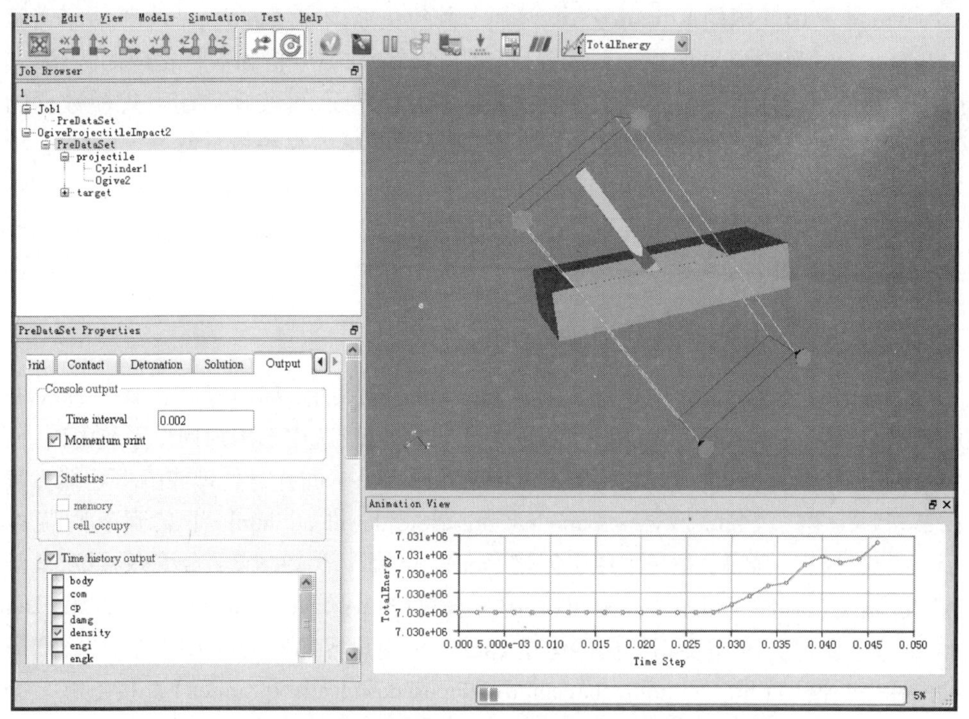

图 4-61　MaPoSS 界面实时显示计算进程

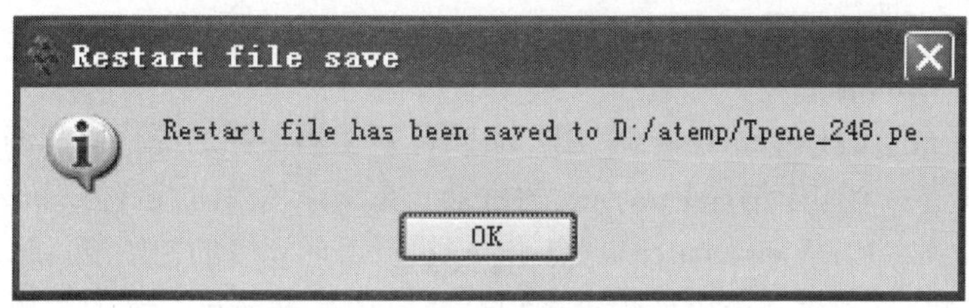

图 4-62　保存重启动文件对话框

（5）如需从中断状态继续进行计算，点击菜单栏 Simulation→Restart，也可以点击工具栏上的按钮，MaPoSS 系统即可读入上次计算保存的重启动状态文件（ *.pe），并从该状态处继续计算（重启动）。

（6）点击菜单栏 Simulation→Postprocessing，也可以点击工具栏上的按钮，MaPoSS 系统开始调用 Paraview 进行后处理，用户将在打开的 Paraview 界面中观察计算结果。

4.3　后处理系统

采用数值模拟软件对工程技术问题进行仿真计算时，通常会产生大规模的结果数据。为了揭示这些结果数据的内涵，获得更加明确的结论，往往需要对数据进行进一步分析处理和可视化，即后处理。物质点法数值仿真系统选用开源软件 ParaView 作为其后处理软件。

ParaView 是由美国的 Kitware 公司、洛斯·阿拉莫斯国家实验室、圣迪亚国家实验室和 CSimSoft 公司联合研发的一个开放源代码的多平台数据分析和可视化应用程序,其具有可扩充的模块化体系结构,开放、灵活、直观的用户界面,可实现对超大规模数据的分析处理,并且稳定运行于单处理器工作站、多处理器共享内存超级计算机、工作站、集群等多种形式的计算平台上。

本节针对物质点法数值仿真系统的后处理要求,以 3.2.1 版本为例,简要介绍 ParaView 的基本功能和应用实例。

4.3.1 ParaView 安装和启动

ParaView 的二进制程序中包含了运行 ParaView 所需的全部内容。要编译 ParaView,用户需要 ParaView 源代码、Trolltech 的 Qt 库、CMake 以及适用于用户操作系统的编译器。MPI 和 Python 是可选组件,取决于用户是否使用 ParaView 的并行处理或脚本功能。读者可在 ParaView 网页(http://www.paraview.org/New/download.html)下载到不同版本的 ParaView 源代码。CMake 是一个用于创建 ParaView 编译环境的跨平台编译系统,其源代码和二进制发行程序可以从 CMake 网站的下载页(http://www.cmake.org/HTML/Download.html)上获得。Qt 主要用于提供构建 ParaView 用户界面所需的 GUI 库,其源代码可以从 Trolltech 网站(http://trolltech.com/developer/downloads/qt/index)直接下载。当获得所需组件后,无论用户在哪个平台上编译、安装 ParaView,方法都是相同的。首先运行 CMake,在 CMake 内,依次通过 ParaView 配置选项定位所需组件,并选择要使用的可选组件;当获得满意配置结果后,令 CMake 生成一个编译环境;最后编译 ParaView。

4.3.1.1 Unix 平台

在 Unix 平台上编译 ParaView 时,用户必须分别使用不同的源代码和编译文件目录,所以首先要创建一个用于编译 ParaView 的目录。在编译目录内,运行 CMake 的终端界面(ccmake /path/to/ ParaView/source)。点击"c"执行编译环境的初始配置时,ccmake 会检查用户的计算机,并提供一组默认配置选项。当成功配置 ParaView 的编译环境后,可以使用 generate 命令,点击"g"在编译目录中生成一个编译环境(如 Makefiles)。编译环境创建完成后,ccmake 会自动退出。输入 make 对 ParaView 进行编译。

ParaView 编译完成后,输入 make install 安装可执行程序,可执行程序放在 ccmake 的 CMAKE_INSTALL_PREFIX 选项中列出的目录下,用户必须拥有该目录的读写权限才能安装 ParaView。

安装完成后,ParaView 可执行文件位于所创建的 bin 目录下。用命令行运行 ParaView 时首先要切换至该目录,然后输入"paraview"以及用户希望使用的命令行参数启动程序。

4.3.1.2 Windows 平台

在 Windows 平台下,要编译、安装 ParaView,首先要运行 CMakeSetup 程序对编译环境进行配置,配置完成后,MakeSetup 自动退出。对于依赖 makefile 的编译器而言,只需简单地在编译目录中输入 make。如果用户使用的是 Visual Studio,还要将工作空间(*.dsw)或解决方案(*.sln)文件读入 Visual Studio 中,选择 ALL_BUILD 项目并编译。其他集成开发环境中的编译器使用过程与此类似。

编译完 ParaView 的源代码后,运行 INSTALL 程序安装 ParaView。可执行程序放置在 CMakeSetup 的 CMAKE_INSTALL_PREFIX 选项中列出的目录下。用户必须拥有该目录的读写权限才能进行安装。要安装从网站下载的预编译二进制文件,还要下载 ParaView 的 Windows 安装器,按照提示配置 ParaView 的安装过程。

在 Windows 文件浏览器中,点击 ParaView 即可启动程序。用户还可以通过 Windows 命令行运行 ParaView,首先切换至可执行文件所在的目录,然后输入“paraview. exe”以及用户希望使用的命令行参数,这和 Unix 系统下的运行操作方式一样。

4.3.2 用户界面

为便于向读者展示 ParaView 的基本功能,此处首先介绍几个 ParaView 中常用的术语和概念。

· 对象:模拟系统中实体状态或行为的抽象。

· 数据对象:数据抽象。例如,当加载一个 vtu 文件后,该文件就通过一个数据对象来代表。

· 滤波器:一个至少需要一个输入并且产生一个输出的过程对象。滤波器包括平面截取滤波器、阀值滤波器等。

· 管线:在 ParaView 中,过程对象相互联系形成一个可视化管线,管线中的每一个过程对象代表对某个数据的一次操作。

在 Windows 平台上启动 ParaView,并加载一个初始数据集后,此时其用户界面如图 4-63 所示。

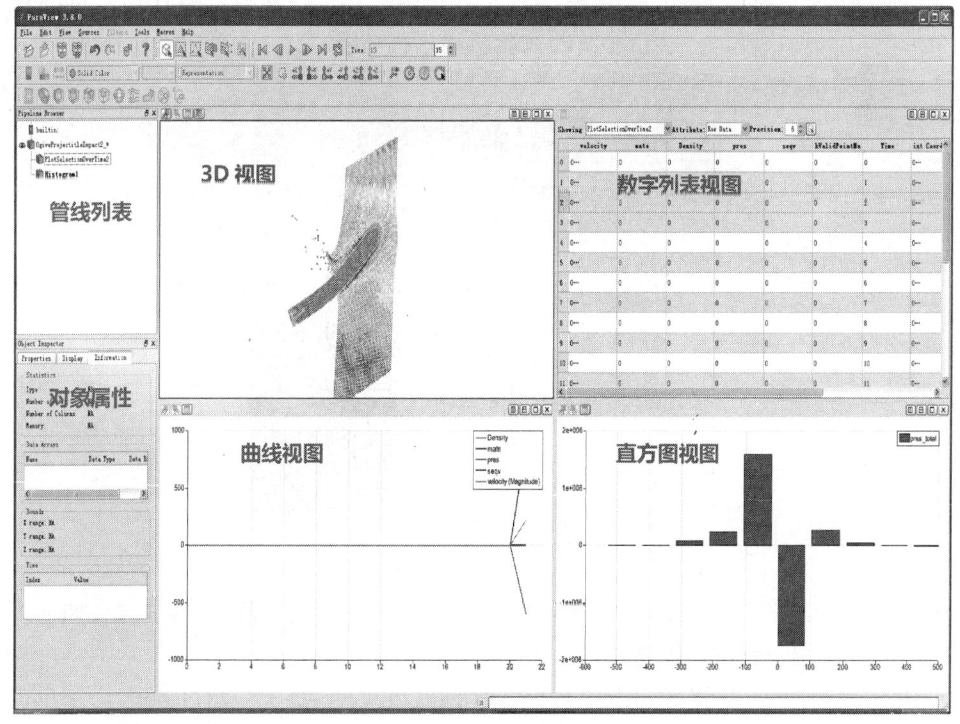

图 4-63 ParaView 初始界面

(1) Menu Bar(菜单栏)。

系统菜单,所有任务均可通过点击某个菜单项来完成。

(2) Tool Bar(工具栏)。

常用工具的快捷方式集合。

(3) Pipeline Browser(管线列表)。

ParaView 采用管线管理数据的读取和操作,并按创建的先后顺序以树状结构的形式列出系统中所有数据对象的名称。子数据对象按其创建的先后顺序列在父数据对象的下边,并缩进。

(4) Object Inspector(对象属性)。

管线列表中数据对象的各类属性,包括三个属性页:Properties、Diaplay、Information。

(5) Display Area(显示区)。

管线列表中对象的数据可视化区。用户在此可以查看、分析数据,并实现对数据的交互操作。该区域可以进一步切分成多个不同类型的视图(View),并在不同视图中显示不同的计算结果。

由于 ParaView 是基于 VTK 开发的,所以它继承了 VTK 的管线架构。ParaView 用户界面的设计目标是能够直观地显示管线中各部分间的连接。在 Pipeline Browser 中显示的是当前的可视化管线。要改变管线中的连接,可以在 Pipeline Browser 中右键点击一个滤波器,然后在菜单中选择 Change Input,或者在 Edit 菜单中选择 Change Input。

4.3.2.1 菜单

File Edit View Sources Filters Animation Tools Help

在 ParaView 主窗口上方的菜单栏中有 8 个菜单选项。在没有读取任何数据的情况下,Filters 菜单最初显示为灰色,滤波器只能应用于程序已经读入的数据。

1) File 菜单(图 4-64)

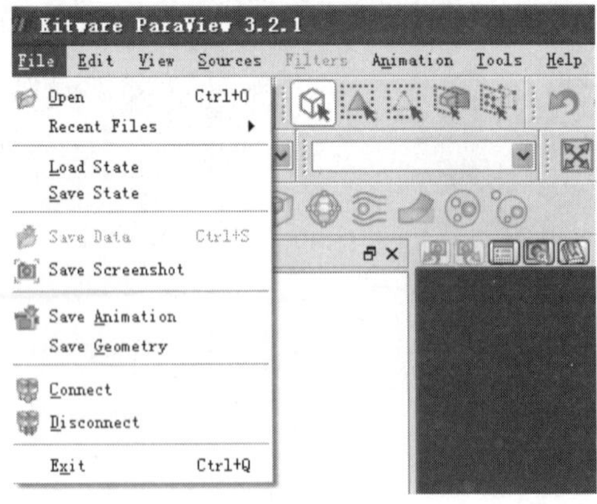

图 4-64 File 菜单

File 菜单处理的任务包括读取数据、储存数据以及链接服务器,各选项含义如下。

(1) Open:用于读取数据文件。

(2) Recent Files:如果之前使用 ParaView 读取过数据,会在 Recent Files 子菜单内显示一组最近打开过的文件。文件顺序排列为最后一次被读取时所用的服务器链接顺序。

在该子菜单中选择一个文件，会将该文件读入到 ParaView 中。

(3) Load State 和 Save State：这两个选项用于储存和读取 ParaView 状态文件。这些文件记录了 ParaView 服务器管理程序的当前状态，允许用户重建一个特定的可视化状态和恢复 ParaView 程序状态。

(4) Save Data：用于将当前可视化的数据储存为一个数据文件。

(5) Save Screenshot：用于将选定视图(高亮为红色)储存为一个图像文件。ParaView 支持将图像储存为多种标准图像格式：PNG、BMP、TIFF、PPM 和 JPG，也支持将视图图像储存为 PDF 格式。

(6) Save Animation：用于储存动画结果。该动画可储存为一组图像序列(JPEG、TIFF 或者 PNG)或者一个 AVI 视频文件。

(7) Save Geometry：将由动画创建的几何体储存为 PVD 文件格式。

(8) Connect：将 ParaView 客户端链接到 ParaView 服务器。该选项会使 ParaView 断开与当前已连接服务器的连接，然后建立一个与所选择服务器间的新链接。

(9) Disconnect：断开 ParaView 客户端与 ParaView 服务器的链接，并建立与内置服务器的链接。当断开与服务器的链接时，服务器进程会关闭，其内存中的数据集会被销毁。在真正断开链接前，ParaView 会显示一个提醒对话框，以确认本次断开链接并非误操作。

(10) Exit：用于关闭 ParaView 程序，与点击程序窗口右上角的“X”具有相同效果。

2) Edit 菜单(图 4-65)

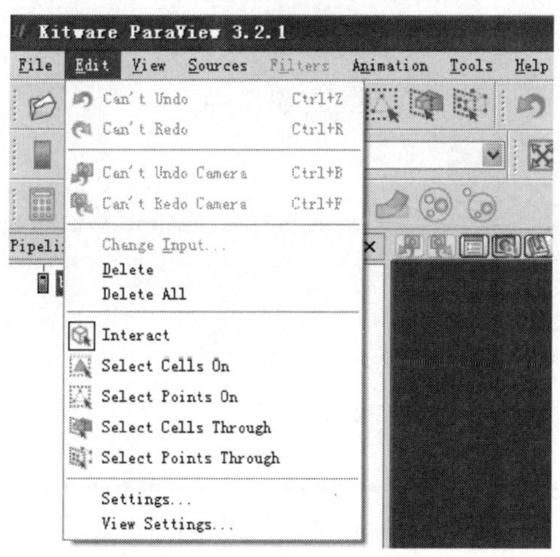

图 4-65 Edit 菜单

(1) Undo/Redo：取消 ParaView 执行的最后一个操作(或是恢复最后一个被取消的操作)，但不会改变 3D 视图中查看数据的视点位置或朝向。

(2) Undo/Redo Camera：取消最后一个与摄像机相关的操作(或是恢复最后一个该类型的被取消操作)。摄像机操作包括在 3D 场景中改变查看数据的视点(旋转、拖动、缩放、选择与坐标轴平行的视点)或者改变查看数据的方向(滚动)。

(3) Change Input：改变在 Pipeline Browser 中所选定项的输入数据。该功能只能用于在管线中的滤波器，因为数据源和读取器不需要输入数据。

(4) Delete：将在 Pipeline Browser 中的选定项从可视化管线中移除。该功能只能用于位于管线末尾的选定项(没有滤波器依赖它)。

(5) Delete All:删除所创建的所有读取器、数据源和滤波器。该操作等于在所有数据集的 Properties 标签页点击 Delete 按钮,或是在 Pipeline Browser 中选择所有数据集并从 View 菜单中选择 Delete。

(6) Interact:在 3D 视图中点击并拖拽,以改变查看数据集的视点位置或朝向。

View 菜单中的随后四项用于改变 ParaView 的鼠标交互模式。当在 3D 视图中通过鼠标点击并拖拽出一个矩形时,矩形中的哪些点或单元会被选定,取决于所使用的交互模式。同样,利用 Selection Inspector 也可以指定选定内容的显示方式,本章稍后会进行介绍。

(7) Select Cells On:使用选定矩形选择数据集表面的单元。

(8) Select Points On:使用选定矩形选择数据集表面的点。

(9) Select Cells Through:使用选定矩形从数据集中选定单元,而不管其到可见表面的深度。

(10) Select Points Through:使用选定矩形从数据集中选定点,而不管其到可见表面的深度。

(11) Settings:选择该选项时,会出现一个对话框(图 4-66),用于对 ParaView 程序进行整体设置。在该对话框左侧是一个树结构,用来选择要查看和改变的具体设置。

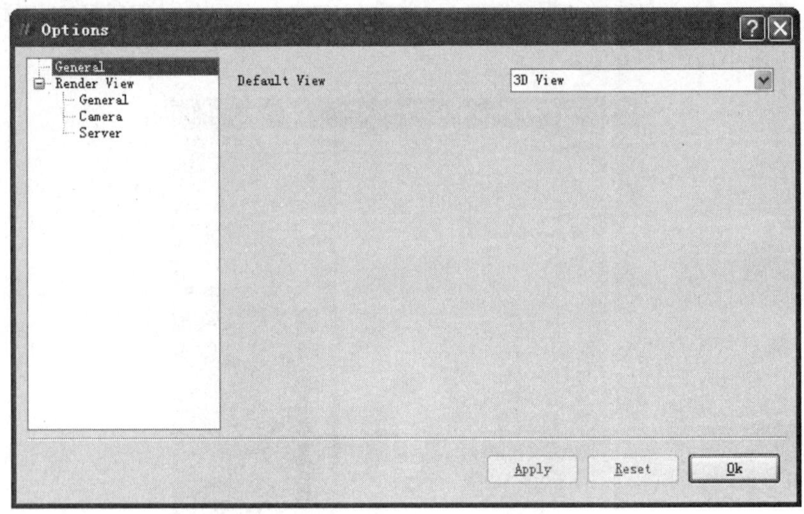

图 4-66 通用设置

3) View 菜单(图 4-67)

View 菜单用于控制在 ParaView 用户界面中显示的查看器和视图。(见下面有关查看器与视图的描述)

(1) Camera:将摄像机(视点位置)任意放置在六个主要方向上观看 3D 场景。第一项 Reset,将摄像机放置于令选定视图中的所有物体都位于视锥内的位置,使得场景中所有未被遮挡的物体部分均可见。

(2) Show Center:切换用于标识旋转中心的坐标轴的可见性。

(3) Reset Center:重新放置旋转中心,使其位于 Pipeline Browser 中选定的数据集的边界中心。

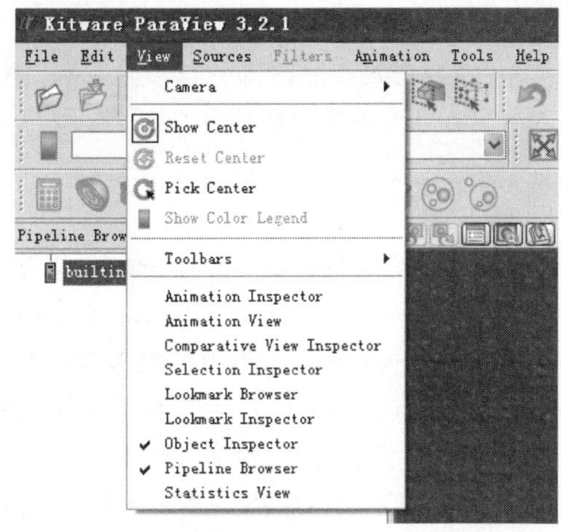

图 4－67　View 菜单

（4）Pick Center：在 3D 视图中点击左键选择旋转中心。如果点击了一个数据集，则旋转中心位于数据集表面上所点击的位置。

（5）Show Color Legend：切换选定视图中的选定数据集颜色图例（标量栏）的可见性。颜色图例中显示的值的范围取决于选定数据集着色所使用的标量或向量数组。

（6）Toolbars：列出了 ParaView 中可用的各种工具条，并可切换各个工具条的可见性。

（7）Animation Inspector：提供了在一段动画中添加或编辑时间帧的方法。

（8）Animation View：为 ParaView 中的动画提供了一个时间线查看器。

（9）Comparative View Inspector：提供了建立一个可以比较可视化的方法，在一个多窗格 3D 视图中渲染，每个窗格显示当改变一个或两个可视化参数的设置时，可视化管线的输出。

（10）Selection Inspector：用于切换 ParaView 用户界面中 Selection Inspector 的可见性。

4）Sources 菜单（图 4－68）

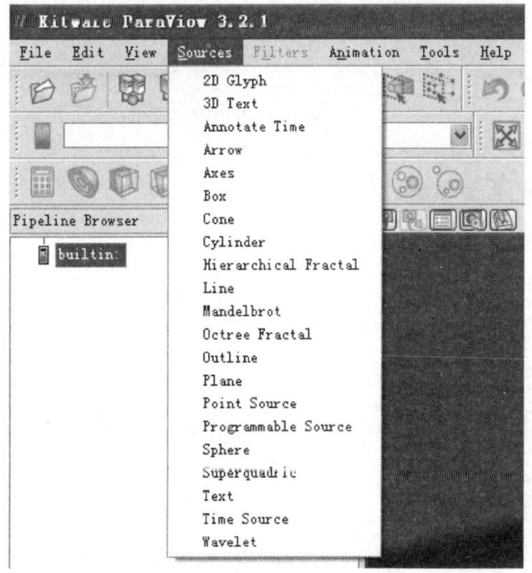

图 4－68　Sources 菜单

Sources 菜单列出了可以在 ParaView 中用于创建数据集的多个数据源。在 ParaView 中,数据源是一个无需利用其他数据集作为输入数据或从文件中读取数据即可创建数据的对象。例如,数据源 Cone 可在 3D 场景中创建一个圆锥,用户界面提供了操作圆锥参数的控件。

5) Filters 菜单(图 4-69)

通过 Filters 菜单,可以访问能够用于 ParaView 中的数据集滤波器。它包含下列子菜单:Recent、Common、Data Analysis 和 Alphabetical。Recent 子菜单列出了最近被加入可视化管线的滤波器(最多 10 个),以便访问经常使用的滤波器。Common 子菜单列出了与 Filters 工具条相同的滤波器;在 Data Analysis 子菜单中列出的滤波器对于定量分析数据集很有帮助;Alphabetical 子菜单按照字母顺序列出了 ParaView 中提供的所有滤波器。这些子菜单中的各项状态(可用或不可用)取决于当前数据集的特征,如数据集类型(多边形、直线等)和相应的基于点或基于单元数据的信息。在 ParaView 创建了一个数据集之前,Filters 菜单始终不可用。

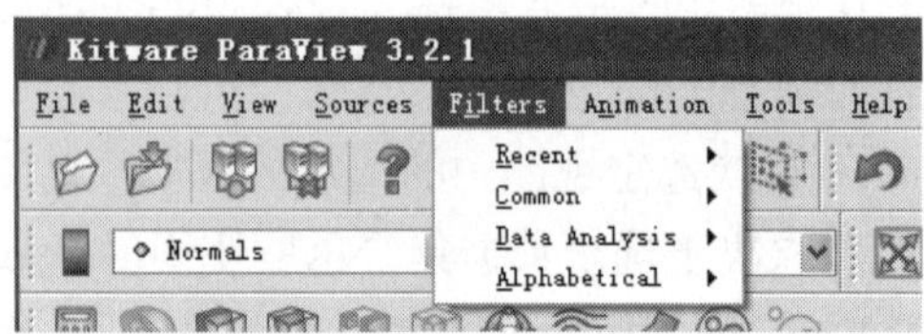

图 4-69 Filters 菜单

6) Animation 菜单(图 4-70)

该菜单中的各选项用于在一段已经创建的动画的各帧间移动。

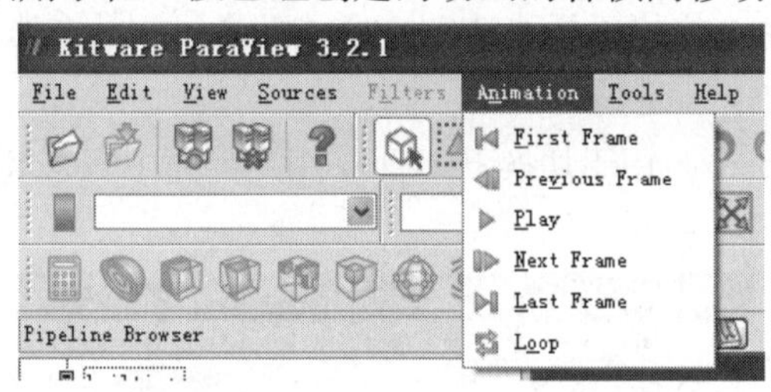

图 4-70 Animation 菜单

(1) First Frame:前往动画开头。

(2) Previous Frame:前往动画前一帧。

(3) Play:播放动画。

(4) Next Frame:前往动画下一帧。

(5) Last Frame:前往动画结尾。

(6) Loop:当点击 Loop 时,动画以循环模式播放。要停止循环模式,再次点击该按钮,当到达结尾时动画会停止播放。

7) Tools 菜单(图 4-71)

(1) Create Custom Filter:使用指定名称,将一个或多个滤波器及其属性,组合为一个可重用的宏指令。通过一系列对话框,选择要显示滤波器的哪些属性。操作完成后,新的滤波器会以指定名称出现在 Filters 菜单的 Alphabetical 子菜单中。

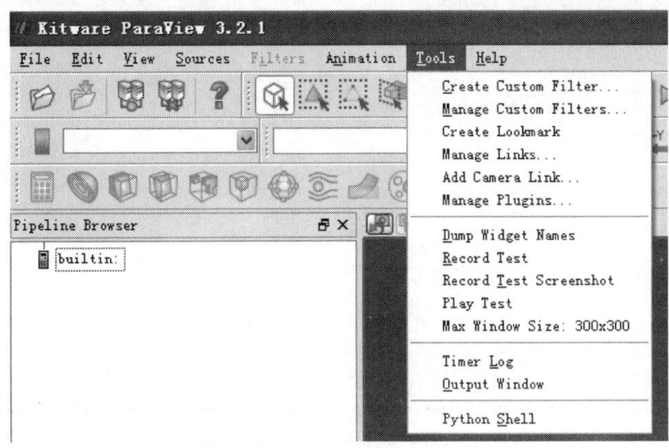

图 4-71　Tools 菜单

(2) Manage Custom Filters:该对话框列出了当前载入 ParaView 中的自定义滤波器。通过该对话框,可以从文件中导入预先储存的自定义滤波器,或是将列表中的若干自定义滤波器导出到文件中,或是移除列出的某些滤波器。

(3) Create Lookmark:从 Tools 菜单中选择 Create Lookmark,会为激活视图(高亮为红色)创建一个视图书签(图 4-72)。用户必须在出现的对话框中为该视图书签输入一个不重复的名称,并可以添加一段储存在视图书签中的文本描述。点击 Creat 按钮会储存一个视图书签。在一个 ParaView 会话中创建的视图书签,在随后的 ParaView 会话中也可用,直到它们被删除。

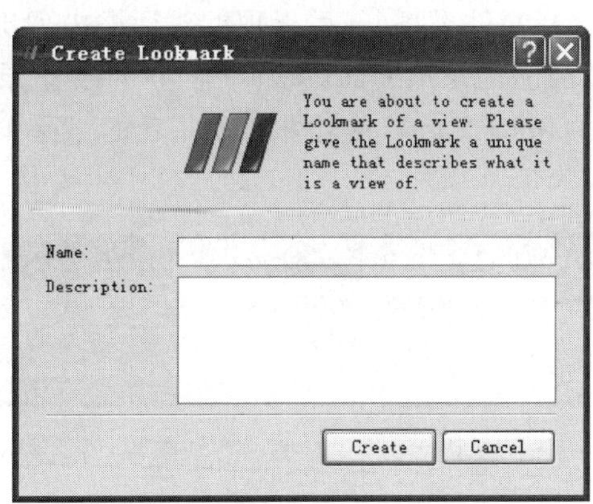

图 4-72　创建新视图书签对话框

(4) Manage Links:利用出现的对话框,可以创建属性、对象或摄像机链接,也可以编辑或删除已有的链接(图 4-73)。

属性链接会令两个不同对象的同一属性具有相同的值。例如,可以将一个球体对象的中心与一个锥体对象的中心相连。当其中一个对象的中心发生改变时,另一个对象的中心也会相应地更新。

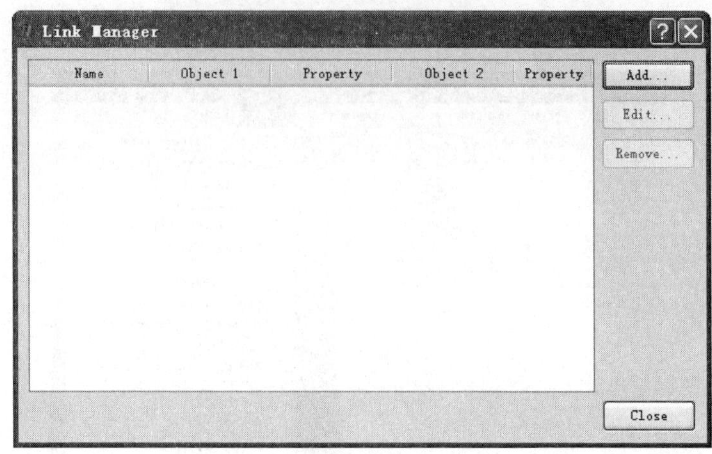

图 4－73　Link Manager 对话框

(5) Add Camera Link:摄像机链接会将两个不同3D视图的摄像机(视点)相连,这样就可以在相同的3D点从相同方向查看两个场景。该菜单项创建一个从激活视图(高亮为红色)到另一个所选视图(在选择菜单项后点击视图)之间的摄像机链接。该功能也可通过右键点击3D视图来实现。

(6) Manage Plugins:在该对话框中,可读取预先创建的服务器端或客户端插件。服务器端插件在服务器上创建VTK对象;客户端插件添加新的用户界面元素。

(7) Dump Widget Names:该菜单项列出了正在使用的全部Qt部件。该功能用于调试和测试阶段,以确保所有部件都有合理的名称。

(8) Record Test:该项用于以XML或者Python方式保存一个ParaView测试。首先需要输入一个文件名并选择文件类型,随后出现的对话框中列出了测试的完整路径,以及Stop Recording按钮。像正常使用ParaView一样,执行要记录在测试中的各种操作。测试结束后点击Stop Recording,ParaView会根据所指定的路径和文件名保存一个测试文件,见图4－74。

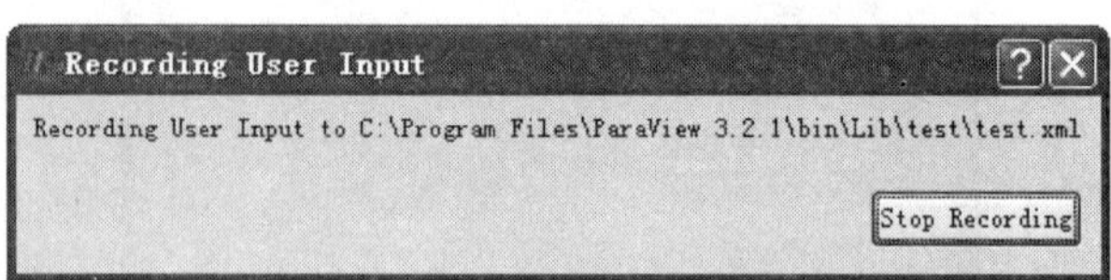

图 4－74　测试记录对话框

(9) Record Test Screenshot:该选项通常用于Play Test选项之后。它将选定视图保存为指定文件名的图像,该图像像素为300×300。该功能用于创建一个用于回归测试的有效图像。

(10) Play Test:当选择该项时,需要选择一个包含XML或者Python测试的文件,一般来说是之前通过该菜单中的Record Test项所记录的文件。在读取该文件后,ParaView会执行文件中所储存的测试。

(11) Max Window Size(300×300):当截取ParaView测试过程中的屏幕画面时,图像分辨率是300×300。如果希望在测试过程中在3D视图内使用鼠标交互,可以首先使用该菜单项将3D视图中的渲染窗口强制指定为300×300。这是因为ParaView将鼠标交互储存在归一化坐标系内，如果这些交互是在一个300×300窗口内被获取，那么它们就可以在重放测试时与记录测试时保持一致。如果不使用该选项，交互结果可能与预期略有不同。

(12) Timer Log：选择该菜单项会显示如图4-75所示的一个计时器日志对话框，其中记录了完成各种操作所花费的时间。如果在ParaView运行时打开该对话框，可以点击Refresh按钮来显示最新的计时信息。Clear按钮可以移除计时器日志中的当前所有信息。设置Timer Threshold能够指定记录新的计时事件的频率。Buffer Length表示日志中保存的事件数量，较早的事件会先被删除。另外，可以通过Save按钮将计时器日志的内容保存为文本文件。

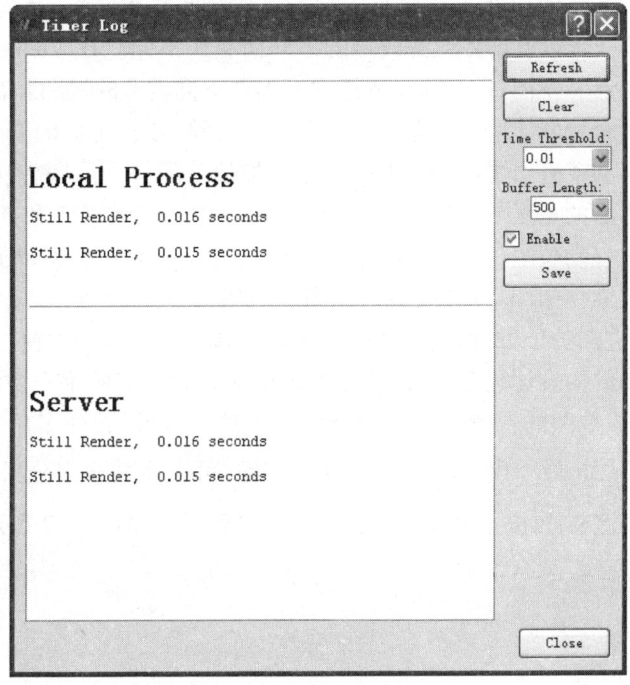

图4-75 具体操作所需时间查看器

(13) Output Window：ParaView产生的所有错误和警告都显示在Output Window中。该窗口会在出现一个错误或警告时自动出现，通过该菜单项就可以随时查看信息。在输出窗口底部有一个用于清除内容的Clear按钮，还有一个Close按钮用于关闭对话框。

(14) Python Shell：该菜单项显示一个对话框，可用于输入Python命令来创建并控制ParaView程序中的大部分功能，包括读取器、数据源、滤波器、写入器、表征、视图等。

8) Help菜单(图4-76)

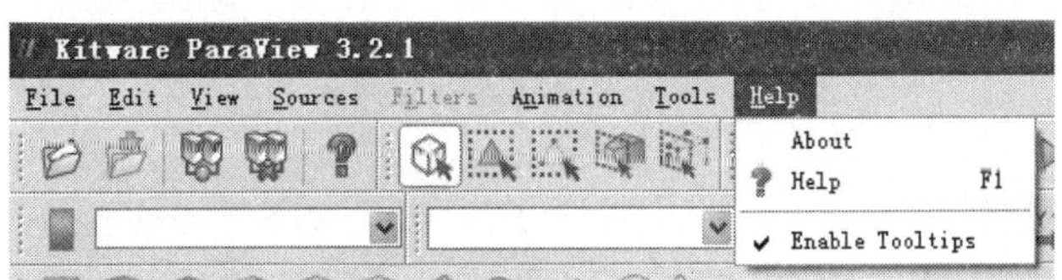

图4-76 Help菜单

Help 菜单包含了显示 ParaView 程序多种类型信息的选项。

(1) About:显示一个包含 ParaView 当前版本信息的对话框。

(2) Help:该选项显示 ParaView 的在线帮助。

(3) Enable Tooltips:用于切换当鼠标停留在用户界面元素时出现的帮助气泡的可见性。

4.3.2.2 查看器和视图

ParaView 中的大部分用户界面控件都显示在 ParaView 主窗口内的可移动面板上。这些面板包含查看器或视图。查看器可以编辑一些相关对象的属性,视图只能显示信息而不能进行修改。

在 Object Inspector 的顶部有数个标签页,用于访问多个页面,其内容根据 Pipeline Browser 中所选定读取器、数据源或滤波器的不同而有所不同。在 View 菜单的下半部可选择要显示的查看器和视图,ParaView 程序中有多种不同类型的视图和查看器。

在各个视图或查看器之间的屏幕空隙中存在分隔符,鼠标光标的变化可以表示分隔符是否能够竖直移动或者水平移动。左键点击并拖拽分隔符,可以调整一个查看器或视图相对于其周围区域的宽度或高度。另外,View 菜单中列出的视图和查看器可以在 ParaView 用户界面中移动位置,或是通过左键点击并拖拽其标题栏移动到一个独立窗口中。通过将一个渲染视图(3D 视图、表格视图等)的标题栏拖拽到另一个渲染视图的标题栏上,可以交换它们的位置,但这些视图不能脱离 ParaView 程序主窗口。

查看器或视图的内容比较多时,需要比 ParaView 窗口更多的垂直空间来显示。在这种情况下,查看器或视图的右侧会显示一个垂直滚动条。另外,许多用户界面的主区域都在左上角有一个⊟(最小化)按钮,点击这个按钮,可以隐藏这部分界面内容,⊟变为⊞(最大化按钮),点击⊞按钮重新恢复这部分用户界面,如图 4-77 所示。

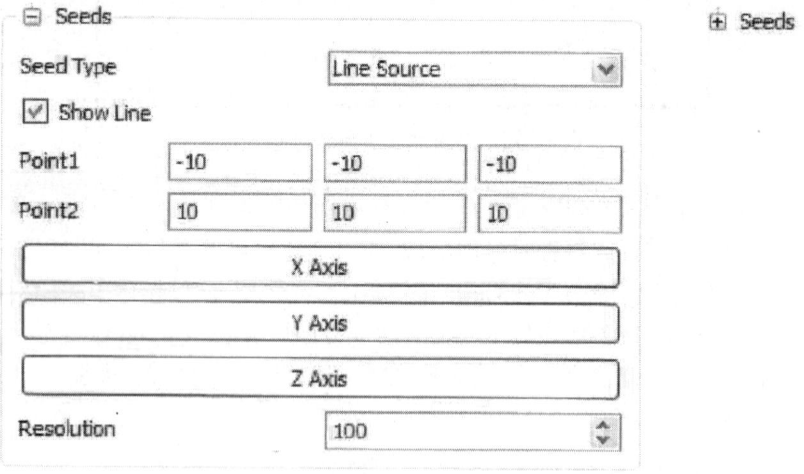

图 4-77 扩展和最小化的用户界面选项

4.3.2.3 工具条

在默认情况下,ParaView 的全部工具条都可用,可根据控件功能组合为不同的工具条。各个工具条的可见性可以通过 View 菜单的 Toolbars 子菜单中选择/取消选项进行切换。

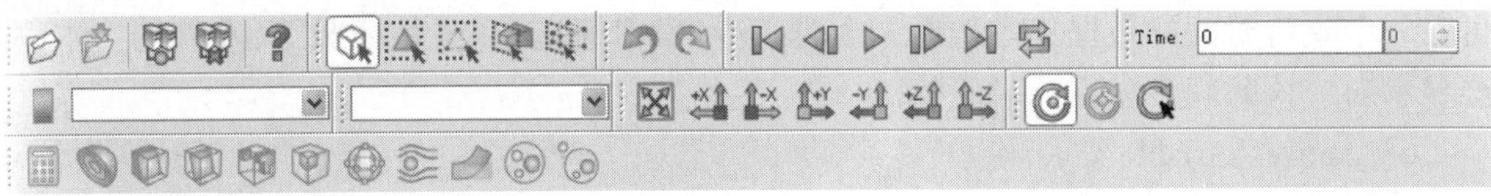

1) Main Controls 工具条

打开一个数据文件，将数据集读入 ParaView 中。

将 Pipeline Browser 中选定的数据集保存为文件。

链接到一台已有服务器或者启动希望链接的服务器。

从当前链接的服务器上断开。

显示在线帮助浏览器。

2) Selection Controls 工具条

左键点击并拖拽旋转数据集，中键点击并拖拽移动，右键点击并拖拽缩放（向下放大，向上缩小）。

选中数据集表面在选定矩形内的单元/元素。

选中数据集表面在选定矩形内的点/节点。

选中整个数据集在选定矩形内的单元/元素。

选中整个数据集在选定矩形内的点/节点。

3) Undo/Redo Controls 工具条

使用 ParaView 时，程序会记录下所有操作。Undo/Redo 按钮可以根据操作记录向前或向后移动。ParaView 不会记录管线上每个步骤所产生的数据，因为这样会迅速消耗掉所有可用内存。取而代之的是，这些按钮让 ParaView 能够将其配置恢复到一个记录状态上，以重新执行可视化管线。

取消 ParaView 执行的上一个操作。

恢复 ParaView 的上一个取消的操作。

4) VCR Controls 工具条

该工具条中的按钮与本章前面讨论的 Animation 菜单中的功能完全相同。当点击 Play 按钮时，动画开始，该按钮变为 Pause 按钮。点击该按钮令动画停止，它会再变为 Play 按钮。

5) Current Time Controls 工具条

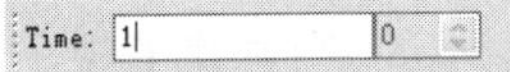

该工具条左侧的输入框用于跳跃到动画中的一个指定时刻。工具条右侧的设定框可在一个支持时间的数据集中选择一个时间步(索引值)。在这种情况下,左侧的文本框会显示对应该时间步索引的时间值。

6) Active Variable Controls 工具条

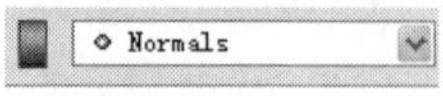

切换选定 3D 视图中活动变量的颜色图例(标量栏)的可见性,数据集根据该活动变量进行着色。

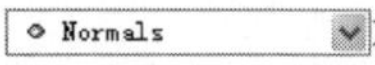

在选定 3D 视图中选择活动变量,该变量用于为数据集着色。

7) Representation 工具条

该工具条只包含一项:用于决定 Pipeline Browser 中选定的数据集在选定 3D 视图(外框为红色)中的渲染方式。

8) Camera Controls 工具条

设定视点位置使得选定 3D 视图中的所有可见数据集都位于视锥内,视点方向不改变。有些数据集(或其中一部分)可能不可见,这是因为它们被距离视点位置更近的其他数据集所遮挡。

将选定 3D 视图中的视点方向设为 $+X$ 轴。

将选定 3D 视图中的视点方向设为 $-X$ 轴。

将选定 3D 视图中的视点方向设为 $+Y$ 轴。

将选定 3D 视图中的视点方向设为 $-Y$ 轴。

将选定 3D 视图中的视点方向设为 $+Z$ 轴。

将选定 3D 视图中的视点方向设为 $-Z$ 轴。

9) Center of Rotation 工具条

该工具条中的按钮与本章前面描述的 View 菜单中的 Show Center、Reset Center 和 Pick Center 各项的功能一样。

10) Common Filters 工具条

该工具条中的滤波器按钮功能与 Filters 菜单的 Common 子菜单中的滤波器相同。分别是 Calculator 滤波器、Contour(或 Isosurface)滤波器、Clip 滤波器、Slice 滤波器、Threshold 滤波器、Extract subset 滤波器、Glyph 滤波器、Stream Tracer 滤波器、Warp(Vector)滤波器、Group Datasets 滤波器和 Extract Group 滤波器。

11) Lookmarks 工具条

在用户界面中访问视图书签的一个方法是通过 Lookmarks 工具条。在默认情况下,它位于 ParaView 程序窗口的右侧。该工具条在初始状态下是空的,当创建了视图书签时,工具条才会包含按钮。每个视图书签对应其中的一个图标。将鼠标悬停在工具条中的图标上时,视图书签的名称会显示在帮助气泡中,右键点击图标可以选择删除该视图书签、编辑属性(出现 Lookmark Inspector)、创建一个新的视图书签(显示 Create Lookmark 对话框),或是显示 Lookmark Browser。左键点击 Lookmark 工具条中的图标会在选定视图(高亮为红色)中应用该视图书签。

4.3.2.4 支持的数据文件格式

ParaView 支持读取下列文件格式,同时也注明了 ParaView 能够保存的格式。如果要处理的数据并非 ParaView 能够识别的格式,则需要为数据新添加一个供 ParaView 使用的读取器。有些 ParaView 读取器可以选择要加载哪些属性(如标量或向量),在相应的文件格式部分会注明这些信息。如果一个读取器不允许选择要加载的属性,则数据集中的所有属性都会在读取数据时被加载。

· ParaView 文件:这是 ParaView 的默认文件格式。该读取器所创建的数据集可以是 ParaView 支持的任何类型(多边形、均匀直线、非均匀直线、曲线、非结构化),文件扩展名是 . pvd,该格式支持空间分割和多块数据,ParaView 可以保存为该格式的数据文件。

· VTK 文件:这是 VTK 使用的基于 XML 的文件格式。该读取器创建的数据集可以是 ParaView 支持的任何类型(多边形、均匀直线、非均匀直线、曲线、非结构化)。文件扩展名如下:多边形数据是 . vtp,图像数据(均匀直线数据集)是 . vti,直线网格(非均匀直线数据集)是 . vtr,结构化数据(曲线数据集)是 . vts,非结构化网格是 . vtu。ParaView 可以保存为该格式的数据文件,该文件格式支持选择要加载的数据集的属性。

· Parallel(partitioned) VTK 文件:这是 VTK 使用的基于 XML 的文件格式的并行版本。这种文件包含了数据的空间分布信息,并可能指向多个 VTK 文件。该读取器创建的数据集可以是 ParaView 支持的任何类型(多边形、均匀直线、非均匀直线、曲线、非结构化)。文件扩展名如下:多边形数据是 . pvtp,图像数据(均匀直线数据集)是 . pvti,直线网格(非均匀直线数据集)是 . pvtr,结构化数据(曲线数据集)是 . pvts,非结构化网格是. pvtu。ParaView 可以保存为该格式的数据文件,该文件格式支持选择要加载的数据集的属性。

· VTK MultiBlock(MultiGroup,Hierarchical,Hierarchical Box)文件:这是 VTK 使用的基于 XML 的文件格式,用于读取多块(或多组、分层、分层盒)数据集。文件扩展名为. vtm,. vtmb(多块文件),. vtmg(多组文件),. vthd(分层文件),. vthb(分层盒文件)。ParaView 可以保存为该格式的数据文件。

· Legacy VTK 文件:这是 VTK4.2 之前使用的 VTK 文件格式,现在仍然提供支持。所有类型的数据以相同的文件扩展名 . vtk 保存。该读取器创建的数据集可以是 ParaView 支持的任何类型(多边形、均匀直线、非均匀直线、曲线、非结构化)。ParaView 可以保存为该格式的数据文件。

· Parallel(partitioned)legacy VTK 文件:这是 VTK4.2 之前使用的 VTK 文件格式的并行版本,现在仍然提供支持。所有类型的数据以相同的文件扩展名 . pvtk 保存。该读取器创建的数据集可以是 ParaView 支持的任何类型(多边形、均匀直线、非均匀直线、曲线、非结构化)。

· EnSight 文件:这是 CEI 的 EnSight 所使用的文件格式(http://www. ensight. com)。支持 ASCII 和二进制 EnSight 6 和 EnSight Gold 格式。这些文件的扩展名为 . case。该读

取器创建的数据集可以是 ParaView 支持的任何类型(多边形、均匀直线、非均匀直线、曲线、非结构化)。该格式还支持多个部分和时间信息,并且支持选择要加载的数据集的属性。

· EnSight Master Server 文件:这是 CEI 的 EnSight 格式的并行版本。主文件的扩展名为 . sos,会指向多个 . case 文件,该文件格式支持选择要加载的数据集属性。

· Exodus 文件:ParaView 可以读取 Exodus Ⅱ文件。该格式只支持非结构化网格文件。Exodus Ⅱ文件的扩展名为 . g,. e,. ex2,. ex2v2,. exo,. gen,. exoII。该文件格式支持选择要加载的数据集属性,ParaView 可以保存为该格式的数据文件。

· BYU 文件:ParaView 可以读取 MOVIE. BYU 文件,文件扩展名为 . g,该格式只支持多边形网格数据。

· XDMF 文件:可扩展数据模型与格式(XDMF)是一种用于在应用模块间以标准样式传递值和元数据的有效且常用的数据模式(http://www. arl. hpc. mil/ice/)。这些文件的扩展名为 . xmf 或 . xdmf。元数据在 XDMF 文件中以 XML 格式储存,较大的属性数组储存在对应的 HDF5 文件中。该格式支持直线网格和无结构网格。ParaView 可以保存为该格式的数据文件,且支持选择要加载的数据集的属性。

· PLOT3D 文件:该文件格式最初用于 NASA 开发的 PLOT3D 绘图工具包。ParaView 可以读取 ASCII 和二进制 PLOT3D 文件。默认情况下,ParaView 假定几何文件的扩展名为 . xyz,方案文件的扩展名为 . q,但也可以读取其他扩展名的文件。该格式只支持曲线网格输出,但可以是单块或多块数据。

· SpyPlot CTH 文件:ParaView 通过一个叫做"实例"文件(扩展名 . spcth)的 ASCII 元文件来读取 SPCTH Spy Plot 格式的文件。实例文件列出了包含数据集的全部二进制文件,该读取器支持多块混合数据集。

· DEM 文件:数字高度图文件保存了由 U. S. Geologic Survey 提出的高度值。关于该文件格式的深入描述请参考 USGS 网站(http://www. usgs. gov)。DEM 文件的默认扩展名是 . dem,该读取器支持均匀直线(图像)数据输出,读取 DEM 文件时没有可变更的参数。

· VRML 文件:这是虚拟现实建模语言(VRML)所使用的文件格式。支持 VRML 2. 0 格式,只会读取 VRML 文件中的几何结构。该类型文件的扩展名为 . wrl,该读取器支持多边形数据输出,读取 VRML 文件时没有可变更的参数。

· PLY Polygonal 文件:斯坦福大学的 PLY 多边形文件格式的详细描述请见网站 http://graphics. standford. edu/data/3Dscanrep/。ParaView 要求该类型文件的扩展名为 . ply。ParaView 能够读取的 PLY 文件必须定义"vertex"和"face"元素,其中"vertex"元素必须包含有"*X*""*Y*""*Z*"属性,"face"元素必须包含有"vertex_indices"属性,读取 PLY 文件时没有可变更的参数。

· Protein Data Bank 文件:该文件格式由蛋白质数据库(PDB)使用,用于保存实验中获取的生物大分子的三维结构(http://www. rcsb. org/pdb/)。其文件扩展名为 . pdb,PDB 读取器支持多边形网格数据输出,读取 PDB 文件时没有可变更的参数。

· XMol Molecule 文件:这是明尼苏达超级计算机中心的 XMol 文件格式。XMol 使用简单的 XYZ 文件格式来表达分子。它描述了原子和原子键,但原子上没有储存值,其文件扩展名为 . xyz。XMol 读取器支持多边形网格数据输出,当其文件名在文件选择对话框中被选中时,XMol Molecule 文件会被自动加载。

· Stereo Lithography 文件:ParaView 可以读取二进制或 ASCII 立体制版文件,其文件扩展名为 . stl,支持输出为多边形网格,读取 Stereo Lithography 文件时没有可变更的参数。

· Gaussian Cube 文件:这是 Gaussian 软件包(http://www. gaussian. com)所使用的文件格式,默认文件扩展名为 . cube,支持输出为多边形网格。

· Raw(binary)文件:ParaView 支持从文件中读取未处理的均匀直线网格数据。默认文件扩展名为 . raw,用户指定维数和数据类型,读取器会计算数据头的大小。

· AVS 文件:ParaView 可以读取以 AVS UCD 格式储存的二进制或 ASCII 文件。其文件扩展名为 . inp,AVS UCD 读取器所支持输出为非结构化网格,并支持选择要加载的数据集的属性。

· Meta Image 文件:ParaView 可以读取 UNC 元图像数据。该类型文件扩展名为 . mhd 或 . mha,该读取器支持均匀直线网格(图像)数据输出,ParaView 可以保存为该格式的数据文件,读取 Meta Image 文件时没有可变更的参数。

· Facet 文件:Facet 格式是一种简单的 ASCII 文件格式,列举了点坐标和这些点之间的链接,其默认扩展名为 . facet,Facet 文件读取器支持输出多边形网格,读取 Facet 文件时没有可变更的参数。

· PNG 文件:ParaView 可以读取 PNG 格式的图像,其文件扩展名为 . png,读取器支持输出均匀直线网格数据集,读取 PNG 文件时没有可变更的参数。

· LSDyna 文件:由 Livermore Software Technology Corporation 开发的 LS – Dyna 是一个通用的非线性有限元应用程序,其文件扩展名为 . deplot、. k 和 . lsdyna,该类型数据支持多块数据集。

· Phasta 文件:Phasta 是一个计算流体动力学软件,其文件扩展名为 . pht,该类型文件支持非结构化网格。

· SESAME 文件:SESAME 是由 Los Alamos National Laboratory 开发的一个库,用于保存材料的热力学属性,其文件扩展名为 . sesame,该类型支持输出直线网格。

· Comma – separated valuc(CSV)文件:CSV 文件包含一个表格,其中储存的值由逗号分隔,ParaView 将这些值读入一个 1D 直线网格,该类型文件的扩展名为 . csv。

4. 3. 3 一个简单例子

本节以一个简单的例子,简要介绍 ParaView 的主要功能和使用方法。

步骤 1:启动 ParaView。

按照 4. 3. 1 节中描述的方法启动 ParaView。启动程序的方法因平台差异而有所不同,所以请参见对应用户所使用平台的具体小节。本篇教程假设用户在开始之前没有载入任何数据,否则数据集的标签可能与教程中显示的有所不同。

步骤 2:创建一个球体。

在没有读入数据文件前,Sources 菜单中包含用户能在 ParaView 创建的数据集列表。在 Sources 菜单中选择 Sphere 选项,在 Object Inspector 的 Properties 标签中会显示球体的可编辑参数。需要注意绿色的 Apply 按钮,当不存在相应的输出数据集,或是用户界面中显示的参数值与数据集中的参数值不同时,Apply 按钮会显示为绿色。点击 Apply 按钮,会将参数值由用户界面传递至球体数据集,并以多边形近似的方法在3D视图中绘制一个球体。此时,在Pipeline Browser中会出现高亮显示的SphereSource1,表示其为当前数据集,旁边深色的眼睛图标表示该球体处于可见状态(图4-78)。

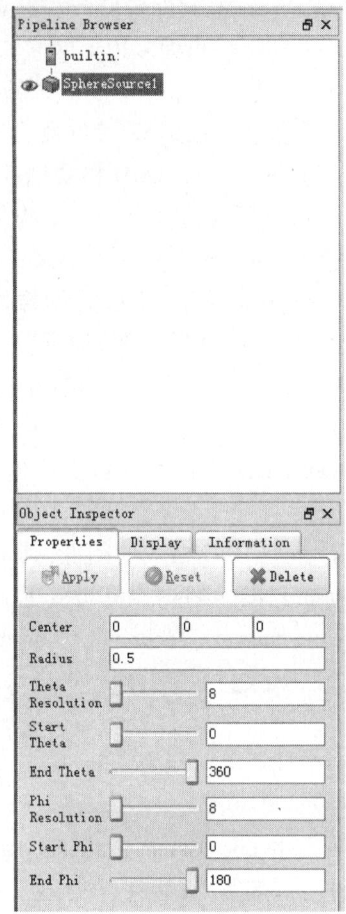

图4-78 管线浏览器和属性标签

步骤3:以线框方式显示球体。

点击Apply按钮后,在Object Inspector中还会显示另外两个标签,即Display和Information,其中包含了一些最新信息。点击Display标签可以查看用于控制球体在3D视图中显示方式的用户界面部分。在Style部分中,从Representation菜单中选择Wireframe,会以轮廓线而非填充的方法来显示用于组成球体的多边形。在图4-79中,左图是球体的表面显示方法,而右图是其线框显示方法。

步骤4:改变球体的分辨率。

点击Properties标签,可以编辑用于生成球体的参数。其中Theta Resolution和Phi Resolution参数控制用于表达球体的多边形数量。随着用于球体近似的多边形的数量增加,整个数据集将趋于为一个几何球体。Theta Resolution指定了球体在经线上的分块数量;Phi Resolution控制的是纬度方向。利用两个参数各自的滑动条或输入框,将Theta Resolution和Phi Resolution的值均修改为12。点击Apply按钮将这些新的参数值传递给

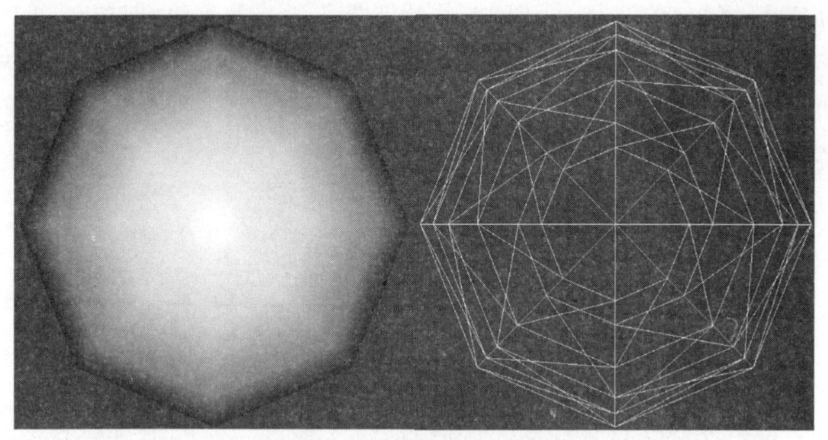

图 4-79 表面显示和线框显示

数据集,观察在 3D 视图中的球体分辨率的提高(图 4-80)。

图 4-80 增加球体分辨率

步骤 5:交互地操作球体。

通过在 3D 视图中点击并拖拽鼠标,可以改变场景中的视点。从 Edit 菜单中选择 Settings。扩展对话框左部的 Render View 项目,选择 Camera。在对话框右部,Control for 3D Movements 部分显示了与视点操作相应的鼠标交互方式。用户可以通过下拉菜单来改变对应的交互方式,试着使用鼠标左键旋转球体。

步骤 6:在球体周围显示一个包络盒。

接下来用户对球体数据集进行滤波,在球体周围创建一个沿坐标轴的包络盒。根据当前数据集类型的不同,在 Filters 菜单中会有不同的可用选项。此时只能选择可用于当前数据集的滤波器。Outline 滤波器(用于创建一个包络盒)可用于任意数据集(图 4-81)。在 Filter 菜单的 Alphabetical 子菜单中选择 Outline,点击 Apply 按钮,可以看到在 Pipeline Browser 中出现了一条链接 SphereSource 和 OutlineFilter 的竖线,这表示 SphereSource 的输出被作为 OutlineFilter 的输入。当创建一个滤波器时,当前数据集(即在 Pipeline Browser 中所选择的数据集)会被作为该滤波器的默认输入。在 Pipeline Browser 中右键点击滤波器的名称,在出现的菜单中选择 Change Input,就可以选择其他数据集作为滤波器的输入。不过,在本例中,没有用于输入的其他数据集。

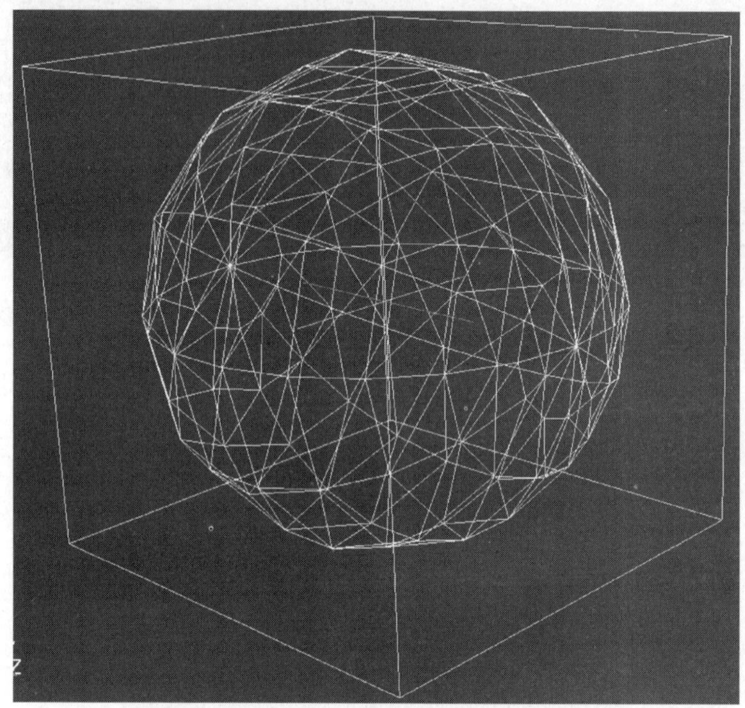

图 4-81 线框球体的包络盒

注意在 Pipeline Browser 中出现了 OutlineFilter1,由于它是当前数据集,所以它取代了 SphereSource1 被高亮为黄色。在 OutlineFilter1 和 SphereSource1 旁边都有深色的眼睛图标,表示这两个数据集均可见。在许多例子中,当在 ParaView 中创建一个滤波器时,其输入数据集的可见性会被关闭。在 Outline 滤波器的例子中,用户可能会希望同时看见数据集和它的包络盒,所以输入数据的可见性没有变化。

步骤 7:改变外轮廓的显示属性。

在 Object Inspector 中的 Properties、Display 和 Information 标签下的内容,会根据在 Pipeline Browser 中所选择的数据集而有所不同。其中 Display 标签控制了数据集的显示方式,点击 Outline 滤波器的 Display 标签可以改变其显示属性(图 4-82)。在 Display 标签的 Style 部分中,Line width 数字设定框可以控制相关数据集中的线条粗细。使用该数字设定框将包络盒内的线条宽度设为 4,按下回车键或选择一个其他的用户界面元素,即可让设定生效。

由于外轮廓不存在以数组表示的属性(如标量、向量等),其 Color by 菜单被设为 Solid Color。(当存在属性数组时,Solid Color 仍然是可选的着色选项。)当一个数据集以 Solid Color 方式着色时,Set Solid Color 按钮用来选择适用于整个数据集的颜色。点击该按钮会出现一个基于操作系统的颜色选择对话框,可为包络盒选择一种新的颜色。

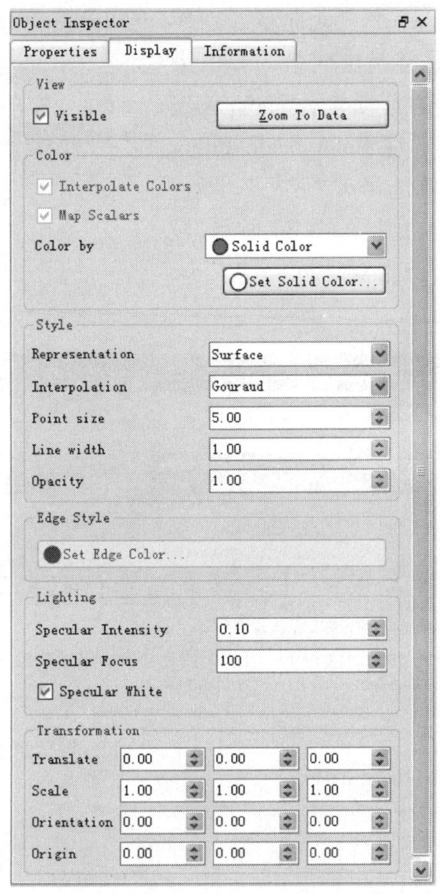

图 4－82　显示标签

步骤 8:在球体上应用第二个滤波器。

在 ParaView 中,可以在同一个数据集上使用多个滤波器。在 Pipeline Browser 中点击 SphereSource1,让球体成为当前数据集。在 SphereSource1 的 Display 标签中,将其显示方式改为 Surface。现在用户在球体数据集上使用第二个滤波器,在 Filter 菜单的 Alphabetical 子菜单中选择 Shrink,在 Pipeline Browser 中新增了 ShrinkFilter1 并成为当前数据集。该滤波器使得输入数据集中的各多边形内部点向其所在的多边形中心靠近。Shrink Factor 滚动条控制了这些点距其所在多边形中心的距离。将 Shrink Factor 设为 0.75,点击 Apply。注意,现在 SphereSource1 旁边的眼睛图标变成了浅灰色,这表示该数据集目前不可见。

通过对球体应用 Outline 滤波器和 Shrink 滤波器,在 ParaView 中创建了一个有分支的可视化流程,在 Pipeline Browser 中很容易看出这一点。

Pipeline Browser 用线条将各个数据集名称连接起来,表示某个数据集作为某个滤波器的输入而产生了新的数据集。注意,从 SphereSource1 出来两条线(图 4－83),一条连接到 OutlineFilter1,另一条连接到 ShrinkFilter1,这表示 SphereSource1 是这些滤波器的输入。

如果没有选中 ShrinkFilter1,那么选中它使其成为当前数据集。要改变 ShrinkFilter1 的显示颜色,点击 Display 标签,在 Color 部分中的 Color by 菜单里选中 Normals,Normals 旁边的◇图标表示这是一个点中心数组,所以球体的颜色是由一个叫做“Normals”的点中心数组来确定，该数组是一个三元向量。当使用向量数组表示颜色时，通常是由向量的幅值来确定具体颜色。要用向量的首项作为颜色，首先点击 Edit Color Map 按钮。在 Color Scale Editor 对话框中的 Component 菜单选择 X，完成该步后，Color Scale Editor 对话框界面如图 4-84 所示，显示结果如图 4-85 所示。点击对话框上的 Close 按钮，返回 ParaView 主界面。

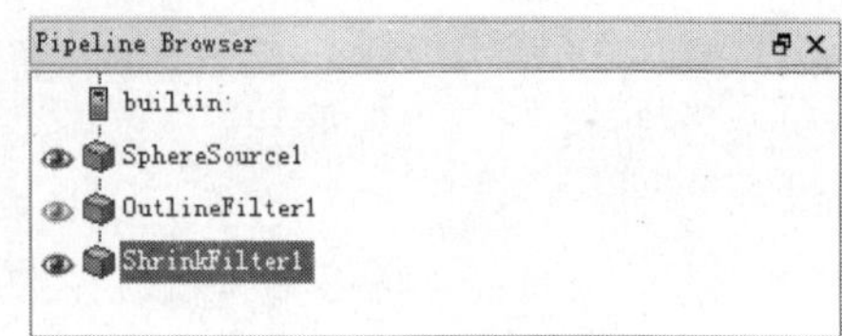

图 4-83　子管线

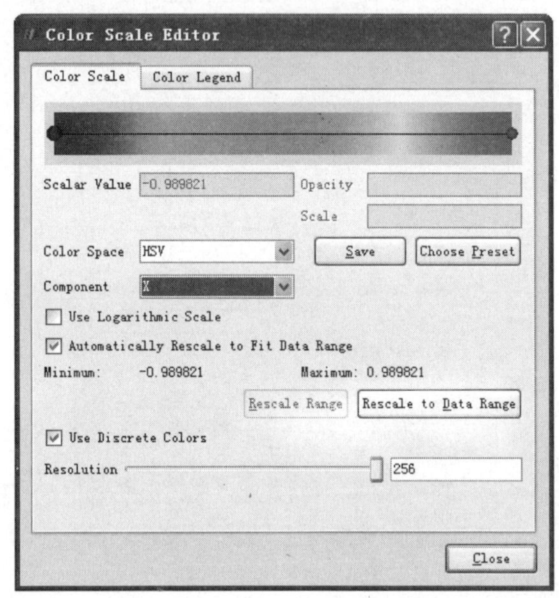

图 4-84　Color Scale Editor 对话框

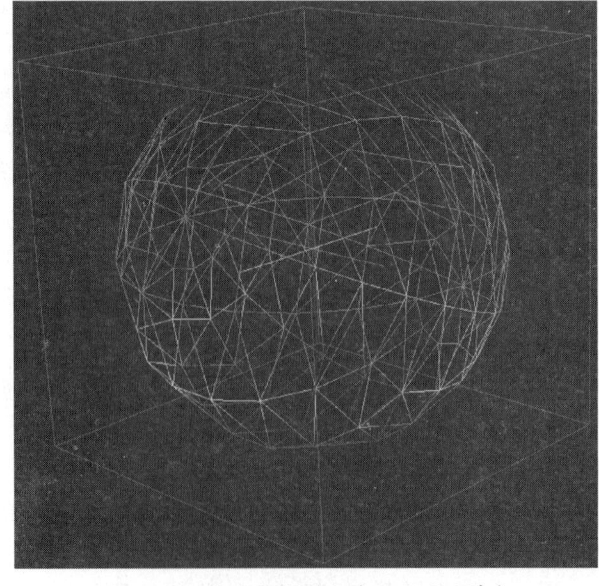

图 4-85　由 X 组件进行中心点平均着色

步骤 9:退出 ParaView。

本教程到此结束,在 File 菜单中选择 Exit 退出程序。

4.4 计算实例指南

本节以两个计算实例详细给出 MaPoSS 系统的使用方法。

4.4.1 动能穿甲弹斜侵彻铝靶算例

4.4.1.1 算例概述

本算例模拟的是一个材料为钢、具有卵形弹头的动能穿甲弹以初始速度 575m/s 侵彻一块铝板,用于研究弹体的穿甲性能,此问题主要关注弹体穿甲前后的速度变化。

1) 几何参数

弹体的圆柱体部分直径为 12mm,长度为 89mm,卵形弹头端部半径为 6mm,外表面半径为 18mm;铝靶的厚度为 26mm,长 96mm,宽 100mm;弹体着靶倾角为 30°。本算例中,单位制采用 mm—ms—g,计算模如图 4 - 86所示。

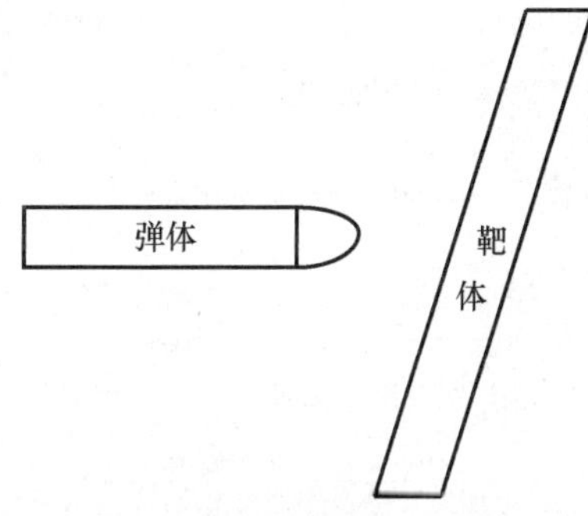

图 4 - 86 计算模型示意图

2) 材料参数

弹体采用各向同性弹塑性模型,在 MaPoSS 系统中对应的是 IsoHarden 材料;靶体采用 Johnson - Cook 材料模型,状态方程为 Grüneisen 状态方程,失效为最大等效塑性应变模型 PlaStrain。

3) 建模方法

(1) 本问题具有对称性,为提高计算效率,可取一半模型进行建模。

(2) 由于前处理系统不能一次生成弹体,故弹体模型需分开生成,即先建立一半圆柱体,再建立一半卵形体,并将两者合成弹体模型。

(3) 由于不能直接生成倾斜的长方体,需先定义一个平移旋转后的工作平面,然后在此工作平面(局部坐标系)中建立靶体模型。

(4) 本算例应启用接触算法,要建立两个组件,上述各个离散体均需归入相应的组件。

(5) 在本算例中,背景网格尺寸取为 2mm × 2mm × 2mm,质点间距取为 1mm。

4.4.1.2 计算步骤

步骤 1:指定工作路径、任务名称、单位制。

前处理系统的功能首先是定义供 MaPoSS 系统读取的输入文件，因此，首先要给该文件指定一个保存路径、文件名称以及算例的一些简单描述；同时需要指定求解该问题所采取的单位制。打开系统，对 Job Browser 内 Job1 的 Job Properties 进行设置，如图 4 -87 所示。

步骤 2：定义材料模型。

材料模型的定义方式有多种，可直接使用材料库已有的材料、修改材料库中的材料作为新的材料，或者直接新建一种材料。本算例中用到了两种材料模型，在此均采用新建的方式进行定义。

（1）点击菜单 Models→Material 弹出如图 4 -88 所示对话框。

（2）点击 New，出现如图 4 -89 所示对话框。在此指定材料的名称、密度、强度模型、状态方程和失效等参数值。分别用相应的下拉菜单找到使用的材料模型，填写相应的材料参数即可，填写完毕后点击 Apply 按钮则相应参数值被读入，退出则点击右上角 ，取消当前设定点击 Cancel 按钮。本算例采用的两种材料模型及参数分别如图 4 -89 和图 4 -90 所示。

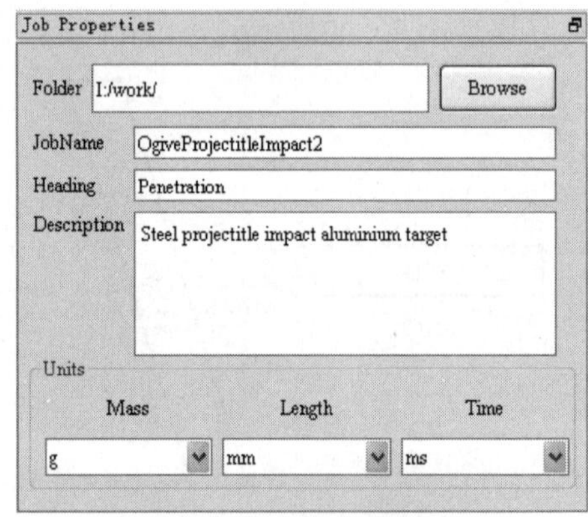

图 4 -87　工作属性设置

图 4 -88　材料定义对话框

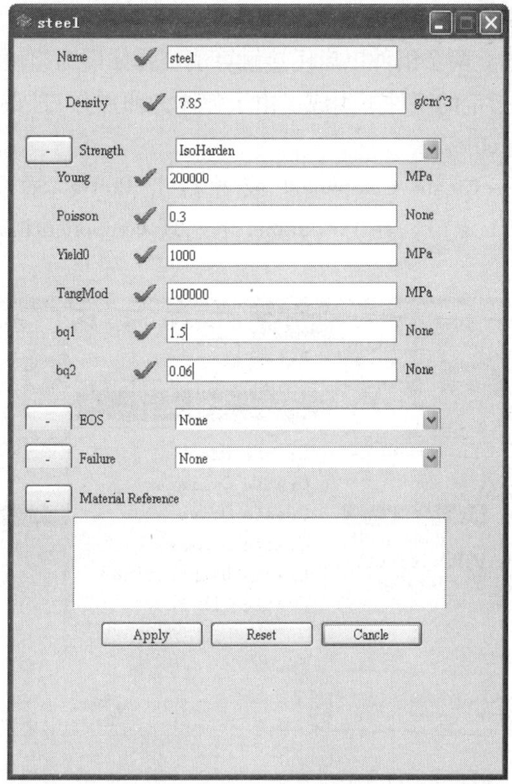

图 4－89　钢材料模型参数设置

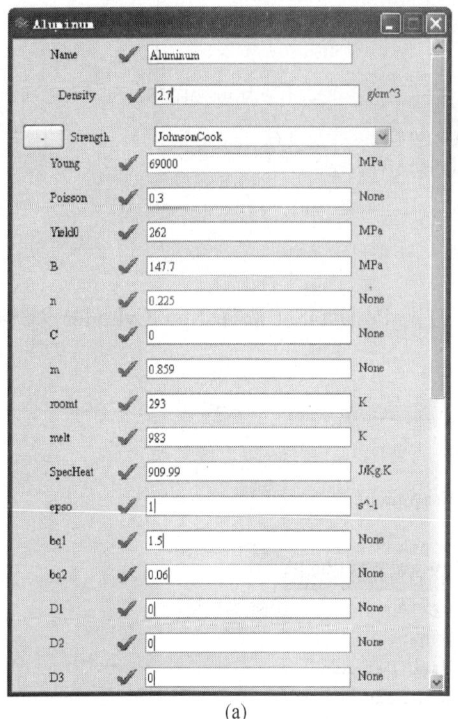

(a)

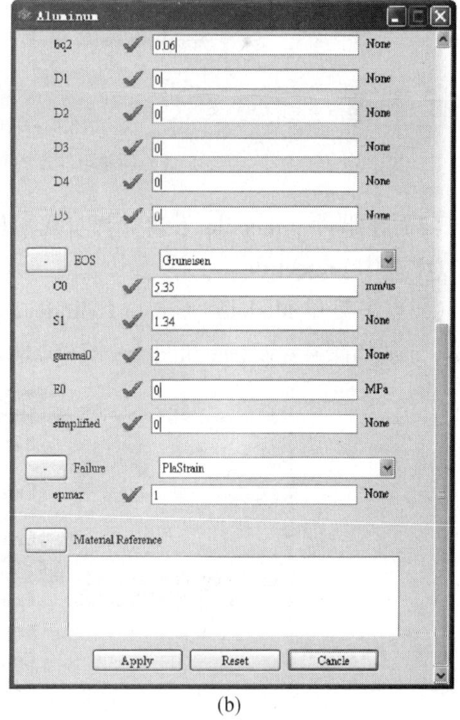

(b)

图 4－90　铝材料模型参数设置

步骤 3:定义离散模型。

对于本算例,需要建立两个组件以启用接触算法。弹体设为组件 projectile,靶体设为组件 target,离散模型需在指定的组件下生成。由于弹体为卵形弹,需要分别建立弹身和弹头。

(1) 建立组件 projectile。

点击菜单 Models→Create Component 或者右击 PreDataSet 选择 New 建立组件(图 4-91(a)和图 4-91(b))。在 PreDataSet 下出现 component1,双击 component1 将其修改成 projectile。

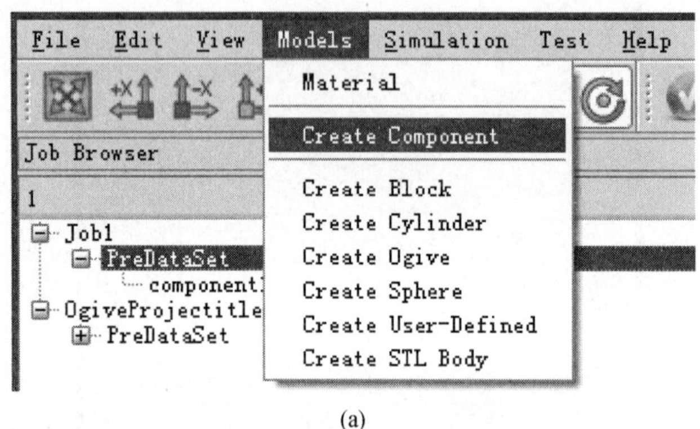

(a)

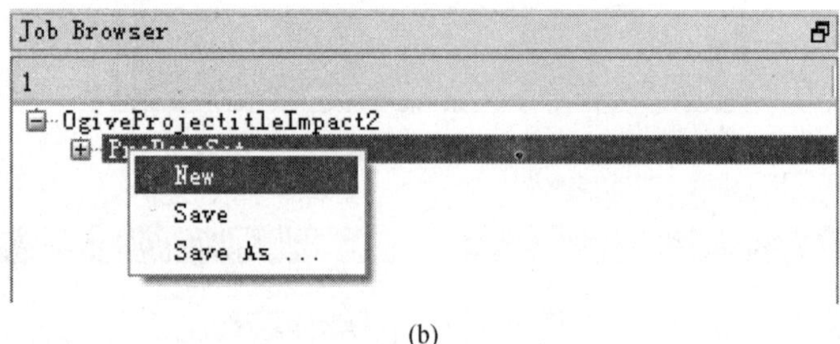

(b)

图 4-91 新建组件

(a)新建组件方法 1;(b)新建组件方法 2。

(2) 在组件 projectile 下建立弹身离散体。

① 选中 projectile。

② 点击菜单 Models→Create Cylinder,或者右击 PreDataSet 选择 New Cylinder 创建圆柱体,分别如图 4-92(a)和图 4-92(b)所示。

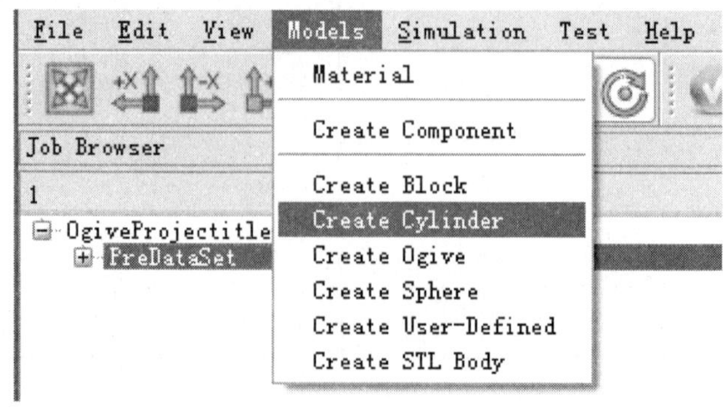

(a)

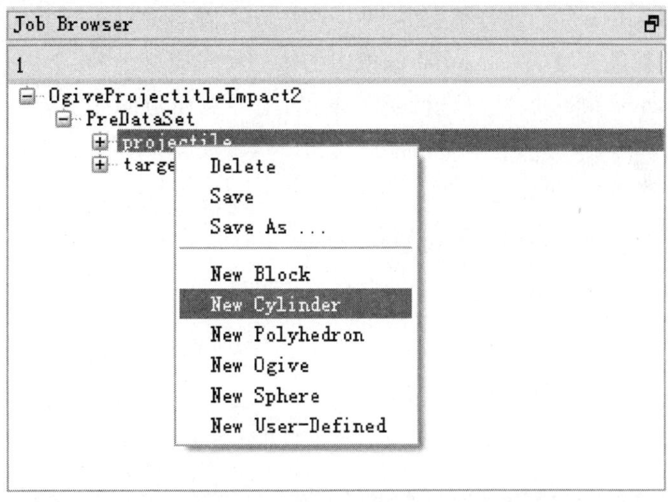

(b)

图 4-92　新建圆柱

(a)新建 Cylinder 方法 1;(b)新建 Cylinder 方法 2。

在界面左侧出现如图 4-93 所示的界面。其中,Properties 属性页用于填写几何信息,Load Setting 属性页用于设置荷载参数,Display 属性页用于设置显示参数,Discretization 属性页用于设置离散参数,相关参数如图 4-93 所示。

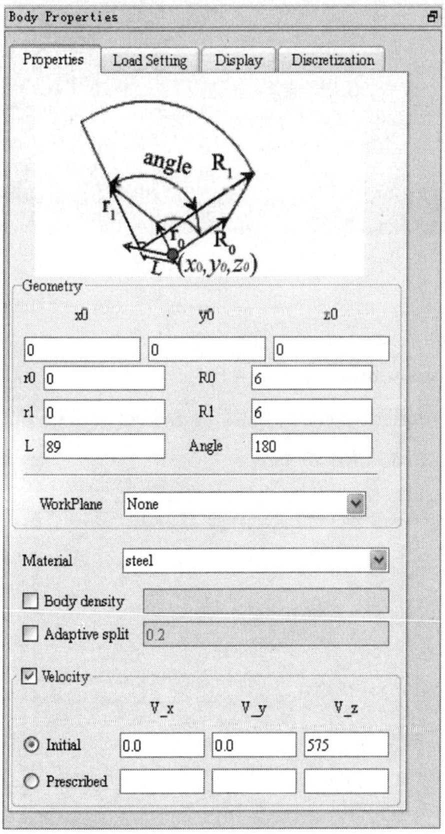

图 4-93　Properties 属性页设置

③ 填写 Properties 页面属性值,如图 4－93 所示。在 size 框填写几何信息,在 Velocity 框指定物体的初始速度,在 material 框指定物体的材料模型为 Steel。

④ 点击 Discretization 属性页进行离散设置,主要对质点间距进行设置,如图 4－94 所示,建立的弹身模型如图 4－95 所示。

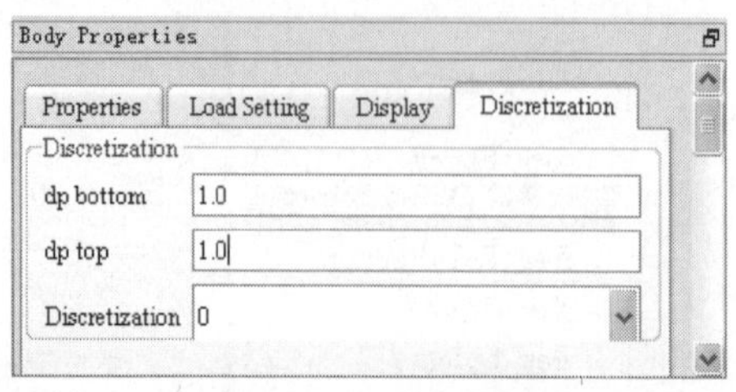

图 4－94　弹身离散设置

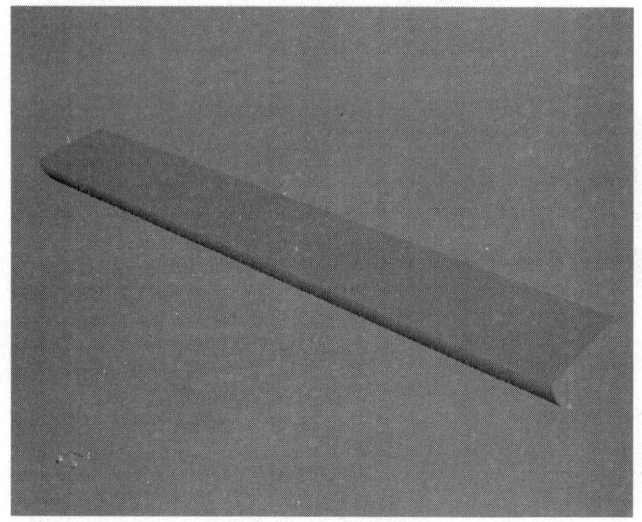

图 4－95　弹身模型

（3）在组件 projectitle 下建立半卵形体离散模型。

① 用鼠标左键点击 projectitle,选中该组件。

② 点击菜单 Models→Create Ogive,或者右击 PreDataSet 选择 New Cylinder 创建卵形体,分别如图 4－96(a)和图 4－96(b)所示。

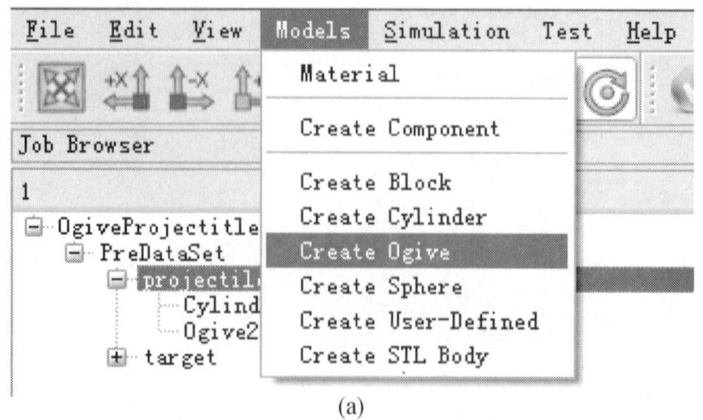

(a)

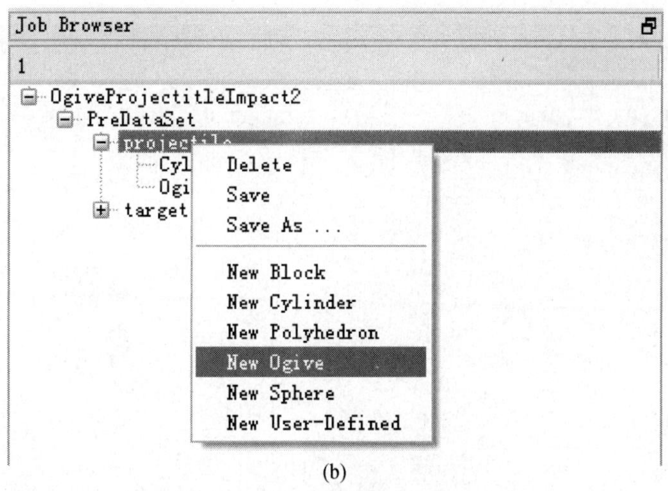

(b)

图 4-96 新建卵形体

(a)新建 ogive 方法 1;(b)新建 ogive 方法 2。

③ 填写 Properties 页面属性值,如图 4-97 所示。

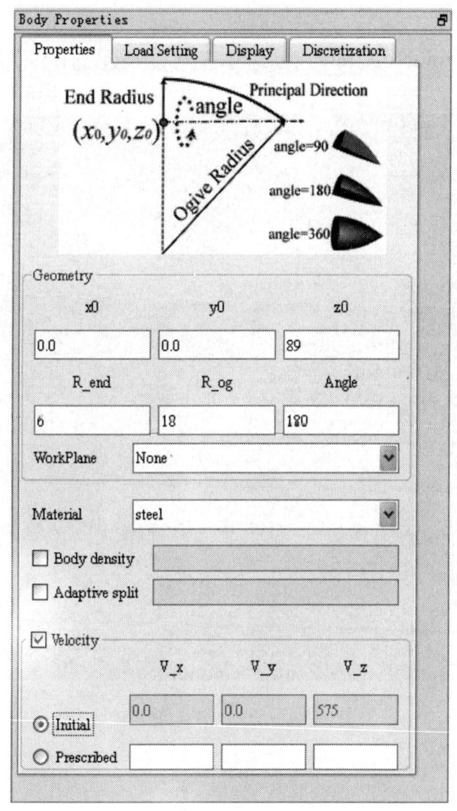

图 4-97 ogive 属性页设置

④ 点击 Discretization 属性页,进行离散参数设置,如图 4-94 所示,与弹身离散设置相同。建立的弹头模型如图 4-98 所示。

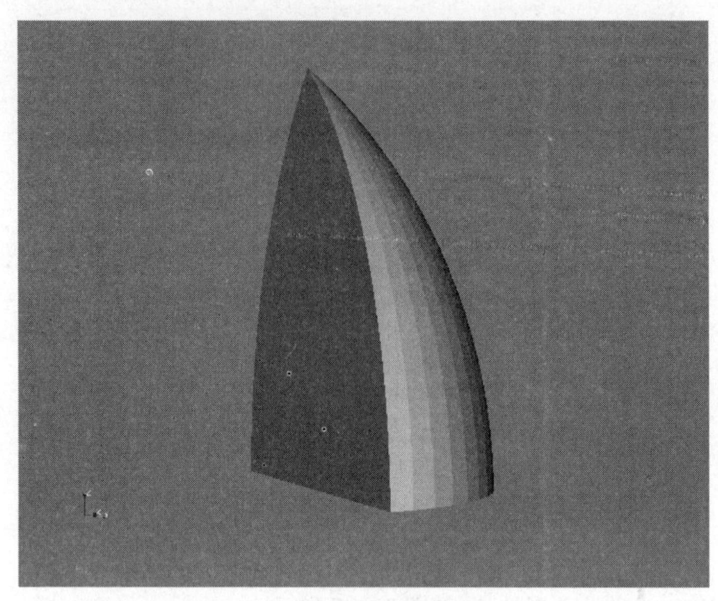

图 4-98　弹头模型

鼠标左键点击组件 Projectile，即可在视窗右侧看到建立的完整弹体模型（图 4-99）。

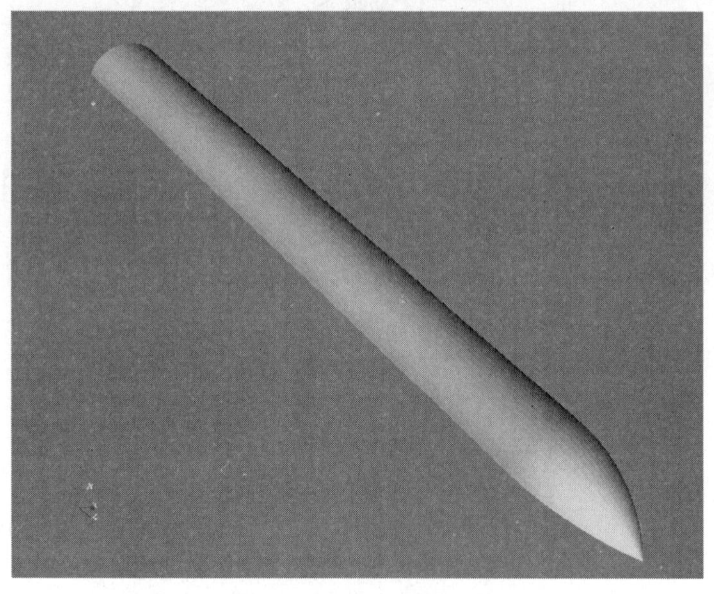

图 4-99　弹体模型

（4）建立组件 target。

由于本算例模拟的是斜侵彻问题，建立靶体模型时需用到工作平面，因此首先要在 PreDataSet 属性页中的 WorkPlane 中定义工作平面 WorkPlane1，如图 4-100 所示。工作平面具体参数见表 4-2，其中的参数意义见 4.1.3.1 节。

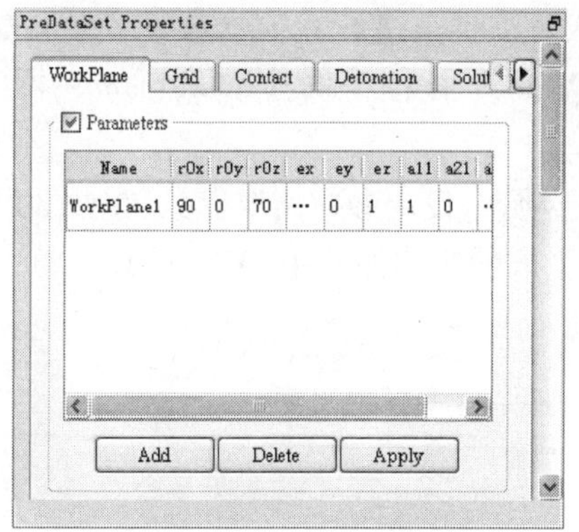

图 4－100　定义工作平面

表 4－2　工作平面参数

name	r0x	r0y	r0z	ex	ey	ez	a11	a21	a31
WorkPlane1	90	0	70	－1.732	0	1	1	0	1.732

点击菜单 Models→Create Component，或者右击 PreDataSet 选择 New 建立靶体组件，在 PreDataSet 下出现 component2，双击 component2 将其名称修改为 target。

（5）在组件 target 下建立靶体模型。

① 选定组件 target。

② 点击菜单 Models→Create Block 或者右击 target 选择 New Block 创建长方体，此时在视窗的左侧显示定义 Block 的属性页，如图 4－101 所示。

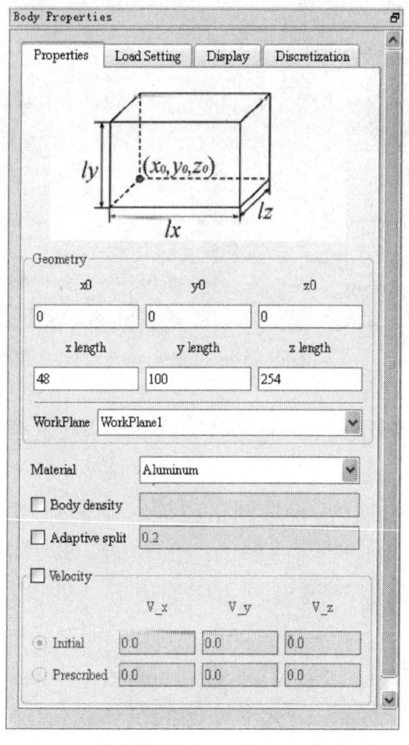

图 4－101　Block 属性页设置

③ 点击 Properties，进入该属性页进行几何参数设置及初始速度设定。在 Block size 框填写几何信息，在 WorkPlane 下拉框中选择 WorkPlane1；在 material 框选择 Aluminum 材料；Velocity 复选框不勾选。

④ 点击 Discretization 选项卡，设定参数离散参数，在此 dp 值为 1，具体离散过程系统会自动计算（图 4－102）。生成的靶体如图 4－103 所示。

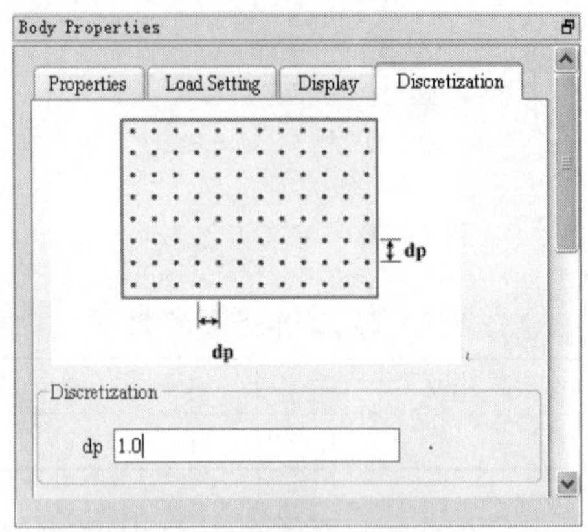

图 4－102　靶体离散设置

图 4－103　靶体模型

至此，离散模型已经全部建完，点击 PreDataBase 可查看整体模型（图 4－104）。

步骤 4：设置背景网格。

原则上，在模拟的物理时间内，背景网格应该完全覆盖物体的运动范围，如果采用移动网格，则至少要覆盖物体初始时刻占据的空间位置。本算例采用动态网格，网格区域要覆盖物体的运动范围。另外，还要设置相应的边界条件，以及是否采用 GIMP 形函数。具体步骤如下：

（1）点击视窗左侧的 PreDataSet，其下方的 Job Properties 可以进行 Grid 的相关设置，点击 Grid 进入背景网格设置页面，根据本算例的具体情况，相应的边界尺寸及边界条件具体设置如图 4－105 所示。

图 4 – 104　整体模型示意图

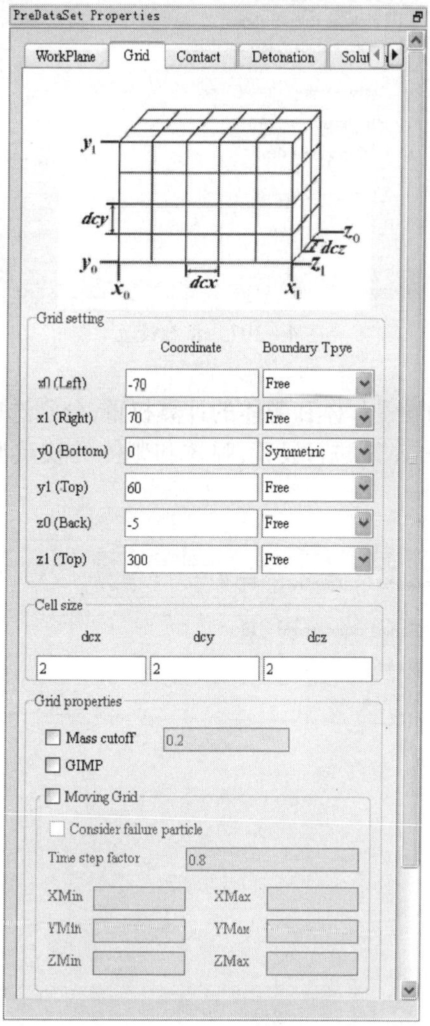

PreDataSet Properties

WorkPlane | Grid | Contact | Detonation | Solu

y_1 dcy y_0 x_0 dcx x_1 z_0 dcz z_1

Grid setting

	Coordinate	Boundary Tpye
x0 (Left)	-70	Free
x1 (Right)	70	Free
y0 (Bottom)	0	Symmetric
y1 (Top)	60	Free
z0 (Back)	-5	Free
z1 (Top)	300	Free

Cell size

dcx	dcy	dcz
2	2	2

Grid properties

Mass cutoff 0.2

GIMP

Moving Grid

Consider failure particle

Time step factor 0.8

XMin　XMax

YMin　YMax

ZMin　ZMax

图 4 – 105　Grid 离散设置

（2）为节省计算内存，在 Grid 属性页启用动态网格，如图 4－106 所示。

图 4－106　动态网格设置

至此，背景网格的相关参数设定完毕。

步骤 5：开启接触算法。

本算例建立了两个组件，配合启用接触算法，因此需在前处理系统中打开接触功能。另外，本算例不考虑摩擦。

点击 Contact，进入相关参数设置页面，如图 4－107 所示。

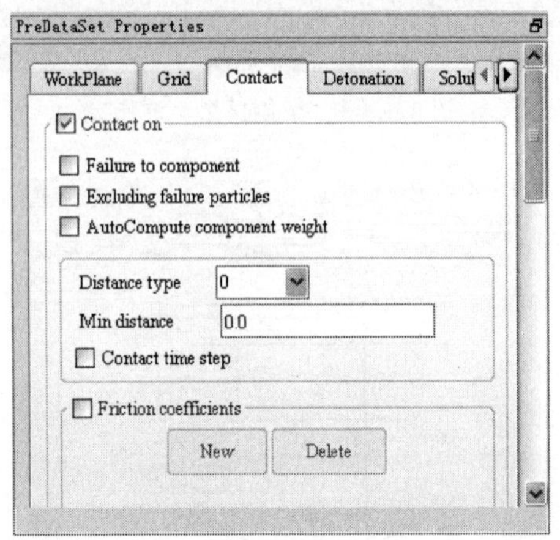

图 4－107　接触设置

在接触算法中，可手动设置弹体和靶体的计算权重，分别选中组件 projectile 和 target，在各自的 Component Properties 下进行设置，弹体和靶体的权重设置分别如图 4－108（a）和图 4－108（b）所示。

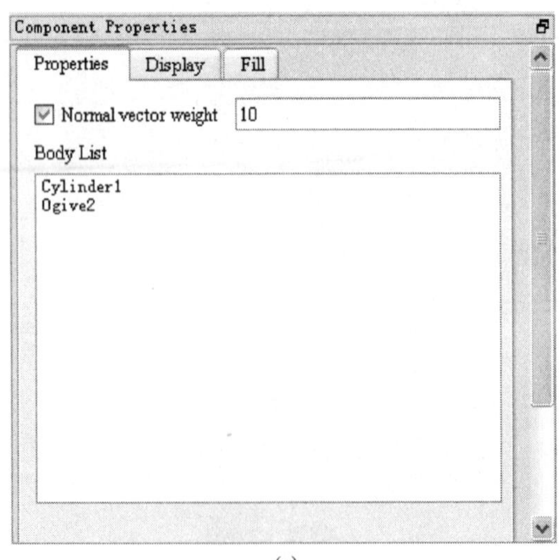

(a)

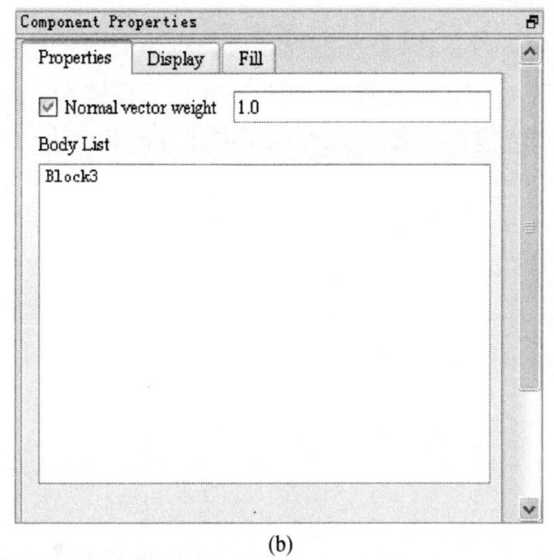

(b)

图 4 - 108 组件接触权重设置

(a)弹体权重设置;(b)靶体权重设置。

步骤 6:设置输出选项。

此处主要设置在后处理文件中需要观察的物理量、输出文件个数以及控制台监控的时间间隔等。

(1) 点击 Output 按钮,进入相应属性页,设置 Console output 参数值(图 4 - 109)。

(2) 选择要观察的物理量,在其前面的方框内打钩即可,设置输出的文件格式以及输出时间间隔,本算例设置见图 4 - 110。

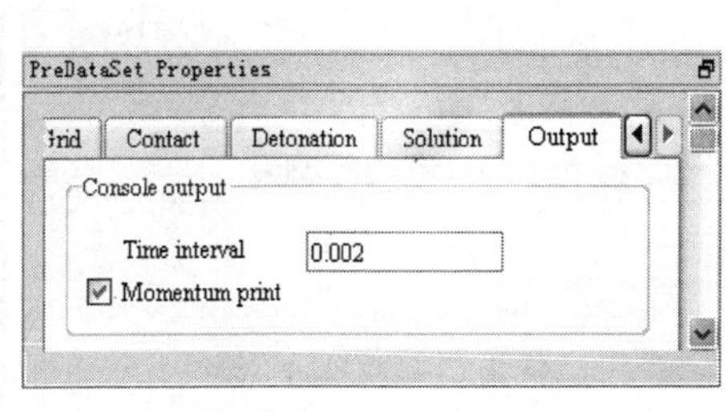

图 4 - 109 输出设置

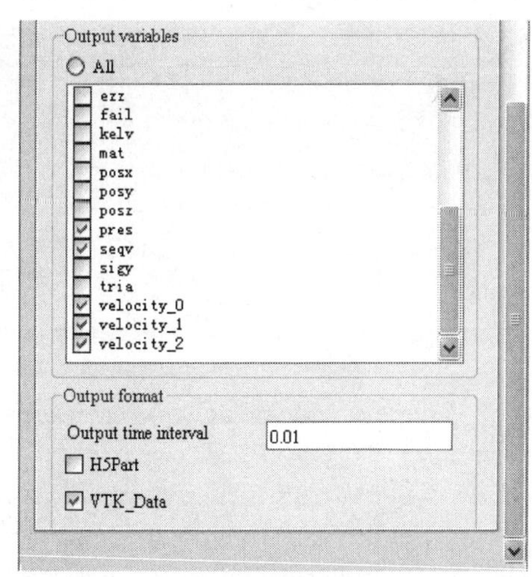

图 4 - 110 输出物理量

步骤 7:设置求解选项。

主要进行有关求解的设置以及重力场的施加。

点击 Solution 按钮,进入该属性页,如图 4 - 111 所示。设置模拟物理时间 End time 为 0.8,时间步长因子 Time step factor 为 0.2,设置积分格式 MPM algorithm 为 MUSL 格式。

步骤 8:保存输入文件。

把所做的工作保存到 MaPoSS 系统能够读取的后缀为 xmp 的文件中。

点击菜单 File→Save Job,将文件保存到当前的工作路径,如图 4－112 所示,生成 OgiveProjectileImpact. xmp 输入文件。同时也可右击 Job Browser 中的任务,选择 Save 完成此操作。

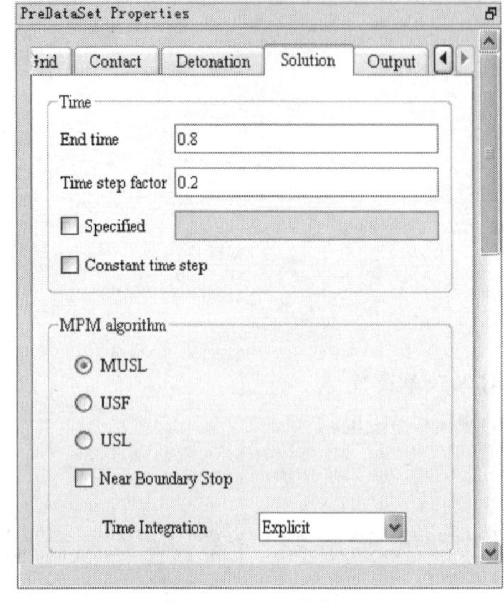

图 4－111　求解设置

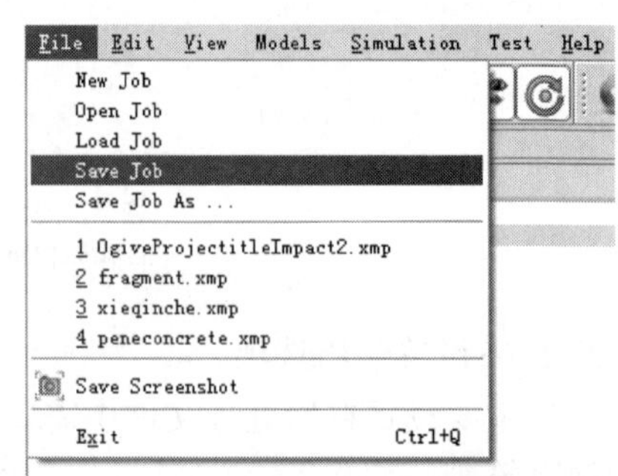

图 4－112　保存输入文件

步骤 9:检查编辑输入文件。

点击菜单 Simulation→Edit Input Data 编辑输入文件,如图 4－113 所示。

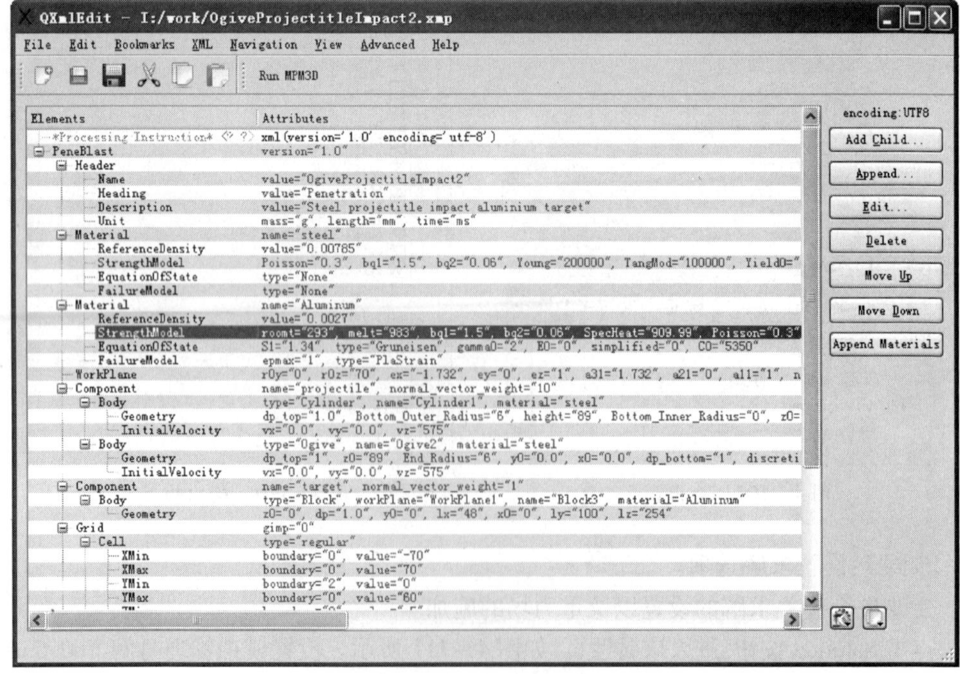

图 4－113　打开输入文件

由于本算例不考虑铝板的损伤，需将 JohnsonCook 模型中的相关参数 D1、D2、D3、D4、D5 删除。双击 JohnsonCook 模型，进入如图 4－114 所示编辑框，选中相应的变量，点击“－”号按钮，单击 OK 退出后，保存输入文件。

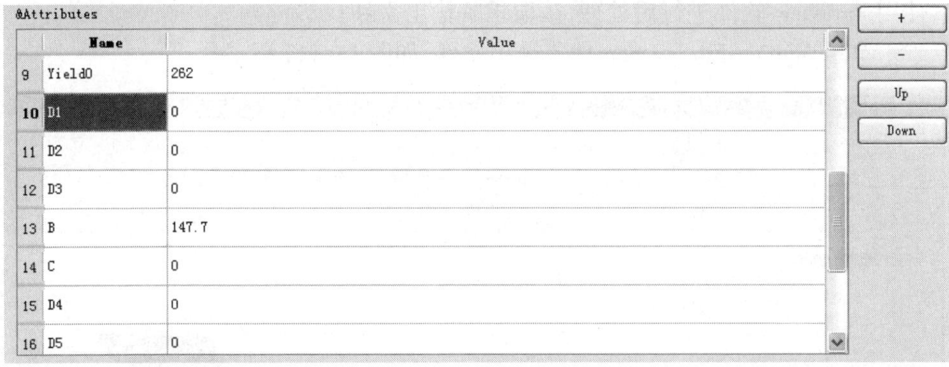

@Attributes

	Name	Value
9	Yield0	262
10	D1	0
11	D2	0
12	D3	0
13	B	147.7
14	C	0
15	D4	0
16	D5	0

图 4－114　编辑输入文件

点击菜单 Simulation→check Input Data 检查输入文件，弹出对话框（图 4－115），表明 xmp 文件通过格式检查。

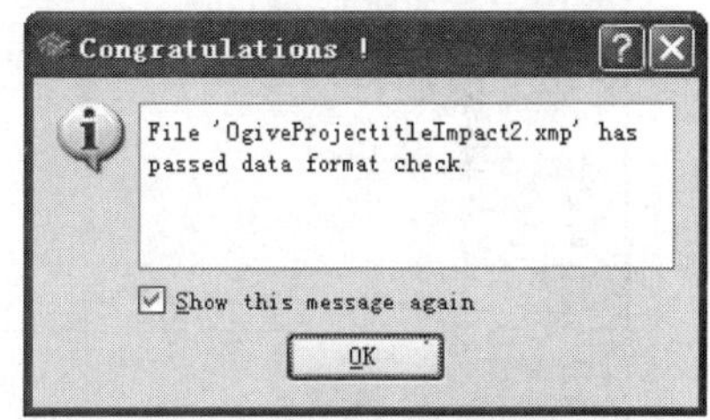

图 4－115　通过检查

步骤 10：执行计算。

（1）点击菜单 Simulation→Real time monitor，打开计算实时监控。

（2）点击菜单 Simulation→Start，执行计算，计算监控画面如图 4－116 所示。

（3）计算过程中可暂停、终止计算进程和改变 XY Plot 变量。

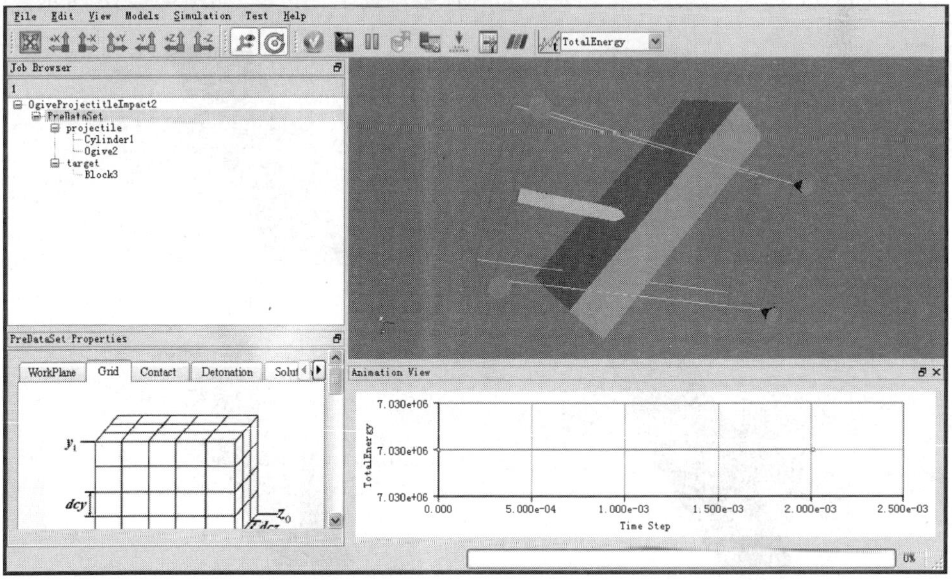

图 4－116　计算监控

（4）计算进程暂停后，可点击“Save Restart Files”保存重启动状态文件。

（5）如从中断状态继续进行计算，在选项界面加载重启动状态文件，如需重启动命令文件（＊.rmp），一并设定。

步骤 11：读取求解结果。

使用 Paraview 软件进行后处理，读取求解输出文件。

点击菜单 Menu→File→Open 载入结果文件，如图 4－117 示。

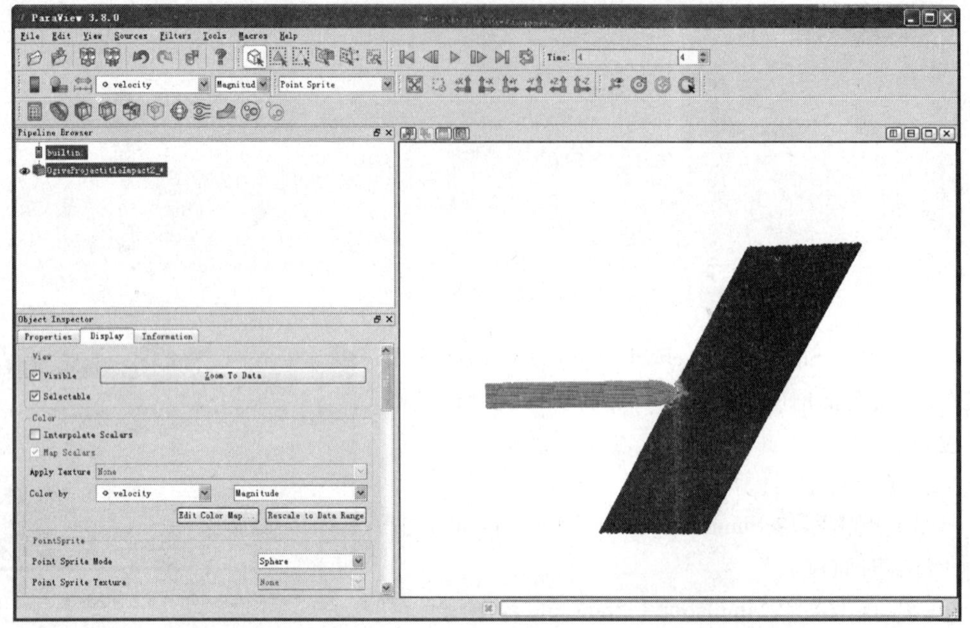

图 4－117　载入结果文件

（1）按下工具栏上的工作按钮▶观看弹体斜侵彻铝靶过程，如图 4－118 所示。

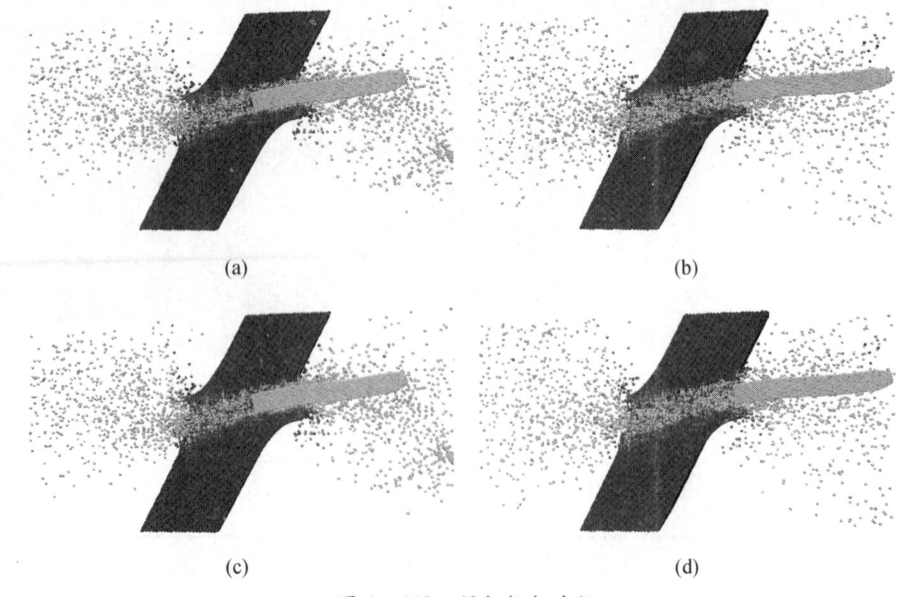

图 4－118　侵彻铝靶过程

(a) $t=0.2$ ms；(b) $t=0.4$ ms；(c) $t=0.6$ ms；(d) $t=0.8$ ms。

(2) 在变量复选框选择 fail,查看质点失效状况,如图 4-119 所示。

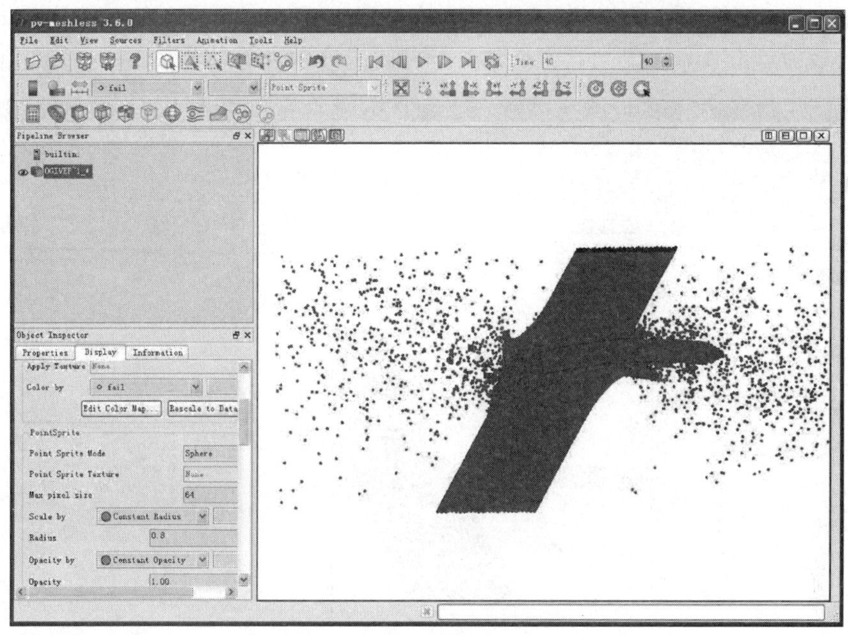

图 4-119 失效粒子分布

(3) 用 Select Points Through 选择质点。然后从过滤器菜单中选择 Extract Delection,点击属性页的 Copy Active Selection,得到所选质点。

Spreadsheet view 是用来链接数据选择和数值分析的重要工具,它允许用户查看标量域的实际值,选择机制帮助用户识别感兴趣的值。

使用或把视图分成两半。在新视图中点击"Spreadsheet View"按钮,监测选择所选数据集,点击可使所选数据集可见,见图 4-120。

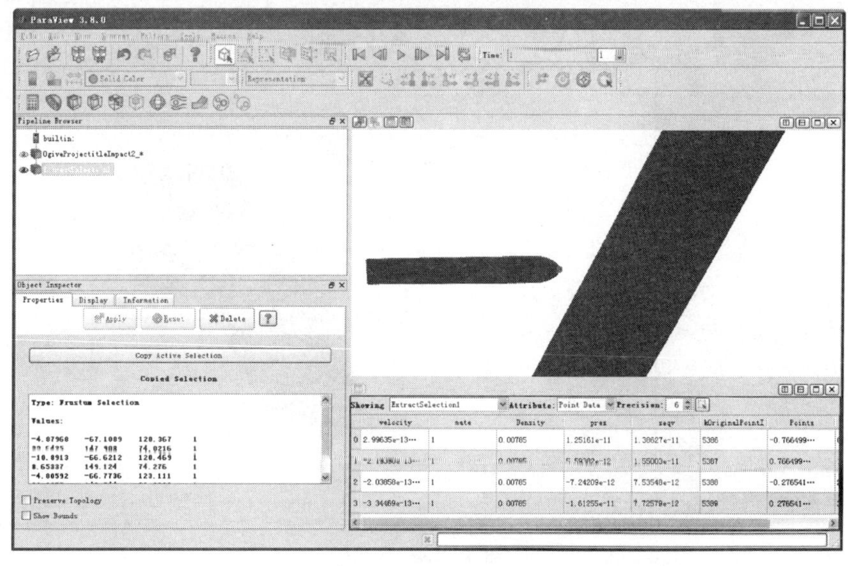

图 4-120 Extract

(4) Paraview 拥有绘制时间序列域值曲线图的能力。首先选择数据集,点击菜单 Filters→Data Analysis→Plot Selection Over Time,在 Object Inspector 中,点击“Copy Active Selection”,最后点击 Apply,即可得到所选粒子相关变量的时程曲线,如图 4-121 所示。

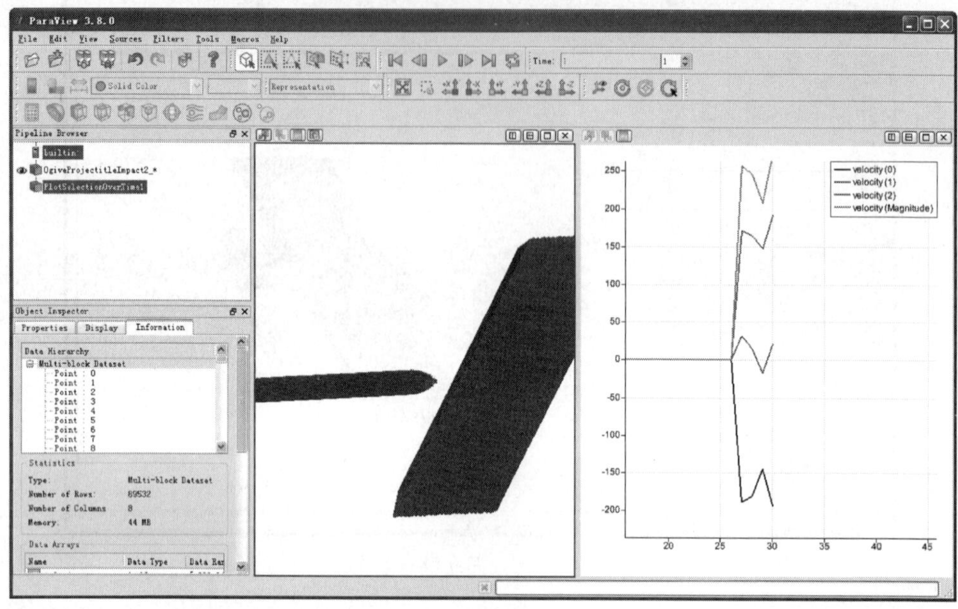

图 4-121　Plot Over Time

(5) 切片、切块,查看内部质点。点击菜单 Filters→Clip,选择切面法向为“Y Normal”,如图 4-122 所示。点击 Apply 加载文件,通过切片可查看物体内部质点的物理量,图 4-123 查看的是靠近弹体的靶体等效应力分布。

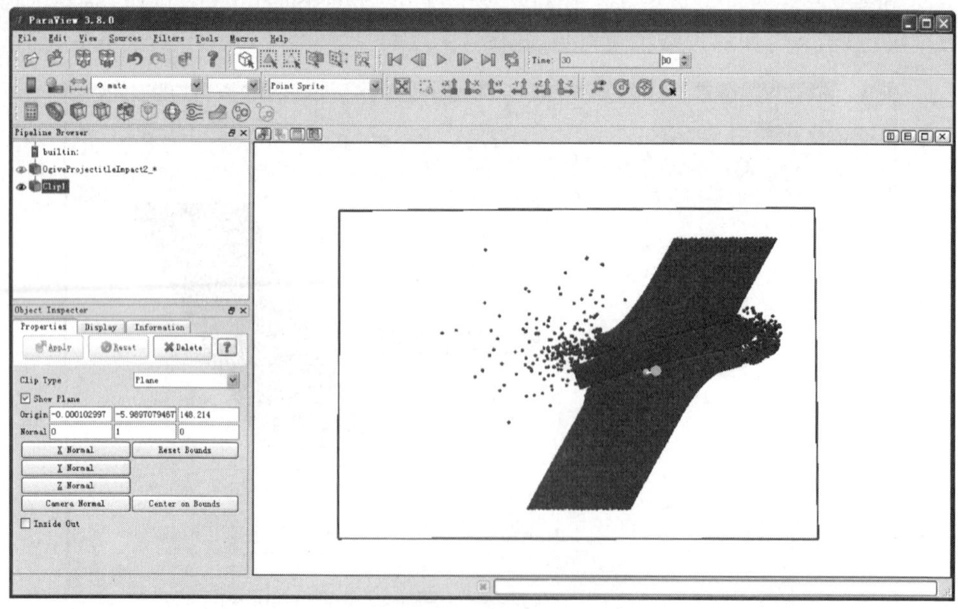

图 4-122　Clip

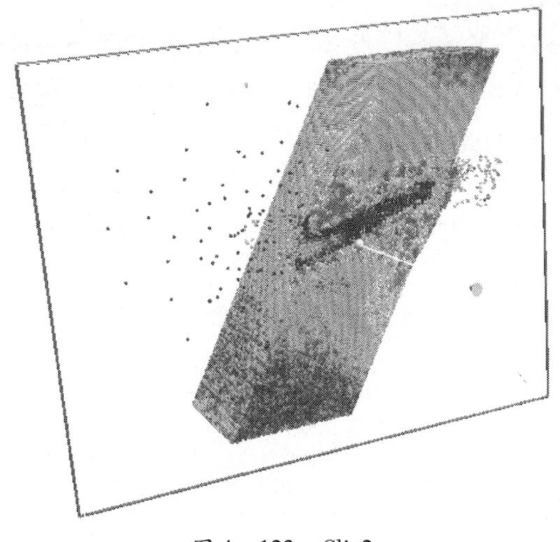

图 4－123　Clip2

4.4.2　战斗部随机破片生成算例

4.4.2.1　算例概述

本算例模拟战斗部在爆炸荷载作用下的随机破片产生过程。战斗部为柱壳，采用1/4对称模型并简化为平面应变问题模拟。炸药为 TNT，战斗部材料为 4340 钢，采用随机失效方案。

4.4.2.2　计算步骤

步骤 1：任务定义。

设置 JobName：fragment；Heading：fragmentation phenomena；Description：metal fragmentation driven by detonation。选择单位制 g—mm—ms。任务定义见图 4－124。

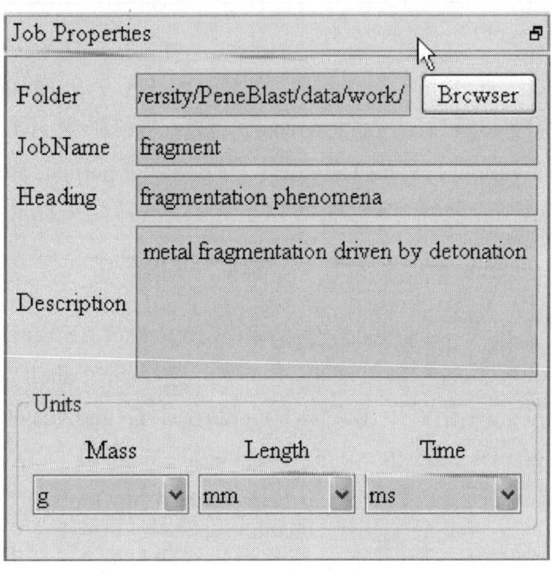

图 4－124　任务定义

步骤2:材料定义。

点击菜单栏 Models→Material,点击 Load,选择 TNT,Steel4340,点击 Load 确认。Steel4340 选用 Johnson - Cook 强度模型、Grüneisen 状态方程和最大等效塑性应变失效模型。

选择 Steel4340 材料,点击 Modify 进行材料参数编辑。设置 epso = 1,bq1 = 1.5,bq2 = 0.06。选择 Failure,增加失效模型 PlaStrain,epmax = 0.4,点击 apply 确定。详细参数设置见表4-3。

TNT 选用高能炸药材料和 JWL 状态方程,详细参数见表4-4。

表4-3 Steel4340 材料参数

Density	Young	Poisson	Yield0	B	n	C	m	roomt
7.83	210000	0.3	792	510	0.26	0.014	1.03	293
melt	SpecHeat	epso	Bq1	bq2	D1	D2	D3	D4
1793	477	0.001	1.5	0.06	0.05	3.44	-2.12	0.002
D5	c0	S1	gamma0	E0	simplified	epmax		
0.61	3.57	1.92	1.8	0	0	0.4		

表4-4 TNT 材料参数

Density	D	PCJ	mu	beta	bq1	bq2
1.63	0.693	0.21	0	2	1.5	0.06
A	B	R1	R2	w	E0	
3.712	0.0323	4.15	0.95	0.3	0.07	

步骤3:组件设置。

点击菜单栏 Models→Create Component,在 PreDataSet 下出现 component1,双击 component1 将其名称修改成 explosive,选择 explosive;点击菜单栏 Models→Create Cylinder,在 explosive 组件下出现 Cylinder1;编辑 Cylinder1 的 Body Properties,修改 R0 = 60,R1 = 60,L = 0.5,Angle = 90,Material 选择 TNT;选择 Body Properties→Discretization 进行离散设置,dp bottom = 0.5,dp top = 0.5,点击工具栏 set view direction to -z 。

选择 PreDataSet,点击菜单栏 Models→Create Component,在 PreDataSet 下出现 component2,双击 component2 将其名称修改成 steel shell。选择 steel shell,点击菜单栏 Models→Create Cylinder,在 steel shell 组件下出现 Cylinder2;编辑 Cylinder2 的 Body Properties,修改 r0 = 60,R0 = 65,r1 = 60,R1 = 65,L = 0.5,Angle = 90,Material 选择 Steel4340;选择 Body Properties→Discretization 进行离散设置,dp bottom = 0.5,dp top = 0.5,选择 PreDataSet,点击工具栏 set view direction to -z 。组件设置结果见图4-125。

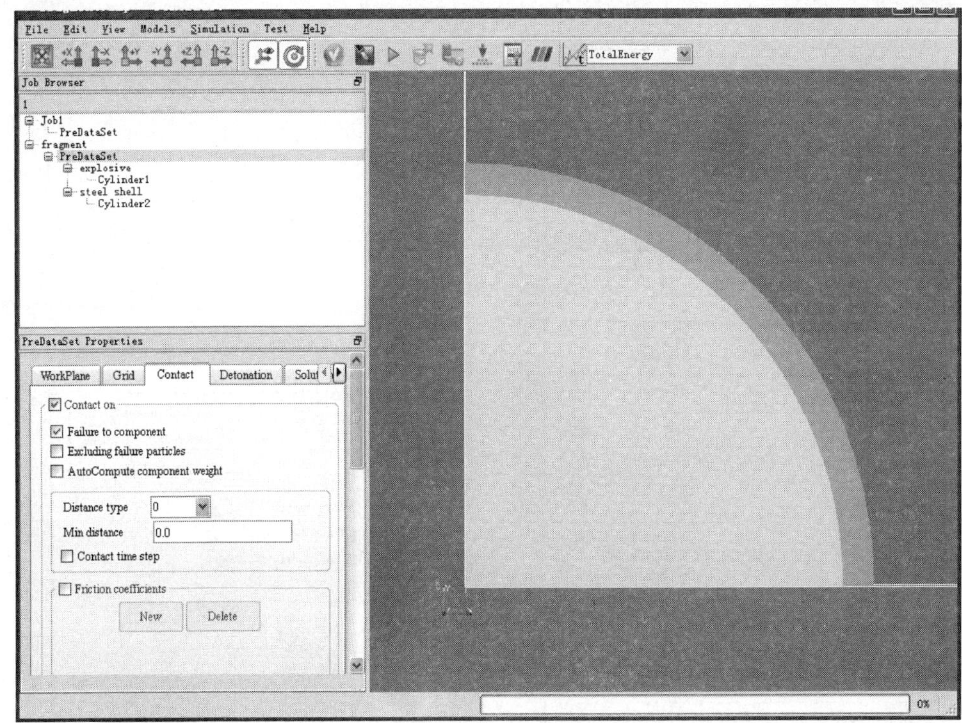

图 4－125　组件设置示意图

步骤 4:网格设置。

选择 PreDataSet Properties 中 Grid 选项卡,Grid setting 参数如表 4－5 所列。

表 4－5　Grid setting

	Coordinate	Boundary Type
x0(Left)	0	Symmetric
x1(Right)	200	Free
y0(Bottom)	0	Symmetric
y1(Top)	200	Free
z0(Back)	0	Symmetric
z1(Front)	1	Symmetric

设置 Cell size:dcx = 1,dcy = 1,dcz = 1。网格参数设置见图 4－126。

步骤 5:接触设置。

选择 PreDataSet Properties 中 Contact 选项卡,勾选 Contact on,Failure to component,取消 Friction coefficients 设置。接触参数设置如图 4－127 所示。

步骤 6:起爆设置。

选择 PreDataSet Properties 的 Detonation 选项卡,点击"New",设置 Type 为"plane",Detonation Time 为 0.0;点击"＋"号,展开设置"Detonation plane",设置 Direction 为 Z,location 为 0.0;left 为 0.0,right 为 60.0;bottom 为 0.0,top 为 60.0。最后点击 Apply。起爆参数设置见图 4－128。

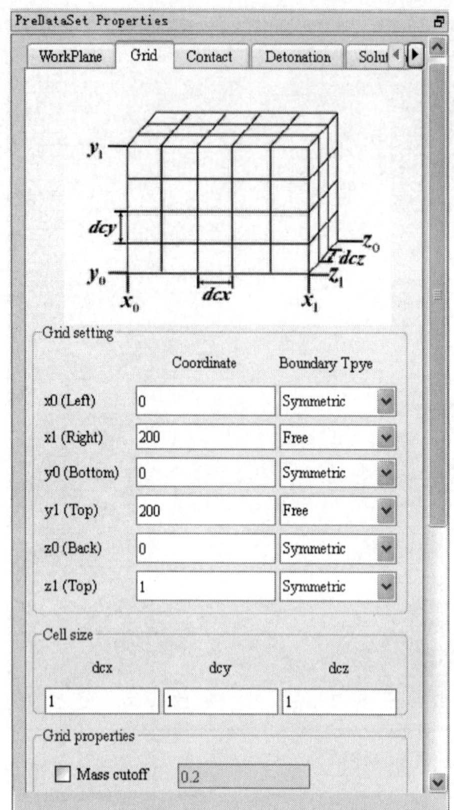

图 4-126　网格参数设置

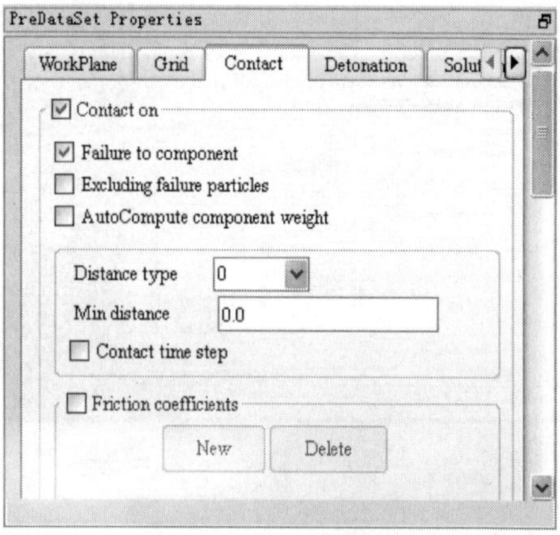

图 4-127　接触参数设置

步骤 7:求解设置。

选择 PreDataSet Properties 中 Solution 选项卡,设置 End time 为 0.6,Time step factor 为 0.5,MPM algorithm 为 MUSL,Time Integration 为 Explicit。求解参数设置如图 4-129 所示。

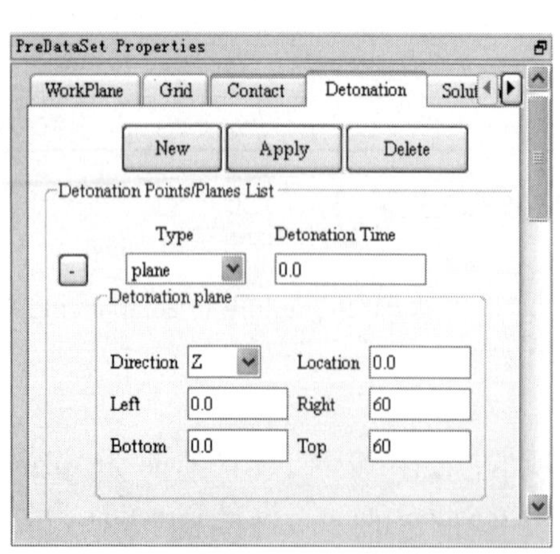

图 4-128　起爆参数设置

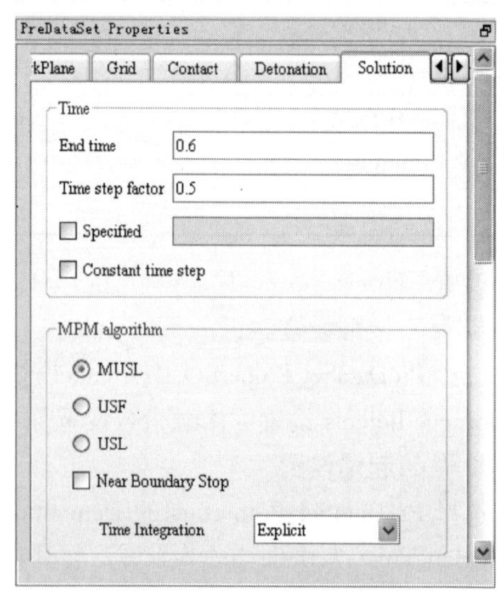

图 4-129　求解参数设置

步骤 8:输出设置。

选择 PreDataSet Properties 中 Output 选项卡,设置 Console output Time interval 为 1e－3;勾选 Ouput variables 为 epef,pres,fail;设置 Output time interval 为 4e－3。Output format 选择 VTK DATA。输出参数设置见图 4－130。

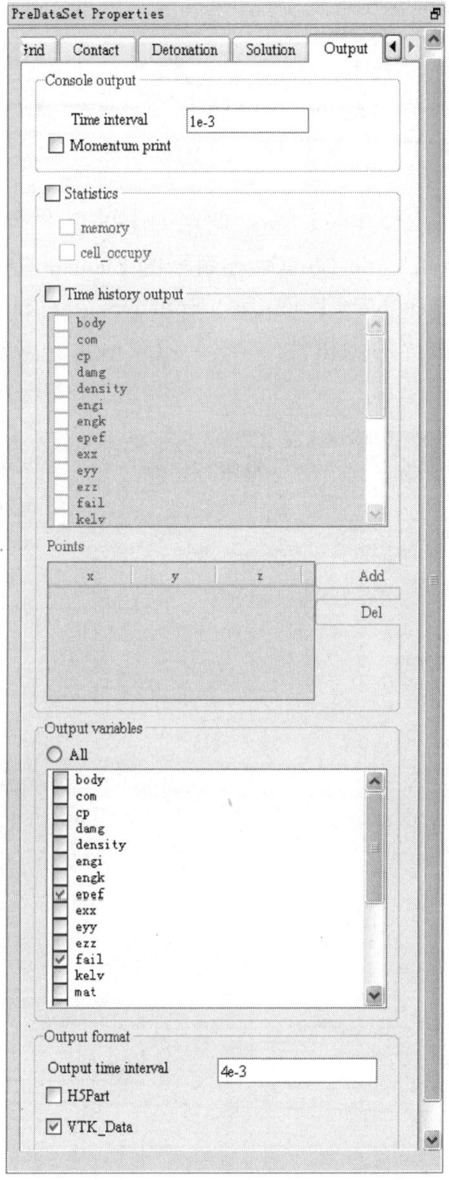

图 4－130　输出参数设置

步骤 9:检查修改输入文件。

点击菜单栏 File→Save Job 保存任务,并生成 fragment. xmp 输入文件。点击 Simulation→Check Input Data 检查输入文件,弹出对话框,如图 4－131 所示,表明 fragment. xmp 通过格式检查。

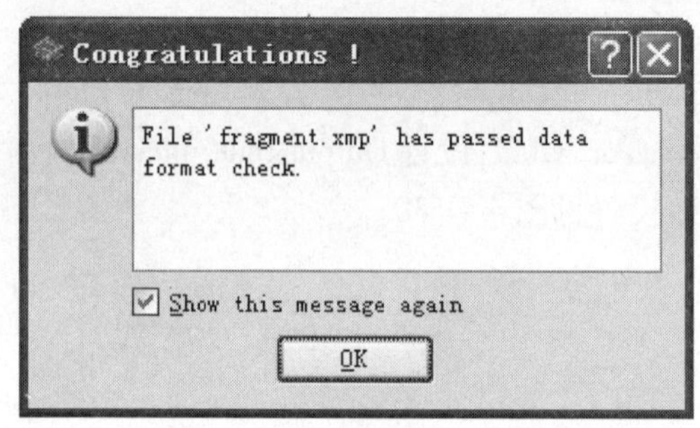

图 4-131　检查输入文件

点击菜单 Simulation→Edit Input Data，调用 QxmlEdit 软件对输入文件进行修改。选择“Steel 4330”材料，点击“Add Child”，在新增的 Element 中设置 Tag 为 RandomFailure，并在 Attributes 中增加 enable = 1，FailDistribution = 2。对 Steel 4330 材料启用 weibull 随机失效方案，用于模拟破碎的随机性，如图 4-132 所示。点击 OK 返回，并保存输入文件。

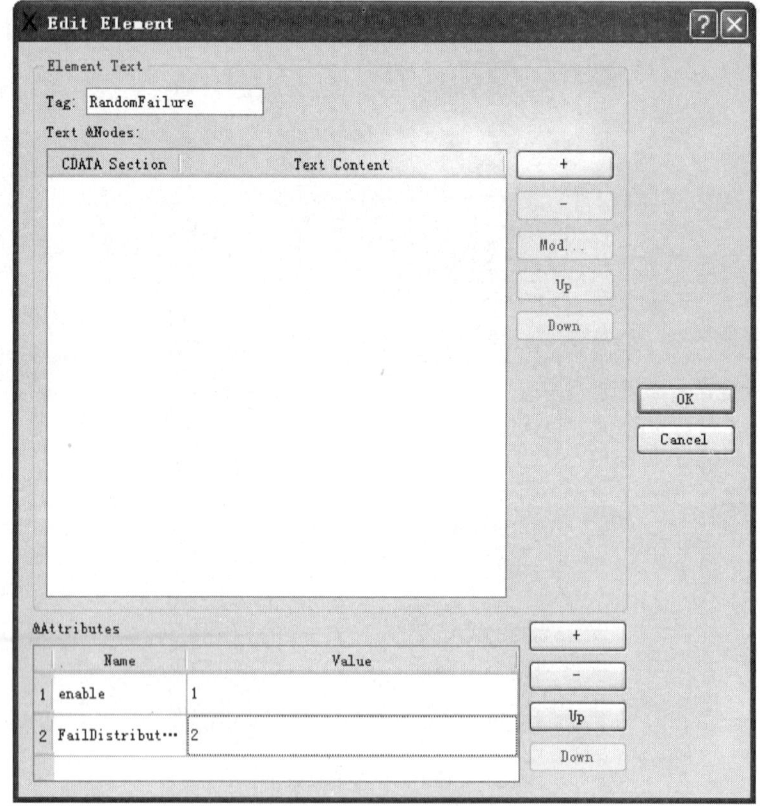

图 4-132　修改输入文件

步骤 10：计算监测。

点击菜单 Simulation→Real time monitor 打开实时监控，点击工具栏 Start Compute 按钮开始计算，计算过程截图如图 4-133 所示。

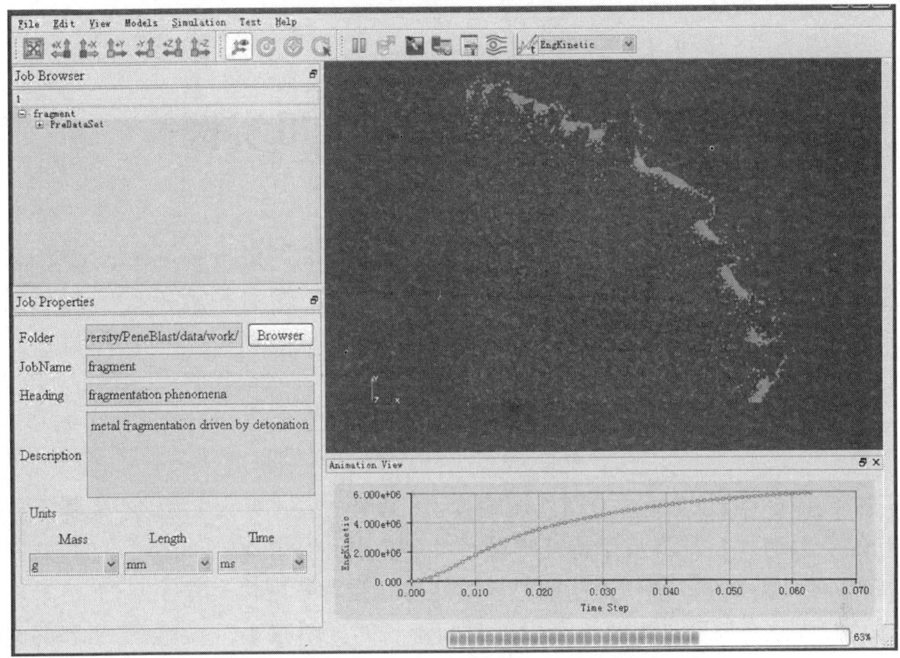

图 4-133　计算过程监控

第5章　软件系统应用实例

与传统的有限元法相比,物质点法不存在单元畸变和网格扭曲等数值困难,在处理大变形、间断面和材料离散等方面具有明显优势,物质点法软件系统在求解碰撞、侵彻冲击、爆炸和流固耦合等多种问题上得到了许多应用。

5.1　碰撞问题

碰撞问题中经常出现材料的剧烈压缩变形,无论是显式有限元法,还是基于显式格式的 SPH 等无网格法,都将由于特征离散尺寸(如单元尺寸、粒子间距等)的急剧减小,导致时间步长大幅减小。物质点法的临界时间步长受背景网格尺寸控制,而背景网格固定在空间中,因此在计算过程中不会出现时间步长的大幅减小,物质点法在求解碰撞问题时具有比较明显的效率优势。

5.1.1　泰勒杆碰撞

泰勒(Taylor)杆碰撞试验是 G. I. Taylor 于 1948 年提出的,采用一个柱状金属圆杆垂直撞击刚性墙,然后对变形物体进行撞击后测量。泰勒杆碰撞试验比较简单、容易实现,能够反映材料在较大应变和较高应变率下的行为,常用于获得材料的动态屈服强度,研究不同材料的塑性流动规律。此外,由于有比较充足的试验结果,泰勒杆碰撞问题也是用于检验动力学程序的经典考题。

本算例采用 mm—g—ms 单位制。碰撞示意图参见图 5-1,柱状圆杆以初始速度 $v_0=190\text{m/s}$ 撞击刚性墙,圆杆初始长度为 $L_0=25.4\text{mm}$,初始直径为 $D_0=7.6\text{mm}$。

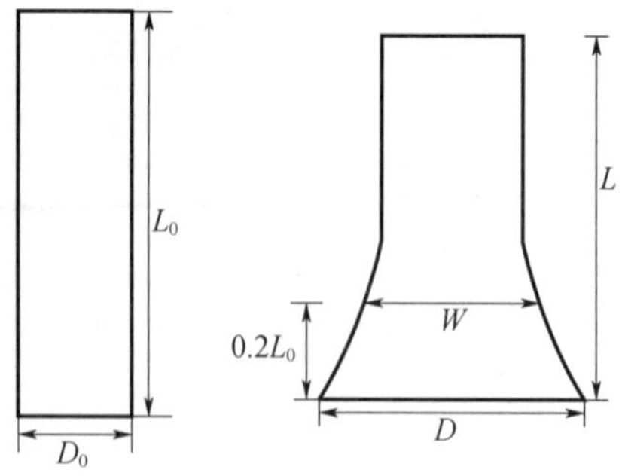

图 5-1　泰勒杆碰撞示意图

圆杆材料为 OFHC 铜,采用简化 Johnson-Cook 塑性模型(不考虑温度效应)模拟,材料参数见表 5-1,其中 ρ 为密度,E 为弹性模量,ν 为泊松比,A、B、n 和 C 为材料常数,其含义参考式(2-319),$\dot{\varepsilon}_0$ 为参考应变率。

表 5-1 铜材料参数

ρ /(g/mm^3)	E /GPa	ν	A /MPa	B /MPa	n	C	$\dot{\varepsilon}_0$
8.93×10^{-3}	117	0.35	157	425	1.0	0.0	0.001

为了定量比较计算和试验得到的圆杆最终构型，G. R. Johnson 等给出了平均误差计算公式如下

$$\text{Error}=\frac{1}{3}\left(\frac{|\Delta L|}{L}+\frac{|\Delta D|}{D}+\frac{|\Delta W|}{W}\right) \tag{5-1}$$

式中：Error 为平均误差；L 和 D 分别为最终时刻圆杆的长度和底部直径；W 为距离底部 $0.2L_0$ 处的直径（图 5-1）；ΔL、ΔD 和 ΔW 为计算结果相对于试验结果的误差。

本节分别采用物质点法和 LS-DYNA 中的有限元模块求解泰勒杆碰撞问题进行对比。由于该问题具有对称性，利用对称边界条件取 1/4 模型进行计算。在物质点法中，初始时刻质点均匀分布，质点间距为 0.38mm，背景网格间距为 0.76mm，总共采用 21172 个质点离散；在有限元法中，单元尺寸最大为 0.76mm，与物质点法的背景网格间距相同，总共采用 6528 个单元和 7315 个节点，两种方法的离散密度基本相当。

计算时间设为 0.08ms，时间步长因子均设为 0.8。

图 5-2 给出了物质点法和有限元法计算的最终时刻圆杆构型，表 5-2 给出了物质点法和有限元法的计算结果，并与试验结果进行了误差比较。

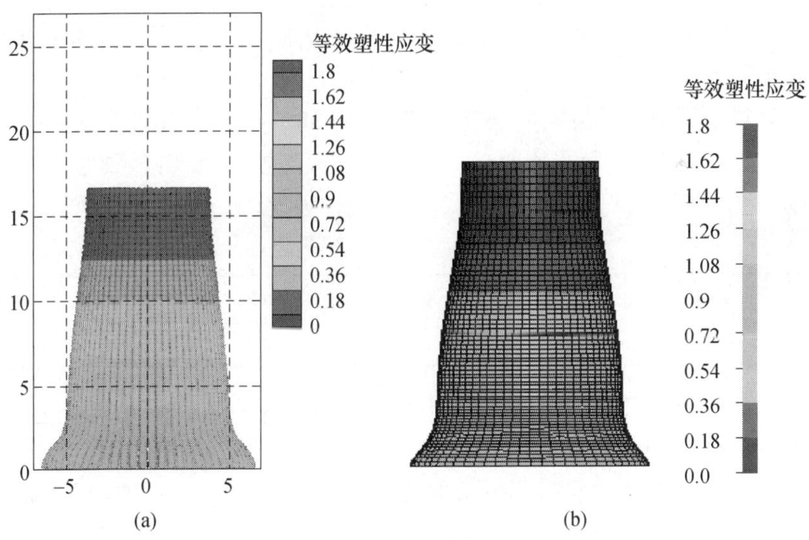

图 5-2 最终时刻圆杆的构型

(a)物质点法；(b)有限元法。

表 5-2 计算结果与试验结果的比较

方法	L /mm	D/mm	W/mm	Error/%
试验	16.2	13.5	10.1	—
物质点法	16.3	13.0	9.6	3.1
有限元法	16.3	13.2	10.1	0.9

计算结果表明物质点法和有限元法的计算精度都比较高。

表 5-3 比较了物质点法和有限元法的计算时间步长和计算耗时，从图 5-2 中可以看出，在泰勒杆底部，有限元法的单元发生了较大的变形，导致有限元法的时间步长下降了 50%(表 5-3)。在计算精度基本相当的情况下，物质点法的 CPU 耗时约为有限元法的 1/3，在本算例中，物质点法的计算效率明显高于有限元法。随着碰撞速度的增加，有限元法的单元变形会更大，时间步长变得更小，物质点法的效率优势将会更加显著。

表 5-3 数值仿真时间步长比较

计算方法	最大时间步长 $\Delta t_{max}/\mu s$	最小时间步长 $\Delta t_{min}/\mu s$	时间步总数	CPU 时间 /s
物质点法	0.133	0.133	604	40
有限元法	0.024	0.012	5482	116

5.1.2 低速碰撞成坑

飞行器返回地面时，将会撞击地面，产生较大的加速度，对飞行器内部的仪表和人员造成伤害。本节采用物质点法和有限元法对半球壳撞击地面的过程进行模拟，并同试验结果进行比较。

本算例采用 mm—g—ms 单位制。半球壳的直径为 0.408m，质量为 12000g，材料为铝合金。试验过程中，半球壳以 45m/s 的速度冲击地面，在半球壳内部装有传感器记录加速度时间历程。

半球壳材料采用弹性模型模拟，密度 ρ 为 2.7×10^{-3} g/mm^3，弹性模量 E 为 70GPa，泊松比 ν 为 0.3。地面岩土材料采用 Drucker-Prager 模型模拟，材料参数见表 5-4，其中 ϕ 为内摩擦角，c 为内聚力，ψ 为剪胀角，σ_t 为材料抗拉强度。

表 5-4 岩土材料参数

ρ/(g/mm^3)	E/MPa	ν	ϕ/(°)	c/kPa	ψ/(°)	σ_t/kPa
2.2×10^{-3}	4.0	0.3	20	40.8	0.0	112.2

为了对比说明问题，分别采用物质点法和 LS-DYNA 中的有限元模块进行计算。考虑到问题的对称性，采用 1/4 模型进行计算。岩土材料取为长方体，其尺寸为 1200mm × 1200mm × 960mm，在物质点法中，初始时刻质点间距设为 6mm，背景网格尺寸设为 12mm。离散后，半球壳的质点数为 26385，岩土材料的质点数为 1600000。采用接触算法，半球壳和岩土材料之间的摩擦系数 μ 取为零。在有限元法中，单元尺寸最大为 12mm，与物质点法的背景网格间距相同，半球壳的单元数为 205，岩土材料的单元数为 43200，两种方法的离散密度基本相当。

计算时间设为 20ms，计算结果表明此时半球壳的动能基本为零。图 5-3 给出了冲击结束时刻岩土材料的塑性应变分布，对比表明物质点法和有限元法得到的塑性应变分布状态基本一致。物质点法和有限元法得到的成坑深度随时间变化曲线见图 5-4，结果表明两种算法得到的成坑深度基本吻合。以上计算表明，对于岩土材料低速冲击问题，物质点法和有限元法均能进行有效求解。

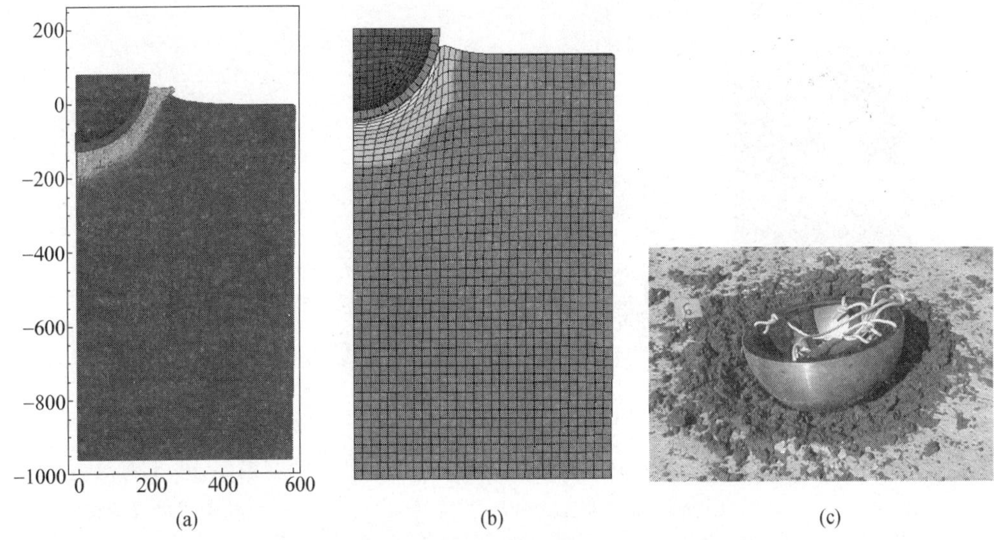

图 5 - 3　岩土材料低速冲击结果比较(v_0 = 45m/s)

(a)物质点计算结果;(b)有限元计算结果;(c)试验结果。

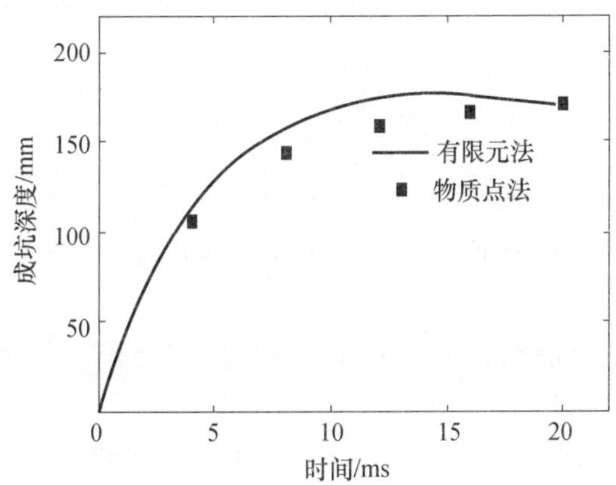

图 5 - 4　岩土材料低速冲击成坑深度(v_0 = 45m/s)

然而,当冲击速度提高到200m/s时,物质点法仍然可以较好地模拟冲击问题(图5-5);而有限元法却无法完成计算,在冲击初期岩土材料产生了很大的局部变形,网格沿冲击方向被压缩成片状,出现单元负体积,冲击过程计算到0.62ms终止。

5.1.3　超高速碰撞碎片云

空间碎片飞行速度极快,对航天器的安全造成了严重威胁,是一个不可忽略的问题。本节采用物质点法对铝弹超高速撞击铝靶问题进行仿真。由于网格畸变的原因,传统的有限元法很难有效地模拟超高速撞击中的碎片云现象。

本算例采用mm—g—ms单位制。初始构型如图5-6所示,铝弹半径为7.5mm,质量为20g,初始撞击速度为6.58km/s。铝靶厚度为6.35mm,长度为100mm,宽度为60mm。

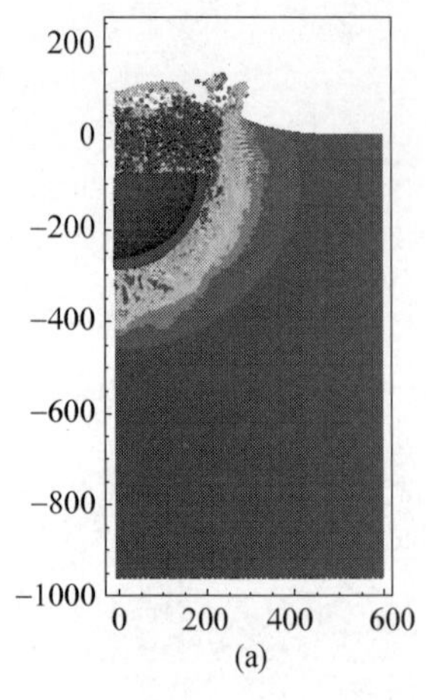

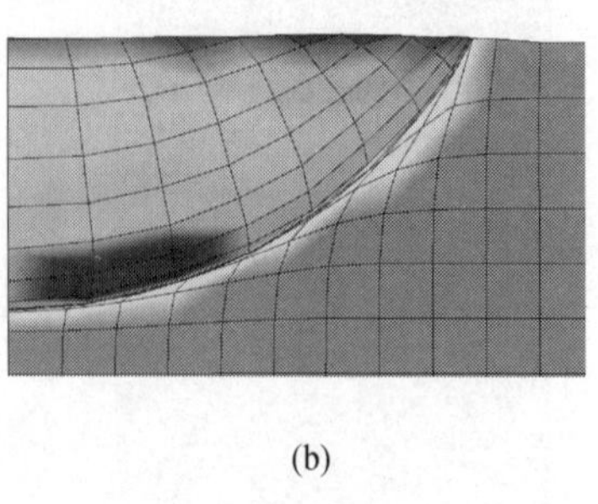

图 5－5　岩土材料低速冲击结果比较(v_0 = 200m/s)

(a)物质点;(b)有限元。

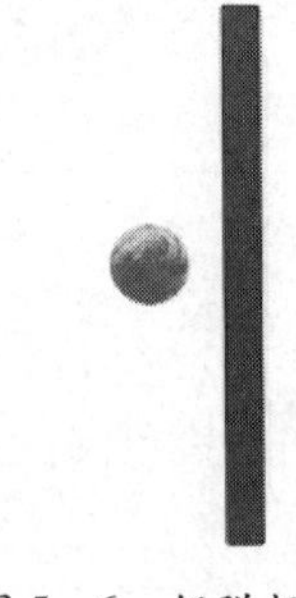

图 5－6　铅弹超高速撞击铅靶初始构型

铅材料采用简化 Johnson－Cook 强度模型和 Mie－Grüneisen 状态方程模拟,不考虑温度效应,材料参数见表 5－5,其中 c_0、s 为冲击参数,γ_0 为压力为零时的 Grüneisen 常数,其他符号含义同前文。采用了一个简单的失效模型来模拟材料失效:

表 5－5　铅材料参数

ρ /(g/mm^3)	E /GPa	ν	A /MPa	B /MPa	n	C	$\dot{\varepsilon}_0$	c_0/(m/s)	s	γ_0
11.35 × 10^{-3}	22.4	0.42	12.0	125.0	1.0	0.0	0.001	2092	1.45	2.0

(1) 塑性应变失效。此时质点的等效塑性应变超过了材料的失效应变 $\varepsilon_{\text{fail}}$,认为质点失效。

(2) 拉应力失效。此时质点的压力低于其失效压力 $p_{\min}$,相当于质点的应力球量大于某个阈值,认为质点失效。

当质点的状态满足上述条件之一时,则质点失效,失效后的质点不再承受载荷。

由于该问题具有对称性,利用对称边界条件,取其 1/2 模型进行计算。初始时刻质点间距为 0.25mm,背景网格尺寸为 0.5mm,质点总数为 1217454。

模拟时间设为 0.03ms,时间步长因子取为 0.4。

图 5－7 给出了超高速碰撞最终时刻的碎片云分布,表 5－6 比较了物质点法计算结果和试验结果的数据,其中 L 和 D 分别表示撞击 30μs 后碎片云前端距离靶板的距离(约 200mm)和最大宽度,可得碎片云的最大宽度约 145mm,计算结果与试验结果基本一致。

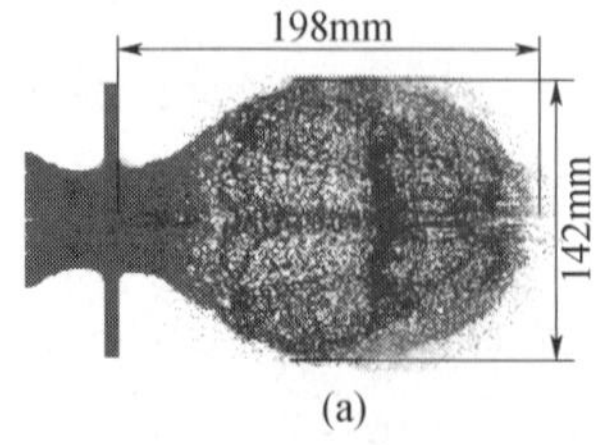

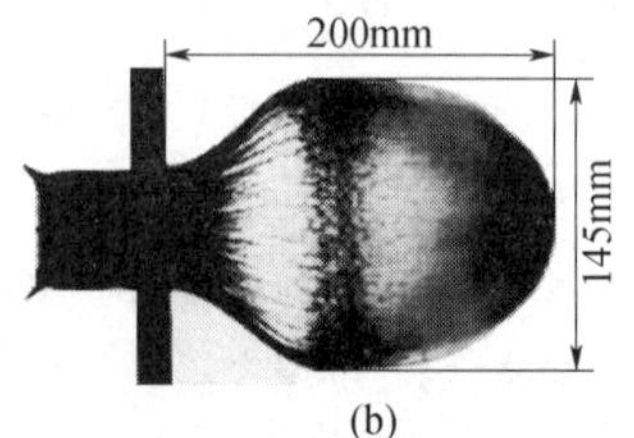

图 5－7　铅弹超高速撞击铅靶结果

(a)计算结果;(b)试验结果。

表 5-6　碎片云计算结果与试验结果的比较

方法	L/mm	D/mm
试验	200	145
物质点法	198	142

5.2　侵彻、贯穿问题

对于中等速度的撞击问题，如弹丸侵彻靶板，结构将发生局部断裂破坏，主要关注局部失效的机理和形态，以及对结构整体承载能力的影响。

5.2.1　贯穿金属靶板

A. J. Piekutowski 等人进行了卵形头钢弹侵彻铝板的试验，记录了入射初速度和剩余速度，部分试验获取了侵彻过程的图像，通过数据拟合了剩余速度经验公式。本节采用其中的物理模型进行数值仿真。

本算例采用 mm—g—ms 单位。弹体形状如图 5-8 所示，弹体直径为 $2a$ = 12.9 mm，总长度为 88.9mm，其中 L =67.5mm，l = 21.4mm，弹头端部曲率半径为 s = 38.7mm；靶体厚度为 26.3 mm，靶体截面为 304mm × 304mm 的方板，靶体的倾斜角为 30 °。

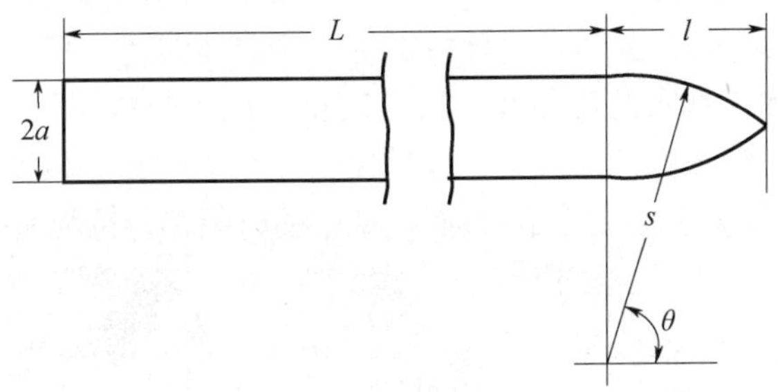

图 5-8　弹体形状图

在试验中，虽然弹体形貌保持完整，但观察到了明显的永久变形。弹体材料为 4340 钢，采用各向同性线性强化弹塑性模型模拟，材料参数见表 5-7，其中 σ_y 为屈服强度，E_t 为切向模量，其他符号含义同前文。

表 5-7　弹体钢材料参数

ρ/(g/mm^3)	E/GPa	ν	σ_y/GPa	E_t/GPa
7.85×10^{-3}	200	0.30	1.43	14.76

靶体材料为 6061 - T651 铝，偏应力按照 Johnson - Cook 强度模型计算，压力采用 Mie - Grüneisen 状态方程计算，材料参数见表 5-8，其中 A、B、n、C 和 m 为材料常数，其含义参考式(2-319)。$\varepsilon_{\mathrm{fail}}$ 为材料失效应变，当质点等效塑性应变达到 1.6 时，质点的偏应力取为零值；T_{melt} 为熔化温度，T_{room} 为室温，其他符号含义同前文。

表 5-8　靶体铝材料参数

$\rho/(\mathrm{g/mm^3})$	E/GPa	ν	A/MPa	B/MPa	n	C
2.7×10^{-3}	69	0.3	262	52.1	0.41	0
m	$\varepsilon_{\mathrm{fail}}$	$T_{\mathrm{melt}}/\mathrm{K}$	$T_{\mathrm{room}}/\mathrm{K}$	$c_0/(\mathrm{m/s})$	s	γ_0
0.859	1.6	875	293	5350	1.34	2.0

采用耦合物质点有限元法(CFEMP)进行模拟,考虑到结构的对称性,此处采用了1/2模型进行计算。计算中,分别采用有限元离散弹体,用物质点离散靶体,采用接触算法,弹体与靶体间的摩擦系数设为零。离散参数见表5-9,弹体有限元的最大尺寸为1.0mm,靶体的质点间距为0.5mm,背景网格间距为1.0mm。

表 5-9　仿真模型离散参数

背景网格	304×152×260mm
网格间距	1.0×1.0×1.0mm
物质点总数	2516800
有限元单元总数	145152

模拟时间为0.5ms,时间步长因子取为0.40。

当弹体冲击初始速度为400m/s时,图5-9给出了不同时刻弹靶相互作用的试验结果和模拟结果对比,剩余弹速的试验值为217m/s,模拟结果为229m/s,两者相差5.5%。由图5-9的试验结果可见:弹体在出靶后发生了弯曲和偏转,而耦合物质点有限元法的模拟有效地反映了弹体真实的弯曲和偏转。出靶时试验弹体构型与模拟结果有一些差别,究其原因,侵彻过程中弹体变形是一种弹性变形和塑性变形相组合的波动式变形,时间和相位有所差别,弹体变形差异很大;而模拟中的时间和相位与实际很难完全一致。

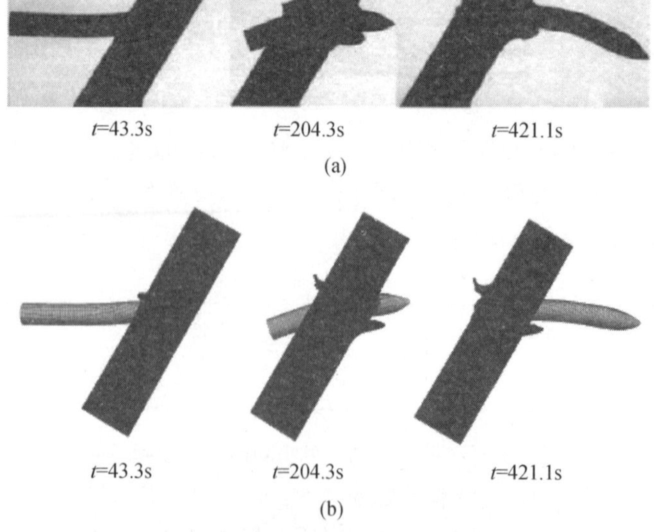

图 5-9　弹靶相互作用的试验结果和数值模拟结果对比(初始弹速400m/s)
(a)试验结果,剩余弹速217m/s;(b)数值模拟结果,剩余弹速229m/s。

为了说明耦合物质点有限元法具有广泛的适用性，对不同初始速度下的卵形头弹侵彻问题进行了模拟，将弹体剩余速度的计算值和试验值进行比较，数据见表5-10。若以初始速度 v_0 为横轴，剩余速度 v_{re} 为纵轴，可以得到弹体剩余速度随初始速度变化的曲线，该曲线的计算结果和试验结果对比见图5-10。

表5-10　不同初始弹速 v_0 下的剩余弹速 v_{re}

初始弹速 v_0/(m/s)	试验结果 v_{re}/(m/s)	CFEMP v_{re}/(m/s)	CFEMP 相对误差
400	217	229	5.5%
446	288	293	1.7%
575	455	456	0.2%
730	655	631	3.7%

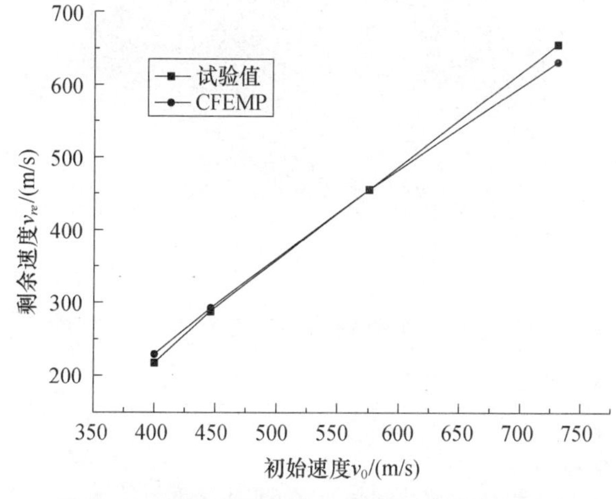

图5-10　不同初始弹速 v_0 下的剩余弹速 v_{re} 曲线

表5-10和图5-10的对比表明：耦合物质点有限元法得到的剩余弹速和试验结果比较吻合。由此可见，接触算法考虑了弹靶界面之间的接触关系和分离条件，更真实地模拟了弹靶之间的相互作用。图5-10的对比还表明：耦合物质点有限元法具有一定的普适性，对于初始弹速400m/s～730m/s范围内的斜侵彻分析均能得到较好的计算结果。

5.2.2　侵彻混凝土靶

物质点法软件系统目前已经实现了单机5000万质点的仿真规模，可以进行大规模工程问题的数值仿真。下面介绍物质点法求解侵彻混凝土靶的大规模仿真算例。

在弹体斜侵彻大型钢筋混凝土靶标的验证试验中，弹体以水平姿态入射30°倾角斜靶（图5-11），试验条件参见表5-11。

图5-11　斜侵彻试验钢筋混凝土靶

表 5－11　试验条件参数

工况	入射速度/(m/s)	入射角/(°)	靶体尺寸/m
斜侵彻	820	30	3.5×3.5×3.3

为了减小计算规模，根据对称性原理，对斜侵彻效应采用 1/2 模型进行仿真。

弹靶仿真模型如图 5－12 所示，经过配重，弹体模型的质心与试验所用弹体质心位置相同。

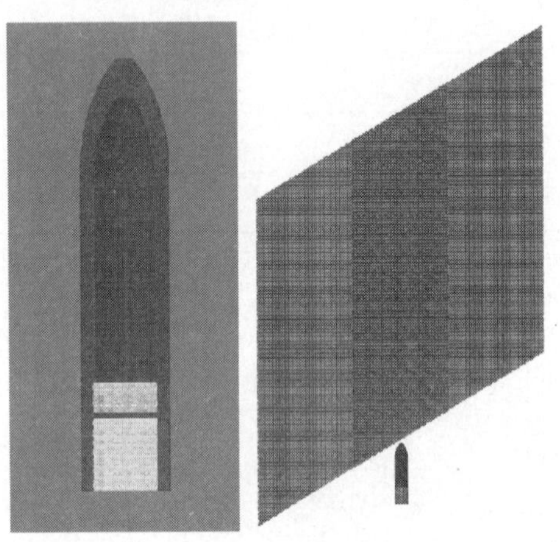

图 5－12　弹靶仿真模型

试验中钢筋混凝土靶两侧采用加密钢筋网的方法来约束混凝土变形，仿真边界条件采用固定边界条件模拟。

仿真中将钢筋混凝土等效为单一介质，混凝土采用 HJC 材料模型，参数见表 5－12，其中各参数的含义参见 2.11.10 节。

表 5－12　混凝土 HJC 材料模型参数

ρ/(g/mm^3)	E/GPa	ν	A	B	N	C
2.44×10^{-3}	35.6	0.20	0.79	1.60	0.61	0.007
比热容/(J/(kg·K))	f_c'/MPa	S_{max}	T/MPa	D_1	D_2	E_{fmin}
654	48	7.0	4.0	0.04	1.0	0.01
p_{crush}/MPa	μ_{crush}	p_{lock}/MPa	μ_{lock}	K_1/GPa	K_2/GPa	K_3/GPa
16	0.001	800	0.10	85	－171	208

在仿真结果中，侵彻行程长度是指弹体着靶点到最终位置弹尖点的直线距离，弹道偏转角是指弹体着靶点到最终位置弹尖（或弹尾）点的直线与初始弹体轴线的夹角 α，弹体偏转角是指最终位置的弹体轴线与初始弹体轴线的夹角 β（图 5－13）。

在试验前进行了数值仿真预估（表 5－13），试验后根据实际入射速度值，又进行了数值仿真比较，比较结果参见表 5－14。由此可知斜侵彻行程仿真结果与试验结果吻合得很好，误差为 5.8%；弹道偏转角仿真结果与试验结果相差很小。

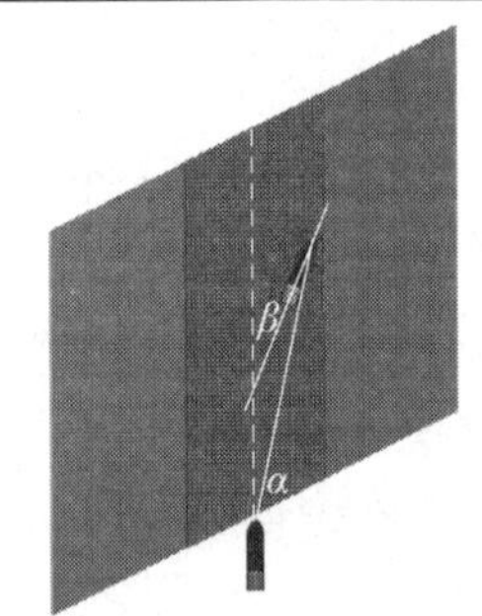

图 5－13　偏转角示意图

表 5－13　斜侵彻仿真结果

工况	入射速度/(m/s)	入射角/(°)	侵彻行程/m	弹道偏转角 α(弹尾)/(°)	弹体偏转角 β/(°)
仿真	820	30	2.40	6.5	17.0

表 5－14　仿真结果与验证试验结果对比

工况	入射速度/(m/s)	入射角/(°)	侵彻行程/m	误差/%	弹道偏转角 α(弹尾)/(°)
试验	801	30	2.40	—	6.1
试验前仿真	820	30	2.40	—	6.5
试验后仿真	801	30	2.26	5.8	6.5

图 5－14 和图 5－15 给出了弹体斜侵彻过程和剩余速度曲线。本算例验证了物质点无网格方法的可靠性，可以用于弹体深侵彻效应的数值仿真。

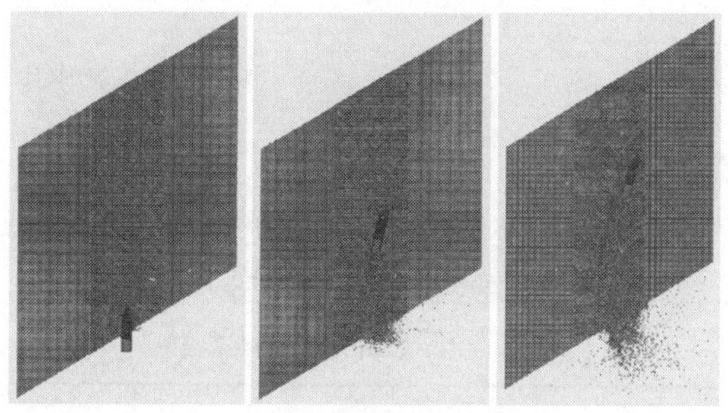

图 5－14　弹体斜侵彻过程

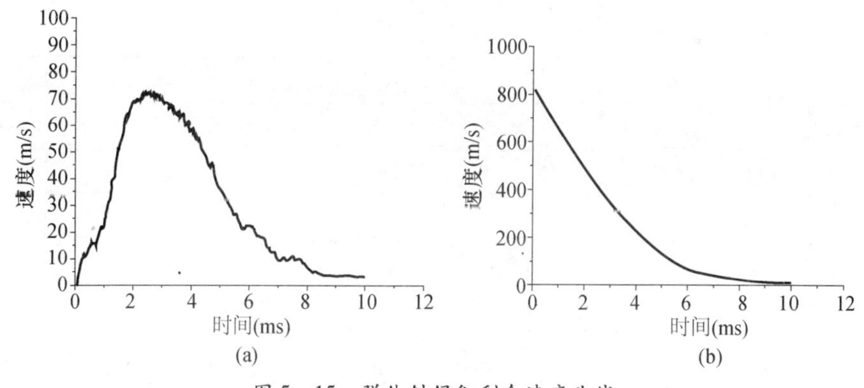

图 5－15　弹体斜侵彻剩余速度曲线

(a)速度横向分量；(b)速度纵向分量。

5.2.3　侵彻钢筋混凝土靶

钢筋混凝土是一类重要的建筑材料，在民用建筑和军事工程中有着广泛应用。为了考虑钢筋在混凝土中的承载作用，需分别建立钢筋和混凝土的离散模型。钢筋直径的尺寸与混凝土结构尺寸相差悬殊，如果采用等间距的物质点离散钢筋和混凝土，将导致离散模型规模过于庞大、计算耗时。考虑钢筋在混凝土中以承受拉伸载荷为主，本节采用杂交物质点有限元法（HFEMP），用物质点离散混凝土，用杆单元离散钢筋，而钢筋与混凝土的相互作用则通过物质点法的背景网格实现，避免了在钢筋直径方向上的离散。

本算例采用 T. J. Holmquist 等的系列试验中的物理模型进行模拟，主要考察弹体对钢筋混凝土的侵彻效果及其剩余弹速。弹体形状尺寸参见图 5 - 16，靶体尺寸及钢筋布置方式参见图 5 - 17。

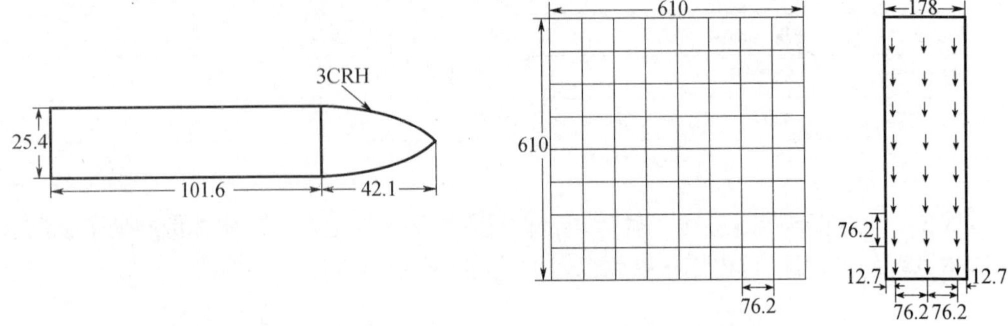

图 5 - 16 弹体形状尺寸图

图 5 - 17 靶体尺寸及钢筋布置方式

本算例采用的单位制为 mm—g—ms。考虑试验弹体穿甲过程中并无破坏性变形，假设弹体为弹性体，其所用的材料模型为 IsoElastic，材料参数见表 5 - 15，其中符号含义同前文；混凝土采用 HJC 模型，材料参数见表 5 - 16，其中符号含义同前文。

表 5 - 15 弹体材料参数

$\rho/(\mathrm{g/mm^3})$	E/GPa	ν
8.15×10^{-3}	200	0.30

表 5 - 16 混凝土 HJC 模型参数

$\rho/(\mathrm{g/mm^3})$	E/GPa	ν	A	B	N	C
2.44×10^{-3}	35.6	0.20	0.79	1.60	0.61	0.007
比热容/(J/(kg · K))	f_c'/MPa	$S_{\max}$	T/MPa	D_1	D_2	$E_{f\min}$
654	48	7.0	4.0	0.04	1.0	0.01
$p_{\mathrm{crush}}/\mathrm{MPa}$	μ_{crush}	$p_{\mathrm{lock}}/\mathrm{MPa}$	μ_{lock}	K_1/GPa	K_2/GPa	K_3/GPa
16	0.001	800	0.10	85	-171	208

钢筋材料取为 Q235 钢，采用理想弹塑性模型模拟，材料参数见表 5 - 17，其中符号含义同前文。为了模拟钢筋的断裂，启用了等效塑性应变失效准则，取值为 0.26，当钢筋单元失效后将其侵蚀（仅是断了单元的连接关系）。

表 5 - 17 钢筋材料参数

$\rho/(\mathrm{g/mm^3})$	E/GPa	ν	σ_y/MPa
7.85×10^{-3}	200	0.30	235

试验中，卵形弹并未打中钢筋，为了突出钢筋的作用，给出了三种工况的数值仿真：第一种工况，卵形弹侵彻素混凝土；第二种工况，卵形弹侵彻钢筋混凝土，但并未打中钢筋；第三种工况，卵形弹侵彻钢筋混凝土且打中三层钢筋。由于该模型具有对称性，利用

对称边界条件取其四分之一进行计算，离散参数如表5-18所列。以第三种工况为例，离散模型如图5-18所示。

表5-18 离散参数

背景网格间距/mm	0.4
质点间距/mm	0.2
杆单元长度/mm	0.4

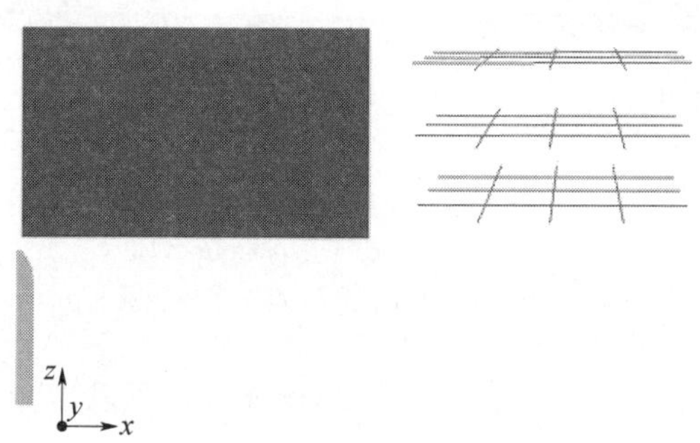

图5-18 钢筋混凝土离散模型图

模拟时间为0.5ms，时间步长因子取为0.5。

本算例主要考察前后侵彻剖口的尺寸和弹体的剩余弹速，表5-19列出了数值仿真结果与试验结果的对比。

表5-19 数值仿真结果及其与试验数据对比

	试验值	工况一	工况二	工况三
剩余弹速/(m/s)	615	585	585	556

图5-19、5-20分别列出了工况一素混凝土和工况二钢筋混凝土靶体的侵入端及贯穿端的损伤状况。通过试验结果与工况一及工况二的对比，剩余弹速吻合较好，同时说明该试验中若弹体未打中钢筋，钢筋的加入对剩余弹速的影响较小，但是通过观察图5-19及图5-20中工况一和工况二的损伤状况，说明钢筋的加入减小了混凝土的损伤范围。

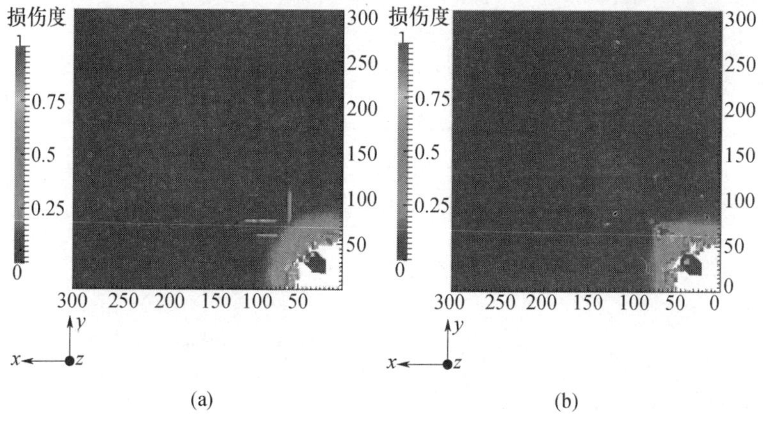

图5-19 靶体侵入端损伤状况

(a)工况一素混凝土；(b)工况二钢筋混凝土。

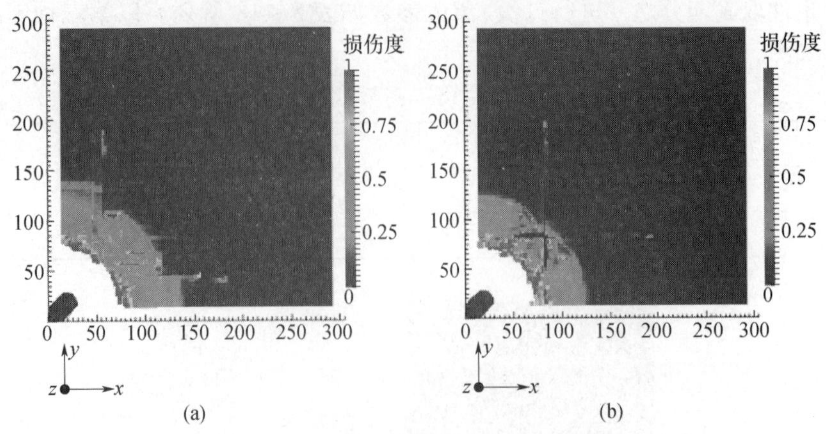

图 5-20　靶体贯穿端损伤状况

(a)工况一素混凝土;(b)工况二钢筋混凝土。

图 5-21、5-22 分别列出了工况三靶体和钢筋的损伤状况。比较工况二和工况三,说明在弹体打中钢筋的情况下,钢筋可以降低弹体的剩余弹速。通过图 5-19、图 5-20 和图 5-21 的比较,可以发现,打中钢筋的情况下,混凝土的局部损伤较大,此为钢筋将载荷传递到周边的混凝土所致。

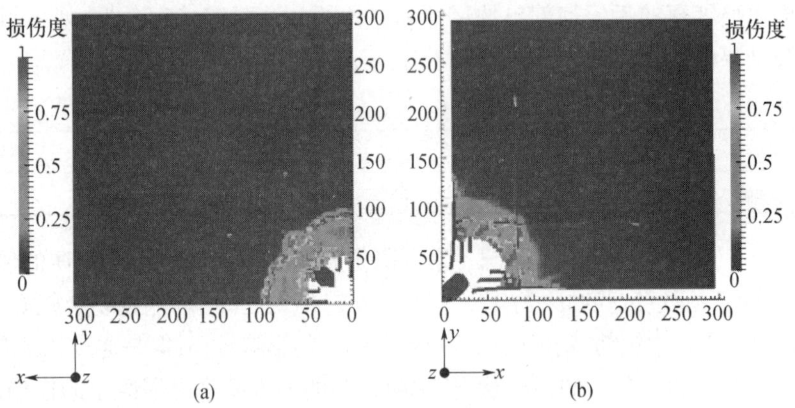

图 5-21　工况三靶体损伤状况

(a)侵入端;(b)贯穿端。

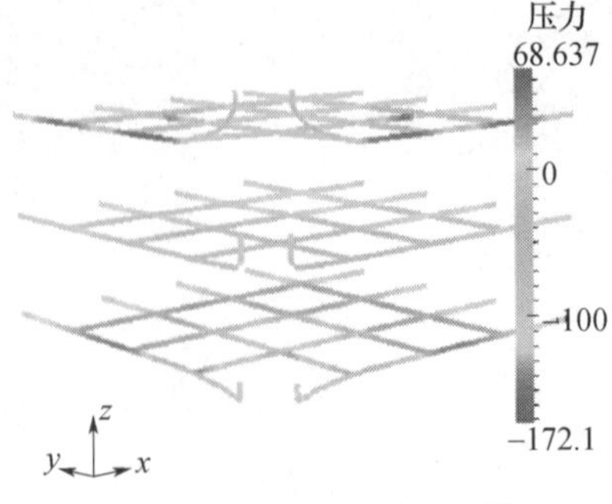

图 5-22　工况三钢筋损伤情况

总体而言，钢筋的加入提高了混凝土抗侵彻能力。

5.2.4 贯穿陶瓷靶板

陶瓷是一种脆性材料，密度较金属要小很多，其在受压情况下具有很高的强度，因此陶瓷非常适于用做防护结构。本算例模拟弹体分别侵彻陶瓷靶板和混凝土靶板的过程，分析比较两种材料的防护性能。

模拟中弹体为弹性材料，弹体前端为卵形体，后部为圆柱体，半径为15mm，整个弹体长136mm；靶板为圆形薄板，半径为300mm，厚度为30mm。弹体以300m/s的速度侵彻靶板，弹着点为靶板中心，靶的边界固定。由于该模型具有对称性，取其四分之一进行计算，如图5-23所示。

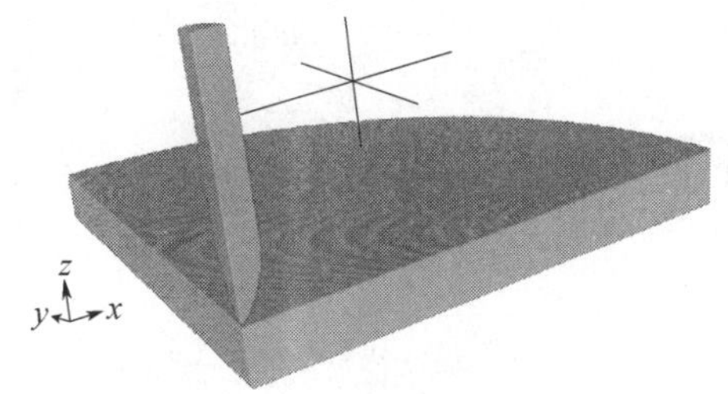

图5-23 模型示意图

本算例采用mm—g—ms单位。陶瓷材料采用JH2模型，其参数见表5-20，其中符号含义参见2.11.12节。混凝土材料采用HJC模型，材料参数见表5-21，其中符号含义同前文。弹体为弹性材料，其密度$\rho=7.85\times10^{-3}$g/mm^3，弹性模量$E=202.0$GPa，泊松比$\nu=0.295$。

表5-20 陶瓷JH2模型参数

ρ/(g/mm^3)	E/GPa	ν	A	B	C
3.226×10^{-3}	139.9	0.239	0.85	0.31	0.013
M	N	T/GPa	P_{HEL}/GPa	S_{HEL}/GPa	S_{max}
0.21	0.29	0.32	5.0	6.0	1.0e20
$\dot{\varepsilon}_0$	β	D_1	D_2	K_2/GPa	K_3/GPa
0.001	1.0	0.02	1.85	260.0	0.0

表5-21 混凝土HJC模型参数

ρ/(g/mm^3)	E/GPa	ν	A	B	N	C
2.44×10^{-3}	35.6	0.20	0.79	1.60	0.61	0.007
f'_c/MPa	S_{max}	T/MPa	D_1	D_2	E_{fmin}	$\dot{\varepsilon}_0$
48	7.0	4.0	0.04	1.0	0.01	0.001
p_{crush}/MPa	μ_{crush}	p_{lock}/MPa	μ_{lock}	K_1/GPa	K_2/GPa	K_3/GPa
16	0.001	800	0.10	85	-171	208

离散参数见表5-22，计算中开启动态网格。

表 5-22 离散参数

背景网格	350mm×350mm×380mm
网格尺寸	3.0mm×3.0mm×3.0mm
质点总数	649503
弹体质点数	21443
靶板质点数	628060

模拟时间为0.7ms,时间步长因子取为0.5。

弹体侵彻陶瓷靶板和混凝土靶板的过程分别如图5-24和图5-25所示。

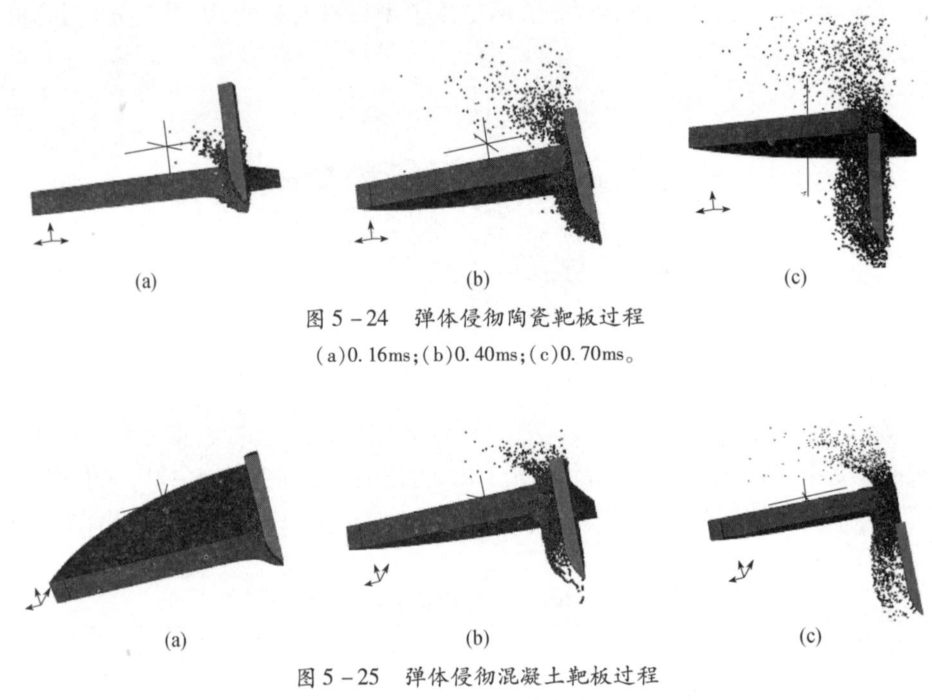

(a) (b) (c)

图 5-24 弹体侵彻陶瓷靶板过程

(a)0.16ms;(b)0.40ms;(c)0.70ms。

(a) (b) (c)

图 5-25 弹体侵彻混凝土靶板过程

(a)0.16ms;(b)0.40ms;(c)0.70ms。

弹体侵彻陶瓷靶板的剩余弹速为235.95m/s,穿透靶板所需要的时间为0.625ms,平均加速度为102.48mm/ms^2;弹体侵彻混凝土靶板的剩余弹速为281.45m/s,穿透靶板所需要的时间为0.23ms,平均加速度为80.65mm/ms^2。两种靶板的损伤情况如图5-26所示。可以看出,陶瓷的防护能力要明显高于混凝土,并且两者的损伤形态存在明显差异。

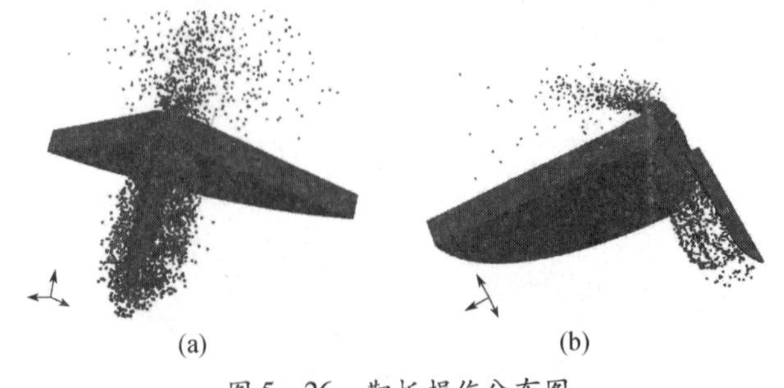

(a) (b)

图 5-26 靶板损伤分布图

(a)陶瓷;(b)混凝土。

5.3　爆炸(爆轰)问题

5.3.1　激波管问题

下面介绍力学中的黎曼(Riemann)问题,即在初始时刻给定一个物理量的间断面,研究这个初始间断随时间发展,逐步分解产生的解,如图 5－27 所示。一维的黎曼问题可以得到精确的解析解,常用于对模拟可压缩流体问题的数值算法或程序进行测试和考核。激波管问题实际上是黎曼问题初始速度为零的特例。

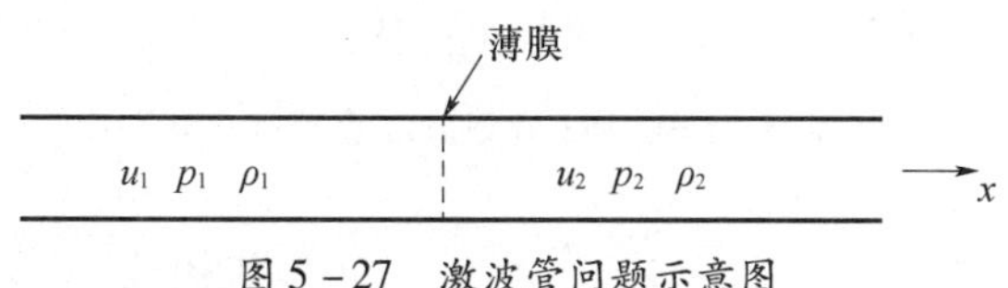

图 5－27　激波管问题示意图

G. A. Sod 曾通过对激波管问题的数值仿真研究几种不同差分格式的特性,他采用的模型问题被认为是一个标准测试,许多新的数值方法都要通过这个算例来验证其性能。在这个问题中,激波管的中部由薄膜分为两个具有不同密度和压力的区域,两个区域中的气体在初始状态下都是静止的。所有参数均无量纲化,初始密度和压力分别为 $\rho_1=1.0$, $p_1=1.0$; $\rho_2=0.125$, $p_2=0.1$。当 $t>0$ 时,薄膜破裂,激波和间断面会以不同的速度从左向右运动。

气体采用线性多项式状态方程,参数见表 5－23 所列,其中 $c_0\sim c_6$ 为材料常数,其含义参考第二章 2.12.2 节的式(2－12－2), E_0 为单位初始体积内能。

表 5－23　气体状态方程参数

	c_0	c_1	c_2	c_3	c_4	c_5	c_6	E_0
气体 1	0.0	0.0	0.0	0.0	0.4	0.4	0.0	2.50
气体 2	0.0	0.0	0.0	0.0	0.4	0.4	0.0	0.25

在本算例中,采用对称边界条件来阻止物质的横向运动,用以模拟一维问题。初始时刻背景网格尺寸设为 0.005。模拟时间为 0.143,时间步长因子为 0.1。

采用标准物质点法模拟激波管问题,计算结果中会出现明显的数值振荡。这种数值振荡主要是由于质点跨网格产生数值噪声造成的,采用广义插值物质点法可以解决这种振荡,自适应分裂算法使计算结果更加平滑。图 5－28 和图 5－29 比较了是否采用自适应分裂质点方案的两种速度分布。初始时刻,每个背景网格单元中设置两个质点,总共 400 个质点均匀分布,并采用广义插值物质点法。自适应分裂因子设置为 0.55,在计算最终时刻,质点数增加到 556 个。可以看出,采用自适应分裂质点后,计算结果比不采用时更加平滑。

如果增加质点密度,可以得到更好的计算结果。加密后初始时刻的质点数为 2000 个,经过自适应分裂,质点数达到 2661 个。加密后计算得到的密度、速度、压力和比内能的分布曲线如图 5－30 所示,表明物质点法仿真结果与解析解吻合得很好。

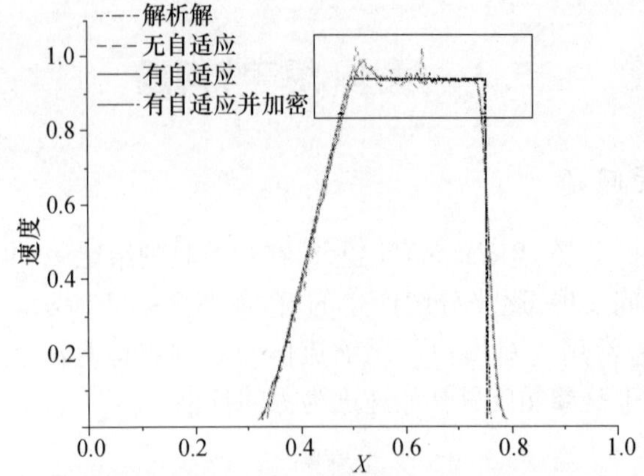

图 5-28　$t=0.143$ 时刻激波管的速度分布

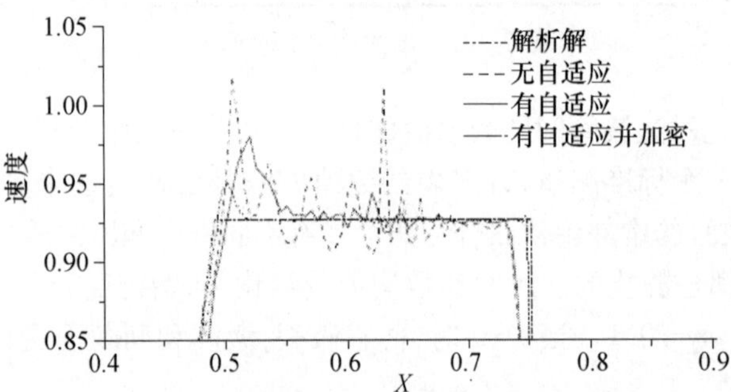

图 5-29　$t=0.143$ 时刻激波管的速度分布(局部放大图)

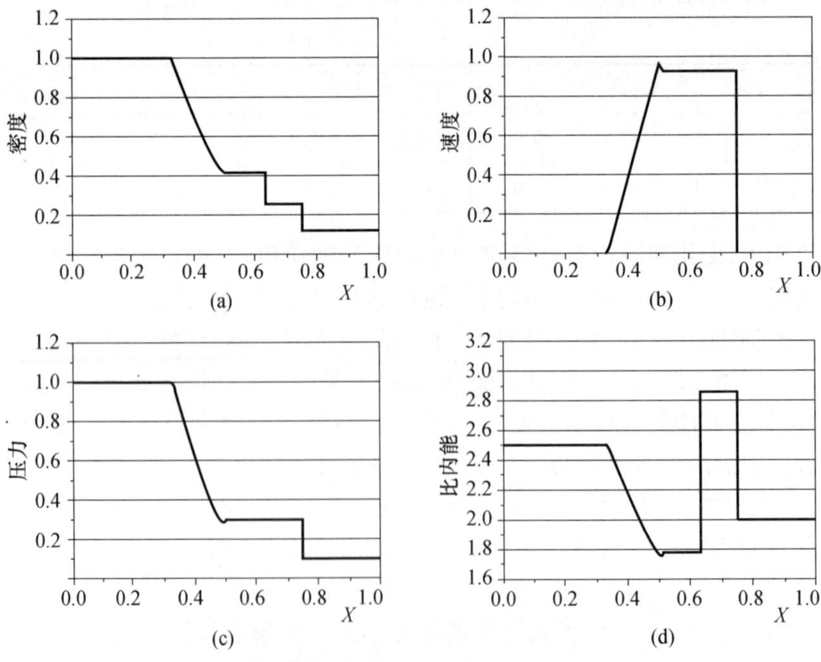

图 5-30　物质点仿真结果(点)与解析解(实线)的比较
(a)密度;(b)速度;(c)压力;(d)比内能。

5.3.2 一维板条爆轰

在爆炸力学的早期研究中,一般将球形炸药中心爆轰传播过程简化为一维问题,因此一维爆轰过程常被作为爆炸模拟程序的基准检验问题。

单位厚度的 TNT 板条长 100mm,右端自由,左端固定。

本算例采用 mm—g—ms 单位制,在左端设置面起爆,起爆时间为 0 时刻。

炸药采用 JWL 状态方程,表 5-24 给出了相应参数值,其中符号含义参见第 2 章 2.12.3 节。

表 5-24 炸药材料参数

ρ/(g/mm^3)	D/(mm/ms)	A/MPa	B/MPa	R_1	R_2	ω	p_{CJ}/MPa	E_0/(MJ/m^3)
1.63×10^{-3}	6930	3.712×10^5	3.21×10^3	4.15	0.95	0.30	2.1×10^4	6993

在本算例中,采用对称边界条件来阻止物质横向运动,用以模拟一维问题。初始时刻,背景网格尺寸为 0.05mm,质点数为 4000 个。

模拟时间为 0.015ms,时间步长因子为 0.1。

假设爆轰产物满足伽马律状态方程,则可以通过式(5-2)~式(5-4),并取热膨胀系数 $\gamma=3$ 来计算 C-J 点处的压力、密度和粒子速度的理论近似值

$$p_{CJ}=\frac{1}{\gamma+1}\rho_0 D^2 \tag{5-2}$$

$$\rho_{CJ}=\frac{\gamma+1}{\gamma}\rho_0 \tag{5-3}$$

$$v_{CJ}=\frac{1}{\gamma+1}D \tag{5-4}$$

表 5-25 给出了数值仿真得到的 C-J 点处压力、密度、速度与理论值的比较情况;表 5-26 给出了 C-J 点处压力数值计算结果与试验值的比较。表 5-27 给出了数值仿真得到的内能、动能和总能量随时间的变化值,随着爆轰过程的推进,动能逐渐增加,而内能减少,总能量保持基本不变,其值保持在初始能量 6993MJ 附近,表明物质点法有比较好的数值稳定性。

表 5-25 数值计算结果与理论近似值比较

	压力/MPa	密度/(g/mm^3)	速度/(m/s)
理论近似值	19570	2.173×10^{-3}	1733
数值计算值	20355	2.10×10^{-3}	1796
误差/%	4.0	3.4	3.6

表 5-26 C-J 点处压力数值计算结果与试验值比较

	试验值	计算值	误差/%
压力峰值/MPa	21000	20355	3.1

表 5－27　能量平衡的时间历程

时间/μs	内能/MJ	动能/MJ	总能量/MJ	误差/%
0	6.9930×10^3	0.0000e+000	6.9930×10^3	0.00
1	6.9592×10^3	3.3733×10^1	6.9929×10^3	0.00
2	6.9240×10^3	1.0336×10^2	6.9920×10^3	0.01
3	6.8886×10^3	1.0336×10^2	6.9920×10^3	0.01
4	6.8530×10^3	1.3812×10^2	6.9911×10^3	0.03
5	6.8172×10^3	1.7278×10^2	6.9900×10^3	0.04
6	6.7812×10^3	2.0737×10^2	6.9886×10^3	0.06
7	6.7450×10^3	2.4191×10^2	6.9869×10^3	0.09
8	6.7086×10^3	2.7638×10^2	6.9850×10^3	0.11
9	6.6721×10^3	3.1079×10^2	6.9829×10^3	0.14
10	6.6353×10^3	3.4512×10^2	6.9804×10^3	0.18
11	6.5984×10^3	3.7940×10^2	6.9778×10^3	0.22
12	6.5613×10^3	4.1364×10^2	6.9749×10^3	0.08
13	6.5239×10^3	4.4778×10^2	6.9717×10^3	0.30
14	6.4863×10^3	4.8188×10^2	6.9682×10^3	0.35

图 5－31～图 5－34 分别给出了数值仿真得到的以 1μs 时间间隔模拟，从 0 到 14μs 时间内的压力、密度、比内能和速度沿板条长度方向的曲线分布图，相应的理论近似值也在图中用实线标出，表明物质点法仿真结果具有比较高的精度。

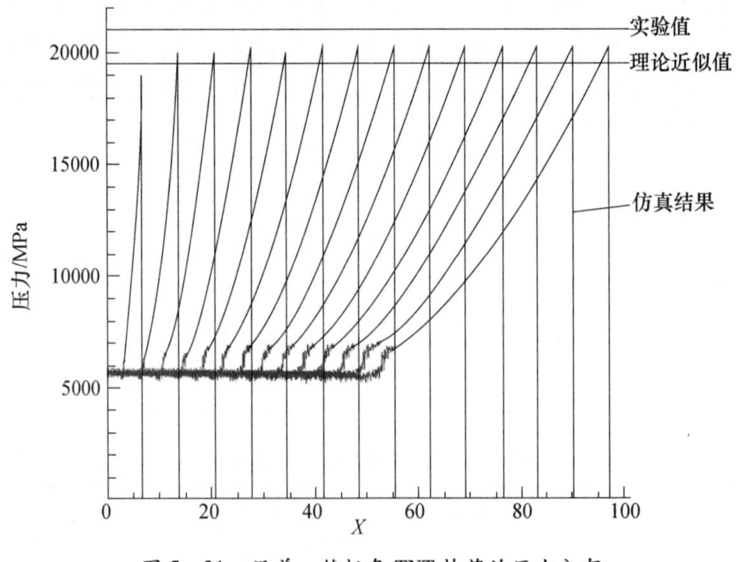

图 5－31　沿着一维板条 TNT 炸药的压力分布

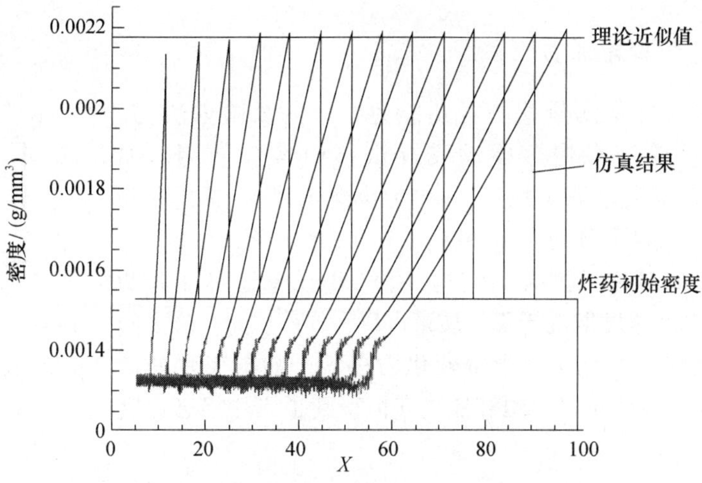

图 5－32　沿着一维板条 TNT 炸药的密度分布

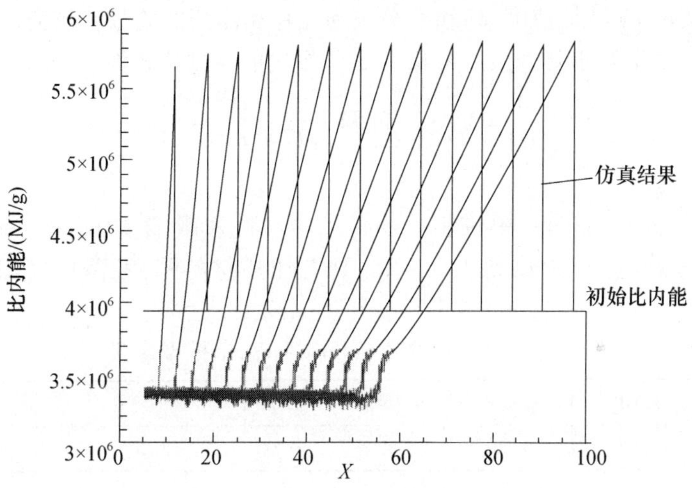

图 5　33　沿着一维板条 TNT 炸药的比内能分布

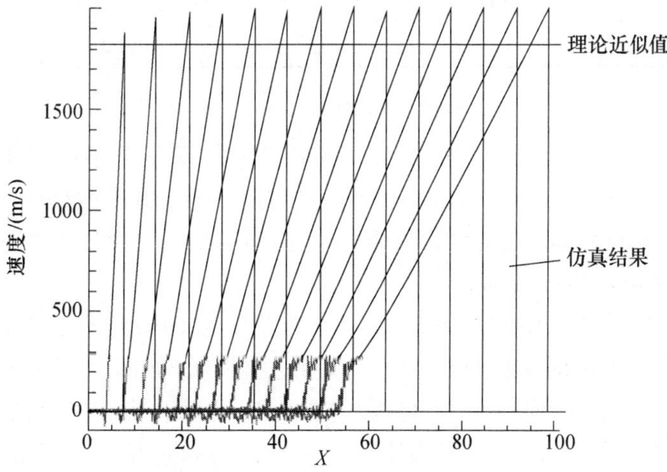

图 5－34　在起爆过程中沿着一维板条 TNT 炸药的速度曲线

5.3.3 爆轰驱动飞片

爆轰驱动飞片是测量炸药做功能力常用的试验方法，开口非对称板型装药在爆轰驱动飞片试验中经常使用。如图5-35所示，左侧为TNT炸药，右侧为金属飞片，两者具有相同的横向尺寸w，厚度分别为e_C和e_M。

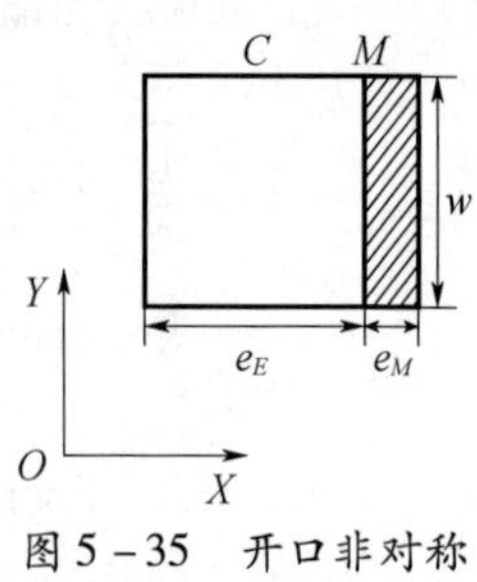

图5-35 开口非对称板型装药结构示意图

针对开口非对称板型装药结构，R. W. Gurney通过试验测量，指出飞片终态速度取决于飞片质量(M)和炸药质量(C)之间的比值。假设炸药的化学能全部转化为爆轰产物与飞片的动能，R. W. Gurney基于动量守恒和能量守恒得到了飞片终态速度的预测公式

$$V=\sqrt{2E}\left[\frac{3}{1+5(M/C)+4(M/C)^2}\right]^{1/2} \tag{5-5}$$

式中：$\sqrt{2E}$为Gurney特征速度；M和C分别为飞片和炸药的质量。研究表明：当M/C较小时，Gurney公式结果不甚理想。A. K. Aziz等提出的改进公式如下

$$\frac{V}{D}=1-\frac{27}{16}\frac{M}{C}\left[\left(1+\frac{32}{27}\frac{C}{M}\right)^{1/2}-1\right] \tag{5-6}$$

式中：D为爆轰速度。

本算例采用mm—g—ms单位制。金属飞片材料为钢，采用简化Johnson-Cook模型，不考虑温度效应，其参数见表5-28；TNT炸药材料采用JWL状态方程，参数见表5-29。

表5-28 钢简化Johnso-Cook模型参数

$\rho/(\mathrm{g/mm^3})$	E/GPa	ν	σ_y/MPa	B/MPa	n	c	$\dot{\varepsilon}_0$
7.85×10^{-3}	200	0.30	300	200	0.5	0.0	0.001

表5-29 TNT炸药JWL模型参数

$\rho/(\mathrm{g/mm^3})$	$D/(\mathrm{mm/ms})$	A/MPa	B/MPa	R_1	R_2	ω	p_{CJ}/MPa	$E_0/(\mathrm{MJ/m^3})$
1.63×10^{-3}	6930	3.712×10^5	3.21×10^3	4.15	0.95	0.30	2.1×10^4	6993

分别采用一维模型和二维模型进行模拟。

对于一维模型，TNT炸药厚度固定为20mm，飞片厚度依据不同的质量比取相应的值。如图5-36(a)所示，在Y和Z向只布置一层背景网格，并在网格中心线上布置一排物质点。Y和Z向的两端采用对称边界条件，X向两端采用自由边界条件。质点间距为0.1mm，背景网格边长为0.5mm。

对于二维模型，横向尺寸为20mm，TNT炸药厚度为10mm，飞片厚度依据不同的质量比取相应的值。根据对称性只需取1/2模型进行离散，如图5-36(b)所示，在Z向只布置一层背景网格。Y向底端采用对称边界条件，上端自由；Z向两侧设置为对称边界条件，并在其中心面上布置一层物质点。背景网格和物质点间距设置与一维模型相同。

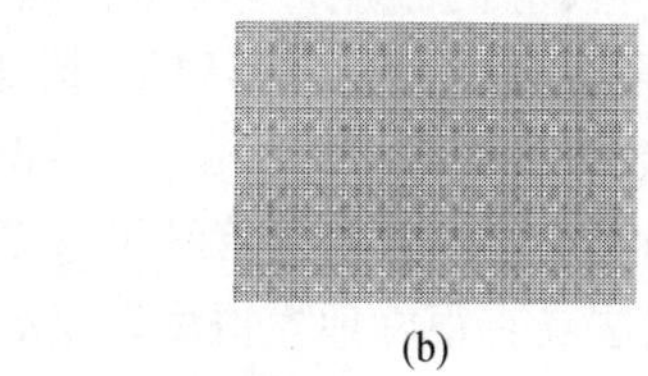

图 5-36 爆轰驱动飞片问题模型图
(a)一维模型;(b)二维模型。

积分算法采用 MUSL,模拟时间设置足够长以保证飞片加速充分。

由图 5-37 可知,当质量比 M/C 较小时,数值仿真结果与 Aziz 公式预测值吻合较好,而 Gurney 公式预测值偏低;随着质量比 M/C 的增大,三者结果趋于一致。

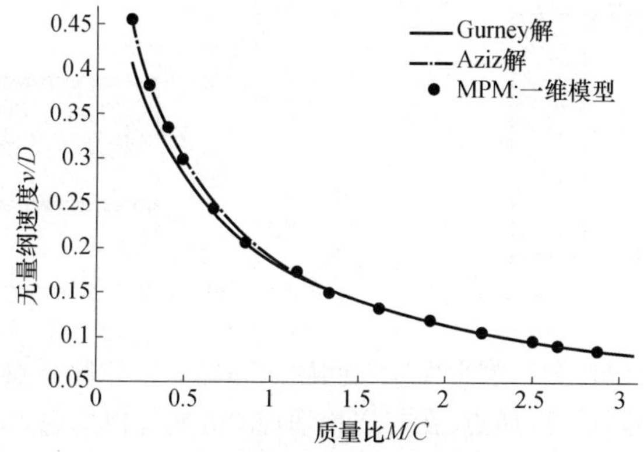

图 5-37 一维模型数值计算结果与预测值比较

图 5-38 给出了二维计算结果与 Gurney 公式的比较,当质量比 M/C 较小时,计算结果与 Gurney 公式预测值比较吻合;当质量比 M/C 较大时,两者相差较大。这实际上反映了横向效应的影响。爆轰波将会在横向自由面反射产生稀疏波,抵消了爆轰产物中压缩波持续做功的能力,此时炸药的化学能已经不能完全转化为飞片和爆轰产物的动能;尤其是当质量比 M/C 较大时,飞片的加速时间更长,横向效应更为明显。因此,Gurney 公式的预测结果就会偏高,Gurney 公式是基于一维模型进行推导的,并没有考虑横向效应对计算结果的影响。

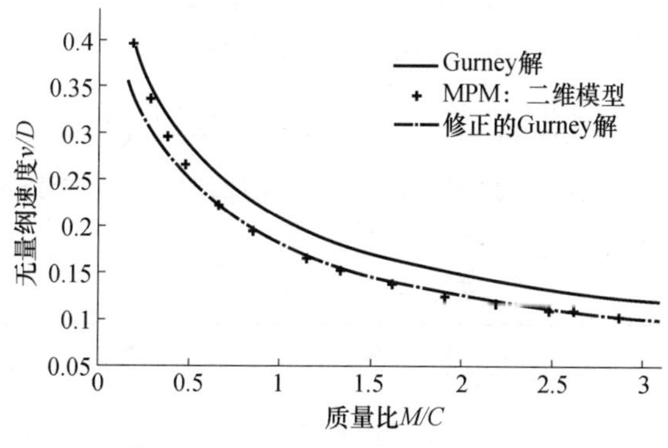

图 5-38 二维模型计算结果与预测值的比较

为了考虑横向效应的影响，炸药压力的侧向飞散使得炸药侧面的质量要扣除，如图 5－39所示，扣除阴影部分的炸药质量，据此对 Gurney 公式进行了修正，修正的 Gurney 公式预测结果与数值仿真结果对比见图 5－38，两者吻合很好。

总体来讲，物质点法的数值仿真结果与 Gurney 公式及其修正后的公式预测结果吻合较好，说明物质点法具有很好地模拟爆轰驱动飞片的能力。

5.3.4 聚能射流

聚能效应是爆炸力学的重要应用之一。聚能效应通常指利用了一定的装药形状，通过爆炸驱动金属药型罩向小空间聚集，形成高能量密度的射流或弹丸的物理过程。

聚能装药的初始构型如图 5－40 所示，半锥顶角 α 为 38°。考虑对称性取 1/2 进行模拟。炸药在没有药型罩的一端同时起爆。

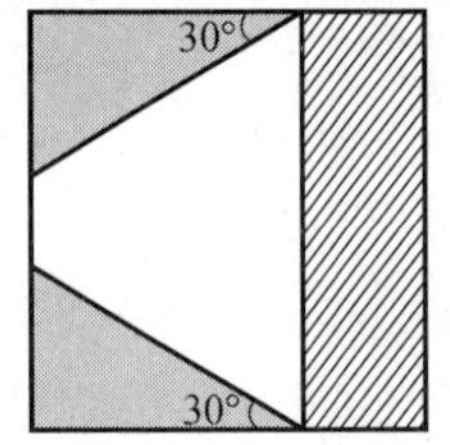

图 5－39 炸药质量折算扣除示意图

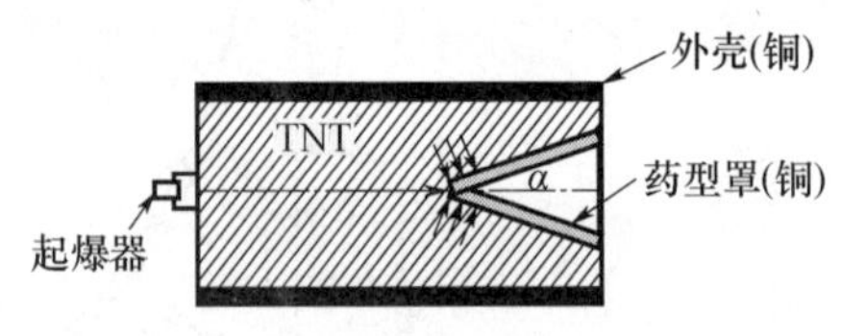

图 5－40 聚能装药初始构型示意图

线性聚能装药可以作为二维平面应变问题来考虑。采用物质点法进行模拟，只使用一层背景网格，其中布置一层质点，在与之相垂直的方向加以约束来模拟平面应变问题。

本算例采用 mm—g—ms 单位制，外壳和药型罩材料为铜，采用 Johnson－Cook 强度模型和 Grüneisen 状态方程，参数见表 5－30；TNT 炸药采用高能炸药强度模型和 JWL 状态方程，参数见表 5－31，其中符号含义同前文。

表 5－30 铜材料参数

ρ/(g/mm^3)	E/GPa	ν	A/MPa	B/MPa	n	c
8.93×10^{-3}	117	0.35	90	292	0.31	0.025
m	比热容 /(J/(kg·K))	T_m/K	c_0/(mm/ms)	s_1	γ	—
1.09	383	1356	3940	1.49	1.96	—

表 5－31 炸药材料参数

ρ/(g/mm^3)	D/(mm/ms)	p_{CJ}/GPa	A/GPa	B/GPa	R_1	R_2	ω	E_0/(MJ/m^3)
1.63×10^{-3}	6930	21.0	371.2	3.21	4.15	0.95	0.30	6993

离散参数见表 5－32，仿真模型见图 5－41。模拟时间为 0.04ms，时间步长因子取为 0.2，自适应因子为 0.6。

表 5－32 离散参数

背景网格	204mm×42mm×0.6mm	TNT 质点数	14330
网格尺寸	0.6mm	药形罩质点数	1760
质点总数	20584	外壳质点数	4494

图 5 - 42 分别为 $t=10,20,30\mu s$ 时刻的射流构型，其中上图为标准 MPM 计算结果，出现了数值断裂，而下图为使用自适应 MPM 的模拟结果，数值断裂得以避免（图 5 - 42（c））。炸药材料是否采用自适应算法分裂质点，对最终射流形成没有显著的影响，因此只对金属药型罩应用了自适应算法。

图 5 - 41　仿真模型示意图

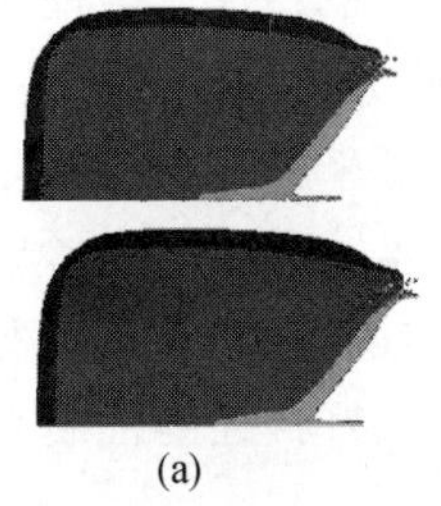

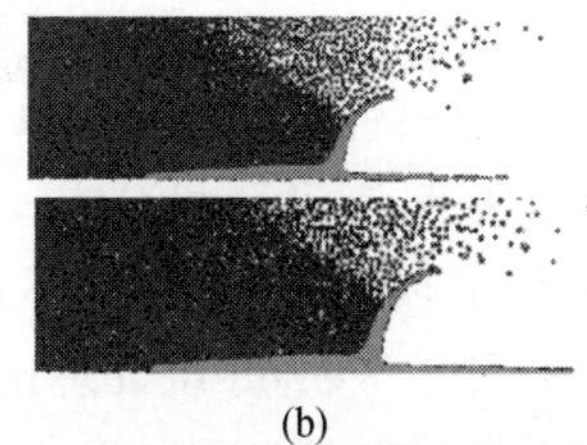

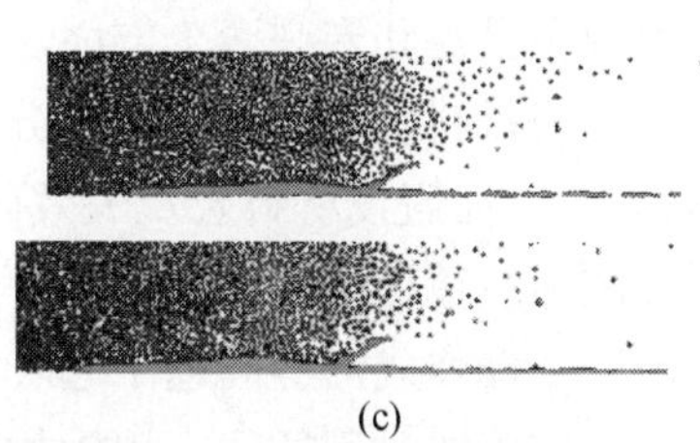

(a)　(b)　(c)

图 5 - 42　射流构型数值仿真结果

（a）$t=10\mu s$；（b）$t=20\mu s$；（c）$t=30\mu s$。

射流尖端和杵的速度可以由 Brikhoff 等提出的理论模型进行估计，把药型罩视为无粘不可压的流体并假设药型罩稳态，射流速度主要由药型罩与装药的质量比和锥角决定。根据理论估计，本算例中射流尖端速度为 3.7km/s，杵的速度为 0.6km/s。图 5 - 43 显示了数值仿真得到的 $21\mu s$ 时刻 X 方向的速度分布，射流速度仿真结果和理论估计基本吻合。图 5 - 44 显示了射流中温度的分布情况，射流尖端和射流柱体中心的部分变形最大，也是最高温度出现的地方，最高温度可达到 1500K 以上。根据计算结果，射流的主要部分仍然保持为固体状态，但中心部分可能已经熔化。

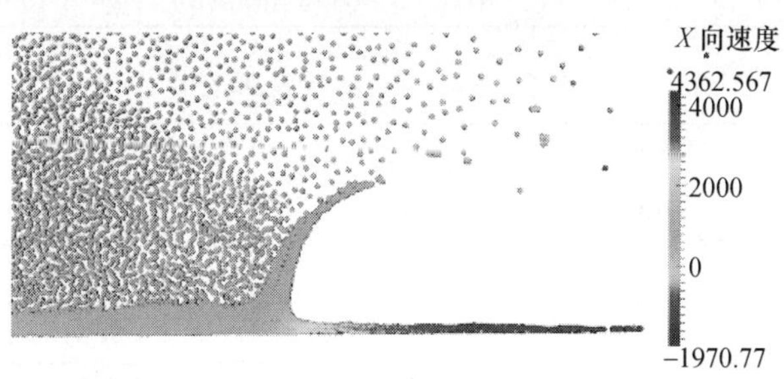

图 5 - 43　$t=21\mu s$ 时刻 X 方向的速度分布

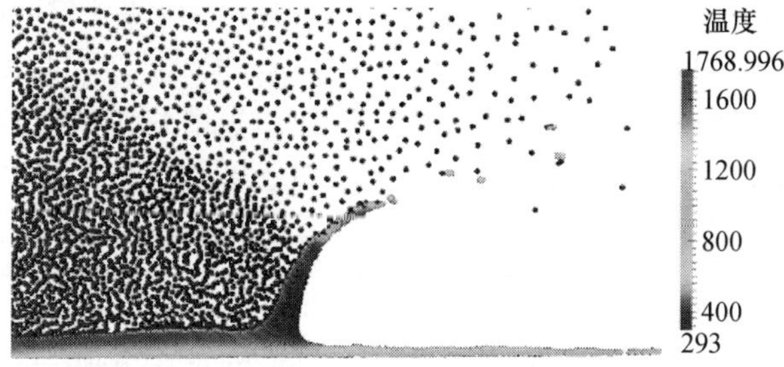

图 5 - 44　$t=21\mu s$ 时刻射流温度的分布情况

5.3.5 自然破片生成

破片杀伤战斗部是战斗部的主要类型之一,它利用破片的高速撞击、引燃和引爆作用毁伤目标。破片是由于材料破碎产生的,而破碎是连续断裂导致的现象,动态断裂最重要的表现之一就是材料在连续断裂的最后分裂成许多块体。金属壳在内部装药爆炸驱动下猝然解体,破碎成不同大小、不同形状的破片向四周高速飞散,从而产生一种重要杀伤元素,其中壳体既充当了容器又形成杀伤元素。

自然破片具有大小不均匀、形状不规则的特点,表现出破碎的随机特性。这种随机性可表现在微观和宏观两个方面。微观方面为材料的初始微观缺陷分布具有随机性;而宏观方面为材料发生失效的阀值分布具有随机性。采用 Gurson 模型来描述材料的微观缺陷,另一方面假设材料宏观失效阀值服从 Weibull 随机分布。金属发生塑性变形导致的延性破坏往往伴随着微小裂缝处小孔洞的成核、生长以及合并的过程,这在高应变率的冲击以及爆炸成形等问题中起着重要作用。Weibull 统计理论能较好描述脆性断裂现象。金属破碎的过程往往表现为材料的延脆性转换过程。

汤铁钢等人研究了 RHT-901 炸药爆轰加载下 45 钢柱壳膨胀破裂过程,测得了高应变率下 45 钢的断裂失效应变。本算例采用该文献中的构型进行仿真,炸药内径 40mm,柱壳内径 60mm,壁厚 4mm,同时将问题简化为平面应变问题,取 1/4 模型进行模拟。

本算例采用 mm—g—ms 单位制。RHT-901 炸药采用 JWL 状态方程,材料参数见表 5-33;壳体材料为 45 钢,使用简化 Johnson-Cook 强度模型和 Grüneisen 状态方程,材料参数见表 5-34 所列,其中符号含义同前文。

表 5-33 RHT-901 炸药材料参数

ρ/(g/mm^3)	D/(mm/ms)	p_{CJ}/GPa	A/GPa	B/GPa	R_1	R_2	ω	E_0/(MJ/m^3)
1.684×10^{-3}	7790	27.0	524.2	7.678	4.20	1.10	0.34	6854

表 5-34 45 钢材料参数

ρ/(g/mm^3)	E/GPa	ν	A/MPa	B/MPa
7.8×10^{-3}	210	0.30	507	320
c	n	c_0/(mm/ms)	s_1	γ
0.064	0.28	3570	1.92	1.80

当壳体使用 Gurson 模型,其相关参数见 5-35 所列,其中 f_{0e}、f_{0s} 分别为初始孔洞体积分数的均值和方差。汤铁钢等指出,当柱壳壁厚 4mm 时,断裂径向应变 $\varepsilon_c=0.43$。所以当失效阀值服从 Weibull 随机分布方案时,粒子失效的等效塑性应变均值设为 0.43。Weibull 模型两个参数分别为 $\bar{\varepsilon}_0^p=0.898$, $m=19.887$。当采用 Gurson 模型时,使用 TEPLA-F 失效准则, $f_f=0.2109$, $\bar{\varepsilon}_f^p=0.43$,其他符号含义参见 2.11.8 节。

表 5-35 45 钢 Gurson 模型参数

q_1	q_2	f_{0e}	f_{0s}	f_c	f_f	f_N	ε_N	s_N
1.5	1.0	0.005	0.0003	0.0021	0.2109	0.001	0.04	0.01

仿真离散参数见表5-36,离散模型如图5-45所示。模拟时间为0.05ms,时间步长因子取为0.4。

表5-36　仿真离散参数

背景网格	网格尺寸	炸药质点数	壳体质点数
200mm×200mm×0.5mm	0.5mm×0.5mm×0.5mm	6284	19002

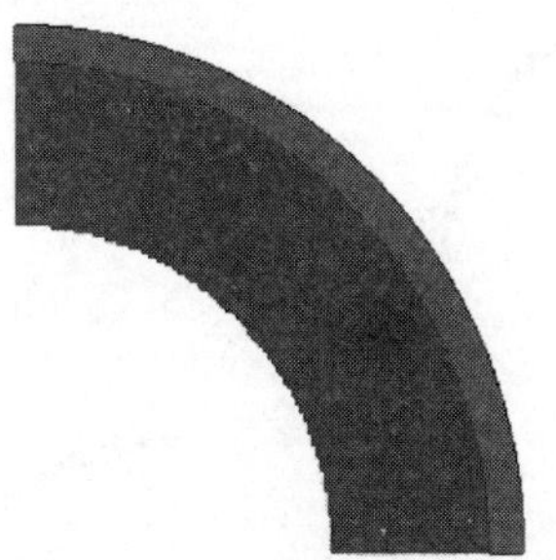

图5-45　仿真离散模型示意图

图5-46和图5-47分别为采用Gurson模型和Weibull随机方案的物质点法模拟得到的柱壳破碎过程,柱壳破碎之后碎片在爆轰的驱动下加速扩散,爆轰产物从碎片间的缝隙中逐渐溢出,柱壳不再产生新的碎片。模拟得到柱壳破碎时间和试验结果的对照如表5-37所列,三者较为一致。

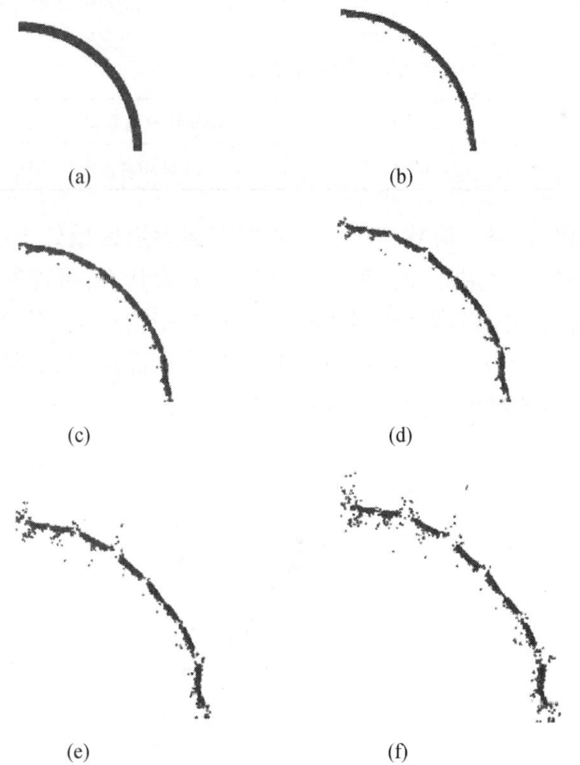

图5-46　采用Gurson模型得到的柱壳破碎过程

(a) $t=0\mu s$;(b) $t=10\mu s$;(c) $t=20\mu s$;(d) $t=30\mu s$;(e) $t=40\mu s$;(f) $t=50\mu s$。

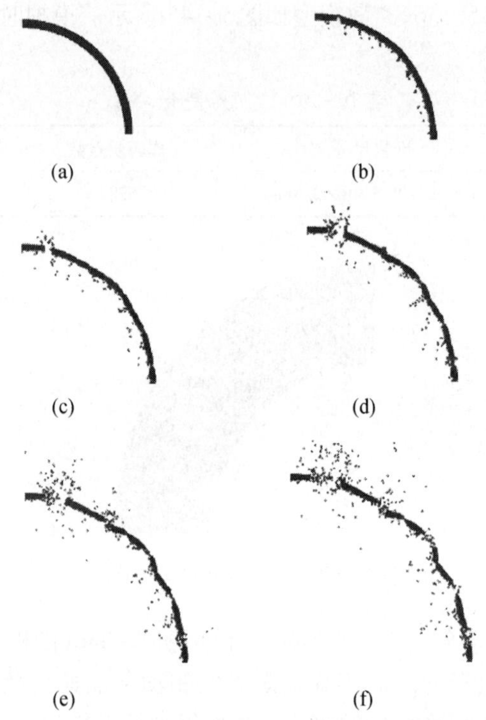

图 5-47 采用 Weibull 随机失效方案得到的柱壳破碎过程

(a) $t=0\mu s$;(b) $t=10\mu s$;(c) $t=20\mu s$;(d) $t=30\mu s$;(e) $t=40\mu s$;(f) $t=50\mu s$。

表 5-37 柱壳破碎的时间

	试验值	Weibull 随机方案	Gurson 模型
时间 /μs	15.4	15.0	15.5

从整个断裂过程看,爆炸荷载作用下柱壳内壁面附近区域处于压应力状态,剪切失稳首先在此发生;而外壁面附近很快就处于环向拉应力状态,可能同时在外壁面形成拉伸裂纹,于是内壁的剪切失稳带和外壁的拉伸裂纹在壁内相遇,形成拉剪混合断裂。在爆炸荷载产生的高应变率下,柱壳壁内首先发生剪切局部化,在局部化区域发生剧烈的塑性变形,出现类似拉伸试验中的颈缩现象(图 5-48)。

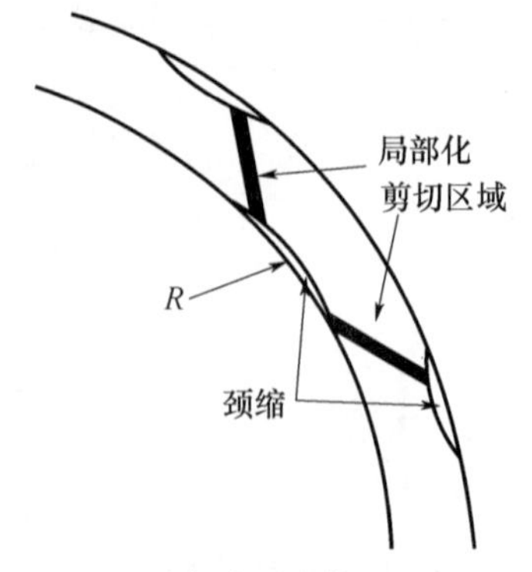

图 5-48 柱壳剪切局部化与颈缩现象

模拟中发现内壁的粒子首先失效，当继续膨胀时，外壁由于拉应力作用部分粒子失效，从而触发了沿着剪切带的裂纹，断裂处发生颈缩，形成中间大两头小的碎片。采用 Gurson 模型时，随着柱壳的膨胀，内壁粒子由于受压，孔洞减小，而外壁粒子受拉，孔洞生长成核合并，最终部分粒子失效。可见 Gurson 模型从微观损伤角度较好的描述了碎片产生的过程。另一方面，采用 Weibull 随机方案时，物质点的宏观失效阈值随机分布；采用 Gurson 模型时，物质点的微观孔洞体积分数随机分布。两种方案均能有效地模拟出自然破片的产生，同时表征破碎发生的随机性。图 5－49 和 5－50 是破碎发生时刻柱壳孔洞体积分数的分布。

图 5－49　采用 Gurson 模型时柱壳断裂时刻碎片分布

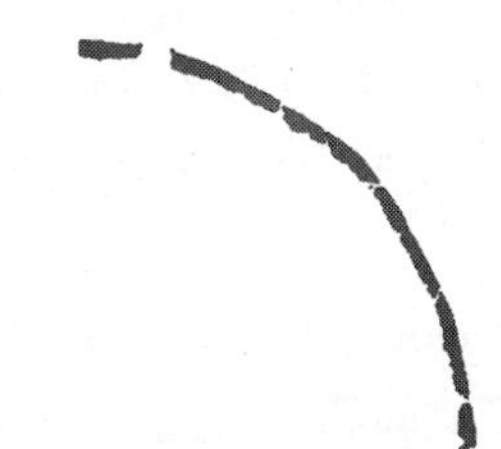

图 5－50　采用 Weibull 随机失效方案时柱壳断裂时刻碎片分布

本算例基于物质点方法，从宏微观角度分别采用 Weibull 随机失效方案和初始孔隙率随机分布的 Gurson 模型，模拟了爆炸荷载作用下金属破碎的现象。结果表明结合物质点法分析大变形问题的优势，这两种方法均能有效模拟破片的产生。

5.4　流体问题

5.4.1　水柱冲击障碍物

考虑如下二维流固耦合问题：凹形槽内有一水柱，不考虑空气对水柱流动的影响，水柱在重力作用下发生垮塌并自由流动，然后流经一弹性障碍物，如图 5－51 所示。其中，水柱的宽为 $L = 146\text{mm}$，高为 $2L$；弹性障碍物的宽为 $b = 12\text{mm}$，高为 $h = 80\text{mm}$；水柱与障碍物之间的距离为 L。

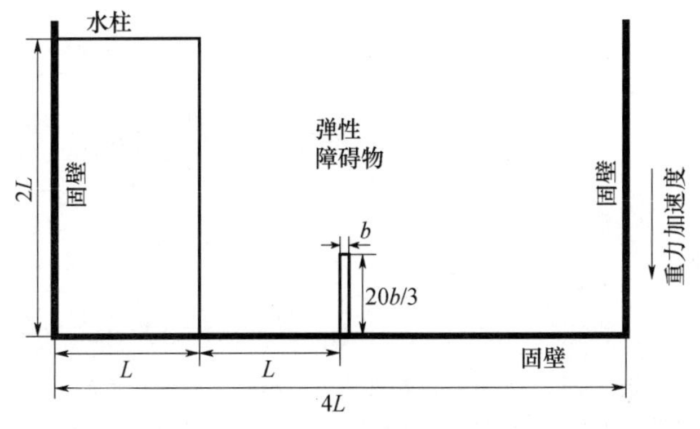

图 5－51　水流冲击挡板示意图及几何尺寸

采用 Mie - Grüneisen 状态方程计算水的压力，材料参数列于表 5 - 38，其中符号含义同前文；采用弹性本构模型模拟障碍物，障碍物材料的各项参数为 $\rho=2.5\times10^{-3}\mathrm{g/mm^3}$，$E=1.0\mathrm{MPa}$，$\nu=0$。

表 5 - 38　水状态方程参数

$\rho/(\mathrm{kg/m^3})$	$c_0/(\mathrm{m/s})$	s	γ_0
1000	1647	1.921	0.1

采用耦合物质点有限元法（CFEMP）模拟，水柱和障碍物的厚度为 1 个单元尺寸（4.0mm），同时施加垂直于平面的约束条件以满足平面应变状态。采用物质点离散水柱，初始物质点间距取为 2.0mm，质点总数为 10608，背景网格间距取为 4.0mm，但在厚度方向尺寸为 4.2mm；采用有限元离散弹性障碍物，单元尺寸为 4.0mm，单元总数为 60。

S. R. Idelsohn 等采用粒子有限元法（PFEM），E. Walhorn 采用有限元法与欧拉法的耦合算法模拟了该问题。为此，将本节的计算结果与他们的计算结果进行比较。

图 5 - 52 比较了不同时刻水与障碍物相互作用的 CFEMP 计算结果和 PFEM 计算结果，两者吻合较好。图 5 - 53 给出了障碍物左上角点的横向挠度时程曲线，CFEMP 的计算结果介于其他两组计算结果之间，并与 S. R. Idelsohn 等的计算结果吻合较好。最后，图 5 - 54 给出了水柱在冲击过程中的能量变化曲线，表明计算过程中的能量是守恒的。

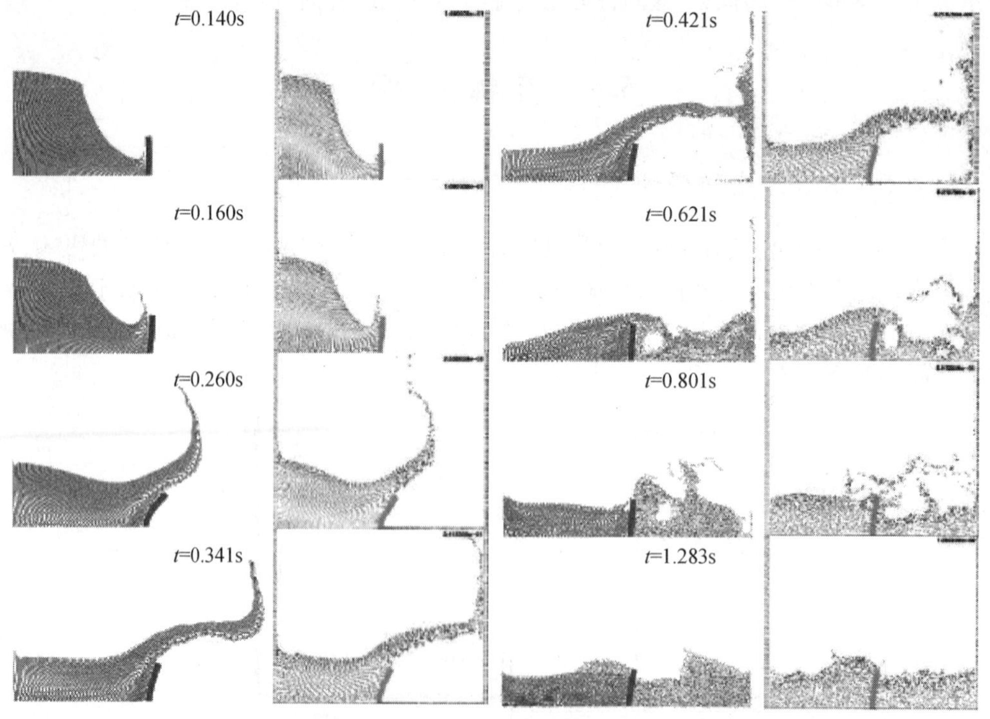

图 5 - 52　水柱在流动过程中与障碍物的相互作用

（第一列和第三列为本节算法结果，其余为 S. R. Idelsohn 等采用 PFEM 的计算结果）

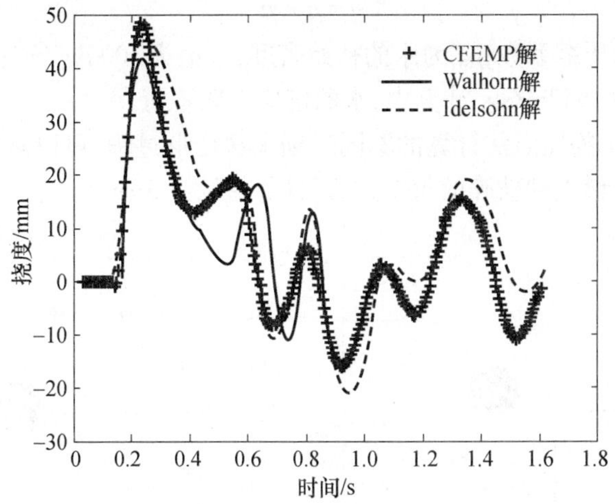

图 5-53　弹性障碍物左上角点横向挠度时程曲线

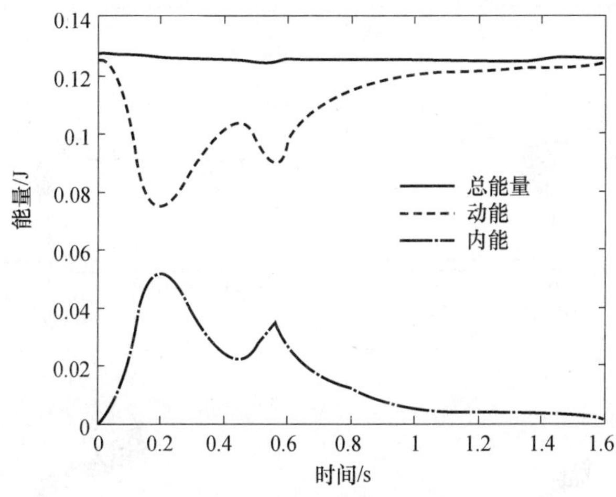

图 5-54　水柱冲击过程能量变化曲线

以上仿真结果说明:CFEMP 的计算结果与其他算法的模拟结果吻合较好,间接验证了该算法在模拟流固耦合问题的可靠性。

5.4.2　水珠冲击破碎

对于水珠冲击破碎问题,由于涉及极大变形和破碎,显式有限元法往往难于求解,而物质点法则具有明显的优势。

在本算例的仿真模型中,一个水珠冲击固定的阶梯,水珠直径为 50mm。水珠的入射速度为 100m/s,水珠的入射角为 30°,水珠将按照此角度向阶梯的尖角处冲击。将阶梯视为刚体,采用刚柔接触物质点算法模拟此问题。

采用物质点进行离散,水珠的初始质点间距设为 2.5mm,背景网格间距为 5.0mm。水珠的质点总数为 4224 个,阶梯的质点总数为 64000 个。

不考虑水的黏性,水按照可压缩流体考虑,其状态方程为

$$p = \rho_0 c_0^2 \mu \tag{5-7}$$

式中:p 为压力;μ 为压缩系数;ρ_0 为水的初始密度,取值为 1000kg/m^3;c_0 为弹性波在水中的传播速度,取值为 1647m/s。计算中,水的偏应力取零值。

图 5-55 给出了物质点法计算的不同时刻水珠变形过程,可以观察到水珠与固壁接触后,水珠发生大变形直到破碎的整个过程,计算持续到 3ms 为止。

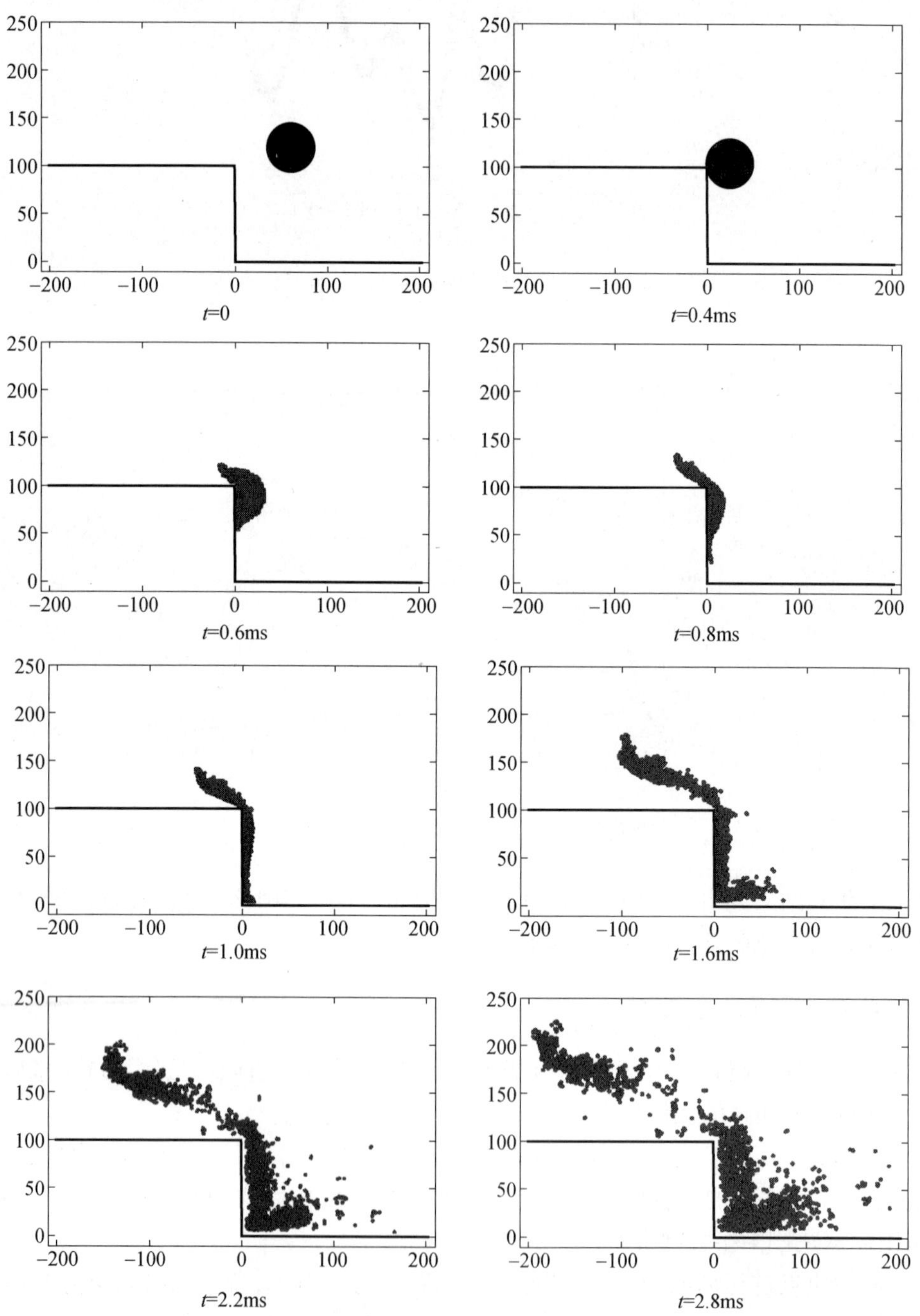

图 5-55 物质点法模拟水珠冲击破碎过程

图 5-56 给出了 ANSYS/LS-DYNA 有限元计算得到的不同时刻的水珠变形过程，可以观察到水珠与固壁接触后，水珠发生大变形的过程。当计算到 1ms 时，水珠与台阶接触界面处的网格已经相互穿透，单元网格已经严重畸变，导致计算终止。

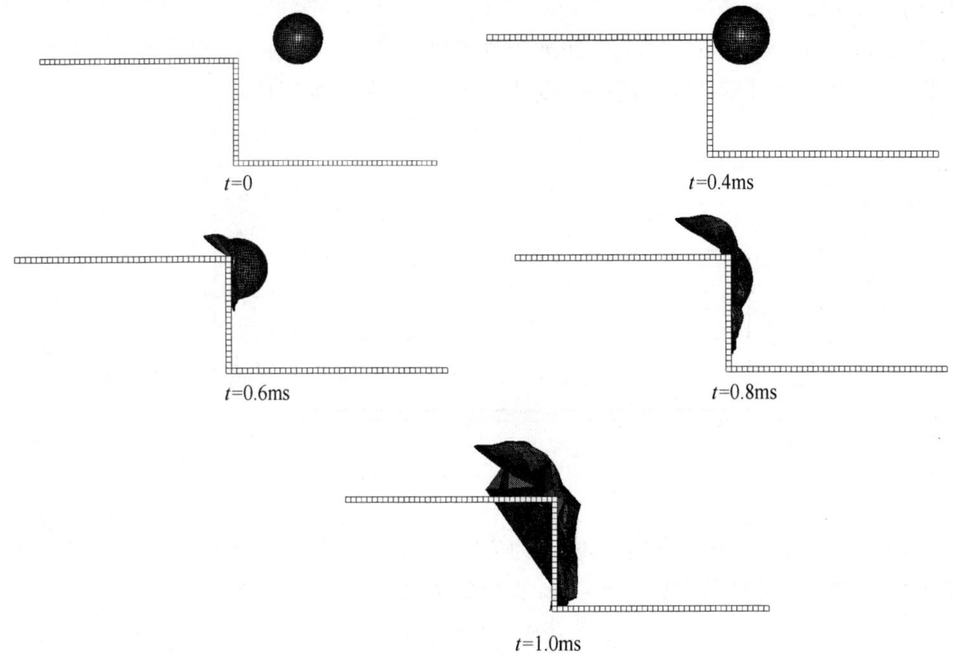

图 5-56 有限元法模拟水珠冲击过程

与有限元法相比，物质点法能够模拟水珠冲击破碎的整个过程。本算例说明了物质点法在流体问题分析中具有较强的优势，可以清晰描述流体的自由界面。

5.5 其他大变形问题

5.5.1 切削加工

切削加工技术是工业装备过程中最为重要和普遍的技术之一。目前在工业发达国家的航空航天、汽车、模具等制造业中应用广泛，取得了巨大的经济效益。

根据工件材料和切削条件的不同，切削加工通常形成四种类型的切屑：带状切屑、锯齿状切屑、单元切屑和崩碎切屑。切削塑性金属时，一般形成带状或锯齿状切屑；而切削脆性材料时，一般形成崩碎切屑。

由于紧邻切削工具的工件材料局部极端变形，很难获得金属流的可靠试验数据。大部分数值方法在这类问题上不具有完备预测的能力，需要引入许多经验参数。数值仿真的难点主要有以下几点：(1)切屑形成机制，常采用的方法有距离容许准则、应变能密度准则以及基于断裂力学的准则。(2)拉格朗日有限元法模拟会面临网格严重畸变的问题，需要引入网格重分或者自适应网格技术。(3)对于有限元，当单元的损伤量达到临界值时需侵蚀单元，这将引入非物理的因素。

物质点法结合了欧拉法和拉格朗日法的优点，不存在网格畸变问题，同时物质点通过背景网格相互作用。当物质点之间的距离超过 1 个背景网格长度时（采用广义插值物质点法时，一个方向上 3 个背景网格长度），他们之间不再有相互作用，物质点被分开，从而形成内部界面。

仿真采用 mm—g—ms 单位制，切削仿真模型如图 5－57 所示，相关尺寸（单位 mm）已在图上标出。切削工具以恒定的速度 20mm/ms 向左切削工件。

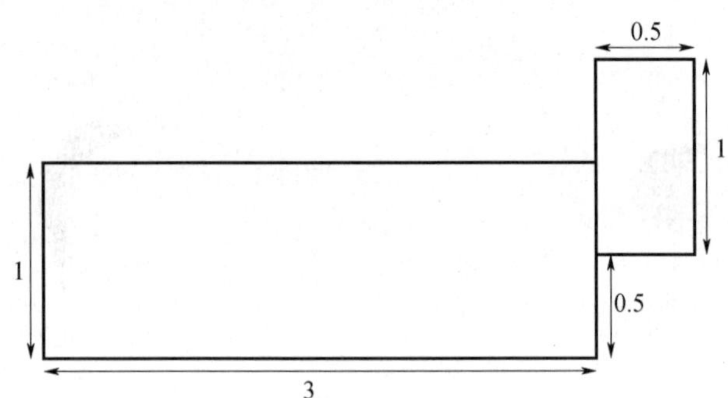

图 5－57　切削加工仿真模型示意图

切削工具采用刚体材料模型，其密度为 7.8×10^{-3} g/mm^3；工件材料为钢，采用 Johnson－Cook 弹塑性模型，材料参数见表 5－39，其中的符号含义同前文。

表 5－39　工件材料参数

ρ/(g/mm^3)	E/GPa	ν	A/MPa	B/MPa	n
7.8×10^{-3}	207	0.3	792	510	0.26
c	m	比热容/(J/(kg·K))	T_{melt}/K	T_{room}/K	$\dot{\varepsilon}_0$
0	1.03	526	1180	0	0.001

离散参数见表 5－40。模拟时间为 0.1ms，时间步长因子为 0.7，使用接触算法，并打开广义插值物质点法（GIMP）。

表 5－40　切削加工离散参数

背景网格	3.99mm × 3.0mm × 0.01mm
网格尺寸	0.01mm × 0.01mm × 0.01mm
切具质点总数	20000
工件质点总数	120000

图 5－58 为切削试验中所观察到的剪切带。图 5－59 为不同时刻的等效塑性应变分布，在 0.01ms 时第 1 条剪切带触发，随着更多的剪切带触发，锯齿状切屑形成。图 5－60 为不同时刻的温度分布。R. Komanduri 等最早提出绝热剪切理论来解释切削时产生锯齿状切屑的原因，认为锯齿状切屑由于切削速度达到某一临界值时，由切屑内部局部应力的突变所造成的。

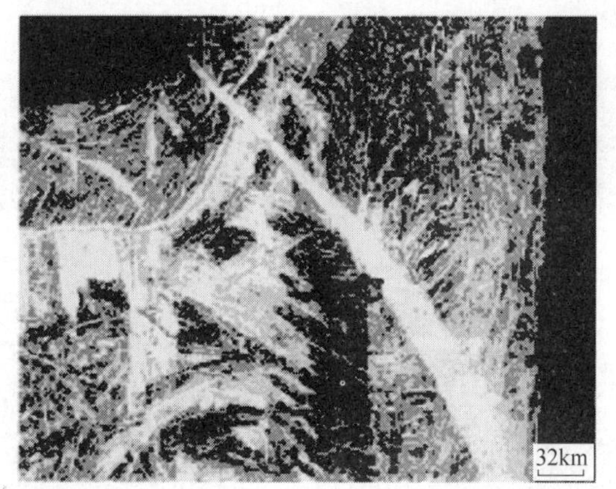

图 5－58　切削试验观察到的剪切带

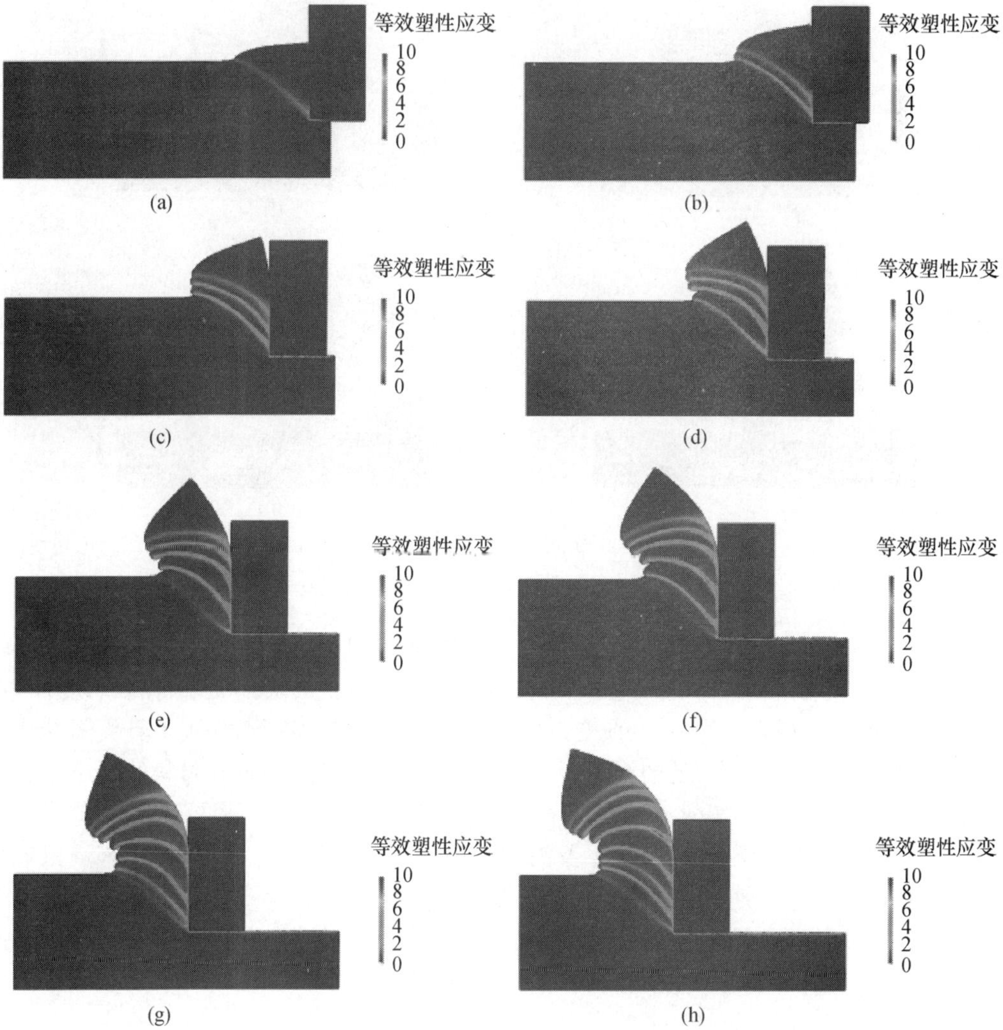

等效塑性应变 10 8 6 4 2 0

(a)

等效塑性应变 10 8 6 4 2 0

(b)

等效塑性应变 10 8 6 4 2 0

(c)

等效塑性应变 10 8 6 4 2 0

(d)

等效塑性应变 10 8 6 4 2 0

(e)

等效塑性应变 10 8 6 4 2 0

(f)

等效塑性应变 10 8 6 4 2 0

(g)

等效塑性应变 10 8 6 4 2 0

(h)

图 5－59　等效塑性应变分布

(a)0.01ms;(b)0.02ms;(c)0.03ms;(d)0.04ms;(e)0.05ms;(f)0.06ms;(g)0.07ms;(h)0.08ms。

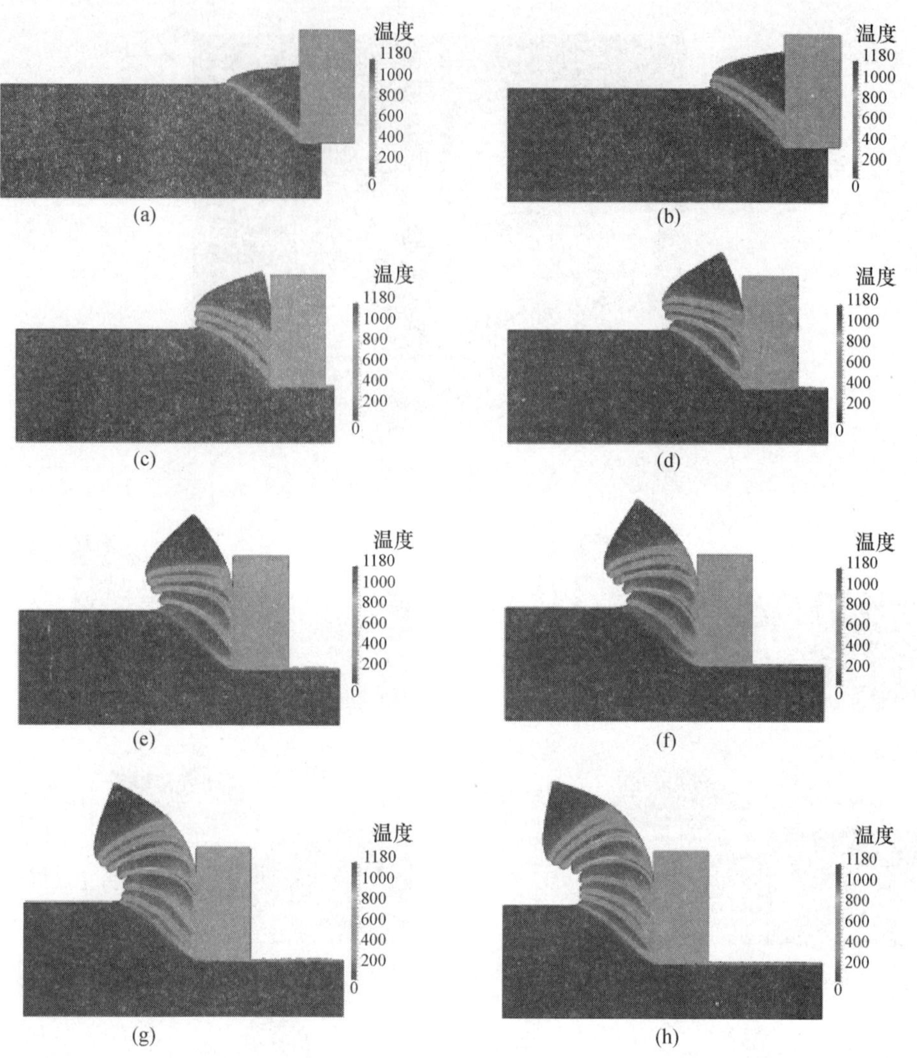

图 5-60　温度分布

(a)0.01ms;(b)0.02ms;(c)0.03ms;(d)0.04ms;(e)0.05ms;(f)0.06ms;(g)0.07ms;(h)0.08ms。

切屑形成的过程实际上是一个极其迅速的过程,特别是在较高的切削速度下。切削工具进入到工件材料中,伴随产生了很大塑性变形,切削工具头部尖端将材料切开。在这个过程中工件材料会发生一些应变强化。随着切削的继续进行,切削工具头部继续挤压工件材料,从而产生更大的塑性变形。巨大的压力伴随塑性变形和材料的断裂导致材料局部温度上升。由于切削工具的高速运动导致工件材料的应变率可达到$10^5 s^{-1}$量级,工件材料遭到严重挤压,以至于来不及沿着切削工具表面滑动。因此,大量热量积聚和高应变率导致了绝热剪切或准绝热剪切条件的形成。在本算例中,切削工具头部附近的材料部分区域温度局部可非常高,导致进一步的热软化。这种软化降低了材料的应变强化能力,导致切屑窄带中发生材料不稳定,最终形成密集的剪切带。

5.5.2　边坡失效

考虑一个砂土边坡失效问题,边坡的外形尺寸和边界条件如图 5-61 所示,边坡

侧面 AF 和 DE 边的 X 向位移被约束，边坡底部 EF 边被完全固定，边坡承受的载荷为重力。

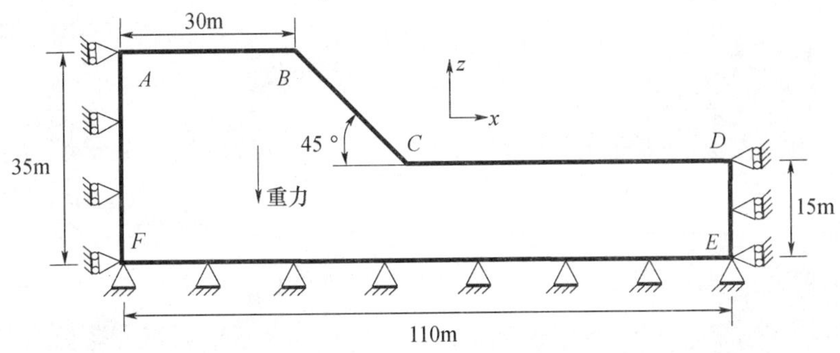

图 5－61　承受重力载荷的砂土边坡模型

本节分别采用物质点法和显式有限元法对砂土边坡的失效进行数值仿真，显式有限元分析是基于 ANSYS/LS－DYNA 软件完成的。

对于潜在的边坡失效面，一般通过隐式有限元法可以得到比较准确的分析。对于边坡失效后的土体崩落过程，由于受到网格畸变的限制，隐式有限元法难于进行分析。显式有限元法可以分析土体的崩落过程，但受到网格畸变的限制，往往需要很长的计算时间。物质点法具有模拟大变形的优点，因此物质点法既能模拟边坡的失效面，又能模拟边坡失效后的土体崩落过程。

该问题为典型的平面应变问题，计算时约束三维模型的 Y 向位移（离面位移）来模拟平面应变状态。

砂土具有粘聚力低的特性，采用 Drucker－Prager 模型来描述砂土边坡的失效，其中采用了非关联塑性本构关系，相应的剪胀角 ψ 取值为 0°。砂土的 Drucker－Prager 模型参数见表 5－41，按照内接圆等效计算砂土的 Drucker－Prager 模型参数，其中符号含义同前文。

表 5　41　砂土材料参数

E/MPa	ν	ρ/(g/cm^3)	ϕ/(°)	c/kPa	ψ/(°)	σ_t/kPa	q_ϕ	k_ϕ/kPa	q_ψ
70	0.3	2.1	20	0.1	0.0	27.48	0.3545	9.74	0

砂土边坡的物质点仿真模型采用 19640 个质点进行离散，初始质点间距为 0.5m，背景网格尺寸为 1.0m，即每个格子包含了 8 个质点。砂土边坡的有限元仿真模型采用 19640 个单元和 30273 个节点进行离散。

图 5－62 和 5－63 分别给出了砂土边坡失效的物质点法和有限元法的模拟结果。由于砂土的粘聚力很低，在自重作用下边坡崩塌，砂土产生了较大的位移，崩塌后的砂土边坡和水平方向形成了一个角度，即休止角。砂土的边坡失效并没有形成明显的剪切带，而是边坡出现了显著的塑性流动。物质点法和显式有限元法均能有效模拟砂土的边坡失效问题，而且这两种算法在不同时刻的边坡外形和塑性区能基本吻合。

物质点法模拟砂土边坡的滑移时间为 8.0s，有限元法模拟边坡的滑移时间为 8.5s。物质点法模拟砂土边坡的休止角为 15.5°，而有限元法模拟边坡的休止角为 17.5°，两者均低于材料的摩擦角($\phi=20°$)。在本算例中，物质点法的计算时间仅为6min，而显式有限元法的计算时间为19.8h，而且有限元计算出现了较为严重的网格畸变。

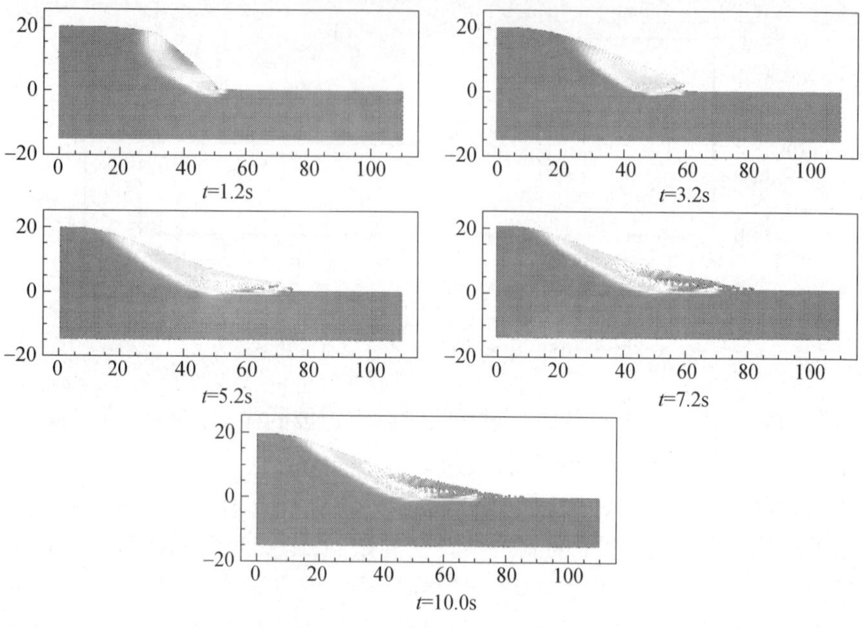

图5-62 物质点法模拟砂土边坡的失效过程

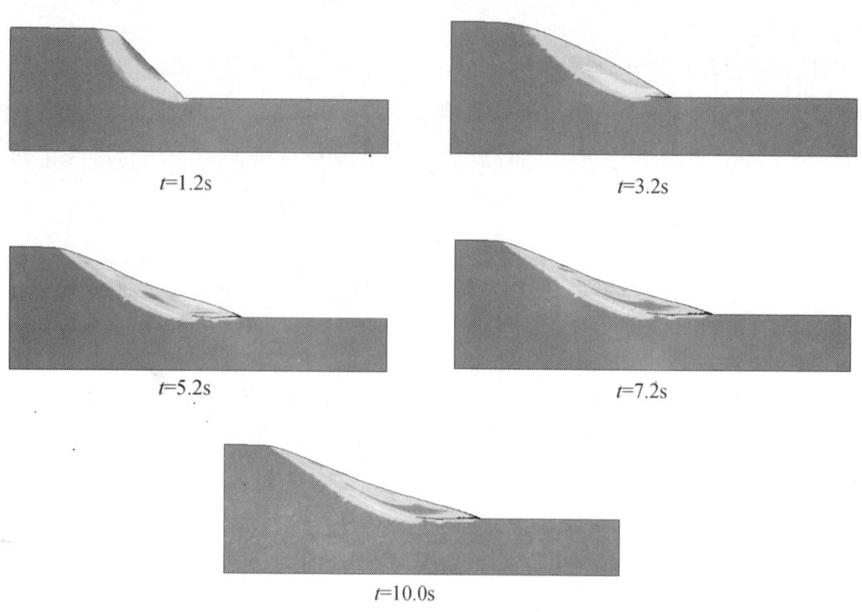

图5-63 有限元法模拟砂土边坡的失效过程

以上结果表明，Drucker-Prager模型及其材料参数是基本准确的；物质点法和显式有限元法均能模拟土类介质的力学行为，而物质点法的计算效率更高。

参考文献

[1] 马上．冲击爆炸问题的物质点无网格法研究[D].北京:清华大学,2009.

[2] Johnson G R,Holmquist T J. Evaluation of cylinder - impact test data for constitutive model constants[J]. Journal of Applied Physics,64(8): 3901 -3910,1988.

[3] 黄鹏．金属及岩土冲击动力学问题的物质点法研究[D].北京:清华大学,2010.

[4] Fasanella E L,Jones Y,Knight N F Jr,et al. Low velocity earth - penetration test and analysis[R]. Technical Report: AIAA -2001 -1388,American Institute of Aeronautics and Astronautics,2001.

[5] Povarnitsyn M,Khishchenko K,Levashov P. Hypervelocity impact modeling with different equations of state[J]. International Journal of Impact Engineering,33:625 -633,2006.

[6] 廉艳平．自适应物质点有限元法及其在冲击侵彻问题中的应用[D].北京:清华大学,2012.

[7] Piekutowski A J. Perforation of aluminum plates with ogive - nose steel rods at normal and oblique impacts[J]. International Journal of Impact Engineering,18:877 -887,1996.

[8] Holmquist T J,Johnson G R,Cook W H. A computational constitutive model for concrete subjected to large strains,high strain rates,and high pressures[C]. Proceedings of 14th International Symposium on Ballistics,Quebec,Canada,591 -600, 1993.

[9] Hanchak S J,Forrestal M J,Young E R,et al. Perforation of concrete slabs with 48MPa(7ksi) and 140MPa(20ksi) unconfined compressive strengths[J]. International Journal of Impact Engineering,12(1):1 -7,1992.

[10] Knight D D. Elements of Numerical Methods for Compressible Flows[M]. Cambridge: Cambridge University Press,33 -36, 2006.

[11] Sod G A. A survey of several finite difference methods for systems of nonlinear hyperbolic conservation laws[J]. Journal of Computational Physics,27:1 -31,1978.

[12] Shin Y S,Chisum J E. Modeling and simulation of underwater shock problems using a coupled Lagrangian - Eulerian analysis approach[J]. Shock and Vibration,4:1 -10,1997.

[13] Shin L M,Lee M,Lam K Y,et al. Modeling mitigation efects of watershield on shock waves[J]. Shock and Vibration,5: 225 -234,1998.

[14] Zhang S Z. Detonation and its applications[M]. Beijing: Press of National Defense Industry,1976.

[15] Gurney R W. The Initial Velocities of Fragments from Bombs,Shells,and Grenades[R]. Technical Report A407982,Ballistic Research Laboratory,Aberdeen,MD,September,1943.

[16] Aziz A K,Hurwitz H,Sternberg H M. Energy transfer to a rigid piston under detonation loading[J]. Physics of Fluids,4: 380 -384,1961.

[17] Chanteret P Y. Velocity of HE driven metal plates with finite lateral dimensions[C]. Proceedings of the 12th International Symposium on Ballisitics,369 -378,1990.

[18] Kennedy J E. Explosive output for driven metal[C]. Proceedings of 12th Annual Sym. on Behavior and Utilization of Explosive in Engineering Design,New Mexico,1972.

[19] Meyers M A. Dynamic Behavior of Materials[M]. New York: John Wiley & Sons,1994.

[20] 李向东,钱建平,曹兵．弹药概论[M].北京: 国防工业出版社,2004.

[21] Gurson A L. Continuum theory of ductile rupture by void nucleation and growth: Part1. Yield criteria andflow rules for porous ductile media[J]. J. Engg. Mater. Tech. ,99:2 -15,1977.

[22] Weibull W. A statistical distribution function of wide applicability[J]. J. Appl. Mech. ,18:253,1951.

[23] Weibull W. A statistical theory of strength of materials[R]. Royal Swedish Institute for Engineering Research,1 -45,1939.

[24] Gurran D R,Seaman L,Shockey D A. Dynamic failure of solids[J]. Phys. Rep. ,147:253,1987.

[25] Dumont C,Levaillant C. Ductile fracture of Cu -1[C]. Proceedings of Shock Wave and High - Strain - Rate Phenomena in Materials. Dekker,NewYork,1990.

[26] 汤铁钢,谷岩,李庆忠．爆轰加载下金属柱壳膨胀破裂过程研究[J].爆炸与冲击,23:529 -533,2003.

[27] 董海山. 高能炸药及相关物性能[M]. 北京：科学出版社,1989.

[28] Lin X, Fong S C. Ductile crack growth – II. Void nucleation and geometry effects on macroscopic fracture behavior[J]. J. Mech. Phys. Solids, 43(11):1953 – 1981, 1995.

[29] 陈刚,陈忠富,徐伟芳. 45 钢的 J – C 损伤失效参量研究[J]. 爆炸与冲击,27(2):131 – 135,2007.

[30] Idelsohn S R, Marti J, Limache A, et al. Unified Lagrangian formulation for elastic solids and incompressible fluids: Application to fluid – structure interaction problems via the PFEM[J]. Computer Methods in Applied Mechanics and Engineering, 197(19 – 20):1762 – 1776, 2008.

[31] Walhorn E, Kölke A, Hübner B, et al. Fluid – structure coupling within a monolithic model involving free surface flows [J]. Computers & Structures, 83:2100 – 2111, 2005.

[32] Liu G R, Liu M B. 光滑粒子流体动力学—— 一种无网格粒子法[M]. 长沙:湖南大学出版社,2005.

[33] 艾兴. 高速切削加工技术[M]. 北京：国防工业出版社,2003.

[34] Wangoner R, Chenot J L. Metal forming analysis[M]. Cambridge: Cambridge University Press, 2001.

[35] Komanduri R, Brown R. On the mechanics of chip segmentation in marching[J]. J. of Eng. For Ind., ASME, 103:33 – 51, 1981.

[36] Bui H H, Fukagawa R, Sako K, et al. Lagrangian meshfree particles method (SPH) for large deformation and failure flows of geomaterials using elastic – plastic soil constitutive model[J]. International Journal for Numerical and Analytical Methods in Geomechanics, 32:1537 – 1570, 2008.

第 6 章 关键字手册

本章全面介绍 MaPoss 系统核心算法模块 MPM3D 的功能及相应的关键字，包括系统运行方法、系统组成、材料模型、状态方程、失效模式、边界条件、载荷等。

6.1 程序运行方法

MPM3D 从扩展名为 .xmp 的输入文件（如 JobName.xmp）中读取数据。该文件采用 xml 语言组织数据，经程序读取并解析后将相关数据传递给程序各计算模块，根据指定的宏命令执行相应的计算任务，并将计算结果按照规定的格式输出到相应的文件中，供 ParaView、Origin 和 TecPlot 等软件进行结果可视化处理。

MPM3D 有两种运行方式，一种是从 MaPoSS 的集成环境中执行，另一种是直接以命令行方式执行。本章只介绍直接以命令行执行方式，MaPoSS 集成环境执行方式请参见第 4 章。

6.1.1 命令行执行方式

在终端窗口（在 Windows 中为 DOS 窗口）中输入：

`mpm3dpp [options] JobName`

其中 JobName 为输入数据的文件名，它的扩展名可以是“.xmp”（输入数据文件），也可以是“.pe”（重启动状态文件）。如果 JobName 的扩展名是“.xmp”（可以省略），mpm3dpp 将从该文件中读入数据进行求解；如果 JobName 的扩展名是“.pe”，则 mpm3dpp 从该状态文件（JobName.pe）中恢复原来的求解状态，并从该状态处继续求解（重启动）。

[options]为可选命令行参数，包括：

—help　　仅在屏幕上输出 mpm3dpp 使用帮助信息，然后退出。

—h5pt　　仅将指定的重启动文件（pe 文件）转换为 H5Part 格式，然后退出。

—lsdyna　将物质点数据转换为 LS－DYNA 的 SPH 粒子数据，并继续运行。

—rt　　　从指定的重启动命令文件中读取并处理重启动命令，进行重启动计算。

—nsteps　指定结果统计 sta 文件中数据输出的步数，超过此步数程序停止计算。

MPM3D 具有以下几种命令行运行方式：

1. mpm3dpp JobName 或 mpm3dpp JobName.xmp

从 JobName.xmp 中读入宏命令及相应的数据，进行分析计算。

2. mpm3dpp JobName.xmp －lsdyna

从 JobName.xmp 中读入宏命令及相应的数据，将物质点数据转换成 LS－DYNA 的 SPH 粒子数据文件，然后进行分析计算。此选项可将物质点模型数据转换为 LS－DYNA

的 SPH 模型数据,供 LS - DYNA 使用。

3. mpm3dpp JobName_120. pe

从重启动文件 JobName_120. pe(120 为时间步序号)中读入上次计算保存的状态,并从该状态处继续计算(重启动)。pe 文件的保存频率由关键字 Restart 设置(参见第 6. 2. 11. 6 节)。

4. mpm3dpp JobName_120. pe - h5pt

根据重启动状态文件 JobName_120. pe 生成 H5Part 文件(供 ParaView 使用),随即退出。

5. mpm3dpp JobName_120. pe - rt JobName_r. xmp

从重启动状态文件 JobName_120. pe(120 为时间步序号)中读入上次计算保存的状态,并从文件 JobName_r. xmp 中读入模型数据,然后继续计算。JobName_r. xmp 文件的格式与 JobName. xmp 的格式完全相同,但它们的 Grid、Solution 以及 Output 等元素的属性可以不同,以便在重启动时采用不同的背景网格、求解策略和输出方式。另外,JobName_r. xmp 文件还支持在 Body 中设置其是否激活,以便在重启动时激活或者禁用某些 Body。

6. mpm3dpp JobName. xmp - nsteps 10

结果统计 sta 文件输出 10 步后,程序停止计算,一般在算例测试时使用,此时仅比较这 10 步的输出结果。

下面以 Body 的激活与禁用为例,说明重启动过程。JobName. xmp 文件中 Body 的设置为

```
<Body name ="body0" material ="cu" type ="Point" density ="8.93e -
3">
```

在命令行输入

```
mpm3dpp JobName
```

后程序开始执行,并根据第 6. 2. 11. 6 节中 Restart 元素设定的保存频率自动保存重启动状态文件(pe 文件)。用户也可以在程序的执行过程中按下 Ctrl + C,强制程序将当前状态保存到重启动状态文件中后中止。此后用户可以利用

```
mpm3dpp JobName_XXX. pe
```

命令进行重启动,从用户中断的状态继续进行计算,其中 XXX 为当用户按下 Ctrl + C 时程序正在计算的时间步。

为了在重启动时采用不同的背景网格、求解策略和输出方式,或者激活或禁用某些物体,可以将 JobName. xmp 文件复制到 JobName_r. xmp 文件中,修改 JobName_r. xmp 中的 Grid、Solution 以及 Output 等元素的属性,并修改其 Body 的属性,以激活或禁用该 Body。如为了禁用 body0,可将 JobName_r. xmp 中的 Body0 元素的 Deactive 属性的值改为 1,即

```
<Body name ="body0" material ="cu" type ="Point" density =
"8.93e -3" Deactive ="1">
```

此后用户可以利用

```
mpm3dpp JobName_XXX. pe -rt JobName. xmp
```

命令进行重启动,程序会重新初始化变量 Deactive 的值,从给定的状态继续进行计算。

6.1.2 文件类型

MPM3D 使用以下类型的文件：

1. JobName. xmp 文件

输入数据文件。

2. JobName. pe 文件

重启动状态文件。

3. JobName. out 文件

日志文件，记录了求解过程中程序输出的模型基本信息、调试信息、警告信息和错误信息。其中 Elapsed time 是整个程序的运行总时间，Solution time B 是求解时间，Solution time A 是不包括输出部分的求解时间。

4. JobName. sta 文件

包含了各时刻的时间步、时间、总动量、总能量、各个物体动量、各个物体能量、各个物体速度、各个材料动量、各个材料能量、各个材料速度，便于绘制曲线；此文件的输出时间间隔由 Console 元素的 print_time 属性（参见第 6. 2. 11. 1 节）确定，即和控制台报告计算状态的时间间隔相同。此文件也是 MPM3D 程序进行自动测试的基准数据文件。

5. JobName_anim. dat 文件

按一定时间间隔输出质点位置坐标以及用户指定的变量在质点上的值。该文件可以用 Tecplot 直接读取（导入时选择 3D Cartesian），绘制变形过程及各类变量云图的动画。Tecplot 进行数据可视化处理的速度极慢，因此推荐使用 ParaView 进行数据可视化处理。

6. JobName_curv. dat

输出指定变量在所有时间步的函数值，可用 Origin 或 Tecplot 等软件输出变量的时程曲线。缺省变量为总动能和总内能，用户可以指定其他变量。

7. JobName. h5part

以 H5Part 格式保存计算结果，可供 ParaView 进行后处理。

8. JobNameXXX. vtu

以 VTK UnstructuredGrid 格式保存计算结果，每个时间步对应一个文件，可供 ParaView 进行后处理。

另外用户可控制生成其他数据文件，详见关键字部分的介绍。

6.1.3 单位

在利用 MPM3D 进行数值模拟时，用户需确保所输入数据的单位协调，如使用国际单位制（m，kg，N，s，Pa）。超高速碰撞经常使用的单位制为（mm， g，N，ms，MPa），在爆炸问题中常用的单位制是（cm，g，10^7N，μs，Mbar①）。检验单位是否协调，可以用 $F = ma$，即（1 力单位）=（1 质量单位）×（1 加速度单位）进行验证。

① 1bar = 10^5Pa，约等于一个大气压。

6.2 输入文件格式

输入文件的格式为标准的 XML 数据格式，具有良好的可扩展性。

XML 是 eXtensible Markup Language 的简写，意为可扩展的标记语言，其存储机制为树形结构，适合表示复杂的数据结构。XML 文档有着严格的书写规范，较详细的规范可参见有关手册，这里仅简要介绍该数据格式的书写方式。

每个 XML 文件都由 XML 序言开始，用于声明版本号和字符集，如：

```
<? xml version =“1.0” encoding =“gb2312”? >
```

如果不声明字符集，则可能会出现乱码。

XML 数据格式通常是由一个根元素(root element)和多个一级元素(element)组合而成。元素由起始标签(start - tag，如 <Heading>)开始，由结束标签(end - tag，如 </Heading>)结束，他们之间的部分为元素的内容(content)。如：

```
<Heading >Taylor bar impact </Heading >
```

就是一个元素，其中 <Heading> 是起始标签，</Heading> 是结束标签，"Taylor bar impact"是该元素的内容。一个元素也可以仅由空元素标签(empty - element tag)组成，如 <line - break/>。元素的内容也可以包含其他元素，称为子元素。通常，一个元素的内容由元素的属性及其属性值和子元素构成。

一个 XML 文件只有一个根元素(Root Element)，其他所有元素可作为根元素的子元素，如果需要多个一级的、并排的元素，用户可以通 <RootElement>… </RootElement> 把这些元素包含起来。如：

```
<PeneBlast version =“1.0” >
  <Header >
   …
  </Header >
  <Material name =“Fe” >
   …
  </Material >
  <Solution algorithm =“MUSL” Integration =“expl” >
   …
  </Solution >
</PeneBlast >
```

本例中共有 4 个元素：PeneBlast、Header、Material 和 Solution，其中 PeneBlast 为根元素。元素 Material 具有属性 name，其值为“Fe”。属性(attributes)的值(数值或字符串)要用引号括起来，属性和属性的值之间用等号“ = ”连接。同一个元素下的属性与属性之间用空格分隔，排序不分先后。元素 Solution 具有两个属性：algorithm 和 Integration，他们的值分别为“MUSL”和“expl”。

在 MPM3D 程序的输入文件中，根元素为\<PeneBlast version =“?”\>……\</PeneBlast\>，其中属性 version 的值表示程序的版本号，如“1.0”。根元素的各级子元素分别以关键字来命名,即 MPM3D 程序的输入文件以关键字的形式组织,关键字的使用方法参照本文档的说明。

MPM3D 程序的输入文件由以下 11 个一级元素组成:

(1) <Header>… </Header>定义待求解问题的标题。

(2) <Material >… </Material>定义材料信息,包括参考密度、强度模型、状态方程和失效模型。该元素可并行出现,以定义多个材料模型。

(3) <Friction>… </Friction>定义材料间的摩擦系数。

(4) <WorkPlane >… </WorkPlane> 定义工作平面,可以并行出现。

(5) <Component >… </Component>以组件的形式定义物体信息,该元素可并行出现,以定义多个组件。

(6) <Detonation>… </Detonation>定义高能炸药材料的起爆点/起爆面及其点火时间。

(7) <Grid> … </Grid>定义背景网格类型及其区域和边界条件。

(8) <Contact>… </Contact>定义有关接触的一些设置。

(9) <Solution>… </Solution>定义求解时间及求解模式等求解控制信息。

(10) <Output>… </Output> 定义结果输出内容及方式。

(11) <DomainDecomposition>… </DomainDecomposition> 定义采用 MPI 并行计算的分区方式。

其中,标签 Material、WorkPlane、Component 可并行出现,Material、Component 元素下又可具有子元素;标签 Friction、Workplane、Detonation、Contact、DomainDecomposition 为可选一级元素。

以下分别介绍这些关键字(元素的标签)的使用方法。方括号内的关键字为可选关键字,其他关键字为必填关键字。

实型数中可包含正负号、小数点或 $E(e)$表示指数部分,如 -123.456 或 123e-2。不允许使用 $D(d)$表示指数部分。

XML 文件中可以包含注释,增加文件的可读性。注释以 <!-- 开头,以 → 结尾,例如

```
<!-- catalog last updated 2000-11-01 →。
```

6.2.1 标题(Header)

该关键字及其以下关键字主要用于简短描述所模拟的物理问题,如模拟算例的名称、模拟的主要物理现象和使用的单位制等。下面以 Taylorbar 算例为例介绍相应的下级关键字。

关键字说明:

Header:一级关键字,开启算例描述部分设置选项。它具有以下 4 个可选子关键字:

[**Name**]:本输入文件的文件名称,具有属性 value。

[**Heading**]:本算例的表头,具有属性 value。

[**Description**]:本算例的一些简短描述,如模拟的主要物理现象、参考文献等,具有属性 value。

[**Unit**]：本输入文件中使用的单位制，它具有 time、length 和 mass 3 个属性，分别定义本算例所采用的时间单位、长度单位和质量单位。

使用规范：

```
<?xml verison ="1.0"encoding ="utf -8"? ><! --声明版本号及字符集→
<PeneBlast version ="1.0" >                    <! --声明根元素→
<Header >              <! --声明 Header 元素,对本算例进行简短的描述→
        <Name value ="Taylorbar"/ >
        <Heading value ="Taylor bar imact,Johnson 1998"/ >
        <Description value ="Ref:G.R.Johnson 1988"/ >
        <Unit time ="ms"length ="mm"mass ="g"/ >
  </Header >                           <! --Header 元素定义完毕→
    ……
</PeneBlast >
```

使用须知：

• 尽量给出较完整的描述，便于迅速了解本算例模拟的问题。

• Unit 关键字只是用于说明本问题所使用的单位制，增加可读性，对程序的计算结果没有任何影响。用户需确保所输入数据的单位协调。

6.2.2 材料模型定义(Material)

在 MPM3D 中，材料模型由强度模型(描述材料的偏应力与偏应变之间的关系)、状态方程(描述材料的压力和体积应变之间的关系)和失效模型(描述材料因损伤累积而导致的对应力承受能力的降低)三部分组成。

关键字说明：

Material：开启材料模型设置选项，它具有属性 name，用于定义材料模型名称，用户可以使用自定义字符串给使用的材料模型命名。

Material 关键字具有以下 5 个子关键字：

[**ReferenceDensity**]：定义材料参考密度，它具有属性 value，其值为材料的参考密度。

[**StrengthModel**]：定义材料的强度模型，它具有属性 type，用于说明本材料强度模型的类型(如弹性、理想弹塑性等)。

[**EquationOfState**]：定义材料的状态方程，它具有属性 type，用于说明本材料状态方程的类型(如多项式状态方程、JWL 状态方程等)。

[**FailureModel**]：定义材料的失效模型，它具有 type 属性，用于说明本材料失效模型的类型(如最大等效塑性应变失效模型、最大静水拉力失效模型等)。

[**RandomFailure**]：定义材料的随机失效模型，可以设置材料的失效阈值服从 Gauss 或 Weibull 随机分布。

使用规范：

```
<Material name ="cu" >   <! -- 声明 Material 元素, 定义一组材料 →
    <ReferenceDensity value ="8.93e -3" / >   <! -- 材料密度;→
    <StrengthModel type ="SimJohnsonCook"
```

```
                    <!--定义材简化的 JohnsonCook 模型;→
…
<EquationOfState type="Polynomial"<!--定义状态方程为多项式;→
…
<FailureModel type="none"/>
                 <!--定义失效模型,none 表示不采用失效模型→
<RandomFailure enable="1" FailDistribution="2"/>
                      <!--启用 Weibull 随机失效模型→
</Material>           <!-- Material 元素(cu)定义完毕→
```

下面分别介绍 StrengthModel(强度模型)、EquationOfState(状态方程)、FailureModel(损伤失效模型)和 RandomFailure(随机失效设置)4 个关键字。

6.2.2.1 强度模型(StrengthModel)

StrengthModel 关键字具有以下属性:

type:定义强度模型类型,目前程序可选模型将在后面分别说明。

[**bq1**]、[**bq2**]:设置人工体积黏性系数,用于处理激波问题,可出现在任意一个材料模型中。bq1,bq2 分别为人工黏性力式(6-1)中的二次项和一次项的系数,其默认值分别为 1.5 和 0.06。

$$q=\begin{cases}\rho l(Q_1 l^2\dot{\varepsilon}_{kk}^2-Q_2 c\dot{\varepsilon}_{kk}) & if\dot{\varepsilon}_{kk}<0\\0 & if\dot{\varepsilon}_{kk}\geq 0\end{cases} \tag{6-1}$$

[**FailedType**]:设置失效后压力处理方式,其值可以取 0、1 或 2。

在允许质点失效的材料类型(如 ElaPlastic,IsoHarden,JohnsonCook,SimJohnsonCook,RHT,HolmquistJohnsonCook,DruckerPrager,DFFoam,Gurson)中,均可以使用属性 FailedType 设置失效后质点压力的处理方式。当质点失效时,将质点的偏应力置为零(某些本构方程中将生死置为 0),同时不再对其进行人工体积黏性的声速及压力修正。其压力的处理方式有以下几种情况:

0:质点失效后能承受压力,但不能承受拉力,即 $p\geq 0$(默认方式)。

1:质点失效后既不能承受压力也不能承受拉力,即令 $p=0$。

2:质点失效后能承受压力,也能承受一定拉力,截断值 p_{min} 由下面的属性 TensileCutoff 设置,即 $p\geq p_{min}$。

[**TensileCutoff**]:设置失效质点的拉伸截断应力,p_{min}必须小于零(表示拉应力)。当 $fopt=2$ 时有效,默认值为 $p_{min}=0$。若失效质点处于受拉状态且 $p<p_{min}$,则令 $p=0$。

[**FailViscosity**]:设置失效质点的剪切黏性系数 μ,默认为 0。设置非零的剪切黏性系数可以使失效质点承受与偏应变率 $\dot{\varepsilon}'_{ij}$相关的黏性,即 $s_{ij}=\mu\dot{\varepsilon}'_{ij}$。如果不设置失效质点的剪切黏性系数,质点失效后将不能承受任何剪应力,此时很小的剪切力均可能使质点产生很大的剪切变形,从而导致求解过程不稳定。因此,应尽量避免将失效质点的剪切黏性系数设置为 0。

[**VarSoundspeed**]:设置在计算临界时间步长 Δt^{cr}时是否采用常声速。若设为 1,则本材料在计算临界时间步长时不更新声速,相当于在积分过程中使用常时间步长。默认值为 0,即在每一个时间步中都更新声速。

[**FailureDamageThreshold**]:当 Grid 中的 fail_to_component 关键字开启后,通过设置 FailureDamageThreshold 关键字指定当粒子的损伤量 ***D*** 达到某个值时将该粒子归到失效组件中。

[**Young**]:杨氏模量。

[**Poisson**]:泊松比。

[**TemperatureCoefficient**]:温度系数,默认为 0。

[**roomt**]:室温,缺省为 293.0K。

[**CoefficientOfThermalConductivity**]:热传导系数,默认为 0。

[**SpecHeat**]:设置比热容。

以上所有属性和材料类型无关,可以在所有材料中使用。下面给出与材料类型 type 相关的属性。

(1) 弹性材料:IsoElastic。

(2) 一维弹性材料:Elastic_1D。

弹性材料和一维弹性材料均不需要额外的属性。

(3) 理想弹塑性材料:ElaPlastic。

理想弹塑性材料继承了弹性材料的所有属性,另外还具有以下属性:

Yield0:屈服极限。

[**PlasticWorkCoefficient**]:塑性功转换分数 β,即塑性功转化为热能的比例系数,对金属材料一般取为 $\beta=0.9$。

(4) 各向同性线性强化弹塑性材料:IsoHarden。

各向同性线性强化弹塑性材料继承了理想弹塑性材料的所有属性,并具有以下属性。

TangMod:切线模量 $E^t=\mathrm{d}\sigma/\mathrm{d}\varepsilon$。

(5) 一维线性强化弹塑性材料:LinHarElaPlastic_1D。

一维线性强化弹塑性材料同各向同性线性强化弹塑性材料属性一致,但不包含泊松比属性。

(6) Johnson - Cook 材料:JohnsonCook。

Johnson - Cook 模型的屈服应力为

$$\sigma_y=(A+B\varepsilon^n)(1+C\ln\dot{\varepsilon}^*)(1-T^{*m}) \tag{6-2}$$

式中:ε 为等效塑性应变;$\dot{\varepsilon}^*=\dot{\varepsilon}/\dot{\varepsilon}_0$ 为无量纲塑性应变率;$\dot{\varepsilon}_0=1.0\mathrm{s}^{-1}$;$T^*=(T-T_{\mathrm{room}})/(T_{\mathrm{melt}}-T_{\mathrm{room}})\in[0,1]$是无量纲温度。初始化时,所有质点的温度都设为室温。A、B、n、C、m 是 Johnson - Cook 模型的参数。B 也可以称作塑性切线模量 E_p,即 $E_p=EE_t/(E-E_t)$(据 LS - DYNA 理论手册 mat_012)。

在 Johnson - Cook 损伤破坏模型中,破坏应变按下式计算

$$\varepsilon^f=[D_1+D_2\exp D_3\sigma^*][1+D_4\ln\dot{\varepsilon}^*][1+D_5T^{*m}] \tag{6-3}$$

其中:压力应力比 $\sigma^*=\sigma_m/\bar{\sigma}$,也叫应力三轴度(triaxiality);$\sigma_m$ 为平均应力;$\bar{\sigma}$ 为 von Mises 等效应力。损伤量在每一时间步中累加

$$D=\sum\frac{\Delta\varepsilon}{\varepsilon^f} \tag{6-4}$$

当 $D=1.0$ 时,材料发生破坏。

Johnson – Cook 材料模型继承了理想弹塑性材料的所有属性(其中属性 Yield0 用于定义参数 A),且具有如下属性:

B:材料常数 B。

n:材料常数 n。

C:材料常数 C。

m:材料常数 m。

Roomt:室温 T_{room},默认为 293.0K。

Melt:融化温度 T_{melt},单位是开尔文(K)。

SpecHeat:设置比热容 c_p,用于计算因塑性功增量 ΔW_p 而产生的温度增量 ΔT,即

$$\Delta T=\frac{\beta}{\rho c_p}\Delta W_p \tag{6-5}$$

其中:塑性功转换分数 β 由属性 PlasticWorkCoefficient 给定;ρ 为材料的密度。

epso:应变率的归一化因子,也就是确保 $\dot{\varepsilon}_0=1.0\text{s}^{-1}$。故 epso 的值取决于用户选择的时间单位,若是秒(s)则设为 1,若是毫秒(ms)则设为10^{-3},若是微秒(μs)则设为10^{-6}。

[**D1**]:损伤模型材料常数 D_1。

[**D2**]:损伤模型材料常数 D_2。

[**D3**]:损伤模型材料常数 D_3。

[**D4**]:损伤模型材料常数 D_4。

[**D5**]:损伤模型材料常数 D_5。

Johnson – Cook 材料模型和损伤破坏模型中常用参数参见表 6 – 3 和表 6 – 4。

(7) 简化的 Johnson – Cook 材料:SimJohnsonCook。

简化的 Johnson – Cook 材料模型在 Johnson – Cook 模型中忽略温度项,即

$$\sigma_y=(A+B\varepsilon^n)(1+C\ln\dot{\varepsilon}^*) \tag{6-6}$$

简化的 Johnson – Cook 材料继承了理想弹塑性材料的所有属性(其中属性 Yield0 用于定义参数 A),且具有以下属性:

B:材料常数 B。

n:材料常数 n。

C:材料常数 C。

epso:应变率的归一化因子取决于用户选择的时间单位,若是秒(s)则设为 1,若是毫秒(ms)则设为10^{-3},若是微秒(μs)则设为10^{-6}。

(8) 空材料:Null。

空材料与状态方程联合使用,可用于模拟牛顿流体材料、非牛顿流体材料和高能炸药爆轰产物。空材料的压力由状态方程确定,当模拟牛顿流体材料和高能炸药爆轰产物时,偏应力由下式确定

$$s_{ij}=\mu\dot{\varepsilon}'_{ij} \tag{6-7}$$

式中:μ 为剪切黏性系数(shear viscosity)或动力黏性系数(dynamic viscosity);$\dot{\varepsilon}'_{ij}$为偏应变率。当 $\mu=0$ 时,材料完全不具有抗剪切能力,在很小的剪力载荷(可能是由误差引起的)作用下都可能会产生极大的剪切变形,因此应尽可能避免取 $\mu=0$。

当模拟非牛顿流体时偏应力由下式确定

$$s_{ij} = k\dot{\varepsilon}_{ij}'^{n} \tag{6-8}$$

式中:k 为稠度系数;n 为流性指数。当 $n<1$ 时为假塑性流体,当 $n>1$ 时为涨塑性流体。

空材料具有如下可选属性;

[**mu**]:用于输入牛顿流体的剪切黏性系数。

[**pmin**]:用于输入控制订算流体材料时的压力截断值,默认值为 -1×10^{100}。

[**ck**]:用于输入非牛顿流体的稠度系数。

[**nn**]:用于输入非牛顿流体的流性指数。

(9) 高能炸药材料:HighExpBurn。

高能炸药材料是将空材料和状态方程(如 JWL 状态方程)联合使用,模拟高能炸药材料的行为。

炸药起爆后,爆轰产物的压力 p 由状态方程给出的压力 p_{eos} 和燃烧分数(Burn fraction) F 的乘积确定,即

$$p = Fp_{eos} \tag{6-9}$$

其中,燃烧分数

$$F = \max(F_1, F_2) \tag{6-10}$$

控制了炸药的化学能的释放。

$$F_1 = \begin{cases} \dfrac{(t-t_L)D}{1.5h} & t>t_L \\ 0 & t\leqslant t_L \end{cases} \tag{6-11}$$

$$F_2 = \beta(1-V) \tag{6-12}$$

式中:t 为当前时间;t_L 为点火时间;D 为爆速;h 为质点的特征尺寸,现取为 d_c。V 是相对体积;

$$\beta = \frac{\rho_0 D^2}{p_{CJ}} = \frac{1}{1-V_{CJ}} = \gamma + 1 \tag{6-13}$$

p_{CJ} 为 Chapman – Jouguet 压力(由用户输入的材料参数);V_{CJ} 为 Chapman – Jouguet 相对体积。当 $F>1$ 时,令 $F=1$。炸药起爆后,炸药质点的燃烧分数 F 一般需要经过几个时间步后才能达到 1。因此这种处理方法将不连续的爆轰波阵面扩展到一个狭窄的区域中,光滑成一个快速变化但连续的波阵面,有效地避免了不连续性所引入的数值振荡。

式(6 – 12)为 β 燃烧,式(6 – 11)为程序燃烧。β 燃烧能够描述炸药的冲击起爆过程。

高能炸药材料具有以下属性:

D:输入炸药的爆速 D。

[**beta**]:指定起爆方式,2(默认值)为仅用程序燃烧,爆轰波将从起爆点以爆速 D 传播;1 为仅用 β 燃烧(待进一步开发,详见下述),0 为程序燃烧 + β 燃烧。当采用 β 燃烧时,需要用 CJ 爆压 P_{CJ}。

[**PCJ**]:定义 CJ 爆压 P_{CJ},用于 β 燃烧。

[**mu**]:设置爆轰产物的的剪切黏性系数,参见本节中关于 null 材料的说明。

(10) Holmquist Johnson - Cook 材料:HolmquistJohnsonCook。

Holmquist Johnson - Cook 材料用于模拟混凝土。HJC 模型中,归一化屈服应力为

$$\sigma^* = [A(1-D) + Bp^{*n}][1 + C\ln\dot{\varepsilon}^*] \tag{6-14}$$

式中:A,B,C,n 为材料常数;$\sigma^* = \sigma/f_c$ 为无量纲应力;σ 为混凝土的实际应力;$p^* = p/f_c$ 为无量纲压力;p 为实际静水压力;$\dot{\varepsilon}^* = \dot{\varepsilon}/\dot{\varepsilon}_0$ 无量纲应变率;$\dot{\varepsilon}_0$ 为参考应变率;D 为损伤因子($0 \leqslant D \leqslant 1$)。由上式可知,$\sigma^*$ 随着 p^* 的增长而无穷增大,事实上 σ^* 存在着一个极限值,为此引入一个无量纲强度 $S_{\max}$,$\sigma^* \leqslant S_{\max}$。

损伤因子 D 为等效塑性应变引起的损伤和塑性体积应变引起的损伤之和,表达式为

$$D = \sum \frac{\Delta\varepsilon_p + \Delta\mu_p}{\varepsilon_p^f + \mu_p^f} \tag{6-15}$$

式中:$\Delta\varepsilon_p$ 和 $\Delta\mu_p$ 为一个计算循环内的等效塑性应变增量和塑性体积应变增量;$\varepsilon_p^f + \mu_p^f$ 是在压力 p 下破碎的塑性应变

$$\varepsilon_p^f + \mu_p^f = D_1(P^* + T^*)^{D_2} \tag{6-16}$$

式中:D_1,D_2 为常数;$T^* = T/f_c - T$ 为混凝土的抗拉强度。为了避免当 $P^* + T^*$ 过小时引起损伤量 D 过大,需定义一个最小损伤常数 $\varepsilon_{f,\min}$,即 $D_1(P^* + T^*)^{D_2} \geqslant \varepsilon_{f,\min}$。

Holmquist Johnson - Cook 材料继承了理想弹塑性材料的所有属性,并具有以下属性:

A:材料常数 A。

B:材料常数 B。

N:材料常数 n。

C:材料常数 C。

fc:静态单轴抗压强度 f_c。

SMax:最大无量纲强度 $S_{\max}$。

D1:材料常数 D_1。

D2:材料常数 D_2。

EFMin:材料常数 $\varepsilon_{f,\min}$。

T:静态单轴抗拉强度 T。

Epso:应变率的归一化因子。

[**TensileFailure**]:若为 1 时,则当静水拉力达到极限值(即 $-p \geqslant T(1-D)$)时认为材料失效,否则仅将静水拉力限制到其极限值。材料失效后的行为由属性 FailedType 控制。

[**Threshold**]:若为 1,在计算累积损伤 D 时,若 $D_1(P^* + T^*)^{D_2} < \varepsilon_{f,\min}$,则不计入本时间步内产生的损伤增量。

[**ErosionByDamage**]:若为 1,累积损伤 D 达到 1 时,将该粒子侵蚀,否则仅设置失效。

[**ErosionByPressure**]:若为 1,静水拉力超过 T 时,将该粒子侵蚀,否则仅设置失效。

[**TensileDamage**]:若为 1,计算累积损伤 D 时,破碎的塑性应变计算方式为 $\varepsilon_p^f + \mu_p^f = D_1(P^* + T^*(1-D))^{D_2}$。

[**DamageToFail**]:若为 1,当累计损伤 D 达到相应阈值时,粒子失效,默认不开启。

(11) CauchyElastic 材料:CauchyElastic。

参数继承于各向同性材料。

(12) 不可压 Mooney - Rivlin 橡胶材料:Mooney - Rivlin。

Mooney - Rivlin 材料模型是一种超弹性材料,其第二类皮奥拉 - 基尔霍夫应力张量 S_{ij}与格林应变张量 E_{ij}之间的关系为

$$S_{ij} = \frac{\partial W}{\partial E_{ij}} \tag{6-17}$$

式中:W 为应变能密度函数。对于 Mooney - Rivlin 材料模型,有

$$W(I_1,I_2,I_3) = A(I_1-3) + B(I_2-3) + C\left(\frac{1}{I_3^2}-1\right) + D\,(I_3-1)^2 \tag{6-18}$$

式中:A、B、C 和 D 为材料常数;I_1、I_2 和 I_3 为应变不变量。对于不可压 Mooney - Rivlin 材料,参数 C 和 D 可以由参数 A 和 B 得到,即

$$C = \frac{A}{2} + B \tag{6-19}$$

$$D = \frac{A(5\nu-2) + B(11\nu-5)}{2(1-2\nu)} \tag{6-20}$$

式中:ν 为泊松比,一般取 0.49 ~0.499。

不可压 Mooney - Rivlin 橡胶材料具有以下属性:

Mr_A2 v(r):材料参数 A。

Mr_B2 v(r):材料参数 B。

Poisson v(r): 泊松比 ν。

(13) 刚性材料:Rigid。

刚性材料只需输入密度,无需其他参数。

(14) RHT 材料:RHT。

RHT 材料模型用于混凝土的模拟,该模型有失效面、弹性极限面、残余失效面。在材料失效(应力超出失效面)前,当前屈服应力在弹性极限面和失效面之间插值得到;材料失效(应力超出失效面)前,当前屈服应力在失效面和残余失效面之间插值得到。

失效面定义为

$$Y_{\text{fail}}(p,\theta,\dot{\varepsilon}) = f_c Y_{\text{TXC}}^*(p/F_{\text{rate}}) R_3(\theta) F_{\text{rate}}(\dot{\varepsilon}) \tag{6-21}$$

其中

$$F_{\text{rate}}(\dot{\varepsilon}) = \begin{cases} (\dot{\varepsilon}/\dot{\varepsilon}_0)^{\alpha} & p > f_c/3,\ \text{with}\ \dot{\varepsilon}_0 = 30\times 10^{-6}\,\text{s}^{-1} \\ (\dot{\varepsilon}/\dot{\varepsilon}_0)^{\delta} & p < -f_t/3,\ \text{with}\ \dot{\varepsilon}_0 = 3\times 10^{-6}\,\text{s}^{-1} \\ \textit{interpolation} & \textit{otherwise} \end{cases} \tag{6-22}$$

$$R_3(\theta) = \frac{2(1-Q_2^2)\cos\theta + (2Q_2-1)\left[4(1-Q_2^2)\cos^2\theta + 5Q_2^2 - 4Q_2\right]^{\frac{1}{2}}}{4(1-Q_2^2)\cos^2\theta + (1-2Q_2)^2} \tag{6-23}$$

$\theta = \dfrac{1}{3}\arccos\left(\dfrac{27J_3}{2\sigma_{eq}^3}\right) = \dfrac{1}{3}\arccos\left(\dfrac{3\sqrt{3}J_3}{2J_2^{3/2}}\right)$,$Q_2 = Q_{2,0} + B_Q p^*$,且 $0.5 \leqslant Q_2 \leqslant 1$。

$$Y_{\text{TXC}}^*(p) = \begin{cases} \dfrac{p}{-f_t/3}(f_t/f_c) + \dfrac{p+f_t/3}{f_t/3}(f_s/f_c) & p \leqslant 0 \\ \dfrac{p-f_c/3}{-f_c/3}(f_s/f_c) + \dfrac{p}{f_c/3} & 0 < p < f_c/3 \\ A\,(p^* + HTL)^N & p \geqslant f_c/3,\ HTL = (1/A)^{1/N} - 1/3 \end{cases} \tag{6-24}$$

弹性极限面定义为

$$Y_{\text{elastic}}(p,\theta,\dot{\varepsilon}) = f_c Y^*_{\text{TXC}}(p/F_{\text{rate}}/F_{\text{elastic}}) R_3(\theta) F_{\text{rate}}(\dot{\varepsilon}) F_{\text{elastic}} F_{\text{cap}} \tag{6-25}$$

其中

$$F_{\text{elastic}} = \begin{cases} COMPRAT & p > f_c/3 \\ TENSRAT & p < -f_t/3 \\ interpolation & otherwise \end{cases} \tag{6-26}$$

$$F_{\text{cap}} = \begin{cases} 1 & p \leqslant p_u = f_c/3 \\ \sqrt{1 - \left(\dfrac{p - p_u}{p_o - p_u}\right)^2} & p_u < p < p_o \\ 0 & p \geqslant p_o = p_{crush} \end{cases} \tag{6-27}$$

残余失效面定义为

$$Y_{\text{res}}(p) = f_c B\,(p^*)^M \leqslant f_c SFMax \tag{6-28}$$

失效前屈服面定义为

$$Y_{\text{hard}} = Y_{\text{elastic}} + \frac{\varepsilon_p}{\varepsilon_p^{\text{hard}}}(Y_{\text{failure}} - Y_{\text{elastic}}) \tag{6-29}$$

$$\varepsilon_p^{\text{hard}} = \frac{(Y_{\text{failure}} - Y_{\text{elastic}})}{3G}\left(\frac{G_{\text{elastic}}}{G_{\text{elastic}} - G_{\text{plastic}}}\right) \tag{6-30}$$

式中：$\dfrac{G_{\text{elastic}}}{G_{\text{elastic}} - G_{\text{plastic}}} = PREFACT$。

失效后屈服面定义为

$$Y_{\text{frac}} = (1 - D) Y_{\text{failure}} + D Y_{\text{residual}} \tag{6-31}$$

损伤量 D 定义为(当强化状态达到屈服面极限强度时开始统计损伤量 D)

$$D = \sum \frac{\Delta\varepsilon_p}{\varepsilon_p^{\text{failure}}} \tag{6-32}$$

$$\varepsilon_p^{\text{failure}} = D_1\,(p^* + T^*)^{D_2} \geqslant \varepsilon_{f,\min} \tag{6-33}$$

剪切模量软化

$$G_D = G_{D=0}(1 - D) + G_{D=1} D \tag{6-34}$$

式中：$G_{D=1} = G_{D=0} SHRATD$ – $SHRATD$ 为残余剪切模量比。

RHT 材料继承了理想弹塑性材料的所有属性，并具有以下属性：

fc：材料常数抗压强度 f_c。

ft_fc：材料常数 f_t/f_c。

fs_fc：材料常数 f_s/f_c。

A：材料常数 A。

N：材料常数 N。

Q20：材料常数 $Q_{2,0}$。

BQ：材料常数 B_Q。

PREFACT：材料常数 $PREFACT$。

TENSRAT：材料常数 $TENSRAT$。

COMPRAT:材料常数 *COMPRAT*。

B:材料常数 B。

M:材料常数 M。

Alpha:材料常数 α。

Delta:材料常数 δ。

Epso:应变率归一化因子 1.0s^{-1}。

[**SFMax**]:材料常数 *SFMax*,默认值为 1.0e20。

[**CapFlag**]:求弹性极限时是否乘 F_{cap},默认开启。

D1:材料常数 D_1。

D2:材料常数 D_2。

EFMin:材料常数 *EFMin*。

SHRATD:材料常数残余剪切模量比 *SHRATD*。

(15) Holmquist Johnson 陶瓷材料:JH2。

Johnson 和 Holmquist 提出了两种非常类似的模型来描述脆性材料的本构关系,一种是前面提到的模拟混凝土的 HolmquistJohnsonCook 模型(也称为 JH1 模型),另一种就是模拟陶瓷材料的 JH2 模型。JH2 模型同样包括强度、压力和损伤量。

JH2 模型中归一化的屈服应力为

$$\sigma^* = (1-D)\sigma_i^* + D\sigma_f^* \tag{6-35}$$

式中:D 为损伤因子($0 \leqslant D \leqslant 1$);$\sigma_i^* = A\,(P^* + T^*)^N(1 + C\ln\dot{\varepsilon}^*)$ 为材料未损伤时的归一化屈服应力;$\sigma_f^* = B\,(P^*)^M(1 + C\ln\dot{\varepsilon}^*) \leqslant \sigma_{f\max}^*$ 为材料完全损伤时的归一化屈服应力。σ^*、σ_i^* 和 σ_f^* 的归一化因子均为 Hugoniot 弹性极限对应的等效应力 σ_{HEL}。

σ_i^* 和 σ_f^* 的表达式中:$P^* = P/P_{\text{HEL}}$,P 为实际压力,P_{HEL} 为 Hugoniot 弹性极限对应的压力;$T^* = T/P_{\text{HEL}}$,T 为材料能够承受的最大静水拉力;因子$(1 + C\ln\dot{\varepsilon}^*)$表示材料的应变率效应,无量纲数 $\dot{\varepsilon}^* = \dot{\varepsilon}/\dot{\varepsilon}_0$,$\dot{\varepsilon}$ 为实际等效应变率,$\dot{\varepsilon}_0 = 1.0\text{s}^{-1}$;$A$、$B$、$C$、$M$、$N$、$T$、$\sigma_{f\max}^*$ 为材料参数。

损伤因子 D 由等效塑性应变累积

$$D = \sum \frac{\Delta\varepsilon_p}{\varepsilon_p^f} \tag{6-36}$$

式中:$\Delta\varepsilon_p$ 为一个计算循环内的等效塑性应变增量;$\varepsilon_p^f = D_1\,(P^* + T^*)^{D_2}$ 表示在当前压力下使材料完全破碎的等效塑性应变,P^* 和 T^* 的意义与前面相同,D_1 和 D_2 为材料参数。

当前时间步的静水压力 $P = K_1\mu + K_2\mu^2 + K_3\mu^3 (\mu > 0)$,$P = K_1\mu (\mu < 0)$,式中 $\mu = \rho/\rho_0 - 1$。

在材料开始损伤以后($D > 0$),体积会发生膨胀,导致压力增加,所以当 $\mu > 0$,$P = K_1\mu + K_2\mu^2 + K_3\mu^3 + \Delta P$,其中:$\Delta P$ 是由体积膨胀引起的压力增量,可通过能量转化来计算。由于 D 增加,材料的屈服应力会下降,材料的畸变能转化为体积应变能,转化系数为 β。最终求得

$$\Delta P_{t+\Delta t} = -K_1\mu_{t+\Delta t} + \sqrt{(K_1\mu_{t+\Delta t} + \Delta P_t)^2 + 2\beta K_1 \Delta U} \quad (\text{如果 } \mu_{t+\Delta t} > 0) \tag{6-37}$$

式中:K_1 为体积模量;K_2、K_3、β 为材料参数。

JH2 材料继承了理想弹塑性材料的所有属性,并具有以下属性:

A:材料常数 A。

B:材料常数 B。

C:材料常数 C。

M:材料常数 M。

N:材料常数 N。

epso:应变率归一化因子 $\dot{\varepsilon}_0 = 1.0\mathrm{s}^{-1}$。

T:材料能够承受的最大静水拉力 T。

[**SFMax**]:无量纲最大破碎强度 $\sigma^*_{f\max}$,默认值为 1.0e20。

Shel:Hugoniot 弹性极限对应的等效应力 S_{HEL}。

Phel:Hugoniot 弹性极限对应的压力 P_{HEL}。

beta:能量转化系数 β。

D1:材料常数 D_1。

D2:材料常数 D_2。

K2:材料常数 K_2。

K3:材料常数 K_3。

(16) Taylor Chen Kuszmau 混凝土材料:TCK。

Taylor、Chen 和 Kuszmau 提出了一种描述混凝土行为的本构关系,在受压段采用 DP 模型,在受拉段基于裂纹密度确定材料的损伤量。

TCK 材料继承了理想弹塑性材料的所有属性,并具有以下属性:

fc:材料的单轴抗压强度 fc。

k:材料常数 k。

m:材料常数 m。

KIC:材料常数 KIC。

(17) TCK 与 HJC 组合的混凝土材料:TCK_HJC

TCK_HJC 是在受拉段采用 TCK 模型,在受压段采用 HJC 模型,结合了两种材料模型的特点。TCK_HJC 材料继承了理想弹塑性材料的所有属性,并具有以下属性:

A:材料常数 A。

B:材料常数 B。

N:材料常数 N。

C:材料常数 C。

fc:材料的单轴抗压强度 fc。

T:材料的抗拉强度 T。

epso:应变率归一化因子 $\dot{\varepsilon}_0 = 1.0\mathrm{s}^{-1}$。

EFMin:材料常数 EFMin。

SFMax:材料常数 SFMax。

PCrush:材料常数 PCrush。

MuCrush:材料常数 MuCrush。

PLock:材料常数 PLock。

MuLock:材料常数 MuLock。

D1:材料常数 $D1$。

D2:材料常数 $D2$。

K1:材料常数 $K1$。

K2:材料常数 $K2$。

K3:材料常数 $K3$。

k:材料常数 k。

m:材料常数 m。

KIC:材料常数 KIC。

(18) TCK 与 RHT 组合的混凝土材料:TCK_RHT

TCK_RHT 模型同 TCK_HJC 类似,在受拉段采用 TCK 模型,在受压段采用 RHT 模型。TCK_RHT 材料继承了理想弹塑性材料的所有属性,并具有以下属性:

fc:材料的单轴抗压强度 fc。

ft_fc:材料常数 f_t/f_c。

fs_fc:材料常数 f_s/f_c。

A:材料常数 A。

N:材料常数 N。

Q20:材料常数 Q_{20}。

BQ:材料常数 B_Q。

PREFACT:材料常数 PREFACT。

TENSRAT:材料常数 TENSRAT。

COMPRAT:材料常数 COMPRAT。

B:材料常数 B。

M:材料常数 M。

alpha:材料常数 α。

delta:材料常数 δ。

epso:应变率归一化因子 $\dot{\varepsilon}_0 = 1.0\text{s}^{-1}$。

SFMax:材料常数 SF_{Max}。

CapFlag:材料常数 CapFlag。

D1:材料常数 $D1$。

D2:材料常数 $D2$。

EFMin:材料常数 EFMin。

SHRATD:材料常数 SHRATD。

k:材料常数 k。

m:材料常数 m。

KIC:材料常数 KIC。

(19) Drucker - Prager 模型:Drucker - Prager。

Drucker - Prager 模型包括剪切失效和拉伸失效。为了唯一确定拉伸失效区域和剪切失效区域,此处定义函数 $h(\sigma_m,\tau)$

$$h = \tau - \tau^P - \alpha^P(\sigma_m - \sigma^t) \tag{6-38}$$

τ 是等效剪应力

$$\tau = \sqrt{J_2} \tag{6-39}$$

σ_m 是球应力

$$\sigma_m = \frac{I_1}{3} \tag{6-40}$$

J_2 是偏应力张量第二不变量，I_1 是应力张量的第一不变量。τ^P 和 α^P 为常数，可以由下式定义为

$$\tau^P = k_\phi - q_\phi \sigma^t \tag{6-41}$$

$$\alpha^P = \sqrt{1 + q_\phi^2} - q_\phi \tag{6-42}$$

式中：σ^t 为材料的抗拉强度；k_ϕ，q_ϕ 为材料常数，可由材料的内聚力以及摩擦角确定。

当 $h > 0$ 时采用剪切失效，此时屈服函数为

$$f^s = \tau + q_\phi \sigma_m - k_\phi \tag{6-43}$$

在 Drucker－Prager 模型中，剪切势函数 g^s 采用非关联塑性流动法则。g^s 表达式为

$$g^s = \tau + q_\psi \sigma_m \tag{6-44}$$

式中：q_ψ 为材料常数，由剪胀角确定。如果 $q_\psi = q_\phi$，则为关联塑性流动。当 $h \leqslant 0$ 时采用拉伸失效，此时屈服函数为

$$f^t = \sigma_m - \sigma^t \tag{6-45}$$

拉伸失效采用关联流动法则，其势函数 g^t 为

$$g^t = \sigma_m \tag{6-46}$$

Drucker－Prager 材料模型继承了理想弹塑性材料的所有属性（其中没有属性 Yield0），且具有如下属性：

qfai：材料参数 q_ϕ。

kfai：材料参数 k_ϕ。

qpsi：材料参数 q_ψ。

ten_f：材料参数 σ^t。

（20）DeshpandeFleckFoam 金属泡沫模型：DFFoam。

DESHPANDE_FLECK_FOAM 模型的屈服函数为

$$\Phi = \hat{\sigma} - \sigma_y \tag{6-47}$$

等效应力 $\hat{\sigma}$ 的表达式

$$\hat{\sigma}^2 = \frac{(\sigma_e)^2 + (\alpha * \sigma_m)^2}{1 + \left(\dfrac{\alpha}{3}\right)^2} \tag{6-48}$$

屈服函数 σ_y 的表达式

$$\sigma_y = \sigma_p + \gamma \frac{\hat{\varepsilon}}{\varepsilon_D} + \alpha_2 \ln\left(\frac{1}{1 - \left(\dfrac{\hat{\varepsilon}}{\varepsilon_D}\right)^\beta}\right) \tag{6-49}$$

式中：σ_e 为 Von Mises 等效应力；σ_m 为球应力；$\hat{\varepsilon}$ 为等效塑性应变；α 为材料参数，控制屈服面的形状，取值范围 $0 \leqslant \alpha^2 \leqslant 4.5$；$\sigma_p$ 为材料参数，代表初始的屈服强度；α_2，γ，β 为与密度相关的材料参数；ε_D 为压实应变；ε_m 为质点的体积应变，ε_{cr} 为用户给定的极限应变值。

模型中采用体积应变失效模型，即当 $\varepsilon_m \geqslant \varepsilon_{cr}$时，质点失效。

DESHPANDE_FLECK_FOAM 材料模型继承了理想弹塑性材料的所有属性（其中属性 Yield0 用于定义参数 σ_p），且具有如下属性：

alfa：材料参数 α。

epsud：材料参数 ε_{D}。

alal：材料参数 α_2。

gama：材料参数 γ。

bebe：材料参数 β。

vole：材料参数 ε_{cr}。

（21）孔洞损伤材料模型：Gurson。

在 Gurson 模型基础上，Tvergaard 和 Needleman 对其进行修正得到 GTN 模型，其屈服函数表达式如下

$$\Phi = \left(\frac{\sigma_{eq}}{\overline{\sigma}_0}\right)^2 + 2q_1 f^* \cosh\left(\frac{3q_2\sigma_m}{2\overline{\sigma}_0}\right) - (1 + q_1^2 f^{*2}) \tag{6-50}$$

式中：q_1、q_2 为由 Tvergaard 引入的参数使得模型更吻合周期性的空洞规律；$\overline{\sigma}_0$ 为基体材料的屈服应力，它是微观等效塑性应变 $\overline{\varepsilon}^p$ 的函数；屈服函数中 f^* 是孔洞体积分数 f 的函数，它考虑了失效时孔洞的快造合并效应。

$$f^* = \begin{cases} f & \text{for} \quad f \leqslant f_c \\ f_c + \dfrac{1/q_1 - f_c}{f_f - f_c}(f - f_c) & \text{for} \quad f_c < f \leqslant f_f \\ 1/q_1 & \text{for} \quad f > f_c \end{cases} \tag{6-51}$$

式中：f_c 为成核时的孔洞体积分数；f_f 为最大容许孔洞体积分数。

孔洞体积分数的增长由现有孔洞的膨胀和新孔洞的形成组成，即

$$\dot{f} = \dot{f}_{\text{growth}} + \dot{f}_{\text{nucleation}} \tag{6-52}$$

由于孔洞间材料是不可压缩的，现有孔洞增长率为

$$\dot{f}_{\text{growth}} = (1 - f) D^p : I \tag{6-53}$$

新孔洞的成核这里考虑为应变驱动类型，采用 Chu 和 Needleman 提出的公式，形核的应变服从均值为 ε_{N}，方差为 s_{N} 的正态分布，有

$$\dot{f}_{\text{nucleation}} = A_{\mathrm{N}}(\overline{\varepsilon}^p)\dot{\overline{\varepsilon}}^p \tag{6-54}$$

$$A_{\mathrm{N}}(\overline{\varepsilon}^p) = \frac{f_{\mathrm{N}}}{s_{\mathrm{N}}\sqrt{2\pi}}\exp\left[-\frac{1}{2}\left(\frac{\overline{\varepsilon}^p - \varepsilon_{\mathrm{N}}}{s_{\mathrm{N}}}\right)^2\right] \tag{6-55}$$

式中：f_{N} 为发生孔洞成核粒子的体积分数。

考虑微观孔隙时，使用 TEPLA－F 失效模型来表征材料的破坏。TEPLA－F 失效模型是基于 Gurson 模型拉伸塑性和孔隙生长而提出的一种失效模型。塑性流动面定义了拉伸区的塑性应变，材料失效的条件表述为塑性应变和孔隙率的形式

$$\left(\frac{f}{f_{\mathrm{f}}}\right)^2 + \left(\frac{\varepsilon_p}{\varepsilon_p^f}\right)^2 = 1 \tag{6-56}$$

式中：f 为当前时刻的孔洞体积分数；f_{f} 为最大容许孔洞体积分数；ε_p 为当前塑性应变；ε_p^f 是失效应变。

对于基体材料程序实现三种模型：线性强化、软化材料、简化 Johnson - Cook 材料。选用三种基体材料模型时只能三选一。其中软化材料的屈服应力表达式为($N>1$)

$$\overline{\sigma}_0=\sigma_y\left(1+\frac{E}{\sigma_y}\overline{\varepsilon}^p\right)^{1/N} \tag{6-57}$$

Gurson 模型继承了理想弹塑性材料的所有属性，具有如下属性：

q1：Gurson 模型常数 q_1。

q2：Gurson 模型材料常数 q_2。

f0：初始孔洞体积分数 f_0。

[**Gauss_f0**]：初始孔洞体积分数均值。

[**Gauss_sn**]：初始孔洞体积分数方差。

[**fc**]：材料常数 f_{c}。

[**ffa**]：材料常数 f_{f}。

[**fN**]：材料常数 f_{N}。

[**sN**]：材料常数 s_{N}。

[**eN**]：材料常数 e_{N}。

[**epmax**]：Tepla - f 失效模型常数 ε_p^f。

[**TangMod**]：基体线性强化材料切线模量 $E^t=\mathrm{d}\sigma/\mathrm{d}\varepsilon$。

[**N_hard**]：基体软化材料常数 N。

[**B**]：基体 Johnson - Cook 材料常数 B。

[**n**]：基体 Johnson - Cook 材料常数 n。

[**C**]：基体 Johnson - Cook 材料常数 C。

[**epso**]：基体 Johnson - Cook 材料应变率的归一化因子，也就是确保 $\dot{\varepsilon}_0=1.0\mathrm{s}^{-1}$。故 epso 的值取决于用户选择的时间单位，若是秒(s)则设为 1，若是毫秒(ms)则设为10^{-3}，若是微秒(μs)则设为10^{-6}。

(22) 正交各向异性弹性材料：AniElastic。

AniElastic 材料模型用于模拟正交各向异性材料。初始需给出材料主轴在整体坐标系中的方向，在整个变形过程中材料主轴随着变形不断转动，采用 Green - Naghdi 应力率进行应力更新。

AniElastic 材料具有以下属性：

E11，E22，E33：材料轴方向的弹性模量 E_{11}，E_{22}，E_{33}。

G23，G13，G12：材料轴方向的剪切模量 G_{23}，G_{13}，G_{12}。

v23，v13，v12：材料轴方向的泊松比 υ_{23}，υ_{13}，υ_{12}。

theta1，theta2，theta3：初始时刻材料主轴在整体坐标系中的欧拉角，即先绕 z 轴旋转 θ_1，再绕 x 轴旋转 θ_2，最后绕 z 轴旋转 θ_3。

(23) 带损伤的正交各向异性复合材料：CompositeDamage。

CompositeDamage 材料模型，用于模拟铺层方向单一的纤维增强复合材料。默认材料在 1 轴方向上铺层，3 轴方向为复合材料板厚度方向。

材料有四种损伤,包括纤维断裂、基体开裂和压碎、分层。对于纤维断裂,损伤值 F_{fiber} 为

$$F_{\text{fiber}}=\frac{\sigma_{11}^{2}}{X_{T}^{2}}+\bar{\tau} \tag{6-58}$$

当 $F_{\text{fiber}}>1.0$ 时,E_{11}、E_{22}、E_{33}、G_{12}、G_{13}、v_{12}、$v_{13}=0$,复合材料纤维失效。

其中,归一化的剪应力影响因子 $\bar{\tau}$ 为

$$\bar{\tau}=\frac{\dfrac{\tau_{12}{}^{2}}{2G_{12}}+\dfrac{3}{4}\alpha\tau_{12}{}^{4}}{\dfrac{S_{C}{}^{2}}{2G_{12}}+\dfrac{3}{4}\alpha S_{C}{}^{4}} \tag{6-59}$$

对于基体损伤而言,有两种损伤,但是不会同时存在。当 $\sigma_{22}>0$ 时,开裂拉伸损伤值 F_{crack} 为

$$F_{\text{crack}}=\frac{\sigma_{22}{}^{2}}{Y_{T}{}^{2}}+\bar{\tau} \tag{6-60}$$

否则,压损损伤值 F_{crush} 为

$$F_{\text{crush}}=\frac{\sigma_{22}{}^{2}}{4S_{C}{}^{2}}+\left(\frac{Y_{C}{}^{2}}{4S_{C}{}^{2}}-1.0\right)\frac{\sigma_{22}}{Y_{C}}+\bar{\tau} \tag{6-61}$$

当 $F_{\text{crack}}>1.0$ 时,E_{22}、G_{23}、G_{12}、v_{23}、$v_{12}=0$,复合材料基体拉伸损伤;当 $F_{\text{crush}}>1.0$ 时,E_{22}、v_{12}、$v_{23}=0$,复合材料基体压缩损伤。

对于分层损伤而言,与厚度方向有关的应力导致损伤,损伤值 F_{dela} 为

$$F_{dela}=\frac{\sigma_{33}{}^{2}}{S_{N}{}^{2}}+\frac{\sigma_{23}{}^{2}}{S_{YZ}{}^{2}}+\frac{\sigma_{13}{}^{2}}{S_{ZX}{}^{2}} \tag{6-62}$$

当 $F_{dela}>1.0$ 时,E_{33}、G_{23}、G_{13}、v_{23}、$v_{13}=0$,复合材料厚度方向分层损伤。

CompositeDamage 材料继承了正交各向异性弹性材料 AniElastic 的所有属性,并具有以下属性:

SC:横向剪切强度 S_C。

XT:纤维拉伸强度 X_T。

YT,YC:基体拉伸和压缩强度 Y_T,Y_C。

SN:横向拉伸强度 S_N,3 方向。

SYZ,SZX:横向剪切强度 S_{YZ} 和 S_{ZX},2 -3 方向以及 1 -3 方向。

6.2.2.2 状态方程(EquationOfState)

状态方程关键字 EquationOfStation 为可选关键字,它具有以下属性:

type:用于定义状态方程的类型,目前程序提供的状态方程将在后面分别说明。

[**C0**]:定义材料的声速 c_0。

[**E0**]:定义材料初始单位体积内能。

以上属性和具体的状态方程类型无关,所有状态方程均具有这些属性。下面介绍各状态方程的特有属性。

(1) LS-DYNA 多项式状态方程:Polynomial。

线性多项式状态方程形式为

$$p = c_0 + c_1\mu + c_2\mu^2 + c_3\mu^3 + (c_4 + c_5\mu + c_6\mu^2)E \tag{6-63}$$

式中:$\mu = 1/V - 1 = \rho/\rho_0 - 1$,$V$ 为相对体积;$c_0 \sim c_6$ 为材料常数。线性多项式状态方程也可用于描述符合 gamma 律状态方程的气体。只需设置

$$c_0 = c_1 = c_2 = c_3 = c_6 = 0 \tag{6-64}$$

以及

$$c_4 = c_5 = \gamma - 1 \tag{6-65}$$

则压力表示为

$$p = (\gamma - 1)\frac{\rho}{\rho_0}E \tag{6-66}$$

线性多项式状态方程具有以下属性:

c0:材料常数 c_0。

c1:材料常数 c_1。

c2:材料常数 c_2。

c3:材料常数 c_3。

c4:材料常数 c_4。

c5:材料常数 c_5。

c6:材料常数 c_6。

(2) AUTODYN 多项式状态方程:Polynomial2。

该多项式状态方程形式为

$$p = \begin{cases} A_1\mu + A_2\mu^2 + A_3\mu^3 + (B_0 + B_1\mu)E, & \mu > 0 \\ T_1\mu + T_2\mu^2 + B_0E, & \mu \leqslant 0 \end{cases} \tag{6-67}$$

式中:$\mu = 1/V - 1 = \rho/\rho_0 - 1$,$V$ 为相对体积。

该状态方程具有以下属性:

A1:材料常数 A_1。

A2:材料常数 A_2。

A3:材料常数 A_3。

B0:材料常数 B_0。

B1:材料常数 B_1。

T1:材料常数 T_1。

T2:材料常数 T_2。

(3) JWL 状态方程:JWL。

JWL(Jones - Wilkins - Lee)状态方程用于描述爆炸产物

$$p = A\left(1 - \frac{\omega}{R_1V}\right)e^{-R_1V} + B\left(1 - \frac{\omega}{R_2V}\right)e^{-R_2V} + \frac{\omega E}{V} \tag{6-68}$$

式中:$V = v/v_0$ 是相对体积;A、B、R_1、R_2、ω 是 5 个材料常数。表 6-6 有多种炸药的 JWL 状态方程参数,表 6-7 给出了几种常用炸药的参数。

JWL 状态方程具有以下属性:

A:材料常数 A。

B:材料常数 B。

R1:材料常数 R_1。

R2:材料常数 R_2。

w:材料常数 ω。

(4) Grüneisen 状态方程:Gruneisen。

Grüneisen 状态方程是由热力学与统计力学方法得到的,可以很好地描述绝大多数金属固体在冲击载荷作用下的热力学行为。Mie – Gruneisen 状态方程具有如下形式

$$p = p_H + \frac{\gamma}{v}(e - e_H) \tag{6-69}$$

式中:p_H 和 e_H 为 Hugoniot 曲线上的点的压力和单位质量内能,它们可由冲击波的关系式给出;γ 为 Grüneisen 参数,满足关系式 $\gamma_0\rho_0 = \gamma\rho$。最终使用的形式为

$$p = p_H\left(1 - \frac{\gamma\mu}{2}\right) + \gamma_0 E \tag{6-70}$$

其中

$$p_H = \begin{cases} \dfrac{\rho_0 c_0^2 \mu(1+\mu)}{[1-(s-1)\mu]^2} & \text{当}\ \mu \geqslant 0 \\ \rho_0 c_0^2 \mu & \text{当}\ \mu < 0 \end{cases} \tag{6-71}$$

式中:$\mu = \rho/\rho_0 - 1$ 为体积压缩系数。这个形式的 Grüneisen 状态方程和 LS – DYNA 以及 AutoDyn 中采用的一致。

如果在 $\mu = 0$ 处进行 Taylor 展开,可以得到多项式形式的 Grüneisen 状态方程,也为许多程序所使用。

在本程序中可用简化的状态方程

$$p_H = \begin{cases} \rho_0 c_0^2[\mu + (2s-1)\mu^2 + (s-1)(3s-1)\mu^3] & \text{当}\ \mu \geqslant 0 \\ \rho_0 c_0^2 \mu & \text{当}\ \mu < 0 \end{cases} \tag{6-72}$$

表 6 – 8 摘录了几种常用材料的参数。

Grüneisen 状态方程具有以下属性:

S1:材料常数 s_1。

gamma0:材料常数 γ_0。

simplified:取值 0 或 1。为 1 时采用简化的状态方程。

使用须知:

• 简化的状态方程为多项式拟合计算方式,为在压缩系数等于 0 的附近 Taylor 展开,因此对于 0 附近的值拟合较好,但当压缩系数较大时,结果与理论值相差较大。

• 对于涉及压缩量较小的低速金属冲击问题,可采用简化的计算方式,但对于涉及高压缩系数的金属冲击问题,则建议采用非简化的计算方式。

• 当采用简化的方式进行计算时,体积压缩值较大时易出现负数开根号。因此,当质点出现负数开根号时,程序自动将该质点设置为失效质点。

(5) P – α 状态方程:PAlpha。

该状态方程的形式为

$$p = \frac{1}{\alpha} f\left(\frac{V}{\alpha}, e\right) \tag{6-73}$$

式中：f 为调用的 eos 状态方程；α 定义为

$$\alpha = 1 + (\alpha_p - 1)\left(\frac{p_s - p}{p_s - p_e}\right)^n \tag{6-74}$$

$$\alpha_p = \frac{\rho_s}{(p_e/K + 1)\rho_0} \tag{6-75}$$

P－α 状态方程主要用于多孔及疏松介质，它还需要借助其他的状态方程描述材料的行为。参数中的 rho0s 为物质的实心密度，EOSID 为指定状态方程的标号，采用嵌套调用的方式，因此与在材料定义时相同，即：

Plock：压实压力 p_s。

Pcrush：弹性极限压力 p_e。

n：材料常数 n。

rho0s：物质的实心密度 rho_s。

EOSID：压实物质的状态方程标号：1－Polynomial，2－Polynomial2，3－Gruneisen。

（6）Holmquist Johnson－Cook 状态方程：HolmquistJohnson－Cook。

Holmquist Johnson－Cook 状态方程用于混凝土的模拟，状态方程在压缩下的加载和卸载（包括反向加载）分为三个阶段计算：

弹性阶段（$\mu \leqslant \mu_{crush}$ 且 $\mu_{max} \leqslant \mu_{crush}$）。

$$p = K_{elastic}\,\mu \tag{6-76}$$

式中：$K_{elastic} = P_{crush}/\mu_{crush}$ 为混凝土的弹性体积模量，μ_{crush} 为弹性极限应变，对应压碎压力 P_{crush}；$\mu = \rho/\rho_0 - 1$ 为单元的体积应变，ρ 和 ρ_0 分别表示单元密度和初始密度。

过渡阶段（$\mu < \mu_{plock}$ 且 $\mu_{crush} < \mu_{max} < \mu_{plock}$）。

该阶段混凝土内部的气泡开始破裂，混凝土结构受到损伤，并开始产生破碎性裂纹，但混凝土还没有完全破碎。

加载时

$$p = P_{crush} + K_{tran}(\mu - \mu_{crush}) \tag{6-77}$$

式中：$K_{tran} = (P_{lock} - P_{crush})/(\mu_{plock} - \mu_{crush})$，$\mu_{plock}$ 为压实体积应变，对应压实压力 P_{lock}。

卸载时

$$p = P_{crush} + K_{tran}(\mu_{max} - \mu_{crush}) + [(1-F)K_{elastic} + FK_1](\mu - \mu_{max}) \tag{6-78}$$

式中：$F = (\mu_{max} - \mu_{crush})/(\mu_{plock} - \mu_{crush})$，$\mu_{max}$ 为混凝土卸载前达到的最大体应变（$\mu_{crush} < \mu_{max} < \mu_{plock}$）

$$\mu_{plock} = \frac{P_{lock}}{K_1}(1 + \mu_{lock}) + \mu_{lock} \tag{6-79}$$

压实阶段（$\mu \geqslant \mu_{plock}$ 或 $\mu_{max} \geqslant \mu_{plock}$）。

该阶段混凝土已经完全破碎。

加载时

$$p = K_1\bar{\mu} + K_2\bar{\mu}^2 + K_3\bar{\mu}^3 \tag{6-80}$$

式中：$\bar{\mu} = (\mu - \mu_{lock})/(1 + \mu_{lock})$；$K_1$，$K_2$，$K_3$ 为混凝土的材料常数。

卸载时

$$p = K_1\bar{\mu}_{max} + K_2\bar{\mu}_{max}^2 + K_3\bar{\mu}_{max}^3 + K_1(\mu - \mu_{max}) \tag{6-81}$$

当混凝土处于拉伸状态时，最大拉应力定义为

$$P_{max} = T(1 - D) \tag{6-82}$$

式中：D 为损伤因子，参考 HJC 材料模型中的定义。

Holmquist Johnson – Cook 状态方程具有以下属性：

PCrush：材料常数 P_{crush}。

MuCrush：材料常数 mu_{crush}。

K1：材料常数 K_1。

K2：材料常数 K_2。

K3：材料常数 K_3。

PLock：材料常数 P_{lock}。

MuLock：材料常数 μ_{lock}。

Poisson：泊松比 ν。

6.2.2.3 损伤失效模型(FailureModel)

损伤失效模型关键字 FailureModel 为可选关键字。最多可以定义 10 个损伤失效条件，只要其中一个失效条件满足，则该质点失效。它具有以下属性：

type：用于定义损伤失效模型的类型。目前程序提供的损伤失效模型将在后面分别说明。

[**Erosion**]：是否启用侵蚀，即是否删除失效的质点。置为 1 时启用侵蚀，置为 0 时关闭侵蚀，默认值为 0。

以上属性和具体的损伤失效模型类型无关，所有损伤失效模型均具有这些属性。下面介绍各损伤失效模型的特有属性。

(1) 最大等效塑性应变失效模型：PlaStrain。

epmax：指定失效时的等效塑性应变值 ε^p_{max}。当质点等效塑性应变大于给定值 $\varepsilon^p > \varepsilon^p_{max}$ 时，质点失效。

(2) 最大静水拉力失效模型：Pmin。

pmin：指定材料的最大静水拉力值 p_{min}。当质点压力(压为正，拉为负)小于 $p_{min}(r)$ 时，质点做失效处理。输入参数 p_{min} 必须小于零。

(3) 最大主应力/剪应力：PriStress。

PriStressMax：指定最大拉主应力 σ_1^{max}(必须大于 0)。

PriStressMin：指定最小主应力 σ_3^{min}(必须小于 0，表示受压状态)。

ShearStressMax：指定最大剪应力 τ^{max}(必须大于 0)。

使用须知：

- 三个条件，任意一条满足，则质点失效。
- 若设置值为 0，则表示相应的失效条件不起作用。

(4) 最大主应变/剪应变：PriStrain。

PriStrainMax：指定最大拉主应变 $\varepsilon_1^{max}(r)$(必须大于 0)。

PriStrainMin：指定最小主应变 $\varepsilon_3^{min}(r)$(必须小于 0，表示受压状态)。

ShearStrainMax：指定最大剪应变 γ^{max}(必须大于 0)。

使用须知：

- 三个条件，任意一条满足，则质点失效。
- 若设置值为0，则表示相应的失效条件不起作用。

（5）瞬时几何应变：InstGeoStrain。

ErosionStrain：指定最大瞬时几何应变值（必须大于0）。若设置为0，则失效条件不起作用。

6.2.2.4 随机失效设置（RandomFailure）

在实际情况中，一般材料的属性在各个材料点并不完全一致，材料的随机特性导致其破坏时也表现出一定的随机性，采用随机失效方案可以模拟材料的这种随机破坏特性。目前程序中实现了Gauss和Weibull两种随机分布模式。注意，这两种分布产生的随机数将作为系数乘到原来的失效阈值上。

Gauss分布的概率密度函数为

$$P_{\mathrm{f}}=\frac{1}{\sqrt{2\pi m}}\exp\left[-\frac{(x-\sigma_0)^2}{2m^2}\right] \tag{6-83}$$

式中：P_{f}为失效概率；σ_0、m^2分别为材料阈值系数均值和方差。

标准Weibull分布为三参数模型，对于单轴应力状态，其表达式为

$$P_{\mathrm{f}} = 1-\exp\int\left[\frac{\sigma-\sigma_{\mathrm{th}}}{\sigma_0}\right]^m\frac{\mathrm{d}A}{a} \tag{6-84}$$

式中：P_{f}为失效概率；A为作用表面积；a是对应的单位面积；σ_0、σ_{th}和m分别为材料阈值系数均值、阈值极限值和分布系数。程序中实现了二参数模型

$$P_{\mathrm{f}} = 1-\exp\int\left[\frac{\sigma}{\sigma_0}\right]^m\frac{\mathrm{d}A}{a} \tag{6-85}$$

它是对三参数模型的简化。Fok等指出：当$A=1000$时、$\sigma_0=1.2549$、$m=20.270$的二参数模型与对应的$\sigma_0=1$、$\sigma_{\mathrm{th}}=0.3$、$m=13$的三参数模型较为吻合，当$\sigma_0=0.8981$、$m=19.887$的二参数模型与对应的$\sigma_0=1$、$\sigma_{\mathrm{th}}=0.5$、$m=3.4$的三参数模型较为吻合。

RandomFailure具有如下属性：

[**enable**]：设定是否启用随机失效，enable设为1时即启用，默认不启用。

[**RandomType**]：当RandomType=1时，随机数按粒子分布；当RandomType=2时，随机数按网格分布，即初始时刻处于同一背景网格内的粒子具有同一失效值。默认RandomType=1。

[**FailDistribution**]：设定粒子失效值的分布规律，0为常数分布，即所有粒子的失效值都一样；1为Gauss分布；2为Weibull分布。默认值为0。

[**GaussMean**]：当随机分布为Gauss分布时，设定σ_0，默认值为1。

[**GaussStd**]：当随机分布为Gauss分布时，设定m^2，默认值为0.2。

[**WeibMed**]：当随机分布为Weibull分布时，设定σ_0，默认值为1.2549。

[**WeibMod**]：当随机分布为Weibull分布时，设定m，默认值为20.270。

[**WeibRefVol**]：当随机分布为Weibull分布时，设定a，默认值为1。

[**WeibPartVol**]：当随机分布为Weibull分布时，设定A，默认值为1000。

[**DamageRandom**]：当HJC材料模型中开启DamageToFail时，用此关键字控制失效

损伤量阈值是否随机。当 DamageRandom = 0 时不开启,此时各粒子失效损伤量阈值受 FailureDamageThreshold 关键字控制;当 DamageRandom = 1 时开启,此时各粒子损伤量失效阈值乘上相应生成的随机数,最终阈值不超过 1。默认不开启。

使用规范:

```
<RandomFailure enable ="1" FailDistribution ="1" RandomType =
"1" DamageRandom ="1"/>
```

使用须知:

当采用随机失效时,粒子的实际失效值为原失效值乘上随机数后的结果。当某一材料中启用随机失效时,其材料模型中的损伤量和所有失效模型对应的粒子失效阈值均采用同一随机分布。

6.2.3 摩擦系数(Friction)

摩擦系数关键字 Friction 为一级可选关键字,用于定义材料间的摩擦系数。它具有子关键字:

Coefficient:用于设定两种材料之间的摩擦系数,具有以下属性:

value:定义摩擦系数。

mat1:设置定义摩擦系数的第一种材料名称。

mat2:设置定义摩擦系数的第二种材料名称。

使用规范:

```
<Friction>          <!-- 定义材料摩擦系数 →
<Coefficient value ="0.2" mat1 ="a" mat2 ="b" />
                    <!--a,b 两种材料之间摩擦系数为 0.2 →
</Friction>         <!-- 定义材料摩擦系数完毕 →
```

使用须知:

关键字 Coefficient 一次只定义两种材料之间的摩擦系数,可以使用该关键字定义多个材料之间的摩擦系数。

6.2.4 局部工作平面定义(WorkPlane)

局部工作平面定义关键字 WorkPlane 及其以下关键字主要用于定义一组局部坐标系,用户在这些局部坐标系中建立 Body 模型。在 MPM3D 中,物质点坐标都是在全局坐标系下定义的。MPM3D 在对局部坐标系中建立的 Body 离散时,自动通过坐标变换生成其物质点在全局坐标系中的坐标。利用局部工作平面可以实现对 Body 的旋转和平移。

每个局部工作平面包含如下信息:

(1) 局部坐标系(WorkPlane)原点相对于全局坐标系原点的偏移量(r_{0x}, r_{0y}, r_{0z})。

(2) 局部坐标系(WorkPlane)的 Z 轴向量在全局系的方向向量(e_x, e_y, e_z)。

(3) 局部坐标系(WorkPlane)的 X 轴向量在全局系的方向向量(a_{11}, a_{21}, a_{31})。

关键字说明:

WorkPlane:一级可选关键字,它具有以下 10 个属性:

[**name** type(s)]:WorkPlane 的名称。

[**r0x** $v(r)$]:WorkPlane 原点相对于全局坐标系原点的偏移量 r_{0x}。

[**r0y** $v(r)$]:WorkPlane 原点相对于全局坐标系原点的偏移量 r_{0y}。

[**r0z** $v(r)$]:WorkPlane 原点相对于全局坐标系原点的偏移量 r_{0z}。

[**ex** $v(r)$]:WorkPlane 的 Z 轴向量在全局系下的 X 分量 e_x。

[**ey** $v(r)$]:WorkPlane 的 Z 轴向量在全局系下的 Y 分量 e_y。

[**ez** $v(r)$]:WorkPlane 的 Z 轴向量在全局系下的 Z 分量 e_z。

[**a11** $v(r)$]:WorkPlane 的 X 轴向量在全局系下的 X 分量 a_{11}。

[**a21** $v(r)$]:WorkPlane 的 X 轴向量在全局系下的 Y 分量 a_{21}。

[**a31** $v(r)$]:WorkPlane 的 X 轴向量在全局系下的 Z 分量 a_{31}。

使用规范:

```
<WorkPlane name ="plane1"      <! --定义 WorkPlane 名称→
   r0x ="1.1"  r0y ="2.2"r0z ="3.3"
                          <! --定义 WorkPlane 相对于全局坐标系原点的偏移量→
   ex ="3"  ey ="1"ez ="1"
                          <! --定义 WorkPlane 的 Z 轴在全局系下的方向向量→
   a11 ="0"  a21 =" -1"a31 ="1"/ >
                          <! --定义 WorkPlane 的 X 轴在全局系下的方向向量→
<Body name ="body1"type ="Ogive"material ="steel"workPlane ="plane1">
```

使用须知:

• 向量(e_x,e_y,e_z)和(a_{11},a_{21},a_{31})分别用于指定局部坐标系的 Z 轴(主方向)和 X 轴在全局系下的分量,不要求一定为单位向量(即不要求$\sqrt{e_x^2+e_y^2+e_z^2}=1$ 和$\sqrt{a_{11}^2+a_{21}^2+a_{31}^2}=1$),但必须保证这两个方向向量正交。即 $e_xa_{11}+e_ya_{21}+e_za_{31}=0$ 必须严格满足。

• 局部坐标系的 Y 轴方向是通过向量(e_x,e_y,e_z)叉乘向量(a_{11},a_{21},a_{31})自动得到的,故 WorkPlane 的坐标系仍然保持为右手系。

6.2.5 组件(Component)

离散体的定义及物体上所施加的约束是在 Component(组件)元素下进行设置的,一个组件下可以定义多个离散体。在 MPM3D 中,接触算法是以组件为基本单元进行计算的,即处理隶属于不同组件的两个物体间发生的接触,位于同一组件中的物体若发生接触则不再单独处理。Component 为一级必选元素,该元素包含两个属性及一个子元素,具体如下:

name:设置组件名称;

[**normal_vector_weight**]:设置此组件接触面法向方向计算权值,仅当开启接触算法时有效。

Body:Component 的子元素,定义离散体及对该离散体施加的约束或载荷,详见 6.2.6 节。

使用规范:

```
<Component name ="Taylorbar" normal_vector_weight ="1" >
                                              <! --定义离散体组件→
```

```
<Body name ="body0"... > <!--定义该组件的一个body,并命名为body0→
    ......
</Body>                 <!--body0 的定义完毕→
<Body name ="body1" <!--继续定义该组件的另一个body,并命名为body1→
    ......
</Body>                 <!--body1 的定义完毕→
<Component>             <!--该组件定义完毕→
```

使用须知:

• Component 可以多次使用以定义多个组件,一般若启用接触算法则需要定义多个组件。

• normal_vector_weight 两个组件接触时,接触面公法线方向取为权值大的组件的接触面法向(通常选取刚度相对较大、表面为凸面或者平面的物体的接触面法向作为接触面公法线方向)。若两个组件的权值相同,则接触面法线方向取两个组件接触面法线方向的平均值。

6.2.6 离散体设置(Body)

在 MPM3D 中,提供三种建模方式:参数化建模、逐点输入和读取数据文件方法,可以施加的载荷包括速度、加速度、简谐激励等。这些均在元素 Body 中设置。该元素为 Component 元素的子元素,是二级元素,具有 5 个属性和如下 10 个子元素:

[**Geometry**]:设置当前物体的几何参数及离散参数。

[**InitialVelocity**]:设置当前物体的初始速度。

[**PrescribedVelocity**]:设置当前物体的常速度值。

[**PrescribedAcceleration**]:设置施加在当前物体上的时间历程载荷。

[**HarmExcit**]:设置施加在当前物体上的谐激励载荷。

[**ConstrainRigidPosition**]:设置当前刚体的运动规律。

[**AdaptiveSplit**]:设置当前物体自适应分裂的因子。

[**CountFragDp**]:设置当前物体破碎后进行碎片统计。

[**LocalBoundaryCond**]:设置当前物体的边界条件(适用于 FEM)。

[**LocalVelocityBoundaryCond**]:设置当前物体的边界条件(适用于 FEM)。

使用规范:

```
<Body name ="body0"... > <!--定义该组件的一个body,并命名为body0→
    ......
</Body>                 <!--body0 的定义完毕→
```

使用须知:

• Body 元素可以多次使用以定义多个离散体。

• 同一个物体可以通过定义多个 Body 拼接组成,若开启接触算法,则这些 body 必须位于同一个组件下。

6.2.6.1 Body 基本属性

物体的基本属性包括名称定义、材料类型、当前密度值、几何体类型及建模载入的工作平面,相应的关键字如下:

name:指定该离散体的名称。

material:指定该离散体采用的材料名称,该材料模型的名称为数据文件之前已经建好的材料模型名称。

[**density**]:指定离散体的当前密度,此密度值若与所采用材料的密度值不一致,则说明当前物体处于受压或者膨胀状态。

type:指定当前物体的几何体类型,如长方体、圆柱体、球体等,则子元素 Geometry 中的属性对应于指定的类型。

[**ElementType**]:当 type = "ArbitraryGeometry"时,使用该属性用以指定离散物体的单元类型,取值包括 Particle、BLTMembrane、Hexahedral。

[**workPlane**]:指定当前物体建模时所采用工作平面的名称。

使用须知:

- 目前程序中支持的几何体建模类型有 Point、Block、Sphere、Oval、Cylinder、Ogive、HoneycombPanel、PointForBar、LineForBar、NettyForBar、PointForMembrane、RectangluarForMembrane、CylinderForMembrane、PointForFEM、BlockForFEM、ArbitraryGeometry、SphereForDebris 等。
- 程序支持通过 body 间的 bool 运算来生成新的 body,这类定义为 Bool 类型的 body。
- density 主要用于施加预压(拉)条件,如果此值小于该物体采用的材料密度则说明物体膨胀,如果此值大于物体采用材料的密度则说明物体受压。在开始计算之前,程序会先调用状态方程进行该物体的压力更新。
- ElementType 的取值 Particle、BLTMembrane、Hexahedral 分别对应物质点离散、薄膜单元离散、六面体单元离散。

6.2.6.2 Geometry 设置

Geometry 子元素用于定义建模所需的各个参数:几何参数及离散参数。目前,在 MPM3D 中,已经具有如下建模类型:

Point、Block、Sphere、Oval、Cylinder、HoneycombPanel、Ogive、PointForBar、LineForBar、NettyForBar、PointForMembrane、RectangluarForMembrane、CylinderForMembrane、PointForFEM、BlockForFEM、SphereForDebris。

下面逐一介绍各个类型所对应的 Geometry 的属性。

(1) Point。

Point 类型利用一组离散质点生成物体,具体有两种方式:逐个质点信息写入和读取数据文件。

对于方式 1,Geometry 具有如下属性:

Point:用于定义物体中的一个质点,它具有以下属性:

mass:质点的质量;

X:质点的 x 坐标;

Y:质点的 y 坐标;

Z:质点的 z 坐标。

对于方式 2,Geometry 具有如下属性:

file:指定包含几何体离散后的物质点信息的文件名称,MPM3D 将自动读入当前 xmp

输入文件所在路径下的该文件中的质点信息。

使用规范:

方式1:

```
<Body... >
    <Geometry>
        <Point mass ="?"x ="?"y ="?"z ="?"/>
        <Point mass ="?"x ="?"y ="?"z ="?"/>
        ......
        <Point mass ="?"x ="?"y ="?"z ="?"/>
    </Geometry>
</Body>
```

方式2:

```
<Body... >
    <Geometry file ="*.txt"/>
</Body>
```

使用须知:

• 两种方式不可在同一个 body 中同时使用。

• 对于第 2 种方式,文件中的数据组织方式为:依次给出质量、X 坐标、Y 坐标、Z 坐标具体值,中间用空格间隔。

(2) Block。

Block 类型用于生成一长方体模型,如图 6-1 所示,质点按照指定的间距正交排列。针对该几何体类型,Geometry 元素具有如下属性:

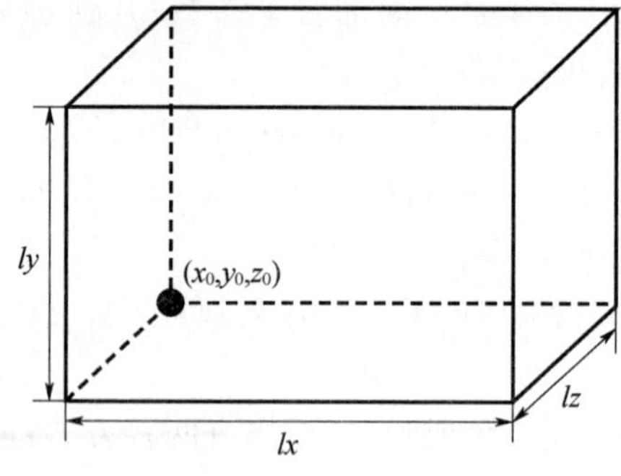

图 6-1 Block 示意图

dp:质点间距。

x0,y0,z0:该长方体的基点坐标。

lx,ly,lz:三个坐标轴方向上的物体尺寸。

使用范例:

```
<Geometry x0 ="0" y0 ="0"  z0 ="0"
        lx ="5"  ly ="10" lz ="20"
        dp ="0.25" />
```

(3) Sphere。

Sphere 类型用于生成一球体或球壳,如图 6-2 所示,质点按照指定的间距和离散方式排列。针对该几何体类型,Geometry 元素具有如下属性:

dp:质点间距。

x0,y0,z0:该球体的球心坐标。

Outer_Radius:圆球半径(球壳外径)。

[**Inner_Radius**]:圆球壳内半径,默认为 0,内半径为 0 即生成圆球。

angle:xoz 面(0°经线面)绕 Z 轴旋转的角度。

[**half**]:是否启用生成第一卦限内的 1/8 球。

[**discretization**]:离散方式,默认取值为 0(正交方式离散)。

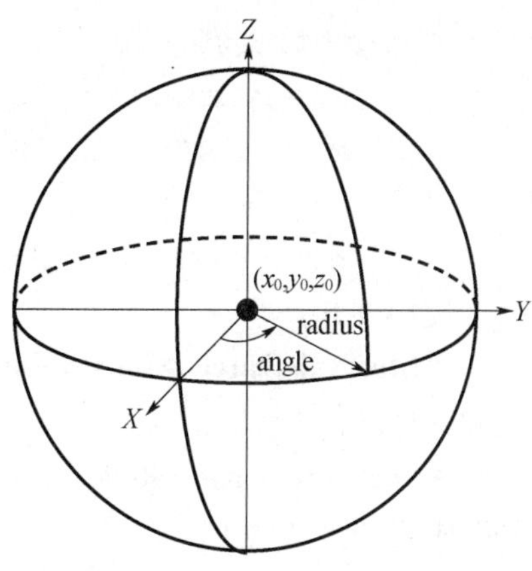

图 6-2 Sphere 示意图

使用范例:

```
<Geometry x0 ="0"  y0 ="0"  z0 ="0"
          Outer_Radius ="5"
          angle ="90" half ="1"
          dp ="0.25" discretization ="0" / >
```

使用须知:

• **angle**:当 angle = 90 时,生成 1/4 球;当 angle = 180 时,生成 1/2 球;当 angle = 360 时,生成一个整球。

• **half**:只有当 angle = 90 时,才可启用该属性,表示是否取该 1/4 球的上部分。当 half = 0 时,生成 1/4 球;当 half = 1 时,取该 1/4 球的上半部分,即生成第一卦限内的 1/8球。

• **discretization**:bool 类型变量,取值为 0 表示采用正交方式离散;取值为 1 表示采用球坐标离散。

(4) Oval。

Oval 类型用于生成一椭球体或椭球壳,质点按照指定的间距和离散方式排列。默认长轴、中轴和短轴分别在 X 轴、Y 轴和 Z 轴上,但是不区分大小。针对该几何体类型,Geometry元素具有如下属性:

dp:质点间距。

x0,y0,z0:该椭球体的球心坐标。

MaxAxisOuter、**MidAxisOuter**、**MinAxisOuter**:椭球体的长半轴、中半轴和短半轴(椭球壳外径)。

MaxAxisInner、**MidAxisInner**、**MinAxisInner**:椭球壳内长半轴、中半轴、短半轴,默认为 0,内半径为 0 即生成椭球。

angle:xoz 面(0°经线面)绕 Z 轴旋转的角度。

[**half**]:是否启用生成第一卦限内的 1/8 球。

[**discretization**]:离散方式,默认取值为 0(正交方式离散)。

使用范例：

```
<Geometry x0 ="0"  y0 ="0"  z0 ="0"
     MaxAxisOuter ="3" MidAxisOuter ="4" MinAxisOuter ="5"
     MaxAxisInner ="2" MidAxisInner ="1" MinAxisInner ="2"
     angle ="90" half ="1"
     dp ="0.25" discretization ="0" />
```

使用须知：

• **MaxAxisOuter、MidAxisOuter、MinAxisOuter**：当长半轴、中半轴、短半轴相等时，退化为球体。

• **angle**：当 angle =90 时，生成 1/4 椭球；当 angle =180 时，生成 1/2 椭球；当 angle = 360 时，生成一个整球。

• **half**：只有当 angle =90 时，才可启用该属性，表示是否取该 1/4 椭球的上部分。当 half =0 时，生成一个 1/4 椭球；当 half =1 时，取该 1/4 椭球的上半部分，即生成第一卦限内的 1/8 椭球。

• **discretization**：bool 类型变量，取值为 0 表示采用正交方式离散；取值为 1 表示采用球坐标离散。

(5) Cylinder。

Cylinder 类型用于生成一(空心或实心)圆柱体、圆锥或圆台，*Z* 轴正向为圆柱的主轴方向(生长方向)，如图 6-3。质点按照指定的间距和离散方式排列。针对该几何体类型，Geometry 元素具有如下属性：

x0,y0,z0：几何体 *Z* 向的底面中心坐标。

dp_bottom：底面质点间距。

dp_top：上端面质点间距。

Bottom_Inner_Radius：底面内半径。

Bottom_Outer_Radius：底面外半径。

Top_Inner_Radius：上端面内半径。

Top_Outer_Radius：上端面外半径。

height：几何体主轴方向的长度。

angle：xoz 面(0°经线面)绕 *Z* 轴旋转的角度。

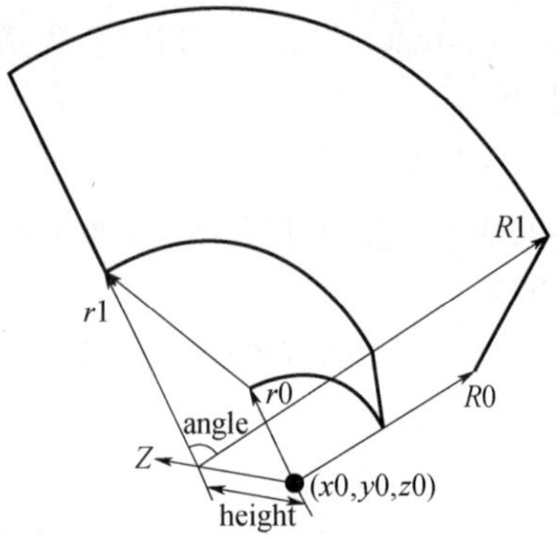

图 6-3 Cylinder 示意图

[**discretization**]：离散方式，默认取值为 0(正交方式离散)。

使用范例：

```
<Geometry  x0 ="0"  y0 ="0" z0 ="0"
      dp_top ="0.5" dp_bottom ="0.5"
      Bottom_Outer_Radius ="5"
      Bottom_Inner_Radius ="0"
      height ="25.5"
      Top_Outer_Radius ="5"
      Top_Inner_Radius ="0"
      discretization ="0"
      angle ="90" />
```

使用须知：

● dp_bottom、dp_top 用于指定下端面、顶端面的质点间距，沿高度方向（Z 轴正方向）的各层粒子，其间距按等比关系逐层变化。

● **discretization**：bool 类型变量，取值为 0 表示采用正交方式离散；取值为 1 表示采用环向布点方式离散。

（6）Ogive。

Ogive 类型用于生成一卵形体，Z 方向为主轴方向（生长方向），如图 6－4，质点按照指定的间距和离散方式排列。

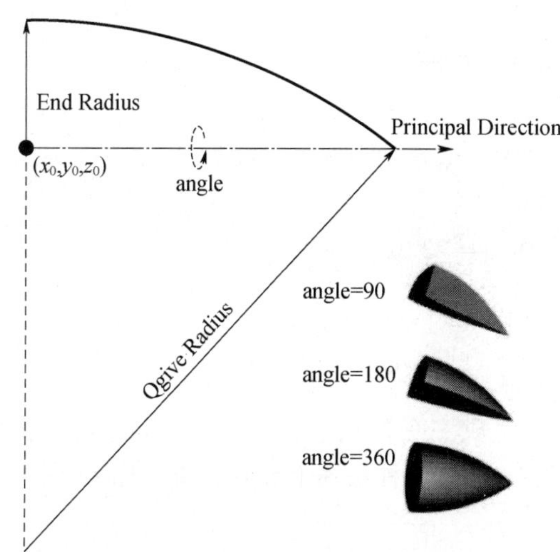

图 6－4　Ogive 示意图

针对该几何体类型，Geometry 元素具有的属性如下：

x0，y0，z0：卵形体底面中心坐标。

dp_bottom：底面质点间距。

dp_top：上端面的质点间距。

Ogive_Radius：卵形体圆弧半径。

End_Radius：卵形体端部半径。

angle：xoz 面（0°经线面）绕 Z 轴旋转的角度。

［**discretization**］：离散方式，默认取值为 0（正交方式离散）。

使用范例：

```
<Geometry  x0 =“0” y0 =“0” z0 =“0”
      dp_top =“0.1” dp_bottom =“0.5”
      Ogive_Radius =“6” End_Radius =“2”
      discretization =“0”
      angle =“90” / >
```

使用须知：

● dp_bottom、dp_top 用于指定下端面、顶端面的质点间距，沿高度方向（Z 轴正方向）的各层粒子，其间距按等比关系逐层变化。

● **discretization**:bool 类型变量,取值为 0 表示采用正交方式离散;取值为 1 表示采用环向布点方式离散。

(7) HoneycombPanel。

HoneycombPanel 类型用于生成蜂窝板,不包括上下面板,其中蜂窝截面为 xoy 平面。针对该几何体类型,Geometry 元素具有如下属性:

x0,y0,z0:蜂窝板截面起始点。

lx,ly:蜂窝板截面沿 X、Y 方向的尺寸。

Thc,Dhc:蜂窝六面体孔边的厚度,蜂窝六面体孔径。

S:蜂窝板厚度。

dp:单个粒子离散的质点间距。

使用范例:

```
<Geometry x0 ="0" y0 ="0"  z0 ="0"
    lx ="10"  ly ="10"
    Thc ="0.3" Dhc ="3.0"
    S ="15.0"
    dp ="0.1"/ >
```

(8) PointForBar。

PointForBar 类型用于生成一个杆离散体,类似 Point 类型建模。如同 Point 建模方式,PointForBar 有两种建立方式:一种是逐个节点和单元输入,另一种是读取节点和单元数据文件。

针对第一种方式,Geometry 具有如下子元素:

Point:输入节点信息,对应于方式 1,具有如下属性:

node_id:节点编号,从 1 开始。

x,y,z:节点坐标。

Element:输入单元信息,对应于方式 1,具有如下属性:

element_id:单元编号,从 1 开始。

id0:该单元左端节点编号 ID。

id1:该单元右端节点编号 ID。

sectional_area:该单元的横截面积。

针对第二种方式,Geometry 具有如下属性:

nb_nodes:该离散体的总的节点数。

nb_elements:该离散体总的单元数。

file:数据文件名称。

使用规范:

建模方法 1:

```
<Geometry >
    <Point node_id ="?" x ="?" y ="?" z ="?" / >
   ...
    <Point node_id ="?" x ="?" y ="?" z ="?" / >
```

```
    <Element element_id="?" id0="?" id1="?" />
    <Element element_id="?" id0="?" id1="?" />
   ...
    <Element element_id="?" id0="?" id1="?" />
</Geometry>
```

建模方法 2

```
<Geometry nb_nodes="?" nb_elements="?" file="?" />
```

使用须知:

- 两种方式不可用于同一 Body 中。
- file 为存储节点和单元数据的文件名称,程序会从该文件顺序读取节点数据单元数据。
- 上述所说右端节点坐标需在 x、y、z 轴上投影大于左端节点坐标的投影值。
- 不建议使用工作平面。
- 该 body 采用的材料模型中若使用失效模型,则必须在失效模型里面启用关键字 **erod**。

(9) LineForBar。

LineForBar 建模,利用所给的参数自动生成线形排布无交叉离散的杆,各杆以相同的单元长度进行划分,并具有相同的总长和横截面积。针对该建模方式,Geometry 元素具有如下属性:

sectional_area:设置杆的横截面积。

element_size:设置杆单元的长度。

nb_lines:指定线条总数。

extend_direction:指定杆的生长方向,取值范围为 0,1,2。

expand_direction:指定杆的排列方向,取值范围为 0,1,2,但不可与 extend_direction 取相同值。

length:指定杆的长度。

x0,y0,z0:指定起始杆的起点坐标。

internal:指定杆的排列间距,在此采用均匀布置。

使用须知:

- 起始杆是指杆排列方向上的第一根杆。
- 不建议使用工作平面。
- 该 body 采用的材料模型中若使用失效模型,则必须在失效模型里面启用关键字 **erod**。

(10) NettyForBar。

NettyForBar 类型,用于自动生成网状桁架结构,各个单元具有统一的横截面积,并支持在两个方向上的复制以形成阵列式桁架。针对该模型,Geometry 具有以下的属性:

sectional_area:设置杆的横截面积。

x0, y0, z0:指定整个桁架布置的基点,即起始点。

element_size_*X*:指定 X 方向单元划分的尺寸。

element_size_*Y*:指定 Y 方向单元划分的尺寸。

element_size_*Z*:指定 Z 方向层间单元划分的尺寸,若为 0 则层间不连接。

nb_lines_*X*:设置平行于 X 坐标轴的条数。

nb_lines_Y:设置平行于 Y 坐标轴的条数。

nb_layers_Z:设置 Z 向布置的层数。

internal_X,**internal_Y**,**internal_Z**:设置三个方向上布线的间距,在一个平面上是等间距布线。

[**line_direction**]:设置阵列布置时行的方向。

[**colum_direction**]:设置阵列布置时列的方向。

[**colum_nb_copy**]:设置在 line_direction 上复制的份数。

[**colum_interval**]:设置列间距。

[**line_nb_copy**]:设置在 colum_direction 上复制的行数。

[**line_interval**]:设置行间距。

使用规范:

```
<Geometry  x0 =“0” y0 =“0” z0 =“0”
    sectional_area =“?”
    element_size_z =“?” element_size_y =“?” element_size_z = =“?”
    nb_lines_x =“?” nb_lines_y =“?” nb_layers_z =“?”
    internal_x =“?” internal_y =“?” internal_z =“?”
    line_direction =“?” colum_nb_copy =“?” colum_interval =“?”
    />
```

使用须知:

- 不建议使用工作平面建模。
- 该 body 采用的材料模型中若使用失效模型,则必须在失效模型里面启用关键字 **erod**。
- 在建立阵列模型时,首先使用 colum_nb_copy,此处输入值应为实际数目减 1(因为这里的关键字采用了 copy 的含意)。

(11) SphereForDebris。

SphereForDebris 类型用于生成粒子群,其中单个粒子为球体。球体粒子默认在与 xoy 面平行的截面均匀分布。针对该几何体类型,Geometry 元素具有如下属性:

XNum YNum:粒子群在 X、Y 方向的个数。

x0,**y0**,**z0**:粒子群所在矩形截面的角点坐标。

lx,**ly**:矩形截面沿 X、Y 方向的尺寸。

FluxDensity:粒子群密度,单位面积上的粒子质量。

discretization:单个粒子的离散方式,默认取为 0,正交离散。

dp:单个粒子离散的质点间距。

使用范例:

```
<Geometry XNum =“10” YNum =“10”
   x0 =“0” y0 =“0”  z0 =“0”
    lx =“5”  ly =“10”
    FluxDensity =“1e -3”
    discretization =“0”
    dp =“0.01” />
```

（12）PointForFEM。

PointForFEM 类型，针对六面体单元划分物体。该建模类型如同 Point，具体可分两种方式：第一种方式逐节点逐单元输入，第二种方式读取数据文件。

针对第一种方式，Geometry 具有如下子元素：

Point：输入节点信息，对应于第一种方式，具有如下属性：

node_id：节点编号，从 1 开始。

x,y,z：节点坐标。

Element：输入单元信息，对应于第一种方式，具有如下属性：

element_id：单元编号，从 1 开始。

id1、id2、id3、id4、id5、id6、id7、id8：该单元 8 个节点编号 ID，按照逆时针排序。

针对第二种方式，Geometry 具有如下的属性：

nb_nodes：该离散体的总的节点数。

nb_elements：该离散体总的单元数。

file：数据文件名称。

使用规范：

```
<Body ... >
  <Geometry >
    <Point node_id ="?" x ="?" y ="?" z ="?" / >
   ...
    <Point node_id ="?" x ="?" y ="?" z ="?" / >

    <Element element_id ="?" id1 ="?" id2 ="?" id3 ="?" id4 ="?"
                             id5 ="?" id6 ="?" id7 ="?" id8 ="?" / >
    <Element element_id ="?" id1 ="?" id2 ="?" id3 ="?" id4 ="?"
                             id5 ="?" id6 ="?" id7 ="?" id8 ="?" / >
   ...
    <Element element_id ="?" id1 ="?" id2 ="?" id3 ="?" id4 ="?"
                             id5 ="?" id6 ="?" id7 ="?" id8 ="?" / >
    </Geometry >
</Body >
<Body ... >
    <Geometry nb_nodes ="?" nb_elements ="?" file ="?" / >
</Body >
```

使用须知：

- 单元的节点顺序为逆时针。
- 两种方式不可在同一个 body 中同时使用。
- 采用第二种方式时，数据组织方式如同第一种方式，只是不需要关键字。
- 节点的编号从 1 开始，单元信息中用到的节点编号为节点的全局编号。
- 建议单元的尺寸同背景网格的单元尺寸一致。

(13) BlockForFEM。

BlockForFEM 类型用于生成六面体单元划分的物体，针对该几何体类型，Geometry 元素具有的属性同 Block 建模类型一致。

(14) ArbitraryGeometry。

ArbitraryGeometry 类型可导入 Ansys 的离散模型。通过 Ansys 建模、离散、设置边界条件和初始速度，生成 k 文件，并将 k 文件作为导入文件。目前，支持导入的离散模型包括 SPH、六面体单元和薄膜单元的任意形状离散模型。其中，SPH、六面体单元可直接转化为物质点；六面体单元和薄膜单元可直接作为 FEMSolver 的相应单元使用。该元素具有如下属性：

[**thickness**]：指定薄膜单元的厚度。

file：具有 k 扩展名的数据文件名称。

使用规范：

```
<Body ... type ="ArbitraryGeometry" ElementType ="Particle">
    <Geometry file ="*.k" />
</Body>
<Body ...type ="ArbitraryGeometry" ElementType ="Particle">
    <Geometry file ="*.k" />
</Body>
    <Body...type ="ArbitraryGeometry"ElementType ="BLTMembrane">
    <Geometry thickness ="?" file ="*.k" />
</Body>
```

使用须知：

• 若为 MPM 建模，采用 Ansys 生成的 k 文件，可包含多个物体，并且采用的离散方式为 SPH 或六面体单元。

• 若为 FEM 建模，采用 Ansys 生成的 k 文件，仅可包含一个物体的离散模型，并且采用的离散方式为六面体单元或者薄膜单元。

• 若为 FEM 建模，可读取 k 文件中的边界条件、初始速度设置，并且该条件必须以 SET_NODE_LIST 的形式设置。

6.2.6.3 Bool 运算

当 type ="Bool"时，可通过进行 bool 运算生成复杂构型的物体，目前程序仅支持 subtract(减)运算。由于物质点法的特点，只需两个物体靠在一起且不启用接触时就等同于进行了加运算，程序不单独实现加运算功能。Bool 类型的 body 不具备 Geometry 元素，Body 的基本属性中增加了如下元素：

BoolType：bool 运算的类型，仅支持减操作，即值应为 subtract。

BoolBodyA：被执行减法操作的 body 名称。

BoolBodyB：进行减法操作的 body 名称。

以上三个元素定义的 bool 操作即为：BoolBodyA − BoolBodyB。具体使用 Bool 类型 body 时需先生成 BoolBodyA、BoolBodyB，Bool 类型的 body 生成后，程序会删除 BoolBodyA 和 BoolBodyB。

使用范例：

```
<Body name="Block1"material="?"type="Block"ForBoolBody="1">
  <Geometry dp="1"x0="20"y0="0"z0="25"lx="80"ly="20"lz="10"/>
</Body>
<Body name="Block2"material="?"type="Block"ForBoolBody="1">
  <Geometry dp="1"x0="16"y0="0"z0="20"lx="88"ly="25"lz="20"/>
</Body>
<Body name="?"material="?"type="Bool"
   BoolType="subtract"BoolBodyA="Block2"BoolBodyB="Block1"/>
</Body>
```

以上范例通过两个 Block 类型的 body，通过 Block2 - Block1 生成了新的 body，建议将 Block1 和 Block2 的粒子间距设置一致，且注意需在参与 bool 运算的两个 body 基本属性中增加元素：

ForBoolBody：值为 1 时即标记为做 bool 运算的物体，最后计算时该 body 会被删除。

使用须知：

- Bool 类型物体只能通过物质点模型间的运算生成，也就是说仅支持 Point、Block、Sphere、Cylinder、Ogive 类型的物体。

6.2.6.4 初始速度设置（InitialVelocity）

［**InitialVelocity**］子元素用于设置当前物体的初始速度，具有如下属性：

vx：设置物体在 X 坐标方向的初始速度分量，若为负值表示沿 X 轴负向运动。

vy：设置物体在 Y 坐标方向的初始速度分量，若为负值表示沿 Y 轴负向运动。

vz：设置物体在 Z 坐标方向的初始速度分量，若为负值表示沿 Z 轴负向运动。

使用规范：

```
<InitialVelocity vx="?"vy="?"vz="?"/>
```

6.2.6.5 常速度设置（PrescribedVelocity）

［PrescribedVelocity］子元素用于设置当前物体的常速度值，在任何时刻该物体均以指定的常速度进行运动。如果该物体指定的常速度值为 0，则该物体相当于固定的刚体。该元素具有如下属性：

vx：设置物体在 X 坐标方向的常速度分量，若为负值表示沿 X 轴负向运动。

vy：设置物体在 Y 坐标方向的常速度分量，若为负值表示沿 Y 轴负向运动。

vz：设置物体在 Z 坐标方向的常速度分量，若为负值表示沿 Z 轴负向运动。

使用规范：

```
<PrescribedVelocity vx="?"vy="?"vz="?"/>
```

6.2.6.6 施加时间历程载荷（PrescribedAcceleration）

［**PrescribedAcceleration**］子元素用于设置载荷：对当前 body 施加随时间变化的载荷 $f_i = A_i \times a_i$。在 MPM3D 中，载荷是以施加加速度的形式实现的。该元素具有 6 个属性及一个子元素，这 6 个属性用于指定在三个坐标轴方向上的加速度及角加速度的幅值 A，子元素用于给出在指定的时刻各个加速度的系数 a，该系数乘以幅值作为程序使用的加速度值。具体介绍如下：

属性：

ax：设置物体在 X 坐标方向的加速度幅值，若为负值表示沿 X 轴负向。

ay：设置物体在 Y 坐标方向的加速度幅值，若为负值表示沿 Y 轴负向。

az：设置物体在 Z 坐标方向的加速度幅值，若为负值表示沿 Z 轴负向。

arx：设置物体在 X 坐标方向的角加速度幅值，若为负值表示沿 X 轴负向。

ary：设置物体在 Y 坐标方向的角加速度幅值，若为负值表示沿 Y 轴负向。

arz：设置物体在 Z 坐标方向的角加速度幅值，若为负值表示沿 Z 轴负向。

子元素：

Coefficient：用于定义某时刻各个加速度乘以的系数。该元素具有以下 7 个属性：

time：设置时间。

cx：设置 ax 的系数。

cy：设置 ay 的系数。

cz：设置 az 的系数。

crx：设置 arx 的系数。

cry：设置 ary 的系数。

crz：设置 arz 的系数。

使用规范：

```
<PrescribedAcceleration ax="?"ay="?"az="?"arx="?"ary="?"arz="?">
  <Coefficient time="?"cx="?"cy="?"cz="?"crx="?"cry="?"crz="?"/>
 ……
  <Coefficient time="?"cx="?"cy="?"cz="?"crx="?"cry="?"crz="?"/>
</PrescribedAcceleration>
```

使用须知：

• 该时间历程的载荷曲线是通过离散的点进行描述的，对于相邻的离散点之间的函数值通过线性插值获得，因此每个时间步都可以得到相应的时间函数值。对于最后一个时间点之后的时间，函数值均取 0，并给出提示。

• Coefficient 可多次使用以设置各个指定时刻各加速度对应的系数。

• 该类载荷不能与谐激励载荷在一个物体上同时施加。

• 角加速度仅对刚体有效。

6.2.6.7 谐激励(HarmExcit)

[HarmExcit]子元素用于设置谐激励载荷，对当前 body 施加载荷的函数形式如下

$$f = A\sin(\omega t + \theta) \tag{6-86}$$

并可实现控制坐标轴三个方向载荷的幅值、频率、相位角和作用时间。该元素具有四个子元素，每个元素均具有三个属性，具体介绍如下：

子元素：

A：设置施加于 X、Y、Z 三个方向上的谐激励幅值。

Omega：设置施加于 X、Y、Z 三个方向上的谐激励的 ω 值。

Theta：设置施加于 X、Y、Z 三个方向上的谐激励的 θ 值。

EndTime：设置施加于 X、Y、Z 三个方向上的谐激励作用的停止时间。

每个元素具有的属性 X、Y、Z 分别对应 X 轴、Y 轴、Z 轴方向的分量。

使用规范:

```
<HarmExcit >
  <A ax =“0”ay =“0”az =“100000”/ >
  <Omega x =“?”y =“?”z =“?”/ >
  <Theta x =“?”y =“?”z =“?”/ >
  <EndTime x =“?”y =“?”z =“?”/ >
</HarmExcit >
```

使用须知:

- 施加的载荷具有加速度的量纲。
- 在一个物体只允许使用一次。
- 不能在同一个物体上同时施加谐激励载荷和时间历程载荷。

6.2.6.8 指定刚体运动规律(ConstrainRigidPosition)

[**ConstrainRigidPosition**]子元素用于设置刚体是否始终按照指定的速度和载荷运动。当刚体按照指定的运动规律运动时,若与其他物体碰撞则刚体不受影响,其他物体变形和运动则会受到刚体影响。具有属性 value,取值为 0 表示“否”,取值为 1 表示“是”。

使用规范:

```
<ConstrainRigidPosition value =“1”/ >
```

6.2.6.9 自适应因子(AdaptiveSplit)

[**AdaptiveSplit**]子元素用于设置自适应分裂因子,具有属性 value,取值范围为 0 至 1。

使用规范:

```
<AdaptiveSplit value =“0.5”EnableForMultiGrid =“0”/ >
```

使用须知:

- 使用于易产生数值断裂的问题中。
- 一般建议自适应因子 value 取 0.5 ~0.9。当质点变形后尺寸 $L_p > \alpha d_c$ 时,就将其分裂,其中 d_c 是背景网格的尺寸。
- 目前程序仅支持在三个坐标方向上的分裂。

[**EnableForMultiGrid**]子元素用于设置在多级网格求解时是否开启自适应分裂。若不启用,初始时刻在较密网格中的粒子会根据网格的级别进行分裂,这样不能保证 body 曲面的光滑度,建议关闭最高级别网格中 body 的自适应分裂以增加其离散精度。默认开启自适应分裂,即 EnableForMultiGrid =“point”。

6.2.6.10 碎片统计(CountFragDp)

[**CountFragDp**]子元素用于设置对该 body 进行碎片统计,具有属性 value,取值为此 body 的粒子间距。仅支持对一个 body 进行此设置,不支持有限元模型。

6.2.6.11 计算与输出控制(BodyContrl)

[**BodyContrl**]子元素用于设置 body 的状态,包含两个属性,分别是 Deactive 和 NoOutput。其中,Deactive 用于控制 body 是否参与运算,如果值为 0 则表示参与运算,为 1 则表示不参与运算,不参与运算的 body 不会进行输出;NoOutput 用于控制 body 是否输出,

如果值为 0 则表示输出，为 1 则表示不输出。

使用规范：

<BodyContrl Deactive =“0”NoOutput =“1”/ >

6.2.6.12 有限元离散体的边界条件(LocalBoundaryCond)

[**LocalBoundaryCond**]子元素用于设置当前 body 的边界条件，通过定义两个平面，将位于平面内的所有节点施加相应的边界条件。该子元素包含 4 个属性，介绍如下：

FixedDirection：设置约束施加的方向。取值为 0 表示约束 *X* 向的位移；1 表示约束 *Y* 向的位移；2 表示约束 *Z* 向的位移；3 表示约束 *X*、*Y* 和 *Z* 向的位移。

Normal：设置平面的法线方向。

Min：设置下平面在与其法线平行的轴上的交点坐标值。

Max：设置上平面在与其法线平行的轴上的交点坐标值。

使用规范：

<LocalBoundaryCond FixedDirection =“?”Normal =“0”Min =“1”Max =“5”/ >

使用须知：

- 该元素可同时对位于平面间的单元节点施加相同的边界条件。
- 建议两个平面间的距离设置以仅包含一层单元节点为宜。
- 目前仅能施加平移自由度的约束。

6.2.6.13 有限元离散体的恒定速度边界设置(LocalVelocityBoundaryCond)

[**LocalVelocityBoundaryCond**]子元素用于设置当前 body 的恒定速度边界条件，通过定义两个平面，将位于平面内的所有节点施加相应的速度边界条件。

该子元素包含 4 个属性，介绍如下：

FixedDirection：设置速度施加的方向。取值为 0 表示仅给定 *X* 向的恒定速度；1 表示仅给定 *Y* 向的恒定速度；2 表示仅给定 *Z* 向的恒定速度；3 表示给定 *X*、*Y* 和 *Z* 向的恒定速度。

Normal：设置平面的法线方向。

Min：设置下平面在与其法线平行的轴上的交点坐标值。

Max：设置上平面在与其法线平行的轴上的交点坐标值。

使用规范：

<LocalVelocityBoundaryCond FixedDirection =“?”Normal =“0”Min =“1”Max =“5”/ >

使用须知：

- 使用规范与 body 的边界条件施加基本相同。
- 目前仅能施加恒定的速度边界，对于恒定速度的设置不变。如果没有局部速度条件的限制，定义的恒定速度将作用于整个 body。

6.2.7 起爆点(面)设置(Detonation)

Detonation 元素为可选一级元素，用于定义起爆点或起爆面。Detonation 元素具有子元素 Item，用于定义一个起爆点或起爆面，其具有以下属性：

time：设置起爆时间。

type:设置起爆点(面)的类型。type =“point”表示定义起爆点,type =“plane”表示定义起爆面。

若 type =“point”,则用以下属性定义起爆点:

x,y,z:用于设置起爆点在全局坐标系中的位置。

若 type =“plane”,则用以下属性定义起爆面:

normal:设置起爆面的法线,取值为 0、1、2,分别对应于 X、Y 和 Z 轴。

location:设置起爆面在与其法线平行的坐标轴上的位置。

left:设置起爆面左侧起始坐标值。

right:设置起爆面右侧终止坐标值。

bottom:设置起爆面底部起始坐标值。

top:设置起爆面上部终止坐标值。

使用规范:

```
<Detonation>
    <Item type="point"time="0"x="?"y="?"z="?"/> <!--定义起爆点→

    <Item type="plane"time="0"normal="2"location="0.0"
          left="0"right="110"bottom="0.0"top="110.0"/>
                                                  <!--定义起爆面→
</Detonation>
```

使用须知:

• Item 可并行出现,以定义多个起爆点(面)。

• 若定义了多个起爆点(面),则炸药各点的起爆时间以距离最近的起爆点计算其起爆时间。

• 起爆面是通过指定该面一对角点在该面所在坐标平面内投影的坐标值定义的,即(left,bottom),(right,top)。

• 起爆面左侧与右侧的说明:法线选为 X 时,平面的左侧与右侧垂直于 Y 轴;法线选为 Y 轴时,平面的左侧与右侧垂直于 X 轴;法线选为 Z 轴时,平面的左侧与右侧垂直于 X 轴。

6.2.8 背景网格设置(Grid)

Grid 元素为一级子元素,用于设置背景网格参数,主要包含网格基本参数、移动网格和动态网格的设置等。

典型输入文件片段:

```
<Grid mass_cutoff="0"gimp="0">
                          <!--定义背景网格及质量截断和 GIMP 开启与否→
  <Cell type="regular">            <!  定义单元类型;→
     <XMin value="0"    boundary="2"/>
     <XMax value="11.4" boundary="0"/>
        <!--定义背景网格区域 x 向大小及相应的边界条件;→
```

```
      <YMin value="0"    boundary="2"/>
      <YMax value="11.4"boundary="0"/>
         <!--定义背景网格区域 y 向大小及相应的边界条件;→
      <ZMin value="0"    boundary="2"/>
      <ZMax value="26.6"boundary="0"/>
         <!--定义背景网格区域 z 向大小及相应的边界条件;→
      <DCell dx="0.76"dy="0.76"dz="0.76"/>
         <!--定义背景网格在三个方向上的单元尺寸;→
   </Cell>                             <!--单元定义完毕→
</Grid>                                <!--背景网格定义完毕→
```

6.2.8.1 基本设置

Grid 元素具有以下可选属性：

[**mass_cutoff**]：设置最小节点质量截断系数 c，默认值为系统所能表示的最小误差 DBL_EPSILON 或 FLT_EPSILON。

[**gimp**]：GIMP(Generalized Interpolation Material Point)算法选项。gimp ="1"时表示采用 GIMP 算法，gimp ="0"时表示不采用 GIMP 算法。

使用规范：

```
<Grid mass_cutoff="?"gimp="?">
……
</Grid>
```

使用须知：

• 截断质量依据 $M_c = c\bar{\rho}(d_c)^3$ 计算，其中 $\bar{\rho}$ 是各组材料密度的平均值。当节点质量小于 M_c 时，这个节点将跳过不计算，以防止在计算节点动量时除以过小数值。

• 如果跳过的节点太多，计算也会出现问题，所以如有必要，可将此值改为更小。

• 在计算激波管、爆轰波传播，以及其他比较关心应力或压力结果的问题时推荐使用。

• 当使用 gimp 时，边界条件为非自由边界条件时，背景网格应该比实际的尺寸向外拓展一个网格的长度。

6.2.8.2 网格基本参数设置(Cell)

Grid 元素具有子元素 Cell，用以设置均匀规则网格区域、边界条件以及网格单元尺寸等参数。元素 Cell 具有以下属性：

type：设置背景网格类型，共有 regular、MultiLevel、MovingGrid 三种选择。type ="regular"对应正交均匀网格，type ="MultiLevel"对应多级网格，type ="MovingGrid"对应移动网格。不同类型的元素 Cell 具有不同的子元素，下面分别讨论。

(1) 正交均匀网格参数设置。

对于正交均匀网格(即 type ="regular")，背景网格区域为一立方体$[x_0, x_1] \times [y_0, y_1] \times [z_0, z_1]$，网格在三个方向上均匀分布，三个方向上的网格单元尺寸分别为 d_x、d_y 和 d_z。

元素 Cell 具有以下子元素：

XMin:设置背景网格在 $x = x_0$ 处的边界面参数,其属性 value 设置 x_0 的值,属性 boundary 设置该边界面的边界条件,可设为(0/1/2/3/4),分别表示:

boundary =“0”,自由边界面。

boundary =“1”,固定边界面,约束边界节点的所有自由度。

boundary =“2”,对称边界面,约束边界节点的法向运动,另外两个方向自由。

boundary =“3”,透射边界面,即采用无反射边界条件。

当边界为透射边界时,可以设置局部矩形区域透射边界。非限制的区域默认为自由边界,目前只适用于均匀网格。对于标准 MPM 和 GIMP,采用属性如下:

[**XTU**]、[**XTL**]:用于限定 X 方向区域,在子元素 XMin、XMax 中不能使用。

[**YTU**]、[**YTL**]:用于限定 Y 方向区域,在子元素 YMin、YMax 中不能使用。

[**ZTU**]、[**ZTL**]:用于限定 Z 方向区域,在子元素 ZMin、ZMax 中不能使用。

以上属性可选,当不给出时,默认为整个计算区域的范围。

boundary =“4”,刚性面,边界节点在法向上不能穿透边界,其余方向自由。

XMax:设置背景网格在 $X = x_1$ 处的边界面参数,具有属性 value 和 boundary,分别设置 x_1 的值和边界条件。

YMin:设置背景网格在 $Y = y_0$ 处的边界面参数,具有属性 value 和 boundary,分别设置 y_0 的值和边界条件。

YMax:设置背景网格在 $Y = y_1$ 处的边界面参数,具有属性 value 和 boundary,分别设置 y_1 的值和边界条件。

ZMin:设置背景网格在 $Z = z_0$ 处的边界面参数,具有属性 value 和 boundary,分别设置 z_0 的值和边界条件。

ZMax:设置背景网格在 $Z = z_1$ 处的边界面参数,具有属性 value 和 boundary,分别设置 z_1 的值和边界条件。

DCell:设置网格单元尺寸,具有属性 dx、dy 和 dz,用于分别设置 X 方向、Y 方向和 Z 方向的网格单元尺寸 d_x、d_y 和 d_z。

使用规范:

```
<Cell type =“regular”>
    <XMin value =““  boundary =“3”YTL =““YTU =““ZTL =““ZTU =““/>
    <XMax value =““  boundary =““/>
<YMin value =““  boundary =“3”XTL =““XTU =““ZTL =““ZTU =““/>
    <YMax value =““  boundary =““/>
    <ZMin value =““  boundary =“3”XTL =““XTU =““YTL =““YTU =““/>
    <XMax value =““  boundary =““/>
    <DCell dx =““dy =““dz =““/>
</Cell>
```

(2) 多级网格参数设置。

对于多级网格(即 type =“MultiLevel”),背景网格区域仍然为一立方体,同一级别网格三个方向单元尺寸一致,同时下一级别网格单元尺寸是上一级别的一半。每一级别网格对应一个立方体空间区域,定义为 Block。多级网格中元素 Cell 设置和正交均匀网格相同,同时 Cell 的信息默认为第 0 级网格信息,大于 0 级的网格信息通过元素 Block 来设置。

(3) 移动网格(MovingGrid)。

移动网格是指在保持网格数不变的前提下,背景网格随着物体的移动而移动,随着物体质点分布区域的变化而变化。若质点飞出背景网格区域,则自动扩大网格节点间距,保证背景网格能够覆盖所有质点。

移动网格由 Cell 的子元素 MovingGrid 设置,具有以下属性:

[**enable**]:是否使用移动网格。enable =“1”时表示采用移动网格,enable =“0”时表示不采用。默认采用固定大小的网格,即 enable =“0”。

[**consider_failure_particle**]:设置在统计质点所处区域时是否计入失效粒子。若为“1”表示计入失效粒子,为“0”表示不计入失效例子。默认为不计入失效粒子。

[**time_step_factor**]:设置移动网格间隔步数因子 factor。考虑到每步都判断是否移动网格要耗费较多时间,所以通过计算预测在多少步之后再移动网格。程序将计算出的间隔步数乘以 factor × dtscale 所得值作为程序中真正使用的间隔步数。factor 默认值为 0.8。

[**x_min**]:设置移动网格的 X 向最小移动边界。

[**x_max**]:设置移动网格的 X 向最大移动边界。

[**y_min**]:设置移动网格的 Y 向最小移动边界。

[**y_max**]:设置移动网格的 Y 向最大移动边界。

[**z_min**]:设置移动网格的 Z 向最小移动边界。

[**z_max**]:设置移动网格的 Z 向最大移动边界。

使用规范:

```
<MovingGrid enable =“1”
    consider_failure_particle =“0”time_step_factor =““
    x_min =“?”x_max =“?”y_min =“?”y_max =“?”z_min =“?”z_max =“?”/ >
```

使用须知:

- 设置移动网格的最大移动区域,可以避免移动网格扩大的范围太广,使得精度降低过于严重。默认为最大、最小浮点数,即网格的移动范围可以无限制。

6.2.8.3 多级网格基本参数设置(Block)

多级网格基本参数设置(Block)建立在基本参数设置(Cell)基础上,元素 Block 具有属性 level,定义 Block 对应的级别。级别越高网格越细,建议同一套背景网格中不要设置超过三级 Block。Block 的网格单元尺寸根据其级别和第 0 级网格单元尺寸由计算程序自动算出。Block 同时具有以下子元素:

XMin:设置 Block 在 $X = x_0$ 处的边界面参数,具有属性 value,设置 X_0 的值。

XMax:设置 Block 在 $X = x_1$ 处的边界面参数,具有属性 value,设置 X_1 的值。

YMin:设置 Block 在 $Y = y_0$ 处的边界面参数,具有属性 value,设置 Y_0 的值。

YMax:设置 Block 在 $Y = y_1$ 处的边界面参数,具有属性 value,设置 Y_1 的值。

ZMin:设置 Block 在 $Z = z_0$ 处的边界面参数,具有属性 value,设置 Z_0 的值。

ZMax:设置 Block 在 $Z = z_1$ 处的边界面参数,具有属性 value,设置 Z_1 的值。

需要说明的是,Block 的六个角点一定要位于上一级网格内部,且为上一级网格的节点。同时多级网格不支持移动网格 MovingGrid 和动态网格 DynamicCell。

使用规范:

```
<Block level ="1" >
    <XMin value =""/>
    <XMax value =""/>
    <YMin value =""/>
    <YMax value =""/>
    <ZMin value =""/>
    <XMax value =""/>
</Block>
```

6.2.8.4 动态网格(DynamicCell)

在物质点法中,背景网格覆盖了整个求解区域。一般情况下,大部分网格单元中不包含任何质点,这些单元对计算没有任何贡献。采用动态网格技术后,程序只创建包含有质点的网格单元,可以大幅度地节省内存,提高计算效率。

动态网格由 Grid 元素的子元素 DynamicCell 设置,它具有如下属性:

[**enable**]:enable = "1"时表示采用动态网格,enable = "0"时表示不采用动态网格。默认为不采用。

[**clear_steps**]:设置清除原有网格和节点的时间步数。每间隔一定的时间步就清除原有的网格和节点,使用时再重新生成,以便节省内存。默认的时间步间隔为 10,若该值设为小于等于 0,则表示永不清除。

使用规范:

```
<DynamicCell enable ="1"clear_steps ="10"/>
```

6.2.9 接触选项(Contact)

Contact 为可选一级元素,用于设置接触算法,只有当存在多个组件时启用。该元素具有以下属性:

enable:是否启用接触算法。取值"0"表示不启用,"1"表示启用。

[**failure_to_component**]:是否将失效的粒子作为独立组件。取值"0"表示不启用,"1"表示启用,默认为不启用。启用后,所有失效粒子将组成编号为 0 的组件,该组件和其他组件的相互作用通过接触算法计算。

[**auto_normal_vector_weight**]:是否自动计算各组件接触面法向计算权值。取值"0"表示不启用,"1"表示启用,默认值为 0。

[**normal_vector_excluding_failure_particle**]:设置是否计算有失效质点的组件接触面法向。设为 1 时表示不计算有失效质点的组件的接触法向,除非相接触的两个组件都有失效粒子。默认设为 0,表示不论组件是否有失效质点均计算其接触法向。

[**distance_type**]:设置计算最小接触间距的方法。取值"0"表示不特殊处理,"1"表示计算两物体最近的质点间距,distance_type = "2"表示计算两物体表面的间距。默认值

为0。因为 distance_type = “2”考虑到了质点的体积，所以比 distance_type = “1”的计算量略大。

[**min_distance**]：设置最小接触间距计算系数 dist。该系数乘以背景网格间距作为距离的判据，即通过 distance_type = “2”或“3”计算得到的间距若大于该判据，则认为没有发生接触。

[**contact_time_step**]：是否根据接触算法修正显式积分的时间步长。取值“0”表示不修正，“1”表示根据接触算法对显式积分时间步长进行修正。默认值为0。接触算法将较显著地影响显式积分的临界时间步长，建议启用此选项。

[**contact_type**]：选择启用的接触算法。取值“0”表示启用 Pan 的接触算法，“1”表示启用 Bardenhagen 的接触算法，“2”表示启用改进的 Bardenhagen 的接触算法，默认取值为“0”。

[**record_contact_force**]：设置是否输出接触力。取值“0”表示不输出，“1”表示输出，默认取值为“0”。

使用规范：

```
<Contact enable =“1”
     failure_to_component = 0 auto_normal_vector_weight =“0”
     distance_type =“2”
     normal_vector_excluding_failure_particle =“0”
     min_distance =“0.01”
     contact_time_step =“0”/>
```

使用须知：

- auto_normal_vector_weight：该方法根据弹性模量确定权值，对于 Mooney Rivlin 材料，权值为最大，对于其他没有弹性模量的材料则设置为 -32767，对于失效组件(0 号组件)会自动设置为 -32768。
- 在物质点的标准接触算法中，当两个物体对同一个背景网格节点的质量和动量有贡献时，即认为两个物体发生了接触(对应于 distance_type = “0”)，但此时两物体间的距离并不为零，而是小于网格单元尺寸的 2 倍。为了克服这一缺陷，可通过设置最小接触间距系数 dist 来判断是否发生接触。当两个物体对同一个背景网格节点的质量和动量有贡献且他们之间的距离小于 dist 乘以网格单元尺寸时，才认为两物体发生了接触，否则没有接触。min_distance 的默认值为 0.0，不进行接触间距判断。
- 接触算法简介：接触算法 0，其求解思路为在背景网格初始化后对节点动量进行调整，接触力的计算通过背景网格节点力进行计算，并做为一种节点力累加到原有的节点力上；接触算法 1，其求解思路为假设没有发生接触，在背景网格节点动量更新完成后，进行接触检测，若满足接触条件则依照相应的公式计算接触力并调整节点的动量和节点力；接触算法 2，其求解思路同接触算法 0，区别在于将调整背景网格动量时的动量增量换算成力作为一种接触力，并累加到后续计算的接触力上。
- 接触力的三个分量输出到了 curve 文件中，即该文件中的最后的三列数据。
- 输出接触力为组件 1 和 2 之间的接触力，即当有 3 个或以上的组件存在时，程序仅输出组件 1 和 2 之间的接触力。

6.2.10 求解控制(Solution)

Solution 为一级元素,主要包括有关求解的相关设置,如物理模拟时间、时间步长因子、体积更新方式等,具有三个属性和以下 9 个子元素:

EndTime:设置物理模拟时间。

TimeStep:设置时间步长因子。

[**LimitVelocity**]:设置速度极值限定。

[**Volume**]:设置体积更新方式及体积限制等。

[**Warn**]:设置计算过程中对非物理现象的警告及处理措施等。

[**EnergyFraction**]:设置总能量相对误差分数。

[**DynamicRelax**]:设置动力松弛因子。

[**Gravity**]:设置加速度场。

[**FEMSetting**]:设置有限元求解相关设置。

使用规范:

```
<Solution algorithm ="MUSL" near_boundary_stop ="0" >
                          <! --定义求解控制元素及程序积分格式 →
   <TimeStep factor ="0.6" const ="0" specified ="0.0" / >
                          <! --定义时间步长因子→
   <EndTime value ="0.04" / >
                          <! --定义物理模拟结束时间→
</Solution >              <! -- 定义求解控制选项完毕→
```

6.2.10.1 求解基本属性设置

Solution 基本属性可以定义算法格式和积分格式等,相应的属性如下:

[**algorithm**]:设置算法格式,取值为“MUSL”“USL”和“USF”三种格式,分别对应 MUSL、USL 和 USF 计算格式,默认为“MUSL”。

[**near_boundary_stop**]:设置当粒子接近边界时是否保存重启动文件并退出。取值“0”表示禁用此功能,取值“1”表示启用此功能,缺省值为 0。

[**Integration**]:指定程序采用的积分方案。取值“expl”表示采用显式积分,“impl”表示采用隐式积分,缺省为“expl”。

[**natureCoordinate_cutoff**]:指定质点自然坐标值的截断值的绝对值。取值范围为(0—1)。

使用规范:

```
<Solution algorithm ="MUSL" near_boundary_stop ="0" Integra-
tion ="expl" >
......
</Solution >
```

使用须知:

- near_boundary_stop 主要在需要使用状态文件进行重启动计算情况下考虑使用。
- 目前隐式积分求解器未完成,暂不可使用。

• 当质点靠近背景网格单元边界时，可能会引起计算的不稳定性。此时，质点的自然坐标值非常接近 +1 或者 -1。因此，可以通过设置截断值，当质点的自然坐标超过截断值或者负的截断值时，将质点的自然坐标重置为相应的截断值进行后续计算。

6.2.10.2 物理模拟时间(EndTime)

EndTime 元素设置模拟结束的时间值(由其属性 value 设置)。

使用规范：

```
<EndTime value="?" />
```

6.2.10.3 时间步长相关设置(TimeStep)

TimeStep 元素用于设置有关显式积分时间步长计算方法及其时间步长因子，具有以下属性：

[**factor**]：设置时间步长因子，其取值范围 0 ~ 1，默认值 0.9。每个时间步的时间步长等于临界时间步长乘以系数 factor。

[**const**]：定义是否采用固定的时间步长。const = "1"表示采用固定时间步长，同时在各时间步中不再更新声速，此时时间步长等于初始临界时间步长乘以系数 factor；const = "0"表示采用变时间步长，时间步长在每个时间步都进行更新。默认值为 0，即采用变时间步长。

[**specified**]：指定具体的时间步长并以此作为程序计算时的固定时间步长，便于程序员测试比较时使用。取值为实数，默认为不使用。

[**NotConsiderVisForCp**]：控制是否在计算声速时考虑人工体积黏性的影响。取值"0"表示考虑，"1"表示不考虑，默认值为 0。

使用规范：

```
<TimeStep factor="0.6" const="0" specified="0.0"
          NotConsiderVisForCp="1" />
```

使用须知：

• 在实际计算中，当采用变时间步长时，时间步长由下式计算

$$\Delta t^{n+1} = \text{factor} * \min\{\Delta t_1, \Delta t_2, \cdots, \Delta t_N\} \tag{6-87}$$

式中：N 为所有质点的个数；Δt_i 为各个质点的临界时间步长。每个质点的临界时间步长根据 CFL 条件计算

$$\Delta t_i = D_c / (C + u_i) \tag{6-88}$$

式中：D_c 为背景网格间距；C 为声速；u_i 质点 i 的速度。

• 当 specified 设置为 0 时，表示仍采用变时间步长。

6.2.10.4 最大速度限制(LimitVelocity)

LimitVelocity 元素设置最大速度限制值(由其属性 max 设置)。

使用规范：

```
<LimitVelocity max="?" />
```

使用须知：

• 在计算过程中，个别质点可能会出现数值计算异常，其速度过大，进而大大降低时间步长，此时可采用此关键字限制质点的最大速度。

6.2.10.5 有关体积的设置(Volume)

Volume 元素具有以下属性:

[**update_type**]:设置更新质点体积的方式,可取 0 ~4,默认值为“0”。

[**erode**]:设置侵蚀体积判据,如果粒子体积小于 erode 时将其侵蚀(即删除)。取值为实数。

[**min**]:设置质点最小体积修正因子,修正方式为将质点体积限制在一定范围内。取值为实数,默认为不修正。

[**max**]:设置质点最大体积修正因子,修正方式为将质点体积限制在一定范围内。取值为实数,默认为不修正。

使用规范:

```
<Volume update_type =“0” erode =“?” min =“?” max =“?” />
```

使用须知:

- 质点 p 的体积变化率为

$$\dot{V}_p = V_p \dot{\varepsilon}_{ii} \tag{6-89}$$

上式可改写成

$$\frac{\mathrm{d}V_p}{V_p} = \mathrm{d}\varepsilon_{iip} \tag{6-93}$$

因此,可以有以下体积更新方式:

0:$V_p^{k+1} = V_p^k + \dot{V}_p^k \Delta t = V_p^k(1 + \Delta\varepsilon_{iip}^k)$,其中 $\Delta\varepsilon_{iip} = \dot{\varepsilon}_{iip}\Delta t = v_{ip,i}\Delta t$。这是 MPM3D 的默认体积更新方式。

1:计算每一步背景网格的体积变化,按同样比例更新此网格内质点的体积。不推荐使用此更新方式。

2:采用积分形式:$V_p^{k+1} = V_p^k \mathrm{e}^{\Delta\varepsilon_{iip}} = V_p^k \mathrm{e}^{v_{ip,i}\Delta t}$。更新方式 0 实际上是本更新方式的一阶近似。

3:采用变形梯度张量的行列式更新:$V_p^{k+1} = |\Delta F_{ijp}^{k+1}| V_p^k$,其中变形梯度张量增量 $\Delta F_{ijp}^{k+1} = (\delta_{ij} + v_{ip,j}\Delta t)$,变形梯度张量 $F_{ijp}^{k+1} = \Delta F_{ijp}^{k+1} F_{ijp}^k$。

4:采用累积应变的方式更新:$V_p^{k+1} = V_p^0(1 + \varepsilon_{11})(1 + \varepsilon_{22})(1 + \varepsilon_{33})$,其中 V_p^0 为质点的初始体积。

- 慎用 **erode**、**min**、**max**,仅当程序计算时,某些质点体积非正常变化导致程序不能进行或者时间步长很小时使用,当然经过修改后应当不影响整体的求解精度。这些需要用户在使用中总结经验。
- **min**、**max** 可能会引起能量不守恒,用户应当慎重使用。

6.2.10.6 警告与报错输出设置(Warn)

在程序计算过程中,由于个别质点出现非物理现象如负内能、负体积,程序应该终止计算。但是根据以往的计算经验,个别质点的非物理现象并不会影响整体的计算精度,因此对这类计算现象采用先输出警告信息,并根据具体情况采取相应的措施。这便是 Warn 元素的功能。

Warn 元素具有以下属性:

[**type**]:设置监控的物理量,取值为"ie""vol"或"grid",分别控制输出负内能警告信息、负体积警告信息和质点飞出网格区域警告信息。若同时监控多项,则可用|间隔列写即可。

[**level**]:设置警告等级,取值范围为0、1、2,默认值为0。意义如下:

0:每个时间步输出一次警告信息。

1:质点变量一旦满足警告阈值,则发出警告。

2:质点变量一旦满足警告阈值,则报错并终止程序运行。

使用规范:

```
<Warn type="ie|vol|grid" level="0" />
```

6.2.10.7 能量分数设置(EnergyFraction)

在程序计算过程中,在没有质点飞出网格的情况下,总能量应该保证不变即守恒。但由于数值耗散或者计算误差,总能量会产生合理范围内的变化。若由于计算错误,当总能量的变化量比上总能量超过一定分数后,程序计算结果不可信,此时可终止计算。此分数可由元素 **EnergyFraction** 设定。**EnergyFraction** 元素具有以下属性:

[**value**]:设置能量分数(Energyfraction),当总能量的误差超过这一分数时,程序将报错并终止计算。取值为大于0的实数,默认为不启动这一控制选项。

使用规范:

```
<EnergyFraction value="?" />
```

6.2.10.8 动力松弛因子(DynamicRelax)

DynamicRelax 元素具有以下属性:

[**damping**]:设置黏性阻尼系数,取值为实数。

使用规范:

```
<DynamicRelax damping="?" />
```

使用须知:

- 该阻尼是通过计算节点外力时,引入与各物质点速度大小成正比方向相反的项来实现,当然也可以直接利用节点的速度来引入。目前该项设置是在所有 body 上统一施加。

6.2.10.9 加速度设置(Gravity)

Gravity 元素设置重力加速度,具有以下属性:

ax:设置坐标轴 X 向加速度值。

ay:设置坐标轴 Y 向加速度值。

az:设置坐标轴 Z 向加速度值。

使用规范:

```
<Gravity ax="?" ay="?" az="?" />
```

使用说明:

正值表示加速度方向与相应的坐标轴正向一致,负值表示其方向沿相应的坐标轴负向。

6.2.10.10 涉及有限元法的求解设置(FEMSetting)

该元素用于设置有限元求解部分的参数,具有3个属性,5个子元素。3个属性包括:

CoupleFEM_MPM:控制耦合物质点有限元法或自适应物质点有限元法,取值 1 为开启,0 表示不开启,默认取值为 0。

HybridFEM_MPM:控制杂交物质点有限元法,支持 BLT 薄膜单元,取值 1 为开启,0 表示不开启,默认取值为 0。

FEMContact:控制有限元离散体间的接触,不涉及杂交、耦合及转化,取值 1 为开启,0 表示不开启,默认取值为 0。

5 个子元素包括:

子元素:[**AdaptiveConversion**]

(1) 设置自适应物质点有限元法(AFEMP)的转化判据,具有如下 4 个属性:

epef_Criterion:采用等效塑性应变作为判据,设置单元转化判据值,取值需大于 0。

Distortion_Criterion:采用衡量单元的畸变值作为判据,设置单元转化判据值,取值范围为 0 ~ 1。

Length_Rate_Criterion:采用单元的最大边长与背景网格节点间距之比作为判据,设置单元转化判据值,取值需大于 1。

Nature_Position:设置单元转化的质点的自然坐标值以确定质点的位置,取值范围:[0 ~ 1],默认值 0.5。

(2) 子元素:[**RigidWall**]

设置刚性墙参数,具有如下 2 个属性:

RigidnDir:设置刚性墙的法线方向,取值为"1"、"2"和"3"分别表示坐标轴 X、Y 和 Z,正值表示正向,负值表示负向;取值为"4"时,位于刚性墙位置上节点 Z 向的速度均强制为零;取值为"5"时,位于刚性墙位置上节点的速度均强制为零。

RigidCoor:设置刚性墙在与其法线方向相平行的坐标轴上的坐标。

(3) 子元素:[**Hourglass**]

设置沙漏模态控制参数,具有如下 2 个属性:

HGMethod:设置控制沙漏模态的方法。目前支持两种算法:取值为"1"采用标准算法;取值为"2"采用 Flangan - Belytschko 方法。

Qhg:设置沙漏常数,通常取为 0.05 ~0.15。

(4) 子元素:[**HourglassForMemebrane**]

设置薄膜单元和杂交薄膜单元沙漏模态控制参数,具有如下 2 个属性:

HGMethod:设置控制沙漏模态的方法。目前支持两种算法:取值为"0"采用沙漏模态应力算法;取值为"3"采用 Flangan - Belytschko 方法。

Qhg:设置沙漏常数,取值为 0 ~0.1。

(5) 子元素:[**GlobalBoundaryCond**]

设置边界条件,作用域为所有有限元离散体。

```
<FESMSetting >
    <RigidWall RigidnDir ="?" RigidCoor ="?" />
    <Hourglass HGMethod ="?" Qhg ="?" />
    <GlobalBoundaryCond FixedDirection ="?" Normal ="0" Min =
"1" Max ="5" />
```

```
</FEMSetting>
```

有限元法求解使用说明:

• 通过设置该元素,实现涉及有限单元算法的求解,包括纯有限元法(FEM)求解、耦合物质点有限元法(CFEMP)求解、自适应物质点有限元法(AFEMP)求解等。

• 为了保证 CFEMP、AFEMP 法计算结果的精度,在与物质点离散区域发生作用的潜在有限元法离散区域中,建议其单元的最大离散尺寸不大于背景网格的节点间距。

• 采用 CFEMP 或 AFEMP 法时,均应将 CoupleFEM_MPM 值设为 1,并且物质点法部分积分格式仅支持 USF,目前仅支持 8 节点六面体单元。其中,当采用子元素 Adaptive-Convesion 时,程序自动采用 AFEMP 法求解问题。

• 采用 FEM 法时,若启用接触算法,应将 FEMContact 值设为 1,仅支持 8 节点六面体单元。另外,由于此处的接触通过背景网格实现,因此需在可能发生接触的区域设置背景网格,且建议背景网格节点间距不小于该区域内的有限单元离散的最大尺寸。

• 采用杂交物质点有限元算法时,应将 HybridFEM_MPM 值设为 1,目前该项仅支持杂交薄膜单元以完成沙漏模态参数设置。

自适应物质点有限元法求解使用说明:

```
<FEMSetting FEMContact="?" CoupleFEM_MPM="?">
    <AdaptiveConversion epef_Criterion="?" naturePosition="?">
    <RigidWall RigidnDir="?" RigidCoor="?" />
    <Hourglass HGMethod="?" Qhg="?" />
    <GlobalBoundaryCond FixedDirection="?" Normal="0" Min=
     "1" Max="5" />
</FEMSetting>
```

• epef_Criteion 和 Distoriton_Criteion 可同时使用也可独自使用,而 Length_Rate_Criterion 是辅助判据,不可独自使用。

• 一旦转化判据设定,在计算过程中只要单元的值超过给定的任何一个判据值,则 1 个六面体单元转化成 8 个质点。

• **Distortion_Criterion**:在 FEM 中,通常采用单元最小面积与最大面积比值衡量单元形状的畸变程度,据此可知该比值的范围为(0 - 1],记为 R,R 越小表示畸变程度越高。为了使用上的方便,此处定义单元畸变判据为:Distrotion_Criteion = 1 - R,取值范围为[0,1)。取值为 0,表示单元没有畸变;取值趋近于 1,表示单元的畸变程度高。因此当单元的 1 - R 值大于设定值时,单元即转化。

• **Length_Rate_Criterion**:因为 AFEMP 法是在背景网格上实现有限元六面体单元与物质点及相互之间的作用,所以一旦单元的尺寸超过背景网格节点间距 2 倍时,则计算结果不可信。为了避免该情况的发生,特设置此转化判据,判据取值范围 1 ~ 2,建议取值 1.5。该判据隐含了如下两个条件:①单元必须位于有限元离散体的表面。②单元必须与物质点相邻。单元满足这两个条件后才计算其最大边长。当该边长大于背景网格节点间距设定的倍数后,即被转化。因此,该判据不可独自使用,可辅助其他判据。

• 建议优先选用 epef_Criterion, Distortion_Criterion。若两个不能保证计算的顺利进行或者计算结果不可信时,此时可配合使用 Length_Rate_Criterion。

6.2.10.11 OpenMP 并行设置(OpenMP)

OpenMPSetting 元素用于 OpenMP 并行计算设置,具有以下属性:

nthread:设置需要的线程数目。

directionofdecomposition:设置分区的方向。

使用规范:

```
<OpenMPSetting nthread ="?" directionofdecomposition ="?" />
```

使用说明:

- nthread >0,为整数。
- directionofdecomposition 分别为 0,1,2 时表示沿 X,Y,Z 轴进行分区,OpenMP 并行计算只能沿某一方向进行分区。
- 默认值:nthread =2, directionofdecomposition =0。
- OpenMP 并行只适用于标准 MPM,使用 OpenMP 时不能启用 GIMP。
- 由于自适应算法固有的串行性,开启自适应时会影响效率。
- 启用接触算法的时候,网格节点初始化不能够使用 OpenMP 并行,同样会影响效率。

6.2.11 结果输出控制(Output)

Output 为一级元素,包括有关结果输出的设置,如控制台监测输出时间间隔、后处理文件类型、后处理观察的物理量等。它具有以下 6 个子元素:

Console:设置在控制台输出计算状态的间隔等,具有两个属性。

PostProcessing:设置后处理文件类型、输出时间间隔等,具有多种属性。

[**TimeHistory**]:设置时间历程曲线,具有一个子元素和定义物理量名称的属性 var。

[**GridLineResults**]:定义一条直线并输出物理量沿该直线上的变化,具有多个属性。

[**Restart**]:定义状态文件输出时间间隔,具有属性 time_interval,用于定义输出时间间隔。

[**Statistics**]:统计内存和实际网格使用量。

使用规范:

```
<Output >                                  <! --定义输出控制元素 →
   <Console print_time ="1.0e -3"
           print_momentum ="0"/ ><! --定义计算状态的时间步长→
   <PostProcessing h5part ="0"vtk_data ="1"
                                           <! --定义后处理输出文件类型→
           time_interval ="1.0e -3"<! --输出后处理文件的时间步长→
           var ="damg |tria |epef |fail"/ >
                                           <! --定义在后处理中观察的物理量→
</Output >                                 <! --输出控制定义完毕→
```

6.2.11.1 控制台监测设置(Console)

Console 子元素具有以下属性:

print_time:设置控制台报告计算状态时间间隔。

[**print_momentum**]:设置控制台是否报告动量状态,取值“0”表示不报告,取值“1”表示报告。

使用规范:

```
<Console print_time ="1.0e -3"
        print_momentum ="0" / >   <! -- 定义计算状态的时间步长 →
```

使用须知:

• 控制台监测内容默认有当前时间、当前时间步长数、时间步长、总动能和总内能。

6.2.11.2 后处理文件设置(PostProcessing)

PostProcessing 元素具有以下属性:

[**h5part**]:输出 h5part 格式的数据文件,可用 ParaView 读取。取值为“0”表示不输出该格式的后处理文件,取值为“1”表示输出。

[**vtk_data**]:输出 vtk 格式的数据文件,取值为“0”表示不输出该格式的后处理文件;取值为“1”表示每一个结果文件输出步产生一个 vtu 文件,文件中包含各个 Body 的信息,文件命名方式为“输入文件名称_当前时间步数.vtu”;取值为“2”表示每一个结果文件输出步按照 Body 依次输出多个 vtu 文件,每个文件包含一个 Body 的信息,文件命名方式为“输入文件名称_Body 名称_当前时间步数.vtu”,后缀为 vtu 的输出文件集中放置在当前目录下的“文件名称_vtu”子目录下。

[**tecplot**]:输出文本格式的数据文件,可用 Tecplot 读取。取值为“0”表示不输出该格式的后处理文件,取值为“1”表示输出。

[**cellresult**]:输出携带物理量的欧拉背景网格,可用 Tecplot 读取。

time_internal:定义输出后处理文件的时间间隔。

[**OutGridData**]:输出背景网格的信息到 vtk 格式的数据文件中,每一个结果文件输出步产生一个 vtu 文件,文件命名方式为“输入文件名称 + _cell_ + 当前时间步数 + 后缀.vtu”,可用 ParaView 读取。取值为“0”时不输出,取值为“1”时仅输出网格节点的坐标信息,取值为“2”时将质点的物理量映射到网格节点上输出。默认取值为“0”。

var:设置在后处理文件中要观察的物理量,各物理量之间用竖线隔开,可供选择输出的变量见表6-1。

[**StaFragSize**]:输出碎片统计结果到文本格式的数据文件,可用 Tecplot 读取。取值为“0”表示不输出该后处理文件,取值为“1”表示输出。默认不输出。此关键字需和 CountFragDp 配合使用。

[**StaFragTimeInterval**]:设置进行碎片统计时输出数据文件的时间间隔,默认采用属性 time_internal 的值。

PostProcessing 元素具有以下子元素:

[**EulerianBlock**]:输出位于指定的空间区域内的物质点,并在输出文件命名中插入 Block 以示区别,仅支持 VTU 输出。注意:与 LagrangianBlock 不能同时使用。该元素具有以下属性:

x0,x1,y0,y1,z0,z1:指定空间区域的大小,规则六面体区域沿 X,Y,Z 方向的边界值。

[**block_time_interval**]:指定 EulerianBlock 输出的时间步长,当默认时,输出时间步长与 time_interval 相同。

[**OutEntireVTK**]:指定 EulerianBlock 输出时,是否输出完整模型的 VTK 数据。值为 0,不输出完整模型;值为 1,输出完整模型。默认为 1。

[**LagrangianBlock**]:输出位于指定的初始空间区域内的物质点,并在输出文件命名中插入 Block 以示区别,仅支持 VTU 输出。注意:与 EulerianBlock 不能同时使用。

该元素具有以下属性:

x0,x1,y0,y1,z0,z1:指定空间区域的大小,规则六面体区域沿 X、Y、Z 方向的边界值。

[**block_time_interval**]:指定 LagrangianBlock 输出的时间步长,当缺省时,输出时间步长与 time_interval 相同。

[OutEntireVTK]:指定 LagrangianBlock 输出时,是否输出完整模型的 VTK 数据。值为 0,不输出完整模型;值为 1,输出完整模型。默认为 1。

使用规范:

```
<PostProcessing
   h5art ="1"
   vtk_data ="0"
   time_interval ="?"
   var ="seqv |pres |cp" / >
```

或,同时生成仅包含在起点位于原点、边长为 10 的正方体空间区域内物质点后处理文件 *_Block_*.vtu

```
<PostProcessing
   h5art ="1"
   vtk_data ="0"
   time_interval ="?"
   var ="seqv |pres |cp" >
    <EulerianBlock x0 ="0" x1 ="10" y0 ="0" y1 ="10" z0 ="0" z1 ="10"
       block_time_interval ="?"
       OutEntireVTK ="0"/ >
</PostProcessing >
```

使用须知:

• tecplot、h5part 输出格式不支持杂交单元输出,且该类型的结果文件为一个。

• cellresult 指定的输出格式一般会产生较大的数据文件,不易进行高效的后处理,不建议使用。

• 各处理文件中使用的物理量名称一致。

6.2.11.3 时间历程曲线设置(TimeHistory)

TimeHistory 元素具有以下属性:

var:设置观察的物理量名称,各个物理量之间用竖线隔开,可供选择输出的变量见表 6-1。

TimeHistory 具有以下子元素:

[**Particle**]:定义质点位置信息,该关键字具有 3 个属性,分别为 X、Y、Z,用于定义观察点的在全局坐标系 3 个方向上的坐标。程序将记录初始时刻距离此位置最近质点的

物理量时程曲线。

[**Point**]:定义空间观察点位置信息,该关键字具有三个属性,分别为X、Y、Z,用于定义观察点的在全局坐标系3个方向上的坐标。程序将记录此空间点的物理量时程曲线。

使用规范:

```
<TimeHistory var="pres|seqv">
  <Particle x="?" y="?" z="?" />
  <Point x="?" y="?" z="?" />
</TimeHistory>
```

使用须知:

• 指定观察点坐标,程序将自动搜索距离该指定点最近的质点,作为最终观察点。如果指定点和所有质点的距离都过大,则默认的点为第一个body的第一个质点。

• **Particle**,**Point**关键字可在同一个TimeHistory元素中定义。

• 可设置多个TimeHistory元素。

6.2.11.4 输出物理量沿直线分布设置(GridLineResults)

该元素用于控制输出某一条指定直线上(相应的背景网格节点)上的物理量(密度、压力、比内能和沿该直线方向的速度)值,生成Jobname_profile.dat文件,具有以下属性:

normal:定义直线的方向,取值范围为0,1,2。

X,Y:定义与该直线垂直的平面上的坐标,用于直线定位。

使用规范:

```
<GridLineResults normal="0" x="0" y="0">
```

使用须知:

• 最终输出的直线为距所定义直线最近的背景网格节点所连成的直线。

• 输出的时间间隔同输出后处理文件的时间间隔。

• 目前仅支持定义与全局坐标轴平行的直线,且该元素只能定义一次。

• 不能自定义输出的物理量类型。

• 该元素仅在静态网格中使用。如果使用动态网格计算,则自动取消该元素的定义。

• X、Y的取值顺序可通过如下法则给出:当选定方向后把(Globalx、Globaly、Globalz)相应的坐标拿掉,则对应定义用的X和Y。若选Globaly为直线方向,则Gloabalx对应X,Globalz对应Y。

6.2.11.5 FEM输出物理量沿直线分布设置(FEMProfileResults)

该元素用于控制输出某一条指定直线上(相应的FEM单元节点)上的物理量(密度和沿该直线方向的速度)值,生成Jobname_FEMprofile.dat文件,具有以下属性:

normal:定义直线的方向,取值范围为0,1,2。

X,Y:定义与该直线垂直的平面上的坐标,用于直线定位。

使用规范:

```
<FEMProfileResults normal="0" x="0" y="0">
```

使用须知:

• 最终输出的直线为距所定义直线最近的FEM单元节点所连成的直线。

• 输出的时间间隔同输出后处理文件的时间间隔。

• 目前仅支持定义与全局坐标轴平行的直线，且该元素只能定义一次。

• 不能自定义输出的物理量类型。

• *X*、*Y* 的取值顺序可通过如下法则给出：当选定方向后把(Globalx、Globaly、Globalz)相应的坐标拿掉，则对应定义用的 *X* 和 *Y*。若选 Globaly 为直线方向，则 Gloabalx 对应 *X*，Globalz 对应 *Y*。

6.2.11.6 重启动文件输出设置(Restart)

Restart 元素具有以下属性：

time_interval：定义状态文件输出时间间隔。

使用规范：

```
<Restart time_interval="?" />
```

使用须知：

• 该项设置输出后缀为 pe 的重启动文件。

• 由于 pe 文件较大，若不需要重启动则不建议开启该选项。

6.2.11.7 统计信息输出设置(Statistics)

Statistics 元素具有以下属性：

memory：是否在指定时间间隔输出内存耗费量到 .sta 文件，该功能目前仅在 windows 操作系统下有效。memory = "1"表示输出，memory = "0"表示不输出。默认为不输出。

cell_occupy：是否在指定时间间隔输出有质点的网格的比例到 .sta 文件。取值为"1"表示输出，取值为"0"表示不输出。默认为不输出。

使用规范：

```
<Statistics memory="1" cell_occupy="1" />
```

输出控制选项见表 6－1 所列。

表 6－1　输出控制选项

seqv	Mises 应力	velocity_0	X 速度	exx	*X* 方向累计应变
epef	等效塑性应变	velocity_1	Y 速度	eyy	*Y* 方向累计应变
pres	压力	velocity_2	Z 速度	ezz	*Z* 方向累计应变
density	密度	sigy	屈服应力	posx	*X* 向位置坐标
tria	应力三轴度 σ^*	damg	损伤度	posy	*Y* 向位置坐标
fail	失效	engi	变形能	posz	*Z* 向位置坐标
engk	动能	body	体编号	com	组件号
cp	声速	kelv	Kelvin 温度	mat	材料组
SigmaX	*X* 方向应力 σ_x	SigmaY	*Y* 方向应力 σ_y	SigmaZ	*Z* 方向应力 σ_z
SigmaXY	剪应力 τ_{xy}	SigmaYZ	剪应力 τ_{yz}	SigmaXZ	剪应力 τ_{xz}
PriStressMax	最大主应力 σ_{max}	CDEF	材料损伤 F_{fiber}	acc0	*X* 方向加速度
PriStressMin	最小主应力 σ_{min}	CDEM	材料损伤 F_{crack}	acc1	*Y* 方向加速度
CDEL	材料损伤 F_{dela}	CDED	材料损伤 F_{crush}	acc2	*Z* 方向加速度

6.2.12 并行分区设置(Domain Decompo Sifion)

DomainDecomposition 元素为可选一级元素,用于使用 MPI 并行计算时的分区设置。该元素具有 3 个属性,分别用于定义在 3 个维度方向上所分割的份数。具体参数为:

dimension0:设置在 X 方向上分割的份数。

dimension1:设置在 Y 方向上分割的份数。

dimension2:设置在 Z 方向上分割的份数。

使用规范:

```
<DomainDecomposition dimension0 =“?” dimension1 =“?” dimension2 =“?” />
```

执行并行程序与串行程序有所区别,在命令行输入

```
mpirun -np nproc mpm3dpp JobName
```

其中,nproc 是希望执行的进程的数目。nproc 应该等于 dimension0 * dimension1 * dimension2,否则程序会报错并退出。

使用须知:

- 在任何一个方向上分割的份数最小是 1,无上限。
- 程序根据背景网格均匀分区,采用静态分区的方式,其负载平衡有待改善。
- 并行程序支持接触算法,dynamic cell、moving grid、自适应算法,尚不支持 GIMP 形函数以及重启动。
- 输出方面支持 h5part、vtk 并行输出。

6.3 典型输入文件

本节给出 Taylor 算例的典型输入文件。

```
<?xml verison =“1.0”encoding =“utf -8”?>      <!--声明版本号及字符集→
<PeneBlast version =“1.0”>                    <!--声明根元素→
   <Header>              <!--声明 Header 元素,对本算例进行简短的描述→
      <Name value =“Taylorbar”/>
      <Heading value =“Taylor bar imact,Johnson 1998”/>
      <Description value =“Ref:G.R.Johnson 1988”/>
      <Unit time =“ms”length =“mm”mass =“g”/>
   </Header>                                  <!--Header 元素定义完毕→

<Material name =“cu”>              <!--声明 Material 元素,定义一组材料→
      <ReferenceDensity value =“8.93e -3”/>      <!--材料密度;→
      <StrengthModel type =“SimJohnsonCook”
                                  <!--定义材简化的 JohnsonCook 模型;→
              bq1 =“1.5”bq2 =“0.06”<!--定义人工体积粘性;→
              B =“0.0”              <!--定义材料常数;→
```

```
            n ="1.0"                  <! --定义材料常数;→
            C ="0"                    <! --定义材料常数;→
            epso ="1e -3"             <! --定义材料应变率归一化因子;→
            Yield0 ="250.0"           <! --定义材料的屈服强度;→
            Young ="117.0e3"          <! --定义材料的杨氏模量;→
            Poisson ="0.35e0"/ > <! --定义材料的泊松比;→
    <EquationOfState type ="Polynomial" <! --定义状态方程为多项式;→
            c0 ="1"c1 ="4"c2 ="6"c3 ="8" <! --定义材料常数;→
            c4 ="10"c5 ="23"c6 ="16"/ >    <! --定义材料常数;→
    < FailureModel type ="none"/ >
                        <! --定义失效模型,none 表示不采用失效模型→
  </Material >          <! --Material 元素(cu)定义完毕→

<Component name ="Taylorbar" >
                        <! --定义离散体组件,该组件内可定义多个离散体→
    <Body name ="body0" <! --定义该组件的第一个 body,并命名为 body0;→
        material ="cu" <! --定义 body0 采用的材料模型,见上定义;→
        type ="Point"  <! --定义该 body 的建模方式为 Point;→
        density ="8.93e -3" >        <! --定义该物体的当前材料密度;
      <Geometry file ="F:\\Temp\\1.txt"/ >
            <! --定义 Point 型离散方式相应的参数,此处为输入文件;→
      <InitialVelocity vx ="0"vy ="0"vz =" -190.0"/ >
                                  <! --定义该 body 的初始速度;→
    </Body >                      <! --body0 的定义完毕→
  <Component >                    <! --该组件定义完毕→

  <Grid mass_cutoff ="0" gimp ="0" >
                        <! --定义背景网格及质量截断和 GIMP 开启与否→
    <Cell type ="regular" >              <! --定义单元类型;→
      <XMin value ="0"       boundary ="2"/ >
                <! --定义背景网格区域 x 向大小及相应的边界条件;→
      <XMax value ="11.4"    boundary ="0"/ >
      <YMin value ="0"       boundary ="2"/ >
                <! --定义背景网格区域 y 向大小及相应的边界条件;→
      <YMax value ="11.4"   boundary ="0"/ >
      <ZMin value ="0"      boundary ="2"/ >
                <! --定义背景网格区域 z 向大小及相应的边界条件;→
      <XMax value ="26.6"   boundary ="0"/ >
      <DCell dx ="0.76"dy ="0.76"dz ="0.76"/ >
```

```
                <!--定义背景网格在三个方向上的单元尺寸;→
    </Cell>                  <!--单元定义完毕→
  </Grid>                    <!--背景网格定义完毕→

  <Solution algorithm="MUSL"near_boundary_stop="0">
                    <!--定义求解控制元素及程序积分格式→
   <TimeStep factor="0.6"const="0"specified="0.0"/>
                             <!--定义时间步长因子;→
   <EndTime value="0.04" />  <!-- 定义物理模拟结束时间;→
  </Solution>                <!--定义求解控制选项完毕→

  <Output>                   <!--定义输出控制元素→
    <Console print_time="1.0e-3"print_momentum="0"/>
                             <!--定义计算状态的时间步长→
    <PostProcessing h5part="0"vtk_data="1"
                             <!--定义后处理输出文件类型;→
            time_interval="1.0e-3"
                             <!--输出后处理文件的时间步长;→
            var="damg|tria|epef|fail"/>
                       <!--定义在后处理中观察的物理量;→
  </Output>                   <!--输出控制定义完毕→
<PeneBlast>        <!--输入文件结束→
```

6.4 常用材料参数列表

常用材料参数见表6-2~表6-9。

表6-2 几种常用材料的基本材料参数以及线性强化材料参数

材料	密度 ρ(g/cm^3)	杨氏模量 E(GPa)	泊松比 υ	屈服强度 σ_y(MPa)	切线强度 E_T(Mpa)
OFHC 铜	8.9	117	0.35	150	500
4340 钢	7.83	210	0.3	—	—
铝	2.75	75	0.33	290	—

表6-3 几种材料的JC模型常数

材料	说明				本构常数				
	硬度（洛氏）	密度（kg/m^3）	比热容（J/kg·K）	熔点/K	A/Mpa	B/Mpa	n	C	m
OFHC 铜	F-30	8960	383	1356	90	292	0.31	0.025	1.09
弹壳黄铜	F-67	8520	385	1189	112	505	0.42	0.009	1.68

（续）

材料	说明				本构常数				
	硬度（洛氏）	密度（kg/m^3）	比热容（J/kg·K）	熔点/K	A/Mpa	B/Mpa	n	C	m
镍 200	F－79	8900	446	1726	163	648	0.33	0.006	1.44
工业纯铁	F－72	7890	452	1811	175	380	0.32	0.060	0.55
木工电铁	F－83	7890	452	1811	290	339	0.40	0.055	0.55
1006 钢	F－94	7890	452	1811	350	275	0.36	0.022	1.00
4340 钢	C－30	7830	477	1793	792	510	0.26	0.014	1.03
S－7 工具钢	C－50	7750	477	1763	1539	477	0.18	0.012	1.00
2024－T351 铝	B－75	2770	875	775	265	426	0.34	0.015	1.00
7039 铝	B－76	2770	875	877	337	343	0.41	0.010	1.00
6061－T6 铝	—	—	—	—	324	114	0.42	0.002	1.34
钨合金（0.07Ni,0.03Fe）	C－47	17000	134	1723	1506	177	0.12	0.016	1.00
贫铀 －0.75% Ti	C－45	18600	117	1473	1079	1120	0.25	0.007	1.00

表 6－4　几种常用材料 JC 损伤模型参数

材料	D_1	D_2	D_3	D_4	D_5
OFHC 铜	0.54	4.89	－3.03	0.014	1.12
工业纯铁	－2.20	5.43	－0.47	0.016	0.63
4340 钢	0.05	3.44	－2.12	0.002	0.61
6061－T6 铝	－0.77	1.45	－0.47	0.0	1.60

表 6－5　几种混凝土的 Johnson－Holmquist 模型材料参数

参数名称	Holmquist 参数
无侧限抗压强度 f'_c（MPa）	48
密度（kg/m^3）	2440
比热容（J/kg·K）	654
A	0.79
B	1.60
n	0.61
C	0.007
f'_c（GPa）	0.048
S_{max}	7.0
剪切模量 G（GPa）	14.86

（续）

参数名称	Holmquist 参数
D_1	0.04
D_2	1.0
E_{fmin}	0.01
p_{crush}(GPa)	0.016
μ_{crush}(GPa)	0.001
K_1(GPa)	85
K_2(GPa)	-171
K_3(GPa)	208
p_{lock}(GPa)	0.80
μ_{lock}	0.10
T(GPa)	0.004

表6-6　几种炸药的JWL状态方程系数

炸药	CJ参数				EOS系数					
	ρ_0 (g/cm^3)	P (Mbar)	D (cm/μs)	Γ	E0 $\left(\frac{Mbar \cdot cm^3}{cm^3}\right)$	A	B	R_1	R_2	ω
TNT	1.63	0.210	0.6930	2.727	0.070	3.712	0.0323	4.15	0.95	0.30
PBX9404	1.84	0.37	0.88	2.851	0.102	8.524	0.1802	4.55	1.30	0.38
Tetryl	1.73	0.285	0.7910	2.798	0.082	5.868	0.1067	4.4	1.20	0.28

表6-7　几种材料的冲击参数和热力学参数($\mu_s = c_0 + su_p$)

材料	ρ_0(g/cm^3)	c_0(mm/μs)	s	C_p(J/g·K)	γ_0
Cu	8.93	3.94	1.49	0.40	2.0
Fe	7.85	3.57	1.92	0.45	1.8
Pb	11.35	2.05	1.46	0.13	2.8
Sn	7.29	2.61	1.49	0.22	2.3
W	19.22	4.03	1.24	0.13	1.8
Al-2024	2.79	5.33	1.34	0.89	2.0
Al-6061	2.70	5.35	1.34	0.89	2.0
黄铜	8.45	3.73	1.43	0.38	2.0
水	1.00	1.65	1.92	4.19	0.1

表6-8　几种陶瓷、玻璃材料的JH2模型材料参数

参数 \ 材料名称	B_4C	SiC	Aln	Al_2O_3	SilicaFloatGlass
密度(kg/m³)	2510	3163	3226	3700	2530
剪切模量(GPa)	197	183	127	90.16	30.4
体积模量(GPa)	233	204.785	201	130.95	45.4
杨氏模量(GPa)	461.06	423	314.7	220	74.56
泊松比	0.17	0.156	0.239	0.22	0.226
A	0.927	0.96	0.85	0.93	0.93
B	0.7	0.35	0.31	0.31	0.082
C	0.005	0.0	0.013	0.0	0.003
M	0.85	1.0	0.21	0.6	0.35
N	0.67	0.65	0.29	0.6	0.77
T(GPa)	0.26	0.37	0.32	0.2	0.15
$Shel$(GPa)	15.4	13.0	6.0	2.0	4.5
$Phel$(GPa)	8.71	5.9	5.0	1.46	0.92
SF_{max}	0.2	0.8	—	—	0.5
$D1$	0.001	0.48	0.02	0.005	0.053
$D2$	0.5	0.48	1.85	1.0	0.85
$K2$(GPa)	-593	0	260	0	-138
$K3$(GPa)	2800	0	0	0	290
$beta$	1.0	1.0	1.0	1.0	1.0

表6-9　AUTODYN材料库中两种混凝土(RHT和P-alpha)材料参数

参数 \ 材料名称	C35	C140
密度(kg/m³)	2314	2520
剪切模量(GPa)	16.7	22.06
杨氏模量(GPa)	40	53
泊松比	0.2	0.2
Fc(MPa)	35	140
ft_fc	0.1	0.1
fs_fc	0.18	0.18
A	1.6	1.6
N	0.61	0.61
$Q20$	0.6805	0.6805
BQ	0.0105	0.0105
PREFACT	2.0	2.0
TENSRAT	0.7	0.7
COMPART	0.53	0.53
B	1.6	1.6
M	0.61	0.61
alpha	0.032	0.0091
delta	0.036	0.0125

(续)

参数 \ 材料名称	C35	C140
epso(s^{-1})	1.0	1.0
SFMax	1e20	1e20
CapFlag	1.0	1.0
$D1$	0.04	0.04
$D2$	1.0	1.0
EFMin	0.01	0.01
SHRATD	0.13	0.13
Plock(MPa)	6e3	6e3
Pcrush(MPa)	23.3	93.3
n	3	3
rhoos(kg/m^3)	2750	2750
EOSID	2	2
$A1$(MPa)	35.27e3	35.27e3
$A2$(MPa)	39.58e3	39.58e3
$A3$(MPa)	9.04e3	9.04e3
$B0$	1.22	1.22
$B1$	1.22	1.22
$T1$(MPa)	35.27e3	35.27e3
$T2$(MPa)	0.0	0.0

参考文献

[1] Sulsky D, Chen Z, Schreyer H L. A Particle Method for History – Dependent Materials[J]. Computer Methods in Applied Mechanics and Engineering, 1994, 118(1 – 2): 179 – 196.

[2] Sulsky D, Zhou S J, Schreyer H L. Application of a Particle – in – Cell Method to Solid Mechanics[J]. Computer Physics Communications, 1995, 87(1 – 2): 236 – 252.

[3] Johnson G R, Holmquist T J. Evaluation of cylinder – impact test data for constitutive model constants[J]. Journal of Applied Physics, 1988, 64(8): 3901 – 3910.

[4] Johnson G R, Cook W H. Fracture characteristics of three metals subjected to various strains, strain rates, temperatures and pressures[J]. Engineering fracture mechanics, 1985, 21(1): 31 – 48.

[5] Hallquist J O. LS – DYNA Keyword User's Manual[M]. Livermore Software Technology Corporation, 2003.

[6] Wilkins M L. Computer Simulation of Dynamic Phenomena[M]. Spinger, 1999.

[7] Holmquist T J, Johnson G R, Cook W H. A computational constitutive model for concrete subjected to large strains, high strain rates, and high pressures [M]. Proceedings of 14th International Symposium on Ballistics, Quebec, Canada, 1993. 591 – 600.

[8] Tvergaard V, Needleman A. Analysis of the cup – cone fracture in a round tensile bar[J]. Acta Metall, 1984, 32: 157 – 169.

[9] Johnson J N, Addessio F L. Tensile plasticity and ductile fracture[J]. J. Appl. Phys, 1988, 64(12): 6699 – 6712.

[10] Meyers M A. Dynamics Behavior of Materials[J]. John Wiley & Sons, 1994.

[11] Fok S L. A numerical study on the application of weibull theory to brittle matrials[J]. Engineering Fracture Mechanics, 2001, 68: 1171 – 1179.

[12] Bardenhagen S G, Kober E M. The generalized interpolation material point method[J]. Cmes – Computer Modeling in Engineering & Sciences, 2004, 5(6): 477 – 495.

[13] Johnson G R, Cook W H. A constitutive model and data for metals subjected to large strains, high strain rates, and high temperatures[C]. Proceedings of Proc. of the 7th Intern. Symp. on Ballistics, 1983. 541 – 547.

[14] Lesuer D R, Kay G, LeBlanc M M. Modeling large – strain, high – rate deformation in metals[R]. TechnicalReport UCRL – JC – 134118, Lawrence Livermore National Laboratory, 2001.

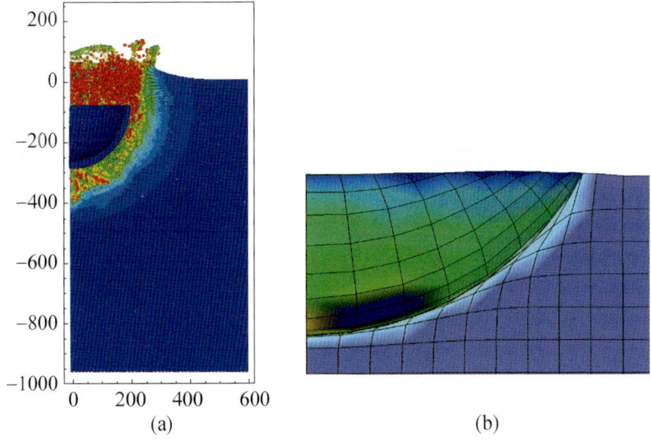

图 5－5　岩土材料低速冲击结果比较($v_0=200\text{m/s}$)

(a)物质点;(b)有限元。

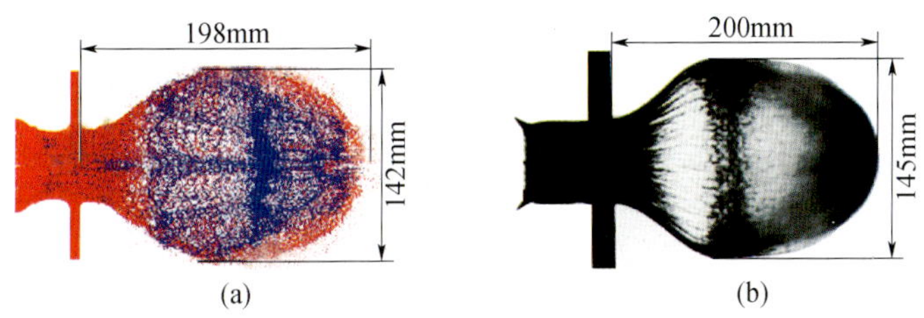

图 5－7　铅弹超高速撞击铅靶结果

(a)计算结果;(b)试验结果。

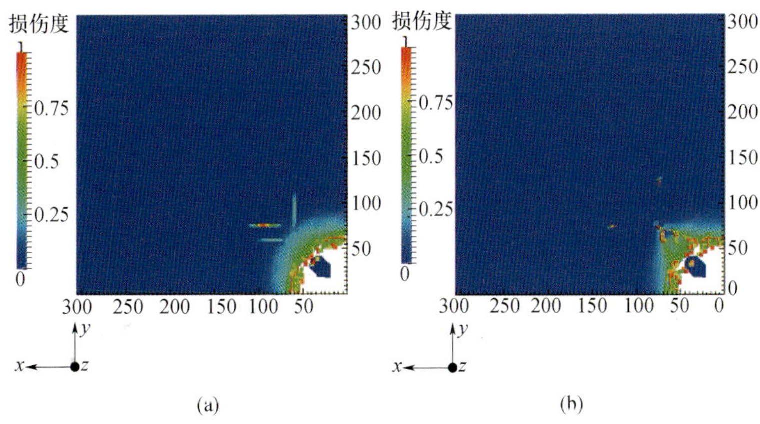

图 5－19　靶体侵入端损伤状况

(a)工况一素混凝土;(b)工况二钢筋混凝土。

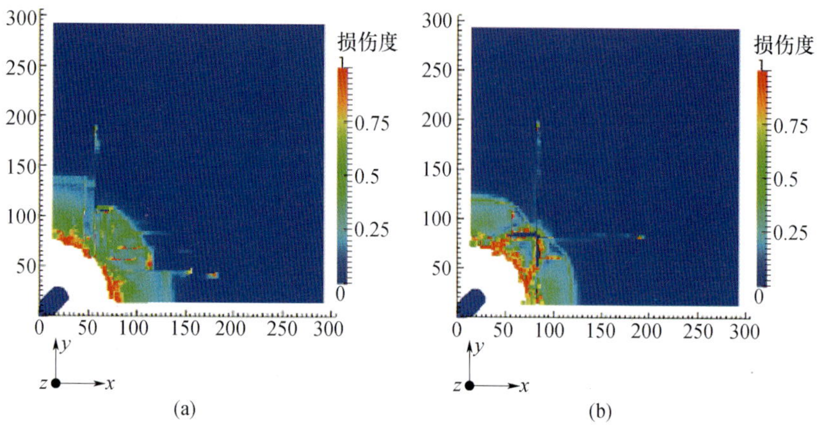

图 5-20　靶体贯穿端损伤状况

(a)工况一素混凝土;(b)工况二钢筋混凝土。

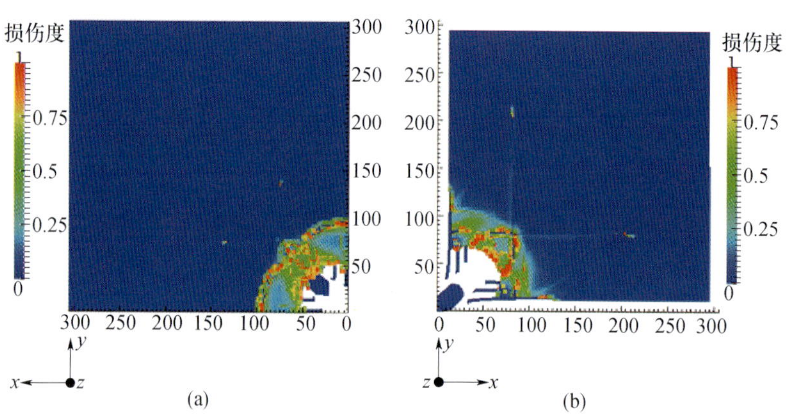

图 5-21　工况三靶体损伤状况

(a)侵入端;(b)贯穿端。

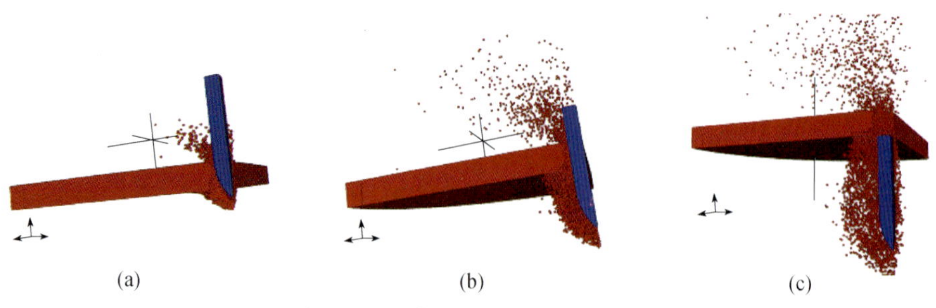

图 5-24　弹体侵彻陶瓷靶板过程

(a)0. 16ms;(b)0. 40ms;(c)0. 70ms。

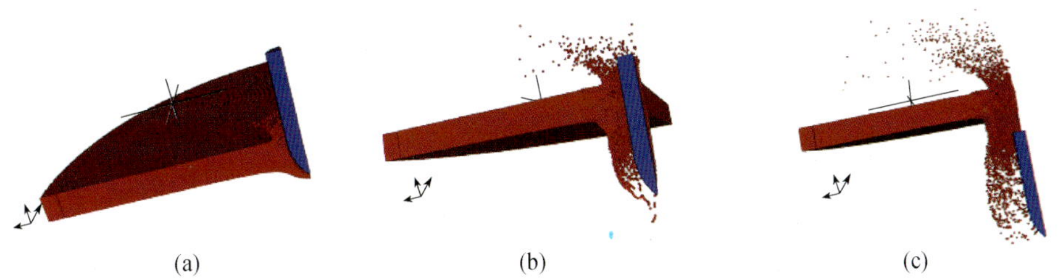
(a) (b) (c)

图 5-25　弹体侵彻混凝土靶板过程

(a)0.16ms;(b)0.40ms;(c)0.70ms。

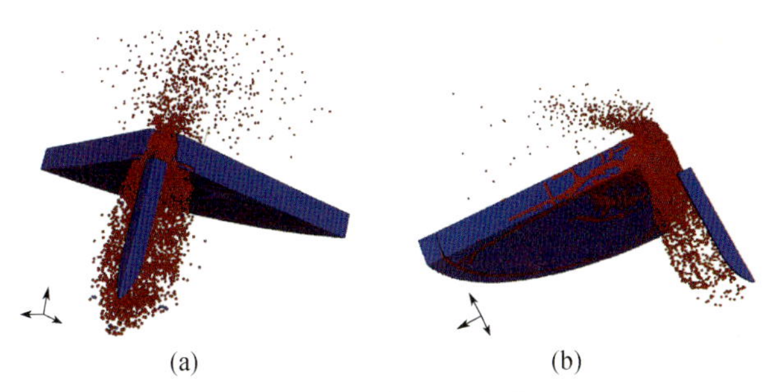
(a) (b)

图 5-26　靶板损伤分布图

(a)陶瓷;(b)混凝土。

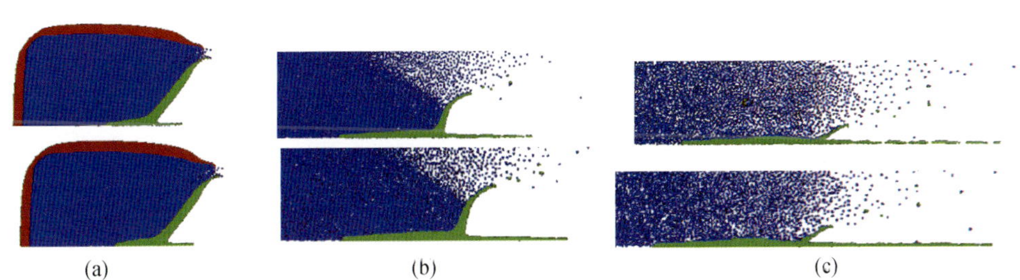
(a) (b) (c)

图 5-42　射流构型数值仿真结果

(a) $t=10\mu s$;(b) $t=20\mu s$;(c) $t=30\mu s$。

图 5-43　$t=21\mu s$ 时刻 X 方向的速度分布

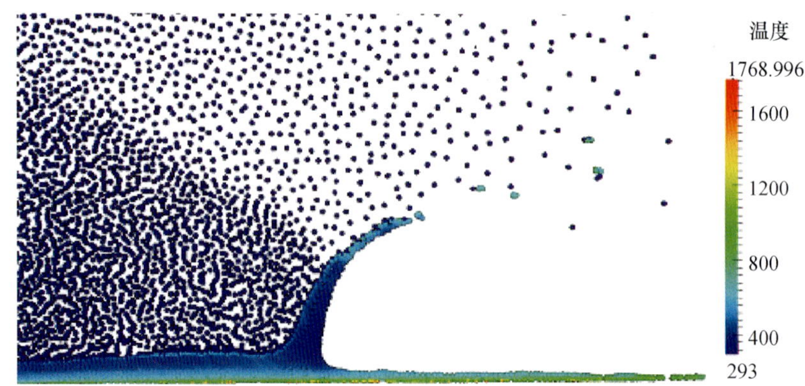

图 5-44　$t=21\mu s$ 时刻射流温度的分布情况

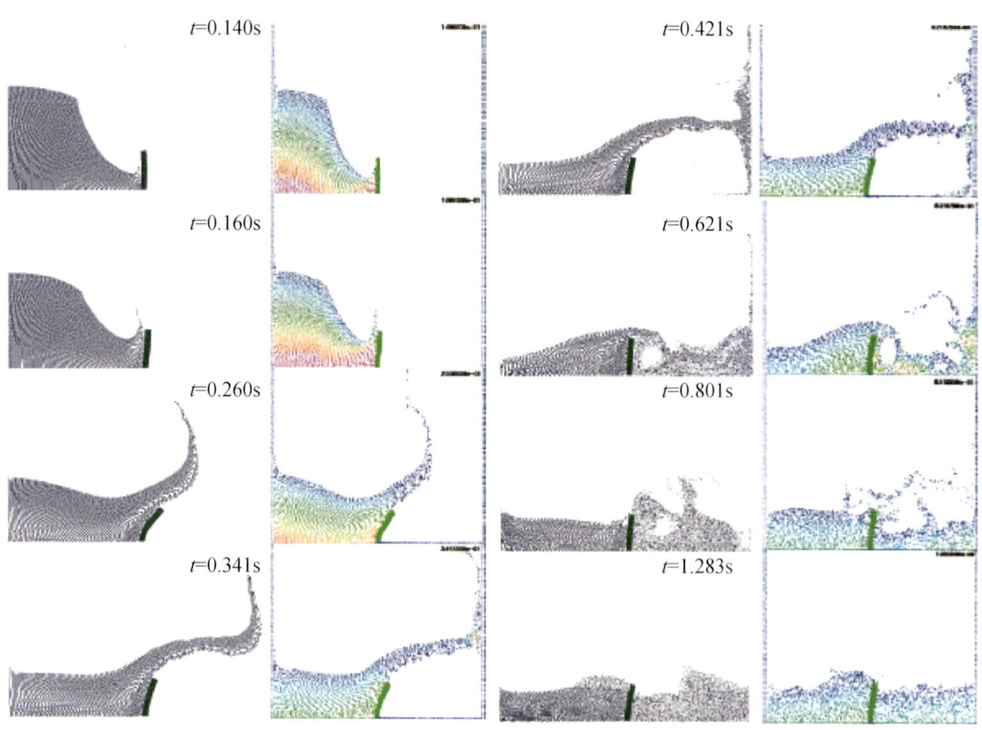

图 5-52　水柱在流动过程中与障碍物的相互作用

（第一列和第三列为本节算法结果，其余为 S. R. Idelsohn 等采用 PFEM 的计算结果）

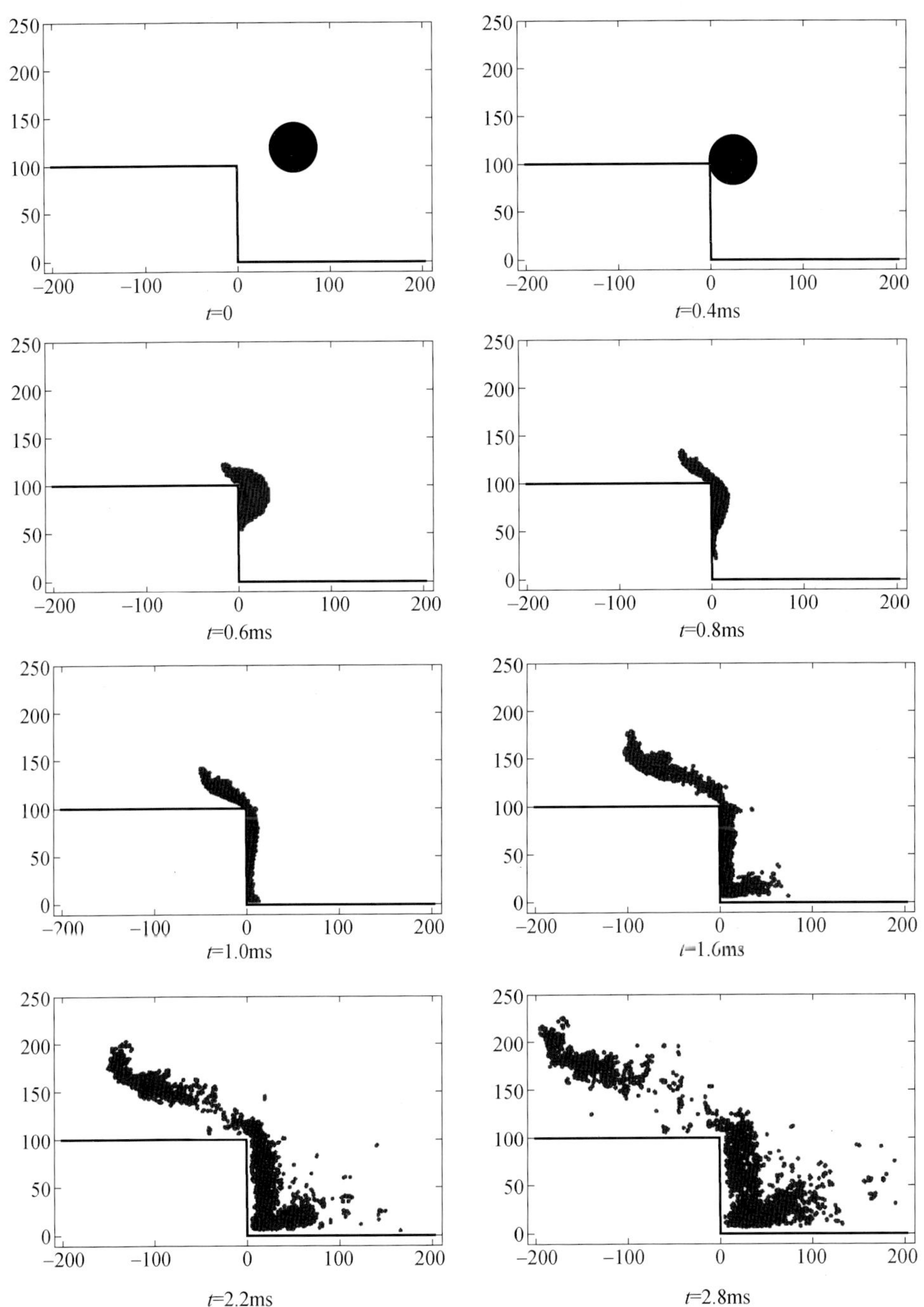

图 5-55 物质点法模拟水珠冲击破碎过程

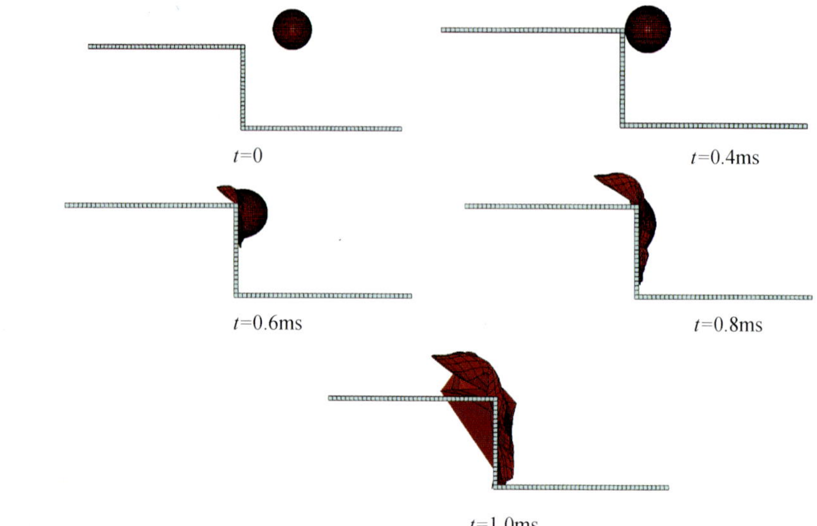

图 5-56 有限元法模拟水珠冲击过程

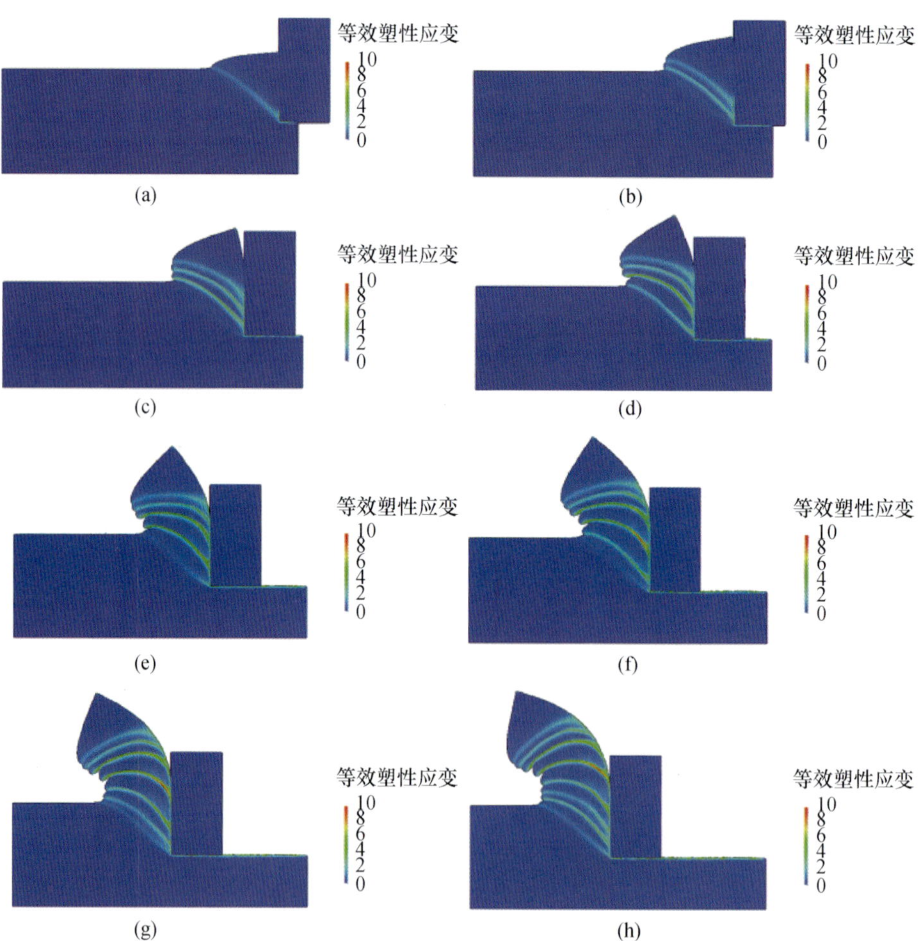

图 5-59 等效塑性应变分布

(a)0.01ms;(b)0.02ms;(c)0.03ms;(d)0.04ms;(e)0.05ms;(f)0.06ms;(g)0.07ms;(h)0.08ms。

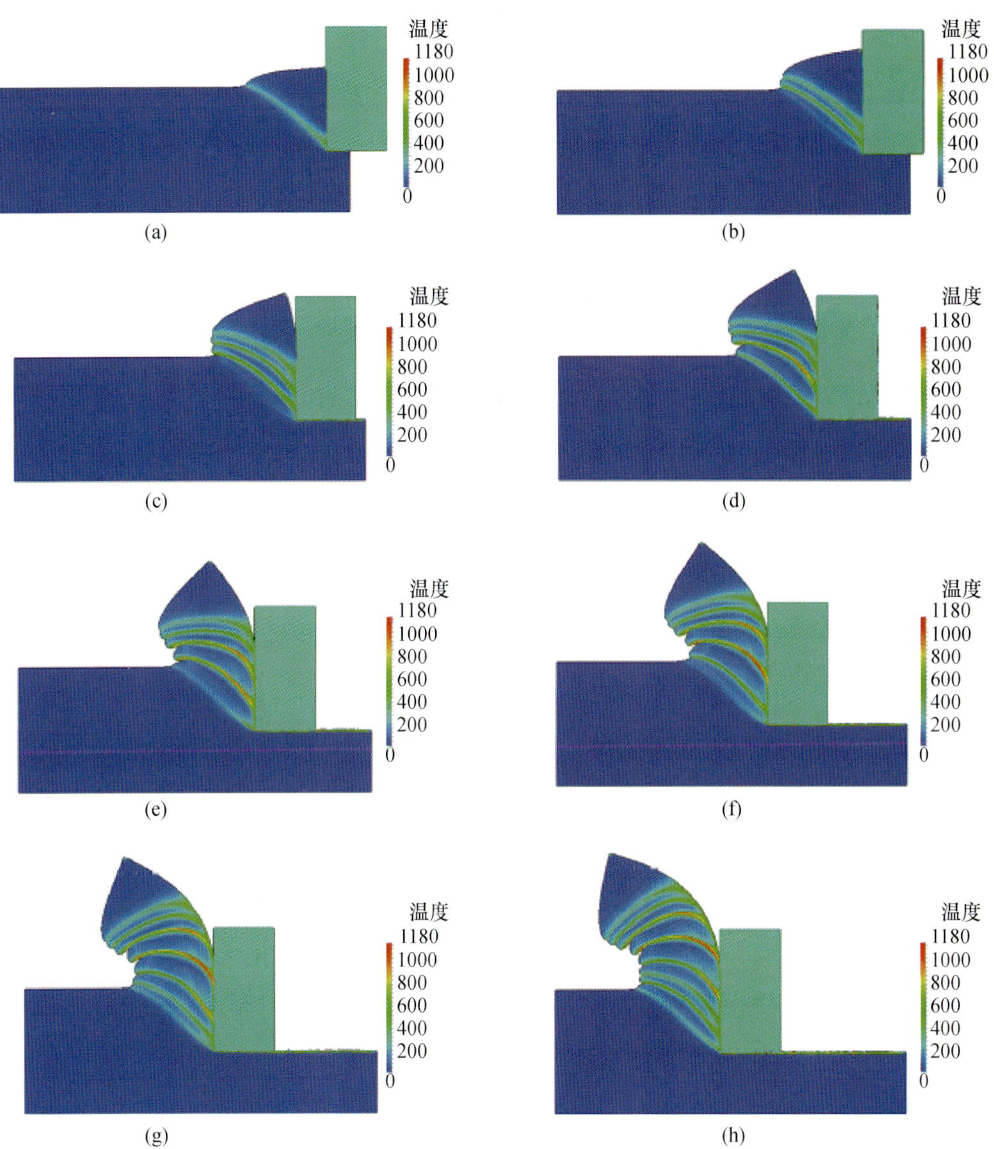

图 5-60　温度分布

(a)0.01ms;(b)0.02ms;(c)0.03ms;(d)0.04ms;(e)0.05ms;(f)0.06ms;(g)0.07ms;(h)0.08ms。

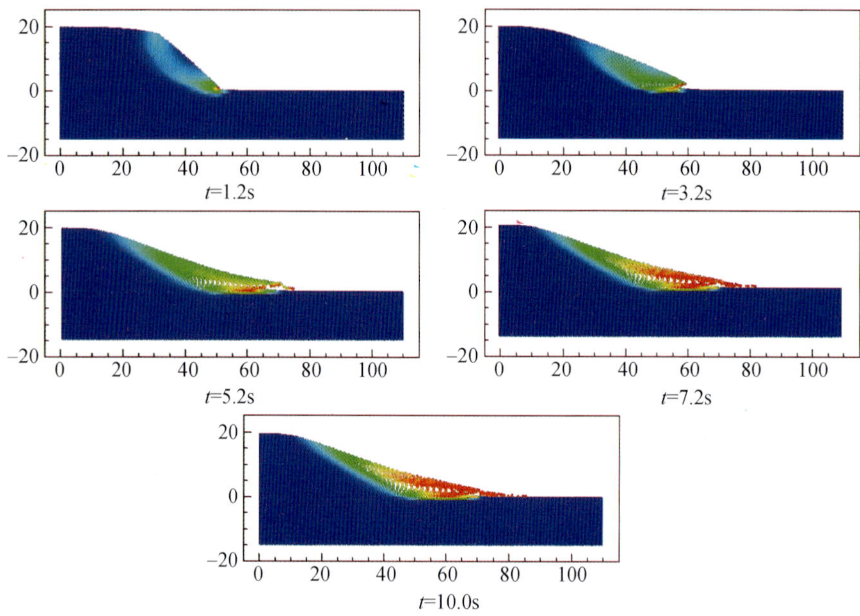

图 5－62　物质点法模拟砂土边坡的失效过程

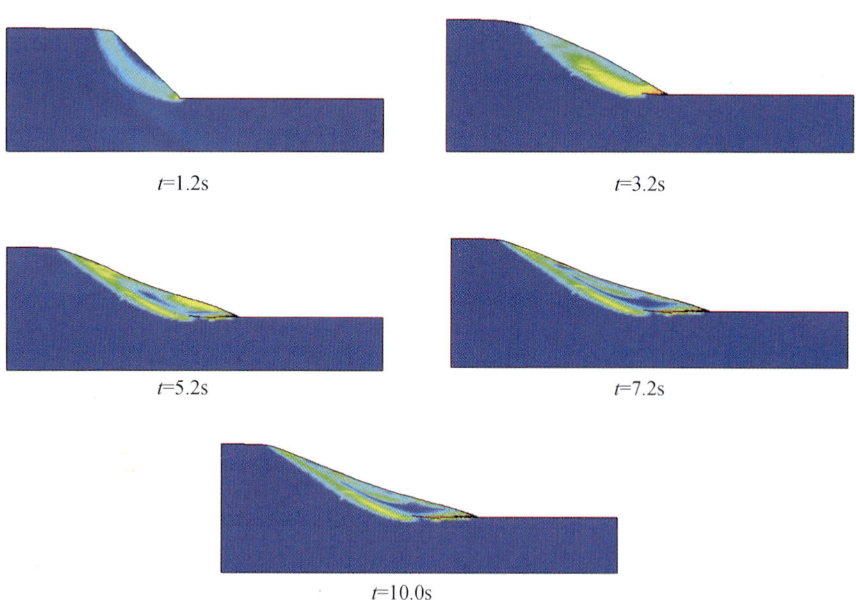

图 5－63　有限元法模拟砂土边坡的失效过程